给水排水设计手册
第三版

第9册
专 用 机 械

上海市政工程设计研究总院（集团）有限公司　主编

中国建筑工业出版社

图书在版编目(CIP)数据

给水排水设计手册　第9册　专用机械/上海市政工程设计研究总院（集团）有限公司主编．—3版．—北京：中国建筑工业出版社，2012.4　(2022.9重印)
ISBN 978-7-112-14037-4

Ⅰ.①给…　Ⅱ.①上…　Ⅲ.①给水设备-设计-技术手册②排水设备-设计-技术手册　Ⅳ.①TU991.02-62

中国版本图书馆CIP数据核字（2012）第020558号

本书为《给水排水设计手册》（第三版）第9册，主要内容包括：拦污设备，药物投加设备，搅拌设备，上浮液、渣排除设备，曝气设备，排泥机械，污泥浓缩与脱水设备，行业标准技术。

本书可供给水排水专业设计人员使用，也可供相关专业技术人员及大专院校师生参考。

*　*　*

责任编辑：于　莉　田启铭
责任设计：李志立
责任校对：刘梦然　赵　颖

给水排水设计手册
第三版
第9册
专　用　机　械
上海市政工程设计研究总院（集团）有限公司　主编
*
中国建筑工业出版社出版、发行(北京西郊百万庄)
各地新华书店、建筑书店经销
北京红光制版公司制版
天津翔远印刷有限公司印刷
*
开本：787×1092毫米　1/16　印张：31　字数：774千字
2012年6月第三版　2022年9月第十六次印刷
定价：**108.00**元
ISBN 978-7-112-14037-4
(22066)

版权所有　翻印必究
如有印装质量问题，可寄本社退换
（邮政编码　100037）

《给水排水设计手册》第三版编委会

名誉主任委员： 仇保兴

主 任 委 员： 张 悦　沈元勤

副主任委员：（按姓氏笔画排序）

孔令勇　田启铭　史春海　朱开东　汤 伟
李 艺　李彦春　杨远东　张可欣　张 辰
张 杰　张宝钢　张富国　罗万申　徐 扬
徐扬纲　郭建祥　郭 晓　管永涛　魏秉华

委　　　员：（按姓氏笔画排序）

马小蕾　王江荣　王如华　王 育　王海梅
王 梅　孔令勇　田启铭　史春海　付忠志
包家增　冯旭东　朱开东　汤 伟　苏 新
李 艺　李彦春　杨 红　杨远东　张可欣
张 辰　张 杰　张宝钢　张富国　陆继诚
罗万申　郑国兴　施东文　徐 扬　徐扬纲
郭建祥　郭 晓　黄 鸥　曹志农　管永涛
魏秉华

《专用机械》第三版编写组

主　　编：包家增

主　　审：侯培森

序

给水排水勘察设计是城市基础设施建设重要的前期性工作，广泛涉及到项目规划、技术经济论证、水源选择、给水处理技术、污水处理技术、管网及输配、防洪减灾、固废处理等诸多内容。广大工程设计工作者，肩负着保障人民群众身体健康和环境生存质量的重任，担当着将最新科研成果转化成实际工程应用技术的重要角色。

改革开放以来，特别是近10年来，我国给水排水等基础设施建设事业蓬勃发展，国外先进水处理技术和工艺的引进，大批面向工程应用的科研成果在实际中的推广，使得给水排水设计从设计内容到设计理念都已发生了重大变化；此间，大量的给水排水工程标准、规范进行了全面或局部的修订，在深度和广度方面拓展了给水排水设计规范的内容。同时，我国给水排水工程设计也面临着新的形势和要求，一方面，水源污染问题十分突出，而饮用水卫生标准又大幅度提升，给水处理技术，作为饮用水安全的最后屏障，在相当长的时间内必须应对极其严峻的挑战；另一方面，公众对水环境质量不断提高的期望以及水环境保护及污水排放标准的日益严格，又对排水和污水处理技术提出了更高的要求。在这些背景下，原有的《给水排水设计手册》无论是设计方法还是设计内容，都需要一定程度的补充、调整与更新。为此，住房和城乡建设部与中国建筑工业出版社组织各主编单位进行了《给水排水设计手册》第三版的修订工作，以更好地满足广大工程设计者的需求。

《给水排水设计手册》第三版修订过程中，保持整套手册原有的依据工程设计内容而划分的框架结构，重点更新书中的设计理念和设计内容，首次融入"水体污染控制与治理"科技重大专项研究成果，对已经在工程实践中有应用实例的新工艺、新技术在科学筛选的基础上，尽量兼收并蓄，从而为今后给水排水工程设计提供先进适用和较为全面的设计资料和设计指导。相信新修订的《给水排水设计手册》，将在给水排水工程勘察、设计、施工、管理、教学、科研等各个方面发挥重要作用，成为行业内具有权威性的大型工具书。

住房和城乡建设部副部长 仇保兴 博士

第三版前言

《给水排水设计手册》系由原城乡建设环境保护部设计局与中国建筑工业出版社共同策划并组织各大设计研究院编写。1986 年、2000 年分别出版了第一版和第二版，并曾于 1988 年获得全国科技图书一等奖。

《给水排水设计手册》自出版以来，深受广大读者欢迎，在给水排水工程勘察、设计、施工、管理、教学、科研等各个方面发挥了重要作用，成为行业内最具指导性和权威性的设计手册。

随着我国基础设施建设的蓬勃发展，国外先进水处理技术和工艺的引进，大批面向工程应用的科研成果在实际中的推广，使得给水排水设计从设计内容到设计理念都已发生了重大变化；与此同时，大量的给水排水工程标准、规范进行了全面或局部的修订，在深度和广度方面拓展了给水排水设计规范中新的内容。由于这套手册第二版自出版至今已经 10 多年了，其知识内容已显陈旧、设计理念已显落后。为了使这套给水排水经典设计手册满足现今的给水排水工程建设和设计工作的需要，中国建筑工业出版社组织各主编单位进行《给水排水设计手册》第三版的修订工作。

第三版修订的基本原则是：整套手册保持原有的依据工程设计内容而划分的框架结构，更新书中的设计理念和设计内容，融入“水体污染控制与治理”科技重大专项研究成果，对已经在工程实践中有应用实例的新工艺、新技术在科学筛选的基础上，尽量兼收并蓄，为现今工程设计提供权威的和全面的设计资料和设计指导。

为了《给水排水设计手册》第三版修订工作的顺利进行，在编委会领导下，各册由主编单位负责具体修编工作。各册的主编单位为：第 1 册《常用资料》为中国市政工程西南设计研究院；第 2 册《建筑给水排水》为中国核电工程有限公司；第 3 册《城镇给水》为上海市政工程设计研究总院（集团）有限公司；第 4 册《工业给水处理》为华东建筑设计研究院；第 5 册《城镇排水》、第 6 册《工业排水》为北京市市政工程设计研究总院；第 7 册《城镇防洪》为中国市政工程东北设计研究院；第 8 册《电气与自控》为中国市政工程中南设计研究院；第 9 册《专用机械》、第 10 册《技术经济》为上海市政工程设计研究总院（集团）有限公司；第 11 册《常用设备》为中国市政工程西北设计研究院；第 12 册《器材与装置》为中国市政工程华北设计研究总院和中国城镇供水排水协会设备材料工作委员会。在各主编单位的大力支持下，修订编写任务圆满完成。在修订过程中，还得到了国内有关科研、设计、大专院校和企业界的大力支持与协助，在此一并致以衷心感谢。

《给水排水设计手册》第三版编委会

编 者 的 话

《专用机械》第二版出版十年以来，给水排水工程建设随着改革开放的持续进展，有了很大的变化。大部分的给水排水专用设备已经从非标单件生产走向定型化、系列化、标准化生产，部分生产厂家已经发展成为现代化的企业集团，并且，其中不少厂商已经拥有比较完整的产品研发机构。

鉴于上述理由，第三版保留了与给水排水工艺有关的参数的计算，取消了机械部件、机械零件、钢结构的计算，通常是仅仅提出这些零部件所必须达到的强度安全系数、挠度控制等技术指标，以使生产厂商能依此进行更符合企业自身特点的机械制造工艺设计计算。

第三版基本上保留了原有的特色，删除了一些不常用的设备及可以列为通用机械的设备，如原书第 1 章移动取水设备、第 8 章滤池配水及冲洗设备、第 9 章闸门阀门、第 10 章提水引水设备等。同时亦在部分章节中增加了一些比较新颖的设备，如液压往复式刮泥机、单管吸泥机、立式倒伞型表面曝气机、针对中置式高密度沉淀池的机械絮凝反应搅拌机等。对第 12 章行业标准技术进行了更新和补充。

对于给水排水工艺专业的工程技术人员以及生产厂商的机械工程师来说，第九册《专用机械》可以作为他们相互沟通的桥梁，使他们有很多的共同语言，这对于给水排水专用机械的产品拓宽、升级换代是有很大的益处的。

在第三版的修编过程中，我们得到了美国凯米尼尔公司、无锡通用机械厂、上海离心机研究所、国帧环保机械公司、德国 JVR 公司、上海合茂环保设备公司、江苏新浪环保公司、江苏兆盛环保公司等单位的大力协助，在此表示感谢。

由于编者水平所限，书中的缺点和错误在所难免，敬请广大读者批评、指正。

目　录

1 拦污设备

1.1 格栅除污机

1.1.1 适用条件

大型取水构筑物进水口、污水及雨水提升泵站、污水处理厂等的格栅处均应设格栅除污机，清除粗大的漂浮物如草木、垃圾和纤维状物质等，以达到保护水泵叶轮及减轻后续工序的处理负荷的目的。在给水工程中有时还将格栅除污机和滤网串联使用，前者去除大的杂质，后者去除较小的杂质。因此，使用格栅除污机对实现格栅机械清污、减轻劳动强度和改善工作条件是很必要的。

在设计时应考虑以下几点：

(1) 格栅栅条的间距可根据水泵的口径确定，见表 1-1。设计时应注意除污机齿耙间距和栅条的配合。

栅条的间距　　表 1-1

水泵口径 (mm)	栅条的间距 (mm)	水泵口径 (mm)	栅条的间距 (mm)
<200	15～20	500～900	40～50
250～450	20～40	1000～3500	50～75

当不分设粗、细格栅时，可选用较小的栅条间距。

(2) 格栅的安装倾角一般为 60°～75°，特殊类型可达 90°。角度偏大时占地面积小，但卸污不便。

(3) 格栅的有效进水面积一般按流速 0.8～1.0m/s 计算，但格栅的总宽度应不小于进水管渠有效断面宽度的 1.2 倍。如与滤网串联使用，则可按 1.8 倍左右考虑。

(4) 格栅除污机的单台工作宽度一般不超过 4m。超过时，宜采用多台或移动式格栅除污机。

(5) 格栅高度一般应使其顶部高出栅前最高水位 0.3m 以上。当格栅井较深时，格栅的上部可采用混凝土胸墙或钢挡板满封，以减小格栅的高度。

(6) 格栅本体设计及流过格栅后的水头损失计算，可参见《给水排水设计手册》第 5 册《城镇排水》。

(7) 综合考虑截留下来污物的输送方式，注意卸污动作与后续工序的衔接。

(8) 栅渣的表观密度约 960kg/m^3，含水率 80%，有机质高达 85%，极易腐烂、污染环境。

1.1.2 类型及特点

格栅除污机的种类很多，总的可分为三类，见表1-2。

格栅除污机形式和分类　　表1-2

<table>
<tr><th>分类</th><th>传动方式</th><th>牵引部件工况</th><th>格栅形状</th><th colspan="2">除污机安装形式</th><th>代表性格栅</th></tr>
<tr><td rowspan="11">前清式
（前置式）</td><td>液压</td><td>旋臂式</td><td rowspan="3">弧形</td><td rowspan="3" colspan="2">固定式</td><td>液压传动旋臂式弧栅除污机</td></tr>
<tr><td rowspan="3">臂式</td><td>摆臂式</td><td>摆臂式弧形格栅除污机</td></tr>
<tr><td>回转臂</td><td>回转臂式弧形格栅除污机</td></tr>
<tr><td>伸缩臂</td><td rowspan="10">平面格栅</td><td rowspan="3">移动式</td><td rowspan="2">台车式</td><td>移动式伸缩臂格栅除污机</td></tr>
<tr><td rowspan="4">钢丝绳</td><td rowspan="3">三索式</td><td>钢丝绳牵引移动式格栅除污机</td></tr>
<tr><td>悬挂式</td><td>葫芦抓斗式格栅除污机</td></tr>
<tr><td rowspan="8" colspan="2">固定式</td><td>三索式格栅除污机</td></tr>
<tr><td>二索式</td><td>滑块式格栅除污机</td></tr>
<tr><td rowspan="5">链式</td><td rowspan="2">干式</td><td>高链式格栅除污机</td></tr>
<tr><td>爬式格栅除污机</td></tr>
<tr><td rowspan="4">湿式</td><td>回转式多耙格栅除污机</td></tr>
<tr><td>后清式（后置式）</td><td>背耙式格栅除污机</td></tr>
<tr><td rowspan="2">自清式
（栅片移行式）</td><td>回转式固液分离机</td></tr>
<tr><td>曲柄式</td><td>阶梯形</td><td>阶梯式格栅除污机</td></tr>
</table>

（1）除污齿耙设在格栅前（迎水面）清除栅渣的为前清式或前置式。市场上该种型式居多，如三索式、高链式等。

（2）除污齿耙设在格栅后面，耙齿向格栅前伸出清除栅渣的为后清式或后置式。如背耙式、阶梯式等。

（3）无除污齿耙，格栅的栅面携截留的栅渣一起上行，至卸料段时，栅片之间相互差动和变位，自行将污物卸除，同时辅以橡胶刷或压力清水冲洗，干净的栅面回转至底部，自下不断上升，替换已截污的栅面，周而复始。该种格栅称自清式。如网箅式清污机、犁形耙齿回转式固液分离机等。

常用各种类型格栅除污机（表1-3），都有其独特的优点和长处，但各自也都有缺陷和不足，应根据工况条件，扬长避短地设计或择用。一般选择正确，均会有较满意的效果。

常用不同类型格栅除污机的比较　　表1-3

名称	适用范围	优点	缺点
链条回转式多耙格栅除污机	深度不大的中小型格栅 主要清除长纤维，带状物等生活污水中的杂物	1. 构造简单，制造方便 2. 占地面积小	1. 杂物易于进入链条和链轮之间，容易卡住 2. 套筒滚子链造价较高
三索式格栅除污机	固定式适用于各种宽度、深度的格栅 移动式适用于宽大的格栅，逐格清除	1. 无水下运动部件，维护检修方便 2. 可应用于各种宽度、深度的格栅，范围广泛	1. 钢丝绳在干湿交替处易腐蚀，需采用不锈钢丝绳 2. 钢丝绳易延伸，温差变化时敏感性强，需经常调整

续表

名　称	适用范围	优　点	缺　点
回转式固液分离机	适用于后道格栅，扒除纤维和细小的生活或工业污水的杂物，栅距自1～25mm，适用于深度不深的小型格栅	1. 有自清能力 2. 动作可靠 3. 污水中杂物去除率高	1. ABS的犁形齿耙老化快 2. 当绕缠上棉丝，易损坏 3. 个别清理不当的杂物返入栅内 4. 格栅宽度较小，池深较浅
移动式伸缩臂格栅除污机	中等深度的宽大格栅，主要清除生活污水中的杂物	1. 不清污时，设备全部在水面上，维护检修方便 2. 可不停水养护检修 3. 寿命较长	1. 需三套电动机，减速器，构造较复杂 2. 移动时耙齿与栅条间隙的对位较困难

本章依据目前国内市场已有生产的格栅除污机产品和引进的、具有特色的产品，介绍其性能和特征以及基本动作原理（产品的生产单位，详见附录中常用《专用机械》产品目录）。同时，为便于设计计算，以钢丝绳牵引，滑块式格栅除污机为例，详作介绍。

1.1.3 各种格栅除污机的性能与特点

1.1.3.1 链条回转式多耙格栅除污机

（1）总体构成：链条回转式多耙格栅除污机主要由驱动机构、主轴、链轮、牵引链、齿耙、过力矩保护装置和框架结构等组成。

链条回转式多耙平面格栅除污机如图1-1所示。

由驱动机构驱动主轴旋转，主轴两侧主动链轮使两条环形链条作回转运动，在环形链条上均布6～8块齿耙，耙齿间距与格栅栅距配合，回转时耙齿插入栅片间隙中上行，将格栅截留的栅渣刮至平台上端的卸料处，由卸料装置将污物卸至输送机或集污容器内。

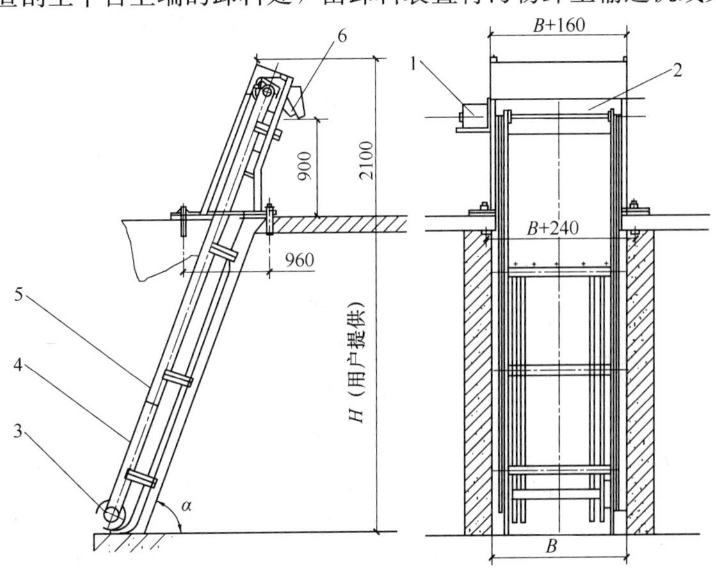

图1-1　链条回转式多耙平面格栅除污机

1—电机减速机；2—主传动链轮轴；3—从动链轮轴；4—齿耙；5—机架；6—卸料溜板

牵引齿耙的链条，常用节距为35～50mm的套筒滚子链。为延长使用寿命，可采用不锈钢材质。

这种除污机结构紧凑、运转平稳、工作可靠，不易出现耙齿插入不准的情况。使用中由于温差变化、荷载不匀、磨损等导致链条伸长或收缩，需随时对链条与链轮进行调整与保养，及时清理缠挂在链条、齿耙上的污物，以免卡入链条与链轮间影响运行。

（2）规格性能：链条回转式多耙平面格栅除污机规格和性能见表1-4。

链条回转式多耙平面格栅除污机规格和性能　　表1-4

型　号	格栅宽度（mm）	格栅净距（mm）	安装角α（°）	过栅流速（m/s）	电动机功率（kW）
GH-800	800	16，20，25，40，80	60～80	<1	0.75
GH-1000	1000				1.1～1.5
GH-1200	1200				1.1～1.5
GH-1400	1400				1.1～1.5
GH-1500	1500				1.1～1.5
GH-1600	1600				1.1～1.5
GH-1800	1800				1.5
GH-2000	2000				1.5
GH-2500	2500				1.5～2.2
GH-3000	3000				2.2

1.1.3.2 自清式格栅除污机

（1）总体构成：自清式格栅除污机又称固液分离机，如图1-2所示。由带电机减速机、机架、犁形耙齿、牵引链、链轮、清洗刷和喷嘴冲洗系统等组成。

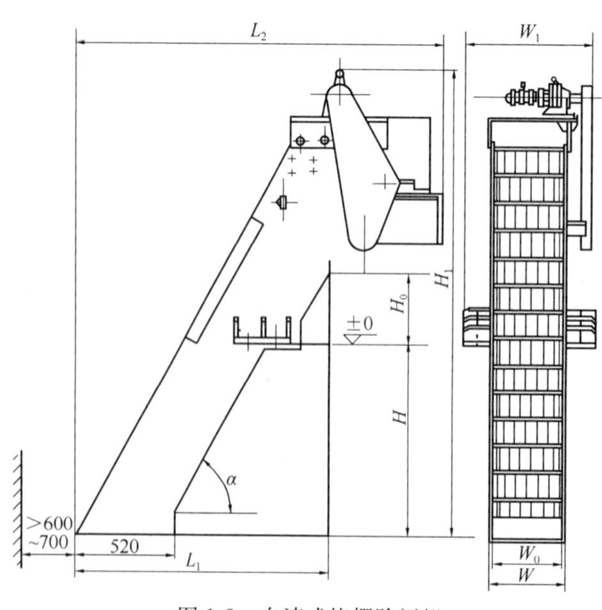

图1-2　自清式格栅除污机

犁形耙齿是用工程塑料（通常为ABS、尼龙1010）或不锈钢制成独特的构造，如图1-3（*a*）所示。耙齿互相叠合和串接，装配成覆盖整个迎水面的环形格栅簾，图1-3（*b*），每根串接轴的轴距就是链轮的节距*P*。在驱动机构传动下，链轮牵引整个环形格栅簾以2m/min左右的速度回转。环形格栅簾的下部浸没在过水槽内，栅面携水中杂物沿轨上行，带出水面。当到达顶部时，因弯轨和链轮的导向作用，使相邻耙齿间产生互相错位推移，把附在栅面上大部分污物外推，污物以自重卸入污物盛器内。另一部分粘、挂在齿耙上的污物，在回转至链轮下部时，压力冲洗水自内向外由喷嘴喷淋冲刷，同时，喷嘴相对应的栅面外侧，又有橡胶刷作反向旋转刷洗，基本上把栅面污物清除干净。运行示意见图 1-4 所示。

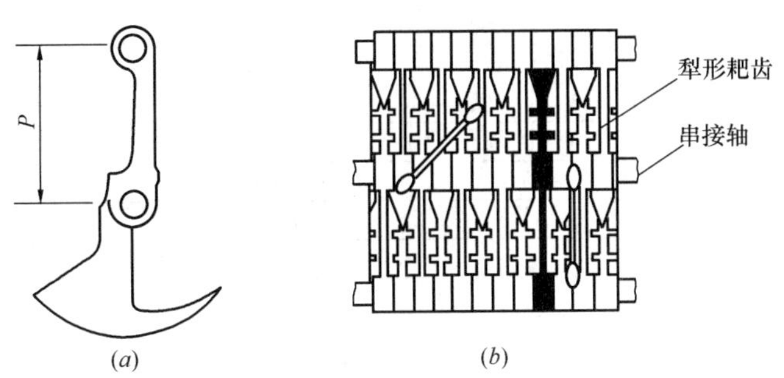

图 1-3 犁形耙齿和组装图

(a) 犁形耙齿；(b) 叠合串接成截污栅面

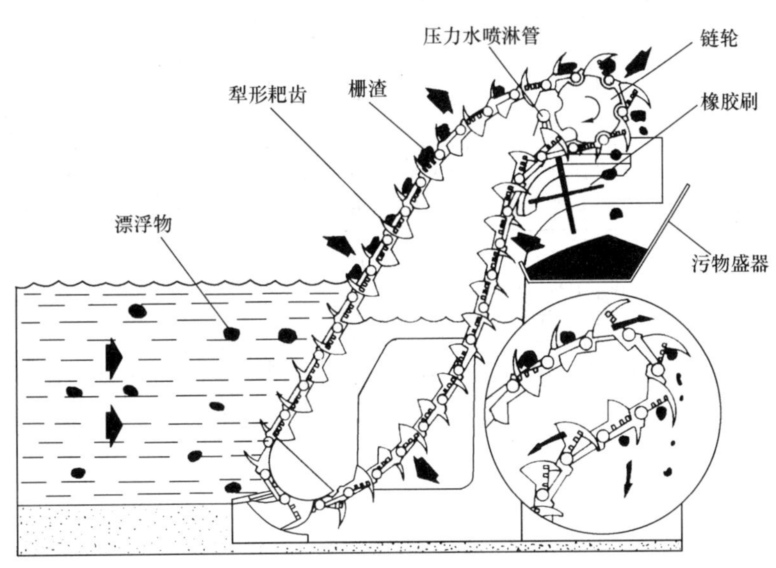

图 1-4 自清式格栅除污机运行示意

自清式格栅除污机的主要优点：

1) 有一定自净能力，运行平稳、无噪声。

2) 格栅与截留污物一起上行，洗刷后的栅面不断补充，故无堵塞现象，很适宜制作栅片间距 1～10mm 的细格栅除污机。在城市污水处理工程中，采用栅片间距 10～25mm 的中粗格栅除污机，效果也很满意。

3) 截留的污物由于耙齿弯钩的承托，不会下坠。到顶部翻转时，又易于把污物卸除。

4) 设有机械和电气双重过载保护后，可全自动无人操纵。

(2) 规格性能：自清式格栅除污机规格性能见表 1-5。泉溪环保股份有限公司提供的各种规格自清式格栅除污机过水流量理论值见表 1-6。

自清式格栅除污机规格性能　　表 1-5

型　　号	HF300	HF400	HF500	HF600	HF700	HF800	HF900	HF1000	HF1100	HF1200	HF1250	HF1500
安装角度 α	60°～80°											
电动机功率(kW)	0.4～0.75		0.55～1.1			0.75～1.5		1.1～2.2			1.5～3	
筛网运动速度(m/min)	约 2	约 2	约 2	约 2	约 2	约 2	约 2	约 2	约 2	约 2	约 2	约 2
设备宽 W_0(mm)	300	400	500	600	700	800	900	1000	1100	1200	1250	1500
设备总高 H_1(mm)	3153～13620											
设备总宽 W_1(mm)	650	750	850	950	1050	1150	1250	1350	1450	1550	1600	1850
沟宽 W(mm)	380	480	580	680	780	880	980	1080	1180	1280	1330	1580
沟深 H(mm)	1535～12000 用户自选											
导流槽长度 L_1(mm)	1500～8300											
设备安装长度 L_2(mm)	2320～8300											
介质最高温度(℃)	≤80											
地脚至卸料上口高 H_0(mm)	400～1000 用户自定											

自清式格栅除污机各种规格过水流量理论值　　表 1-6

型　　号			HF300	HF400	HF500	HF600	HF700	HF800	HF900	HF1000	HF1100	HF1200	HF1250	HF1500
栅前水深(m)			1.0	1.0	1.0	1.0	1.0	1.0	1.0	1.0	1.0	1.0	1.0	1.0
液体流速(m/s)			0.5～1.0	0.5～1.0	0.5～1.0	0.5～1.0	0.5～1.0	0.5～1.0	0.5～1.0	0.5～1.0	0.5～1.0	0.5～1.0	0.5～1.0	0.5～1.0
耙齿栅隙(mm)	1	过水流量(t/d)	1850～3700	2080～4160	2900～5800	3700～7400	4500～9000	5300～10600	6000～12000	7000～14000	7800～15600	8600～17200	9000～18000	11000～22000
	3		3700～7400	4100～8200	5700～11400	7500～15000	9000～18000	10600～21200	12300～24600	14000～28000	15500～31200	17200～34400	18000～36000	22000～44000
	5		4500～9000	5200～10400	7100～14200	9200～18400	11200～22400	13000～26000	15000～30000	17400～34800	19400～38800	21000～42000	22500～45000	24000～48000
	10		5300～10600	6200～12300	8800～17600	11000～22000	13500～27000	16000～32000	17400～34800	21100～42200	24000～48000	25000～50000	26000～52000	27000～54000
	20		5500～11000	6650～13000	9000～18000	11500～23000	14000～28000	17000～34000	19000～38000	22000～44000	25000～50000	27000～54000	28000～56000	29000～58000
	30		7100～14200	8600～17200	11700～23400	14900～29800	18200～36400	22100～44200	24700～49400	28600～57200	32500～65000	35100～70200	36400～72800	37700～75400
	40		7800～15500	10200～20500	14500～29000	18800～37500	23000～46000	27000～54000	31500～63000	36000～72000	40000～80800	44000～89000	46000～93000	57000～115000
	50		10200～20400	13250～26500	18850～37700	24450～48900	29900～59800	35100～70200	40950～81900	46800～93600	52000～104000	57200～114400	59800～119600	74100～148200

1.1.3.3　钢丝绳牵引式格栅除污机

（1）总体构成：钢丝绳牵引式格栅除污机，主要由驱动机构、卷筒、钢丝绳、耙斗、绳滑轮、耙斗张合装置、机械过力矩保护装置和机架等组成。

应用钢丝绳牵引耙斗清除格栅上被截留的污物。其结构形式有二索式、三索式、抓斗式；格栅安装有倾斜式（65°～85°）、垂直式（90°）；耙斗小车有滚轮式、滑块式、伸缩臂式；耙斗张合有差动卷筒式、旋臂滑轮式、摆动滑轮式、导架摆动式、电动推杆式和电液推杆式等。如图 1-5～图 1-10）所示。

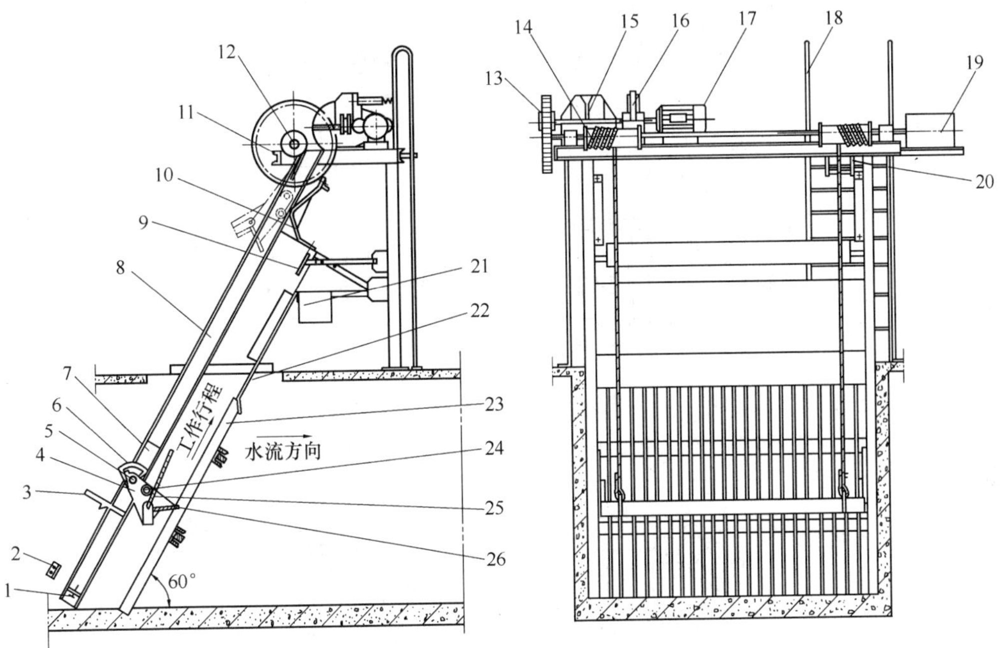

图 1-5 钢丝绳牵引二索滑块式格栅除污机

1—滑块行程限位螺栓；2—除污耙自锁机构开锁撞块；3—除污耙自锁栓；4—耙臂；5—销轴；6—除污耙摆动限位板；7—滑块；8—滑块导轨；9—刮板；10—抬耙导轨；11—底座；12—卷筒轴；13—开式齿轮；14—卷筒；15—减速机；16—制动器；17—电动机；18—扶梯；19—限位器；20—松绳开关；21、22—上、下溜板；23—格栅；24—抬耙滚子；25—钢丝绳；26—耙齿板

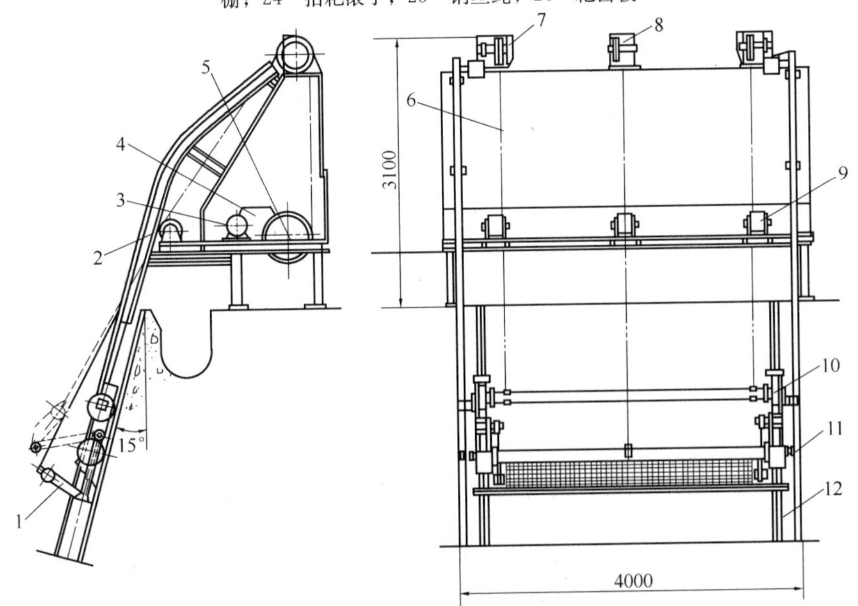

图 1-6 钢丝绳牵引三索式差动卷筒格栅除污机

1—除污耙；2—上导轨；3—电动机；4—齿轮减速箱；5—钢丝绳卷筒；6—钢丝绳；7—两侧转向滑动；8—中间转向滑动；9—导向轮；10—滚轮；11—侧轮；12—扁钢轨道

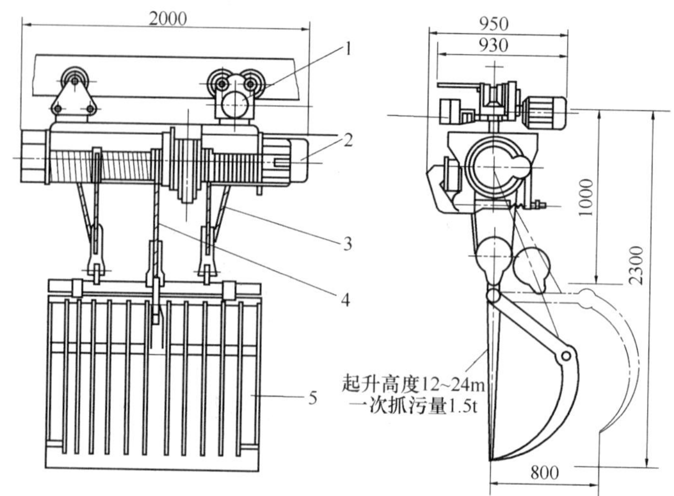

图 1-7 钢丝绳牵引葫芦抓斗式格栅除污机

1—行走驱动机构；2—除污机主机；3—升降牵引索；4—耙齿张合中间索；5—耙斗

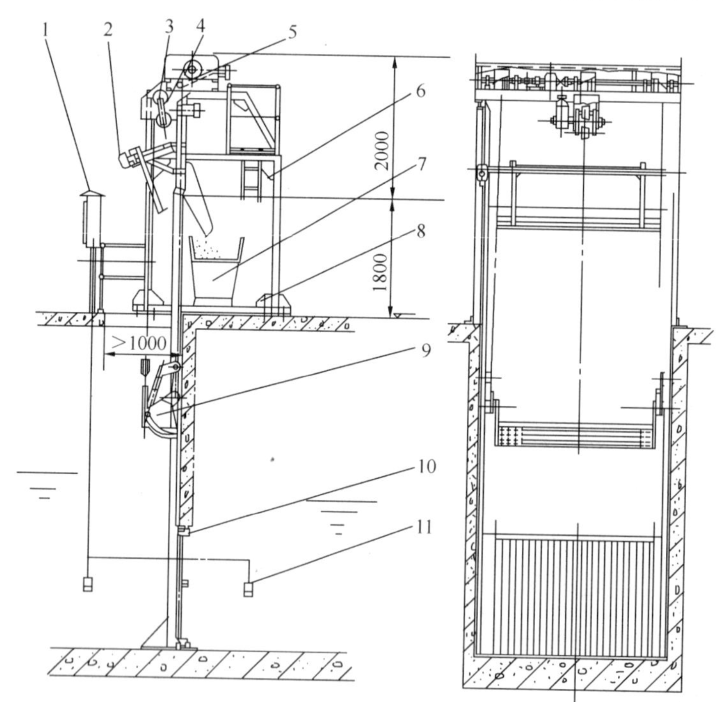

图 1-8 钢丝绳牵引三索式垂直安装格栅除污机

1—电控箱；2—推渣机构；3—齿耙张合装置；4—松绳机构；5—驱动机构；6—机架与平台；7—污物盛器；8—导轨；9—耙斗；10—平面格栅；11—栅前后液位差计

（2）耙斗张合装置：耙斗由三根钢丝绳操纵，其中中间索专司耙斗的张合，而张合的要素是改变中间索的长度，主要方法有：

1）差动卷筒：除污耙的升降与张合动作的配合，靠中间卷筒与两侧卷筒的差动来实现。中间卷筒空套在轴上，由一固定在轴上的拨杆，并配合设在空套卷筒上的带式制动器驱动，如

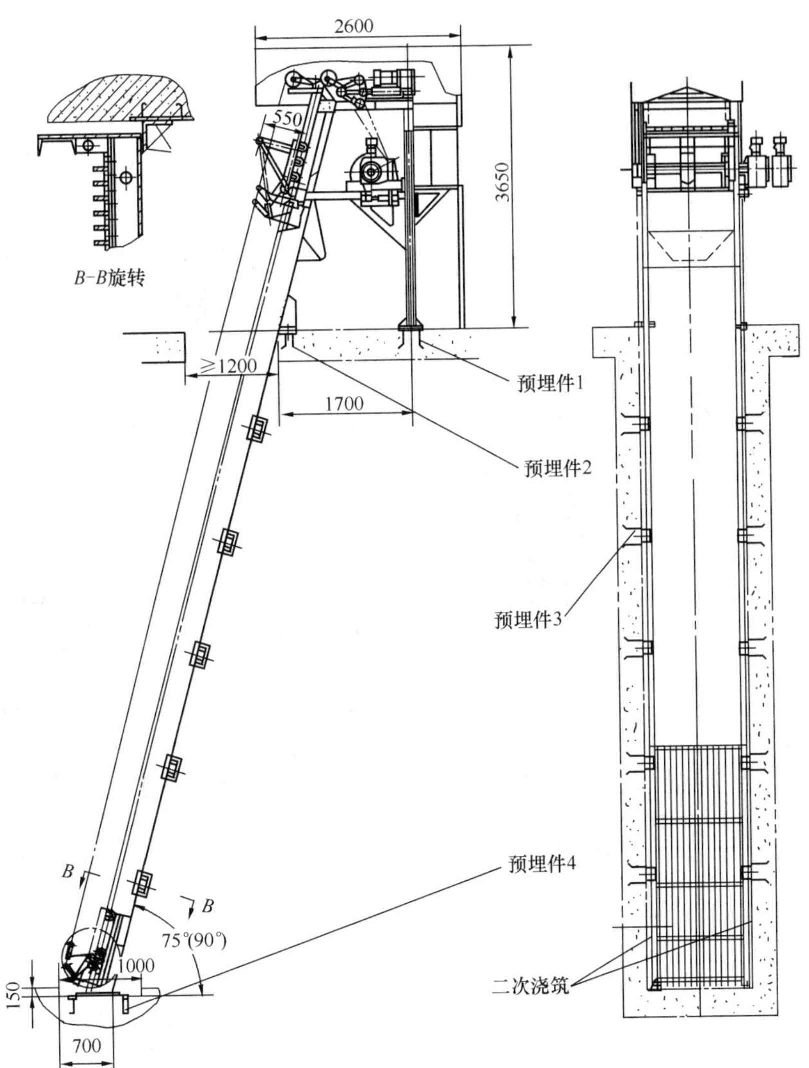

图 1-9 钢丝绳牵引三索式倾角安装格栅除污机

图 1-11 所示。当齿耙下行时，两侧卷筒上的钢丝绳先放松，使除污耙下降，同时中间卷筒制动，使除污耙张开，待中间卷筒差动一角度后，与两侧卷筒同步下行。如图 1-6 中虚线所示。

当除污耙上行时，中间卷筒的制动带放松，两侧卷筒上的钢丝绳牵引除污耙上升，使齿耙恢复与格栅啮合的状态，待中间卷筒反差动一角度，齿耙到达上端，进入曲线段导轨后，除污耙上的污物靠自重坠落下来，粘附在齿耙上的栅渣由刮渣板卸除。

2）旋臂滑轮：由电机减速机构驱动同一轴上三个钢丝绳卷筒，其中中间索还必须穿越旋臂上的双滑轮，如图 1-12 所示，因此中间索要比两侧牵引索长一个耙齿张开的长度。当耙斗下行前，旋臂旋至图 1-12 所示位置，绳索张紧，耙斗如图 1-13 所示。张开，而后下行。若耙斗到达槽底或遇栅上污物受阻时，耙斗停顿，如图 1-15 所示。绳索松弛，松绳开关动作，指令旋臂回旋，如图 1-14 转换成图 1-16 所示。绳索放松，耙斗闭合，耙齿插入栅片间，耙斗上行除污。当达卸污口时，刮污板把耙斗污物徐徐外推，刮入卸污溜板，外卸，耙斗即停留在溜板卸污口之上。如图 1-17 所示。

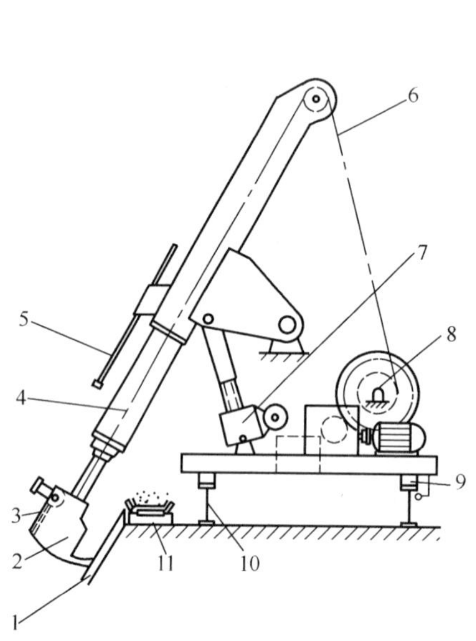

图 1-10 钢丝绳牵引伸缩臂式格栅除污机
1—格栅；2—耙斗；3—卸污板；4—伸缩臂；5—卸污调整杆；6—钢丝绳；7—臂角调整机构；8—卷扬机构；9—行走轮；10—轨道；11—皮带运输机

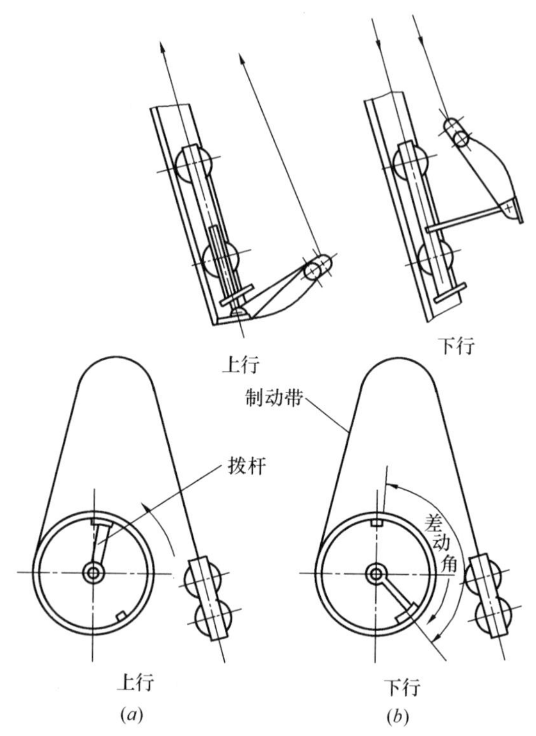

图 1-11 差动卷筒与耙升降配合示意
(a) 绳筒无差动，齿耙闭合扒污上行；
(b) 绳筒差动，齿耙张开下行

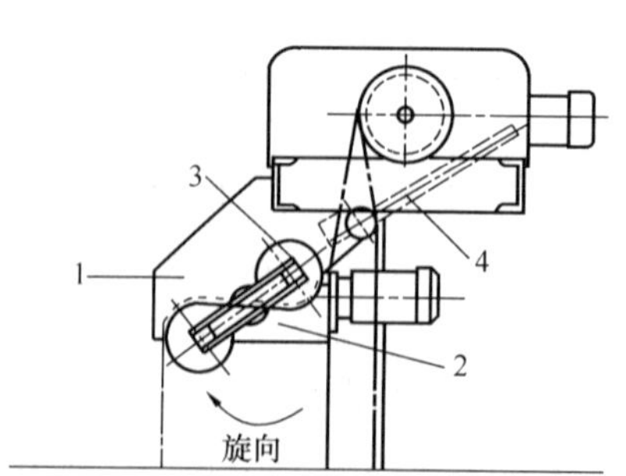

图 1-12 旋臂动作绳索张紧示意
1—行程开关（开）；2—行程开关（关）；3—耙斗张合机构滑轮；4—松绳感应拨杆

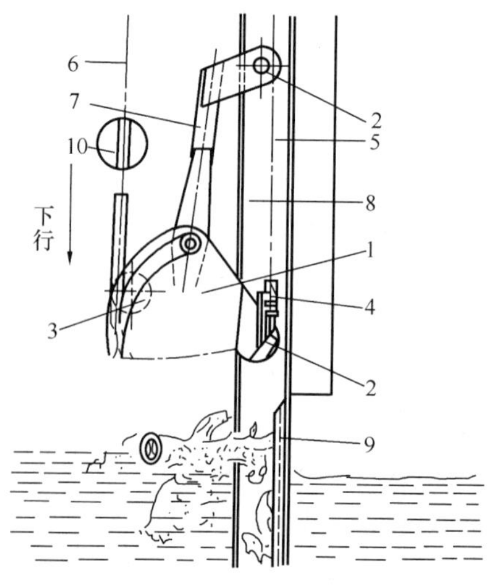

图 1-13 绳索张紧耙斗张开状态
1—耙斗；2—走轮；3—耙斗张合滚轮；4—钢丝绳接头；5—升降钢丝绳；6—耙斗张合钢丝绳；7—连杆；8—导轨；9—平面格栅；10—配重

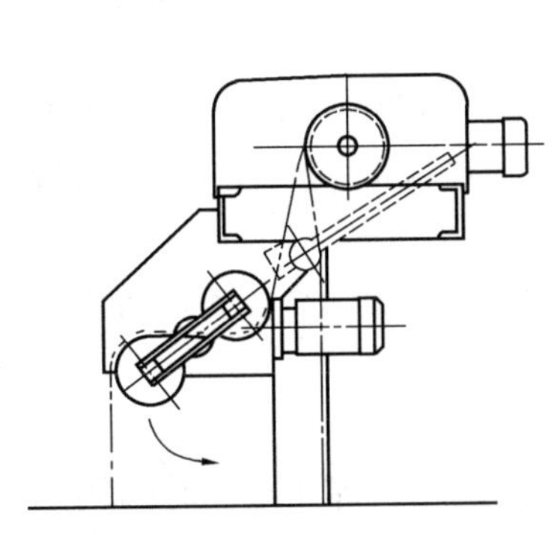
图 1-14 旋臂动作，绳索须要放松示意

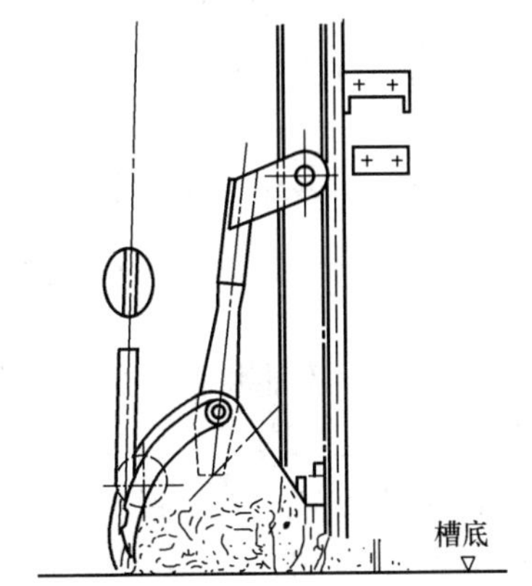

图 1-15 耙斗到底部，扒栅渣示意

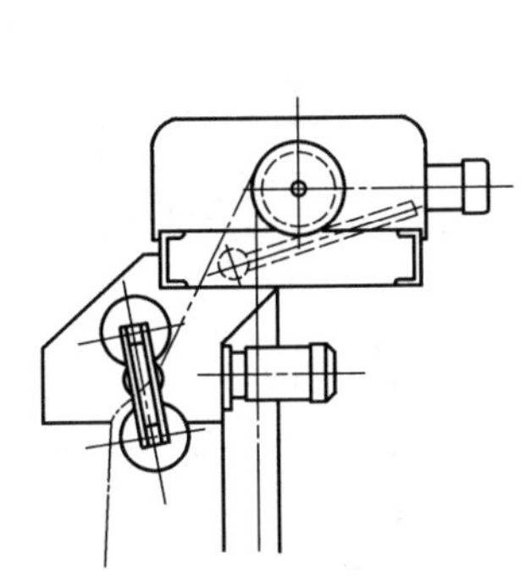
图 1-16 旋臂回旋到位，松绳示意

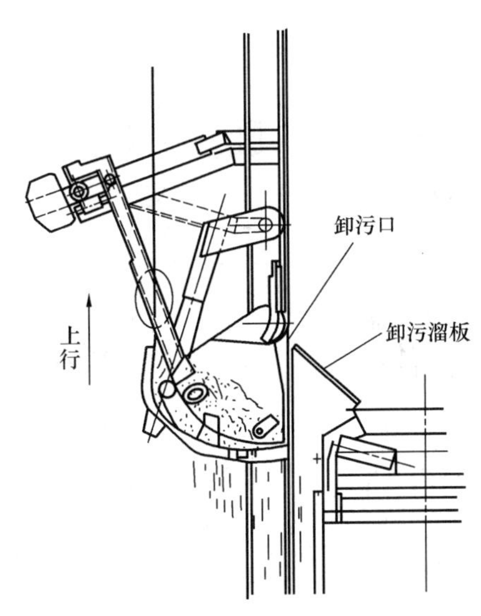

图 1-17 耙斗扒渣上行示意

3）摆动滑轮：三个钢丝绳卷筒完全固定在同一轴上，两侧两根钢丝绳牵引耙斗的升降，在中间钢索处布置一套摆动滑轮，如图 1-18 所示。通过操纵摆动滑轮，使之摆动一个角度，摆轮下降或上扬改变了中间钢索长度，实现耙斗张开或闭合的动作。摆臂长度和摆角，与耙斗张合所需的间距有关。该装置构造简单，动作可靠。采用减速机出轴上装设摆轮即可实施。

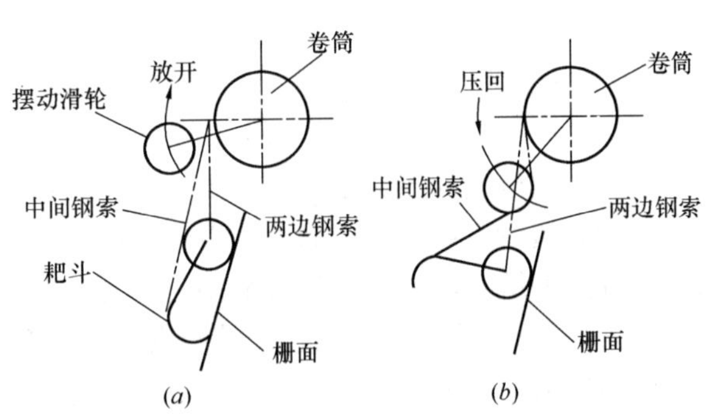

图 1-18 摆动滑轮结构示意
(a) 耙斗闭合；(b) 耙斗张开

4）液压推杆及电动推杆：图1-19所示为推杆与耙斗动作示意。

液压推杆有分体式和整体式两种。

整体式或分体式都应具有过载自动保护功能，一旦电气元件失灵或意外超荷可自行溢流。同时还应有压力自锁机构，当液压推杆到达工况点时，液压缸应处于保压状态。

电动推杆是一种通用部件，广泛应用于各行业，是成熟产品。其主要优点：结构紧凑，动作灵活、正确，安装方便，可远距离操纵。但机械传动噪声较大，应选用质优、低噪声的产品。

应用时应注意，不能将推杆的推和拉的行程使用至极限位置，否则机内自动保护装置将自动停机。不准把机内安全开关作行程控制开关使用。

(3) 除污耙和松绳开关装置

1) 除污耙：除污耙结构如图 1-20 所示。圆弧形的耙板焊接在实心圆钢上。这根圆钢还起平衡重的作用。较厚的耙齿焊接在耙板上，耙齿长 30mm，插入格栅 15mm，还在耙板和耙齿板上钻有均布的圆孔，当除污耙离开水后，除污耙里的水可以漏掉。

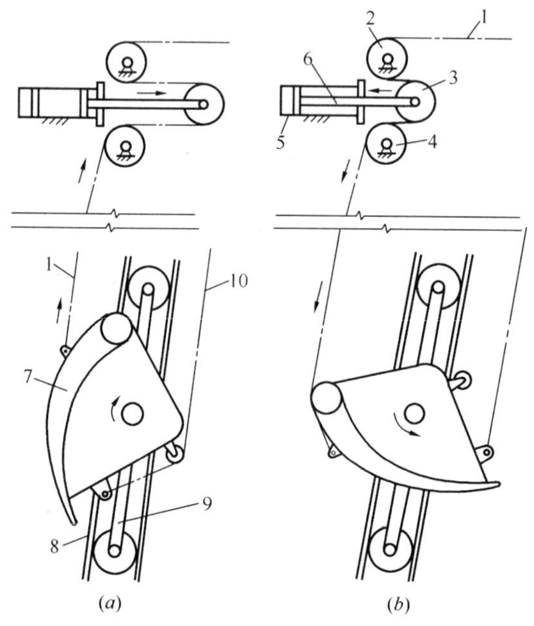

图 1-19　推杆与齿耙动作示意

(a) 推杆伸出，齿耙张开；(b) 推杆收缩，齿耙闭合

1—中间索；2、4—固定绳滑轮；3—伸缩绳滑轮；5—液压缸或推杆支承架；6—推杆；7—齿耙；8—导轨；9—小车；10—两侧牵引索

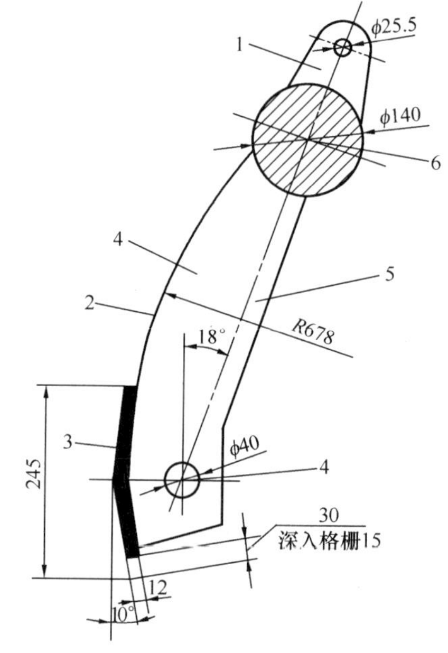

图 1-20　除污耙中间剖面

1—钢丝绳吊耳；2—钻孔耙板；3—钻孔耙齿板；4—翻耙销孔；5—加强肋；6—实心圆钢

除污耙通过连杆连接在牵引小车上，该小车的滚轮沿混凝土胸墙上预埋的（垂直设置）扁钢轨道行走，离开挡墙后，由小车的侧轮在上导轨内行走。小车的上下极限位置，由卷筒轴上的链轮驱动螺杆螺母触动行程开关予以控制。

2) 松绳开关装置：在钢丝绳的导向滑轮轴座上装有松绳开关装置，如图 1-21 所示，在钢丝绳因故松弛或断开时，由于对导向滑轮的压力减小，轮轴受压缩弹簧的作用抬起，触动行程开关断电，从而起到保护作用。

设备的开停，根据格栅前后水位差，通过水头损失检测器控制。扒上来的污物可落入混凝土槽内，用水力输送或落入小车后运出。由配合开停的水泵抽水，用以输送落入槽内的污物。

（4）几种型式钢丝绳牵引格栅除污机：

1）钢丝绳牵引二索滑块式格栅除污机：图 1-5 所示为钢丝绳牵引二索滑块式格栅除污机。耙斗的张合装置由耙的自锁栓碰开自锁撞块，除污耙闭合，耙齿插入格栅间隙，详见 1.1.4 节。

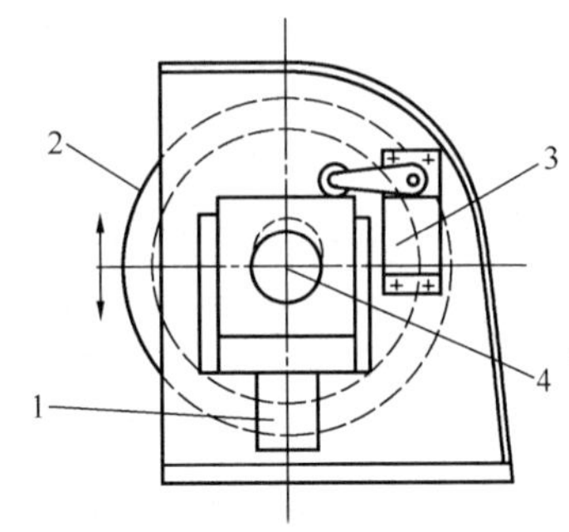

图 1-21 松绳开关装置
1—弹簧盒；2—导向滑轮；3—行程开关；4—轮轴

2）钢丝绳牵引三索式格栅除污机：图 1-6 所示为钢丝绳牵引三索式差动卷筒格栅除污机。耙斗由三根钢丝绳操纵其升降和张合，安装角度 75°～90°。该种形式除污机的各种型号，其基本构造相仿，大多在中间索操纵耙斗的张合上采取不同的形式，有电动推杆、电液推杆、旋臂滑轮、摆动滑轮等，都有其独特的长处。

耙斗小车分两种类型，一种是无导向装置：耙斗小车下降时，小车较宽的滚轮，在栅面被截留的污物上滚行。上行时，小车紧贴在栅面上除污。此种无导向装置主要缺点是，运动线路不稳定，当受侧向水流冲击时，会产生横向移动。另一种是有导向装置：耙斗小车升降，其滑块或滚轮均在固定的导槽或轨道上运行。易于控制，耙齿插入栅隙较准确。但主要缺点是，当栅面上有大的漂浮物紧贴时，耙斗难以下放。两种类型相对较，后者应用较多。

钢丝绳牵引三索式格栅除污机规格性能如表 1-7 所示。

钢丝绳牵引三索式格栅除污机规格性能 **表 1-7**

型 号	宽度 (m)	井深 (m)	栅距 (mm)	安装倾角 (°)	耙速 (m/min)	功率 (kW)	承载力 (N)	水头差 (m)
GS	1.3～3.5	<12	20～100	75～90	6～9	0.55+1.5～1.1+3	10000	1

3）钢丝绳牵引葫芦抓斗式格栅除污机：图 1-7 为钢丝绳牵引葫芦抓斗式格栅除污机，采用电动葫芦改装，由绳鼓两侧中的一台电机，专司张、合耙的动作。图示虚线为抓斗张开，实线为闭合。此种格栅除污机以清除杂草、芦苇、枯枝等为主，卸污全靠污物自重。钢丝绳牵引葫芦抓斗式格栅除污机规格性能如表 1-8 所示，外形尺寸见表 1-9。

钢丝绳牵引葫芦抓斗式格栅除污机规格性能 **表 1-8**

型 号	最大提升高度 (m)	齿耙宽度和齿距	提升质量 (kg)	升降速度 (m/min)	电动机功率 (kW)	设备质量 (kg)
QL	24	按用户需要	1700	8	4.5	3000
QX	12～24	按用户需要	3000	9	4.5	1500
QG	12～24	按用户需要	3000	9	4.5	1500

钢丝绳牵引葫芦抓斗式格栅除污机外形尺寸　　表 1-9

型 号	外形尺寸（mm）			轨 距（mm）	排污槽尺寸（mm）		预埋件
	长	宽	高		深	宽	
QL	6050 5850	2000 3130	3800 3200	1500 2100	500 800	600 800	P38 钢轨
QX	2000	950	2300	—	—	—	工字钢 20a～32a
QG	2000	1800	3200	—	500	600	—

1.1.3.4 移动式格栅除污机

移动式格栅除污机，适用于多台平面格栅或超宽平面格栅，均布置在同一直线上或移动的工作轨迹上，以一机替代多机，依次有序地逐一除污。使用效率高、投资省。主要形式有移动式钢丝绳牵引伸缩臂格栅除污机、移动式钢丝绳牵引耙斗格栅除污机、移动式钢丝绳牵引抓斗格栅除污机等，以耙斗式应用居多。

（1）移动式钢丝绳牵引伸缩臂格栅除污机

图 1-10 为移动式钢丝绳牵引伸缩臂格栅除污机，主要由卷扬提升机构、臂角调整机构和行走机构等组成。卷扬提升机构由电动机、蜗轮减速器和开式齿轮减速驱动卷筒，以及钢丝绳牵引四节矩形伸缩套管组成的耙臂构成。耙斗固定在末级耙臂的端部。耙齿由钢板制成并焊接在耙斗上，耙斗内有一块借助杠杆作用动作的刮污板，刮除耙斗内的污物。耙臂和耙斗的下降靠其自重，上升则靠钢丝绳的牵引力，在卷筒的另一端还有一对开式齿轮，带动螺杆螺母，由螺母控制钢丝绳在卷筒上的排列，避免由于钢丝绳叠绕而导致动作不准确。

臂角调整机构由电动机经皮带传动和蜗轮减速器带动螺杆螺母，螺母和耙臂铰接在一起，在耙臂下伸前，应使耙斗脱开格栅。在耙斗刮污前，应使耙斗接触格栅。这两个动作通过改变臂角的大小来实现。

行走机构由电动机经蜗轮减速器和开式齿轮减速，带动槽轮行走。轨道为 20 号工字钢。在耙臂另一侧的车架下部装有两个锥形滚轮，可沿工字钢轨道上翼缘的下表面滚动，当耙臂伸开，整机偏重时，可防止机体倾覆。

该机的供电方式是悬挂式移动电缆，设备的各种动作由人工控制机上按钮实现。各动作的定位由行程开关控制。

污物被耙上来后，可由皮带运输机运至料斗，待积累到一定数量时装车运走。

在设计制造这种除污机时，应注意使伸缩臂内摩擦表面平直光洁，避免卡住。还应注意耙斗齿的间距和格栅相适应，以及行走时定位的准确。

移动式钢丝绳牵引伸缩臂格栅除污机规格性能如表 1-10 所示。

（2）移动式钢丝绳牵引耙斗格栅除污机

图 1-22～图 1-24 为移动式钢丝绳牵引耙斗格栅除污机，主要由卷扬机构、钢丝绳、耙斗、绳滑轮、耙斗张合装置、机械过力矩保护装置、移动行车和定位装置等组成。整机

定位后的扒污动作、耙斗升降、耙斗张合、耙斗污物刮除等与固定安装的钢丝绳牵引耙斗式格栅除污机相同，唯上机架与下机架分体，上机架全部设在移动行车上。除污时，移动到位，上下机架对位准确，耙斗即可顺利下放除污，除污完毕移动一个耙齿有效宽度，继续除污，直至栅面污物清除完毕，栅前后水位差达到正常值时止。

移动式钢丝绳牵引伸缩臂格栅除污机规格性能 **表 1-10**

型号	齿耙宽度（mm）	齿距（mm）	臂长（m）	提升高度（m）	提升速度（m/min）	行车速度（m/min）	安装角度（°）	电动机功率（kW）	除污质量（kg）	设备质量（kg）
GC-01	800 1000 1200	50 80 100	14	10	7	14	60±10	1.5×3	40	4000

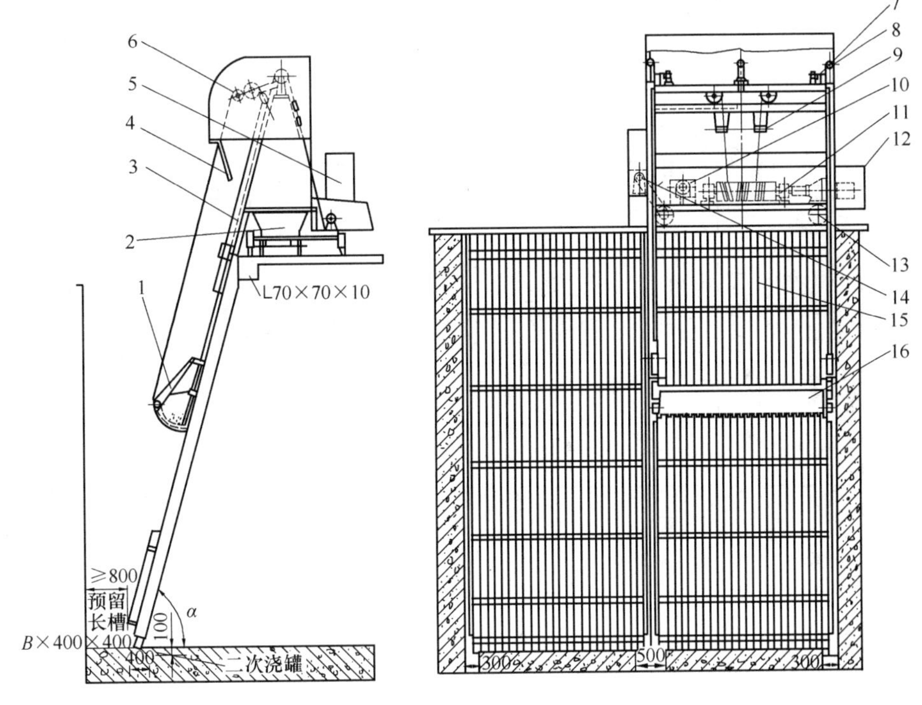

图 1-22 BLQ-Y 型钢丝绳牵引耙斗式格栅除污机

1—清污耙斗；2—污物盛器；3—上机架；4—刮污板；5—电控柜；6—滑轮机构；7—过载保护装置；8—滑轮；9—钢丝绳防松机构；10—耙斗张合装置；11—卷筒；12—挡板；13—车轮；14—驱动机构；15—格栅；16—耙斗齿耙

任何型式的移动式格栅除污机必须注意：

1）移动到位，上下机架对位准确，在下放除污耙前必须锁定行走行车，除污过程中，行车不能移位。

2）行车移动，必须在耙斗已升至井顶的上下机架分体界限以上。

移动式钢丝绳牵引格栅除污机规格性能如表 1-11 所示。

移动式钢丝绳牵引格栅除污机规格性能 表 1-11

格栅总宽(m)	栅条间距(mm)	耙斗宽度(m)	耙斗容积(m^3)	格栅安装倾角(°)	齿耙额定载荷(t)	电动机功率(kW)	提升高度(m)	提升速度(m/min)	行走速度(m/min)	设备自重(t)	轨道型号(kg/m)	轨距(m)
12.2	73	1.549	0.35	75	4.0	升降:6.3 行走: 2.2×2	30	6.3	20	20	24	2.2
约 15～30	100	1.7	0.37	75	1.5	总:14.1	18	17.4	20	12	24	2.1
约 20	100 80 50	1.2 1.0 0.8		60 (伸缩臂角 60^{+5}_{-10})	污物 0.04	1.5×3	6～12	7.0 8.4	14 11.8	4	I 20	1.3
68	99	2.0	0.4	75	抓草 0.1	行走:3 提升:3 开闭:1.5	7.5	22.5		2.5		1.04
28	80	4.08		80	1.5	提升:3.7 行走:1.5	13.8	6.0	3.0		15	1.5
3.6×4	80	3.6	0.7	71	0.7	提升:2.2 开闭:0.55 行走:0.55 (双速)	12	6.0	30/3.0	5 (不含格栅)	24	2.4
5.0×6	80	2.5	0.5	90	0.6	提升:3.0 开闭:0.75 行走:手动	13.5/11 (两种井深)	7.0	<5.0	1.2 (不含格栅)	18	2.5
7.3	50	1.5	0.31	70	100	行走:0.75 升降:1.5	7.13	5.6	2.9	9.3	15	1.4
11	35	2.465	0.25	75			6.5			15.2		
11.6	50	2.57	0.5	70			7.806			16.1		
12	50	1.67	0.34	75			10.1			19.5		
20	50	2.15	0.45	70			7.652			40.2		

注：格栅总宽□□×□，前者为格栅井宽度，后者为格栅井的数量。

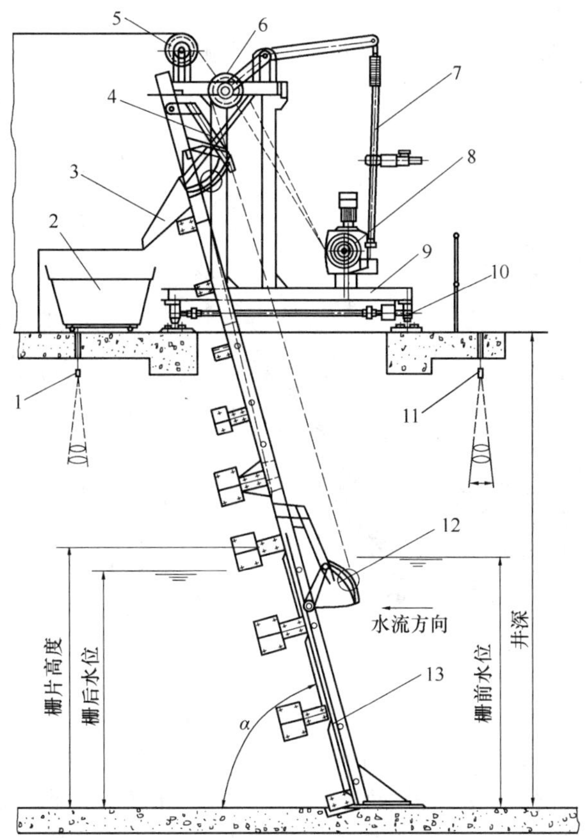

图 1-23 GSYA 型钢丝绳牵引耙斗式格栅除污机侧面

1—栅后超声波水位计；2—污物盛器；3—卸污溜板；4—刮渣机构；5—绳滑轮；6—张合绳轮；7—电动推杆；8—驱动机构；9—上机架及行走小车；10—车轮；11—栅前超声波水位计；12—耙斗小车；13—格栅

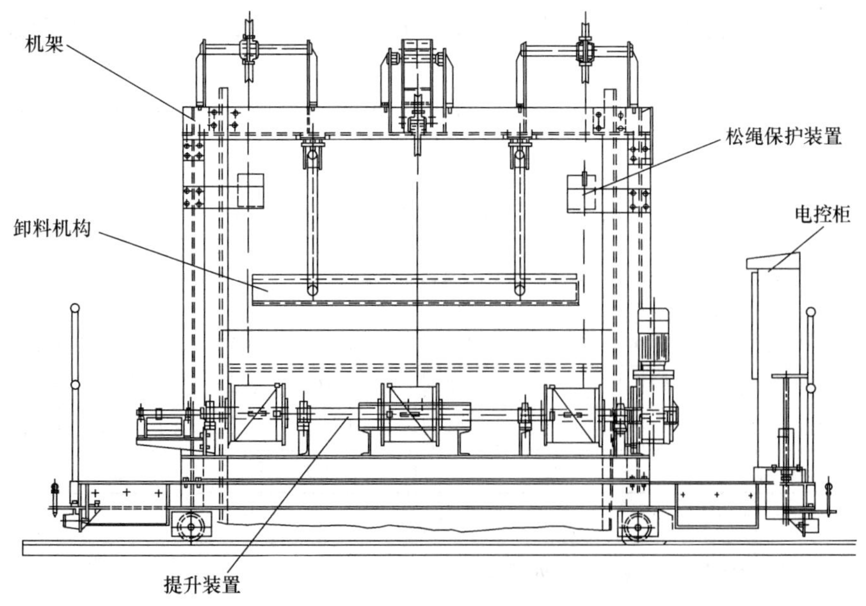

图 1-24 GSYA 型钢丝绳牵引耙斗式格栅除污机移动装置正面

1.1.3.5 鼓形栅筐格栅除污机

(1) 总体构成：鼓形栅筐格栅除污机，又称细栅过滤器或螺旋格栅机，是一种集细格栅除污机、栅渣螺旋提升机和栅渣螺旋压榨机于一体的设备。如图 1-25 所示。

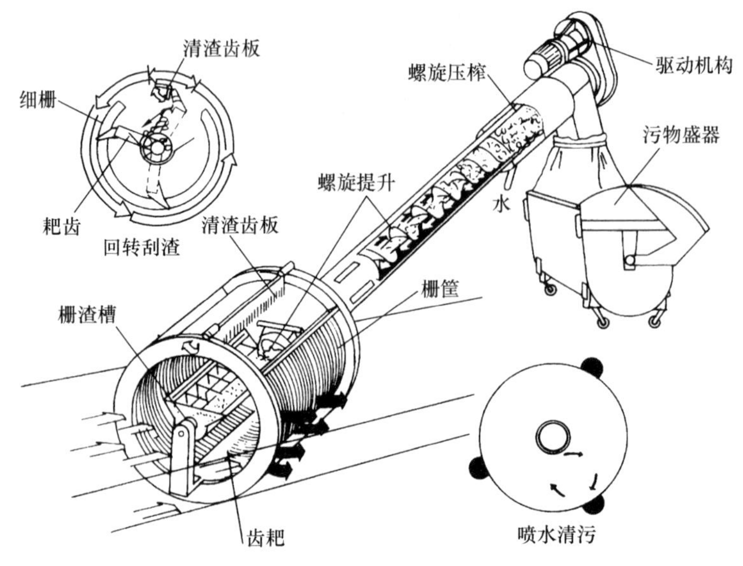

图 1-25　鼓形栅筐格栅除污机

格栅片按栅隙（5～12mm）间隔制成鼓形栅筐，处理水从栅框前流入，通过格栅过滤，流向水池出口，污物被截留在栅面上，当栅内外的水位差达到一定值时，安装在中心轴上的旋转齿耙，回转清污，当清渣齿耙把污物扒集至栅筐顶点（时钟 12 点）位置时，卸污（能依自重下坠的污物卸入集污槽），而后又后转 15°，被栅筐顶端的清渣齿板把粘附在耙齿上的污物自动刮除，卸入集污槽。污物由槽底螺旋输送器提升，至上部压榨段压榨脱水，栅渣固含量可达 35%～45%，后卸入污物盛器内外运。

鼓形栅筐格栅除污机，适用于城市给水、排水，工业给水、排水等取水口截除水体中的污物。

(2) 规格性能：鼓形栅筐格栅除污机规格性能如表 1-12、图 1-26 所示，外形尺寸如表 1-13 所示。

鼓形栅筐格栅除污机规格性能（mm）　　**表 1-12**

型号:R01/D	D600	D780	D1000	D1200	D1400	D1600	D1800	D2000	D2200	D2400	D2600	D3000
$e=6$;Q_{max}(L/s)	83	130	200	300	419	630	850					
$e=10$;Q_{max}(L/s)	91	151	241	346	482	638	878	1061	1315	1750	2150	2750
$L=H\times1.74345$—...	335	414	525	622	725	850	1000	1205	1355	1505	2603	2929
$A=H\times1.42815$—...	153	218	308	387	451	553	677	795	870	945	1924	2120
电动机功率(kW)	1.1		1.5					2.2				3

注:e 为栅片间距;Q 为过栅流量。

表中“L”和“A”的计算方法如下：

(3) 计算实例：

【例】 已知：$t=1200$mm
$a=1500$mm（对于 1.1m^3 的容器）
$D=780$mm

计算：$H=?$
$L=?$
$A=?$

【解】 $H=t+a+h$

$H=1200+1500+740=3440$mm

$L=H\times1.74345-414$

$L=3440\times1.74345-414=5583$mm

$A=H\times1.42815-218$

$A=3440\times1.42815-218=4695$mm

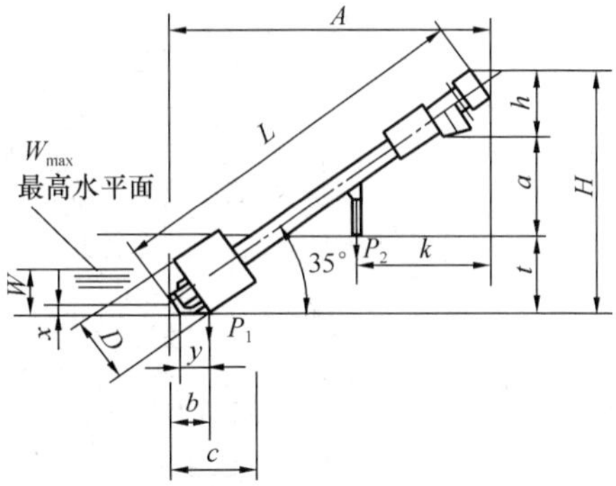

图 1-26 鼓形栅筐格栅除污机安装示意

鼓形栅筐格栅除污机安装尺寸（mm） 表 1-13

D	沟渠宽度	b (e=6)	b (e=10)	c (e=6)	c (e=10)	W	x	y	h	k	最大载荷（N）	
											P_1	P_2
600	620	435	465	821		300	50	500	700	1235	7160	3580
780	800	546	548	1013	1012	350	50	650	740	1420	8300	4150
1000	1020	625	630	1190	1190	480	70	700	740	1420	10400	5200
1200	1220	741	749	1401	1402	590	80	800	740	1310	11660	5830
1400	1440	842	846	1658	1657	750	80	900	804	1595	19500	9750
1600	1640	902	963	1874	1875	850	80	1000	804	1595	22000	11000
1800	1840	1263	1263	2280	2277	950	80	1100	804	1595	24500	12250
2000	2040	1300	1300	2490	2490	1150	100	1200	959	1525	37500	18750
2200	2240	1340	1340	2670	2670	1250	100	1300	959	1525	40800	20400
2400	2440	1375	1375	2990	2990	1400	100	1400	959	1525	45800	22900
2600	2640	1490	1490	3050	3050	1490	100	1600	959	1525	55800	27900
3000	3040	1707	1707	3657	3657	1700	150	1600	2040	1635	61240	30620

鼓形栅筐格栅除污机布置时可多台并联，选用时可按图 1-27 所示，按处理水量直接查到栅筐直径。该装置处理水量大、规格多、能耗低、自动化程度高，从进水到栅渣外运，可全封闭运行，卫生、无臭味。

1.1.3.6 鼓形筛网精细格栅除污机

(1) 总体构成：精细格栅由筛网卷制成筒状栅框，处理水从栅框前流入，通过筛网过滤，流向水渠出口，污物被截留在栅框上，当栅内外的水位差到达一定的值时，该机型的筒形栅框自转，将栅渣污物提升至栅框顶端位置时，污物依靠自重、喷水等作用，卸入集污槽。污物由螺旋输送器提升，至上部压榨段压榨脱水，栅渣固体含量可达 30%～40%，

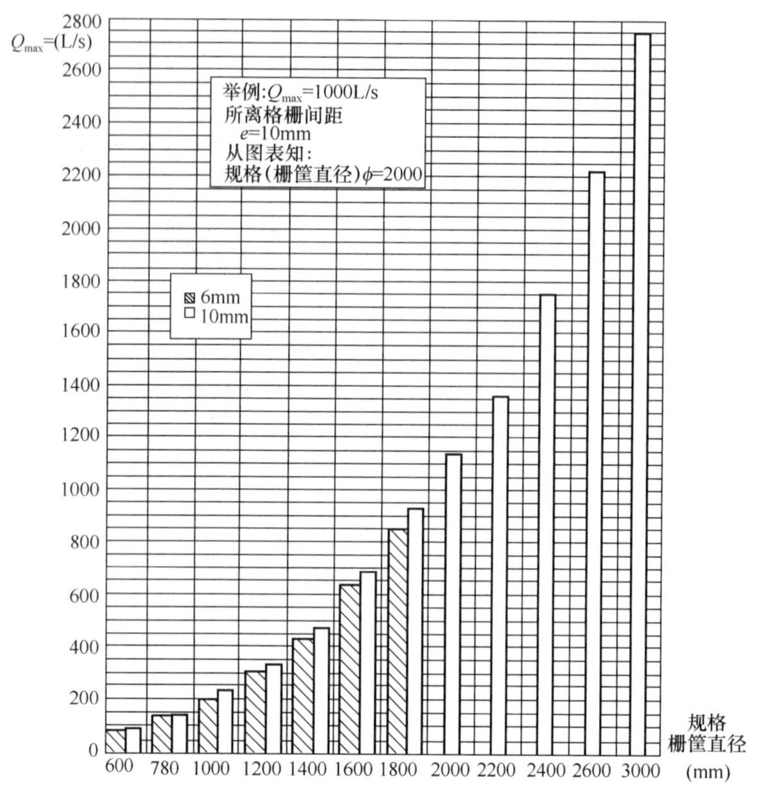

图 1-27 鼓形栅筐格栅除污机流量与栅筐直径对应表

后卸入污物盛器内外运。如图 1-28 所示。

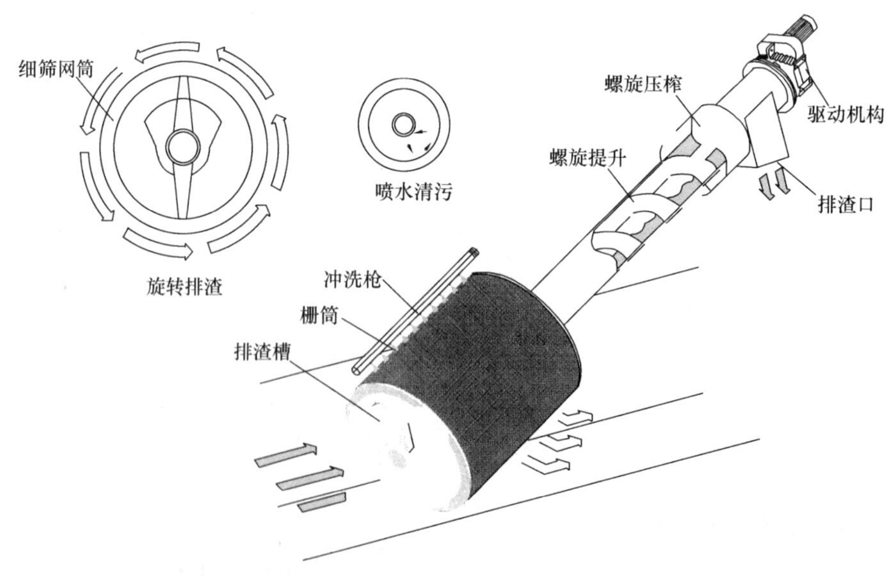

图 1-28 鼓形筛网精细格栅除污机

(2) 规格性能：鼓形筛网精细格栅除污机的规格性能如表 1-14、表 1-15、图 1-29 所示，其外形尺寸如表 1-16 所示。

鼓形筛网精细格栅除污机规格性能（mm） **表 1-14**

型号 ZG-Ⅰ（精细）	800	1000	1200	1400	1600	1800	2000	2200	2400	2600
$e=0.5$ Q_{max}（L/s）	44	69	102	134	175	223	295	384	494	638
$e=0.75$ Q_{max}（L/s）	61	101	145	198	268	326	366	512	645	796
$e=1$ Q_{max}（L/s）	76	123	173	238	312	396	492	602	797	932
$L=H\times1.74345-\cdots$	655	794	922	1609	1751	1894	2045	2188	2413	2673
$A=H\times1.42815-\cdots$	301	358	413	869	928	988	1062	1121	1686	1956
电机功率（kW）	1.1		1.5			2.2			3	

注：e 为网丝间距；Q 为过网流量。

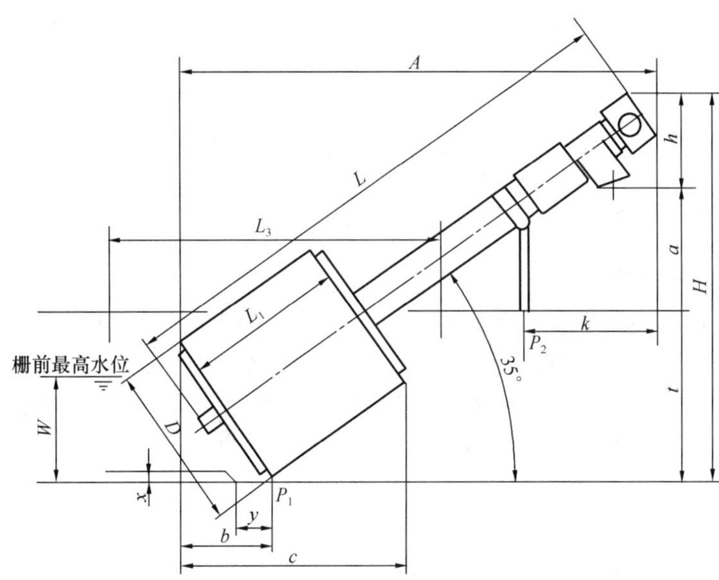

图 1-29 鼓形筛网精细格栅除污机安装示意图

鼓形筛网精细格栅除污机参数表（mm） **表 1-15**

规格型号 ZG-Ⅰ（精细）	800	1000	1200	1400	1600	1800	2000	2200	2400	2600
转鼓直径 D	800	1000	1200	1400	1600	1800	2000	2200	2400	2600
输送管直径 d	273	300	300	360	360	360	500	500	530	530
筛网长度 L_1	800	1000	1200	1400	1600	1800	2000	2100	2200	2300
最高水深 W	500	670	800	930	1100	1200	1300	1500	1680	1800
渠深 t	$t=W+300\sim600$									
渠宽 B	$B=D+100$									
安装角度 α	35°									
渠道安装孔长度 L_3	$L_3=3/2D+1000$ 或 $1.5D+1000$									
排渣高度 a	a 根据配接设备定（600～1400）									
安装高度 H	$H=h+a+t$									
安装长度 A	$A=H\times1.43-0.48D$									
设备总长 L	$L=H\times1.74-0.75D$									

鼓形筛网精细格栅除污机安装尺寸（mm）　　表 1-16

D	沟渠宽度	b	c	W	x	y	h	k	最大载荷（N）	
									P_1	P_2
800	900	460	1120	500	50	125	840	1042	5700	2850
1000	1100	575	1395	670	60	150	840	1350	6860	3430
1200	1300	690	1675	800	60	150	840	1350	7616	3808
1400	1500	805	1955	930	60	150	1020	1350	12500	6250
1600	1700	840	2150	1100	70	200	1020	1424	19350	9675
1800	1900	1035	2510	1200	70	200	1020	1424	26100	13050
2000	2100	1150	2800	1300	70	200	1200	1548	31040	15520
2200	2300	1265	3070	1500	70	300	1200	1548	39700	19850
2400	2500	1380	3350	1680	70	300	1200	1625	47314	23657
2600	2700	1495	3630	1800	70	300	1400	1834	55890	27945

1.1.4 钢丝绳牵引滑块式格栅除污机设计

1.1.4.1 总体构成

滑块式格栅除污机构造如图 1-5 所示，它是用两根钢丝绳牵引除污耙。耙和滑块沿槽钢制的导轨移动，靠自重下移到低位后，耙的自锁栓碰开自锁撞块，除污耙向下摆动，耙齿插入格栅间隙，然后由钢丝绳牵引向上移动，扒除污物。除污耙上移到一定位置后，沿抬耙导轨逐渐抬起，同时刮板自动将耙上的污物刮到污物槽或小车中。随后，已张开的耙子停留于高位，一个工作循环结束。

1.1.4.2 设计依据

（1）格栅的宽度（常用 1～4m）、长度、安装倾角（常用 60°～75°）、栅条间距（按表 1-1 选用）。

（2）除污耙的运行速度 3～20m/min（一般常用 5～9m/min）。

（3）水流通过格栅的最大平均流速取 0.8～1.0m/s。

（4）最高水位、最低水位、水的 pH 值、安装格栅的渠道深度、宽度和其他有关构筑物的形状尺寸等。

（5）污物截留量，污物的表观密度及其主要成分和性质。

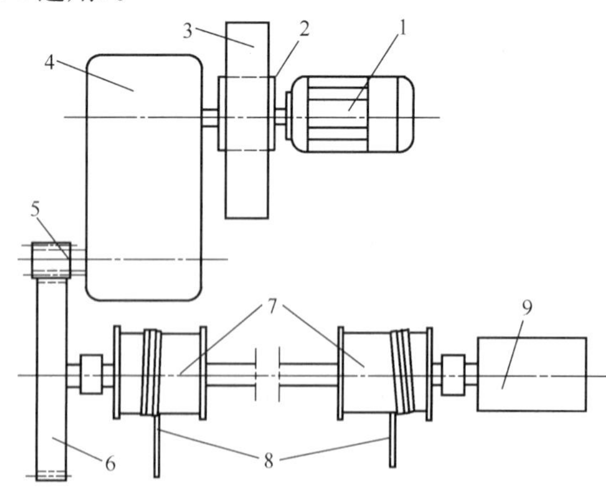

图 1-30　传动布置（一）

1—电动机；2—带制动轮柱销联轴节；3—交流制动器；4—圆柱齿轮减速器；5—小齿轮；6—大齿轮；7—卷筒；8—钢丝绳；9—行程控制机构

1.1.4.3 传动设计

（1）传动布置：设备的传动部分布置在机架的平台上。由于采用的减速装置不同，有不同的传动布置方式。

图 1-30 传动布置（一）所示为用圆

柱齿轮减速器和开式齿轮减速的布置形式。

图 1-31 传动布置（二）所示为用双出轴的两级蜗轮减速器的布置方式。这种方式布置紧凑，可缩短每根传动轴的长度，但两级蜗轮减速器尚无标准产品。也可用行星摆线针轮减速机作为传动部件。

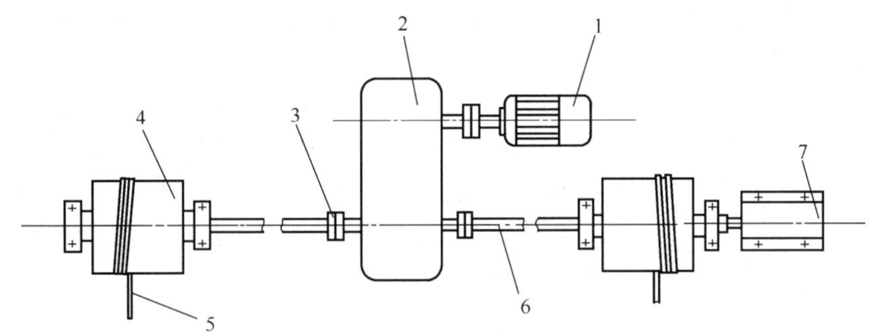

图 1-31 传动布置（二）

1—电动机；2—二级蜗轮减速器；3—联轴器；4—卷筒；5—钢丝绳；6—传动轴；7—行程控制机构

（2）卷筒、钢丝绳：卷筒（有的还有转向轮）的位置取决于两根牵引钢丝绳在耙上的吊点（吊点应适当靠近耙臂）并与传动布置和机架的设计有关。为使除污耙工作时可以承受较大的负荷而不致产生“让耙现象”，应尽量将卷筒往后放置，但钢丝绳拉紧时不可与刮板或溜板相碰。通常除污耙上行时钢丝绳应与格栅平行。

选用较柔软的钢丝绳，最好用不锈钢丝绳。钢丝绳直径 d_0（mm）应满足：

$$S_{max} n \leqslant S_{破} \tag{1-1}$$

式中 $S_{破}$——钢丝绳直径为 d_0 的破断拉力（N）；

S_{max}——每根钢丝绳上的最大拉力（N）；

n——安全系数，$n=5\sim6$。

考虑到水的腐蚀性，钢丝绳直径 d_0 应不小于 8mm。

卷筒直径 $D\geqslant 20d_0$，卷筒直径稍大些对钢丝绳有利，但结构尺寸将相应增大。

（3）安全销：如图 1-30 所示的大齿轮上装有安全销（图 1-32），当过载时销钉被切断，用以保护设备免遭破坏。销钉装在大齿轮与套筒之间，套筒用键与卷筒轴相连，大齿轮活套在套筒上，彼此靠销钉传动。

销钉直径 d_p 按剪切强度计算：

$$d_p = \sqrt{\frac{8KM}{\pi D_m Z[\tau]}} \quad (mm) \tag{1-2}$$

式中 K——过载限制系数，一般可选用 2.1；

M——公称扭矩（N·m）；

D_m——销钉轴心所在圆的直径（m）；

Z——销钉数量；

$[\tau]$——销钉的容许剪切应力（MPa），$[\tau]=(0.7\sim0.8)\sigma_b$，

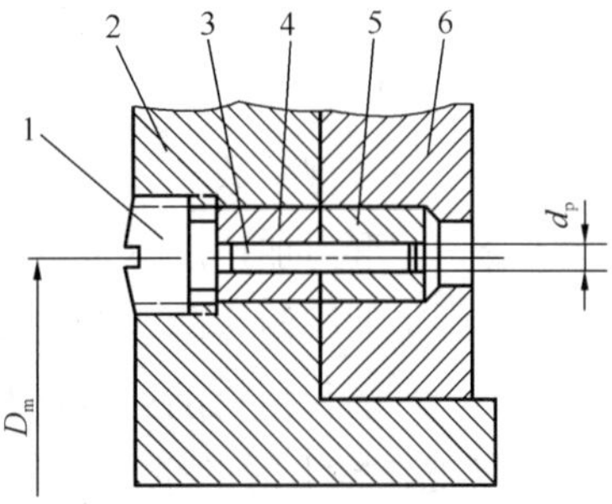

图 1-32 销钉式安全销

1—螺塞；2—套筒；3—销钉；4—销钉套Ⅰ；5—销钉套Ⅱ；6—大齿轮

其中　σ_b——销钉材料的抗拉强度极限（MPa）。

过载限制系数即极限扭矩与公称扭矩之比。极限扭矩值应略小于机器中最薄弱部分的破坏扭矩（折算至安全销处）。

销钉材料可采用45号钢淬火或高碳工具钢，准备剪切处应预先切槽，使剪断处的残余变形最小，以免毛刺过大，妨碍报废销钉的更换。销钉应有足够的备用量，每批销钉需抽样作剪切应力试验。

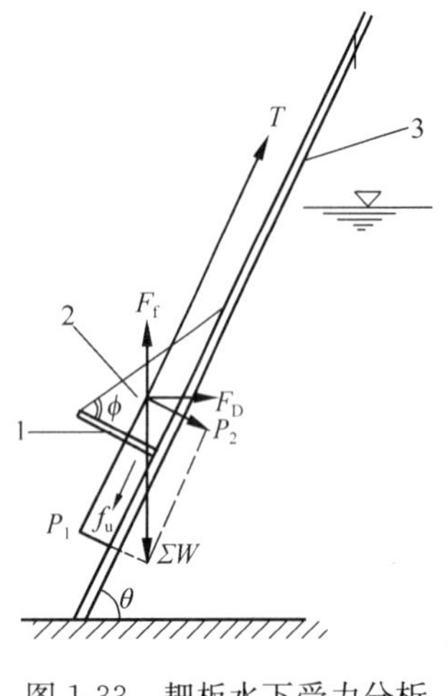

图1-33　耙板水下受力分析
1—耙板；2—污物；3—格栅

销钉套采用钢材制造并需作淬火处理。

（4）驱动功率计算：钢丝绳牵引式格栅除污机的驱动功率计算可以考虑两种情况：一种是齿耙在水下，另一种是齿耙在水上。按两种情况下钢丝绳受力的大值作计算驱动功率的牵引力。

1）齿耙在水下时的牵引力：

受力分析如图1-33所示。

设：格栅安装倾角 θ；

污物在耙上最大堆积角 ϕ 为60°；

污物表观密度 0.8t/m^3；

计算出污物和耙的重力(包括滑块重)；

ΣW＝耙重力＋污物重力(N)；

耙和污物所受浮力为 F_f(N)；

耙和污物所受水流拖曳力为 F_D(N)；

耙和污物重量在运行方向的分力为 P_1(N)；

耙和污物重量垂直于格栅的分力为 P_2(N)；

耙和污物所受摩擦阻力 $f_\mu=\mu P_2$(N)；

耙和污物与格栅的摩擦系数取 $\mu=0.5$；

则钢丝绳的牵引力 T 应为

$$T=P_1+f_\mu+F_D(\text{N})$$

式中　$P_1=(\Sigma W-F_f)\sin\theta(\text{N})$；

$f_\mu=\mu P_2=\mu(\Sigma W-F_1)\cos\theta(\text{N})$；

$F_D=C_D\dfrac{v^2}{2g}\gamma A\cos\theta(\text{N})$；

C_D——板型系数；

g——重力加速度（9.8m/s^2）；

γ——水或污水的表观密度（t/m^3）；

$A\cos\theta$——耙和污物的迎水面积（m^2）。

2）齿耙在水上时的牵引力：

受力分析如图1-34所示。

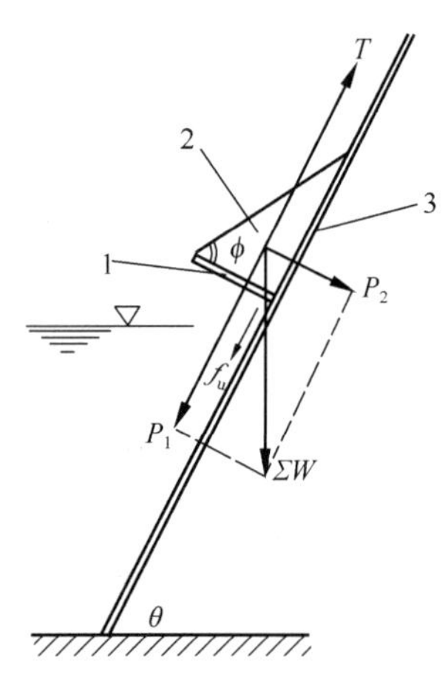

图1-34　耙板水上受力分析
1—耙板；2—污物；3—格栅

齿耙在水上时，耙及污物既不受水的浮力作用，也不受水流拖曳力作用。

各种符号同前，则钢丝绳的牵引力 T 应为

$$T=P_1+f_\mu$$

式中 $P_1=\Sigma W\sin\theta(\text{N})$；

$f_\mu=\mu P_2=\mu\Sigma W\cos\theta(\text{N})$。

当水体流速不大时，拖曳力也不大。此时水有浮力作用，偏于安全。因此，一般可只按齿耙在水上时计算钢丝绳的牵引力 T。

3）驱动功率 N 为

$$N=\frac{Tv}{60000\eta_{总}}\quad(\text{kW})\tag{1-3}$$

式中 T——钢丝绳的牵引力（N）；

v——耙的提升速度（m/min）；

$\eta_{总}$——机械传动总效率。

考虑到设备的制造安装误差以及工作条件较差等因素，选用电机功率应有一定余量。

其他机械零件计算参见有关机械设计手册。

4）计算实例：

【例】 格栅及除污耙宽 2m

格栅安装倾角 $\theta=60°$

除污耙耙板宽 0.14m

水流速度 0.8m/s

除污耙提升速度 3m/min

除污耙和滑块估重力 1500N

传动布置如图 1-31 所示。

求钢丝绳传动滑块式格栅除污机的驱动电机功率 N。

【解】 ①钢丝绳的牵引力 T：

当水的流速不大时，可只按齿耙在水上的受力分析计算钢丝绳的牵引力 F，力的分析见图 1-34，符号如前。

设耙板垂直于格栅，则

污物重力$=8000\text{N/m}^3\times2\text{m}\times\frac{1}{2}$（$0.14\text{m}\times0.14\text{m}\times\tan60°$）$=272\text{N}$

$$\Sigma W=1500+272=1772\text{N}$$

$$P_1=1772\times\sin60°=1535\text{N}$$

μ 取 0.5

$$f_\mu=0.5\times1772\times\cos60°=443\text{N}$$

$$T=1535+443=1978\text{N}$$

②求驱动电动机功率 N 为

$$N=\frac{Tv}{60000\eta_{总}}\quad(\text{kW})$$

$\eta_{总}$ 为机械传动总效率按图 1-31 设置计算：

η_1、η_4 联轴器效率为 0.99

η_2、η_3 蜗杆传动效率为 0.75

η_5 滑动轴承效率为 0.97

η_6 绞车卷筒效率为 0.94

$\eta_{总}=\eta_1\eta_2\eta_3\eta_4\eta_5\eta_6=0.99\times0.75\times0.75\times0.99\times0.97\times0.94=0.5$

则
$$N=\frac{1978\times3}{60000\times0.5}=0.198\text{kW}$$

考虑到各种其他有关因素，选用电动机 1.1kW。

1.1.4.4　除污耙—滑块机构

在初步确定除污耙—滑块的几何形状与尺寸，并分别计算出除污耙和滑块的重量及重心位置后，应对除污耙—滑块机构作力学分析，保证除污耙—滑块机构按设计要求动作。

对于直线形导轨，滑块可做成长方形；对于导轨有圆弧部分的滑块，滑块厚度等于导轨深度。滑块横断面形状按导轨横断面形状确定。滑块需有足够的重量，设计时可按两个滑块的总重力略大于除污耙的重力，一般取滑块总重力=（1.2～1.6）除污耙重力，然后确定其尺寸。在进行除污耙滑块的力学分析时，应校验其是否合适。在圆弧导轨中的滑块应做成两头大，中间小的形状，两端头尺寸不大于直槽的尺寸，中间收缩部分使滑块在直槽和弧形槽都能滑动。

除污耙的结构如图 1-35 所示。

根据格栅宽度确定耙齿板的长度。根据最高负荷时的污物截留量和耙的工作周期，计算出耙在最高负荷时的一次扒污量。将这些污物沿耙齿板长度方向均匀布置于耙齿板的范围内，安息角按 60°计算，污物表观密度 0.8t/m^3，堆积污物的三角形断面的短边，即耙齿板的最小宽度（如图 1-36，不包括齿高在内）也可参照下式比值确定：

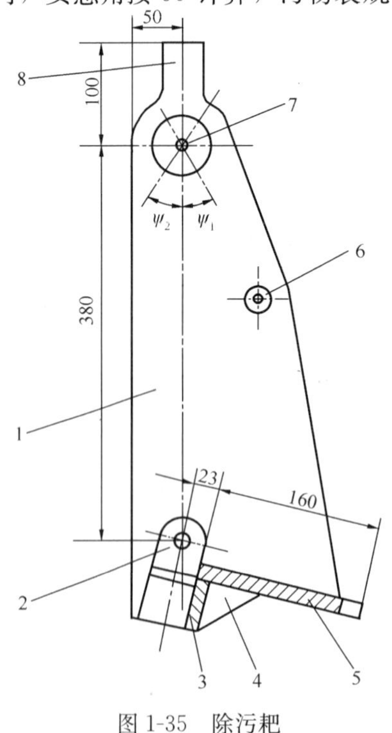

图 1-35　除污耙

1—耙臂；2—钢丝绳吊环；3—加强板；4—肋板；5—耙齿板；6—抬耙滚子；7—销轴；8—限位柄

$$B=\left(\frac{1}{6}\sim\frac{1}{10}\right)L$$

式中　B——耙齿板宽；

L——耙齿板长。

耙齿板可以用 10mm 厚钢板制造，沿长度方向需有加强肋，对于宽度较大的耙齿板也应顺宽度方向加肋。

耙齿可直接在耙齿板上加工成形，一般做成梯形，梯形的宽度和高度与栅条间距有关，最宽处比栅条净距小 10mm 以上，高度约等于栅条净距的$\frac{1}{2}\sim\frac{2}{3}$，不得大于栅条宽度。

耙齿板两端固定于耙臂上，耙臂用销轴与滑块铰接。耙臂的几何形状与尺寸要求：

（1）耙齿板工作面与格栅迎水面之间的夹角 λ（见图 1-36）应满足 $90°<\lambda<(108°-\theta)$；

（2）抬耙滚子与抬耙导轨以及自锁卡块的安装相适宜；

（3）从销轴中心到齿顶的距离一定要大于滑块在销轴以下那一段的长度，以便捞取格栅底部的污物。

耙臂相对于滑块的最大内摆动角 ψ_1（当上行行程中除污耙脱离溜板时）和最大外摆动角（除污耙张开时）ψ_2，由滑块上的限位板限定。ψ_1 可采用 20°～40°，ψ_2 可采用 30°～40°（如图 1-35 所示）。

耙臂可用铸铁或钢板制作，整个除污耙的重量应适当，而且有足够的刚度，运转中不得有明显弹性变形。

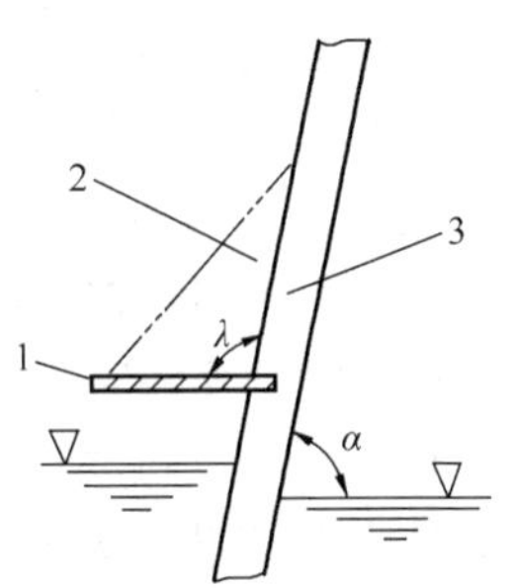

图 1-36 耙齿板截污最小宽度截面示意

1—耙齿板；2—格栅截留污物；3—格栅

1.1.4.5 抬耙和刮板装置

抬耙装置使除污耙在脱开溜板后到达上行行程终点以前张开，在除污耙逐渐张开的过程中，刮板装置将耙上的污物刮到污物槽中。

图 1-5 所示的抬耙导轨固定在机架上，抬耙导轨曲线是一段圆弧，其位置按下述原则确定：

（1）当耙齿脱离溜板，滑块再移动 30cm 后，装在耙臂内侧的抬耙滚子即沿弧形导轨的切线方向进入并接触抬耙导轨的下端。

（2）当抬耙滚子到达抬耙导轨上端时，除污耙便能自动抬到最大张开状态。

弧形导轨的曲率半径约等于或小于刮板工作边缘的回转半径。刮板与水平面成 60°，刮板臂在不工作时为水平，回转轴在机架后侧。刮板与溜板的相对位置应保证污物全部落入污物槽中。

1.1.4.6 格栅、导轨和机架

格栅一般用扁钢做栅条，焊于角钢或槽钢横梁上，形成一个整体，横梁条数应尽可能少，以免截留污物。栅条应该平直，栅条间隙和耙齿尺寸应该在一定公差范围内，以免卡住。

导轨用槽钢制造，槽钢内侧表面应清除毛刺和锈污，对导轨的局部不直度和全长不直度应提出严格的要求。两根导轨在安装时应调整到互相平行为止，并保证准确的距离，以使滑块在导轨内顺利运行。

机架的高度主要取决于除污耙一滑块的上行行程，即必须满足使除污耙离开溜板上缘后完成抬耙、卸污和完全张开等一系列动作，并保留一段安全行程。

1.1.4.7 松绳开关装置

铰接在机架上的支杆端部装有一个滚筒，该滚筒搭在钢丝绳上，当钢丝绳松弛度超过额定范围时，滚筒将因自重而落下，带动支杆转动，从而触动行程开关，切断电源，防止故障扩大。

也可采用图 1-21 松绳开关装置，这种装置比较紧凑、简便。

1.1.4.8 控制机构

除污耙的上下极限位置分别由两个行程开关控制，第二个起安全防护作用。在钢丝绳卷筒轴的一端，安装一根同步转动的螺杆，带动螺母触块，到限定位置时使行程开关动作。

当钢丝绳松弛时除松绳开关保护外，同时串接音响信号通知值班人员及时处理。

设备运行的控制分手控和自控，手控是由操作人员视当时实际需要控制运行时间；自控一般有两种，一种是按污水中污物含量规律定时开停，另一种是按截污后形成栅前栅后的水位差，借压力差变送器通过中间继电器自动运行。

1.1.4.9 操作及维护

(1) 设备安装时，应注意调整两根导轨的平行度及导轨与除污耙两端滑块的间隙，使除污耙上行和下行动作顺利。调整各行程开关及撞块的位置，确定时间继电器的时间间隔等，使设备按设计规定的程序，完成整套循环动作。

(2) 调整正常后，应空载试运转数小时，无故障后，才能进水投入运行。

(3) 电动机、减速器及各加油部位应按规定加换润滑油、脂。如用普通钢丝绳也应定期涂抹润滑脂。

(4) 定期检查电动机、减速器等运转情况，及时更换磨损件，钢丝绳断股超过规定允许范围时也应随时更换。同时应确定大中修周期，按时保养。

1.1.5 格栅截除污物的搬运与处置

格栅除污机扒上来的污物卸入污物槽中，污物槽的开口长度应略大于耙齿板的长度，容积约等于1～2个工作班次中所扒捞上来的污物体积。污物槽可用厚2mm左右的钢板焊制。其底面安装高度视运输污物的工具或槽下是否安装其他设备（如破碎机等）而定。

有的地方直接将污物用手推车或皮带运输机运出，也有将污水注入槽后用水力输送。

现代的格栅除污机常与后续处理工序联成一条格栅除污流水线。例如：

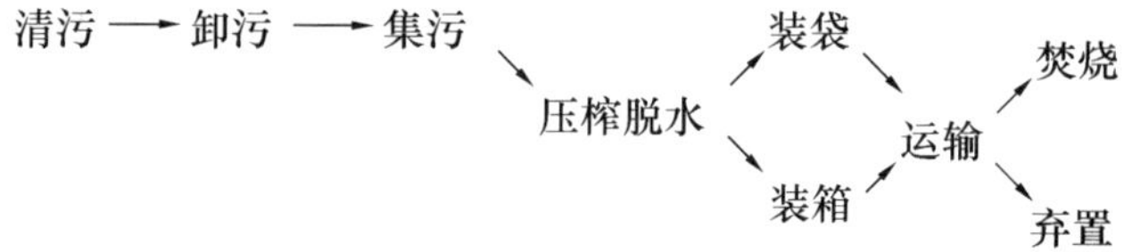

清污和卸污由格栅除污机完成。集污用料斗、小车或皮带运输机、水力输送至贮存仓。

污物经过压榨含水率为50%～65%，体积可缩小$\frac{1}{3}$以上。破碎压榨设备一般处理量为0.7～6.5m^3/h，有下述三种基本类型：

(1) 柱塞式压榨机：利用液压原理，靠柱塞的压力挤压污物而脱水。处理量2.5m^3/h左右。

(2) 辊式压榨机：污物通过两个相对转动的辊筒完成压缩和脱水动作。处理量3m^3/h左右。

(3) 锤式破碎机：是根据锤击和剪切的原理设计的。和矿山机械锤式破碎机不同的是锤头呈扁平状，工作面做成刀刃。锤头在回转运动中完成对污物的锤击和剪切作用。污物经破碎后返回污水中。

我国深圳污水处理厂设有引进的格栅除污流水线（图1-37），包括西姆拉克L型（Simrake-L）除污机组两套，SP-031格栅污物压榨机、皮带运输机和污物装袋机。

格栅除污机的齿耙由链条牵引垂直升降，上升时耙齿与栅条啮合，下降时则通过连杆机构将齿耙与格栅脱开（如图 1-38 所示）。设有拉力保护设施和自动运转设置。捞上的污物通过带式输送机送入压榨机，用 γ 射线控制压榨量。压榨后的污物自动装袋。

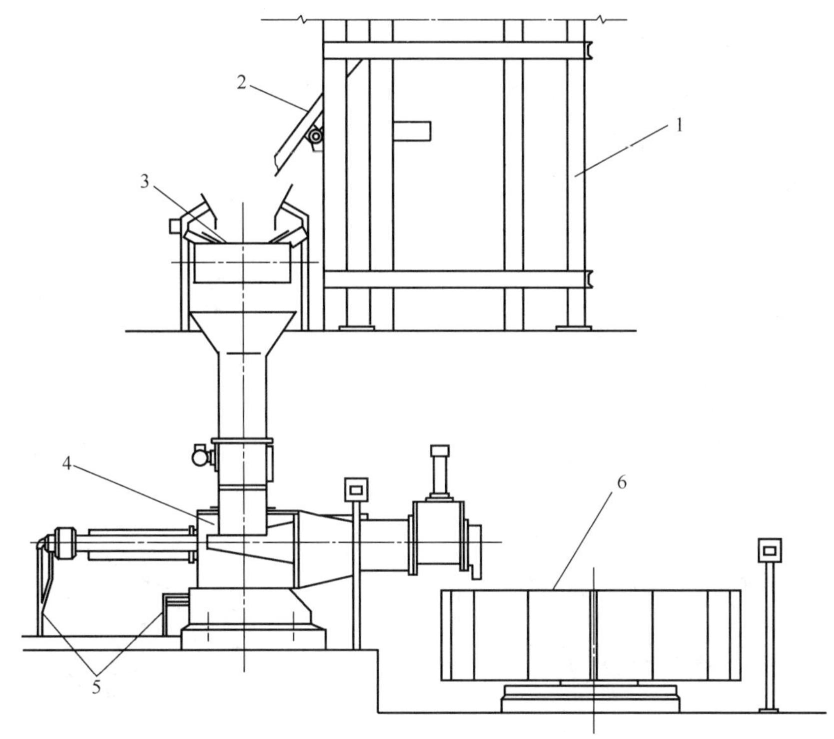

图 1-37 格栅截留污物处理装置流水线

1—格栅除污机机架；2—摆动斜槽；3—皮带运输机；4—污物压榨机；5—输水管；6—污物装袋机

该除污机的工作宽度 1400mm，格栅高 2500mm，栅条净距 20mm，最大清除量 $1m^3/h$,控制方式：

1）人工启动，自动停车。

2）由时间继电器控制定时运行。

3）按液位差控制。

配用皮带输送机长 4m，带宽 0.8m，带速 12.5m/min，运输能力 $1.75m^3/h$。

SP-031 污物压榨机（如图 1-37 所示引进格栅除污机流水线）其压榨能力为 $1m^3/h$，压榨前污物平均含水 85%～95%，压榨后降为 55%～65%。压榨机采用液压操作，液压系统的最大压力达 20MPa。压榨时间 1～30s 可根据需要调节。当压榨时间终了时，卸压液压阀打开，并让被压榨的污物排出。机组采用上台式排渣，与装袋机连接作业。

装袋机（图 1-39），每机可同时配 10 个包装袋，每袋容量 90L，可装污物50～90kg。袋装重量由测力装置调节。袋子用聚乙烯或衬聚乙烯纸制造。当所有袋子都装满时，有音响报警信号发出。

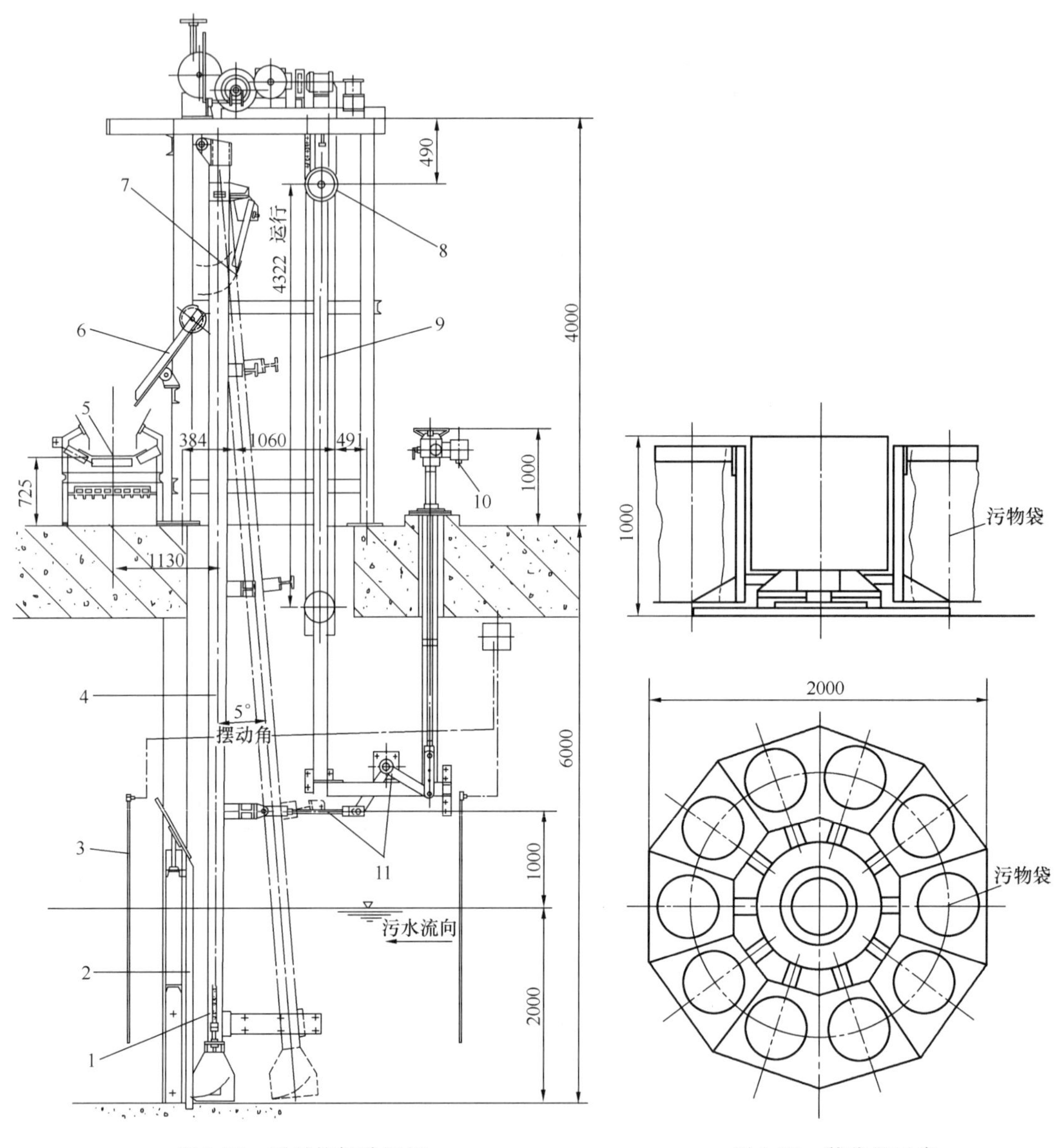

图 1-38　引进格栅除污机

1—可锻铸铁和钢制组合链条；2—格栅和支架；3—沉管测量水位；4—耙子导槽（摆动）；5—皮带运输机；6—摆动斜槽；7—耙子刮板；8—平衡轴与支持链轮；9—平衡轴导柱；10—导入电缆；11—曲柄传动轴操纵杆和推杆

图 1-39　装袋机示意

1.2 旋转滤网

1.2.1 适用条件

（1）旋转滤网的适用条件一般为：拦截及排除作为水源的淡水或海水内大于网孔直径的悬浮脏污物和颗粒杂质，为供水系统中的主要拦污设备。

（2）不能拦截水体中较大的杂物（如漂木、浮冰、树杈、芦苇等），因此在旋转滤网前应设置粗格栅或格栅除污机。

（3）可设置于室内、也可设置于露天。传动部分应设置于最高水位以上。在严寒地区应采取防冻措施。

（4）通过传动装置使链形网板连续转动排除水中杂物，网板和链条等部分长期在水下运行，因而防腐蚀要求较高。

1.2.2 类型及特点

1.2.2.1 类型

常用的旋转滤网大致分为三种类型：

（1）板框型旋转滤网。

（2）圆筒型旋转滤网。

（3）连续传送带型旋转滤网。

滤网可设置在渠道内或取水构筑物内，滤网可用不锈钢丝、尼龙丝、铜丝或镀锌钢丝编织而成。网孔孔眼大小根据拦截对象选用，一般为0.1～10mm。由于旋转滤网截留的污物颗粒较小，一般可顺排水沟内排出。

1.2.2.2 特点

旋转滤网的特点：

（1）旋转滤网的宽度一般在1.0～4.0m之间，使用深度大部分在10m左右，最深可达30m。网板运动速度在3m/min左右。

（2）旋转滤网均采用喷嘴喷出的高压水冲洗清除附着在滤网上的污物。

（3）水下不设传动部件，靠滤网或链条的自重自由下垂，以便于检修及养护。

（4）旋转滤网的启动控制同格栅除污机类似，有手动及自动（水位差自动控制或按时间间隔启动）两种方式。

（5）当流速和污物量变化大时，可用无级变速电机改变滤网的旋转速度。国内大多采用普通电动机驱动。

（6）附着在滤网上的污物增多，将增大滤网前、后的水位差，设计计算的水头损失一般控制在30cm以下，在滤网的实际运行中控制在10～20cm左右。

1.2.3 板框型旋转滤网的设计

1.2.3.1 总体构成

板框型旋转滤网的构造如图1-40～图1-42所示，由电动机、链传动副、牵引轮、链板、板框、滤网、座架、冲洗喷嘴、冲洗水管和排渣槽等组成。在国内过去大都采用普通电动机通过减速器和大、小齿轮传动副驱动牵引链轮。目前已改为采用行星摆线针轮减速机通过一级链传动副，驱动牵引链轮。后者已作为今后的定型设计。

当用变速电动机时，旋转滤网的速度可根据流速及水中含有杂质的多少进行手动或自动控制。被旋转滤网拦截上来的污物由冲洗管上的喷嘴喷出的压力水冲洗排入排渣槽带走。也有将污物冲入垃圾袋，待水滤出后，再把污物运走。

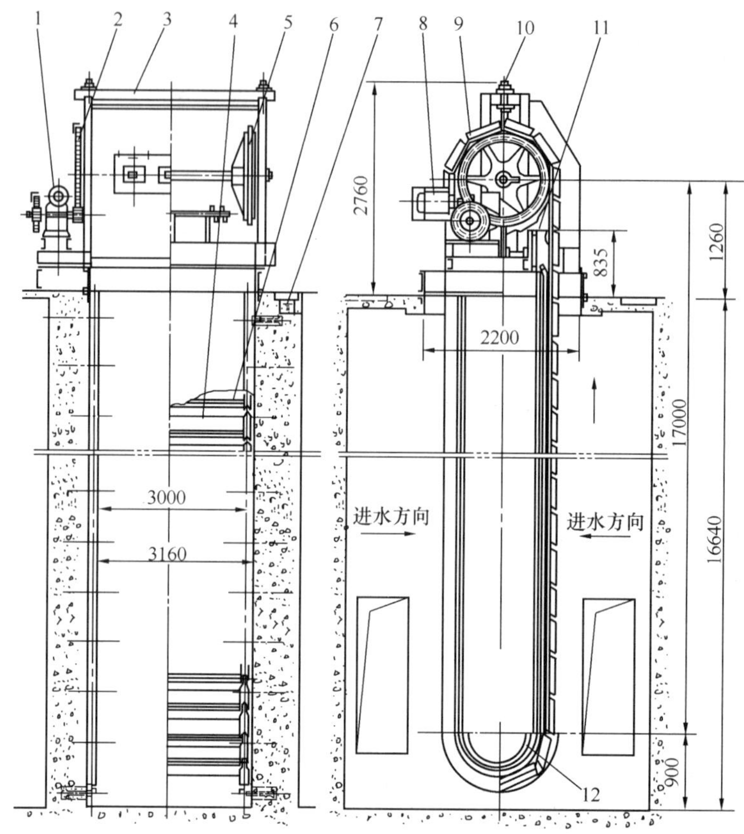

图 1-40 普通电动机传动的板框型旋转滤网

1—蜗轮蜗杆减速器；2—齿轮传动副；3—座架；4—滤网；5—传动大链轮；6—板框；7—排渣槽；8—电动机；9—链板；10—调节杆；11—冲洗水干管；12—导轨

1.2.3.2 板框型旋转滤网计算

(1) 水力计算

1) 旋转滤网需要的过水面积按式（1-4）计算：

$$A=\frac{Q}{v\varepsilon k_1 k_2 k_3} \quad (\mathrm{m}^2) \tag{1-4}$$

式中 Q——设计流量（m^3/s）；

v——流速，一般采用 0.5～1.0m/s；

k_1——滤网阻塞系数，一般采用 0.75～0.90；

k_2——网格引起的面积减小系数，采用 $k_2\approx\frac{b^2}{(b+d)^2}$，

其中 b——网丝间距（mm）；

d——网丝直径（mm）；

k_3——由于框架等引起的面积减小系数，采用 0.75～0.90；

ε——由于名义尺寸和实际过水断面的不同而产生的骨架面积系数（常取 0.70～0.85）。

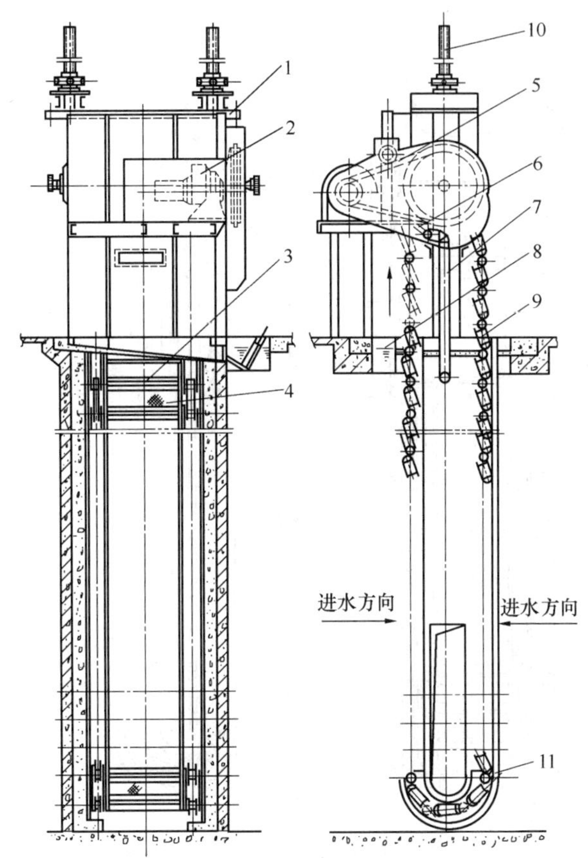

图 1-41 C-(2000～3000)型旋转滤网

1—座架；2—行星摆线针轮减速机；3—板框；4—滤网；5—减速传动链；6—喷嘴；7—冲洗水干管；8—排渣槽；9—旋转滤网牵引链板；10—调节螺杆；11—导轨

2）滤网的过水深度（如图 1-43 所示）按式（1-5）、式（1-6）计算：

$$H_1=\frac{A}{2B}\quad(\mathrm{m})(\text{双向进水})\tag{1-5}$$

$$H_2=\frac{A}{B}\quad(\mathrm{m})(\text{单向进水})\tag{1-6}$$

式中 H_1——双向进水时的滤网过水深度（m）；

H_2——单向进水时的滤网过水深度（m）；

A——滤网过水面积（m^2）；

B——滤网宽度（m）。

3）通过滤网的水头损失：

当水流通过滤网网眼时，截留在网上的污物会堵塞网眼，同时水流转弯均能引起水头损失。

滤网网眼堵塞率和水位差的关系见图 1-44。

水流转弯所造成的损失按下式计算：

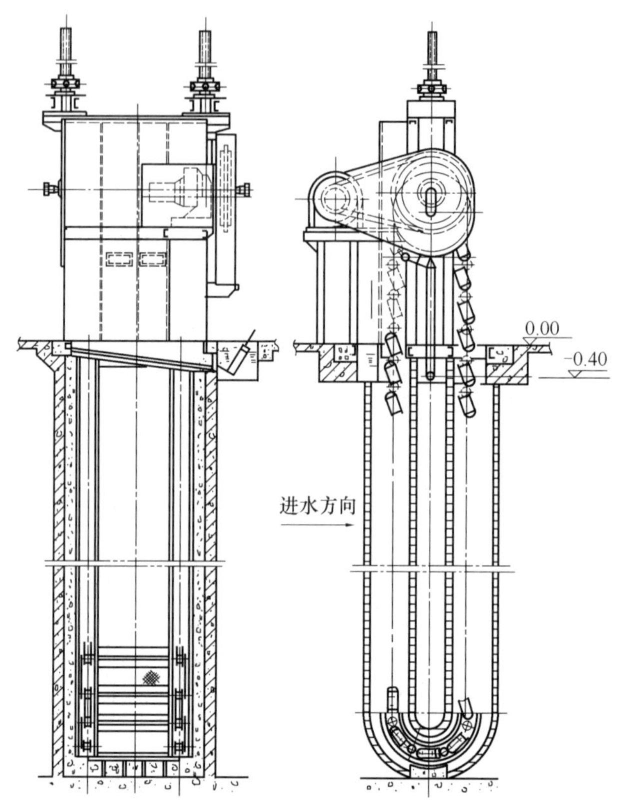

图 1-42　Zh-(3000～4000)型旋转滤网

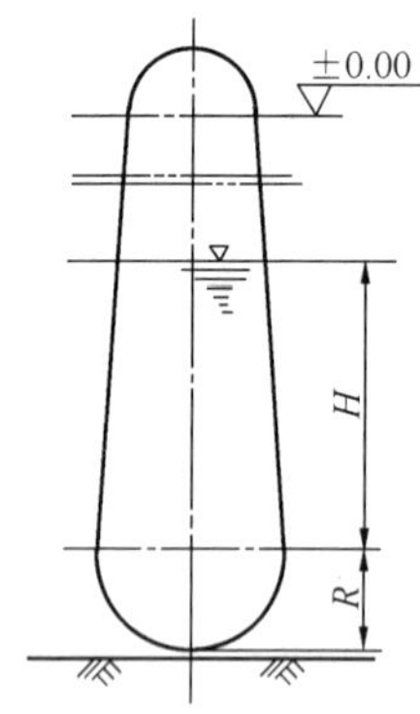

图 1-43　滤网的过水深度

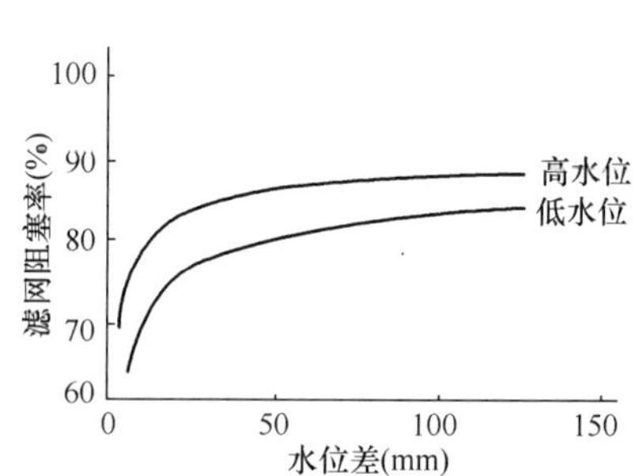

图 1-44　滤网阻塞率与水位差关系曲线

$$h = C_D \frac{v_n^2}{2g} \quad (m) \tag{1-7}$$

$$v_n = 100Q/A_1 H(100 - n_1) \tag{1-8}$$

式中　h——通过滤网的水头损失（m）；

C_D——滤网的阻力系数，通常取 0.4；

v_n——堵塞率 n%时的平均流速（m/s）；

g——重力加速度=9.8m/s^2；

H——水深（m）；

A_1——每单位宽度的滤网有效面积（m^2/m）；

Q——通过滤网的流量（m^3/s）；

n_1——堵塞系数，常取 2～5。

（2）传动及受力计算：

1）网板旋转时的上升速度计算：

总速比： $$i = i_1 i_2 i_3 \cdots\cdots$$

主轴转速： $$n_s = \frac{n}{i} \tag{1-9}$$

式中 n_s——链轮转速（r/min）；

n——电动机转速（r/min）；

i——总速比。

网板旋转时的上升速度为

$$v = 2\pi R n_s \quad (m/min) \tag{1-10}$$

式中 R——牵引链轮节圆半径（m）。

2）提升网板所需的圆周力按式（1-11）计算：

$$P = \frac{F_1 R + Wfr}{R} \quad (N) \tag{1-11}$$

式中 P——提升网板所需的圆周力（N）；

R——牵引链轮节圆半径（m）；

r——牵引链轮主轴半径（m）；

f——在拉紧调节杆装置中采用的双列向心球面滚子轴承摩擦系数取 $f=0.004$；

W——作用在滚动轴承上的重力（N）；

F_1——提升网板时由于网前、后水位差引起的摩擦力（N），$F_1 = P_1 f_0$(N)

f_0——装在网板侧面的滚动轮摩擦系数，$f_0 = \dfrac{2K + \mu d}{D}$

其中 μ——滑动摩擦系数 0.4；

d——滚动轮轮轴直径（cm）；

D——滚动轮直径（cm）；

K——金属表面的滚动摩擦系数 0.1；

P_1——滤网上因污物堵塞及水头损失而引起的水压推力。

3）电动机功率计算：

$$N = \frac{Pv}{1000\eta} \quad (kW) \tag{1-12}$$

式中 N——电动机功率（kW）；

v——链板上升速度（m/s）；

P——提升网板所需的圆周力（N）；

η——传动机械总效率。

4）喷嘴流速及耗水量计算：

①喷水量为

$$Q = C_d A\sqrt{2gH} \quad (m^3/s) \tag{1-13}$$

式中 C_d——孔口流量系数，一般为 0.54～0.71，通常取 0.62；

A——孔口面积（m^2）；

H——喷口处的水头（m）。

②喷嘴流速为

$$v = C_v\sqrt{2gH'} \quad (m/s) \tag{1-14}$$

式中 C_v——流量系数 0.97～0.98；

H'——喷口处的水头（m）。

③喷嘴结构（如图 1-45 所示）。

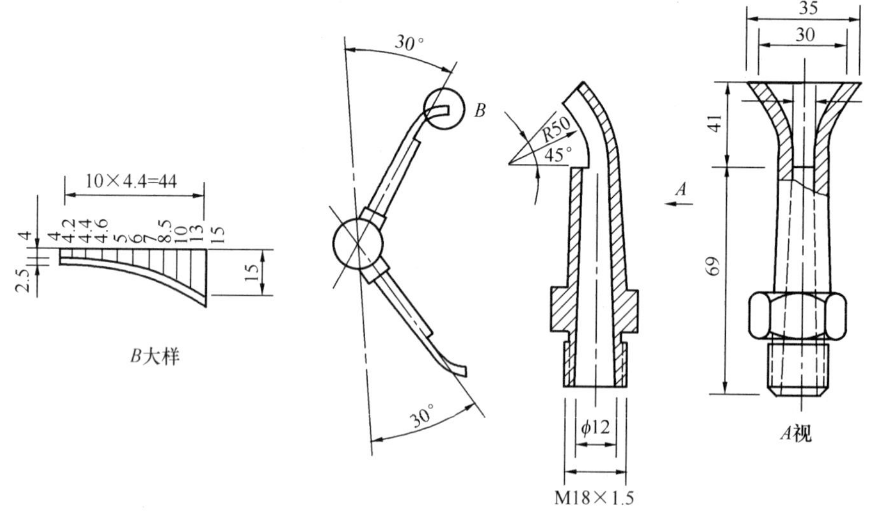

图 1-45　喷嘴结构

④一定条件下，单只喷嘴水量与水压关系曲线，如图 1-46 所示。

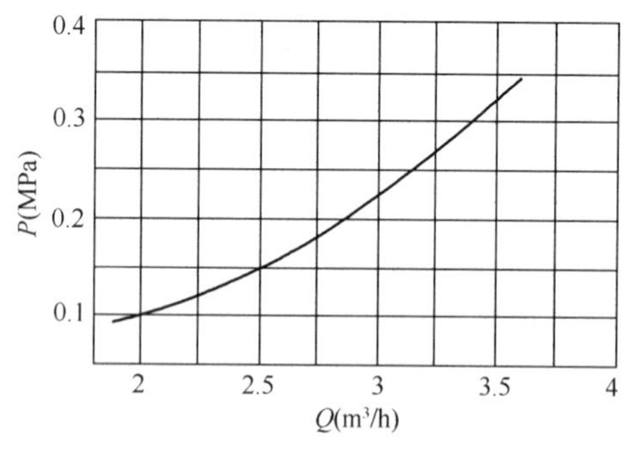

图 1-46　单只喷嘴水量与水压关系曲线

（3）计算实例：

【例】　以 Zh-4000 型为例（单面正向进水，滤网宽度 B_1=4000mm）。

1）旋转滤网立面如图 1-42 所示。

2）主要技术数据：

网室尺寸：4160mm(宽)×30000mm(高)。

网板宽度：4000mm。

网板节距：600mm。

网板运动速度：～4.0m/min。

网板浸没深度：29m。

网板前、后的水位差：不大于 30cm。

每个滤网的冲洗水量：30～33L/s。

喷嘴前的水压力：0.2～0.25MPa。

网室横断面如图 1-47 所示。

【解】 1）滤网过水量的计算：由于外框尺寸和实际过水断面的不同（见图 1-48）而产生的骨架面积系数 ε：

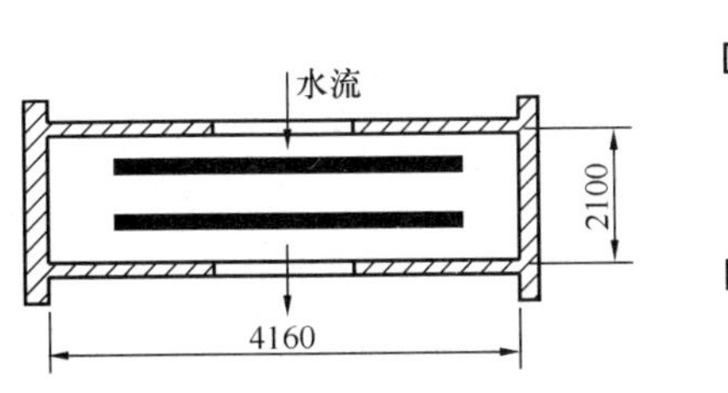

图 1-47 网室横断面

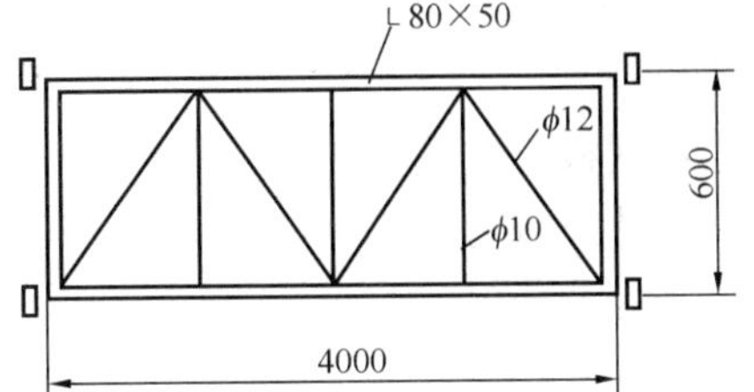

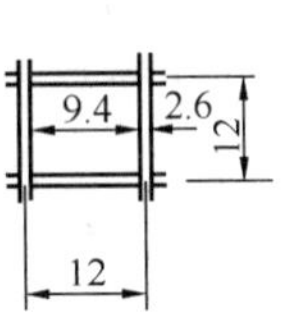

图 1-48 骨架面积系数计算图

$$\varepsilon = \frac{4 \times 0.6 - 2 \times 3.9 \times 0.05 - 2 \times 0.6 \times 0.05 - 4 \times 1.166 \times 0.012 - 3 \times 0.5 \times 0.01}{4 \times 0.6}$$

$= 0.783$

$$K_2 = \left(\frac{9.4}{12}\right)^2 = 0.61$$

$$K_1 K_3 = 0.9 \times 0.9 = 0.81$$

过水量 $Q_{计} = (\varepsilon K_1 K_2 K_3) A v = \varepsilon K_1 K_2 K_3 B H_2 v \quad (m^3/s)$

式中 B=网宽=4.0m；

H_2——滤网淹没深度（m）；

v——网孔中水流流速取 0.9m/s，代入

$$Q_{计} = (0.783 \times 0.61 \times 0.81) \times 4 \times 0.9 \times H_2 = 1.39 H_2 \quad (m^3/s)$$

当 $H_2 = 1m$ 时，$Q_{计} = 1.39m^3/s$

$H_2 = 5m$ 时，$Q_{计} = 6.95m^3/s$

$H_2 = 10m$ 时，$Q_{计} = 13.9m^3/s$

$H_2 = 29m$ 时，$Q_{计} = 40.31m^3/s$

2）网板旋转时的上升速度：传动方式采用行星摆线针轮减速机减速，再经链传动带动旋转滤网转动。

电动机转速：$n_1 = 1450r/min$

行星摆线针轮减速机速比：$i_1 = 289$

链传动速比：$i_2 = 6$；则滤网总速比为

$$i = i_1 i_2 = 289 \times 6 = 1734$$

主轴转速为

$$n = \frac{n_1}{i} = \frac{1450}{1734} = 0.84r/min$$

则网板上升速度为

$$v = 2\pi R_1 n = 2\pi \times 0.6914 \times 0.84 = 3.65m/min = 0.061m/s$$

式中 R_1——牵引链轮节圆半径 0.6914m（齿数 $Z=7$）。

3）电动机功率计算：

①已知条件：

牵引链轮节径：$\phi=1382.8\text{mm}$，$R_1=691.4\text{mm}$
牵引链轮重力：3000N
大链轮的重力：1500N
主轴的重力：7900N
网板总重力 W_3：网板 130 块，每块 1100N，
计总重力为 $130\times1100=143\text{kN}$
滚动轴承摩擦系数：$f=0.004$
滑动摩擦系数：$\mu=0.4$
主轴半径：$r=12.7\text{cm}$
轮轴直径：$d=3.4\text{cm}$
金属表面间的滚动摩擦系数：$K=0.1$
滚轮直径 $D=8\text{cm}$，代入

$$f_0=\frac{2K+\mu d}{D}=\frac{2\times0.1+0.4\times3.4}{8}=0.195$$

②提升网板所需之圆周力 P 计算：

$$P=\frac{F_1R+Wfr}{R}\quad(\text{N})$$

作用在滚动轴承上重力为

$$W=2\times3000+1500+7900+143000=158.4\text{kN}$$

提升网板时由于网前、后水位差引起的摩擦力为

$$F_1=P_1f_0\quad(\text{N})$$

当水深为 29m 时，网板承受水压力的面积为 $A=H_2B=29\text{m}\times4\text{m}=116\text{m}^2$
设网前、后水位差为 30cm，即压力为 3kPa
则得

$$P_1=116\times3=348\text{kN}$$

$$F_1=P_1f_0=348\times0.195=68\text{kN}$$

$$P=\frac{68\times10^3\times69.14+158.4\times10^3\times0.004\times12.7}{69.14}=68.11\text{kN}$$

③确定电动机功率：
设行星摆线针轮减速机效率：$\eta_{行}=0.94$
链传动效率：$\eta_{链}=0.96$
双列向心滚珠轴承效率：$\eta_{球}=0.98$

$$\eta_{总}=\eta_{行}\eta_{链}\eta_{球}=0.94\times0.96\times0.98=0.88$$

$$N=\frac{pv}{1000\eta}=\frac{68.11\times10^3\times0.061}{1000\times0.88}=4.721\text{kW}$$

圆整后实际选用 5.5kW。

1.2.3.3　旋转滤网室的布置形式

旋转滤网室的布置形式应根据工艺要求和工作现场的具体情况而定。可分成正面进

水、网内侧向进水和网外侧向进水三种形式，分别见表 1-17 中示意图。其优缺点见表 1-17。

旋转滤网的三种布置形式的比较 表 1-17

示 意 图	主 要 优 缺 点
（1）正面进水 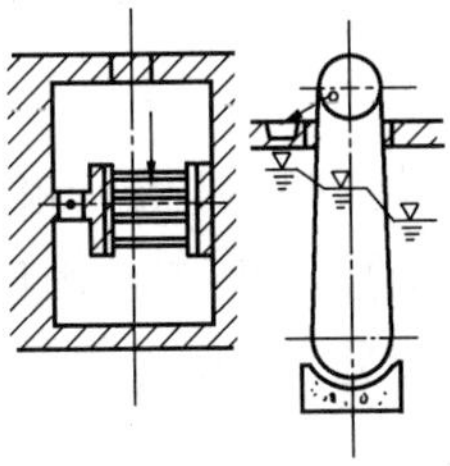	优点： 1. 水流条件良好，滤网上水流分布均匀 2. 便于人工清洗污物，占地面积较少 3. 施工简单，施工费用低 4. 水流流向不变，水头损失少 缺点： 1. 滤网工作面积利用率较低，过水量小 2. 吸附在网上的污物，当未被压力水冲走时，易于带入吸水室 3. 塑料等轻质物体，在镶板啮合时易被嵌入
（2）网内侧向进水 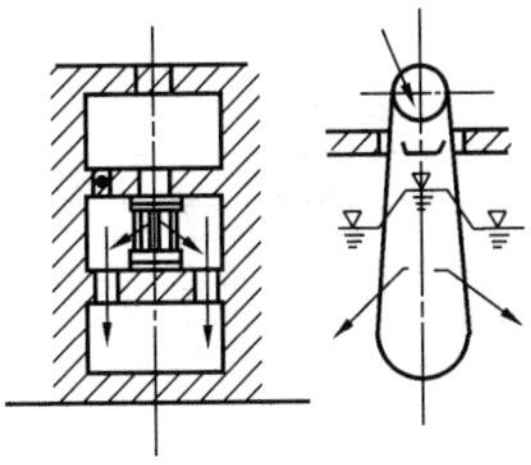	优点： 1. 滤网工作面积利用率较高，过水量大 2. 被截留在滤网上的污物不会掉入吸水室 3. 下部间隙处易于密封 缺点： 1. 由于水流方向与滤网平行，故水流条件较差，水头损失较大，且滤网上流速不易做到均匀分布 2. 污物积存在网内，不易清除和检查 3. 占地面积较大
（3）网外侧向进水 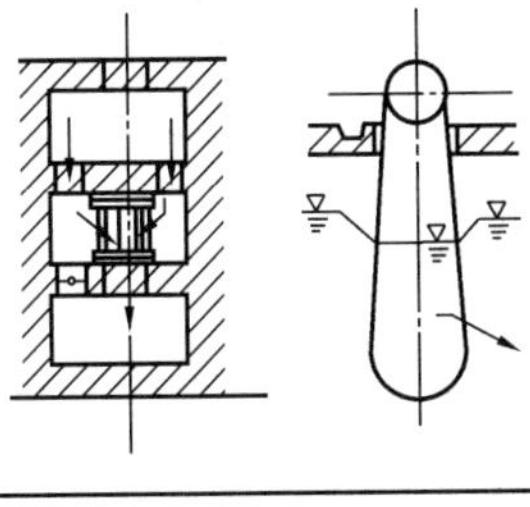	滤网形式基本上与网内进水相同，不同点是网外进水被截留的污物容易清除和检查。故采用此种布置形式较多

1.2.3.4 板框型旋转滤网定型设计

板框型旋转滤网定型设计，最大使用深度为 30m，按结构型式分为有框架、无框架两类；按清除污物的形式分为垂直式和倾角式两类；根据工作负荷大小，分为重型、中型、轻型三类。另有网内侧向进水，网板制成 V 形的旋转滤网，由于网面积增加，过水流量相应增加，上述各型式旋转滤网主要技术特性见表 1-18～表 1-21、图 1-49～图 1-52。

任何规格、形式的旋转滤网可安装于室内，也可设置在露天。

型号说明：

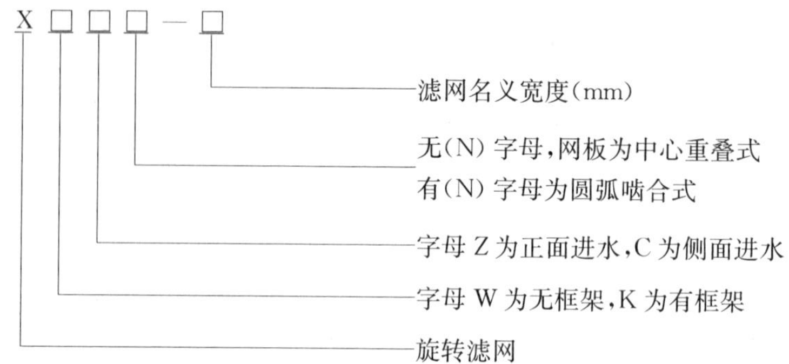

(1) XWC (N) 型系列无框架侧面进水旋转滤网：为无框架网板结构，侧面进水。驱动机构采用行星摆线针轮减速机和一级链传动，驱动牵引链带动拦污网沿导轨回转。

1) XWC (N) 型系列无框架侧面进水旋转滤网规格和性能，见表1-18。

XWC (N) 型系列无框架侧面进水旋转滤网规格和性能 **表1-18**

序号	技术参数项目		型号 单位	XWC(N) —2000	XWC(N) —2500	XWC(N) —3000	XWC(N) —3500	XWC(N) —4000
1	滤网的名义宽度		mm	2000	2500	3000	3500	4000
2	单块网板名义高度(链板节距)		mm	600				
3	最大使用深度		m	10～30				
4	标准网孔净尺寸		mm	6.0×6.0(也可按用户选定的网孔净尺寸确定)				
5	设计允许间隙		mm	≤5(也可按用户选定的间隙尺寸确定)				
6	设计允许过网流速		m/s	0.8(在网板100%清洁的条件下)				
7	设计水位差		mm	600(轻型)/1000(中型)/1500(重型)				
8	冲洗运行水位差		mm	100～200(轻型)/200～300(中型)/300～500(重型)				
9	报警水位差		mm	300(轻型)/500(中型)/900(重型)				
10	滤网运行时网板上升速度		m/min	3.6(单速电动机)；3.6/1.8(双速电动机)				
11	电动机功率		kW	4.0	5.5		7.5	
12	一台滤网共有喷嘴		只	25	31	37	43	49
13	喷嘴出口处冲洗水压不低于		MPa	≥0.3				
14	一台滤网冲洗水量		m^3/h	90	112	133	155	176
15	最大组件起吊高度		m	4				
16	最大组件起吊质量		kg	3650	3950	4250	4550	5000
17	设计水深20m时1台滤网的总质量	海水	kg	13773	14610	15596		
		淡水		14836	15836	17067		
18	高度变化1m时滤网增加(减少)质量	海水	kg	366	395	425		
		淡水		402	451	499		
19	淹没深度1m的过水量		m^3/h	3250	4160	5050	6320	7200

2) XWC (N) 型系列无框架侧面进水旋转滤网外形示意，见图1-49。

(2) XWZ (N) 型系列无框架正面进水旋转滤网：为无框架网板结构，正面进水。

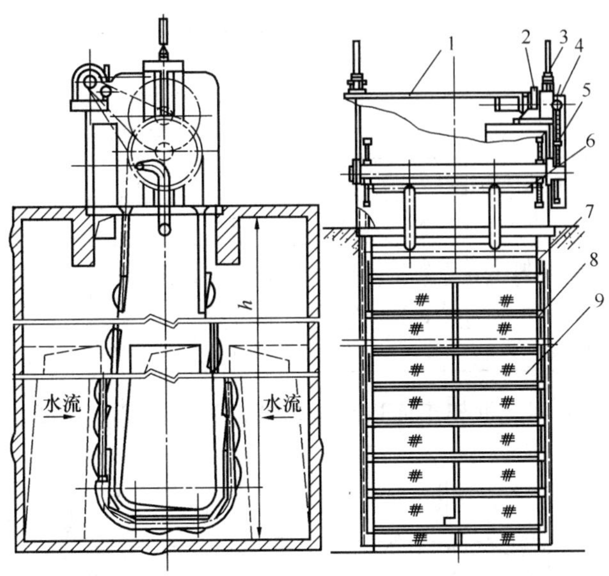

图 1-49 XWC（N）型系列无框架侧面进水旋转滤网

1—上部机架；2—带电动机的行星摆线针轮减速器；3—拉紧装置；4—安全保护机构；5—链轮传动系统；6—冲洗水管系统；7—滚轮导轨；8—工作链条；9—网板

其驱动机构与 XWC 型旋转滤网相同。

1）XWZ(N)型系列无框架正面进水旋转滤网规格和性能，见表 1-19。

XWZ(N)型系列无框架正面进水旋转滤网规格和性能 **表 1-19**

序号	技术参数项目	单位	型号				
			XWZ(N)-2000	XWZ(N)-2500	XWZ(N)-3000	XWZ(N)-3500	XWZ(N)-4000
1	滤网的名义宽度	mm	2000	2500	3000	3500	4000
2	单块网板名义高度(链板节距)	mm	600				
3	最大使用深度	m	10～30				
4	标准网孔净尺寸	mm	6.0×6.0(也可按用户选定的网孔净尺寸确定)				
5	设计允许间隙	mm	≤5(也可按用户选定的间隙尺寸确定)				
6	设计允许过网流速	m/s	0.8(在网板 100%清洁的条件下)				
7	设计水位差	mm	600(轻型)/1000(中型)/1500(重型)				
8	冲洗运行水位差	mm	100～200(轻型)/200～300(中型)/300～500(重型)				
9	报警水位差	mm	300(轻型)/500(中型)/900(重型)				
10	滤网运行时网板上升速度	m/min	3.6(单速)；3.6/1.8(双速)				
11	电动机功率	kW	4.0	4.0	4.0	4.5	5.5
12	一台滤网共有喷嘴	只	25	31	37	43	49
13	喷嘴出口处冲洗水压不低于	MPa	≥0.3				
14	一台滤网冲洗水量	m^3/h	90	112	133	155	176
15	最大组件起吊高度	m	4	4	4	4	4
16	最大组件起吊质量	kg	3650	3950	4250	4550	5000

续表

序号	技术参数项目		单位	型号 XWZ(N)-2000	XWZ(N)-2500	XWZ(N)-3000	XWZ(N)-3500	XWZ(N)-4000
17	设计水深 20m 时 1 台滤网的总质量	海水	kg	13773	14610	15596	16396	18182
		淡水	kg	14836	15836	17067	18313	20614
18	高度变化 1m 时滤网增加(减少)质量	海水	kg	366	395	424	454	529
		淡水	kg	402	451	489	538	651
19	淹没深度 1m 的过水量		m^3/h	2500	3200	3850	4520	5150

2）XWZ（N）型系列无框架正面进水旋转滤网外形示意，见图 1-50。

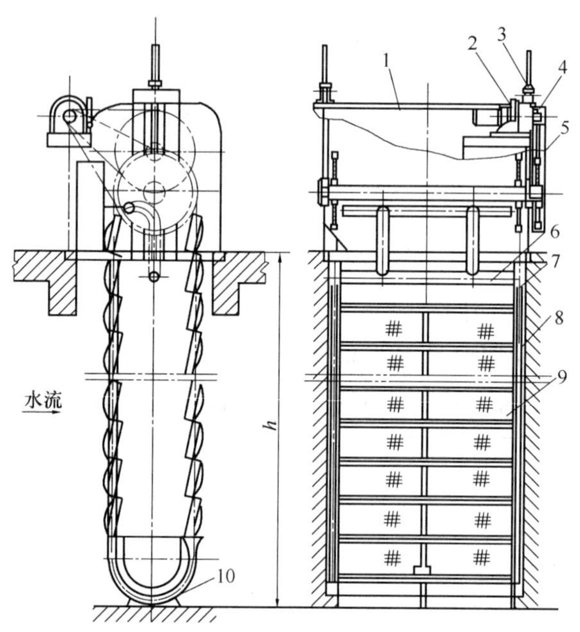

图 1-50　XWZ（N）型系列无框架正面进水旋转滤网

1—上部机架；2—带电动机的行星摆线针轮减速器；3—拉紧装置；4—安全保护机构；5—链轮传动系统；6—冲洗水管系统；7—滚轮导轨；8—工作链条；9—网板；10—底弧坎

（3）XKC（N）型系列有框架侧面进水旋转滤网：为有框架网板结构，侧面进水，其驱动机构与 XWC 型旋转滤网相同。

1）XKC（N）型系列有框架侧面进水旋转滤网规格和性能，见表 1-20。

XKC(N)型系列有框架侧面进水旋转滤网规格和性能　　表 1-20

序号	技术参数项目	型号 / 单位	XKC(N)-2000	XKC(N)-2500	XKC(N)-3000	XKC(N)-3500	XKC(N)-4000
1	滤网的名义宽度	mm	2000	2500	3000	3500	4000
2	单块网板名义宽度	mm	600				
3	使用深度 h	m	10～30				

续表

序号	技术参数项目		单位（型号）	XKC(N)-2000	XKC(N)-2500	XKC(N)-3000	XKC(N)-3500	XKC(N)-4000
4	标准网孔净尺寸		mm	6.0×6.0(也可按用户选定的网孔净尺寸确定)				
5	设计允许间隙		mm	≤5(也可按用户选定的间隙尺寸确定)				
6	设计允许过网流速		m/s	0.8(在网板100%清洁的条件下)				
7	设计允许网前后最大水位差		mm	600(轻型)/1000(中型)/1500(重型)				
8	设计冲洗水位差		mm	100～200(轻型)/200～300(中型)/300～500(重型)				
9	报警水位差		mm	300(轻型)/500(中型)/900(重型)				
10	网板上升速度		m/min	3.6(单速电动机)；3.6/1.8(双速电动机)				
11	电动机	型号		Y(单速电动机)；YD(双速电动机)				
		功率	kW	4.0	5.5		7.5	
		转速	r/min	1500(单速电动机)；1500/750(双速电动机)				
12	行星摆线针轮减速器	型号		WED4.0-95	WED5.5-95		WED7.5-95	
		速比		17×17=289				
13	一台滤网的喷嘴数量		只	25	31	37	43	49
14	喷嘴出口处的冲洗水压		MPa	≥0.3				
15	一台滤网冲洗水量		m^3/h	90	112	133	155	176
16	最大部件的起吊高度		m	4				
17	最大部件的起吊质量		kg	6890	7190	7500	7900	8300
18	淹没深度增减1m时的过水量		m^3/h	3250	4150	5050	6300	7200

2）XKC（N）型系列有框架侧面进水旋转滤网外形示意，见图1-51。

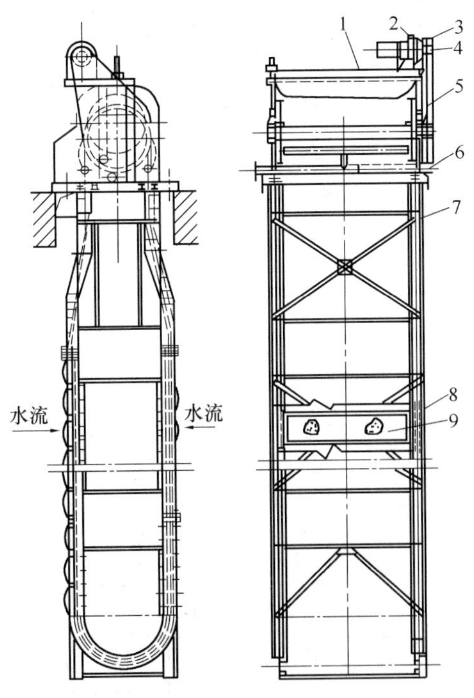

图1-51 XKC（N）型系列有框架侧面进水旋转滤网

1—上部机架；2—带电机的行星摆线针轮减速器；3—拉紧装置；4—安全保护机构；5—链轮传动系统；6—冲洗水管系统；7—滚轮导轨；8—工作链条；9—网板

（4）XKZ（N）型系列有框架正面进水旋转滤网：为有框架网板结构，正面进水。其驱动机构与XWC型旋转滤网相同。

1）XKZ（N）型系列有框架正面进水旋转滤网规格和性能，见表1-21。

XKZ(N)型系列有框架正面进水旋转滤网规格和性能 **表1-21**

序号	技术参数项目	单位	型号								
			XKZ(N)-2000	XKZ(N)-2500	XKZ(N)-3000	XKZ(N)-3500	XKZ(N)-4000	XKZ(N)-4500	XKZ(N)-5000	XKZ(N)-5500	XKZ(N)-6000
1	滤网的名义宽度	Mm	2000	2500	3000	3500	4000	4500	5000	5500	6000
2	单块网板名义宽度(即链板节距)	mm	600								
3	最大使用深度 h	m	10～30								
4	标准网孔净尺寸	mm	6.0×6.0(也可按用户选定的网孔净尺寸确定)								
5	设计允许间隙	mm	≤5(也可按用户选定的间隙尺寸确定)								
6	设计允许过网流速	m/s	0.8(在网板100%清洁的条件下)								
7	设计水位差	mm	600(轻型)/1000(中型)/1500(重型)								
8	冲洗运行水位差	mm	100～200(轻型)/200～300(中型)/300～500(重型)								
9	滤网运行时网板上升速度	m/min	3.6(单速)；3.6/1.8(双速)								
10	电动机功率	kW	4.0	4.0	4.0	4.5	5.5	7.5	7.5	11	11
11	一台滤网共有喷嘴	只	25	31	37	43	49	55	61	67	73
12	喷嘴出入口冲洗水压不低于	MPa	0.3								
13	一台滤网冲洗水量	m^3/h	90	112	133	155	176	198	220	242	263
14	最大组件起吊高度	m	4								
15	最大组件起吊质量	kg	5000	5300	5600	6000	6400	8000	8000	10000	10000
16	报警水位差	mm	300(轻型)/1000(重型)								
17	设计水深20m时1台滤网的总质量 海水	kg	14713	15498	16340	17346	18954				
	淡水		15713	16603	17898	19495	22360				
18	高度变化1m时滤网增加(减少)质量 海水	kg	380	414	444	482	576				
	淡水		434	476	530	583	701				
19	淹没深度1m的过水量	m^3/h	2500	3200	3850	4520	5150	5850	6500	7200	7850

2）XKZ(N)型系列有框架正面进水旋转滤网外形示意，见图1-52。

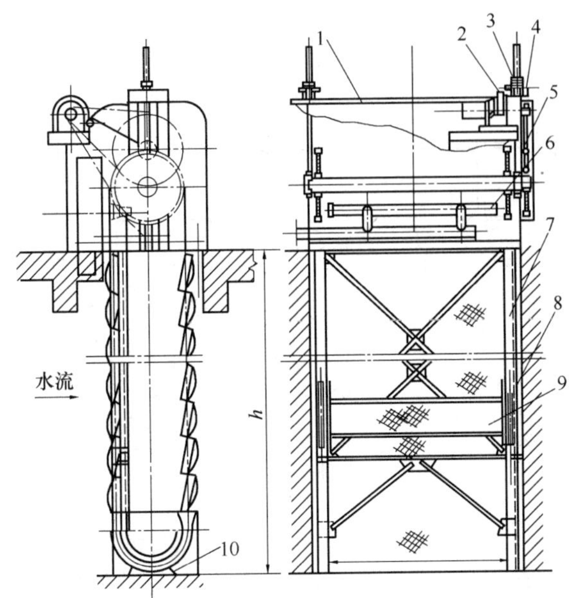

图 1-52 XKZ(N)型系列有框架正面进水旋转滤网

1—上部机架；2—带电动机的行星摆线针轮减速器；3—拉紧装置；4—安全保护机构；5—链轮传动系统；6—冲洗水管系统；7—框架与导轨；8—工作链条；9—网板；10—底弧坎

1.3 栅网起吊设备

1.3.1 适用条件

栅网起吊设备主要用于平板滤网、格栅和小型平板闸门的抓取和放下。

栅网起吊设备，大部分可选用已经定型生产的通用设备，只有少数栅网及闸门由于起吊深度大和某些特殊情况，需要用专用起吊设备。

1.3.2 重锤式抓落机构

1.3.2.1 单吊点重锤式抓落机构

适用于栅、网的高宽比大于 1，起吊力在 1t 以下，且安装在较深取水构筑物的小型栅、网的起吊。其构造如图 1-53 所示。

该机构主要由吊环 1、横梁 2、支承架 6、7 及带有平衡重锤的挂钩等组成。具有结构简单，操作方便等特点，其动作如下：

当提升时将拉簧 3 挂在挂钩 5 上，放下抓落机构，待其碰到栅网上起吊耳环时，挂钩抬起，继续下放抓落机构至定位(由预先确定在该抓落机构起吊钢丝绳上的标记而定)，挂钩在弹簧作用下复位，即可自动挂钩，提起栅网。

当放下栅网时，必须先将拉簧 3 摘掉，然后挂钩 5 钩住栅网上耳环，吊起后再放下栅网，待栅网达到预定位置后(由预先确定在该抓落机构起吊钢丝绳上的标记而定)，挂钩与栅网上的耳环脱开，借助于平衡重锤的偏心力，重锤下落，抬起挂钩，此时即可提起抓落机构。抓落机构的上升下降，视具体情况可用手动或电动。

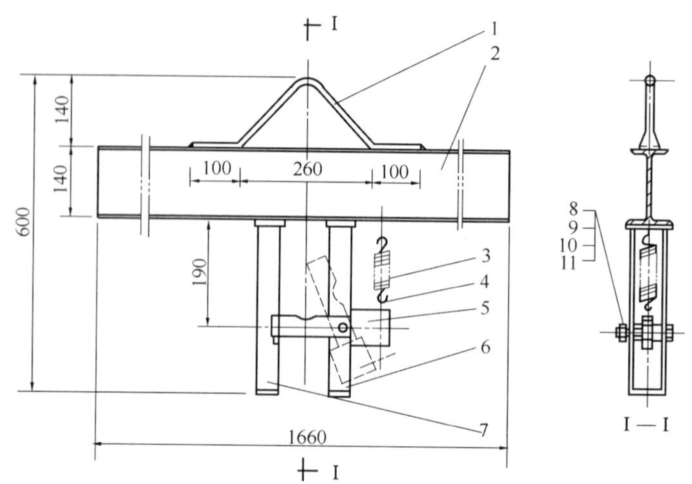

图 1-53　单吊点重锤式抓落机构

1—吊环；2—横梁；3—拉簧；4—簧钩；5—挂钩；6—右支承架；7—左支承架；8—销轴；9—垫圈；10—螺母；11—销套

1.3.2.2　双吊点双重锤式抓落机构

该机用于抓取和放下面积较大且高宽比小于1，起吊力在1t以上的栅网或平板闸门等深水设备，其构造见图1-54。

动作如下：当提升栅网时，将旋转搬把放在上侧(左、右边位置必须相同，见图1-54搬把在假想线位置)，然后放下抓落机构，当碰到栅网的提梁时，吊钩被抬起(处在图1-54的假想线位置)，当起吊机构继续下降到一定位置时(由预先确定在该抓落机构起吊钢丝绳上的标记而定)，吊钩在扭簧作用下恢复原位(吊钩处在图1-54的实线位置)、钩住栅网耳环，此时便可提起栅网。

当放下栅网时，将旋转搬把放在下侧(左、右边位置必须相同，见图1-54实线位置)，然后挂到栅网提梁上，放下栅网，待到栅网下放到预定位置后(由预先确定在该抓落机构起吊钢丝绳上的标记而定)，支承架继续往下放一定距离(直到限定位置)，此时挂钩脱离提梁，靠扭簧作用抬起挂钩(如图1-54挂钩在假想线位置)。

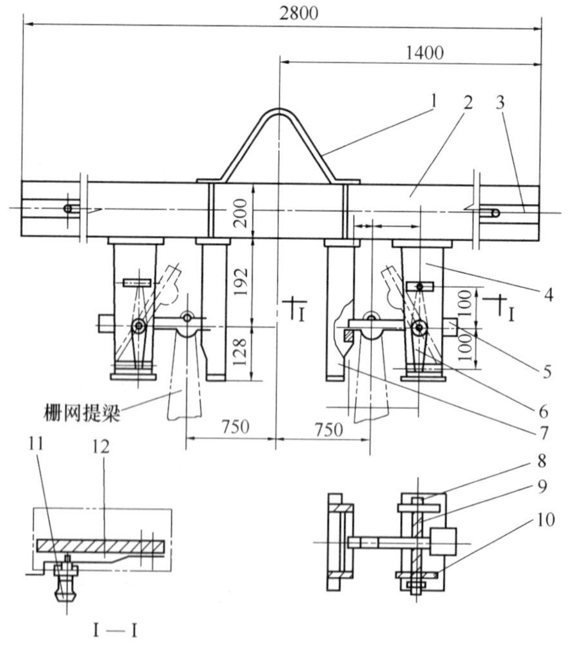

图 1-54　双吊点双重锤式抓落机构

1—吊环；2—横梁；3—伸缩件；4—支承架(一)；5—吊钩；6—搬把；7—支承架(二)；8—扭簧轴；9—扭簧；10—垫圈；11—把手；12—簧片

1.3.2.3 双吊点单重锤连杆式抓落机构

该机构的特点是用一个平衡重锤通过中间连杆，使双吊钩同时张开或合龙，实现抓落动作，其构造见图 1-55。其动作：当提升栅网时，把平衡重锤 3 拨向右边，如图 1-55 位置，使吊钩处于垂直工作状态。当下落到碰上栅网的吊环后，吊环顺挂钩斜坡滑入挂钩内，同时吊梁到达限位状态，即可起吊栅网。

当放下栅网时，把平衡重锤 3 拨向左边，当栅网下放到预定位置(由预先确定在抓落机构起吊钢丝绳上的标记而定)，靠重锤之偏心力，使左、右挂钩向中心收拢而脱开耳环，即可提起抓落机构。

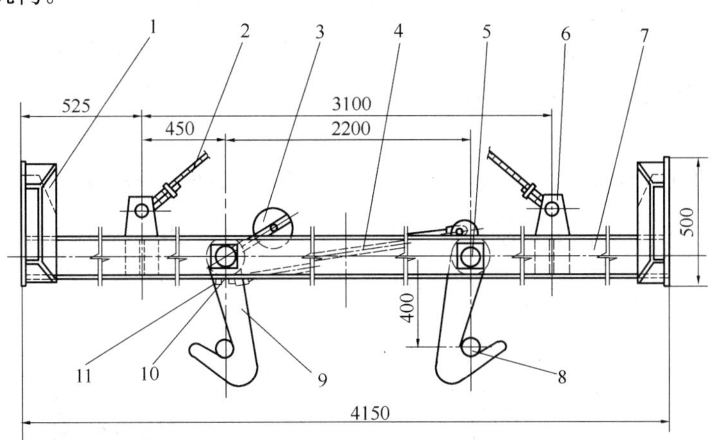

图 1-55 双吊点单重锤连杆式抓落机构

1—吊梁导向架；2—起吊钢丝绳；3—平衡重锤；4—双挂钩连杆；5—挂钩承重锤；6—钢丝绳吊耳；7—吊梁；8—栅网吊环；9—左、右挂钩；10—限位销；11—平衡重锤调节叉子

1.3.2.4 重锤式抓落机构的计算

以单吊点重锤式抓落机构为例。

(1) 起吊力的计算：受力简图如图 1-56 所示。

提升机构所需总起吊力 F 为

$$F = C_0(W + W_1)$$

式中 C_0——考虑栅网在起吊时的阻力系数，取 1.2～1.5；

W——被起吊的栅网重力(N)；

W_1——抓落机构自重重力(N)。

(2) 带有平衡重锤的挂钩计算：

1) 平衡力的计算如图 1-57 所示。假设挂钩本体 A—B 段的自重重力为 G_0，其重心距

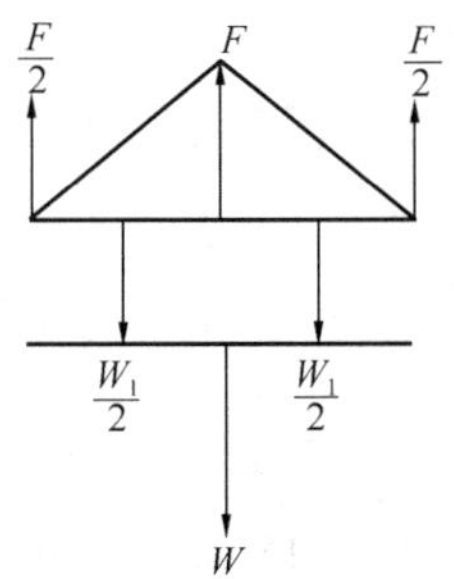

图 1-56 重锤式抓落机构受力简图

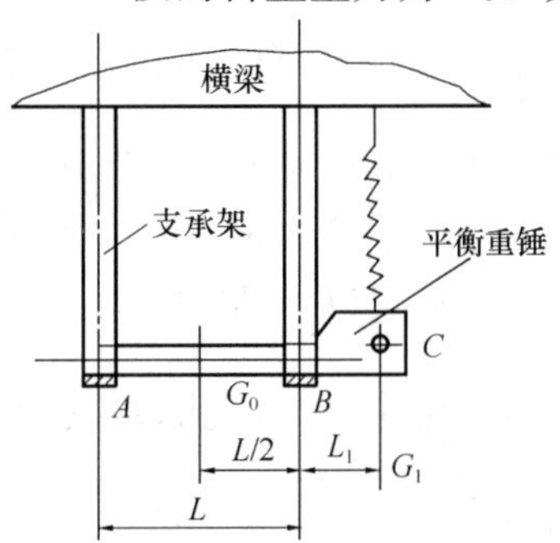

图 1-57 带平衡锤抓落机构简图

回转中心 B 点为$\frac{L}{2}$。平衡重锤 B—C 段的自重重力为 G_1，其重心距回转中心 B 点的距离为 L_1。设计时考虑利用拉簧的作用，即在下放栅网时将拉簧摘掉，放开栅网时依靠 B—C 段(平衡重锤部分)大于 A—B 段(挂钩本体)的旋转力矩，即：

$G_1 \times L_1 > G_0 \times \frac{L}{2}$ 才能起到挂钩的翻转作用，故在设计拉簧拉力时必须设 $P_{簧} \geqslant G_1 \times L_1 - G_0 \times \frac{L}{2}$。

2）挂钩本体强度可近似地按照简支梁计算。

3）提升横梁的计算：栅网重力 W 由两个支承架承重，如图 1-58 所示。两个支承架的合力 W 作用在横梁的中心点，而吊环的连接点 A、B 可视作梁的固定点，则可按简支梁计算。

4）平衡重锤支承销轴的计算：因平衡重锤的挂钩由两个支承架承重，故其销轴承载力 $P_0 = \frac{W}{2}$，其中 W 为挂钩上承受的起吊重力。因距支承架距离极小(如图 1-59 所示)，故可视作销轴承受剪切力，根据剪应力强度计算：

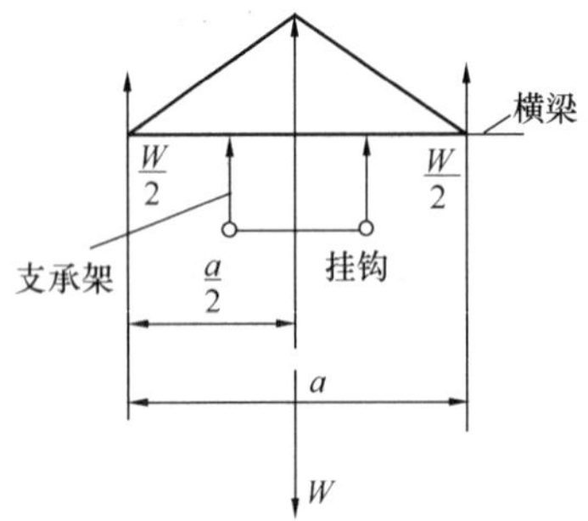

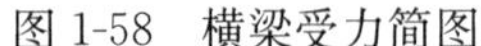

图 1-58　横梁受力简图

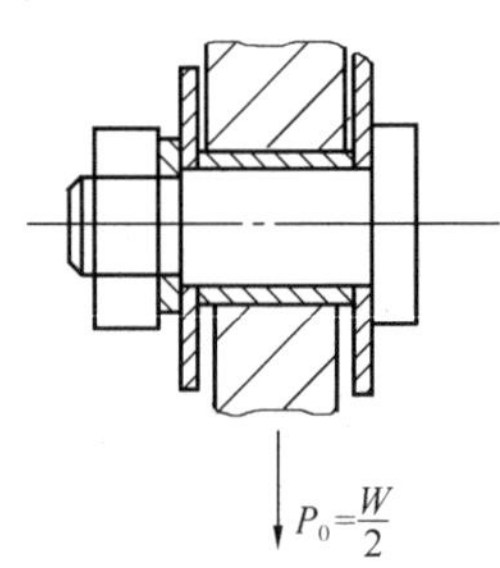

图 1-59　平衡重锤支承销轴

$$\tau = \frac{P_0}{A} = \frac{W}{2a} = \frac{W}{2\,\frac{\pi d^2}{4}} = \frac{2W}{\pi d^2} \leqslant [\tau]$$

式中　$[\tau]$——许用剪应力，销轴直径：$d \geqslant \sqrt{\frac{2W}{\pi[\tau]}}$。

1.3.3　电动双栅、网链传动机构

该机构用于取水泵房内，当其中一个栅网需要冲洗时，通过一套传动机构起吊，在一个栅网上升至地面冲洗时，另一个栅网则被放下，如图 1-60 所示。

链传动机构可以手动或电动。

1.3.4　电动卷扬式联动起落机构

该机构在发电厂取水泵房进水口使用较多，工作时通过一台电动机，经过链传动副减速，再经卷筒机构起吊栅网。该机构可以同时抓落两台或两台以上的栅网。由于其结构简

单，一般情况下，可以自行制作，如图 1-61 所示。

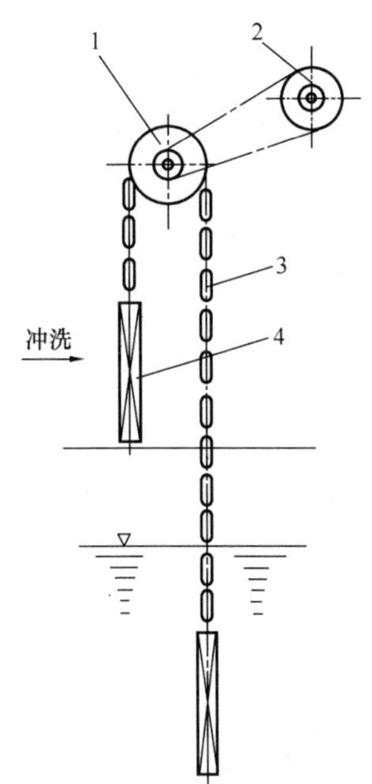

图 1-60 电动双栅网链传动机构

1—链轮机构；2—传动机构；3—链条；4—栅网

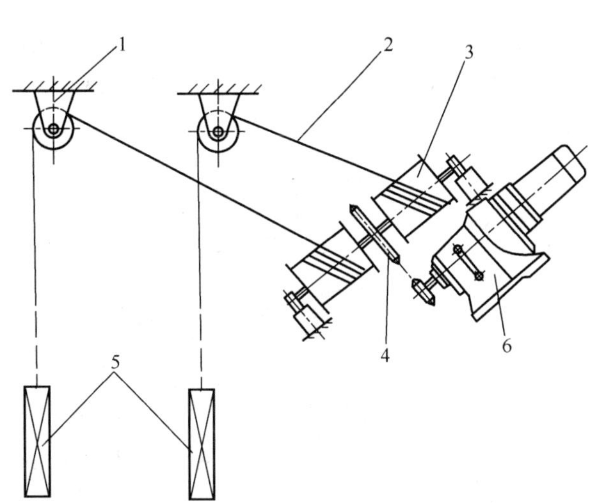

图 1-61 电动卷扬式联动抓落机构原理

1—定滑轮机构；2—钢丝绳；3—卷筒；4—传动机构；5—栅网；6—驱动机构

1.4 除 毛 机

1.4.1 适用条件

纺织、印染、皮革加工和屠宰场等工业生产污水中夹带有大量长约 4～200mm 的纤维类杂物；普通的格栅、滤网不易截留。进入排水系统易造成堵塞格栅等设备的过水孔隙，甚至会损坏水泵叶轮。同时短纤维进入后续污水处理构筑物后亦将增加处理负担。应用除毛机可以去除羊毛、化学纤维等杂物。该机占地面积少，不加药剂，运用费低，操作简单。

(1) 圆筒型除毛机的进水深度一般不得超过 1.5m，否则将使筒形直径过大，功率消耗增大，结构也较复杂。

(2) 进水井深度超过 1.5m 时，宜采用链板框式除毛机。

(3) 由于除毛机在具有腐蚀性很强的污水中工作，要求选用耐腐蚀性能良好的材料。

(4) 除毛机的滤网规格和孔径最好由试验确定。

(5) 具有油污的污水进入除毛机之前必须设置撇油装置，先撇去油污。

(6) 为防止纤维堵塞网孔，造成事故，可在滤网前后安装水位差信号装置，一旦网孔堵塞，可自动发出报警信号。

(7) 设计中要使电器部分尽量离开水面，以防电器受潮和腐蚀。

1.4.2 类型及特点

1.4.2.1 圆筒型除毛机

该机安装于毛纺厂或地毯厂下水道出口处，当含有长短纤维的污水流入筒形筛网后，纤维被截留在筛网上，随着筒形筛网的旋转，纤维被带至筒形筛网上部，经冲洗水冲洗后落下掉在安装于筒形筛网中心的小型皮带运输机的平皮带上，输送到外部落入小车或地上，再由人工清理。图 1-62 所示为毛纺厂除毛机，该机圆筒形筛网直径为 2200mm，网宽为 800mm。

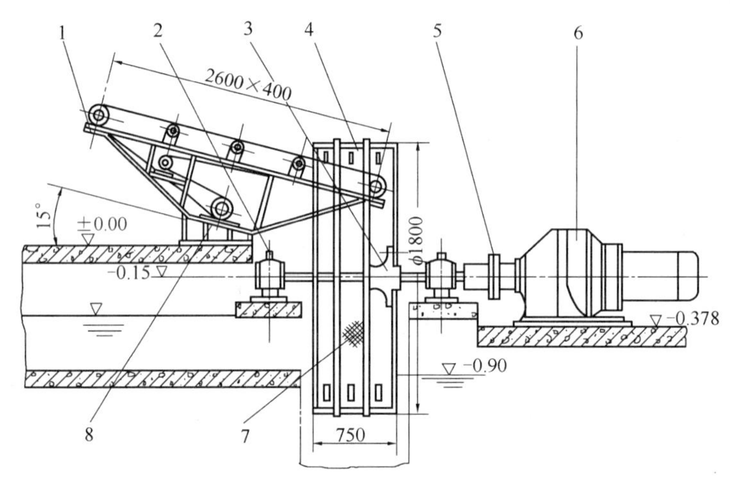

图 1-62　圆筒型除毛机

1—皮带运输机构；2—筒型筛网轴承座；3—连接轮毂；4—筒型筛网框架；5—联轴器；6—行星摆线针轮减速机；7—筛网；8—皮带运输机行星摆线针轮减速机

传动系统直接由一台行星摆线针轮减速机通过带有安全销保护的联轴器来驱动筒形筛网的主轴。

圆筒型除毛机的主要技术性能，见表 1-22。

ϕ2200×800 圆筒形除毛机主要技术性能　　表 1-22

筛网转速(r/min)		2.5
驱动功率(kW)		0.8
筛　网(目/in)		24
平皮带输送机	传动速度(m/min)	0.368
	电动机功率(kW)	0.8
	有效运输工作面 长×宽(mm)	2600×400

平皮带运输机通过支架在皮带两侧装有挡板，以防垃圾外逸。

由于圆筒型除毛机的工作环境极为恶劣，为防止腐蚀，其框架和回转主轴用不锈钢制作，筛网宜用不锈钢丝编织，也有采用镀锌铁丝或尼龙丝编织。

1.4.2.2 链板框式除毛机

通常适用于污水管道较深、污水量较大的场合。该机由传动部分的电动机、链传动副（或减速器、传动皮带装置）、板形链节、牵引链轮及滤网框架、滤网、冲洗喷嘴和机座等组成，如图 1-63、图 1-64 所示。

含有纤维的污水从污水管道进入除毛机室，流经回转着的框形滤网，截留下来的纤维被带到上部，用 0.1～0.2MPa 的压力水将纤维清除下来并排出。

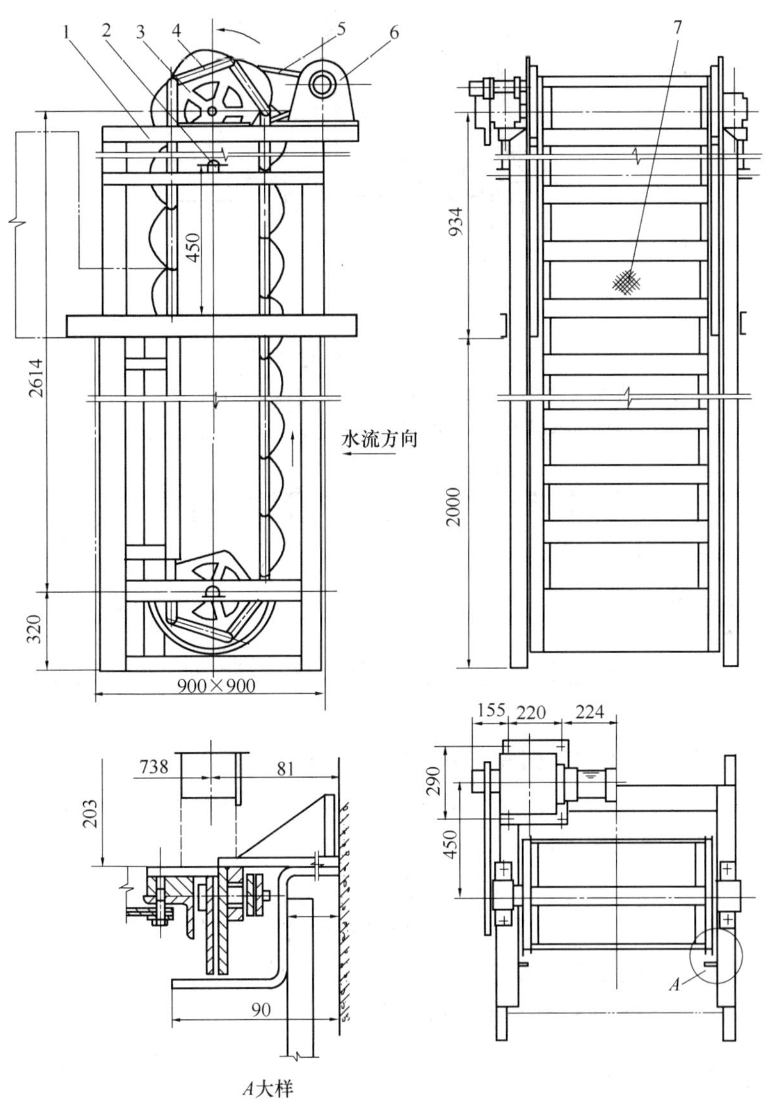

图 1-63 链板框式除毛机（一）

1—旋转滤网座架；2—冲洗喷嘴；3—牵引链轮；4—钣形链节；5—链传动装置；6—行星摆线针轮减速机；7—滤网装置

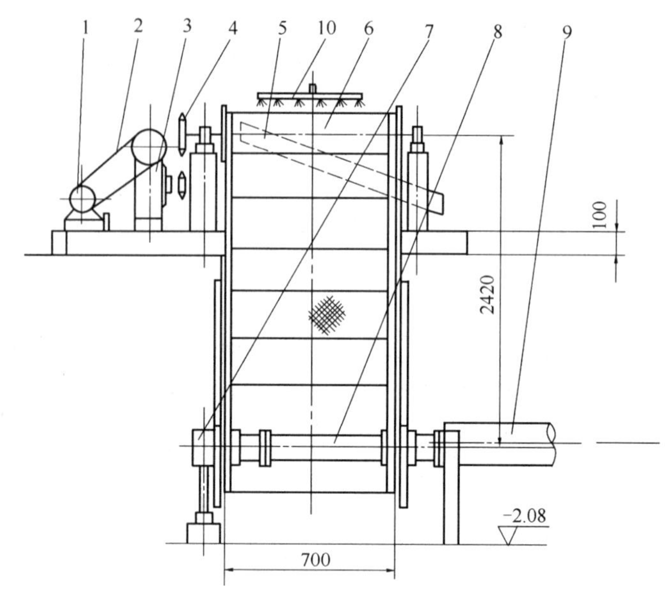

图 1-64 链板框式除毛机(二)

1—电动机；2—三角皮带装置；3—蜗轮蜗杆减速箱；4—链传动副；5—垃圾斗；6—旋转筛网装置；7—水下支承轴承；8—出水管；9—进水管；10—清污喷水管

1.5 水力筛网

1.5.1 适用条件

水力筛网适用于从低浓度悬浮液中去除固体杂质。是一种简单、高效、维护方便的筛网装置。

用于污水处理时，BOD 的去除效率约相当于初次沉淀。当处理生活污水时，水力筛网每米宽度的流量通过能力约为 2000m^3/d，单台水力筛网处理量可达 4000m^3/d。其作用与一座约 180m^2 的澄清池相近，而一个水力筛网占地面积不到 5m^2。

水力筛网一般用于处理水量不太大的条件下，目前国内已应用的水力筛网其进水宽度在 1m 左右，国外有的达 2m。使用中应给筛网定期冲洗，以保证正常运行。

这种设备在国外已用于工业废水处理、城市污水处理以及回收有用的固体杂物。在国内已用于印染废水、禽类加工等工业废水处理。

1.5.2 类型及特点

1.5.2.1 固定平面式水力筛网

固定平面式水力筛网的构造如图 1-65 所示。

污水从进水管进入布水管，使流速减缓，并使进水沿筛网宽度均匀分布。水经筛网垂直落下，水中杂物沿筛网斜面落到污物箱或小车内。上海某厂安装的这种水力筛网其上口宽 1000mm，下口宽 700mm，筛网倾斜 55°安装，尼龙筛网约 80 目，处理污水量为 1000m^3/d。此筛网用来过滤禽类加工污水，清除污水中的羽毛、绒毛。

1.5.2.2 固定曲面式水力筛网

固定曲面式水力筛网的构造，如图 1-66 所示。

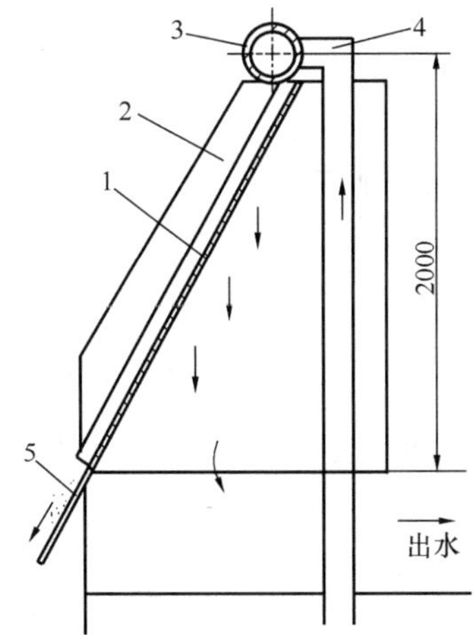

图 1-65 固定平面式水力筛网

1—筛网；2—筛网架；3—布水管；4—进水管；5—截留污物

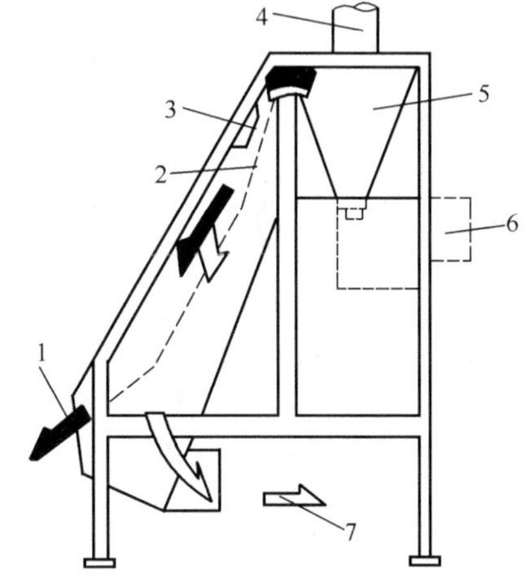

图 1-66 固定曲面式水力筛网

1—去除或收固体；2—不锈钢筛网；3—导流板；4—进水管；5—分配箱；6—另一种进口；7—出水

污水从进水管进入分配箱，另有一种进水管是从分配箱下部接入的。流速减缓的污水经分配箱沿筛网宽度分配到筛网上。导流板可防止污水的飞溅，使污水沿筛网的表面顺利地过滤。筛网用不锈钢丝网制作，曲面的形状以及筛网的孔径根据污水的不同种类而异，其规格一般为 16～100 目。出水有直接流入渠道和用法兰连接出水管两种形式。

1.5.2.3 水力旋转筛网

水力旋转筛网的构造，如图 1-67 所示。筛体呈锥柱形，污水从小端进入，在从小端到大端的流动中过滤，污物从大端落入污物收集器。筛体的旋转靠进水水流作为动力，进水以一定的流速流进斗中，由于水的冲击力和重力作用产生圆周力，从而使筛体旋转。

这种水力旋转筛网在国内已使用于印染废水中的毛、水分离处理。

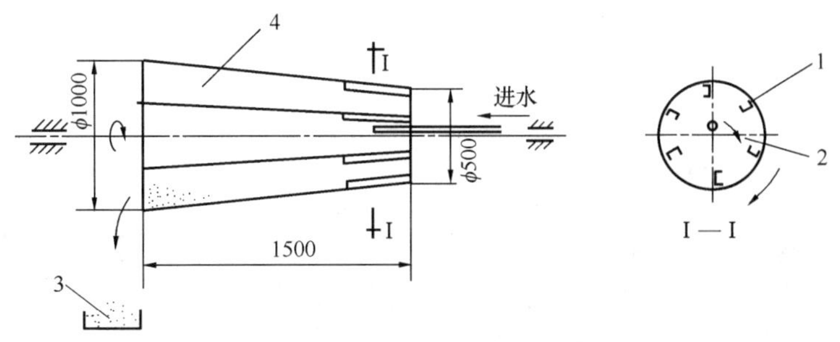

图 1-67 水力旋转筛网

1—水斗；2—进水方向；3—污物收集器；4—尼龙筛网

1.5.3 国外水力筛网的性能和规格

我国内蒙古自治区伊克昭盟某羊绒衫厂污水处理站安装一种从国外引进的水力筛网。

在国外，水力筛网有不同的结构形式和规格的产品可供选择使用。其结构形式如图1-68所示。其主要尺寸及通水能力，见表1-23。

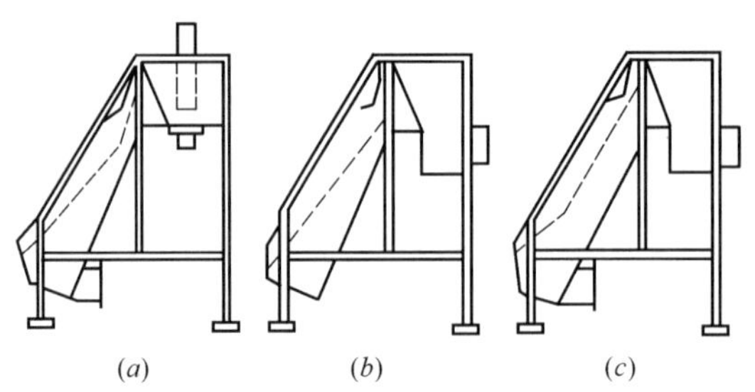

图1-68　国外几种水力筛网结构形式
(*a*)552标准型(标准流料箱)法兰出水口；(*b*)552-1型深分配箱、无法兰出水口；(*c*)552-2型深分配箱、法兰出水口

几种水力筛网的规格性能　　表1-23

型　号	552-18″	552-36″	552-48″	552-60″	552-72″
宽(in)	22	42	54	66	78
高(in)	57	60.5	84	84	84
深(in)	42	44.5	61	61	61
进水断面(in)	16×18	16×36	18×48	20×60	22×72
出流管(直径)(in)	8	10	10	12	14
质量(lb)	350	550	650	800	1000
污水种类及筛网规格	通过能力(美加仑/min)(近似值)				
雨水(0.06″筛网)	150	350	600	800	1000
生活污水0.05%浓度(0.06″筛网)	150	300	500	650	800
食品废水(0.04″筛网)	70	150	280	420	550
罐头厂废水(0.06″筛网)	120	200	350	500	650
牛皮纸浆厂出流水(0.02″筛网)	100	200	300	450	600
平均标准能力(以0.04″筛网计算)	100	200	300	450	600

注：1美加仑/分≈0.227m^3/h。

1.5.4 水力筛网的常用材料

水力筛网的网布材质通常用不生锈的金属丝网和合成纤维丝网制造。金属丝网的机械强度大，便于过滤后清扫污物，使用寿命长，但价格贵。

这些材料的规格见表1-24～表1-27：

筛网材料的规格　　表1-24

网　号	净孔径(mm)	丝　径(mm)	参考孔数		理论质量(kg/m^2)
			每英寸	每厘米	
12.8	1.28	0.31	16	6.3	0.81

续表

网 号	净孔径 (mm)	丝 径 (mm)	参考孔数		理论质量 (kg/m^2)
			每英寸	每厘米	
11	1.10	0.31	18	7.1	0.92
10.2	1.02	0.27	20	8.0	0.77
078	0.78	0.27	24	9.5	0.94
062-2	0.62	0.23	30	11.8	0.84
049	0.49	0.21	36	14.2	0.84
046-2	0.46	0.17	40	15.7	0.61
036-3	0.36	0.15	50	19.7	0.60
030-4	0.30	0.12	60	23.6	0.46
022	0.22	0.10	80	31.5	0.61
017	0.17	0.08	100	40	0.32

注：1. 丝网的结构分方眼网、斜纹方眼网两种；

2. 材料：1Cr18Ni9 不锈钢丝、黄铜丝；

3. 宽度一般为 500～1000mm。

尼龙和涤纶网规格 **表 1-25**

型 号	幅 宽 (cm)	密 度 (根/cm)	孔 径 (mm)	有效筛滤面积 (%)
16 目	$100^{\pm 2}$	6.3	1.147	52.2
18 目		7.09	1.025	52.87
20 目		7.87	0.892	48.78
30 目		11.87	0.516	37.21
40 目		15.74	0.36	32
50 目		19.68	0.288	32.13
60 目		23.62	0.253	37.2
70 目		27.56	0.198	29.74
80 目		31.5	0.208	42.79
90 目		35.43	0.172	37.2
100 目		39.37	0.144	32.14

注：材料：尼龙 6、尼龙 1010、涤纶。

铜 网 规 格 **表 1-26**

型 号	幅 宽 (cm)	丝 径 (mm)	组 织	孔 径 (mm)	有效筛滤面积 (%)
40 目	$100^{\pm 1}$	0.173	平 纹	0.462	52.92
50 目		0.152		0.356	49.09
60 目		0.122		0.301	50.5

续表

型 号	幅 宽 (cm)	丝 径 (mm)	组 织	孔 径 (mm)	有效筛滤面积 (%)
70 目	$100^{\pm1}$	0.112	平 纹	0.251	47.79
80 目		0.091		0.227	46.8
90 目		0.091		0.191	45.88
100 目		0.081		0.173	46.39

注：材料：黄铜丝。

不锈钢丝网规格 **表 1-27**

规 格(目/in)	20	30	40	60	80
丝 径(mm)	ϕ0.3	ϕ0.26	ϕ0.22	ϕ0.16	ϕ0.12

注：材料：不锈钢丝。

2 药 物 投 加 设 备

药物投加设备包括药剂的输送设备和投加设备。输送设备可选用标准设备或按给水排水工艺的要求改装。投加设备分干投和湿投两种，典型设备有干式投矾机和水射器等。几种典型设备的设计和计算分述如下。

2.1 投 加 设 备

2.1.1 水射器

2.1.1.1 适用条件

在给水系统中，水射器常用于向压力管内投加药液和药液的提升，具有设备简单、使用方便、工作可靠的优点，但由于水射器满足不了所需的抽提输液量的要求，有效动压头和射流的排出压力常受到限制，如图 2-1 所示。

2.1.1.2 结构形式

水射器的结构如图 2-2 所示，由压力水入口、吸入室、吸入口、喷嘴、喉管、扩散管、排放口等部分组成。

2.1.1.3 设计要求

(1) 喷嘴和喉管进口的间距以 $l=0.5d_2$（d_2 为喉管直径）时，效率最高。

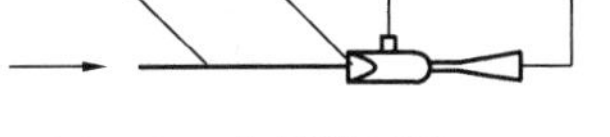

图 2-1 水射器系统

1—溶液池；2、4—阀门；3—定量投药箱；5—压力水管；6—漏斗；7—水射器；8—高压水管

(2) 喉管长度 l_2 等于 6 倍喉管直径为宜，即 $l_2=6d_2$，如制作困难可减至不小于 4 倍

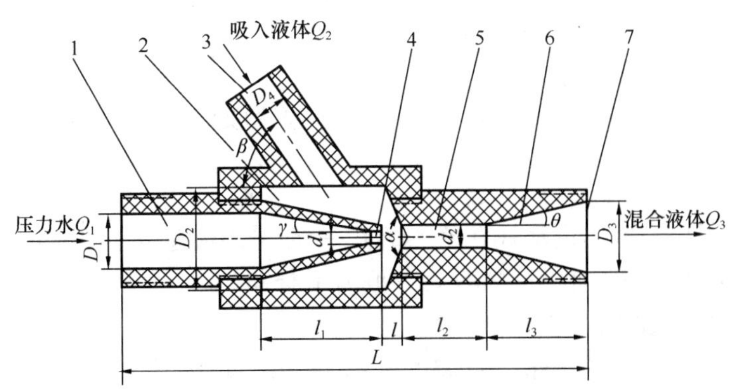

图 2-2 水射器结构

1—压力水入口；2—吸入室；3—吸入口；4—喷嘴；5—喉管；6—扩散管；7—排放口

喉管直径。

（3）喉管进口角度 α 以 120°为好，喉管与外壳连接线应平滑。

（4）扩散管角度 θ 以 5°为好。

（5）吸入液体的进水方向角 β 以 45°～60°为好，夹角线与喷嘴管轴线交点宜在喷嘴之前。

（6）喷嘴收缩角 γ 可用 10°～30°。

2.1.1.4　计算公式

水射器计算有两种方法，均可应用，分述如下：

（1）第一种计算方法（最高效率可达 30%）：

1）计算压头比 N 值：按式（2-1）为

$$N=\frac{H_d-H_s}{H_1-H_d}=\frac{\text{净扬程水头}}{\text{净工作水头}} \tag{2-1}$$

式中　H_1——水射器工作水头（m）；

H_d——水射器输出水头（包括管道损失）（m）；

H_s——吸入液体的抽吸水头（包括管道损失）（m），注意正负值。

2）求 R 和 M 值：根据 N 值查图 2-3，得 R 和 M 值。

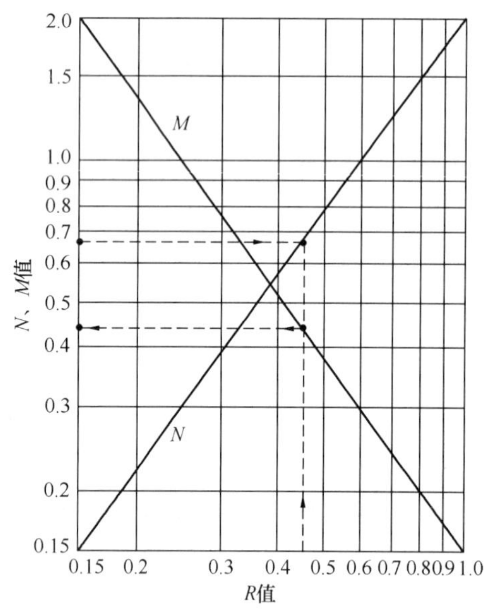

图 2-3　最高效率（30%）时 R、M 与 N 关系曲线

3）根据 M 值计算喷嘴：

① 工作流量：按式（2-2）为

$$Q_1=\frac{Q_2}{M}\ (\text{L/s}) \tag{2-2}$$

式中　Q_2——吸入液体流量（L/s）。

② 喷嘴断面：按式（2-3）为

$$A_1=\frac{10Q_1}{c\sqrt{2gH_1}}\ (\text{cm}^2) \tag{2-3}$$

式中　c——喷口流量系数，$c=0.9\sim0.95$。

③ 喷嘴直径：

$$d_1=\sqrt{\frac{4A_1}{\pi}}\ (\text{cm})$$

④ 喷嘴流速：

$$v_1=\frac{10Q_1}{A_1}\ (\text{m/s})$$

⑤ 喷嘴收缩段长度：

$$l_{1-1}=\frac{D_1-d_1}{2\tan\gamma}$$

式中　D_1——冲射压力水的进水管直径（cm），一般采用流速 $v_1 \not> 1$m/s；

γ——喷嘴收缩段的收缩角（°），一般为 10°～30°。

⑥ 喷嘴直线段长度：按式（2-4）为

$$l_{1-2}=(0.55\sim0.9)d_1\ (\text{cm}) \tag{2-4}$$

⑦ 喷嘴总长度为

$$l_1=l_{1-1}+l_{1-2}\ (\text{cm})$$

4）根据 R 值计算喉管：

① 喉管断面：按式（2-5）为

$$A_2 = \frac{A_1}{R}\ (\mathrm{cm}) \tag{2-5}$$

② 喉管直径：按式（2-6）为

$$d_2 = \frac{d_1}{\sqrt{R}}\ (\mathrm{cm}) \tag{2-6}$$

③ 喉管流速为

$$v_2 = \frac{10(Q_1 + Q_2)}{A_2}\ (\mathrm{m/s})$$

④ 喉管长度为 $$l_2 = 6d_2(\mathrm{cm})$$

⑤ 喉管进口扩散角为

$$\alpha=120^\circ$$

5）计算扩散管：扩散管长度为

$$l_3 = \frac{D_3 - d_2}{2\tan\theta}\ (\mathrm{cm})$$

式中 D_3——混合液排出管管径（cm），采用 $D_3=D_1$；

θ——扩散管扩散角（°），一般为 5°～10°。

6）混合室长度为

$$l_4 = l_1 + l\ (\mathrm{cm})$$

7）计算实例：

【例】 某水厂加药系统拟用 0.20L/s 加药水射器，已知二级泵房供水压力 $H_1=0.25\mathrm{MPa}$，水射器的出口压力（考虑了管道等损失）要求 $H_d=0.1\mathrm{MPa}$，吸入液吸入口压力（考虑了管道等损失）为 H_s=正水头 0.003～0.005MPa，为安全起见以 $H_s=0$ 计。

【解】 ① 计算压头比：

$$N = \frac{H_d - H_s}{H_1 - H_d} = \frac{10-0}{25-10} = 0.667$$

② 求 R、M 值：

查图 2-3 得 $R=0.46$，$M=0.44$

③ 计算喷嘴：

$$Q_1 = \frac{Q_2}{M} = \frac{0.20}{0.44} = 0.455\ \mathrm{L/s}$$

采用 $c=0.9$

$$A_1 = \frac{10Q_1}{c\sqrt{2gH_1}} = \frac{10\times 0.455}{0.9\sqrt{2\times 9.8\times 25}} = 0.228\ \mathrm{cm^2}$$

$$d_1 = \sqrt{\frac{4A_1}{\pi}} = \sqrt{\frac{4\times 0.228}{3.1416}} = 0.54\ \mathrm{cm}$$

采用 $d_1=0.55\mathrm{cm}$

$$v_1 = \frac{10Q_1}{A_1} = \frac{10\times 0.455}{0.228\left(\frac{0.55}{0.54}\right)^2} = 19.2\ \mathrm{m/s}$$

收缩角γ采用20°，压力进水管直径采用$D_1=3.0$cm，

$$l_{1-1}=\frac{D_1-d_1}{2\tan\gamma}=\frac{3.0-0.55}{2\tan 20^\circ}=3.36\text{ cm}$$

$$l_{1-2}=0.7d_1=0.7\times 0.55=0.38\text{cm}$$

$$l_1=l_{1-1}+l_{1-2}=3.36+0.38=3.74\text{cm}$$

标准图中实际采用喷嘴为二次收缩（$\gamma_1=60^\circ$、$\gamma_2=30^\circ$），$l_1=4.0$cm，详见标准图"投药、消毒设备S346"。

④ 计算喉管：

$$A_2=\frac{A_1}{R}=\frac{0.228\left(\frac{0.55}{0.54}\right)^2}{0.46}=0.514\text{cm}^2$$

$$d_2=\frac{d_1}{\sqrt{R}}=\frac{0.55}{\sqrt{0.46}}=0.81\text{cm}$$

$$l_2=6d_2=6\times 0.81=4.86\text{cm}$$

$$\alpha=120^\circ$$

$$v_2=\frac{10(Q_1+Q_2)}{A_2}=\frac{10\times(0.455+0.20)}{0.514}=12.7\text{m/s}$$

⑤ 计算扩散管：采用$\theta=5^\circ$，冲射压力进水管径$D_1=D_3$（扩散管出口管径=3.0cm），则$l_3=\dfrac{D_3-d_2}{2\tan\theta}=\dfrac{3.0-0.81}{2\tan 5^\circ}=12.5$cm（实际加工时，出口段改为10°，$l_3$可缩短，详见标准图，"投药、消毒设备S346"）。

（2）第二种计算方法：主要计算参数如下：

1）喷嘴与喉管断面比：

$$R=\frac{A_1}{A_2}\tag{2-7}$$

式中　A_1——喷嘴断面（m^2）；

A_2——喉管断面（m^2）。

2）流量比：

$$M=\frac{Q_2}{Q_1}\tag{2-8}$$

式中　Q_2——吸入液体流量（m^3/s）；

Q_1——喷嘴工作流量（m^3/s）。

3）压头比：

$$N=\frac{H_0}{H_c}\tag{2-9}$$

式中　H_0——水射器输出水头（m）；

H_c——喷嘴工作水头（m）。

根据图2-4（a），当$R=0.37\sim0.35$、$M=0.7\sim1.14$时，能得到最高效率。据图2-4（b）在取得最高效率情况下，当$R=0.37$、$M=0.70$时，$N=0.48$；当$R=0.25$、$M=1.14$时，$N=0.30$。

水射器的最高效率：按式（2-10）为

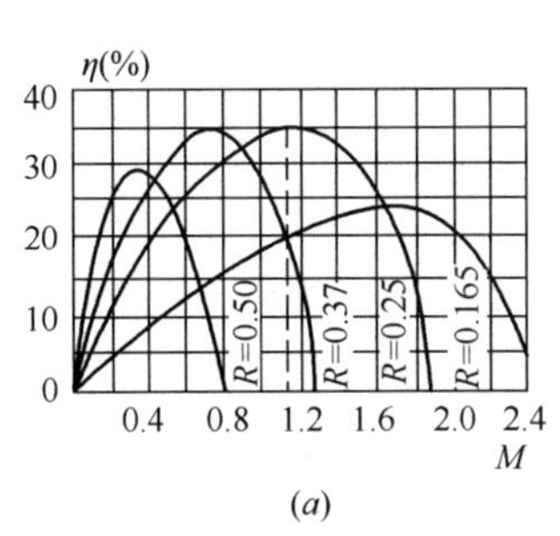

(a)

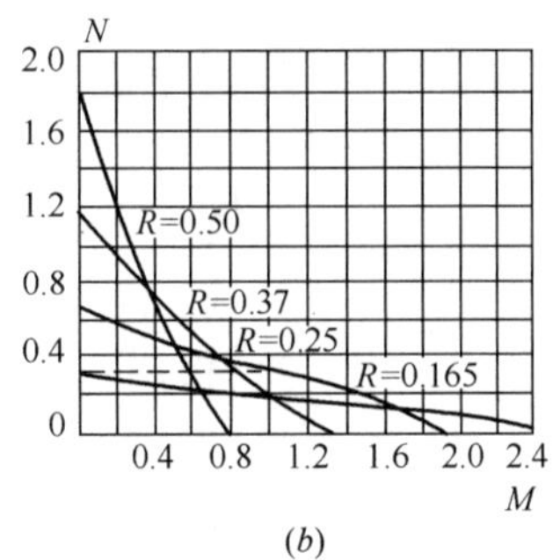

(b)

图 2-4 水射器的特性曲线

(a) 水射器的效率曲线；(b) 水射器的工作曲线

$$\eta = \frac{Q_2 H_0}{Q_1 H_c} = MN \tag{2-10}$$

在计算时，一般已知所需扬程 H_0，吸入液体流量 Q_2。当采用效率为 0.3 时，据图 2-4（b）查得 M 与 N 值，而后按下式计算喷嘴工作水头 H_c 和工作流量 Q_1：

$$H_c = \frac{H_0}{N},\ Q_1 = \frac{Q_2}{M}$$

4）喷嘴断面：按式（2-11）为

$$A_1 = \frac{Q_1}{c\sqrt{2gH_c}}\ (\text{cm}^2) \tag{2-11}$$

式中 c——流量系数，取 c=0.95。

5）喉管断面：

$$A_2 = \frac{A_1}{R}\ (\text{cm}^2)$$

根据已确定的喷嘴、喉管等尺寸，按式（2-12）校核：

$$Q_1 v_1^1 = (Q_1 + Q_2) v_2^1 \tag{2-12}$$

式中 v_2^1——喉管流速（m/s）。

此时效率为 $\eta = MN$

6）计算实例：

【例】 已知扬水高度为 20m，吸入液体流量 Q_2 = 15m³/h，计算水力提升器各部分尺寸。

【解】 为使水射器在高效率区工作，采用

$$R = \frac{A_1}{A_2} = 0.25 \sim 0.37$$

查图 2-4（b）得相应的 M 值

$$M = \frac{Q_2}{Q_1} = 1.14 \sim 0.70$$

相应的压头比为

$$N = \frac{H_0}{H_c} = 0.30 \sim 0.48$$

相应的工作流量（若采用 M=1.14 时）：

$$Q_1 = \frac{Q_2}{M} = \frac{15}{1.14} = 13.16\text{m}^3/\text{h} = 0.00365\text{m}^3/\text{s}$$

$$H_c = \frac{H_0}{N} = \frac{20}{0.30} = 66.7\ \text{m}$$

$$A_1 = \frac{0.00365}{0.95\sqrt{2 \times 9.81 \times 66.7}} = 1.06 \times 10^{-4}\ \text{m}^2 = 1.06\text{cm}^2$$

$$d_1 = \sqrt{\frac{4A_1}{\pi}} = \sqrt{\frac{4 \times 1.06}{3.14}} = 1.16\text{cm}$$

喉管断面为

$$A_2 = \frac{A_1}{R} = \frac{1.06}{0.25} = 4.24\ \text{cm}^2$$

喉管直径为

$$d_2 = \sqrt{\frac{4A_2}{\pi}} = \sqrt{\frac{4 \times 4.24}{3.14}} = 2.32\ \text{cm}$$

$$\frac{d_1}{d_2} = \frac{1.16}{2.32} = 0.5$$

如果采用$M=0.70$，$Q_1=21.4\text{m}^3/\text{h}=0.00595\text{m}^3/\text{s}$则$H_c = \dfrac{H_0}{N} = \dfrac{20}{0.48} = 41.7\text{m}$

$$A_1 = \frac{Q_1}{c\sqrt{2gH_c}} = \frac{0.00595}{0.95\sqrt{2g \times 41.7}} \approx 2.19\text{cm}^2$$

$$d_1 = \sqrt{\frac{4A_1}{\pi}} = \sqrt{\frac{4 \times 2.19}{3.14}} = 1.67\text{cm}$$

$$A_2 = \frac{A_1}{R} = \frac{2.19}{0.37} = 5.92\text{cm}^2$$

$$d_2 = \sqrt{\frac{4A_2}{\pi}} = \sqrt{\frac{4 \times 5.92}{3.14}} = 2.75\text{cm}$$

$$\frac{d_1}{d_2} = \frac{1.67}{2.75} = 0.61$$

以下计算同第一种方法。

2.1.1.5 加工安装要求

(1) 喷嘴、喉管进口及内径、扩散管内径加工表面粗糙度应达$\overset{3.2}{\bigtriangledown}$。

(2) 喷嘴和喉管安装时须同心，同轴度应达精度等级的9～10级。

(3) 水射器安装时严防漏气，并应水平安装，不可将喷口向下。

2.1.2 干式投矾机

2.1.2.1 适用条件

干式投矾机是干投法的典型设备，用于投加松散的易溶解的固体药剂，如颗粒状的硫酸铝和明矾等。药剂通过料斗进入盛矾漏斗，堆放在振动式投加槽中，通过时间继电器把药定时定量地直接投入水中，如图2-5所示。

干式投矾机具有给料均匀、运转可靠、驱动功率和占地面积小、操作管理方便的优点，易于实现自动控制，但设备的安装调试较复杂，对易潮解结块的药剂不适用。

2.1.2.2 结构形式

干式投矾机的结构形式，如图 2-6 所示，主要包括盛矾漏斗、附着式振动器、电磁振动给料机、调节手柄、底座和外壳等部分，电磁振动给料机是由给料槽、激振器、减振器三部分组成，并由时间继电器控制，作连续或间断式振动投加。

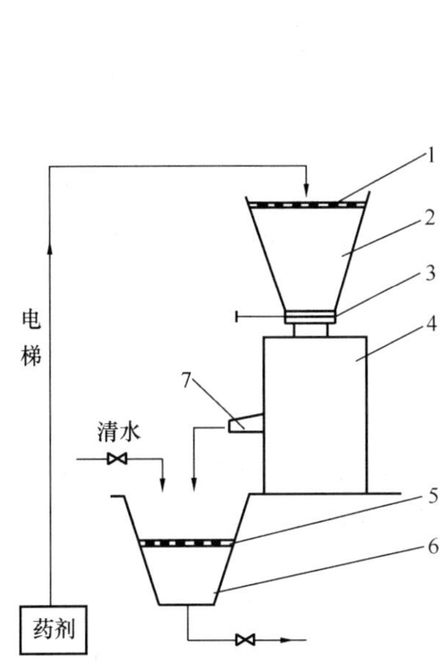

图 2-5 干式投矾机系统简图

1、5—钢箅；2—料仓；3—插板闸；4—干式投矾机；6—溶解槽；7—投加槽

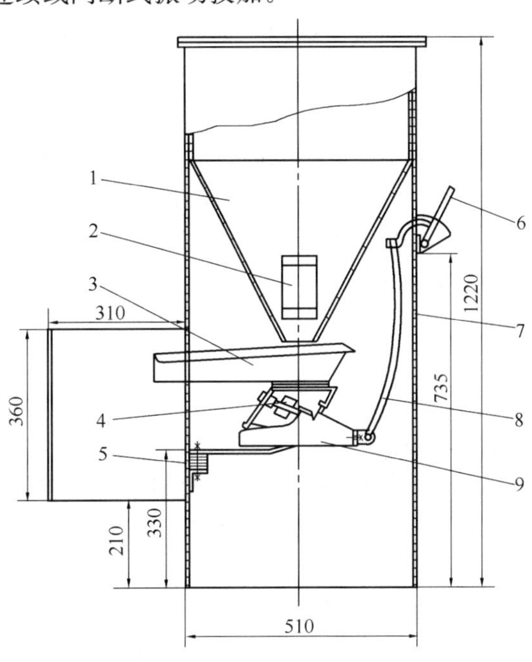

图 2-6 干式投矾机结构

1—盛矾漏斗；2—附着式振动器；3—给料槽；4—激振器；5—减振器；6—调节手柄；7—外壳；8—连杆；9—底座

2.1.2.3 设计计算

干式投矾机主要设计计算电振给料机。

(1) 设计要求：

1) 给料槽槽体厚度一般为 2～6mm。槽底以做成弧形为宜，小型槽宜做成圆管形，弯曲半径为槽宽的 1/2，一般槽底圆弧半径为槽宽的 1.7～2 倍。底部横向加强筋的高度 $\leqslant\frac{1}{10}$槽宽，筋的间距为槽长的 30%左右。槽子侧板厚度比槽底稍薄。推力板厚度一般等于底板厚，推力板跨距$\geqslant\frac{1}{3}$槽宽。

2) 减振器主要设计吊挂弹簧，可按压缩螺旋弹簧计算，常用材料 60Si2Mn，弹簧圈数一般不少于 4～5 圈。承托弹簧的托盘可略大些，以防弹簧窜动并减少噪声。

3) 为保证电振给料机运转平稳，要进行重心计算，使电磁力的作用力线通过槽体及激振器重心，一般只考虑力线通过空槽重心即可。

4) 激振器是机器的动力源部件，它由联接叉、衔铁、铁芯和线圈、主弹簧、激振器壳体组成，设计方法详见《电磁振动给料机》。

电振给料机一般先进行槽体设计，其次进行激振器设计，也可参照样本选用定型产品。

（2）生产能力计算：按式（2-13）为

$$Q = 3600\varphi BH\gamma v \tag{2-13}$$

式中　Q——生产能力（t/h）；

φ——药剂填充系数，对于开式槽子和矩形管子取 $\varphi=0.6\sim0.8$，粒度小时取较大值，粒度大时取较小值；

B——槽宽（m）；

H——槽子深度或矩形管子的高度（m）；

γ——药剂堆积密度（t/m^3）；

v——药剂输送速度（m/s）。

药剂的输送速度 v 与药剂的特性、药层厚度、频率、振幅和振动角有关，按式（2-14）计算：

$$v = \eta m \frac{g}{2k}\frac{n^2}{f}\cot\beta \tag{2-14}$$

式中　η——输送效率，硫酸铝 $\eta\approx0.65$；

m——槽体倾角系数，是槽体倾斜时输送速度的增长或递减率，当向下倾斜安装时，倾角最好不大于 10°～15°；当向上倾斜安装时，倾角不得超过 12°；m 值可查图 2-7、图 2-8；

k——周期指数，一般为 1.0；

n——系数，为抛药时间与槽体振动周期的比值，查图 2-9；

f——频率，一般为 50Hz；

β——振动角，一般为 20°。

图 2-9 所示抛物指数 r_p 是槽体最大垂直加速度与重力加速度的比值，由式（2-15）求得

$$r_p = \frac{4\pi^2 f^2 S\sin\beta}{g} \tag{2-15}$$

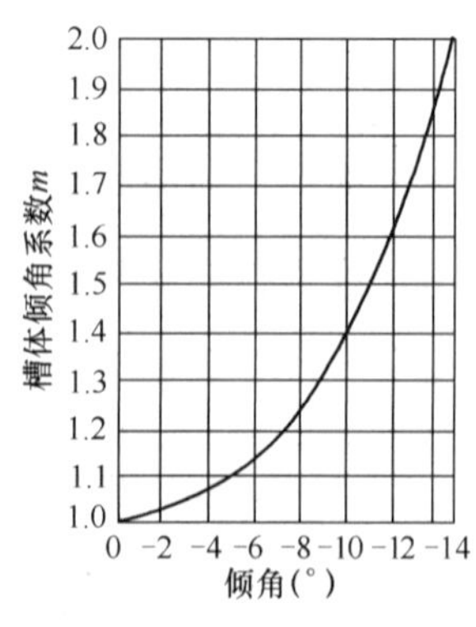

图 2-7　药剂输送速度与槽体倾角（向下）关系

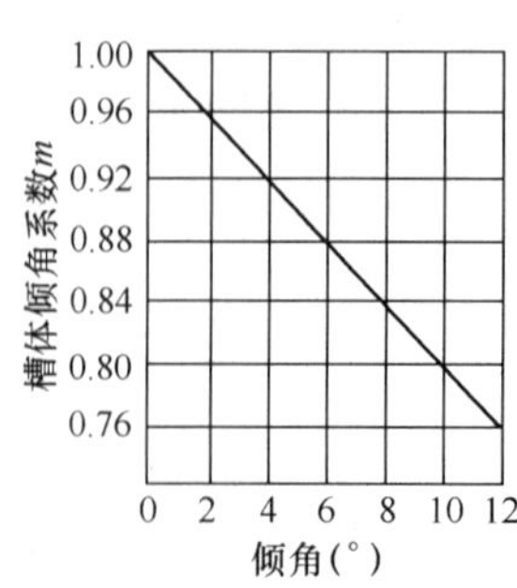

图 2-8　药剂输送速度与槽体倾角（向上）关系

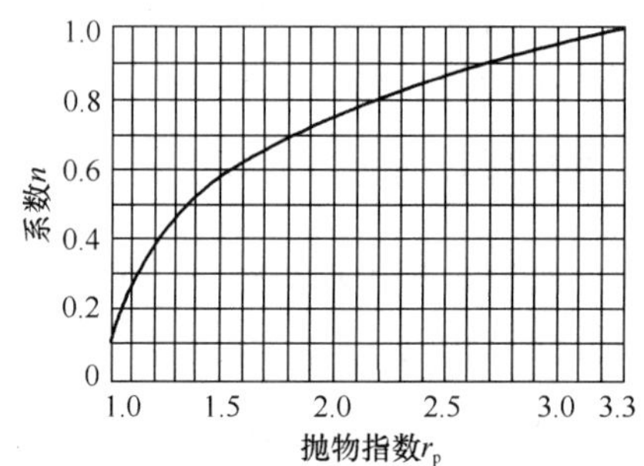

图 2-9　系数 n 与抛物指数 r_p 的关系曲线

式中 S——振幅，按单振幅计算（mm），一般为 1.5mm；

g——重力加速度＝9.81m/s^2。

其他符号同式（2-14）。

（3）宽度验算：根据生产能力确定电振给料机规格后，还必须按药剂粒度验算槽体宽度，公式如下：

对于粒度不均匀的原药剂 $B \geqslant (2 \sim 3)d_{max}$

对于筛分后的药剂 $B \geqslant (3 \sim 5)d_{max}$

式中 B——槽宽（mm）；

d_{max}——药剂的最大粒度（mm）。

2.1.2.4 安装要求

干式投矾机外壳固定后，主要是中间电振给料机的安装与调整。

（1）安装角度：对于流动性好的药剂，安装倾角推荐向下 10°，最好不大于 15°，若倾角过大时，药剂的滑动增强，药流不止，增加了对槽体的磨损。为了达到较精确的定量给药，水平安装较合适，药流稳定性高。

（2）安装方式：图 2-6 所示的安装采用弹性支持架，由扁钢和胶垫组成。在投加槽的宽度方向，两侧吊杆应对称地向外倾斜 10°，以避免电振给料机过分地侧向摆动。

给料机安装应保持横向水平，否则输送过程中药剂将会向一边偏移。

（3）对料仓和溜槽的要求：给料机的槽体，不能承受过大的仓压，否则将降低给料机的振幅，减低药剂的输送速度，影响生产力。一般情况下，作用在槽体上的垂直投影仓压面积，应小于料仓放料口的 $\frac{1}{4} \sim \frac{1}{5}$。为避免或减少仓压直接作用在槽体上，在料仓和槽体之间加溜槽（盛矾漏斗），溜槽与槽体侧板之间的间隙为 25mm。

为避免料仓中药剂对槽体的冲击而损坏，料仓不允许卸空，在料仓和给料机中应保持一定的余药。

（4）调整：电振给料机在生产中的运转可靠性，完全取决于投产前的调整和试运转。电磁铁芯和衔铁之间的气隙按图进行调整，板簧式电振给料机气隙为 1.8～2.1mm，螺旋簧式气隙为 2～3mm。调整原则：

1）满足振幅要求。

2）电流不超过额定值。

3）铁芯和衔铁不得发生碰撞，铁芯面与衔铁面要平行。

2.2 石灰消化投加设备

石灰消化投加系统中的设备主要有：受料槽、电磁振动输送机、斗式提升机、料仓、插板闸、消石灰机、排渣器和搅拌罐等，有的系统还有电子秤和料仓过滤器等辅助设备，石灰消化投加系统如图 2-10 所示。其中电磁振动输送机和斗式提升机已有定型产品可供选用，搅拌罐的设计见第 3 章，排渣机的设计参考刮板输送机。本节重点介绍消石灰机、钢料仓和插板闸的设计。

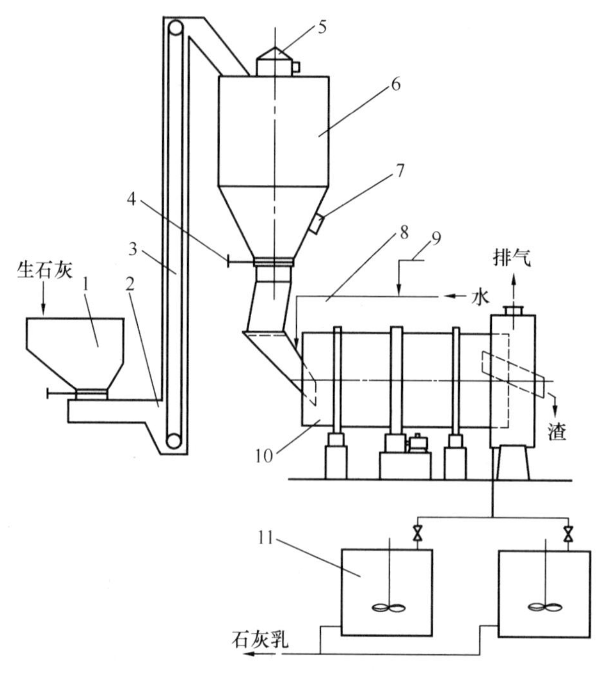

图 2-10　石灰消化投加系统

1—受料槽；2—输送机；3—斗式提升机；4—插板闸；5—料仓过滤器；6—料仓；7—振动器；8—水管；9—汽管；10—消石灰机；11—搅拌罐

2.2.1　消石灰机

2.2.1.1　适用条件

用于水处理系统的消石灰机有两种，一种是开式回转圆筒型，另一种是封闭式的捏和搅拌机型，前者适用于大粒径的生石灰消化（最大粒径可达 70～80mm），后者适用于小粒径的生石灰消化（最大粒径小于 38mm），本节介绍前者。

回转圆筒型消石灰机其流程又分并流和逆流两种，消石灰机结构，如图 2-11、图 2-12 所示。

2.2.1.2　结构形式

消石灰机由筒体（包括内筒、外筒和抄板）、滚圈、托轮与挡轮、传动装置、进料斗和排渣装置组成。对于逆流型消石灰机筒体又分内筒和外筒，二者用大螺栓连接，内筒内壁有按螺旋线布置的破碎钉，筒壁上有小孔使乳液与外筒相通，外筒前半段有连续螺旋抄板，后半段为不连续螺旋抄板，均起排渣作用。逆流型消石灰机结构如图 2-12 所示。

2.2.1.3　设计要求

(1) 筒体是消石灰机的重要部件，材料一般用 Q235A 或 10、15 号优质碳素钢，钢板厚度一般不小于 10mm。

筒体用整体焊接，钢板接缝愈少愈好，其中纵向焊接缝要彼此错开。

(2) 为提高消化效率和利于排渣，在筒内应装设抄板，抄板形式多为升举式，排列从进口到出口成螺旋线，如图 2-11 所示。

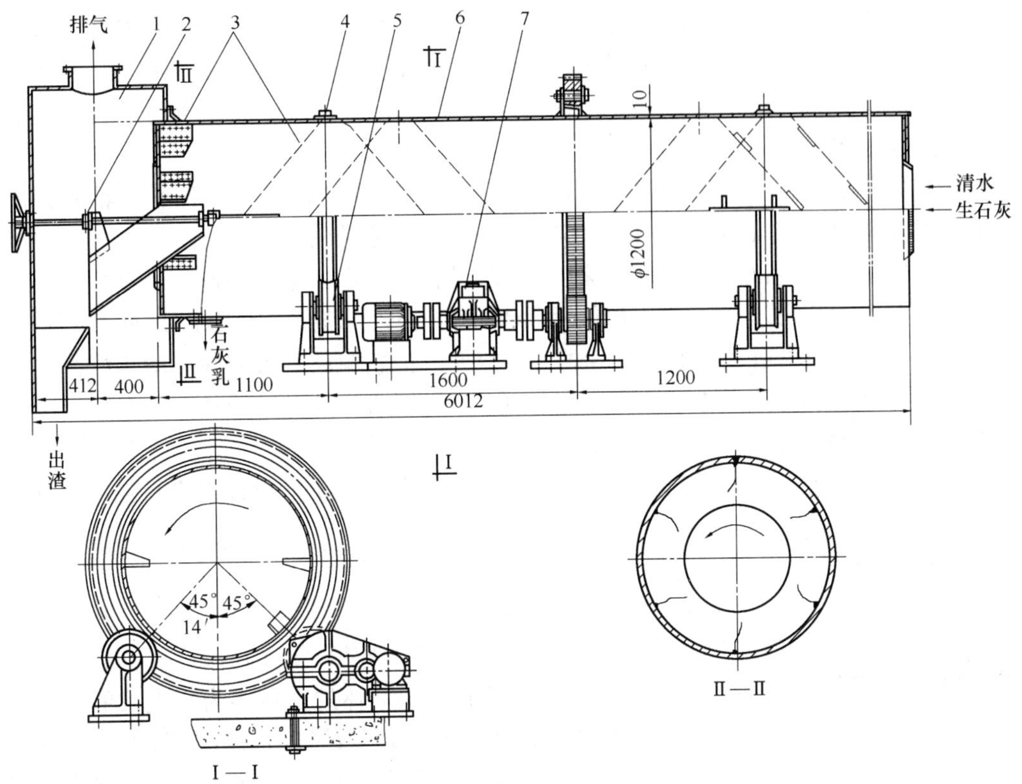

图 2-11　消石灰机结构（一）

1—出料室；2—排渣装置；3—抄板；4—滚圈；5—托轮装置；6—筒体；7—传动装置

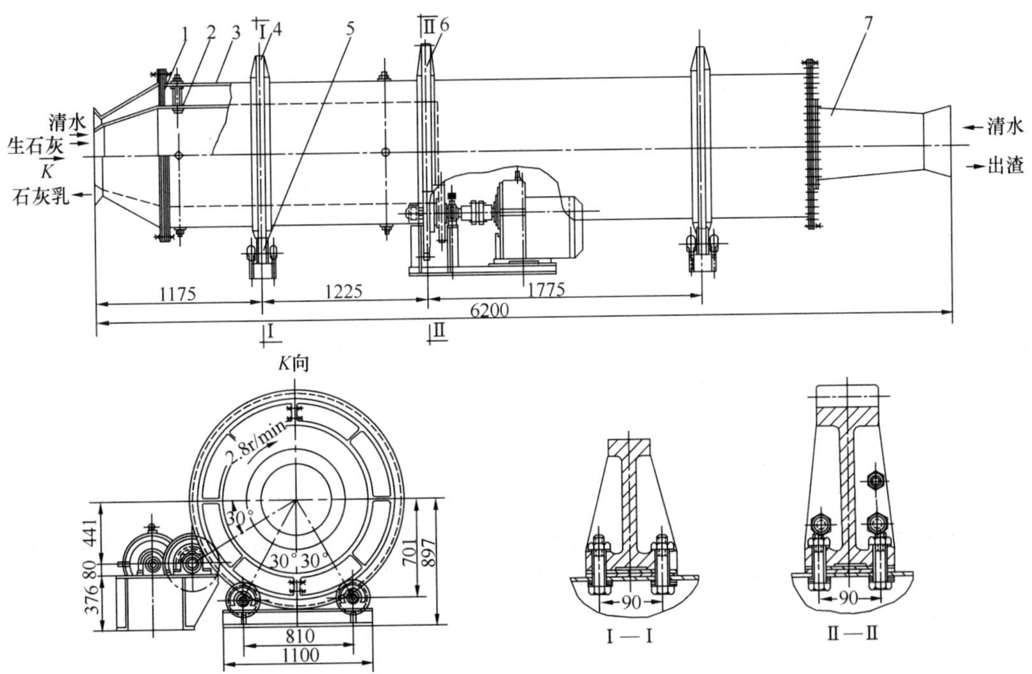

图 2-12　消石灰机结构（二）

1—孔板；2—内筒；3—外筒；4—滚圈；5—托轮装置；6—传动装置；7—排渣尾筒

(3) 滚圈支承整个筒体的重量，使其能在托轮上回转，须有足够的刚性和耐久性。滚圈断面多用实心矩形或正方形，材料用优质铸钢或锻钢，滚圈硬度应低于托轮，硬度相差HB30～HB40，滚圈外径与筒体外径之比为1：(1.17～1.20)，滚圈与筒体的固定方法多用焊接固定或松套式。

(4) 托轮承受回转筒体的全部重量，是在重载下工作的部件，由托轮、轴和挡圈组成。托轮比滚圈宽20～40mm。托轮轴应做成可以调节移动的。

(5) 挡轮装在某一托轮的两侧，用来阻止筒体的轴向移动，当筒体倾斜安装时一般只设一对，当水平安装时可不设，挡轮轴一般使用滑动轴承，挡轮与滚圈间的缝隙为10～20mm。

(6) 筒体的回转由电动机通过减速器和一级开式齿轮驱动。大齿圈一般刚性固定在筒体上，用铸铁或铸钢分半制造。主动小齿轮应比大齿轮宽20～24mm。

2.2.1.4　计算公式

给水排水工艺提出主参数直径、长度、转速和倾角后，机械设计需进行强度计算。

(1) 筒体的强度计算：

1) 壁厚：按式(2-16)计算：

$$\delta = (0.007 \sim 0.01)D \quad (\mathrm{mm}) \tag{2-16}$$

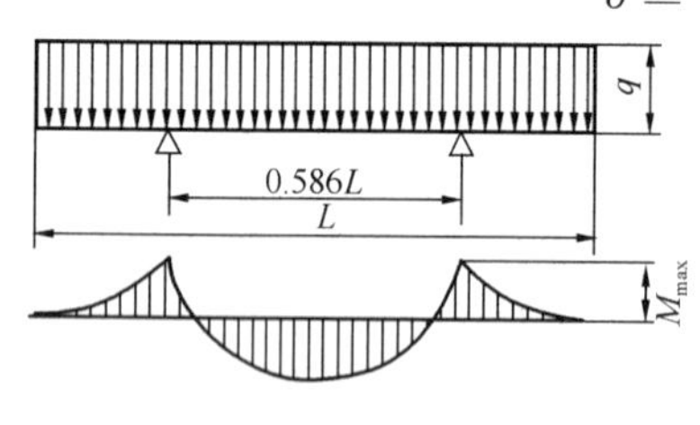

图2-13　筒体弯矩图

式中　D——筒体的外径(mm)。

2) 强度计算：筒体的支承多为简支梁的形式，其筒体弯矩图见图2-13。计算时按环形截面中空水平的简支梁考虑，筒体自重重力和物料的重力按均布荷载计算。

校核最大弯曲应力：按式(2-17)计算：

$$\sigma_{\max} = \frac{M_{\max}}{k_s k_T W} \leqslant [\sigma_F] \tag{2-17}$$

式中　W——筒体的截面模数，

$$W = \frac{2I}{D_{内} + 2\delta} = \frac{\pi}{32(D_{内} + 2\delta)}[(D_{内} + 2\delta)^4 - D_{内}^4]\ (\mathrm{mm}^3);$$

k_s——接缝强度系数，人工焊：$k_s=0.9\sim0.95$，自动焊：$k_s=0.95\sim1$；

k_T——温度系数，由筒体表面温度而定，材料Q235A时，当$T\leqslant150℃$，$k_T=1$；

$D_{内}$——筒体内径(mm)；

δ——筒体壁厚(mm)；

I——截面惯性矩；

$M_{\max}$——最大弯矩(N·mm)，

$$M_{\max} \approx \frac{qL^2}{47}\ (\mathrm{N \cdot mm});$$

$[\sigma_F]$——许用弯曲应力，$[\sigma_F]$为10～15MPa。

(2) 滚圈的强度计算：滚圈按弯曲环状梁考虑，受弯曲应力和接触应力作用。设计时先根据弯曲应力设计断面尺寸，再用接触应力进行校核。

1) 确定断面尺寸：

最大弯矩：

$$M_{\max} = K_c G R_r \quad (\mathrm{N \cdot mm}) \tag{2-18}$$

式中　G——滚圈上的负荷(N)；

R_r——滚圈的外半径（mm）；

K_c——与滚圈固定方式有关的系数，滚圈与筒体固定连接时，$K_c=0.064$，滚圈与筒体活套连接时，$K_c=0.082$。

据［σ_F］和 M_{max}求 W，决定断面尺寸，矩形断面 $W=\frac{bh^2}{6}$，其中 $\frac{b}{h}=1\sim2.6$。

2）校核接触应力：强度条件为

① 危险的计算应力：按式（2-19）计算：

$$0.6\sigma H_{max}<[\sigma_H] \tag{2-19}$$

② 表面的计算应力：按式（2-20）计算：

$$0.4\sigma H_{max}<\sigma_T \tag{2-20}$$

式中 ［σ_H］——许用接触应力（MPa）；

σ_T——材料的屈服极限（MPa）；

σH_{max}——最大接触应力（MPa），按式（2-21）计算：

$$\sigma H_{max}=\sqrt{\frac{P}{\pi(1-\mu^2)}\frac{E_1E_2}{E_1+E_2}\frac{R+r}{Rr}}\ (\mathrm{MPa}) \tag{2-21}$$

式中 P——滚圈与托轮接触表面上的比载荷（N/mm），$P=\frac{T}{b}$，其中

b——滚圈宽度（mm）；

T——作用于一个托轮表面的压力（N），如图 2-14 所示，

$$T=\frac{G}{2\cos\phi},\phi=30°,$$

当 $n=(2\sim3)$r/min 时，$P\approx200$N/m；

当 $n>4$r/min 时，$P\approx100$N/m；

E_1、E_2——分别为滚圈与托轮的弹性模数（GPa）；

μ——滚圈材料的泊松比；

R——滚圈外半径（m）；

r——托轮半径（m），一般 $\frac{r}{R}=\frac{1}{3}\sim\frac{1}{4}$。

考虑到由于调整不当，可能使一个托轮全部受力，故算出的 σH_{max}必须加以限制，即 $\sigma H_{max}\leqslant400$MPa，否则应加大滚圈宽度或改变材料。

（3）托轮与挡轮：

1）由图 2-14 可知，作用在每只托轮上的压力 $T=\frac{G}{2\cos\phi}$，根据 T 等参数可选用标准托轮，见 HG 5—1306。

当筒体直径小于 1000mm 时，若选用 ϕ200 或 ϕ300 的带凸缘结构的托轮，则可不另设挡轮，因其下滑的轴向力较少，用带凸缘的托轮可以承受。

2）当筒体向下窜动时，挡轮承受最大作用力，按式（2-22）为

$$F_{max}=G\sin\alpha_1+f_1G \tag{2-22}$$

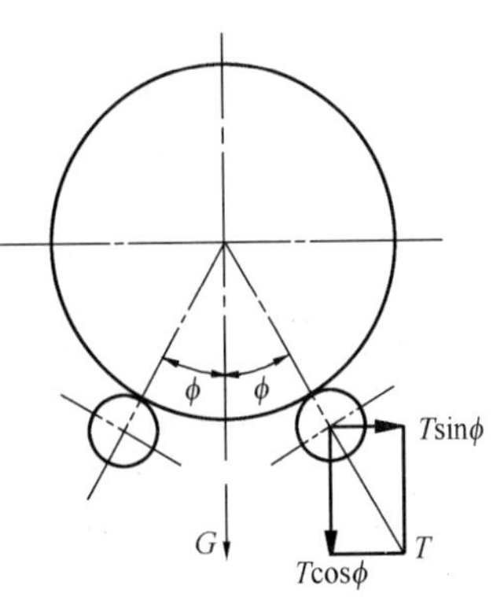

图 2-14 托轮受力简图

式中　α_1——筒体倾斜角（°）；

f_1——托轮与滚圈的摩擦系数。

其余符号同式（2-18）。

据 F_{max} 和 G 等参数可选标准挡轮，见 HG 5—1307，若自行设计托、挡轮时详见《回转窑（设计、使用与维修）》。

（4）功率计算：功率计算公式较多，但无通用的，无论用哪种公式都必须将计算结果，对比近似尺寸的设备，并加以分析比较后，再确定功率值。

1）理论公式：

① 运转消耗功率：按式（2-23）为

$$N=\frac{N_1+N_2}{\eta} \tag{2-23}$$

式中　N——运转消耗功率（轴功率）（kW）；

η——总传动效率；

N_1——翻动物料消耗功率（kW），

$$N_1=0.0856nD_{内}L\gamma\sin\alpha\sin^3\beta\ (\text{kW}) \tag{2-24}$$

N_2——克服轴承摩擦消耗功率（kW），

$$N_2=0.593nfG_0\frac{D_r}{D_t}d\ (\text{kW}) \tag{2-25}$$

其中　n——筒体转速（r/min）；

$D_{内}$——筒体有效内径（m）；

L——筒体有效长度（m）；

γ——物料表观密度（t/m³）；

α——物料料面与水平面的夹角（°），α 通过观察分析决定，参见图 2-15；

β——物料对应中心角的一半（°）；与填充率 φ 有关，见表 2-1、图 2-15；

G_0——回转部分总重（t）；

f——托轮轴承摩擦系数，一般取：稀油润滑 $f=0.018$，甘油润滑 $f=0.060$，滚动轴承 $f=0.005\sim0.010$；

D_r——滚圈外径（m）；

D_t——托轮外径（m）；

d——托轮轴径（m）。

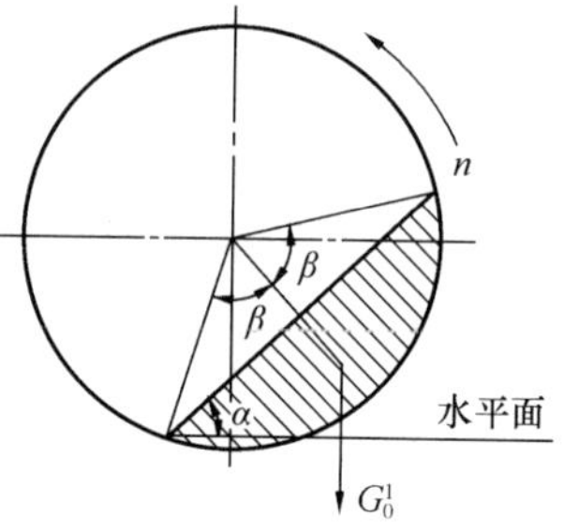

图 2-15　料面各角的关系

φ、β、$\sin^3\beta$ 函数　　表 2-1

φ	0.03	0.04	0.045	0.05	0.055	0.06	0.07	0.08
β	30°26′	33°37′	35°02′	36°21′	37°36′	38°46′	40°58′	42°59′
$\sin^3\beta$	0.1300	0.1696	0.1892	0.2082	0.2271	0.2454	0.2819	0.3169

φ	0.09	0.10	0.11	0.12	0.13	0.14	0.15
β	44°51′	46°36′	48°16′	49°50′	51°21′	52°48′	54°11′
$\sin^3\beta$	0.3508	0.3836	0.4155	0.4463	0.4762	0.5053	0.5332

② 电动机功率：按式（2-26）为

$$N_{电}=K_1K_2N\ (\text{kW}) \tag{2-26}$$

式中 $N_{电}$——电动机功率（kW）；

K_1——各种特殊情况下的功率增大系数；

K_2——起动过载系数；

K_1、K_2一般为1.4～2；

N——运转消耗功率（轴功率）（kW）。

2）经验公式：一般采用的有两个公式：

①
$$N_{电}=K\gamma D_{内}^3 Ln\ (\text{kW}) \tag{2-27}$$

式中 K——系数，见表2-2。

其余符号同式（2-25）。

K 值 **表2-2**

填充率 φ	0.10	0.15	0.20	0.25
K	0.034～0.049	0.048～0.069	0.057～0.082	0.064～0.092

注：较小系数用于大直径，较大的系数用于小直径。

其他符号同前公式（2-24）、式（2-25）。

②
$$N\approx 0.184D_{内}^3 Ln\gamma\varphi Kg\ (\text{kW}) \tag{2-28}$$

式中 N——运转消耗功率（kW）；

γ——物料表观密度（t/m^3）；

K——抄板影响系数，对于光筒$K=1$，对于有升举式抄板的$K=1.5$～1.6；

φ——填充系数；

g——重力加速度$=9.81m/s^2$。

若已知筒内物料重量：

$$N\approx\frac{G_0'Dn}{13600\pi}\ (\text{kW}) \tag{2-29}$$

式中 G_0'——加入物料的重力（N）；

$$N_{电}=(1.1\sim1.3)N(\text{kW}) \tag{2-30}$$

2.2.2 料仓与闸门

2.2.2.1 钢料仓

（1）设计数据

1）圆形锥底仓的仓壁必须有足够的倾斜角度，以保证石灰从料仓中顺利排出，钢料仓仓壁倾角取35°～40°。

2）料仓应设消拱清仓措施，防止粉状石灰产生拱封，料放不下来，常用机振落料法，即将振动器装在料仓锥体部分的仓壁上，振动器与仓壁间保持100～130mm距离。振动器的起动器应和闸门或给料机的起动器联锁，防止料仓下部石灰振实，增加排料困难。

（2）设计计算

1）料仓有效容积的计算：当需要比较准确地计算料仓有效容积时，可采用作图与计算相结合的方法，一般对于矩形锥体仓用式（2-31）近似计算，参见图2-16为料仓容积计算图。

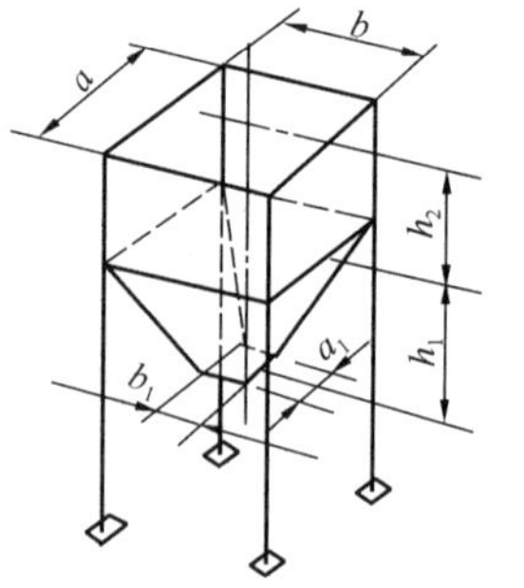

$$V = \varphi(V_1 + V_2)\ (\mathrm{m}^3) \tag{2-31}$$

式中　V——料仓有效容积（m^3）；

φ——填充系数，一般 $\varphi = 0.75 \sim 0.85$；

$$V_1 = \frac{h_1}{6}(2ab + ab_1 + a_1 b + 2a_1 b_1)\ (\mathrm{m}^3) \tag{2-32}$$

式中　V_1——锥体部分几何容积（m^3）；

h_1——锥体部分高度（m）；

a、b——料仓上口边长（m）；

a_1、b_1——料仓放料口边长（m）。

图 2-16　料仓容积计算图

$$V_2 = abh_2\ (\mathrm{m}^3) \tag{2-33}$$

式中　V_2——方柱体部分几何容积（m^3）；

h_2——方柱体部分高度（m）。

2）放料口尺寸：

底开式放料口多采用方形或圆形，放料口尺寸按式（2-34）确定：

$$a \geqslant (3 \sim 6)d_{\mathrm{b}} \tag{2-34}$$

式中　a——方形放料口边长或圆形放料口直径（mm）；

d_{b}——石灰标准块尺寸（mm），

$$d_{\mathrm{b}} = Kd_{\max}$$

其中　$K = 0.8 \sim 1.0$

$d_{\max}$——石灰最大块尺寸（mm）。

3）矩形锥体仓壁交切线倾角计算：矩形锥体仓的仓壁倾角是以相邻仓壁交切线（如图 2-17 所示"1—2"、"3—4"等线）与水平面所成的倾角（简称仓壁交切线倾角）推算出来的，以保证物料能顺利下滑。

在设计中，已知仓壁倾角，则必须验算仓壁交切线倾角，并由式（2-35）、式（2-36）求出：

$$\tan\theta_1 = \frac{H}{\sqrt{b^2 + e^2}} = \frac{1}{\sqrt{\cot^2\lambda + \cot^2\lambda_1}} \tag{2-35}$$

当 $\lambda = \lambda_1$ 时，

$$\tan\theta_1 = \frac{H}{\sqrt{2}b} = \frac{\tan\lambda}{\sqrt{2}} \tag{2-36}$$

式中　θ_1——仓壁交切线倾角（°），

必须满足 $\theta_1 = \rho + (5° \sim 10°)$，

其中　ρ——物料与仓壁的静摩擦角（°），生石灰 ρ 为 40°；

H、b、e——料仓尺寸（cm），如图 2-17 所示；

λ、λ_1——仓壁倾角（°）。

2.2.2.2　插板闸

（1）作用于闸门上的压力计算：

1）浅料仓：当料仓深度小于 10 倍水力半径时，称为浅料仓，此时可近似应用下列公式，如图 2-18 所示。

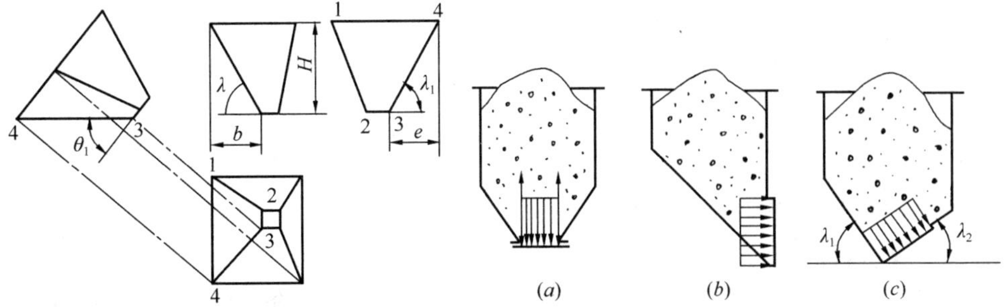

图 2-17 仓壁倾角计算简图　　　图 2-18 料仓闸门受力示意

① 水平口： $$P = p_y A\ (\mathrm{N}) \tag{2-37}$$

② 垂直口： $$P = p_y AK\ (\mathrm{N}) \tag{2-38}$$

③ 倾斜口： $$P = p_y A(\sin\lambda_1 - f\cos\lambda_1)\ (\mathrm{N}) \tag{2-39}$$

式中 P——闸门承受的压力（N）；

A——闸门受力的有效面积（m^2）；

K——侧压力系数，见表 2-3；

λ_1——料仓壁与水平面所成角度（°）；

f——散状料与仓壁的摩擦系数，见表 2-4；

p_y——单位平均压力值（Pa），由下式得：

$$p_y = \frac{R\gamma g}{f_\Delta K},$$

其中 γ——松散物料堆积密度（kg/m^3）；

f_Δ——散状料的内摩擦系数，见表 2-4；

g——重力加速度=9.81m/s^2；

R——水力半径（m），按下式计算：

圆形放料口： $$R = \frac{D - d_b}{4}\ (\mathrm{m});$$

K——侧压力系数，见表 2-3；

侧压力系数 *K* 值 **表 2-3**

ρ（°）	20	25	30	35	40	45	50	55	60	65	70
K	0.490	0.405	0.333	0.271	0.271	0.171	0.132	0.100	0.072	0.049	0.031

注：$K=\frac{1-\sin\rho}{1+\sin\rho}=\frac{\sqrt{1+f_1^2}-f_1}{\sqrt{1+f_1^2}+f_1}$

式中 ρ——物料内摩擦角（°）；

f_1——内摩擦系数，$f_1=\tan\rho$。

石灰内摩擦角与摩擦系数 **表 2-4**

名 称	堆积密度（t/m^3）	含水率（%）	粒 度（mm/粒）	静内摩擦角（°）	静内摩擦系数 f_1	对钢的静摩擦角（°）	对钢的静摩擦系数 f_2	流水性	粘结性	磨损性
生石灰	1.25	干	60 以下	41	0.87	30	0.58	好	无	大
石灰石	1.5～1.6		100～0	40～50	0.84～1.19	35～40	0.7～0.84			
消石灰	0.6	5.68	粉状	43	0.93	36	0.73	中	小	小

方形放料口：$R=\dfrac{a-d_b}{4}$（m）；

矩形放料口：$R=\dfrac{(a-d_b)(b-d_b)}{2(a+b-2d_b)}$（m），

其中　D——圆形放料口直径（m）；

a、b——方形或矩形放料口的边长（m）；

d_b——物料标准块尺寸（m）。

2）深料仓：当料仓深度大于 10 倍水力半径时，称为深料仓，此时可近似应用下列式（2-40）～式（2-42）计算：

① 水平口：$P=5.6K_0\gamma RA$（N）　(2-40)

② 垂直口：$P=5.6K_0\gamma RAK$（N）　(2-41)

③ 倾斜口：$P=5.6K_0\gamma RA(\cos^2\lambda_2+K\sin^2\lambda_2)$（N）　(2-42)

式中　K_0——操作特点系数，

每开一次全部卸空，取 $K_0\geqslant 2$；

每开一次部分卸空，取 $K_0\geqslant 1.5$；

每开一次卸除一部分，取 $K_0=1$；

λ_2——放料闸门与水平面所成角度（°），如图 2-18 所示。

（2）开启闸门力的计算：按全闭状态初开闸门时以最大摩擦力计算开启闸门为：

1）水平插板开启力按公式（2-43）为

$$P_k=K_n[Pf_2+(P+G_0)f_3]\text{（N）}\tag{2-43}$$

式中　P_k——开启力（N）；

K_n——考虑插板歪斜的安全系数，取 $K_n=1.3\sim1.5$；

P——闸门承受的压力（N）；

f_2——插板与物料的摩擦系数，参见表 2-4；

f_3——插板在导向槽内的摩擦系数，取 $f_3=0.4\sim0.5$；

G_0——插板重力（N）。

2）垂直插板开启力按公式（2-44）为

$$P_k=K_n[P(f_2+f_3)+G_0]\text{（N）}\tag{2-44}$$

3）倾斜插板开启力按公式（2-45）为

$$P_k=K_n[P(f_2+f_3)+G_0(f_3\cos\lambda+\sin\lambda)]\text{（N）}\tag{2-45}$$

式中　λ——插板与水平面所成的角度（°）。

4）当水平插板在支承滚轮上移动时的开启力按公式（2-46）为

$$P_k=K_n\left[Pf_2+\frac{2K_2(P+G_0)}{D}+\frac{f_4(G_2+P+G_0)d}{D}\right]\text{（N）}\tag{2-46}$$

式中　K_2——滚轮的滚动摩擦系数，取 $K_2=0.01\sim0.012$；

G_2——支承滚轮的总重力（N）；

f_4——滚轮轴内的滑动摩擦系数，有润滑时 $f_4=0.12$，无润滑时 $f_4=0.25$；

d——滚轮轴直径（m）；

D——滚轮外径（m）。

（3）手动闸门的操作要求：

1）手动闸门所需的作用力，一般不大于表2-5中所列数值，否则应采用减速传动或气动。

人工操作闸门时允许的最大作用力　　表2-5

工作种类	最大作用力（N）		工作种类	最大作用力（N）	
	手 轮	链轮或绳轮		手 轮	链轮或绳轮
长期工作	80～120	120	短期工作（达3～5min）	250	240～300
间歇定期工作	150～160	160～180			

2）手动闸门的手柄或手轮离地面距离为0.8～1.0m。

2.3 设 备 防 腐

常用腐蚀性药剂与防腐蚀材料见表2-6。

常用腐蚀性药剂与防腐蚀材料　　表2-6

腐蚀性药剂	耐腐蚀材料	腐蚀性药剂	耐腐蚀材料
三氯化铁 （$FeCl_3 \cdot 6H_2O$）	玻璃钢 橡 胶 硬聚氯乙烯（用于稀释后）	水玻璃（泡花碱） （$NaO \cdot xSiO_2 \cdot yH_2O$）	不锈钢1Cr18Ni9Ti
硫酸亚铁（绿矾） （$FeSO_4 \cdot 7H_2O$）	玻璃钢		

其他药剂可用防腐涂料进行防腐，详见《化工设备设计手册—3—非金属防腐蚀设备》。

2.4 粉末活性炭投加设备

2.4.1 适用条件

受污染或微污染源水，经常规处理后，其水质在色、嗅、味、有机物质（如农药、杀虫剂、氯化烃、芳香族化合物、BOD、COD）、有毒物质（如汞、铬、氯酚）和致突变活性等还不能满足“生活饮用水卫生标准”时，用活性炭吸附作深度处理是水处理一种有效的手段。但必须针对不同水质作活性炭吸附的效果试验（详见第3册《城镇给水》活性炭深度处理）。

活性炭有粒状和粉状两种。

粒状活性炭有颗粒状和柱状，表面面积大，吸附快，使用寿命长，可反复再生，适宜于处理微污染比较稳定的源水。

粉状活性炭，粒度为10～50μm，一次性使用，不可再生。适用于处理污染变化较大，或有季节性变化，其污染物有突然增加的源水。处理后水体中污染物含量一般可满足规范的要求。

粒状活性炭应用于炭滤池，如普通滤池砂的铺垫，无需专用设备。

粉状活性炭应用时为避免炭粉飞扬，采用负压投料，湿式投加，需要排尘式风机、炭浆拌制、浆液投加和输送等设备，按某水厂粉末活性炭投加设施的设备分述如下。

2.4.2 粉末活性炭投加系统和操作要点

（1）粉末活性炭投加系统（一）（二），见图 2-19、图 2-20。

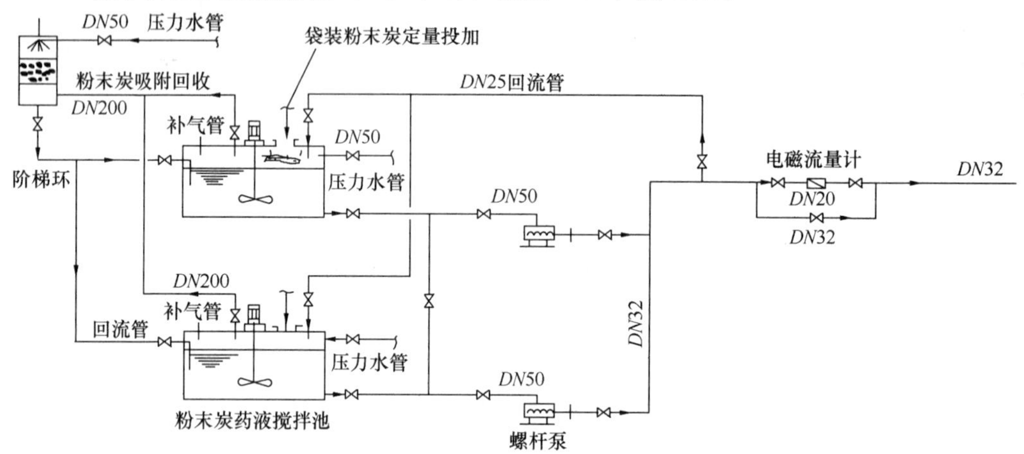

图 2-19 粉末活性炭投加系统（一）

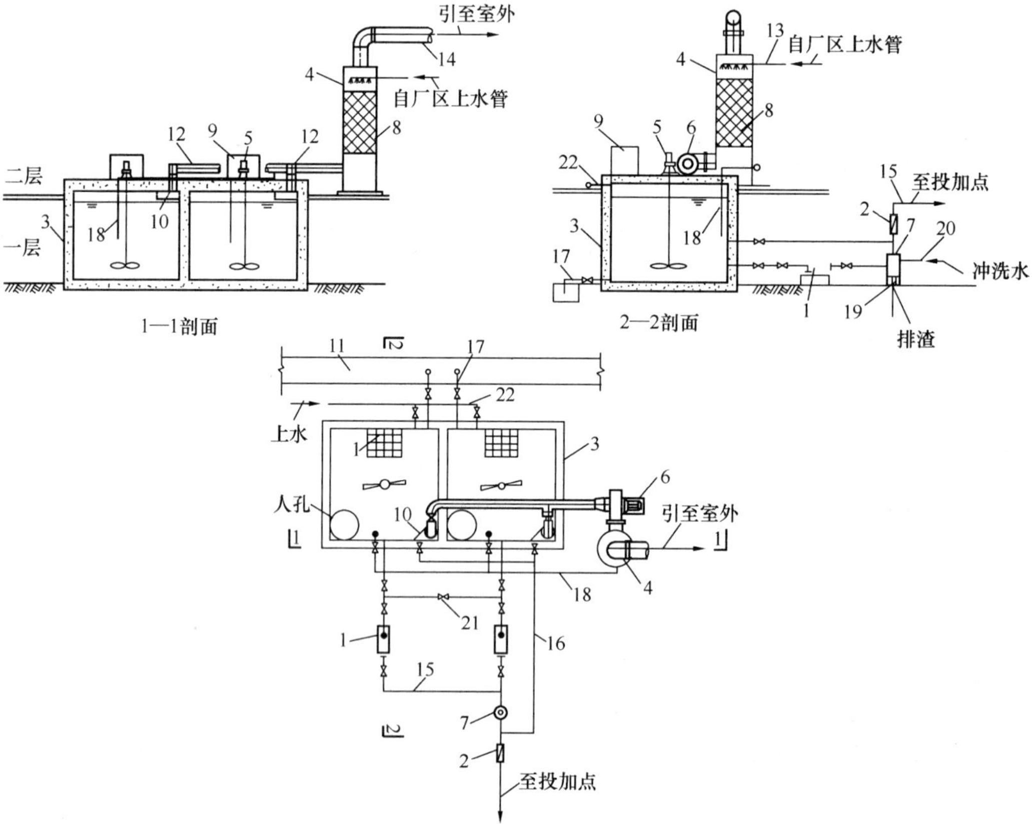

图 2-20 粉末活性炭投加系统（二）

1—螺杆泵；2—电磁流量计；3—炭浆槽；4—粉尘洗涤塔；5—搅拌机；6—风机；7—过滤器；8—填料；9—投料口；10—挡风板；11—地沟；12—吸风管；13—洗涤水管；14—排风管；15—出液管；16—回流管；17—放空管；18—回水管；19—过滤器放空管；20—反冲洗水管；21—阀门；22—自来水管

(2) 流程操作要点：

1) 封闭式炭浆池设有中央置入的浆式搅拌机和排尘式风机，使产生负压。投料口内装有割袋刀排，粉袋以重力投入时即自动割袋，卸粉入池。

2) 投料：

① 准备阶段，先注入清水入炭浆池，当水位达 1/3～1/2 时止，启动搅拌机和风机。

② 将每袋炭粉（25kg/袋）人工或吊运至浆液搅拌池投料口，投入池水内时扬起的炭尘被风机吸入，送至粉尘吸收装置内，含尘空气经阶梯环填料层并喷淋吸收成炭浆液，返回搅拌池。

③ 每池定量炭粉被拌制成含水率 50%时，边搅拌边注水直至有效水深，此时浆液含水率约为 90%，风机停运，为避免炭浆沉淀的速度过快，搅拌机需要不停顿地运行。

④ 浆液由螺杆泵输送，用调节回流阀门或调速的方法，控制电磁流量计显示投加量，多余炭液返回炭浆池。

⑤ 为防止编织袋碎片堵塞管道和仪表，在管道上设置过滤器（滤网为 10 目不锈钢丝网）。当流动不畅时，可用压力冲洗水清洗。

2.4.3 炭浆调制和投加的设备

2.4.3.1 浆液搅拌机

(1) 炭浆液搅拌器采用直桨式、折桨式、螺旋桨式、框式、涡轮式均可，以轴流式效果较好。

(2) 搅拌机工作环境条件较差，粉尘易飘逸，减速机出轴。应密封良好。

(3) 炭粉微粒入侵运转部件后磨损量大，应不设水下支承轴承。

(4) 活性炭是一种能导电的可燃物质，扬尘飘落在电机、电器内可导致短路，应采用 IP55 防护等级的电机、电控箱，并采取必要的防爆措施。

(5) 活性炭制造工艺中表面活化方法不同，可呈碱性或酸性，故搅拌器、轴宜采用耐腐蚀材料，或钢材表面涂覆抗磨耐腐涂层。

(6) 搅拌机设计计算详见第 3 章有关章节。

2.4.3.2 粉尘吸收装置

(1) 粉尘吸收装置详见图 2-21，规格性能见表 2-7。

粉尘吸收装置规格性能 **表 2-7**

型 号	外形尺寸 ($D\times H$) (mm)	处理风量 (m^3/h)	全压损失 (Pa)	阶梯环填料		喷 淋 水		单套质量 (kg)
				直 径 (mm)	堆 高 (mm)	强 度 [$m^3/(m^2\cdot h)$]	压 力 (MPa)	
FC-1	700×2600	3100	750～850	ϕ50	750	30	0.2	190

(2) 粉尘吸收装置土建尺寸，详见图 2-22。

(3) 装置基础为混凝土，应水平，平整，地基承载力应不小于 6kPa。

(4) 整座装置为 PVC 敞口容器，分隔两层，所有进出口接管不准强行连接，以免产生轴向拉力。

(5) 水喷淋应均布，无喷淋盲区。

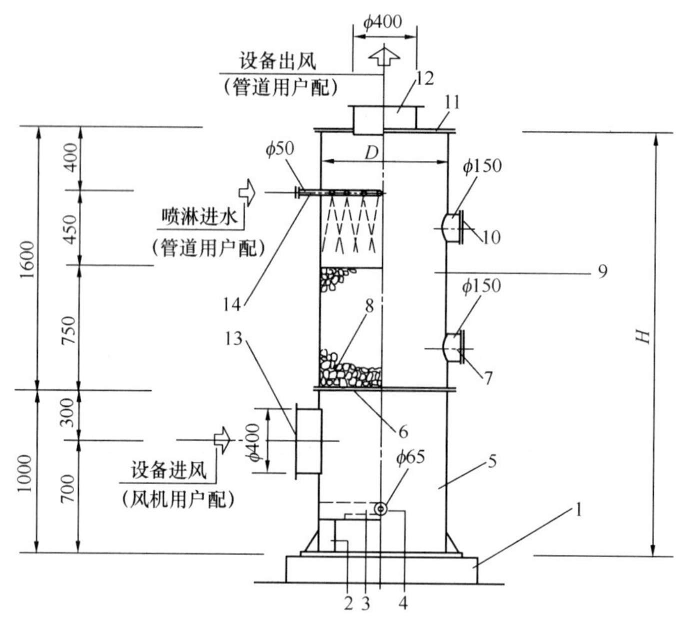

图 2-21　粉尘吸收处理装置外形

1—混凝土基础；2—设备塔座；3—水封挡板；4—回流管；5—下筒体；6—孔板；7—填料卸出口；8—阶梯环填料；9—上筒体；10—填料入口及观察口；11—顶盖；12—排风口；13—进风口；14—喷淋水管

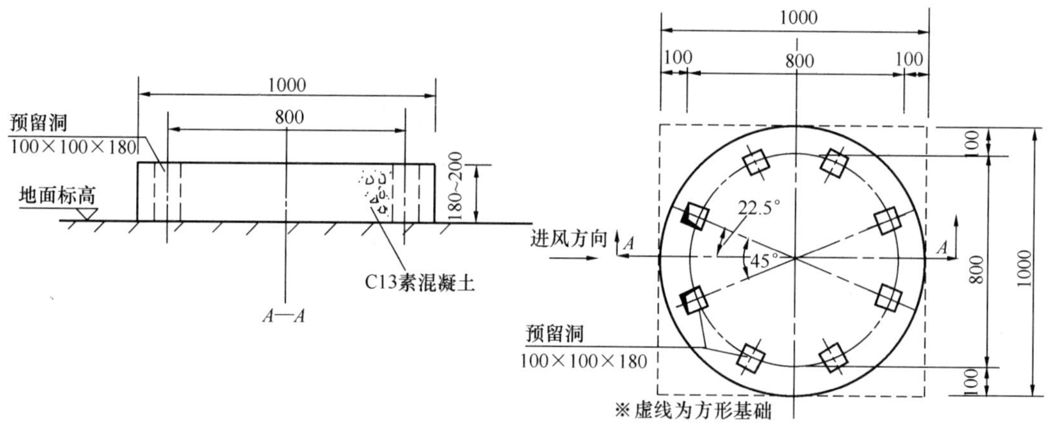

图 2-22　粉尘吸收装置土建尺寸

2.4.3.3　排尘式风机

(1) 排尘式风机吸入口与炭浆搅拌池连接，排出口与粉尘吸收装置相接，使浆液池产生负压运作。

(2) 按吸收处理装置处理风量和系统压力损失的计算，选择风机的风量、风压、转速、功率。按表 2-7 粉尘吸收装置性能，通常可配置的风机，风量 4080～5460m^3/h、风压 1677～1442Pa。

2.4.3.4　螺杆式输送泵

螺杆式输送泵为回转式容积泵，适宜于输送黏度低于 0.01Pa·s，温度低于 80℃，含有颗粒介质的 G 型单螺杆泵（其他型号也可选用）。

(1) 性能范围：流量 Q 0.1～100m^3/h

压力 P 0.6～1.8MPa

转速 n 360～1420r/min

(2) 总体构成：主要由转子、定子、泵体、主轴、连接轴、泵座、油封、轴承等组成。

2.4.3.5 过滤器

网式过滤器结构简单，通水能力大，压能损失小。过滤器内设有网目为 10 目/英寸不锈钢丝网，用以去除袋装粉末活性炭破袋时编织袋的破絮、塑料薄膜碎片、混杂垃圾等杂物。若过滤器被异物堵塞，电磁流量仪的通流量异常时，应进行反冲洗，当反冲洗难以洗净时，应解体清洗。

过滤器选用：

(1) 流量应选择大于实际最大加注量两倍以上的能力。

(2) 耐压必须与螺杆泵耐压相匹配。

(3) 应采用有反冲洗能力，且反冲洗不需要拆卸的过滤器。

3 搅 拌 设 备

水处理中的搅拌设备，分为溶药搅拌、混合搅拌、絮凝搅拌、澄清池搅拌、消化池搅拌和水下搅拌六种类型。这六种搅拌设备的设计具有共性又有各自的特点。把共性部分归纳为通用设计，并将各种搅拌设备分述如下。

3.1 通 用 设 计

3.1.1 总体构成

搅拌设备结构，如图 3-1～图 3-3 所示。

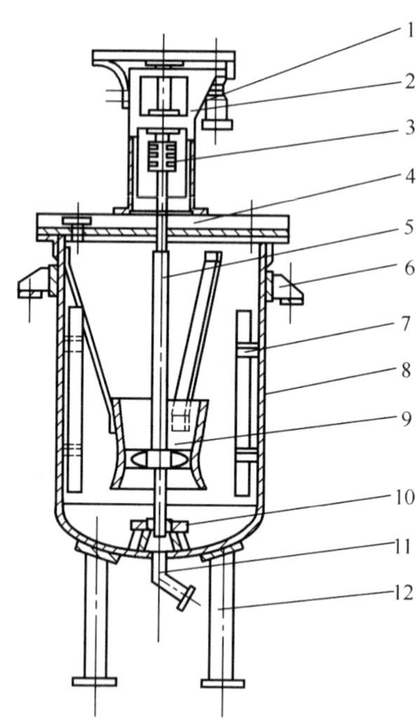

图 3-1 搅拌设备

1—电动机；2—减速器；3—夹壳联轴器；4—支架；5—搅拌轴；6—支座；7—挡板；8—搅拌罐；9—导流筒；10—底轴承；11—放料阀；12—支脚

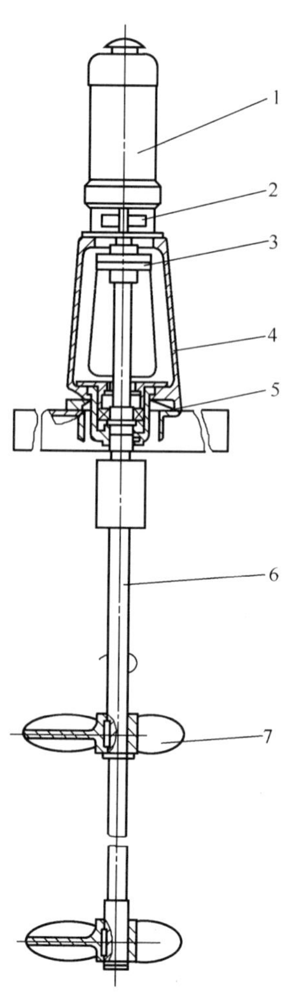

图 3-2 刚性连接搅拌机

1—电动机；2—减速器；3—刚性联轴器；4—机座；5—轴承；6—搅拌轴；7—搅拌器

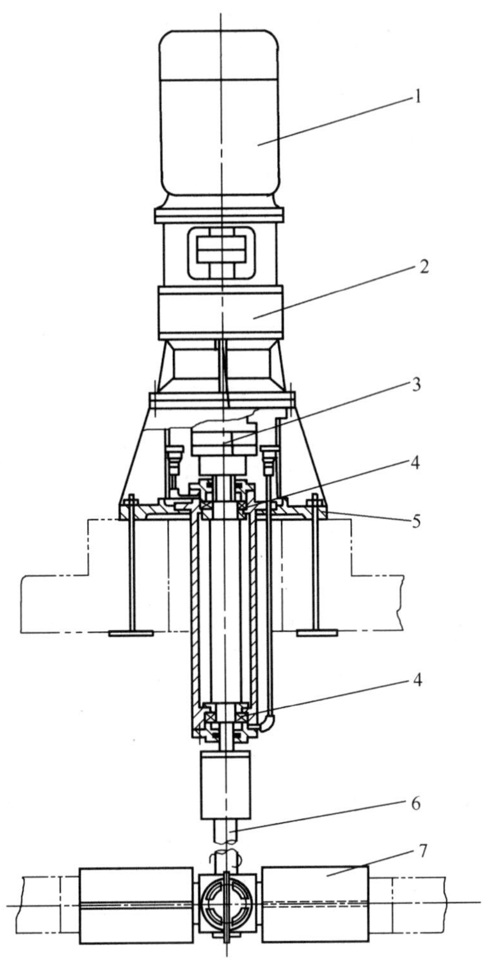

图 3-3 弹性连接搅拌机

1—电动机；2—减速机；3—十字滑块联轴器；4—轴承；5—机座；6—搅拌轴；7—搅拌器

搅拌设备的总体构成 表 3-1

搅拌设备	搅拌机	工作部分	搅拌器（包括稳定器）
			搅拌轴（包括联轴器）
			搅拌附件等
		支承部分	机座、轴承装置等
		驱动部分	电动机、减速器等
	容器（罐、槽或池子）		

3.1.2 搅拌机工作部分

搅拌设备的工作部分，由搅拌器、搅拌轴和搅拌附件组成。

3.1.2.1 搅拌器的特性与结构

搅拌器标准见 3.8 节。

各种搅拌器常用的形式、参数及结构，见表 3-2。

常用搅拌器形式、参数及结构 **表 3-2**

桨型		示意图	结构参数	常用运转条件	介质黏度范围	流动状态与特性	结构与其他
桨式	平直叶	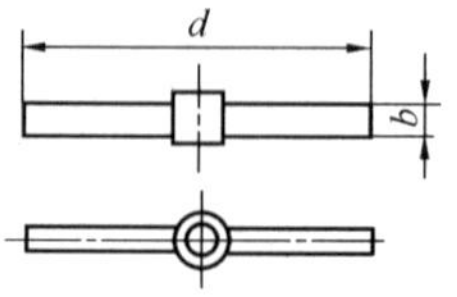	d/D=0.35～0.80 b/d=0.10～0.25 z=2片 θ=45°、60°(折叶)	n=1～100r/min v=1.0～5.0m/s	<2Pa·s	低速时水平环向流为主，速度高时为径流型。无挡板时为涡流，高速时有旋涡生成，有挡板时为上下循环流	当d/D=0.9以上时设置多层桨叶可用于高黏度液的低速搅拌。在层流区操作，其适用介质黏度可达1Pa·s，桨叶外缘线速v=1.0～3.0m/s，桨叶一般用扁钢制造，强度不够时需加肋，单面加肋效果好，角钢桨叶亦可用，但不如扁钢桨叶形成的湍流强度大，效果好 轴颈<50mm，螺栓对夹，紧定螺钉固定 轴颈≥65mm，螺栓对夹，对穿螺栓固定
	折叶	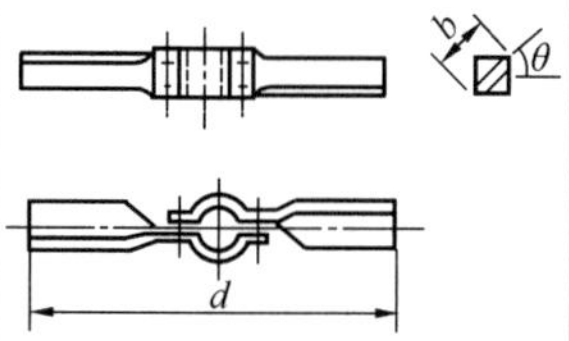				有轴向分流、径向分流和环向环流 多在层流、过渡流状态时操作。对黏度较敏感	
涡轮式	平直叶涡轮	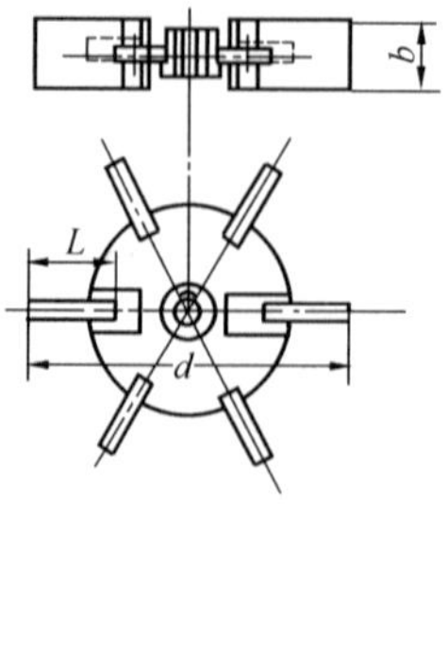	$d:L:b$=20:5:4 z=4、6、8片 d/D=0.2～0.5 常取0.33	n=10～300r/min v=4～10m/s	<50Pa·s	桨叶主要产生径向流，在圆筒形罐中不装挡板的流动为涡流，表面有很深的旋涡生成，装挡板时则无旋涡，并产生叶平面上下两个循环的翻腾。剪切作用比弯叶、折叶涡轮式大	最高转速可达600r/min 叶型还有一种箭叶型 桨叶一般和圆盘焊接或以螺栓连接，圆盘焊在轴套上 轴套以平键和紧定螺钉与轴连接

续表

桨型	示意图	结构参数	常用运转条件	介质黏度范围	流动状态与特性	结构与其他
推进式		$d/D=$ 0.2～0.5 常用0.33 $s/d=1$或2 $z=$ 2、3、4片 常取3片	$n=$ 100～500r/min $v=$ 3～15m/s	<3Pa·s	轴流型，循环速率高，剪切作用小 在湍流区内无挡板时液体生成旋涡 用挡板无旋涡而且上、下翻腾好。用导流筒轴向循环更好	最高转速可达1750r/min 最高线速$v=$25m/s 转速在500r/min以下适用介质黏度可达到50Pa·s 桨叶用铸造时加工方便，用焊接需模锻后再与轴套焊，加工不方便 轴套以平键和紧定螺钉与轴连接

注：符号说明：

d—搅拌器直径（m）；b—搅拌器桨叶宽度（m）；L—搅拌器桨叶长度（m）；z—搅拌器桨叶数（片）；v—搅拌器外缘线速度（m/s）；D—搅拌罐内径（m）；s—搅拌器螺距（mm）；θ—桨叶和旋转平面所成的角度（°）；n—搅拌器转速（r/min）。

涡轮式和推进式搅拌器及罐内液体流态，如图3-4、图3-5所示。

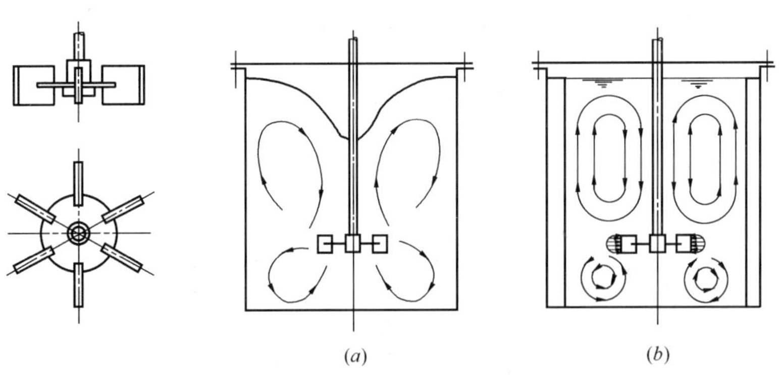

图3-4 涡轮式搅拌器及罐内流态

(a) 无挡板；(b) 有挡板

搅拌器选型时，常用桨型适用条件，可参考表3-3，根据黏度选型时如图3-6所示。

当选用国外定型搅拌机时，还有其他桨型的搅拌器，如美国凯米尼尔公司和莱宁公司生产的高效轴流式搅拌器，其外形如图3-7、图3-8所示。

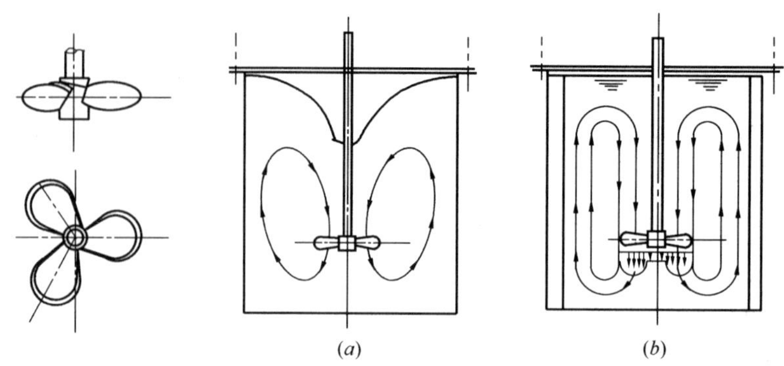

图 3-5　推进式搅拌器及罐内流态

（a）无挡板；（b）有挡板

常用桨型适用条件　表 3-3

项目		桨型		
		桨式	涡轮式	推进式
流动状态	对流循环	○	○	○
	湍流扩散	○	○	○
	剪切流	○	○	⊗
搅拌过程	混合（低黏度）	○	○	○
	溶解	○	●	●
	固体悬浮	●（折叶桨式）	○	○
	传热	○	○	●
罐容量范围（m^3）		1～200	1～100	1～1000
转速范围（r/min）		1～100	10～300	100～500
黏度范围（Pa・s）		<2	<50	<3

注：●——表示适用，且常采用；

○——表示适用；

⊗——表示不适用。

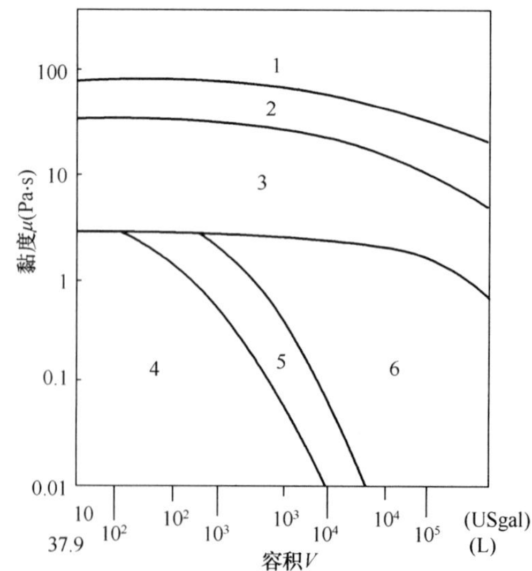

图 3-6　黏度选型

1 区—桨式变种；2 区—桨式；3 区—涡轮式；4 区—推进式 1750r/min；5 区—推进式 1150r/min；6 区—推进式 420r/min

图 3-7 XE-3 型高效轴流式搅拌器（凯米尼尔公司最新产品）

注：比原来的产品 HE-3 叶轮重量下降 40%。

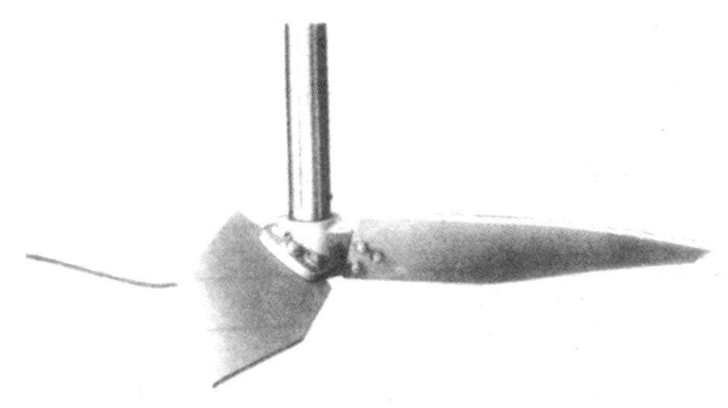

图 3-8 A310 型高效轴流式搅拌器（莱宁公司产品）

3.1.2.2 搅拌附件的设计

(1) 挡板：挡板的作用是消除被搅拌液体的整体旋转，将液体的切向流动转变为轴向和径向流动，增大液体的湍动程度，从而改善搅拌效果。

挡板结构及安装尺寸，见表 3-4。

挡板结构及安装尺寸 **表 3-4**

宽度 B (m)	高度 (mm)		与搅拌罐（池）壁间隙 δ_j (m)		数量（块）
	上缘	下缘	低黏度液	高黏度液或固-液搅拌	
$\left(\frac{1}{10}\sim\frac{1}{12}\right)D$	与静止液面平	取封头焊缝下 20～30mm	0	$\left(\frac{1}{5}\sim1\right)B$	4

挡板的安装方式，如图 3-9 所示。

$$B=\left(\frac{1}{10}\sim\frac{1}{12}\right)D$$

$$\delta_j=\left(\frac{1}{5}\sim1\right)B$$

$$Z=4$$

(2) 导流筒：导流筒的作用是提高混合效率和严格控制流态。

推进式搅拌器的导流筒，如图 3-10 所示；其尺寸见表 3-5。

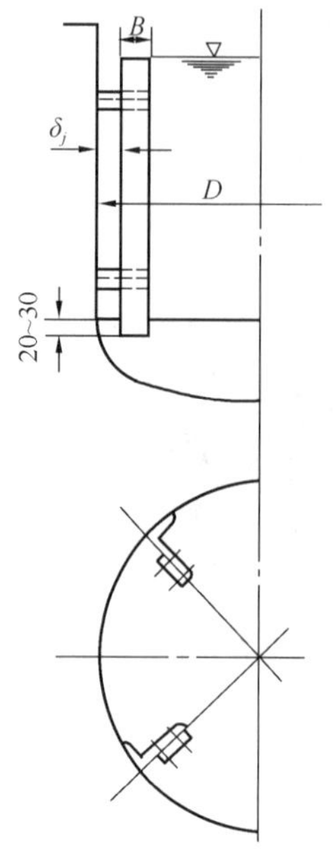

图 3-9　挡板的安装方式

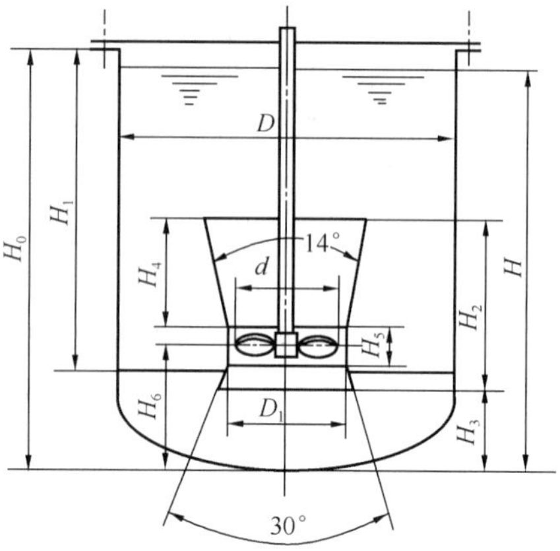

图 3-10　推进式搅拌器的导流筒

推进式搅拌器的导流筒尺寸（m）　　**表 3-5**

搅拌器		液面高度 H	导流筒				
直径 d	距罐底高度 H_6		内径 D_1	总高 H_2	下缘至罐底高度 H_3	上圆锥高 H_4	直段高 H_5
$(0.3\sim0.33)D$	$1.20d$	$0.75H_0$	$1.10d$	$0.50H_1$	$0.80d$	D_1	取搅拌器轮毂高

注：符号说明：

H_0——搅拌罐高度（m）；

H_1——搅拌罐直段高度（m）。

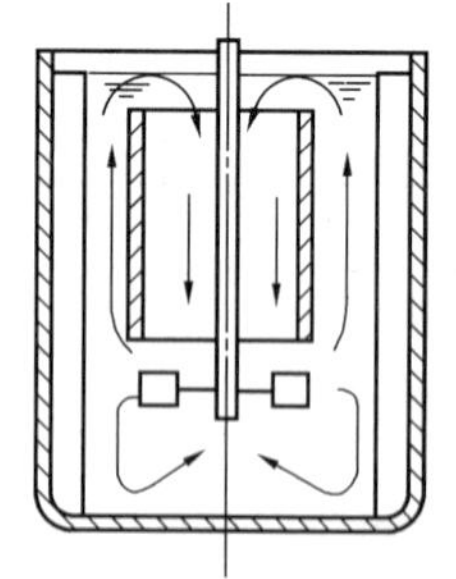

图 3-11　涡轮式搅拌器的导流筒

涡轮式搅拌器的导流筒，如图 3-11 所示；搅拌器与导流筒之间的大致关系，参考表 3-6。

涡轮式搅拌器与导流筒尺寸关系　　**表 3-6**

搅拌器与导流筒间隙	导流筒高度	导流筒安装位置
$0.05D$	$\geqslant 0.25D$	在搅拌器之上

3.1.3　搅拌机支承部分

3.1.3.1　机座

立式搅拌机设有机座，在机座上要考虑留有容纳联轴器、轴封装置和上轴承等部件的空间，以及安装操作所需的位置。

机座形式分为不带支承的 J-A 型和带中间支承的 J-B 型以及 JXLD 型摆线针轮减速器支架，可按相关资料中“釜用立式减速器”的减速器机座的系列选用，当不能满足设计要求时参考该系列尺寸自行设计。

3.1.3.2 轴承装置

(1) 上轴承：设在搅拌机机座内。当搅拌机轴向力较小时，可不设上轴承，(如 J-A 型机座)，但应验算减速机轴承承受搅拌轴向力的能力。当搅拌机轴向力较大时，须设上轴承；若减速机轴与搅拌轴采用刚性连接，可在机座中仅设一个上轴承，以承担搅拌机轴向力和部分径向力，如图 3-2 所示；若减速机轴与搅拌轴用非刚性连接，可在机座中设两个上轴承，如图 3-3 所示，或在机座中设一个上轴承（如 J-B 型机座），并须在容器内或填料箱中再设支承装置。当搅拌的轴向力很大时，减速机轴与搅拌轴应采用非刚性连接，应在机座中设两个上轴承或在机座中设一个上轴承并在容器内或填料箱中再设支承装置。

轴承盖处的密封，一般上端用毛毡圈，下端采用橡胶油封。

(2) 中间轴承：装在搅拌轴的中部，起辅助支承作用，其安装位置依据轴的稳定性要求和检修的方便而定。护套和轴衬常做成两个半圆，借紧定螺钉固定在轴和轴承壳上。

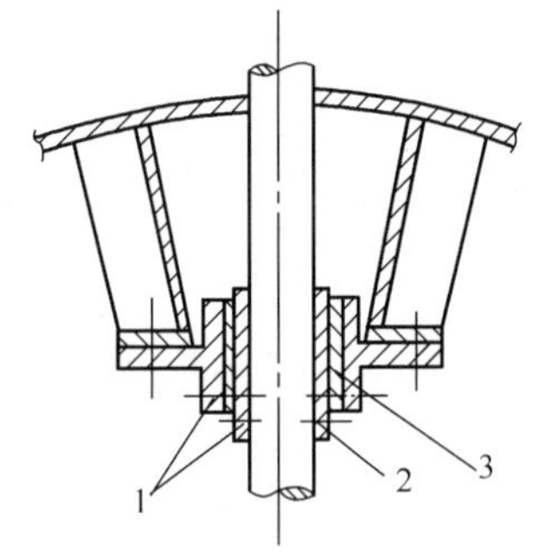

图 3-12 封头内侧的中间轴承
1—紧定螺钉；2—护套；3—轴衬

图 3-12 和图 3-13 为装在封头内侧和小直径容器内的中间轴承，其同心度通过螺栓孔的间隙用垫片调整。

在大型容器中安装中间轴承，如图 3-14 所示。轴与轴孔的同轴度通过索具螺旋扣来调整，轴心垂直度利用拉杆支架上的长孔调节。

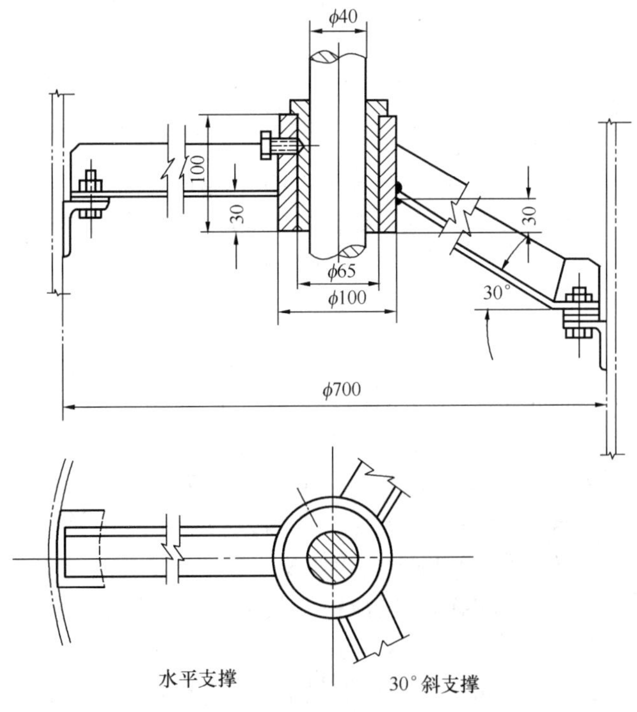

图 3-13 小直径容器内的中间轴承

(3) 底轴承：设在容器底部，起辅助支承作用，只承受径向荷载。轴衬和轴套一般是整体式，安装时先将轴承座对中，然后将支架焊于罐体上或将轴承座固定于池中预埋

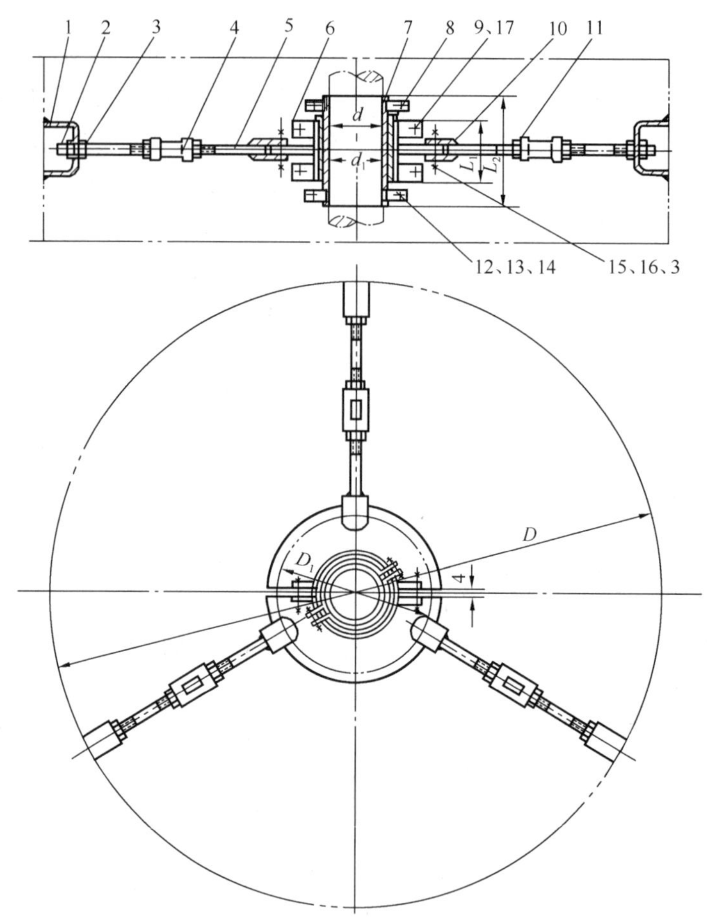

图 3-14　大型容器中间轴承

1—固定块；2、5—螺杆；3、11、14、17—螺母；4—螺旋扣；6—对开连接板；7—护套；8—轴衬；9、13、16—螺栓；10—连板；12—夹紧箍；15—垫圈

件上。

底轴承分以下两种：

1）罐用底轴承：罐用底轴承用于溶药搅拌中，需加压力清水润滑，不能空罐运转，其结构为滑动轴承形式。

① 适用于大直径容器的三足式底轴承，如图 3-15 所示。

② 可拆式底轴承如图 3-16 所示，可分为焊接式与铸造式两类。此种结构形式可不拆搅拌轴即能将底轴承拆下。搅拌轴的下端，如图 3-17 所示。

2）水下底轴承：用于混合池或反应池中。其结构形式分为滚动轴承座和滑动轴承座两种：

① 滚动轴承座：如图 3-18 所示。在滚动轴承内和滚动轴承座空间须填润滑脂。滚动轴承座必须严格密封，以防止泥砂和易沉物质的磨损。

② 滑动轴承座：如图 3-19 所示，这种轴承必须注压力清水进行冲刷和润滑，在搅拌机起动前应先接通压力清水，水量不超过 1L/min。

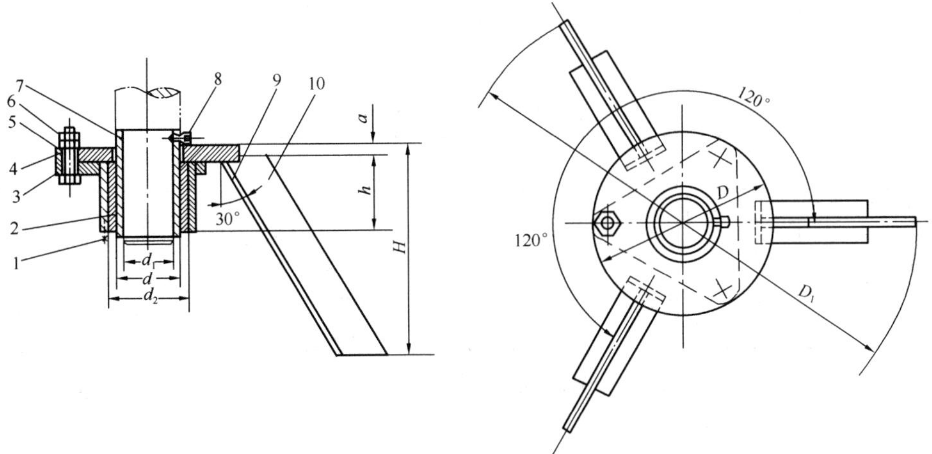

图 3-15 三足式底轴承

1、5—螺栓；2—轴衬；3—轴承壳；4—法兰盘；6—螺母；7—护套；8—螺钉；9—支承板；10—肋板

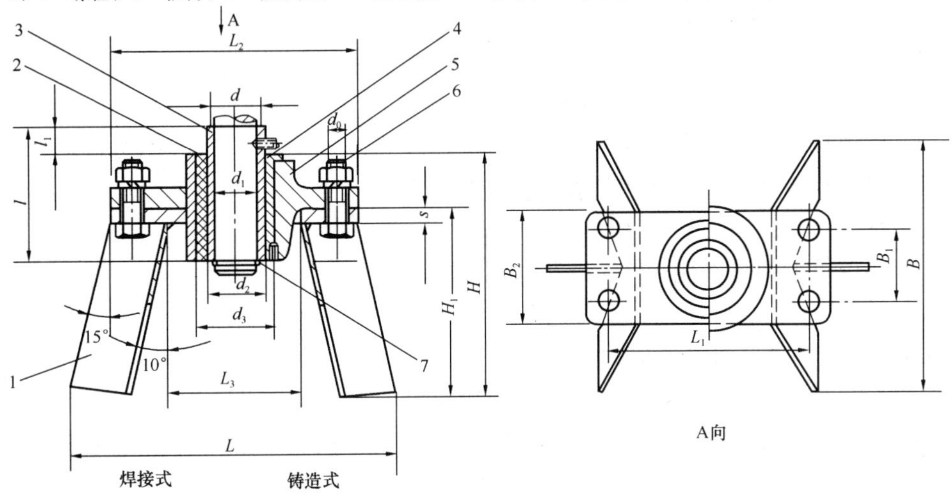

图 3-16 可拆式底轴承

1—支架；2、4—轴衬；3—护套；5—轴承座；6—螺母、垫圈；7—弹性挡圈

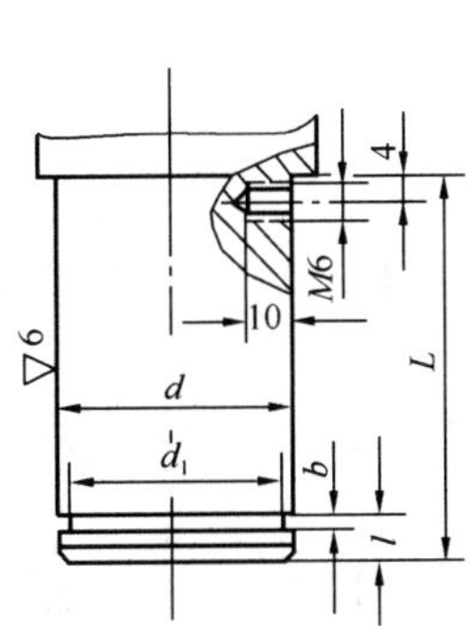

图 3-17 搅拌轴的下端

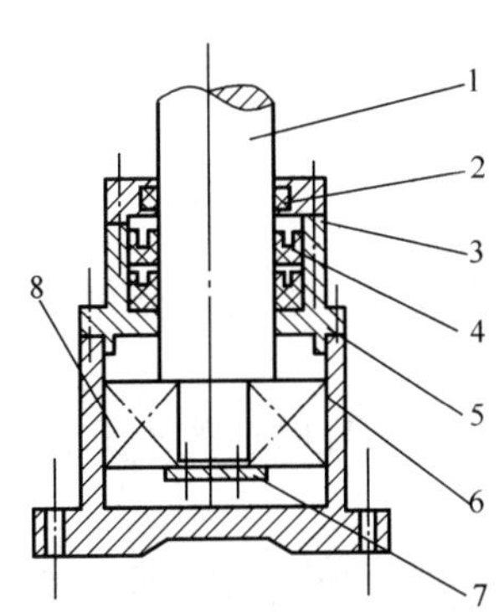

图 3-18 水下滚动轴承座

1—搅拌轴；2—毛毡圈；3—油封盖；4—橡胶油封；5—油封座；6—轴承座；7—轴端双孔挡圈；8—滚动轴承

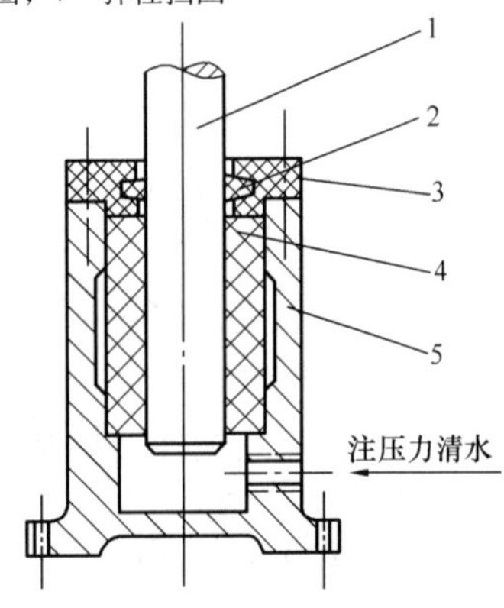

图 3-19 水下滑动轴承座

1—搅拌轴；2—毛毡圈；3—轴承盖；4—尼龙或橡胶轴承；5—轴承座

(4) 滑动轴承材料：滑动轴承中轴衬和护套的材料应选择两种不会胶合的材料，见表3-7。

轴衬与护套的材料组合　　表 3-7

轴衬材料	护套材料	备 注	轴衬材料	护套材料	备 注
铸 铁	铸铁、碳钢、不锈钢		硬 木	碳 钢	潮湿场合下用
磷青铜、夹布胶木、氟塑料、石墨、尼龙	碳钢、不锈钢		硬橡胶	碳 钢	用于长期浸在液体中

橡胶轴承内环工作面与轴的间隙可取 0.05～0.2mm。在内环工作面应轴向均布 6～8 条梯形截面槽，尖角处圆滑过渡。

3.1.4　搅拌机驱动设备

3.1.4.1　减速器的选型条件

(1) 机械效率、传动比、功率、进出轴的许用扭矩、转速和相对位置。

(2) 出轴旋转方向是单向或双向。

(3) 搅拌轴轴向力的大小和方向。

(4) 工作平稳性，如振动和荷载变化情况。

(5) 外形尺寸应满足安装及检修要求。

(6) 使用单位的维修能力。

(7) 经济性。

3.1.4.2　电动机与减速器的选择

搅拌设备的电动机通常选用普通异步电动机。澄清池搅拌机采用变频调速电机或 YCT 系列滑差式电磁调速异步电动机，消化池搅拌机一般采用防爆异步电动机。

搅拌设备的减速器应优先选用标准减速器及专业生产厂的产品，可按相关资料“标准减速器及产品”选用，其中一般选用机械效率较高的摆线针轮减速器或齿轮减速器；有防爆要求时一般不采用皮带传动；要求正反双向传动时一般不选用蜗轮传动。

3.1.5　搅拌设备的制造、安装和试运转

3.1.5.1　制造要求

(1) 搅拌器：

1) 桨式搅拌器的制造、检验、包装和贮运要求见化工行业标准“HG/T 2124 桨式搅拌器技术条件”。

2) 涡轮式搅拌器的制造、检验、包装和贮运要求见化工行业标准“HG/T 2125 涡轮式搅拌器技术条件”。

3) 推进式搅拌器的制造、检验、包装和贮运要求见化工行业标准“HG/T 2126 推进式搅拌器技术条件”。

(2) 搅拌轴：

1) 轴的直线度公差，见表 3-8。

轴的直线度公差 表 3-8

转速（r/min）	每米轴长直线度公差（mm/m）	转速（r/min）	每米轴长直线度公差（mm/m）
<100	<0.15	>1000～1800	<0.08
100～1000	<0.10		

2）轴上装配轴承、联轴器和搅拌器的轴径同轴度公差应符合《形状和位置公差》GB 1184—1996 中第 8 级精度。

3）在贮运中，长轴应尽量直立放置，否则应采取措施以防变形。

（3）搅拌器、轴组件的静平衡和动平衡试验要求：

1）当搅拌机转速小于 100r/min、轴长小于 2.5m 时，可以不作搅拌轴与搅拌器组装后的静平衡试验。

2）当搅拌机转速等于或大于 150r/min、轴长等于或大于 3.6m 时，需作组装后的动平衡试验。

3）许用不平衡力矩：搅拌机的许用不平衡度要求，可以用许用不平衡力矩表示，也可以用许用偏心距表示。若用许用偏心距表示时，动平衡试验的校正平面许用值为许用主距 $[e]$ 之半。

许用不平衡力矩：按式（3-1）为

$$[M] = 10^{-3}[e]Q\ (\mathrm{N \cdot m}) \tag{3-1}$$

式中 $[M]$ ——许用不平衡力矩（N·m）；

Q——轴、搅拌器及其他附件组合件的重力（N）；

$[e]$——许用偏心距（组合件重心处），

$$[e] = 9.55G/n\ (\mathrm{mm})$$

G——平衡精度等级，一般取 6.3mm/s；

n——搅拌轴转速（r/min）。

（4）防腐蚀要求：搅拌设备防腐蚀方式应根据搅拌介质的腐蚀情况、水质要求、使用寿命要求和造价而定，应从材料的耐腐蚀性能、设备的包敷和涂装方法几方面综合比选。

当搅拌腐蚀性大的介质，如溶药搅拌中搅拌三氯化铁或排水工程中处理酸、碱性大的工业废水时可采用环氧玻璃钢防腐蚀、橡胶防腐蚀和化工搪瓷防腐蚀等。防腐蚀方法的选择原则、防腐蚀性能、参考配方、施工方法等详见《化工设备设计手册—3—非金属防腐蚀设备》。

当采用涂装方式防腐蚀时，应满足以下要求：

1）搅拌设备非配合金属表面涂装前应严格除锈，达 Sa2 $\frac{1}{2}$ 级。

2）搅拌设备水下部件用于给水工程一般涂刷“食品工业防霉无毒环氧涂料”或涂刷“NSJ-PES 特种无毒防腐涂料”，涂装要求和施工方法详见产品说明。用于排水工程，一般涂刷环氧底漆及环氧面漆。漆膜总厚度为 200～250μm。

搅拌设备水上部件涂装时漆膜总厚度为 150～200μm。

3.1.5.2 安装和试运转要求

（1）必须在安装前复验搅拌设备的零部件，其制造质量要符合图纸或规范要求。

(2) 安装立式搅拌机底座和机座时应找水平，水平度公差 1/1000。

(3) 搅拌轴或中间轴与减速机输出轴用刚性联轴器连接时，同轴度公差 0.05mm。

(4) 各种密封件安装后不得有润滑剂泄漏现象。

(5) 搅拌轴旋转方向除无旋向要求外应与图示方向相符，并不得反转。

(6) 搅拌轴悬臂自由端的径向摆动量，不得大于按式（3-2）计算的数值：

$$\delta=0.0025Ln^{-\frac{1}{3}} \tag{3-2}$$

式中 δ——径向摆动量（mm）；

L——搅拌轴的悬臂长度（mm）；

n——搅拌器工作转速（r/min）。

(7) 搅拌设备安装后必须经过用水作介质的试运转和搅拌工作介质的带负载试运转，两种试运转都必须在容器内装满三分之二以上容积的容量。试运转中设备应运行平稳，无异常振动，噪声应不大于 85dB（A）。

以水作介质的试运转时间不得少于 2h，负载试运转对小型搅拌机为 4h，其余不小于 24h。

(8) 试运转和正常工作中均不得空负载运行。

(9) 轴承在正常工作情况下温升不得大于 40℃，最高温度不得超过 75℃。

3.2 溶药搅拌设备

3.2.1 适用条件

溶药搅拌设备用于给水排水处理过程中凝聚剂或助凝剂的迅速、均匀溶解并配制成一定溶液浓度的湿法投加药剂。

3.2.2 总体构成

溶药搅拌设备的总体构成，见本章 3.1.1 节。

3.2.3 设计数据及要点

3.2.3.1 药剂的分类

给水、排水处理中所用药剂的品种较多，常用的药剂分类，见表 3-9。

药剂分类 **表 3-9**

类别	常用药剂	类别	常用药剂
固体药剂	硫酸铝、明矾、硫酸亚铁、聚合氯化铝（固）三氯化铁（固）、聚丙烯酰胺（固）、生石灰	胶体药剂	聚丙烯酰胺、活化硅酸盐（活化水玻璃）、骨胶
液体药剂	三氯化铁（液）、聚合氯化铝（液）		

3.2.3.2 搅拌功率与电动机功率

对于搅拌功率（即轴功率）目前都采用相似论和因次分析的方法找出准数关系式直接计算，但最实用而又准确的方法是模拟放大法。

(1) 均相系搅拌功率：

1) 搅拌液体药剂可用下述两种方法计算搅拌功率。

① 牛顿型单一液相搅拌功率计算法，其功率计算见表 3-10、表 3-11。

牛顿型单一液相搅拌功率计算 **表 3-10**

<table>
<tr><th>搅拌器形式</th><th>挡板情况</th><th>尺寸范围</th><th>计算方法</th><th>备注</th></tr>
<tr><td rowspan="2">船舶型推进式</td><td>全挡板</td><td>$s/d=1$ 或 2
$D/d=2.5\sim6$
$H/d=2\sim4$
$H_6/d=1$
$Z=3$</td><td>(1) 求雷诺准数
$$Re=\frac{d^2n\rho}{\mu} \quad (3\text{-}3)$$
式中 ρ——液体密度 (kg/m^3)；
μ——液体黏度 (Pa·s)；
n——搅拌器转速 (r/s)
或查图 3-20
(2) 求功率准数
查图 3-21
(3) 求搅拌功率
$$N=\frac{N_p\rho n^3d^5}{102g}\ (\text{kW}) \quad (3\text{-}4)$$
式中 N_p——功率准数；
g——重力加速度，$g=9.81\text{m/s}^2$
或查图 3-22</td><td>斜入式及旁入式的计算与此相同</td></tr>
<tr><td>无挡板</td><td>$s/d=1$ 或 2
$D/d=3$
$H/d=2\sim4$
$H_6/d=1$
$Z=3$</td><td>(1) 求雷诺准数
见公式 (3-3)
或查图 3-20
(2) 求功率准数
查图 3-21
(3) 求搅拌功率
1) $Re<300$
见公式 (3-4)
或查图 3-22
2) $Re>300$
$$N=\frac{N_p\rho n^3d^5}{102g\left(\frac{g}{n^2d}\right)^{\left(\frac{a-\lg Re}{b}\right)}}\ (\text{kW}) \quad (3\text{-}5)$$
式中 $a=2.1$；
$b=18$
或查表 3-11</td><td></td></tr>
</table>

续表

<table>
<tr><th>搅拌器形式</th><th>挡板情况</th><th colspan="2">尺寸范围</th><th>计　算　方　法</th><th>备注</th></tr>
<tr><td rowspan="3">平直叶桨式</td><td rowspan="3">全挡板</td><td rowspan="3">$D/d=3$
$H/D=1$
$H_6/d=1$
$Z=2$</td><td>$d/b=4$</td><td>求搅拌功率
(1) 湍流区：
$$N=\frac{2.25\rho n^3 d^5}{102g}\ (\text{kW}) \quad (3\text{-}6)$$
或取 $N_p=2.25$，查图 3-22
(2) 层流区：
$$N=\frac{43.0\mu n^2 d^3}{102g}\ (\text{kW}) \quad (3\text{-}7)$$</td><td></td></tr>
<tr><td>$d/b=6$</td><td>求搅拌功率
(1) 湍流区：
$$N=\frac{1.60\rho n^3 d^5}{102g}\ (\text{kW}) \quad (3\text{-}8)$$
或取 $N_p=1.60$，查图 3-22
(2) 层流区：
$$N=\frac{36.5\mu n^2 d^3}{102g}\ (\text{kW}) \quad (3\text{-}9)$$</td><td></td></tr>
<tr><td>$d/b=8$</td><td>求搅拌功率
(1) 湍流区：
$$N=\frac{1.15\rho n^3 d^5}{102g}\ (\text{kW}) \quad (3\text{-}10)$$
或取 $N_p=1.15$，查图 3-22
(2) 层流区：
$$N=\frac{33.0\mu n^2 d^3}{102g}\ (\text{kW}) \quad (3\text{-}11)$$</td><td></td></tr>
<tr><td rowspan="2">圆盘平直叶涡轮式</td><td>全挡板</td><td rowspan="2" colspan="2">$d:L:b=$
$20:5:4$
$D/d=2\sim7$
$H/d=2\sim4$
$H_6/d=$
$0.7\sim1.6$
$Z=6$</td><td>(1) 求雷诺准数
见公式 3-3
或查图 3-20
(2) 求功率准数
查图 3-21
(3) 求搅拌功率
见公式 3-4
或查图 3-22</td><td rowspan="2"></td></tr>
<tr><td>无挡板</td><td>(1) 求雷诺准数
见公式 3-3
或查图 3-20
(2) 求功率准数
查图 3-21
(3) 求搅拌功率
1) $Re<300$：
见公式 3-4
或查图 3-22
2) $Re>300$：
见公式 3-5
式中　$a=1.0$
$b=40$
或查表 3-11</td></tr>
</table>

a、b 值 **表 3-11**

桨叶形式	d/D	a	b
三叶推进式	0.47	2.6	18.0
	0.37	2.3	18.0
	0.33	2.1	18.0
	0.30	1.7	18.0
	0.22	0	18.0
六叶涡轮式	0.30	1.0	40.0
	0.33	1.0	40.0

② 永田进治搅拌功率计算法，其功率计算见表 3-12。

永田进治计算法搅拌功率计算 **表 3-12**

搅拌器形式	适 用 条 件	计 算 公 式
平直叶桨式	无挡板 $Z=2$ 片 湍流区 和层流区	(1) 求雷诺准数 见公式 (3-3) 或查图 3-20 (2) 求功率准数 $N_p = \frac{A}{Re} + B\left(\frac{10^3+1.2Re^{0.66}}{10^3+3.2Re^{0.66}}\right)^p\left(\frac{H}{D}\right)^{(0.35+b/D)}$ (3-12) 式中 $A = 14+(b/D)[670(d/D-0.6)^2+185]$ (3-13) 或查图 3-23 $B = 10^{[1.3-4(b/D-0.5)^2-1.14(d/D)]}$ (3-14) 或查图 3-24 $E = \frac{10^3+1.2Re^{0.66}}{10^3+3.2Re^{0.66}}$ 或查图 3-26 $p = 1.1+4(b/D)-2.5(d/D-0.5)^2-7(b/D)$ (3-15) 或查图 3-25 当 $b/D \leqslant 0.3$，可省略公式 (3-15) 右边第 4 项 (3) 求搅拌功率 见公式 (3-4) 或查图 3-22
折叶桨式	无挡板 $Z=2$ 片	(1) 求雷诺准数 见公式 (3-3) 或查图 3-20 (2) 求功率准数 $N_p = \frac{A}{Re} + B\left(\frac{10^3+1.2Re^{0.66}}{10^3+3.2Re^{0.66}}\right)^p\left(\frac{H}{D}\right)^{(0.35+b/D)}(\sin\theta)^{1.2}$ (3-16) 式中 A——见公式 (3-13) B——见公式 (3-14) p——见公式 (3-15) $E = \frac{10^3+1.2Re^{0.66}}{10^3+3.2Re^{0.66}}$ 或查图 3-26 b——取桨叶实际宽度 (m) (3) 求搅拌功率 见公式 (3-4) 或查图 3-22

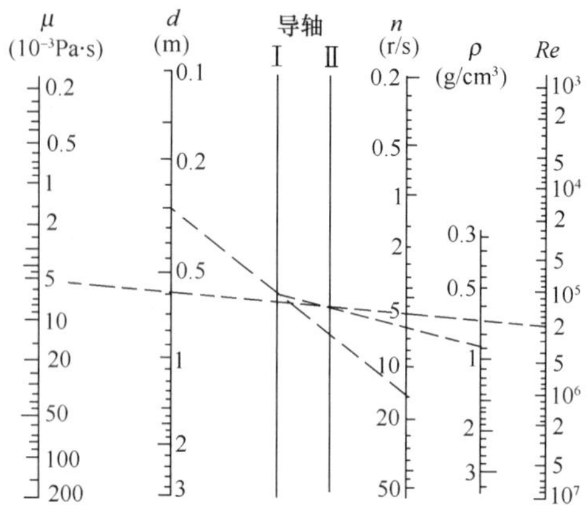

图 3-20　雷诺准数 Re 算图

注：用法提示为 d-n-Ⅰ；Ⅰ-ρ-Ⅱ；Ⅱ-μ-Re。

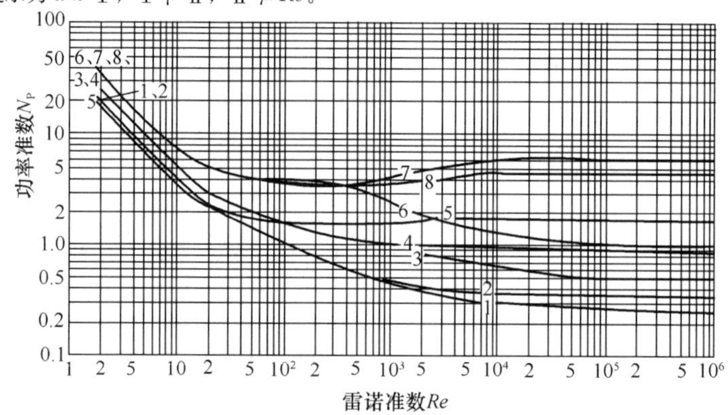

图 3-21　各类搅拌器 Re-N_p 曲线

1—推进式，$s/d=1$，无挡板；2—推进式，$s/d=1$，全挡板；3—推进式，$s/d=2$，无挡板；4—推进式，$s/d=2$，全挡板；5—平直叶桨式，$B/d=1/5$，全挡板；6—圆盘平直叶涡轮式，无挡板；7—圆盘平直叶涡轮式，全挡板；8—圆盘弯叶涡轮式，全挡板

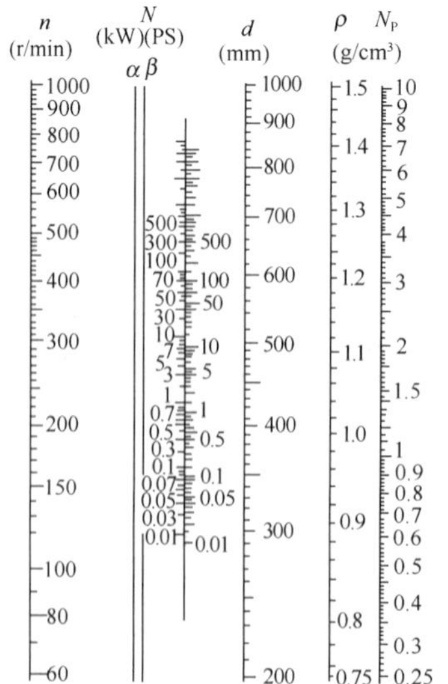

图 3-22　N 的计算

注：用法提示为n-d-α　α-ρ-β　β-N_p-N

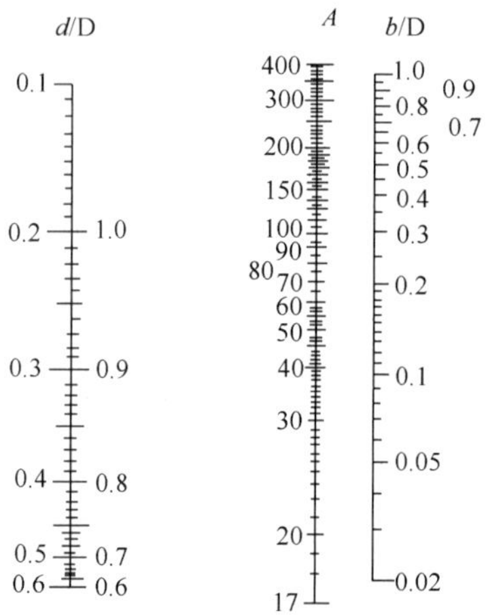

图 3-23　A 的计算图

注：连接任何两轴上的已知数与其他轴的交点即为需求数。

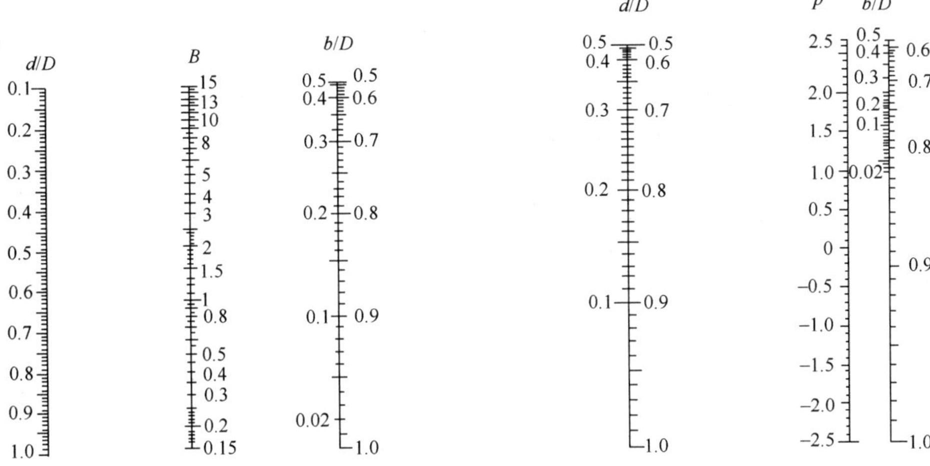

图 3-24 B 的计算图

注：连接任何两轴上的已知数与其他轴的交点即为需求数。

图 3-25 p 的计算图

注：连接任何两轴上的已知数与其他轴的交点即为需求数。

2) 功率计算的修正：上述功率的计算公式和算图是在一定的形式和尺寸范围内实验和推导出的，计算时一定要按照适用条件应用。对于不同的条件还须进行修正，常用影响因素修正方法如下：

① 罐内附件的影响：

$$N' = (1 + \Sigma C_q) N\ (\mathrm{kW}) \tag{3-17}$$

式中 N'——修正后的搅拌功率（kW）；

C_q——影响系数，见表 3-13。

② 层数的影响：

$$N_2 = (1.5 \sim 2)\ N_1 \tag{3-18}$$

式中 N_2——双层桨的搅拌功率（kW）；

N_1——单层桨的搅拌功率（kW）。

(2) 非均相固—液搅拌功率：固体药剂的溶解和搅拌石灰乳液用非均相固-液搅拌功率方法计算。计算功率时可取两相的平均密度 $\bar{\rho}$ 来代替原液相的密度，取两相的平均黏度 $\bar{\mu}$ 代替原液相的黏度，然后按单一液相计算法进行计算。

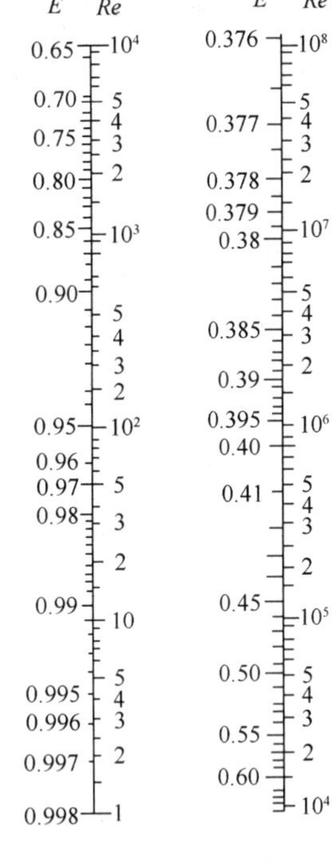

图 3-26 E 的计算图

平均密度计算：

C_q 值（μ<0.1Pa·s） **表 3-13**

罐内附件种类	搅拌器形式		
	桨 式	推 进 式	涡 轮 式
浮标液面计或温度计套管	0.10	0.05	0.10
两管中心角大于 90°的直立管	0.30	0.15	0.30
导流筒的支撑零件		0.05	

$$\bar{\rho}=\varphi\rho_s+\rho_w(1-\varphi)\ (\mathrm{kg/m^3}) \tag{3-19}$$

式中 ρ_s——固体药剂的密度（kg/m^3）；

ρ_w——液体的密度（kg/m^3）；

φ——固体药剂的容积分率（体积%），

$$\varphi=\frac{1}{1+\dfrac{\rho_s x_w}{\rho_w x_{ws}}} \tag{3-20}$$

式中 x_w——液体重力（N）；

x_{ws}——固体重力（N）。

平均黏度计算：

当 $\varphi\leqslant1$ 时

$$\bar{\mu}=\mu(1+2.5\varphi) \tag{3-21}$$

式中 μ——液相黏度（Pa·s）。

以上计算法如用于固体药剂在 200 目以上时，则所得功率值偏小。

（3）聚丙烯酰胺（胶体）的搅拌功率：聚丙烯酰胺（胶体）的搅拌属于非牛顿型流体搅拌，用直接计算法很困难。水处理工艺上经常制备 10%浓度的水溶液，计算时可用 10%浓度的溶液黏度值 $\mu=0.258$Pa·s，按前述的牛顿型流体的搅拌公式计算。

（4）电动机功率

$$N_A=\frac{K_n N+N_T}{\eta}\ (\mathrm{kW}) \tag{3-22}$$

式中 K_n——电动机起动功率系数，一般取 $K_n=1.1\sim1.3$；

N_T——轴封摩擦损失功率（kW）；

η——传动机械效率。

3.2.3.3 搅拌罐的设计

（1）壁厚与支座：搅拌罐的壁厚、封头及支座的设计见《化工设备设计基础》。

（2）装料量的确定：搅拌罐的直径、高度和装料量在设计时应同时综合考虑。

$$K_1=\frac{H_1}{D}=1\sim1.3$$

$$V=(0.7\sim0.8)V_0$$

式中 V——搅拌罐有效容积（m^3）；

V_0——搅拌罐总容积（m^3）。

据容积和选定的 K_1 可初估内径 D 为

$$D=\sqrt[3]{\frac{4V}{\pi K_1}}\ (\mathrm{m})$$

（3）搅拌器层数：当 $\dfrac{H_1}{D}>1.25$ 时，应使用多层搅拌器，搅拌器层间距为（1～1.5）d。

（4）标准罐结构形式：标准罐结构形式如图 3-27 所示，标准搅拌罐尺寸见表 3-14。

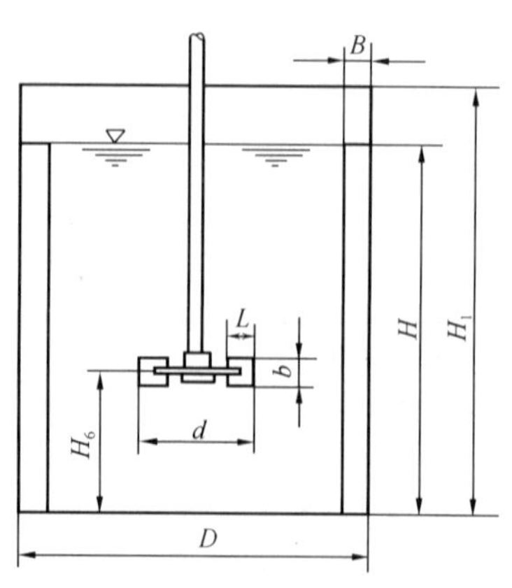

图 3-27 标准搅拌罐结构形式

标准搅拌罐尺寸　　表 3-14

搅拌器				挡板		液面高度 H (m)
直径 d (m)	桨叶宽度 b (m)	桨叶长度 L (m)	距罐底高度 H_6 (m)	宽度 B (m)	数量 Z (块)	
$\frac{1}{3}D$	$\frac{1}{5}d$	$\frac{1}{4}d$	d	$\frac{1}{10}D$	4	D

3.2.4 计算实例

【例】 聚丙烯酰胺溶液搅拌功率计算

搅拌罐内径为 1.8m，装入 1.6m 高的 10%浓度的聚丙烯酰胺（胶体）溶液，黏度为 0.258Pa·s，密度为 1021kg/m^3，罐内为全挡板条件。采用六平直叶圆盘涡轮式搅拌器直径为 0.4m，桨叶长度为 0.1m，宽度为 0.08m，离罐底高度为 0.533m，搅拌器转速为 400r/min。计算搅拌功率。

【解】 按牛顿型单一流相搅拌功率计算法计算。

1）校核尺寸范围：

$d:L:b=0.4:0.1:0.08=20:5:4$（要求 20：5：4，满足）；

$D/d=1.8/0.4=4.5$（要求 2～7，满足）；

$H/d=1.6/0.4=4$（要求 2～4，满足）；

$H_6/d=0.533/0.4=1.33$（要求 0.7～1.6，满足）。

2）求雷诺准数：

$$Re=\frac{d^2 n \rho}{\mu}=\frac{0.4^2\times 6.67\times 1021}{0.258}=4.22\times 10^3$$

3）求功率准数：

查图 3-21，$N_p=5.6$。

4）求搅拌功率：

$$N=\frac{N_p \rho n^3 d^5}{102g}=\frac{5.6\times 1021\times 6.67^3\times 0.4^5}{102\times 9.81}=17.36\text{ kW}$$

3.3 混合搅拌机

3.3.1 适用条件

混合搅拌机用于给水排水处理的混凝过程中的混合阶段。

当原水与混凝剂或助凝剂液体流经混合池时在搅拌器的排液作用下产生流动循环，使混凝药剂与水快速充分混合，以达到混凝工艺的要求。混合时间和搅拌强度是决定混合效果的关键。

混合搅拌机可以在要求的混合时间内达到一定的搅拌强度，满足混合速度快、均匀、充分等要求，而且水头损失小，并可适应水量的变化，因此适用于各种水量的水厂。

3.3.2 总体构成

混合搅拌机由工作部分［搅拌轴、搅拌器、搅拌附件（导流筒或挡板）］、支承部分（轴承装置、机座）和驱动部分（电动机、减速器）组成，各部分结构设计要点见第3.1节，通用设计。

混合搅拌机，如图3-28所示。

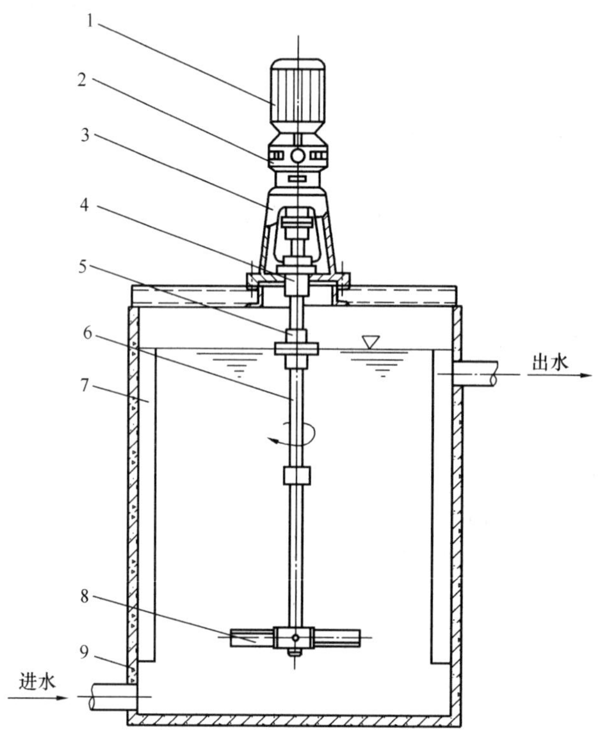

图3-28 混合搅拌机

1—电动机；2—减速器；3—机座；4—轴承装置；5—联轴器；6—搅拌轴；7—挡板；8—搅拌器；9—搅拌池

3.3.3 设计数据

3.3.3.1 混合时间

混合搅拌池的混合时间 t，应参考混凝药剂的水解时间和混合均匀度（与混合时间成正比）要求，由工艺确定，一般为10～30s。

3.3.3.2 流量

混合搅拌池的流量 Q（m^3/s）一般不限。

3.3.3.3 搅拌池池型及形状尺寸

搅拌池为圆形或方形，液面高度与池径的比值一般为0.8～1.5。为防止液体溢出，搅拌池静止液面与池顶须保持足够的距离，一般为0.3～0.5m。

（1）搅拌池有效容积为

$$V = Qt \ (m^3)$$

(2) 搅拌池直径 D（m）：当搅拌池为方形时，搅拌池当量直径 D，按式（3-23）为

$$D=\sqrt{\frac{4l\omega}{\pi}}\ (\mathrm{m}) \tag{3-23}$$

式中 l——搅拌池长度（m）；

ω——搅拌池宽度（m）。

(3) 搅拌池液面的高度为

$$H=\frac{4V}{\pi D^2}\ (\mathrm{m})$$

(4) 搅拌池高度为

$$H'=H+(0.3\sim0.5)\ (\mathrm{m})$$

3.3.3.4 水的物理参数

水的黏度 μ（Pa·s）；水的密度 ρ（$\mathrm{kg/m^3}$）。

3.3.3.5 搅拌强度

(1) 搅拌速度梯度 G：搅拌速度梯度 G 值（流体在池内各点的 G 值不同，一般 G 值表示流体在池内近似的平均值）一般取 500～1000$\mathrm{s^{-1}}$，G 的计算公式（3-24）为

$$G=\sqrt{\frac{1000N_Q}{\mu Qt}}\ (\mathrm{s^{-1}}) \tag{3-24}$$

式中 N_Q——混合功率（kW）；

Q——混合搅拌池流量（$\mathrm{m^3/s}$）；

t——混合时间（s）；

μ——水的黏度（Pa·s）。

(2) 体积循环次数 Z'（此方法根据美国凯米尼尔公司和莱宁公司有关资料编写）：

1) 搅拌器排液量 Q'：按式（3-25）为

$$Q'=K_q nd^3\ (\mathrm{m^3/s}) \tag{3-25}$$

式中 K_q——流动准数，见表 3-15；

n——搅拌器转速（r/s）；

d——搅拌器直径（m）。

搅拌器流动准数 **表 3-15**

搅拌器类型	流动准数	搅拌器类型	流动准数
推进式，$S/d=1$，$Z=3$ 片	0.50	折叶桨式，$\theta=45°$，$Z=4$ 片	0.77

注：建议折叶桨式，$\theta=45°$，$Z=2$ 片，K_q 取 0.385。

符号说明：

S——搅拌器螺距（m）；

d——搅拌器直径（m）；

θ——桨叶和旋转平面所成的角度；

Z——搅拌器桨叶数。

2) 体积循环次数 Z'：

$$Z'=\frac{Q't}{V} \tag{3-26}$$

式中　V——混合池有效容积（m^3）；

t——混合时间（s）；

Q'含义同式（3-25）。

在混合时间内，池内流体的体积循环次数通常不小于1.5次，最少应不小于1.2次。

（3）混合均匀度U（此方法根据美国凯米尼尔公司有关资料编写）：混合均匀度与混合搅拌有关参数的计算公式（3-27）为

$$-\ln(1-U)=tan\left(\frac{d}{D}\right)^{b}\left(\frac{D}{H}\right)^{0.5} \tag{3-27}$$

式中　t——混合时间（s）；

a、b——混合速率常数；

推进式搅拌器：$a=0.274$，$b=1.73$，

4片、45°折叶桨式搅拌器：$a=0.641$，$b=2.19$；

n——搅拌器转速（r/s）；

d——搅拌器直径（m）；

U——混合均匀度一般为80%～90%；

D——池的直径（m）；

H——液面高度（m）。

3.3.3.6　搅拌机的布置形式

（1）搅拌机的布置：一般采用中央置入（或称顶部插入）式布置立式搅拌机。

（2）搅拌器的位置及排液方向：搅拌器的位置应避免水流直接侧面冲击。搅拌器距液面的距离通常不小于搅拌器直径的1.5倍。

当进水孔位于混合池底中心时，搅拌器宜设置为向上排液，其他情况，排液方向不限。

3.3.3.7　搅拌附件的设计

（1）挡板的设置：应在池壁设置竖直挡板。挡板结构及安装尺寸，见表3-16。

挡板结构及安装尺寸（m）　**表3-16**

项目	安装尺寸	项目	安装尺寸
数量	4	宽度	圆形池：$D/12$
位置	间隔90°		方形池：$\left(\frac{1}{36}\sim\frac{1}{24}\right)$ D，D见公式（3-23）
长度	同液面高度H	与搅拌池壁间隙	$D/72$

（2）加药点的设置：为在搅拌器周围均匀加药和便于药液的分散，通常在搅拌器排液方向相反的一侧设置环形多孔加药管。

3.3.4　混合搅拌功率

3.3.4.1　混合功率估算

混合功率计算按下式估算：

$$N_Q=K_eQ \quad (kW)$$

式中　K_e——单位流量所需功率，一般$K_e=4.3\sim17kW\cdot s/m^3$；

Q——搅拌池流量（m^3/s）。

3.3.4.2 混合功率计算

（1）根据选定的搅拌速度梯度 G 值，按式（3-28）计算：

$$N_Q = \frac{\mu Q t G^2}{1000} \ (kW) \tag{3-28}$$

（2）根据选定的体积循环次数 Z' 计算：

1）计算搅拌器排液量：按式（3-29）为

$$Q' = \frac{Z'V}{t} \ (m^3/s) \tag{3-29}$$

2）计算混合功率：按式（3-30）为

$$N = \frac{N_p \rho n^3 d^5}{1000} \ (kW) \tag{3-30}$$

式中 N_p——功率准数，见表 3-17；

ρ——液体密度（kg/m^3）。

搅拌器功率准数 表 3-17

搅拌器类型	功率准数	搅拌器类型	功率准数
推进式，$S/d=1$，$Z=3$ 片	0.32	折叶桨式，$\theta=45°$，$Z=4$ 片	1.25～1.50

注：建议折叶桨式，$\theta=45°$，Z=2 片，N_p 取 0.63～0.75。

（3）根据选定的混合均匀度 U 计算：

1）选定混合均匀度。

2）计算混合功率：见公式（3-30）。

3.3.5 搅拌器形式及主要参数

混合搅拌一般选用推进式或折桨式（以下简称桨式）搅拌器。推进式搅拌器的效能较高，但制造较复杂，桨式搅拌器结构简单，加工制造容易，但效能比推进式搅拌器低；在混合搅拌中宜首先考虑选用推进式搅拌器。

3.3.5.1 搅拌器有关参数的选用

混合搅拌中搅拌器有关参数选用，见表 3-18。

搅拌器有关参数选用 表 3-18

项目	符号	单位	搅拌器形式	
			桨式	推进式
搅拌器外缘线速度	v	m/s	1.0～5.0	3～15
搅拌器直径	d	m	$\left(\frac{1}{3}\sim\frac{2}{3}\right)D$	（0.2～0.5）D
搅拌器距混合池底高度	H_6	m	（0.5～1.0）d	无导流筒时：$=d$ 有导流筒时：$\geqslant 1.2d$
搅拌器桨叶数	Z		2，4	3
搅拌器宽度	b	m	（0.1～0.25）d	
搅拌器螺距	S	m		$=d$

续表

项目	符号	单位	搅拌器形式	
			桨式	推进式
桨叶和旋转平面所成的角度	θ		45°	
搅拌器层数	e		当 $\frac{H}{D}\leqslant 1.2\sim1.3$ 时，$e=1$ 当 $\frac{H}{D}>1.2\sim1.3$ 时，$e>1$	当 $\frac{H}{D}\leqslant 4$ 时，$e=1$ 当 $\frac{H}{D}>4$ 时，$e>1$
层间距	S_0	m	（1.0～1.5）d	（1.0～1.5）d
安装位置要求			相邻两层桨交叉 90°安装	

注：D——混合池直径（m）；d——搅拌器直径（m）；H——混合池液面高度（m）。

3.3.5.2 转速及搅拌功率

转速及搅拌功率主要有以下三种计算方法：

（1）根据选定的搅拌速度梯度 G 值计算：

1）根据表 3-18 初选搅拌器直径 d（m）。

2）根据表 3-18 初选搅拌器外缘线速度 v（m/s）。

3）计算转速：按式（3-31）为

$$n=\frac{60v}{\pi d}\ (\mathrm{r/min}) \tag{3-31}$$

4）计算搅拌功率：

① 推进式搅拌器搅拌功率计算：推进式搅拌器搅拌功率计算，见表 3-10。

② 桨式搅拌器搅拌功率计算：按式（3-32）为

$$N=C_3\frac{\rho\omega^3 ZebR^4\sin\theta}{408g}\ (\mathrm{kW}) \tag{3-32}$$

式中 C_3——阻力系数，$C_3\approx0.2\sim0.5$；

ρ——水的密度，$\rho=1000\mathrm{kg/m^3}$；

ω——搅拌器旋转角速度（rad/s），

$$\omega=\frac{2v}{d}\ (\mathrm{rad/s});$$

Z——搅拌器桨叶数（片）；

e——搅拌器层数；

b——搅拌器桨叶宽度（m）；

R——搅拌器半径（m）；

g——重力加速度 9.81（$\mathrm{m/s^2}$）；

θ——桨板折角（°）。

5）校核搅拌功率：若搅拌功率 N 大于或小于根据 G 值所确定的混合功率 N_Q，则应参考表 3-18 调整桨径 d 和搅拌器外缘线速度 v，使 $N\approx N_Q$。当取桨式搅拌器直径及搅拌器外缘线速度为最大值时，仍 $N<N_Q$，则需改选推进式搅拌器。

（2）根据选定的体积循环次数 Z' 计算：

1）根据表 3-18 初选推进式或桨式搅拌器直径 d（m）。

2）根据公式（3-26）计算搅拌器排液量 Q'（m^3/s）。

3）根据公式（3-25）计算搅拌器转速 n（r/min），推进式和桨式搅拌器应根据表 3-18 校核搅拌器外缘线速度 v（m/s）。

4）根据公式（3-30）计算搅拌器功率。

（3）根据选定的混合均匀度 U 计算：

1）根据表 3-18 初选推进式或桨式搅拌器直径 d（m）。

2）根据公式（3-27）计算搅拌器转速 n（r/s），推进式和桨式搅拌器应根据表 3-18 校核搅拌器外缘线速度 v（m/s）。

3）根据公式（3-30）计算搅拌器功率。

3.3.5.3 电动机功率计算

电动机功率计算，按式（3-33）为

$$N_A = \frac{K_g N}{\eta}\ (\text{kW}) \tag{3-33}$$

式中 K_g——电动机工况系数，当搅拌介质为水，每日 24h 连续运行时取 1.2；

η——机械传动总效率（%）。

3.3.6 计算实例

【例】 混合搅拌机设计计算

（1）设计数据：

1）混合时间 $t=10s$。

2）流量 $Q=1.5m^3/s$。

3）混合池有效容积 $V=Qt=15m^3$。

混合池横截面尺寸 2.2m×2.2m，当量直径 $D=\sqrt{\frac{4l\omega}{\pi}}=\sqrt{\frac{4\times2.2\times2.2}{\pi}}=2.48m$。

混合池液面高度 $H=3.1m$。

混合池壁设挡板，挡板宽度 72mm。混合池高度 $H'=3.6m$。

4）取平均水温 15℃时水的黏度 $\mu=1.14\times10^{-3}Pa\cdot s$。

取水的密度 $\rho=1000kg/m^3$。

5）搅拌速度梯度 $G=740s^{-1}$ 或体积循环次数 $Z'=1.3$ 或混合均匀度 $U=80\%$。

6）搅拌机为中央置入式布置的立式搅拌机。

（2）搅拌器选用及主要参数：

1）选用推进式搅拌器。

2）搅拌器桨叶数 $Z=3$ 片。

3）搅拌器螺距 $S=d$。

4）搅拌器直径 $d=1.2m$。

5）搅拌器层数 $\frac{H}{d}=\frac{3.1}{1.2}=2.6<4$，取单层。

（3）搅拌器转速及功率计算：

1）根据要求的搅拌速度梯度 G 值计算：

① 搅拌器外缘线速度 v 取 8.6m/s。

② 搅拌器转速：

$$n=\frac{60v}{\pi d}=\frac{60\times 8.6}{1.2\pi}=137\ \text{r/min}=2.28\text{r/s}$$

③ 搅拌器功率计算：

a. 求诺雷准数：

$$Re=\frac{d^2 n\rho}{\mu}=\frac{1.2^2\times 2.28\times 1000}{1.14\times 10^{-3}}=2.88\times 10^6$$

b. 求功率准数：

查图 3-21，曲线 2，功率准数 N_p 查得 0.32。

求搅拌功率：

$$N=\frac{N_p\rho n^3 d^5}{102g}=\frac{0.32\times 1000\times 2.28^3\times 1.2^5}{102\times 9.81}=9.43\ \text{kW}$$

④ 校核搅拌功率：

a. 求混合功率：

$$N_Q=\frac{\mu QtG^2}{1000}=\frac{1.14\times 10^{-3}\times 1.5\times 10\times 740^2}{1000}=9.36\ \text{kW}$$

b. 校核搅拌功率：

N=9.43kW≈N_Q=9.36kW，校核合格。

2）根据要求的体积循环次数 Z' 计算：

① 搅拌器 d 取 1.2m。

② 计算搅拌器排液量：

$$Q'=\frac{Z'V}{t}=\frac{1.3\times 2.2\times 2.2\times 3.1}{10}=1.95\ \text{m}^3/\text{s}$$

③ 计算搅拌器转速：

$$n=\frac{Q'}{K_q d^3}=\frac{1.95}{0.50\times 1.2^3}=2.26\ \text{r/s}\approx 136\text{r/min}$$

校核搅拌器外缘线速度：

$$v=\pi dn=1.2\times 2.26\pi=8.52\text{m/s}$$

3m/s<v=8.52m/s<15m/s，校核合格。

④ 计算搅拌器功率：

$$N=\frac{N_p\rho n^3 d^5}{1000}=\frac{0.32\times 1000\times 2.26^3\times 1.2^5}{1000}=9.19\ \text{kW}$$

3）根据要求的混合均匀度 U 计算：

① 搅拌器 d 取 1.2m。

② 混合均匀度 U=80%。

③ 计算搅拌器转速：

$$-\ln(1-U)=tan\left(\frac{d}{D}\right)^b\left(\frac{D}{H}\right)^{0.5}$$

$$n=\frac{-\ln(1-U)}{ta\left(\frac{d}{D}\right)^b\left(\frac{D}{H}\right)^{0.5}}$$

$$= \frac{-\ln(1-80\%)}{10 \times 0.274 \left(\frac{1.2}{2.48}\right)^{1.73} \left(\frac{2.48}{3.1}\right)^{0.5}}$$

$$= 2.32 \text{r/s}$$

$$= 139 \text{r/min}$$

校核搅拌器外缘线速度：

$$v = \pi d n = 1.2 \times 2.32\pi = 8.75 \text{m/s}$$

$3\text{m/s} < v = 8.75\text{m/s} < 15\text{m/s}$，校核合格。

④ 计算搅拌器功率：

$$N = \frac{N_p \rho n^3 d^5}{1000} = \frac{0.32 \times 1000 \times 2.32^3 \times 1.2^5}{1000} = 9.94 \text{ kW}$$

（4）推进式搅拌器强度校核（略）。

（5）电动机功率计算：

$$N_A = \frac{K_g N}{\eta} = \frac{K_g N}{\eta_4 \eta_5} = \frac{1.2 \times 9.94}{0.95 \times 0.99} = 12.68 \text{ kW}$$

式中 η_4——摆线针轮减速机传动效率；

η_5——滚珠轴承传动效率。

选电动机功率为 15kW，同步转速为 1500r/min。

（6）减速器选用：减速比：

$$i = \frac{n_A}{n} = \frac{1500}{139} = 10.8$$

选用天津减速机总厂的行星摆线针轮减速机，减速比 $i=11$，输出轴转速 136r/min，搅拌机实际功率 $N_A = 12.68\left(\frac{136}{139}\right)^3 = 11.88\text{kW}$。

3.4 絮凝搅拌机

3.4.1 适用条件

絮凝搅拌机用于给水排水处理中混凝过程的絮凝阶段。

絮凝搅拌的作用是促使水中的胶体颗粒发生碰撞、吸附并逐渐结成一定大小的矾花，使绝大部分矾花截留在沉淀池内。

搅拌强度和搅拌时间是决定絮凝效果的关键。絮凝池内搅拌强度（即搅拌速度梯度值 G）应递减，各挡搅拌器桨叶中心处的线速度依次逐渐减慢，且要有足够的搅拌时间来完成絮凝过程。

絮凝搅拌机可满足絮凝规律的要求，使絮凝过程中各段具有不同的搅拌强度，可以适应水量和水温的变化。优点是水头损失小，池体结构简单，外加能量组合方便。

絮凝搅拌机设置无级调速后可随水量、原水浊度和投药量的变化而调整搅拌强度，达到满意的絮凝效果，节约药剂的用量。

絮凝搅拌机根据搅拌轴的安装方式分为立式搅拌机和卧式搅拌机两种。卧轴絮凝搅拌机的桨板接近池底旋转，一般絮凝池不存在积泥问题。

3.4.2 立式搅拌机

3.4.2.1 总体构成

立式搅拌机由工作部分（垂直搅拌轴、框式搅拌器）、支承部分（轴承装置、机座）和驱动部分（电动机、摆线针轮减速机）组成。除框式搅拌器在本章第 3.4.4 节中叙述外，其余各部分结构设计要点见本章第 1 节通用设计。

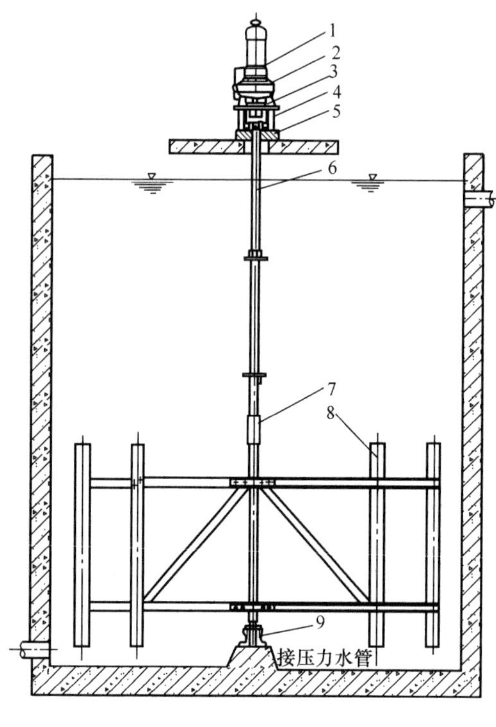

图 3-29　立式搅拌机

1—电动机；2—摆线针轮减速机；3—十字滑块联轴器；4—机座；5—上轴承；6—轴；7—夹壳联轴器；8—框式搅拌器；9—水下底轴承

立式搅拌机结构如图 3-29 所示。

3.4.2.2 设计数据及要点

(1) 设计数据：

1) 絮凝搅拌的挡数：一般絮凝池内设 3～6 挡不同搅拌强度的絮凝搅拌机，因此絮凝池分为 3～6 格。

2) 每格絮凝池的形状尺寸。

3) 搅拌轴的安装方式。

4) 搅拌器桨叶中心处的线速度（相当于池中水流平均速度）v' (m/s)，一般自第一挡的 0.5～0.6m/s 逐渐变小至末挡的 0.1～0.2m/s。末挡最大不超过 0.3m/s。

5) 各档搅拌机搅拌速度梯度值 G，一般取 20～70s^{-1}。

6) 液体温度应取平均温度，水的黏度 μ (Pa·s) 按规定值取用。

(2) 设计要点：

1) 上层搅拌器桨叶顶端应设于池子水面下 0.3m 处，下层搅拌器桨叶底端应设于距池底 0.5m 处。桨叶外缘与池侧壁间距不大于 0.25m。

2) 每片桨叶的宽度，一般采用 100～300mm，桨叶的总面积不应超过反应池水流截面积的 10%～20%。当超过 25%时整个池水将与桨板同步旋转，故设计中必须考虑避免出现这种现象。

3) 搅拌机轴设在每格池子的中心处，搅拌机轴和桨叶等部件应进行必要的防腐蚀处理。

3.4.2.3 设计计算

(1) 搅拌器转速的计算：常用的计算方法有两种。

1) 根据已定的搅拌器线速度计算：

① 第 n 挡搅拌器转速按式 (3-34) 计算

$$n_n = \frac{30v'_n}{\pi R}\ (\text{r/min}) \tag{3-34}$$

式中 v'_n——第 n 挡搅拌器桨叶中心处的线速度（m/s）；

R——搅拌器桨叶中心处半径（m）。

② 中间几挡搅拌器的转速可直接按式（3-35）计算

$$\frac{n_1}{n_2}=\frac{n_2}{n_3}=\cdots\cdots=\frac{n_{n-1}}{n_n} \tag{3-35}$$

③ 如设三挡不同搅拌强度的搅拌机，第二挡搅拌器转速，按式（3-36）为

$$n_2=\sqrt{n_1 n_3} \quad (\mathrm{r/min}) \tag{3-36}$$

④ 如设四挡不同搅拌强度的搅拌机，第二、三挡搅拌器转速，按式（3-37）、式（3-38）为

$$n_2=\sqrt[3]{n_1^2 n_4}\ (\mathrm{r/min}) \tag{3-37}$$

$$n_3=\sqrt[3]{n_1 n_4^2}\ (\mathrm{r/min}) \tag{3-38}$$

2）根据已知速度梯度计算：

第 n 挡搅拌器转速计算，按式（3-39）为

$$n_n=\sqrt[3]{\frac{\mu V G_n^2}{123960 C_4\ (1-K_n)^3 A \Sigma R_{pn}^3}}\ (\mathrm{r/min}) \tag{3-39}$$

式中 G_n——第 n 挡搅拌速度梯度（s^{-1}）；

μ——水的动力黏度（Pa・s）；

V——反应池每格容积（m^3）；

C_4——拖曳系数。C_4 与流体状态和运动物体迎流体面积形状有关，紊流状态下 $C_4=0.2\sim2.0$，对于正交运动的柱体和薄板 $C_4=2.0$；

K_n——第 n 挡液体旋转速度与桨叶旋转速度的比值，各档 K 值自第一挡的 0.24 逐渐变化至末挡的 0.32；

A——每片桨叶的面积（m^2）；

R_{pn}——第 n 片桨叶中心点的旋转半径（m），

$(\Sigma R_{pn}^3=R_{p1}^3+R_{p2}^3+\cdots\cdots R_{pn}^3)$。

各档搅拌机桨叶的形式是相同的，如第一挡搅拌器的转速为 n_1，则第 n 挡搅拌器的转速，按式（3-40）为

$$n_n=\left(\frac{G_n}{G_1}\right)^{\frac{2}{3}}\left(\frac{1-K_1}{1-K_n}\right)n_1\ (\mathrm{r/min}) \tag{3-40}$$

（2）絮凝搅拌功率计算：

絮凝搅拌功率计算方法有两种：

1）一般计算法：按式（3-41）为

$$N=\Sigma\frac{C_D Z_R \rho L \omega^3 (R_1^4-R_2^4)}{408g}\ (\mathrm{kW}) \tag{3-41}$$

式中 Z_R——同一旋转半径上桨叶数；

ρ——水的密度，$\rho=1000\mathrm{kg/m^3}$；

L——桨叶长度（m）；

R_1——搅拌器桨叶外缘的半径（m）；

R_2——搅拌器桨叶内缘的半径（m）；

g——重力加速度，$g=9.81$ (m/s^2)；

C_D——阻力系数；

ω——搅拌器旋转角速度 (rad/s)，

$$\omega=\frac{\pi n}{3}$$

其中　n——搅拌器转速 (r/min)。

确定 C_D 值方法：一是采用 $C_D \approx 0.2 \sim 0.5$。二是根据桨叶宽度 b 与长度 L 之比 $\frac{b}{L}$ 确定，当 $\frac{b}{L}$ 值增大，系数 C_D 也增大，对于长度远小于宽度的桨板，其系数趋近极限值 $C_D=1$，见表 3-19。

阻力系数 C_D 值　　**表 3-19**

$\frac{b}{L}$	小于 1	1～2	2.5～4	4.5～10	10.5～18	大于 18
C_D	0.55	0.575	0.595	0.645	0.70	1.00

采用公式 (3-41) 计算搅拌功率时，先分别计算框式搅拌器内、外侧桨叶、横梁和斜拉杆消耗功率，然后相加得出絮凝搅拌功率。

2) T. R. 甘布计算法：按式 (3-42) 为

$$N=\frac{C_4 eA\rho}{102g}\Sigma v_{pn}^3 \ (\mathrm{kW}) \tag{3-42}$$

式中　C_4——拖曳系数，取 C_4 为 2；

e——搅拌器层数；

v_{pn}——第 n 片桨叶中心点线速度；

A——每片桨叶的面积 (m^2)；

ρ——搅拌液体的密度 (kg/m^3)；

g——重力加速度，$g=9.81m/s^2$。

$$v_{pn}=\frac{\pi R_{pn} n_n}{30} \ (\mathrm{m/s})$$

$$(\Sigma v_{pn}^3 = v_{p1}^3 + v_{p2}^3 + \cdots\cdots v_{pn}^3)$$

设计时考虑到横梁及斜拉杆的拖曳和机械消耗，每档搅拌功率须在公式 (3-42) 计算值基础上再增加 20%。

(3) 电动机功率计算：见第 3.3.5.3 节，按公式 (3-33) 计算。

3.4.3 卧式搅拌机

3.4.3.1 总体构成

卧式搅拌机与立式搅拌机的主要区别是搅拌轴为水平轴，除水平穿壁装置外，其余各部结构设计要点及计算与立式搅拌机相同。

卧式搅拌机，如图 3-30 所示。

3.4.3.2 设计数据及要点

(1) 桨叶上部在水面下 0.3m，桨叶下部离池底不小于 0.25m。

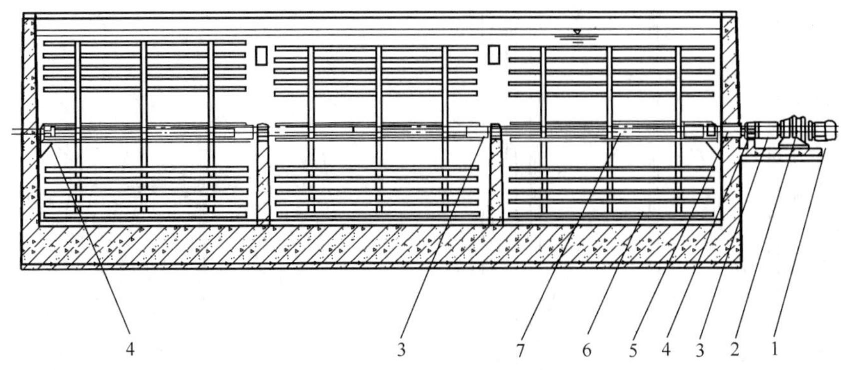

图 3-30 卧式搅拌机

1—电动机；2—摆线针轮减速机；3—联轴器；4—轴承座；5—水平穿壁装置；6—框式搅拌器；7—搅拌轴

(2) 其余各项设计依据与立式搅拌机相同。

3.4.3.3 水平穿壁装置

水平穿壁装置安装在卧式搅拌机穿壁轴上，其结构和安装，如图 3-31 所示。但骨架式橡胶油封仅适用于低浊度水，否则须采用填料密封。

3.4.3.4 功率计算

卧式搅拌机功率计算与立式搅拌机相同，其中功率损失根据 T.R. 甘布试验证明，不论转速大小，填料函、轴承等摩擦功率损失约为 1hp（引用甘布试验资料甘布认为“不论转速大小，填料函、轴承等摩擦功率损失约为 1hp，该数值在设计中可以视实际情况考虑减小，尤其在使用滚子轴承、橡胶填料等新技术时其数值已大为减小，可取 0.5hp 以下”），因此搅拌功率最多需要增加 0.736kW。

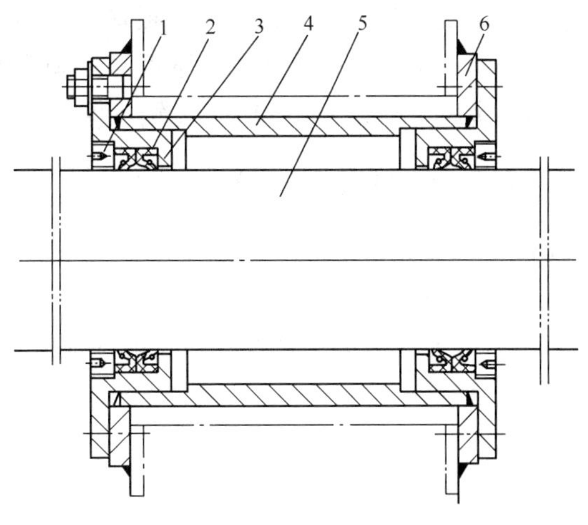

图 3-31 水平穿壁装置

1—铜压盖；2—骨架式橡胶油封；3—填料函；4—穿墙套管；5—搅拌轴；6—法兰盘

3.4.4 框式搅拌器

3.4.4.1 框式搅拌器形式

框式搅拌器分直桨叶、斜桨叶和网桨叶三种。

(1) 直桨叶

直桨叶是最常用的一种普通桨叶，其结构如图 3-32 所示。

(2) 斜桨叶

斜桨叶的斜度根据需要选择，其结构如图 3-33 所示。

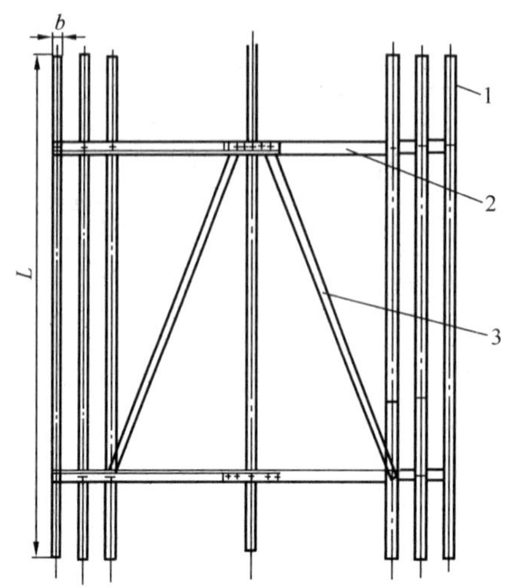

图 3-32　直桨叶框式搅拌器
1—桨叶；2—桨臂；3—斜拉杆

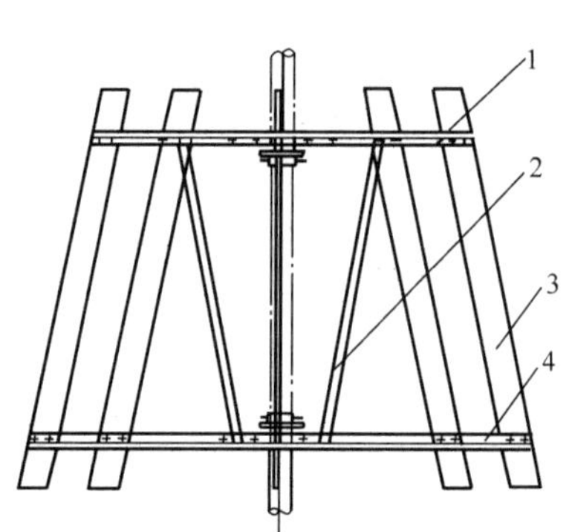

图 3-33　斜桨叶框式搅拌器
1—短臂；2—斜拉杆；3—桨叶；4—长臂

(3) 网桨叶：由框架和斜拉杆组合成网架，用尼龙或塑料绳编成网状，网距为 30～40mm。

3.4.4.2 桨叶材质

(1) 木质桨叶：一般采用松木板材。

(2) 塑料桨叶：采用无毒且强度高的硬质塑料。

(3) 金属桨叶：采用 Q235-A 钢，但须进行防腐处理或采用不锈钢。

3.4.5 计算实例（一）

【例】　立式絮凝搅拌机设计计算

(1) 设计数据：

1) 絮凝搅拌池设三挡搅拌机，搅拌池分为三格。

2) 每格反应池长 2.56m，宽 2.4m，水深 3.5m，容积 21.5m，如图 3-34 所示。

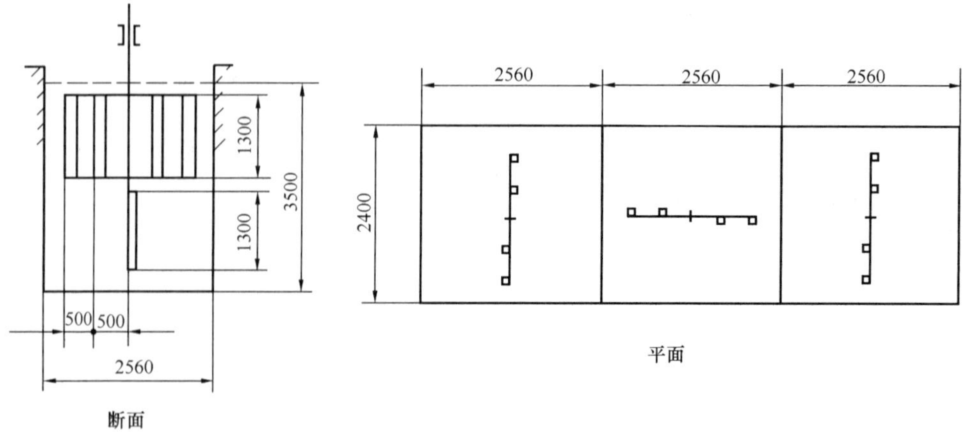

图 3-34　反应池示意

3）各挡搅拌速度梯度值 G 取 20～70s^{-1}之间。

4）絮凝池水温取平均温度 15℃，水的黏度 μ 为 1.14×10^{-3}Pa·s。

（2）设计计算：

1）桨叶设计计算：

①每挡絮凝搅拌机独立传动，设双层框式搅拌器，每个框式搅拌器设四片竖直桨叶，桨叶宽度 b 为 0.12m，长度 L 为 1.3m，桨叶总面积$\sum A=0.12\times1.3\times4\times2=1.248m^2$，液体旋转速度与桨叶旋转速度的比值 $K_1=0.24$，$K_3=0.32$，$K_2=\dfrac{K_1+K_3}{2}=0.28$。

②每格反应池纵截面积为 $3.5\times2.4=8.4m^2$。

桨叶总面积与反应池水流截面积之比为 $\dfrac{1.248}{8.40}=0.149$。

③桨叶旋转半径：

外桨叶：$R_1=1m$，$R_2=0.88m$，$R_{p1}=0.94m$；

内桨叶：$R_1=0.5m$，$R_2=0.38m$，$R_{p2}=0.44m$。

2）搅拌器转速计算：

根据已知速度梯度 G 计算：

第一挡：

$$G_1=70s^{-1}, K_1=0.24,$$

$$A\Sigma R_R^3=(1.3\times0.12)[(0.94)^3+(0.44)^3]\times4=0.57$$

$$n_1=\sqrt[3]{\frac{\mu VG_1^2}{123960C_4\ (1-K_1)^3A\Sigma R_p^3}}$$

$$=\sqrt[3]{\frac{1.14\times10^{-3}\times21.5\times70^2}{123960\times2\ (1-0.24)^3\times0.57}}$$

$$=0.125r/s=7.5r/min$$

第二挡：

$$G_2=45s^{-1}, K_2=0.28,$$

$$n_2=\left(\frac{G_2}{G_1}\right)^{\frac{2}{3}}\left(\frac{1-0.24}{1-0.28}\right)\times7.5$$

$$=5.9r/min$$

第三挡：

$$G_3=20s^{-1}, K_3=0.32,$$

$$n_3=\left(\frac{G_3}{G_1}\right)^{\frac{2}{3}}\left(\frac{1-K_1}{1-K_3}\right)n_1=\left(\frac{20}{70}\right)^{\frac{2}{3}}\left(\frac{1-0.24}{1-0.32}\right)\times7.5$$

$$=3.64r/min$$

3）搅拌功率计算：按 T.R. 甘布计算法进行计算（已将横梁及斜拉杆的拖曳和机械消耗功率考虑在内）为

$$N=\frac{C_DeA\rho}{102g}\Sigma v_{Pn}^3(1+20\%)=\frac{2\times2\times1.3\times0.12\times1000\times1.2}{102\times9.81}\Sigma v_{Pn}^3$$

$$=0.75\Sigma v_{Pn}^3$$

第一挡：

外桨板：
$$v_{P1}=\frac{\pi R_{P1}n_1}{30}=\frac{3.14\times0.94\times7.5}{30}=0.74\text{m/s}$$

内桨板：
$$v_{P2}=\frac{\pi R_{P2}n_1}{30}=\frac{3.14\times0.44\times7.5}{30}=0.35\text{m/s}$$

$$\Sigma v_{Pn}^3=v_{P1}^3+v_{P2}^3=0.74^3+0.35^3=0.45\text{m/s}$$

$$N=0.75\Sigma v_{Pn}^3=0.75\times0.45=0.34\text{kW}$$

第二挡：

$$v_{P1}=\frac{\pi R_{P1}n_2}{30}=\frac{3.14\times0.94\times5.9}{30}=0.58\text{m/s}$$

$$v_{P2}=\frac{\pi R_{P2}n_2}{30}=\frac{3.14\times0.44\times5.9}{30}=0.27\text{m/s}$$

$$\Sigma v_{Pn}^3=v_{P1}^3+v_{P2}^3=0.58^3+0.27^3=0.21\text{m/s}$$

$$N=0.75\Sigma v_{pn}^3=0.75\times0.21=0.16\text{kW}$$

第三挡：

$$v_{P1}=\frac{\pi R_{P1}n_3}{30}=\frac{3.14\times0.94\times3.64}{30}=0.36\text{m/s}$$

$$v_{P2}=\frac{\pi R_{P2}n_3}{30}=\frac{3.14\times0.44\times3.64}{30}=0.17\text{m/s}$$

$$\Sigma v_{Pn}^3=v_{P1}^3+v_{P2}^3=0.36^3+0.17^3=0.05\text{m/s}$$

$$N=0.75\Sigma v_{pn}^3=0.75\times0.05=0.04\text{kW}$$

4）电动机及减速机选用，见表3-20。

电动机及减速机选用　　表3-20

名称	符号	单位	第一挡	第二挡	第三挡
搅拌器转速	n_n	r/min	7.5	5.9	3.64
搅拌功率	N	kW	0.34	0.16	0.04
电动机计算功率	$N_A=\frac{k_gN}{\eta}=\frac{k_gN}{\eta_1\eta_2}=\frac{1.2N}{0.90\times0.99}$ 式中 k_g——工况系数24h连续运行为1.2 η_1——摆线针轮减速机传动效率 η_2——滚动轴承传动效率	kW	0.46	0.22	0.05
选用电动机功率		kW	0.8	0.4	0.4
电动机同步转速		r/min	1500	1500	1500
减速比	i		200	254	412
选用减速器减速比			187	289	385
选用减速器输出轴转速		r/min	8	5.2	3.9

3.4.6 计算实例（二）

如图3-35所示，为中置式高密度沉淀池中的机械絮凝反应池，图3-36为其中配置的高效轴流桨叶絮凝搅拌器，该搅拌器的功率准数和排液准数见表3-21。

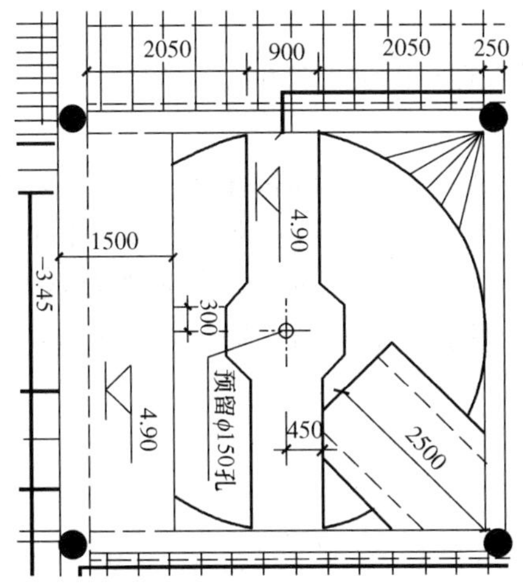

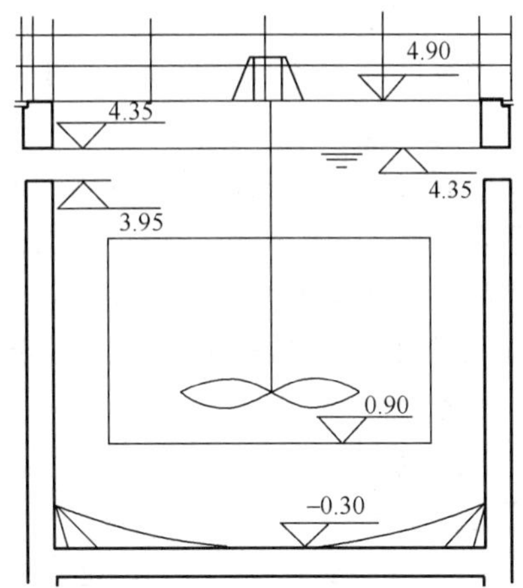

图 3-35 絮凝反应池

搅拌器功率和排液准数 **表 3-21**

搅拌器类型	功率准效 N_p	排液准数 N_Q
MW-4 宽叶高效轴流式搅拌器	0.82	0.78

注：表 3-21 及以下计算实例由凯米尼尔公司提供。

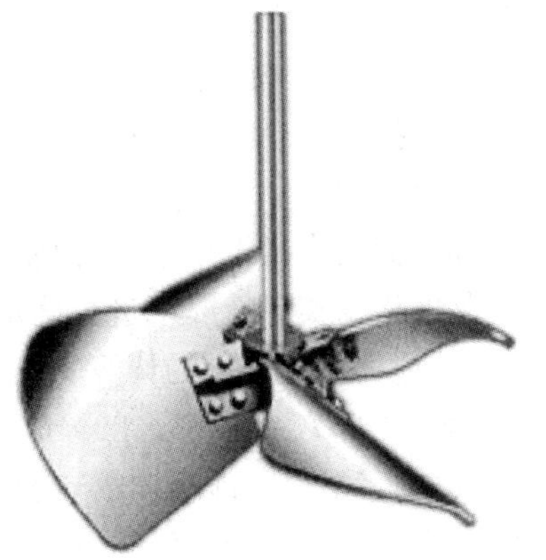

图 3-36 宽叶型 MW-4 轴流桨叶絮凝搅拌器

【例】 高效轴流桨叶絮凝搅拌器设计计算

(1) 设计依据

1) 中置式高密度沉淀池中的机械絮凝反应池简图，见图 3-35。

2) 反应池尺寸长 5m，宽 5m，水深 4.65m，容积 116.25m^3。

3) 单池处理水量 0.334m^3/s，絮凝搅拌器排液量应大于等于处理水量 10 倍。

4) 需要配置导流筒。

5) 絮凝池水温取平均温度 15℃，水的黏度为 1.14×10^{-3}Pa·s。

(2) 设计计算

1) 桨叶直径

需要获得最大排液量，但是针对絮凝单元，搅拌机的输出转速不能太高，从而避免矾花的破坏，轴流式桨叶应当具有较高的排液准数，因此选用 MW-4 叶轮。由于需要配合导流筒一起使用，且导流筒内和导流筒外的流速尽可能的接近，故叶轮直径需要尽可能的大，一般 d/D 值取 0.3～0.4。

絮凝反应池的池体当量直径：

$$D=\sqrt{\frac{4lw}{\pi}}=\sqrt{\frac{4\times5\times5}{\pi}}=5.64\text{m} \tag{3-23}$$

式中 D——方形池当量直径 (m)；

l——絮凝池长度 (m)；

w——絮凝池宽度 (m)；

d——叶轮直径（m）。

d/D 值=叶轮直径/絮凝反应池的池体当量直径=2.092/5.64=0.37。

2）搅拌机转速

絮凝反应池单元，搅拌机的输出转速不宜过高，这一点与混合反应单元有很大区别，由于通常为了根据不同水量获得不同的排液量，此类搅拌机都采用变频调速进行使用，这一点也符合速度梯度进行分挡的需要，故此类搅拌机的输出最高转速通常都取 25～40r/min，我们取搅拌机的最高输出转速为 30r/min，采用变频器后，输出转速可以在 7～30r/min 之间变化。

3）搅拌机功率

计算混合功率：

$$N=\frac{N_p\rho n^3 d^5}{1000}=\frac{0.82\times1000\times(30/60)^3\times2.092^5}{1000}=4.1\text{kW} \tag{3-30}$$

式中 N_p——功率准数（见表 3-21）；

n——转速（r/s）；

d——叶轮直径（m）。

考虑搅拌混合功率负荷<65%，所以电动机功率为 7.5kW。

4）导流筒

导流筒的直径根据搅拌器的叶轮直径进行确定，通常导流筒直径 $D=d/0.89$，导流筒的高度根据实际情况来进行确定。

5）搅拌机排液量的计算

$Q=N_Q n d^3=0.78\times30\times2.092^3=214\text{m}^3/\text{min}=3.57\text{m}^3/\text{s}>10$ 倍的进水流量

其中 N_Q——排液准数（表 3-21）；

n——转速（r/min）。

因此，符合设计要求。

3.5 澄清池搅拌机

3.5.1 适用条件

澄清池搅拌机适用条件：

（1）澄清池搅拌机适用于给水排水处理过程中的澄清阶段，是机械搅拌澄清池的主要设备。

（2）进水悬浮物含量：

1）不设机械刮泥的澄清池一般不超过 1000mg/L，短时间内允许达到 3000mg/L；

2）有机械刮泥时一般不超过 5000mg/L，短时间内不超过 10000mg/L。当经常超过 5000mg/L 时，澄清池前应加预沉池。

（3）设有搅拌机的澄清池处理效率高，单位面积产量大，对水量、水温和水质的变化适应性较强，处理效果较稳定。采用机械刮泥设备后，对高浊度水（3000mg/L 以上）处理具有一定适应性。

（4）澄清池搅拌机可以使池内液体形成两种循环流动，以达到使水澄清的目的，其作用为：

1）由提升叶轮下部的桨叶在一絮凝室内完成机械絮凝，使经过加药混合产生的微絮粒与回流中的原有矾花碰撞接触而吸附，形成较大的絮粒；

2）提升叶轮将一絮凝室的形成絮粒的水体，提升到二絮凝室，再经折流到澄清区进行分离，清水上升，泥渣从澄清区下部再流回到一絮凝室。

总之，澄清池搅拌机由以上两部分功能共同完成澄清池的机械絮凝和分离澄清的作用。

3.5.2 总体构成

澄清池搅拌机的总体由变速驱动、提升叶轮、桨叶和调流装置等部分组成，如图 3-37 所示。

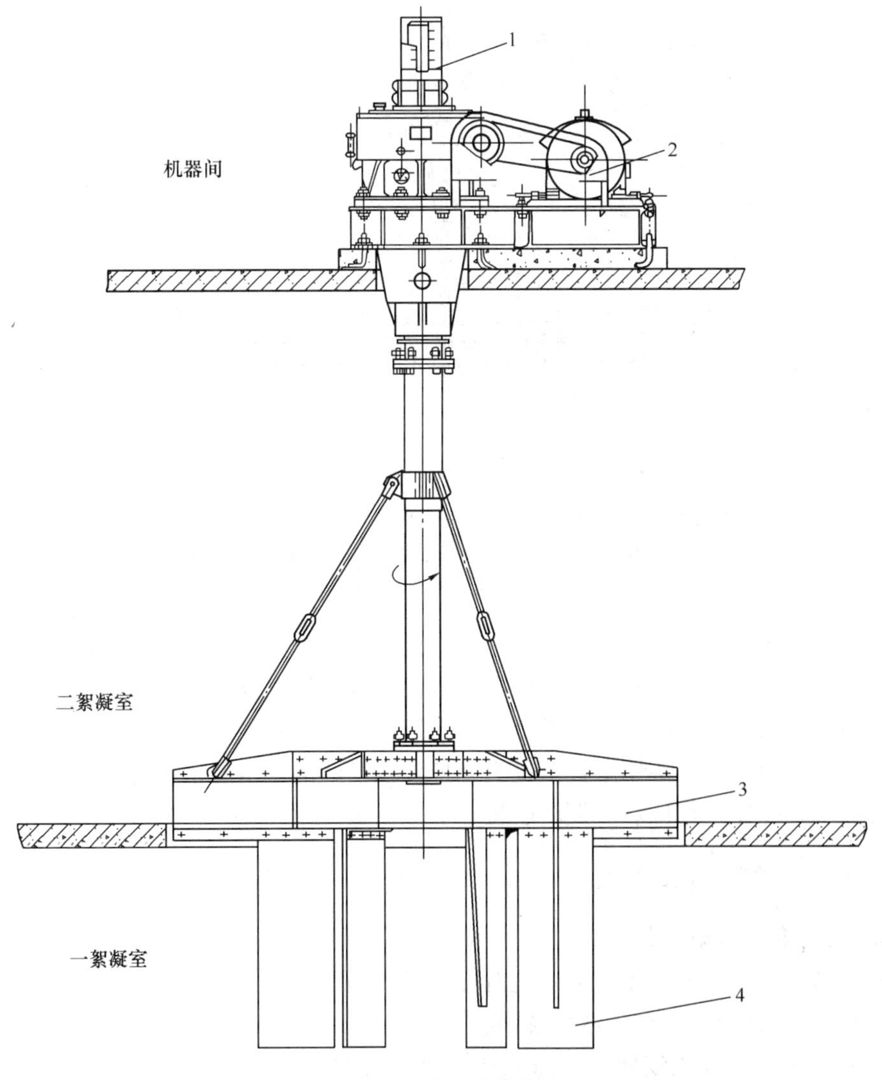

图 3-37 澄清池搅拌机

1—调流装置；2—变速驱动装置；3—提升叶轮；4—桨叶

（1）搅拌机可采用无级变速电动机驱动，以便随进水水质和水量变动而调整回流量及搅拌强度。一般采用变频调速电机或 YCT 系列滑差式电磁调速异步电动机，也可采用普通恒速电动机，经三角皮带轮和蜗轮副两级减速。蜗轮轴与搅拌轴采用刚性连接，一般选用夹壳联轴器。

（2）在设有刮泥机的情况下：

1）池径在 16.9m 以下时，采用中心驱动式的刮泥机，搅拌机主轴设计成空心轴，以便刮泥机轴从中间穿过，并将刮泥机的变速驱动部分设在搅拌机的顶部。如图 3-38 所示。

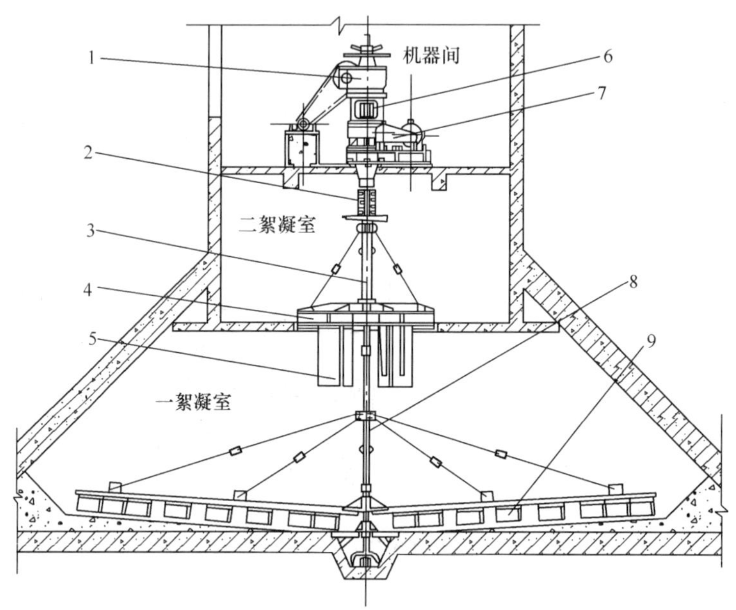

图 3-38 澄清池套轴式搅拌机刮泥机装置

1—刮泥机变速驱动装置；2—夹壳联轴器；3—搅拌机空心主轴；4—提升叶轮；5—桨叶；6—调流装置；7—搅拌机变速驱动装置；8—刮泥机主轴；9—刮泥耙

2）池径在 19.5m 以上时，采用分离式，即搅拌机位于池中心，其主轴与变速驱动装置采用刚性连接，且垂直悬挂伸入池中，而刮泥机的主轴独立偏心安装在池的一侧，其减速装置一般采用摆线针轮减速机和销齿传动两级减速，如图 3-39 所示。

（3）为满足运行时的不同条件对提升和搅拌强度间的比例要求，并使提升流量满足分离沉降的要求，搅拌机均应设有调流装置。

3.5.3 设计数据及要点

3.5.3.1 变速驱动部分

（1）为满足水质、水量和水温变化对反应提升的要求，须采取不同转速运行，一般多采用无级变速电动机或三角皮带轮多挡变速。

（2）由于搅拌机转速较低，所需减速器速比较大，又有调流要求，所以减速器的标准产品往往不能满足需要，需自行设计专用减速器，现一般采用三角皮带和蜗轮减速

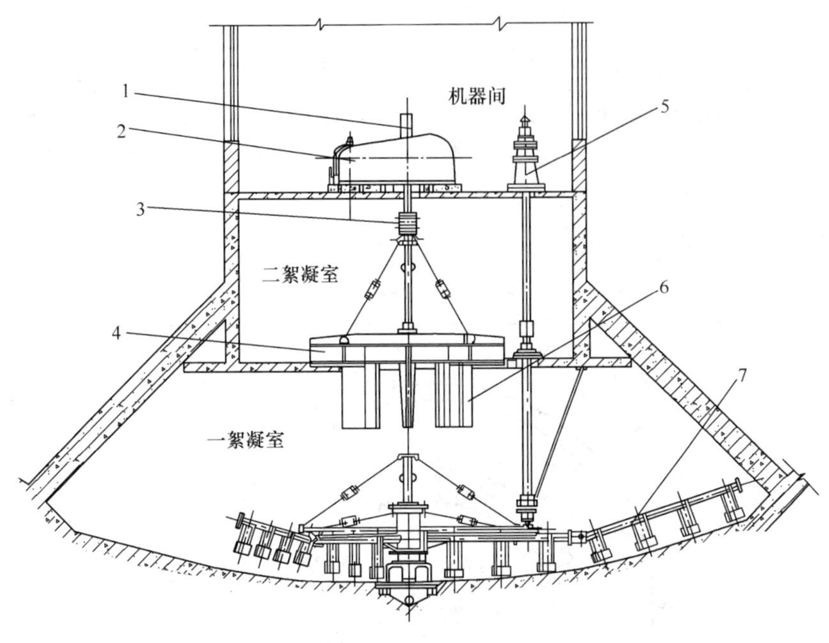

图 3-39 带刮泥机的机械搅拌澄清池

1—调流装置；2—搅拌机变速驱动装置；3—夹壳联轴器；
4—提升叶轮；5—刮泥机变速驱动装置；6—桨叶；7—刮泥耙

器两级减速，也有采用锥齿轮与正齿轮两级减速。在减速器设计时均应考虑常年均载连续运行。

（3）轴承装置：轴承装置应设置推力轴承，以承担转动部分的自重及作用在叶轮上水压差的轴向荷载。主轴轴承间距应适当加大，并适当提高轴的刚度，以避免设置水下轴承。轴承应有可靠的密封，严格防止机油渗漏池中污染水质。

3.5.3.2 提升叶轮部分

提升叶轮参数及构造，见表 3-22。

提升叶轮参数及构造 表 3-22

	项目	提升水量 Q_1 (m^3/s)	提升水头 h_1 (m)	叶轮外径 d (m)	外缘线速度 v (m/s)
参数	数值	(3～5) Q	0.05	(0.15～0.20) D 或≤ (0.7～0.8) D_f	0.4～1.2
	备注	Q——净产水能力 (m^3/s)	应满足水在池中回流循环所消耗的损失	D——机械搅拌澄清池内径 (m) D_f——机械搅拌澄清池第二絮凝室内径 (m)	
组装形式	适用条件	$d<2.5$m		$d\geqslant2.5$m	
	组装形式	整体式或两块对接式		拼装式	
	材质	钢板焊接			
	图例	如图 3-40、图 3-41 所示			
	备注			拼装式即按叶片片数分块，应对称布置且需拆装方便	

续表

<table>
<tr><td rowspan="3">叶片形式</td><td>类型</td><td>辐射式直叶片</td><td colspan="2">向后倾斜式直叶片</td><td>向后弯曲式叶片</td></tr>
<tr><td>优缺点</td><td>形状简单，易于加工制造，可满足低扬程、大流量的要求，可双向旋转</td><td colspan="2">只能单向旋转，其余介于辐射式直叶片与向后弯曲式叶片之间</td><td>提水效率高、叶轮刚度较大，加工复杂，成本高，只能单向旋转</td></tr>
<tr><td>图例</td><td>如图 3-42 所示</td><td colspan="2">如图 3-43 所示</td><td>如图 3-44 所示</td></tr>
<tr><td rowspan="2">叶片片数</td><td>适用条件</td><td colspan="2">d=2～2.5m</td><td colspan="2">d=2.5～4.5m</td></tr>
<tr><td>片数</td><td colspan="2">6</td><td colspan="2">8</td></tr>
</table>

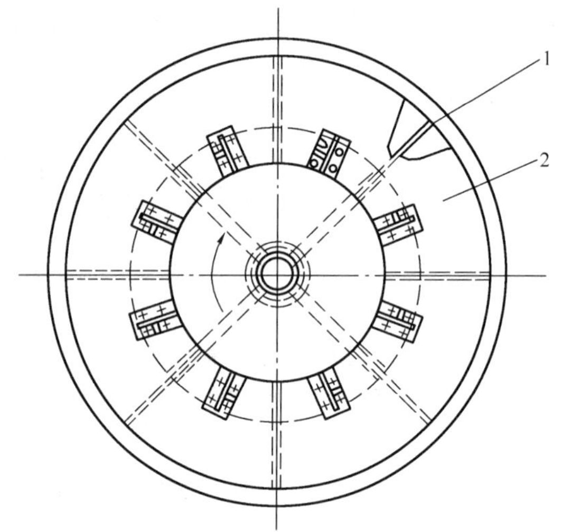

图 3-40 整体式辐射直叶片

1—叶片；2—叶轮顶板

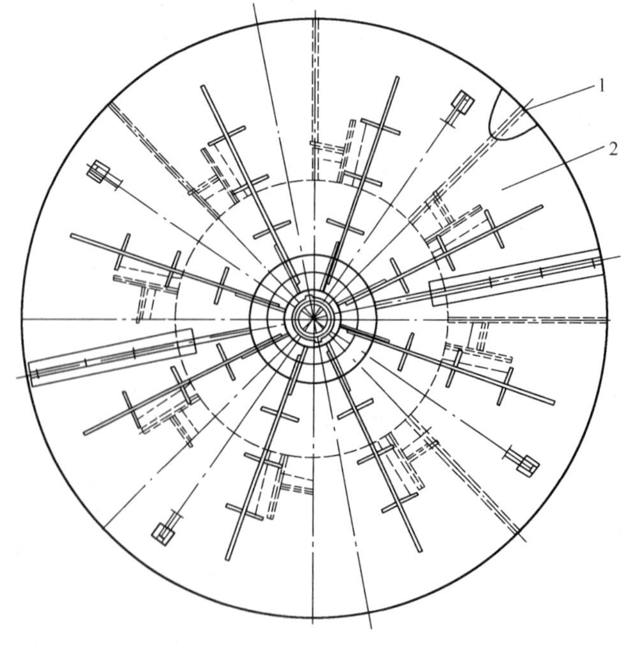

图 3-41 对接式辐射直叶片

1—叶片；2—叶轮顶板

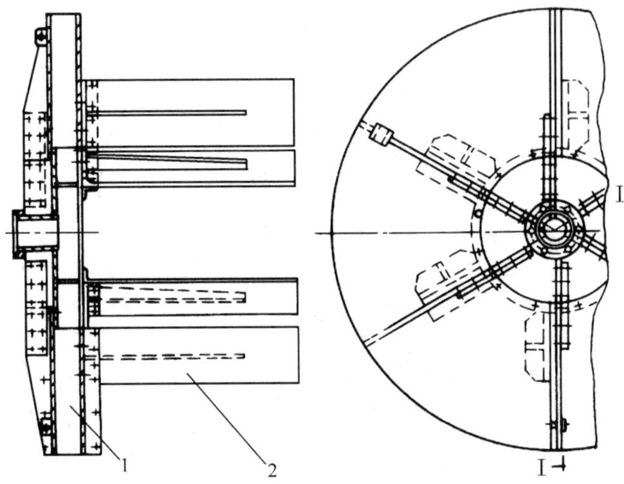

图 3-42 辐射式直叶片

1—叶片；2—桨叶

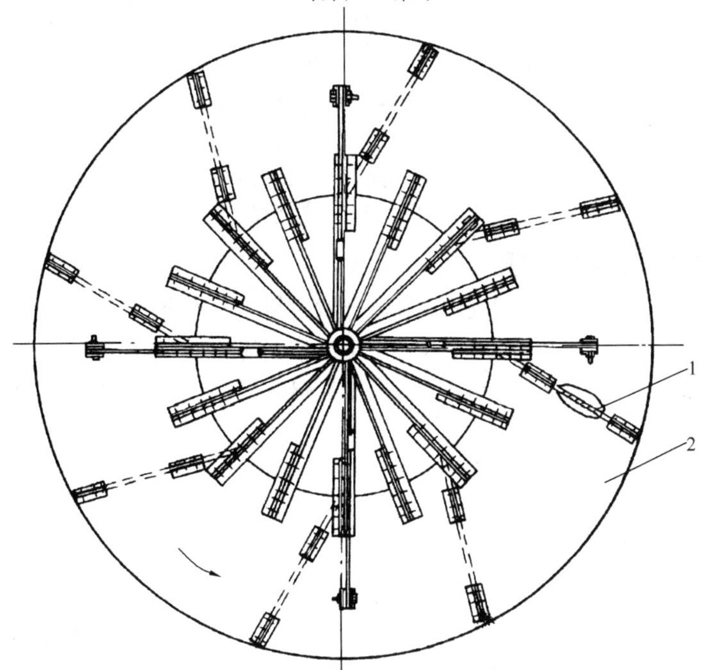

图 3-43 向后倾斜式直叶片

1—叶片；2—叶轮顶板

3.5.3.3 桨叶部分

桨叶参数及构造，见表 3-23。

桨叶参数及构造 **表 3-23**

外径 d (m)	高度 h (m)	宽度 b (m)	数量	转速 n (r/min)	材质	桨叶形式	组装方法
叶轮直径的 0.8～0.9	一反应室高度的 $\frac{1}{3}$～$\frac{1}{2}$	$\frac{1}{3}h$	与叶片数相同	与叶轮转速相同	Q235-A・F	竖直桨叶	与叶轮连接

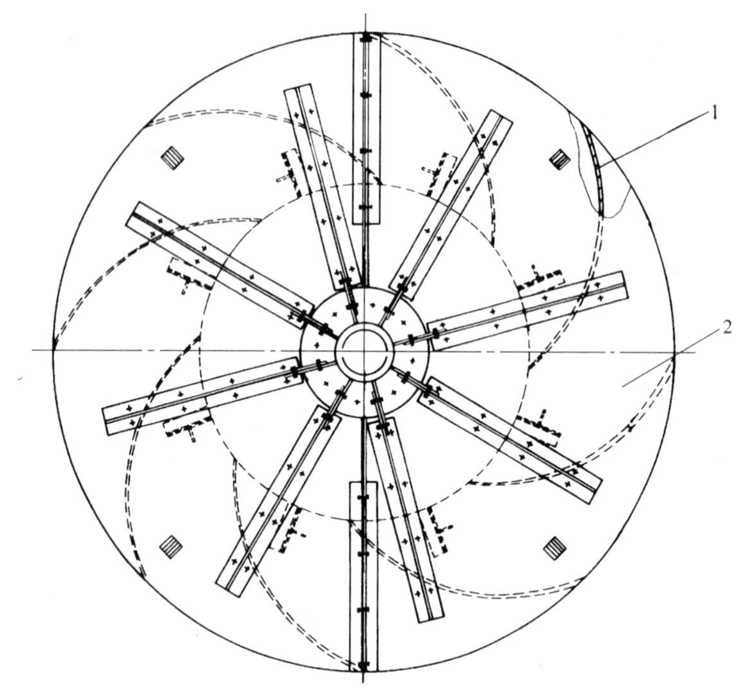

图 3-44 向后弯曲式叶片

1—叶片；2—叶轮顶板

3.5.3.4 搅拌机的调流装置

搅拌机的调流装置均应设有开度指示。一般有以下三种形式：

（1）升降叶轮式：用叶轮升降来调节叶轮出水口宽度，如图 3-45 所示。

（2）调流环：调整调流环的位置上下，改变叶轮出水口有效宽度，以调节提升能力。如图 3-46 所示。

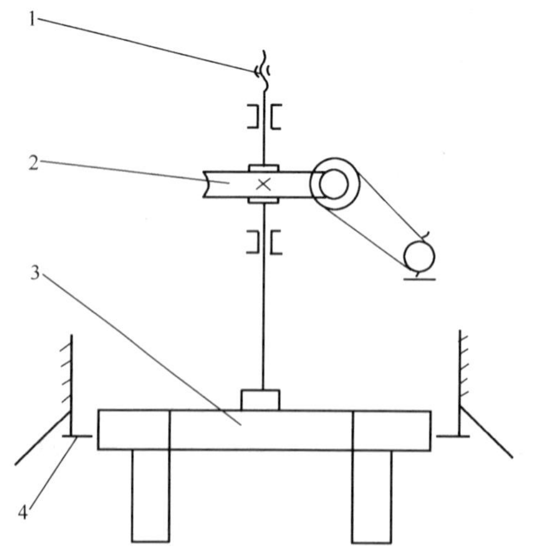

图 3-45 升降叶轮调流示意

1—手动调流装置；2—减速器；3—叶轮；4—调流环

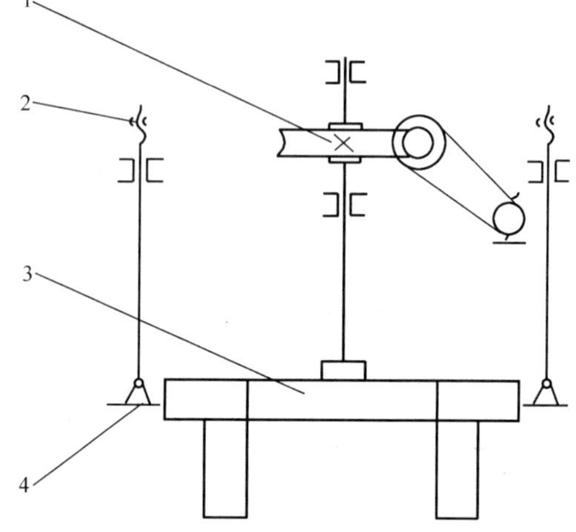

图 3-46 调流环调流示意

1—减速器；2—手动调流装置；3—叶轮；4—调流环

(3) 浮筒式：在叶轮进水口处设一浮筒，调整浮筒位置，以改变叶轮进口有效面积，调节提升能力。如图 3-47 所示。

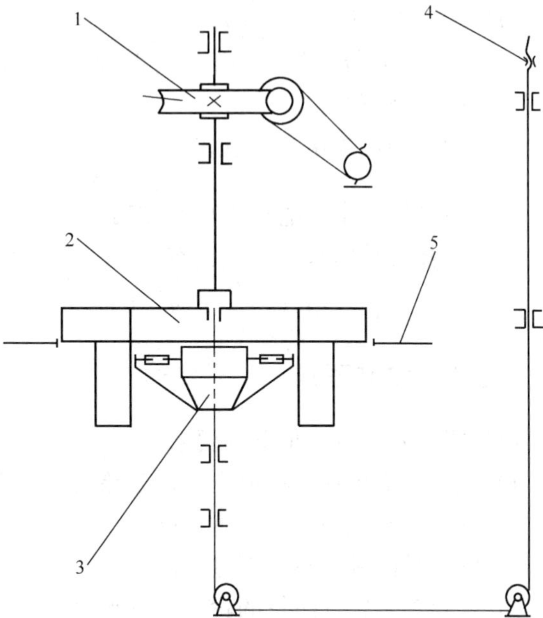

图 3-47 浮筒调流示意

1—启闭装置；2—叶轮；3—浮筒；4—牵引装置；5—调流环

3.5.3.5 其他

(1) 池顶部安装的机电设备装置，一般设操作间，以避免风雨和日照的侵袭，保证设备正常运行。

(2) 操作间顶板应设有吊装搅拌及刮泥设备的吊勾，工作平台应设有吊装池内设备的吊装孔。

3.5.4 设计计算

3.5.4.1 提升叶轮

(1) 出水口宽度：按式 (3-43) 为

$$B=\frac{60Q_1}{Cnd^2} \qquad (3\text{-}43)$$

式中 B——叶轮出水口宽度 (m)；

Q_1——提升水量 (m^3/s)；

C——出水口宽度计算系数，一般采用 3；

n——叶轮转速 (r/min)；

d——叶轮外径 (m)。

(2) 提升水头：提升水头 H 一般采用 0.05m。

(3) 转速：

$$n=\frac{60v}{\pi d}\ (\text{r/min})$$

式中 v——叶轮外缘线速度 (m/s)。

(4) 叶轮提升消耗功率：按式 (3-44) 为

$$N_1=\frac{\rho Q_1 H}{102\eta}\quad (\text{kW}) \qquad (3\text{-}44)$$

式中 ρ——泥渣水密度 (kg/m^3)，一般采用 $1010kg/m^3$；

η——叶轮提升的水力效率，一般采用 0.6。

3.5.4.2 桨叶

桨叶消耗功率：按式 (3-45) 为

$$N_2=C\frac{\rho\omega^3 h}{400g}(R_1^4-R_2^4)Z\quad (\text{kW}) \qquad (3\text{-}45)$$

式中 C——阻力系数，一般采用 0.3；

ω——叶轮旋转的角速度 (rad/s)；

h——桨叶高度 (m)；

R_1——桨叶外缘半径 (m)；

R_2——桨叶内半径（m）；

Z——桨叶数（桨叶多于 6 片时要适当折减）。

3.5.4.3 驱动

（1）提升和搅拌功率：按式（3-46）为

$$N = N_1 + N_2 \quad (\text{kW}) \tag{3-46}$$

（2）电动机功率：电动机功率按第 3.3.5 节公式（3-33）计算。

（3）搅拌机轴向水力荷载：按式（3-47）为

$$P_d = gH\rho\frac{\pi d^2}{4} = 9.81 \times 0.05 \times 1010 \times \frac{\pi d^2}{4} = 389d^2 \quad (\text{N}) \tag{3-47}$$

3.5.5 安装要点

（1）机组安装应满足下列要求：

1）减速机输出轴应在池中心，公差为 5mm。

2）叶轮端面跳动不得超过 5mm。

3）叶轮径向跳动不得超过 8mm。

4）三角皮带轮：两轮的轮宽中央平面应在同一平面上，其偏移公差 1mm。两轴的不平行度，以轮的边缘为基准，公差为 0.5/1000。

（2）其余安装技术要求见第 3.1.5 节。

3.5.6 计算实例

【例】 $1800\text{m}^3/\text{h}$ 澄清池搅拌机设计计算

（1）设计条件：

1）原水密度 ρ 为 1010kg/m^3。

2）标称水量 $=1800\text{m}^3/\text{h}=0.5\text{m}^3/\text{s}$，池内径为 $D_f=29\text{m}$。

3）净产水量 $Q=0.5\ (1+5\%)\ =0.525\text{m}^3/\text{s}$。

4）叶轮提升水量 $Q_1=5Q=5\times0.525=2.625\text{m}^3/\text{s}$。

5）叶轮提升水头 H 为 0.05m。

6）叶轮外缘线速度 v 为 0.4～1.2m/s，采用 1.2m/s。

7）叶轮转速要求无级调速。

8）调流装置采用手动升降叶轮方式，其开度 h 取叶轮出水口宽度 B。

（2）**【解】**

1）叶轮的外径：

$$d=0.155D=0.155\times29=4.5\text{m}$$

2）叶轮转速：

$$n = \frac{60v}{\pi d} = \frac{60 \times 1.2}{\pi \times 4.5} = 5.09\text{r/min}$$

3）叶轮出水口宽度：

$$B = \frac{60Q_1}{Cnd^2} = \frac{60 \times 2.625}{3 \times 5.09 \times 4.5^2} = 0.51\text{m}$$

4）叶轮提升消耗功率：

$$N_1 = \frac{\rho Q_1 H}{102\eta} = \frac{1010 \times 2.625 \times 0.05}{102 \times 0.6} = 2.17\text{kW}$$

5）桨叶消耗功率：

$$N_2 = \frac{C\rho\omega^3 h}{400g}(R_1^4 - R_2^4)Z \text{（kW）}$$

式中 C——阻力系数，取0.3；

h——桨叶高度，$h=1/3\times4.3=1.43$m，取1.3m（其中4.3m为絮凝室高度）；

ω——叶轮旋转的角速度，$\omega=\frac{2v}{d}=\frac{2\times1.2}{4.5}=0.533$rad/s；

R_1——桨叶外缘半径，$R_1=\frac{0.9d}{2}=\frac{0.9\times4.5}{2}=2.025$m，取2.03m；

R_2——桨叶内半径，$R_2=R_1-b=2.03-0.45=1.58$m，

其中 b——桨叶宽度，$b=1/3h=1/3\times1.3=0.43$m，取0.45m；

Z——桨叶数，Z为8片。

则 $$N_2 = \frac{0.3\times1010\times0.533^3\times1.3}{400\times9.81}(2.03^4-1.58^4)\times8=1.31\text{kW}$$

6）提升和搅拌功率：

$$N=N_1+N_2=2.17+1.31=3.48\text{kW}$$

7）电动机功率：采用自锁蜗杆时：

电磁调速电动机效率 η_1 一般采用0.8～0.833；

三角皮带传动效率 η_2 一般采用0.96；

蜗轮减速器效率 η_3，按单头蜗杆考虑时取0.7，轴承效率 η_4 取0.9，

则 $$\eta=\eta_1\eta_2\eta_3\eta_4=0.8\times0.96\times0.7\times0.9=0.48$$

$$N_A=\frac{N}{\eta}=\frac{3.48}{0.48}=7.25\text{kW}$$

8）搅拌机轴扭矩：

$$M_n = 9550\frac{N}{n} = 9550\times\frac{3.48}{5.09}=6529\text{N}\cdot\text{m}$$

9）传动计算：

①确定驱动方式：采用电磁调速电机，减速方式采用三角带和蜗轮减速器两级减速；因叶轮需调整出水口宽度，故需设计专用立式蜗杆减速器。

②选用电动机：选用YCT255-44电动机，功率11kW，转速 $n_A=125$～1250。

③减速比：电动机输出轴转速按1200r/min计算：

$$i=\frac{n_A}{n}=\frac{1200}{5.09}=236$$

④三角带减速比：蜗轮减速器减速比取72：

$$i_1=\frac{i}{i_2}=\frac{236}{72}=3.28\text{，取}3.2\text{。}$$

3.5.7 系列化设计

全国通用给水排水标准图集95S717～95S721和S774（一）～S774（八），机械搅拌澄清池搅拌机系列化设计，适用范围：水量为20～1800m³/h，共13挡，水池直径3.10～29m，叶轮直径0.62～4.5m，共九种规格。其技术特性，见表3-24。

机械搅拌澄清池搅拌机技术特性 **表 3-24**

标准图图号		95S717			95S718			95S719			95S720			95S721			S774(一) S774(二)	S774(三) S774(四)	S774(五) S774(六)	S774(七) S774(八)
水量(m^3/h)		20			40			60			80			120			200 320	430 600	800 1000	1330 1800
叶轮	直径(m)	0.62			0.90			1.10			1.24			1.50			2	2.5	3.5	4.5
	转速(r/min)	25.6	31.7	39.7	17.6	21.9	27.4	14.4	17.9	22.4	13.1	15.6	19.1	10.3	12.1	14.8	3.82～11.5	3.02～9.17	2.18～0.55	1.7～5.09
	外缘线速(m/s)	0.83	1.03	1.29	0.83	1.03	1.29	0.83	1.03	1.29	0.85	1.01	1.20	0.81	0.95	1.16	0.4～1.2	0.4～1.2	0.4～1.2	0.4～1.2
	开度(mm)	60			70			80			90			110			0～110 0～170	0～175 0～245	0～230 0～290	0～300 0～410
电动机	型号	Y802-4			Y802-4			Y802-4			Y90L-4			Y90L-4			YCT160-4B	YCT180-4A	YCT200-4B	YCT225-4A
	功率(kW)	0.75			0.75			0.75			1.5			1.5			3	4	7.5	11
	转速(r/min)	1390			1390			1390			1400			1400			125～1250	125～1250	125～1250	125～1250
速比	V 带传动比	1.42	1.14	0.91	2.15	1.64	1.39	2.41	1.83	1.53	2.00	1.70	2.57	2.57	2.19	1.79	1.47	1.92	2.55	3.42
	蜗轮减速器传动比	41			41			41			53			53			69	67	70	72
	总传动比	58.2	46.7	37.3	88.2	67.2	57	98.8	75	62.7	106	90.1	75.8	136	116	94.9	101.4	128.5	175.6	246
质量(kg)																	1900	2260 2255	3825 3817	6750 6780

3.6 消化池搅拌机

3.6.1 适用条件

消化池搅拌机，适用于污水处理中污泥消化阶段。消化池搅拌机耗用功率小，运行可靠，无堵塞现象。但搅拌机轴与池顶配合间隙处易漏气，应采用有效的密封。

3.6.2 总体构成

消化池搅拌机由工作部分（搅拌轴、搅拌器、导流筒），支承部分（轴承装置、机座），驱动部分（电动机、减速器）及密封部分组成。

液体密封消化池搅拌机，如图 3-48 所示。填料密封消化池搅拌机，如图 3-49 所示。消化池搅拌机一般选用推进式搅拌器。直径为 400～500mm。消化池搅拌机应设置导流筒，并选用防爆电动机。

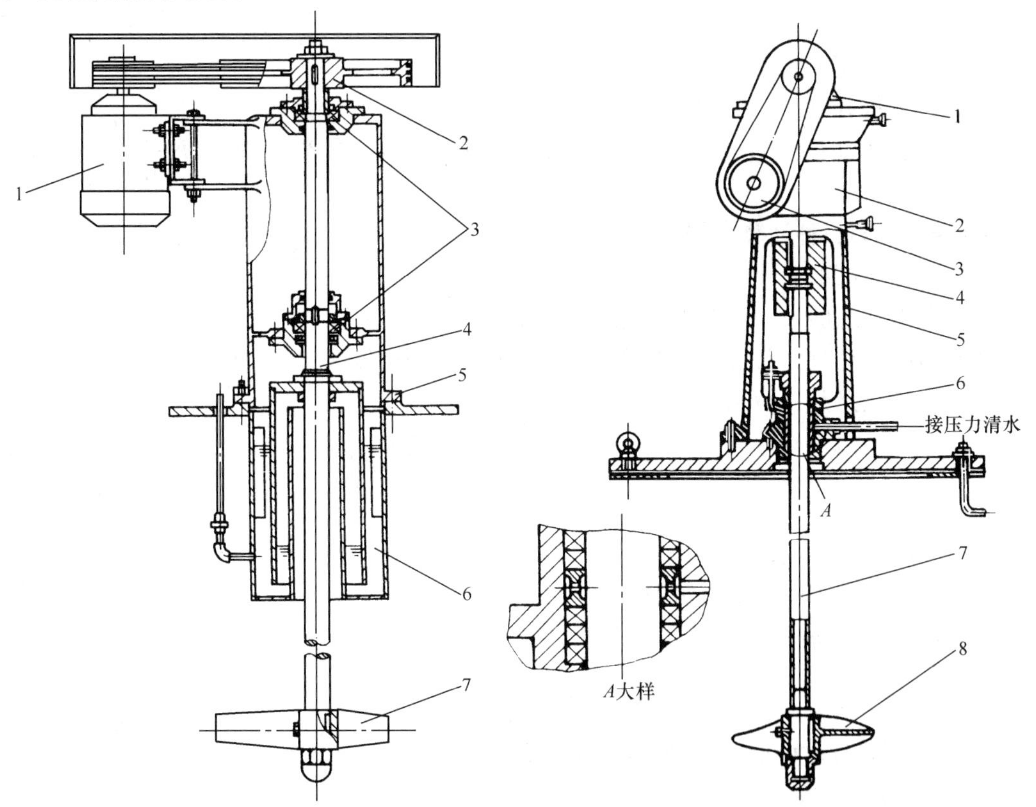

图 3-48 液体密封消化池搅拌机

1—电动机；2—皮带轮；3—轴承；4—搅拌轴；5—机座；6—水封套；7—搅拌器

图 3-49 填料密封消化池搅拌机

1—电动机；2—减速器；3—皮带轮；4—联轴器；5—机座；6—填料密封；7—搅拌轴；8—搅拌器

小直径的消化池可在池中心布置一台搅拌机，当消化池直径较大时，可均匀布置 3～4 台搅拌机。

3.6.3 设计数据

消化池搅拌机设计数据：

(1) 搅拌器的转速 n (r/s)。

(2) 搅拌器的直径 d (m)。

(3) 污泥的黏度 μ (pa·s)。

(4) 污泥的密度 ρ (kg/m^3)。

(5) 消化池内气体压力 p (MPa) 或气体压力 H_1 (mmH_2O)。

3.6.4 设计计算

3.6.4.1 第一种计算方法

消化池搅拌机第一种计算方法：

(1) 搅拌功率：搅拌功率计算，见第 3.2.3 节表 3-10。

(2) 修正后的搅拌功率：

$$N' = C_T N \quad (kW) \tag{3-48}$$

式中 C_T——功率修正系数，取 C_T 为 1.2；

N——搅拌功率 (kW)。

(3) 电动机功率：电动机功率见本章第 3.2.3 节公式 (3-22)，式中 N_T 一般取0.35～0.5kW。

3.6.4.2 第二种计算方法

消化池搅拌机第二种计算方法：

(1) 搅拌器的形式一般选用推进式搅拌器。

(2) 污泥流经搅拌器的流速按经验取 v=0.3～0.4m/s。

(3) 流经搅拌器的污泥量：

$$Q = \frac{V}{3600 n_s t} \quad (m^3/s) \tag{3-49}$$

式中 V——消化池有效容积 (m^3)；

n_s——消化池内搅拌机台数；

t——搅拌一次所需时间 (h)。

(4) 搅拌器截面积：

$$A = \frac{Q}{V(1-\varepsilon^2)} \quad (m^2) \tag{3-50}$$

式中 ε——搅拌器桨叶断面系数，ε 取 0.25。

(5) 搅拌器直径：

$$d = \sqrt{\frac{4A}{\pi}} \quad (m)$$

(6) 搅拌器转速：

$$n = \frac{60v}{s\cos^2\theta} \quad (r/min)$$

式中 s——搅拌器螺距 (m)；

θ——搅拌器桨叶倾斜角，$\theta=\tan^{-1}\dfrac{s}{\pi d}$，$\tan\theta=\dfrac{s}{\pi d}$；

v——污泥流经搅拌器的流速（m/s）。

（7）搅拌功率：

$$N=\frac{1000QH}{102}\quad(\text{kW})$$

式中 Q——流经搅拌器的污泥量（m^3/s）；

H——搅拌器扬程（m），一般取 H 为 1m。

（8）电动机功率：

$$N_A=\frac{N}{\eta}$$

式中 N——搅拌功率（kW）；

η——搅拌机总效率，η=0.7～0.8。

3.6.5 搅拌轴的密封

消化池中污泥发酵后将产生大量可燃气体——沼气，有可能从搅拌轴与池顶间的缝隙中逸出，应保证设备的密封。目前国内消化池搅拌机常用的密封装置有填料密封及液封。

3.6.5.1 填料密封

填料密封装置一般由填料盒、填料、填料压盖、压紧螺栓和水封环等组成；拧紧螺栓使压盖压紧填料，在填料盒中产生足够的径向压力，即可达到与转轴间的密封作用。填料密封装置，如图 3-50 所示。

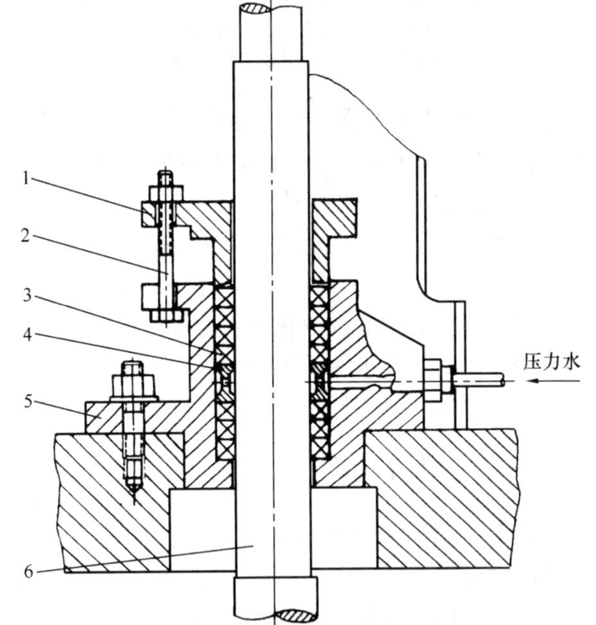

图 3-50 填料密封装置
1—填料压盖；2—压紧螺栓；3—填料；4—水封环；5—填料盒；6—搅拌轴

填料一般用油浸石棉盘根或橡胶石棉盘根。

水封环外接压力水（一般可用自来水），压力水可对转轴进行润滑，并可阻止池内沼气泄漏，起到辅助密封的作用。

搅拌轴通过填料盒的一段应有较高的光洁度，R_a 值一般为 6.3μm。

填料密封结构简单，填料更换方便。但填料寿命较短，往往有微量泄漏。

3.6.5.2 液封

液封主要指水封，其形式分为内封式和外封式。水封放在消化池顶盖下面为内封，如图 3-51 所示；水封放在消化池顶盖上面为外封式如图 3-52 所示。内封式在池内，冬天不会结冰，不占池顶空间，可以缩小搅拌机座的轴向尺寸。所以液封形式推荐采用内封式。

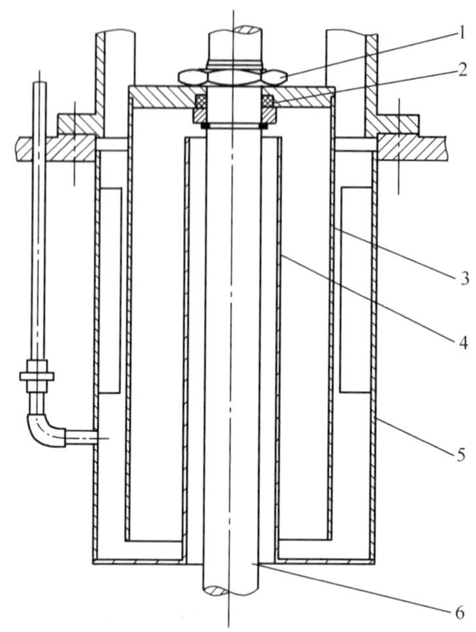

图 3-51 内封式水封装置
1—锁紧螺母；2—O形密封圈；3—密封罩；
4—内套；5—外套；6—搅拌轴
注：螺母1拧紧的转向，应与搅拌轴旋转方向相反。

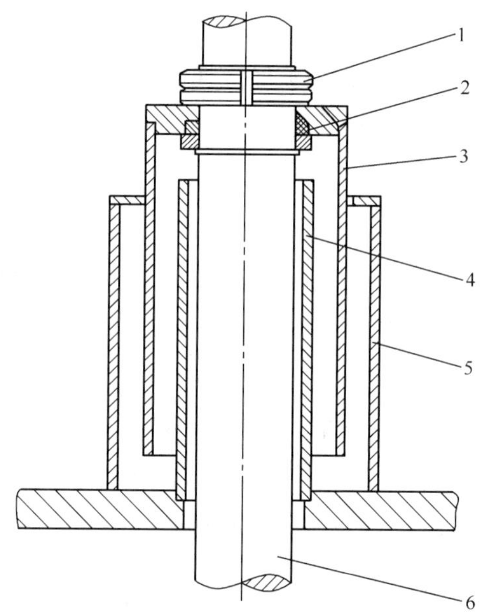

图 3-52 外封式水封装置
1—锁紧螺母；2—O形密封圈；3—密封罩；
4—内套；5—外套；6—搅拌轴

消化池的水封装置主要包括内套、外套、密封罩、密封圈和锁紧螺母等。有的水封装置在外套的内壁上焊几块挡板，用来减少水与搅拌轴的同步旋转。

水封装置应注意水的补充。

水封的液面高度，按式（3-51）确定：

$$H = H_1 + H_2 \quad (\text{mm}) \tag{3-51}$$

式中 H_1——消化池内气体水头（mm）；

H_2——安全水头，取100～150mm。

水封结构简单，维护方便，密封效果好，应用比较广泛。

3.6.6 计算实例

【例】 消化池搅拌机计算

设计数据：

（1）搅拌机转速 $n=300\text{r/min}=5\text{r/s}$。

（2）推进式搅拌器直径，$d=0.4\text{m}$。

（3）污泥密度，$\rho=1030\text{kg/m}^3$。

（4）污泥黏度，$\mu=10^{-3}\text{Pa}\cdot\text{s}$。

（5）池内气体压力，$p\leqslant 0.004\text{MPa}$。

【解】 设计计算

（1）求雷诺准数：

$$Re=\frac{d^2 n\rho}{\mu}=\frac{0.4^2\times 5\times 1030}{10^{-3}}=8.24\times 10^5$$

（2）求功率准数：由图 3-21 根据 Re 查得功率准数 $N_{\mathrm{P}}=0.25$。

（3）求搅拌功率：

$$N=\frac{N_{\mathrm{P}}\rho n^3 d^5}{102g}\left(\frac{g}{n^2 d}\right)^{-\left(\frac{2.1-\lg Re}{18}\right)}=\frac{0.25\times 1030\times 5^3\times 0.4^5}{102\times 9.81}$$

$$\times\left(\frac{9.81}{5^2\times 0.4}\right)^{-\left(\frac{2.1-\lg 8.24\times 10^5}{18}\right)}=0.33\mathrm{kW}$$

（4）求修正后的搅拌功率：

$$N'=C_{\mathrm{T}}N=1.2\times 0.33=0.40\mathrm{kW}$$

（5）电动机功率：

$$N_{\mathrm{A}}=\frac{N'+N_{\mathrm{T}}}{\eta}=\frac{0.40+0.5}{0.9}=1.0\mathrm{kW}$$

选电动机功率 $N_{\mathrm{A}}=1.1\mathrm{kW}$；考虑到防爆要求，应选防爆型电动机。

3.7 水下搅拌机

3.7.1 适用条件

水下搅拌机适用于污水处理厂搅拌含有悬浮物的污水、稀泥浆等，可以推动水流，增加池底流速、不使污泥下沉并可提高曝气效果。水下搅拌机结构紧凑、安装简单、操作方便、易于维修、动力消耗较小。

3.7.2 总体构成

3.7.2.1 分类

水下搅拌机的类型较多，以下分类指的是螺旋桨式搅拌机。

（1）标准型：具有典型结构的水下搅拌机。

（2）防爆型：电气部件为防爆型，但不能在介质温度高于 40℃下运行的水下搅拌机。

（3）热介质型：指可在介质温度为 40℃以上运行的水下搅拌机，电缆、密封和轴承润滑脂等采用特殊材料。

3.7.2.2 结构型式

水下搅拌机的典型结构型式，如图 3-53 所示。由电动机、减速传动装置、搅拌器、导流罩以及电控和监测系统等组成。

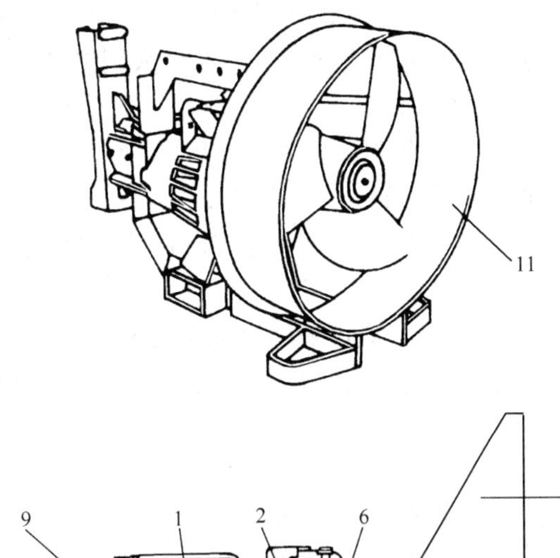

图 3-53 水下搅拌机外形及结构示意

1—接线盒；2—齿轮；3—搅拌器；4—电动机；5—油箱；6—轴承；7—轴密封；8—监测系统；9—温度继电器；10—渗水传感器；11—导流罩

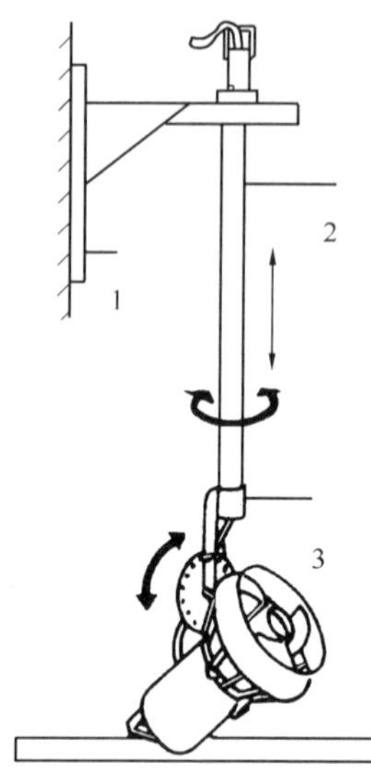

图 3-54 水下搅拌机安装示意
1—支撑架；2—导杆；3—夹板

3.7.2.3 安装方式

水下搅拌机可以安装在一个简易的垂直导轨系统上，在20m深度范围内或任何一个方向都可以上下升降或者转向，如图 3-54 所示。

3.7.3 设计要点

(1) 水下搅拌机潜水运行，潜水深度一般不超过 20m。

(2) 结构设计要点：

1) 电动机：

电动机为适合 20m 水深的工作需要，一般选用高绝缘等级（F 级）的标准定子和转子组件，组装到设计紧凑的水下搅拌机壳体内，功率等级和安装尺寸均应符合 I. E. C. 国际标准，特别对接线盒设计应完全密封，能分隔电动机与外界。

2) 减速传动装置：

主要由一对斜齿轮、轴承和油箱组成。

①驱动齿轮安装在电动机输出轴上，被动齿轮装在搅拌机轴上，材料一般选用优质钢，设计寿命为 75000h。

②轴承：在电动机转子轴端和搅拌机轴端均设有单列向心球轴承支承，而在电动机转子的另一端和搅拌机轴的另一端则采用单列圆锥滚子轴承，以承受轴向推力，轴承设计寿命不低于 50000h。

③油箱：油箱除存放传动齿轮、轴承和润滑、冷却油外，在设计中采用“O”形橡胶圈将油箱分成两部分，当发生异常渗水现象时，让水先进入第一油箱，箱内设有的渗水报警装置立即报警，同时延迟 3min 后切断电源，这样确保第二油箱中齿轮等正常安全工作。

3) 搅拌器和罩：采用螺旋桨式搅拌器，材料为铸铁或不锈钢。

螺旋桨式搅拌器的设计是根据潜射流理论，它能有效传递对应电动机输出的最大搅拌效率，在叶片设计时需考虑到防止水草或异物缠绕桨叶的因素。为了获得远流程的流场要求，设有导管式罩。

制造完毕后尚需进行静平衡校验。

4) 密封装置：搅拌机长期在水下工作，密封很重要。静压密封均采用“O”形橡胶圈，如：轴盖与电机壳、电器接线盒与电动机机壳、电器接线盒与外界介质、电动机机壳与传动齿轮。

在搅拌器端轴的动密封采用内装单端面大弹簧非平衡型的机械密封动、静环，材料为碳化钨。

5) 监控系统：

①过热保护：为了保护搅拌器的正常工作，在电动机定子线圈上粘贴 2 只串接的热敏元件，采用温度继电器作为过热元件，当定子线圈温度高达 105℃时，温度继电器常闭触点断开，切断电源中断工作，同时控制系统中指示灯亮并报警。

②渗水报警：当机械密封失灵或水渗漏至一定量，即第一油箱水量为油量的 10%时，

渗水传感器接通，同时控制系统指示灯亮，蜂鸣器报警，延时 4min 后切断电源，中断工作，起到保护设备作用。其原理如图 3-55 所示。

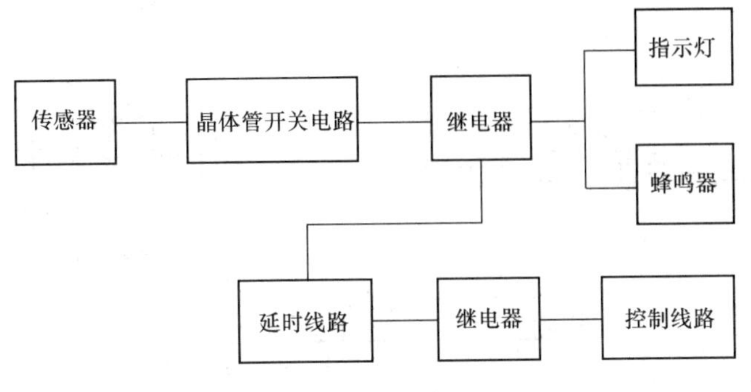

图 3-55 渗水报警原理

(3) 布置方式：

当采用多台水下搅拌机时，其平面布置方式示意，如图 3-56 所示。

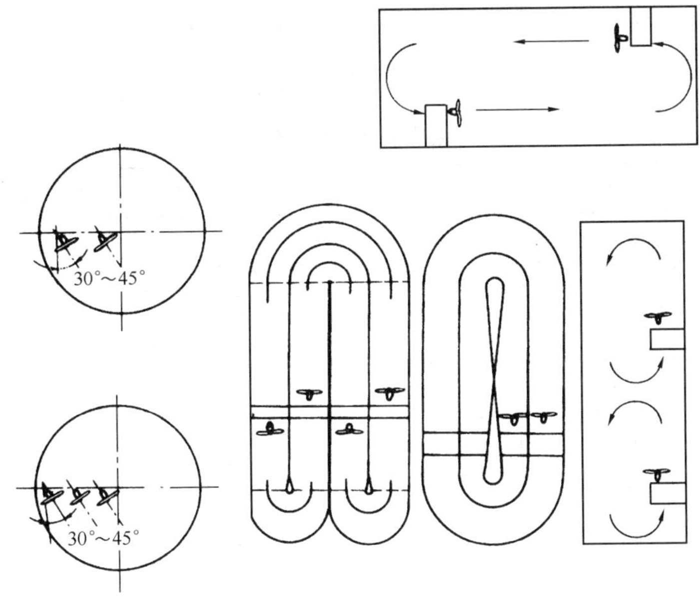

图 3-56 水下搅拌机平面布置方式示意

3.8 搅拌器标准

化工部部颁搅拌器标准分述如下：(以下三项标准目前尚未修订，使用时须将计量单位、材料牌号、公差配合等按现行标准相对应换算后使用)。

3.8.1 桨式搅拌器

桨式搅拌器（HG5-220-65）分述如下：

3.8.1.1 形式、基本参数和尺寸

桨式搅拌器的形式，基本参数和尺寸见图 3-57，表 3-25，表 3-26。

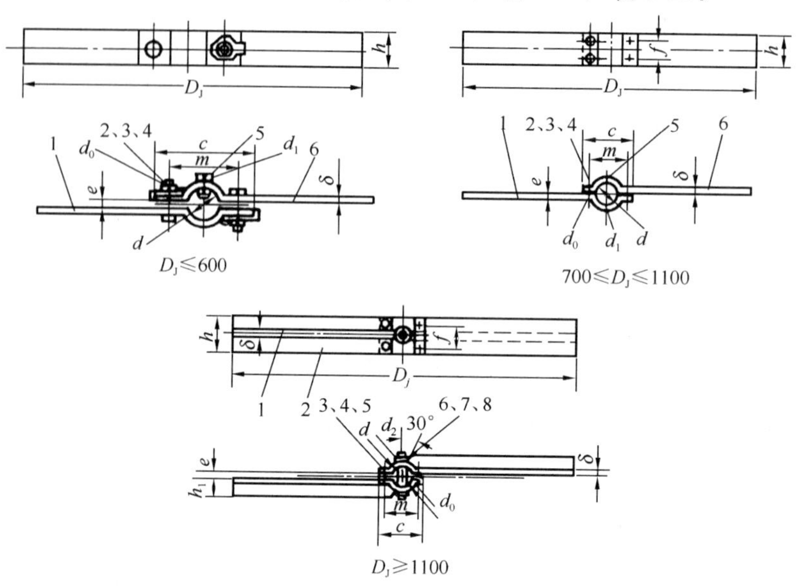

图 3-57 桨式搅拌器

桨式搅拌器明细表 **表 3-25**

件号	名称	数量	材料	备注
		D_J≤1100		
1	桨叶	1	Q235-A·F	
2	螺栓	2（4）	Q255-A·F	GB 5782—86
3	螺母	2（4）	Q235-A·F	GB 6170—86
4	垫圈	2（4）	Q195	GB 854—88
5	螺钉	1	Q275	GB 821—88
6	桨叶	1	Q235-A·F	
		D_J≥1100		
1	筋板	2		
2	桨叶	2	Q235-A·F	
3	螺栓	4	Q255-A·F	GB 5782—86
4	螺母	4	Q235-A·F	GB 6170—86
5	垫圈	4	Q195	GB 854—88
6	带孔销	1	Q275	GB 882—86
7	开口销	2	低碳钢丝	GB 91—86
8	垫圈	2	Q195	GB 95—85

注：括号内的数字为 D_J≥700mm 的数量。

浆式搅拌器尺寸（mm） 表 3-26

D_J	d	螺栓		螺钉		销		δ	h	h_1	c	m	f	e	质量(kg)	N/n 不大于
		d_0	数量	d_1	数量	d_2	数量									
350	30	M12	2	M12	1	—	—	10	40	—	120	85	—	3	1.77	0.01
400	30	M12	2	M12	1	—	—	10	40	—	120	85	—	3	1.93	0.01
500	40	M12	2	M12	1	—	—	12	50	—	140	100	—	3	3.38	0.02
550	40	M12	2	M12	1	—	—	12	50	—	140	100	—	3	3.62	0.02
600	40	M12	2	M12	1	—	—	12	60	—	140	110	—	3	4.59	0.025
700	50	M12	4	M12	1	—	—	16	90	—	140	110	45	5	10.42	0.06
850	50	M12	4	M12	1	—	—	16	90	—	140	110	45	5	12.11	0.075
950	50	M16	4	M16	1	—	—	16	90	—	150	110	45	5	13.57	0.075
1100	50	M16	4	M16	1	—	—	16	120	—	150	110	70	5	20.95	0.075
1100	65	M16	4	—	—	16	1	14	120	50	170	130	70	7	24.25	0.2
1250	65	M16	4	—	—	16	1	14	120	50	170	130	70	7	27.07	0.2
1250	80	M16	4	—	—	16	1	14	150	60	190	150	90	7	34.04	0.35
1400	65	M16	4	—	—	16	1	14	150	50	170	130	90	7	35.29	0.25
1400	80	M16	4	—	—	16	1	16	150	60	200	160	90	7	43.10	0.35
1500	65	M16	4	—	—	16	1	14	150	50	170	130	90	7	37.63	0.25
1500	80	M16	4	—	—	16	1	16	150	60	200	160	90	7	45.52	0.35
1700	80	M16	4	—	—	16	1	16	180	65	200	160	110	7	59.20	0.4
1700	95	M22	4	—	—	22	1	18	180	80	220	170	110	7	72.20	0.75
1800	95	M22	4	—	—	22	1	16	180	80	220	170	110	7	67.30	0.54
1800	110	M22	4	—	—	22	1	20	180	80	250	200	110	9	85.37	1.0
2000	95	M22	4	—	—	22	1	14	200	80	220	170	130	7	70.66	0.64
2000	110	M22	4	—	—	22	1	16	200	80	250	200	130	9	80.49	0.8
2100	95	M22	4	—	—	22	1	14	200	80	220	170	130	7	72.70	0.6
2100	110	M22	4	—	—	22	1	18	200	80	250	200	130	9	86.90	1.0

注：表中 N/n 为搅拌器桨叶强度所允许的数值，其计算温度≤200℃；

N——计算功率（kW）；n——搅拌器每分钟转数。

标记示例：直径 600mm、轴径 ϕ40mm 桨式搅拌器为：

搅拌器 600-40，HG5-220-65。

3.8.1.2 技术要求

（1）加工面的非配合尺寸公差应按 GB 159—59 第 8 级精度，非加工面尺寸公差按第 10 级精度。

（2）搅拌器的轴孔应与桨叶垂直，其允许偏差为桨叶总长度的 4/1000，且不超过 5mm。

（3）浆式搅拌器的详图见表 3-27。

注：1）标准推荐用于：

黏度达 15Pa・s、密度达 2000kg/m^3 之非均一系统的液体搅拌。

使结晶、非结晶的纤维状物质溶解，保持固体颗粒呈悬浮状态，纤维状物质呈均一的悬浮状态。

2）搅拌器计算厚度余量取 2mm。

浆式搅拌器图纸目录 表 3-27

序号	名称	标准图号	图纸张数（折合Ⅰ号图）	序号	名称	标准图号	图纸张数（折合Ⅰ号图）
1	桨式搅拌器 350-30	HG5-220-65-1	1/2	13	桨式搅拌器 1400-65	HG5-220-65-13	1/2
2	桨式搅拌器 400-30	HG5-220-65-2	1/2	14	桨式搅拌器 1400-80	HG5-220-65-14	1/2
3	桨式搅拌器 500-40	HG5-220-65-3	1/2	15	桨式搅拌器 1500-65	HG5-220-65-15	1/2
4	桨式搅拌器 550-40	HG5-220-65-4	1/2	16	桨式搅拌器 1500-80	HG5-220-65-16	1/2
5	桨式搅拌器 600-40	HG5-220-65-5	1/2	17	桨式搅拌器 1700-80	HG5-220-65-17	1/2
6	桨式搅拌器 700-50	HG5-220-65-6	1/2	18	桨式搅拌器 1700-95	HG5-220-65-18	1/2
7	桨式搅拌器 850-50	HG5-220-65-7	1/2	19	桨式搅拌器 1800-95	HG5-220-65-19	1/2
8	桨式搅拌器 950-50	HG5-220-65-8	1/2	20	桨式搅拌器 1800-110	HG5-220-65-20	1/2
9	桨式搅拌器 1100-50	HG5-220-65-9	1/2	21	桨式搅拌器 2000-95	HG5-220-65-21	1/2
10	桨式搅拌器 1100-65	HG5-220-65-10	1/2	22	桨式搅拌器 2000-110	HG5-220-65-22	1/2
11	桨式搅拌器 1250-65	HG5-220-65-11	1/2	23	桨式搅拌器 2100-95	HG5-220-65-23	1/2
12	桨式搅拌器 1250-80	HG5-220-65-12	1/2	24	桨式搅拌器 2100-110	HG5-220-65-24	1/2

3.8.2 涡轮式搅拌器

涡轮式搅拌器（HG5-221-65）分述如下：

3.8.2.1 形式、基本参数和尺寸

涡轮式搅拌器形式基本参数和尺寸见图 3-58，表 3-28，表 3-29。

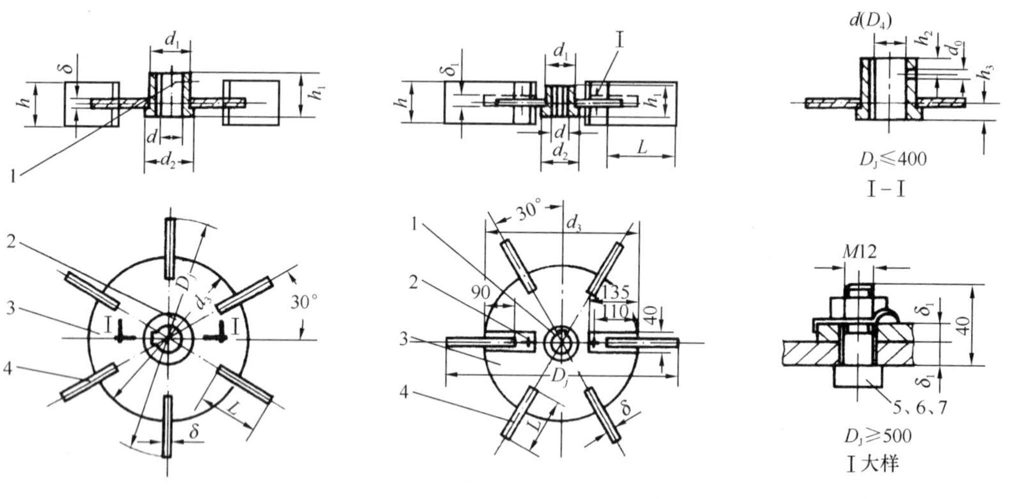

图 3-58 涡轮式搅拌器

涡轮式搅拌器明细 表 3-28

件号	名称	数量	材料	备注	件号	名称	数量	材料	备注
1	螺钉	1	Q275	GB73-85	5	垫圈	(2)	Q195	GB854-88
2	轴套	1	Q235-A・F		6	螺栓	(2)	Q255-A・F	GB5782-86
3	轮盘	1	Q235-A・F		7	螺母	(2)	Q235-A・F	GB6170-86
4	桨叶	6 (4)	Q235-A・F		8	可拆桨叶	(2)	Q235-A・F	

注：括号内的数字为 $D_J \geqslant 500$ 毫米的数量。

涡轮式搅拌器尺寸（mm） 表 3-29

D_J	d	d_1	d_2	d_3	d_0	δ	δ_1	h	h_1	h_2	h_3	L	键槽		质量（kg）	N/n 不大于
													b	t		
150	30	50	55	100	M6	4	—	30	30	8	10	38	8	32.6	0.73	0.008
200	30	50	55	130	M6	4	—	50	30	8	10	50	8	32.6	1.14	0.008
250	40	65	70	170	M8	4	—	60	35	8	10	62	12	42.9	1.91	0.011
300	40	65	70	200	M8	5	—	60	50	10	10	75	12	42.9	2.80	0.018
400	50	80	85	270	M10	6	—	80	60	14	10	100	16	53.6	6.13	0.031
500	65	95	100	330	M10	8	8	100	70	14	40	125	18	69	12.83	0.089
600	65	95	100	400	M10	8	8	120	90	24	40	150	18	69	17.94	0.110
700	80	120	125	470	M12	10	8	140	100	30	40	175	24	85.2	30.48	0.40

注：表中 N/n 为搅拌器强度所允许的数值，其计算温度为≤200℃；

N——计算功率（kW）；n——搅拌器每分钟转数。

标记示例：

直径 600mm、轴径 ϕ65mm 涡轮式搅拌器为：

搅拌器 600-65，HG5-221-65。

3.8.2.2 技术要求

（1）搅拌器应进行静平衡试验；

（2）轴上与搅拌器连接之键槽应按《平键键的剖面及键槽》JB 112—60 Ⅱ 型的规定；

（3）加工面的非配合尺寸公差应按 GB 159—59 第 8 级精度，非加工面的尺寸公差按第 10 级精度。

（4）涡轮式搅拌器的详图见表 3-30。

注：1）本标准推荐用于：黏度为 2～25Pa·s，密度达 2000kg/m^3 的液体介质，当气体在液体中扩散；需要强烈搅拌、黏度相差悬殊的液体。

2）搅拌器计算厚度余量取 2mm。

涡轮式搅拌器图纸目录 表 3-30

序号	名 称	标准图号	序号	名 称	标准图号
1	涡轮式搅拌器 150-30	HG5-221-65-1	5	涡轮式搅拌器 400-50	HG5-221-65-5
2	涡轮式搅拌器 200-30	HG5-221-65-2	6	涡轮式搅拌器 500-65	HG5-221-65-6
3	涡轮式搅拌器 250-40	HG5-221-65-3	7	涡轮式搅拌器 600-65	HG5-221-65-7
4	涡轮式搅拌器 300-40	HG5-221-65-4	8	涡轮式搅拌器 700-80	HG5-221-65-8

3.8.3 推进式搅拌器

推进式搅拌器（HG5-222-65）分述如下：

3.8.3.1 形式、基本参数和尺寸

(1) 推进式搅拌器形式、基本参数和尺寸，按图 3-59 和表 3-31 规定。

推进式搅拌器明细　　表 3-31

件号	名 称	数 量	材 料	备 注
1	桨叶	1	HT200	
2	螺钉	1	Q275	GB 73—1985

(2) 桨叶展开截面及展开尺寸，按图 3-60 和表 3-32、表 3-33 规定。

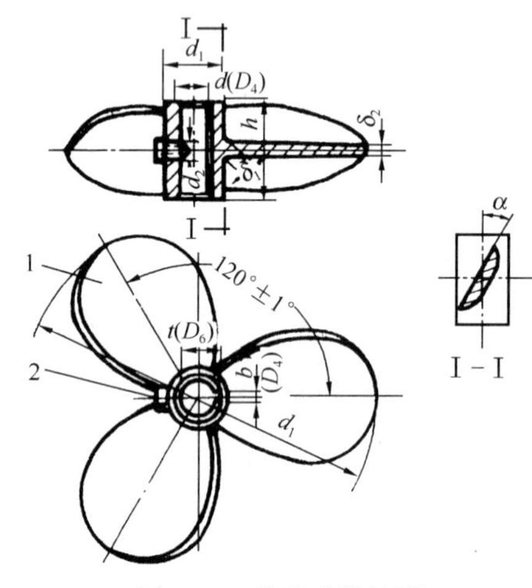

图 3-59　推进式搅拌器

1—桨叶；2—螺钉

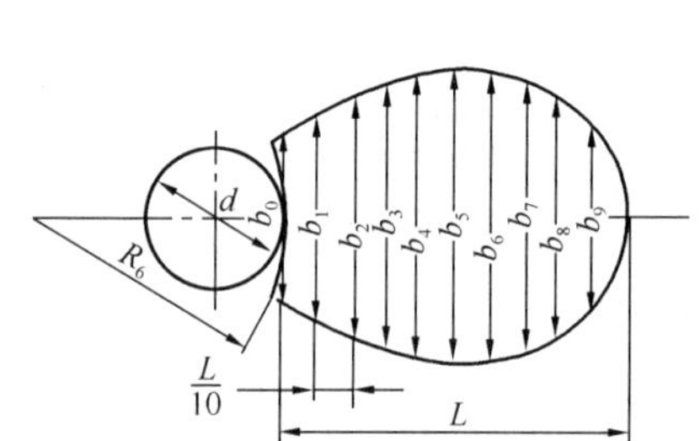

图 3-60　桨叶展开截面

推进式搅拌器尺寸 (mm)　　表 3-32

d_J	d	d_1	螺钉 d_2	δ_1	δ_2	h	键槽 b	键槽 t	K	质量 (kg)	N/n 不大于
150	30	60	M12	10	5	40	8	33.1	51°31′	1.06	0.008
200	30	60	M12	10	5	45	8	33.1	43°22′	1.55	0.008
250	40	80	M12	10	5	55	12	43.6	36°11′	2.84	0.01
300	40	80	M12	12	6	65	12	43.6	39°59′	4.09	0.01
400	50	90	M16	14	8	95	16	55.1	35°19′	8.06	0.031
500	65	110	M16	18	10	105	18	70.6	34°39′	15.14	0.062
600	65	110	M20	22	12	125	18	70.6	29°59′	22.93	0.11
700	80	140	M20	22	12	150	24	87.2	32°14′	34.79	0.16

注：表中 N/n 为搅拌器桨叶强度所允许的数值，其计算温度≤200℃；

N——计算功率 (kW)；n——搅拌器每分钟转数。

桨叶展开尺寸 (mm)　　表 3-33

d_J	d_1	R_6	b_0	b_1	b_2	b_3	b_4	b_5	b_6	b_7	b_8	b_9
150	60	47	46	56	65	71	78	80	81	77	69	53
200	60	59	52	64	74	80	88	91	92	88	79	60
250	80	75	67	82	96	104	114	118	118	113	101	78
300	80	90	75	92	104	116	127	131	132	126	113	87
400	90	124	94	116	134	146	159	165	166	159	142	109
500	110	156	117	143	166	180	198	205	206	197	177	136
600	110	200	134	165	191	207	228	235	237	226	204	156
700	140	214	160	197	229	248	273	282	283	271	243	186

续表

d_J	d	θ_1	θ_2	θ_3	θ_4	θ_5	θ_6	θ_7	θ_8	θ_9	θ_{10}	L
150	30	24°37′	31°27′	28°44′	26°25′	24°26′	22°42′	21°12′	19°52′	18°39′	17°39′	45
200	30	40°41′	35°51′	31°57′	28°44′	26°4′	23°50′	21°56′	20°18′	18°53′	17°39′	70
250	40	39°22′	34°56′	31°16′	28°16′	25°45′	23°38′	21°48′	20°15′	18°51′	17°39′	85
300	40	43°5′	37°34′	33°12′	29°35′	26°40′	24°14′	22°11′	20°26′	18°56′	17°39′	110
400	50	46°26′	39°56′	34°48′	30°44′	27°26′	24°52′	22°30′	20°37′	19°1′	17°39′	155
500	65	46°51′	40°13′	35°	30°51′	27°32′	24°48′	22°32′	20°39′	19°3′	17°39′	195
600	65	50°12′	42°32′	36°36′	31°57′	28°15′	25°17′	22°50′	20°48′	19°6′	17°39′	245
700	80	49°4′	41°53′	36°16′	31°50′	28°17′	25°25′	23°1′	21°1′	19°20′	17°39′	280

标记示例：

直径 600mm、轴径 ϕ65mm 推进式搅拌器：

搅拌器 600-65，HG5-222-65。

3.8.3.2 技术要求

（1）搅拌器应进行静平衡试验；

（2）轴上与搅拌器连接之键槽应按《平键键的剖面及键槽》JB 112—60 Ⅰ型的规定；

（3）非加工面的铸造尺寸偏差按 JZ 67—63 第 2 级精度。

（4）推进式搅拌器的详图见表 3-34。

注：1）本标准推荐用于：

对于黏度达 2Pa·s，密度达 2000kg/m^3 液体介质的强烈搅拌。

相对密度相差悬殊的组分的搅拌。

当需要有更大的液流速度和液体循环时，则应安装导流筒。

2）搅拌器计算厚度余量取 2mm。

推进式搅拌器图纸目录 **表 3-34**

序号	名　称	标准图号	序号	名　称	标准图号
1	推进式搅拌器 150-30	HG5-222-65-1	5	推进式搅拌器 400-50	HG5-222-65-5
2	推进式搅拌器 200-30	HG5-222-65-2	6	推进式搅拌器 500-65	HG5-222-65-6
3	推进式搅拌器 250-40	HG5-222-65-3	7	推进式搅拌器 600-65	HG5-222-65-7
4	推进式搅拌器 300-40	HG5-222-65-4	8	推进式搅拌器 700-80	HG5-222-65-8

4　上浮液、渣排除设备

4.1　行 车 式 撇 渣 机

4.1.1　适用条件

（1）本设备适用于水处理工程中对敞口的隔油池液面的浮油和平流沉淀池或浮选池液面的浮渣、泡沫等漂浮物的撇除。

（2）如需防止雨点打碎浮渣，池上可架设顶棚。

（3）要求池面漂浮物的密度小于介质的密度。

（4）要求池内的水位稳定。

（5）使用本设备要求介质的温度在0℃以上。

4.1.2　总体构成

行车式撇渣机由行走小车、驱动装置、刮板、翻板机构、传动部分、导轨及挡块等组成。其具体结构，如图4-1、图4-2所示。

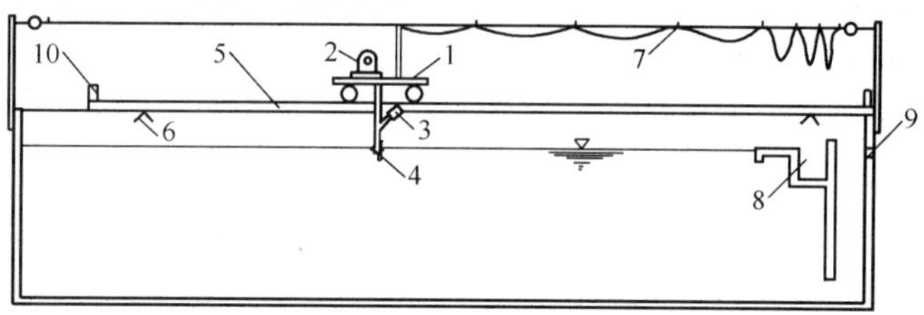

图4-1　行车式撇渣机总布置

1—行车；2—驱动装置；3—重锤式翻板机构；4—刮板；5—导轨；6—挡块；7—电缆引线；8—排污槽；9—出水口；10—端头立柱

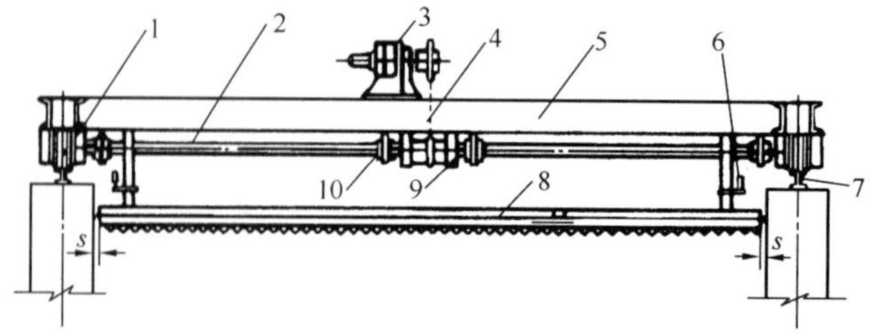

图4-2　桁架式撇渣机总图

1—车轮；2—传动轴；3—驱动装置；4—链条；5—行车；6—翻板机构；7—导轨；8—刮板；9—轴承；10—联轴器

4.1.3 设计依据

（1）池表面漂浮物的特性及其水质要求。

（2）撇渣量的确定：

1）浮渣量的计算：按式（4-1）为

$$Q_d = SSQ\xi \quad (kg/h) \tag{4-1}$$

式中 Q_d——理论计算浮渣量（kg/h）；

SS——流入水质中悬浮物含量（kg/m^3）；

Q——单位时间流入水量（m^3/h）；

ξ——浮渣的去除率，一般为40%～60%。

2）含水率为98%的浮渣量：按式（4-2）为

$$Q_{98} = \frac{100}{100-98}Q_d \quad (kg/h) \tag{4-2}$$

（3）撇渣机运行时理论计算：

1）撇渣能力：按式（4-3）为

$$Q_1 = 60h_1 bV\gamma \quad (kg/h) \tag{4-3}$$

式中 h_1——浮渣平均厚度（m）；

b——刮板长度（m）；

V——刮板移动速度（m/min）；

γ——浮渣密度（kg/m^3）。

2）每天运行时间：按式（4-4）为

$$t = \frac{Q_{98} \times 24}{Q_1} < 12 \quad (h) \tag{4-4}$$

（4）撇渣机的行走速度：根据漂浮物的密度、稳定性、流动性及液体的流速来确定。单一用作撇浮渣和浮油时，一般为3～6m/min，而同时兼作撇油和刮泥时，为防止池底污泥搅动，一般要求在1m/min左右。

（5）工作情况：上浮物少时，可每班开车1～2次，多时可增加开车次数，必要时可连续作业。

（6）工作环境：确定室内作业还是室外作业，如置于室外时，应考虑冬季行车滚轮打滑的校核及防冻措施。

（7）池子有关尺寸。

4.1.4 行车的结构及设计

4.1.4.1 行车的结构

行车为撇渣机的主体结构，车体为型钢和钢板焊接而成。

（1）主梁结构：

1）单梁式：主梁为单根工字钢或槽钢，结构简单，应用较多。

2）框架式：主梁为两根工字钢或槽钢，再由槽钢、角钢、钢板等焊接而成，此种结构有利于驱动装置的布置。

3）箱形梁：为钢板焊接，对于多格式浮选池的撇渣机，跨度超过 10m 以上者可采用。由于箱形梁制造成本较高，一般较少采用。

（2）端梁结构：一般为型钢和钢板组合焊接而成。

（3）主梁与端梁的连接，一般为焊接结构，对于大跨度者也可做成螺栓连接。

4.1.4.2 行车的设计

（1）主梁设计：由于撇渣机所受的动载荷及水平荷载都很小，行车的主梁一般根据静刚度条件选择断面。主梁一般按简支梁考虑，要求中心挠度（或最大挠度）不大于跨度的 1/700。

运动时桁架所受的水平荷载不大，可不进行水平挠度校核。

（2）行车的跨度与轮距间关系：行车的跨度，根据水池的构造和走道板的布置确定。为使土建受力条件改善，尽量让行车的轨道中心设置在池壁的中心线上。行车前后轮的轮距 B 与跨度 L 之间的比值 B/L 一般取 $\frac{1}{4}\sim\frac{1}{8}$，跨度小的取前者，大的取后者。

（3）行车组装的技术要求：

1）车轮的轮距偏差不超过±5mm。

2）前后两对车轮跨度间的相对偏差不超过 5mm。

3）前后两对车轮排列后，两轮中心的两对角线相对误差不超过 5mm。

4）同一端梁上车轮同位差极限不超过 3mm。

4.1.4.3 扶栏

对于双梁式结构的车体均应设置扶栏，扶栏一般采用电焊钢管或角钢制作。

扶栏的作用：一是作为工作人员的保护设施。扶栏的高度应根据劳动部门的规定设计，不得小于 1050mm。二是可兼作桁架受力杆件，扶栏与主梁焊接，对主梁的垂直刚度有所增强。

扶栏的节间数目一般多采用偶数值，以使扶栏整体桁架斜杆的布置对称，受力合理。

4.1.5 刮板和翻板机构的结构形式

4.1.5.1 刮板

（1）刮板的材料和结构形式：刮板材质的选择与介质的情况有关，对于含酸、含碱的介质，一般可采用塑料板、玻璃钢板、不锈钢板等制作。若采用碳钢，应做特殊防腐处理。对无腐蚀性介质可采用碳钢并做涂料防腐处理。刮板亦可采用 25mm×200mm（厚×宽）左右的松木板制成。为防止木质刮板开裂，最好在刮板两端装设钢板卡箍，并在撇渣部位装置耐油橡胶板，耐油橡胶板的吃水部位一般做成锯齿形，以改善刮板的弹性和流水性。

对于大跨度的刮渣板为保证刮板的水平刚度，刮板背面应设肋板。

（2）刮板的布置：刮板深入水面以下为 50～100mm 左右，刮板与池壁间隙 S 一般为 20～100mm。间隙过大，浮渣从间隙漏泄。因此要求池壁平直。

（3）刮板的调整：可应用螺旋升降装置，根据液位的情况，调整后固定。

4.1.5.2 翻板装置

（1）重锤式翻板装置如图 4-3 所示：行车换向前，依靠挂有重锤的杠杆装置碰撞挡块，使刮板抬起或落下，此装置结构简单，制造容易，使用较多。

重锤的配重可按公式（4-5）计算，为了使翻板可靠，重锤的配重可设计成可调式的。重锤翻板受力分析如图4-4所示。

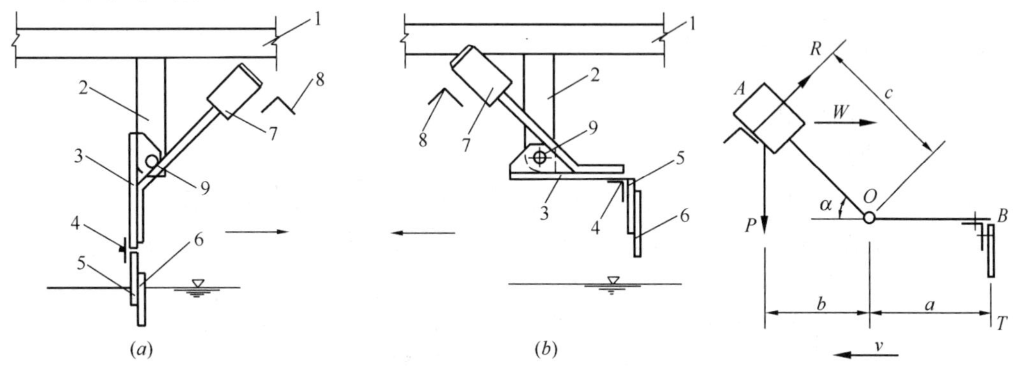

图4-3 重锤式翻板装置

（a）刮板落下时；（b）刮板抬起时

1—撇渣行车；2—支架；3—翻板架；4—铰链；5—刮板；6—胶皮；7—重锤；8—挡铁；9—销轴

图4-4 重锤式翻板装置翻板受力图

$$P = C\frac{a}{b}T \qquad (\mathrm{N}) \tag{4-5}$$

式中 P——重锤的配重重力（N）；

C——配重系数，一般取1.2～1.5；

T——刮板重力（包括连接刮板的转动部分的重力）（N）；

a——刮板部分重心至转轴的水平距离（cm）；

b——重锤重心至转轴的水平距离（cm）。

（2）棘轮棘爪抬板装置（如图4-5所示）：刮板需抬起时可直接靠抬板挡块抬起刮板，此时棘爪卡住与刮板连在一起的棘轮，使刮板不能落下；在刮板需落下时，依靠落板撞块

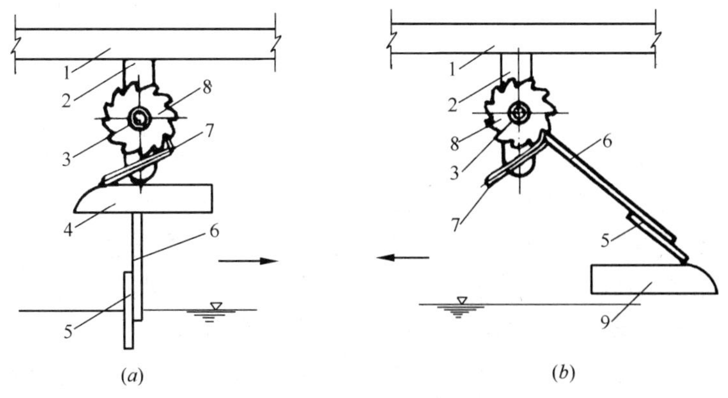

图4-5 棘轮棘爪式抬板装置

（a）落板时；（b）抬板时

1—撇渣小车；2—支架；3—翻板转轴；4—落板撞块；5—刮板；6—刮板臂；7—棘爪；8—棘轮；9—抬板挡块

将棘爪压起而离开棘轮，刮板靠自重落下。此装置在翻板时没有撞击，但结构稍复杂。其棘轮、棘爪的强度计算可参阅有关机械设计手册。为使棘爪在正常运行时卡住棘轮，棘爪的尾部要设计得重些，以使棘爪能靠尾部的自重自动卡住棘轮。

4.1.6 驱动和传动装置

4.1.6.1 驱动机构

（1）驱动方式：

1）单轴中心驱动：驱动机构设置在沿主动轮轴轴线一边的桁架中央。

2）双边驱动：对于跨度超过 10m 以上者可以采用双边驱动。

（2）电动机的选择：

1）在撇除易燃漂浮物时，应选用防爆型电动机。

2）撇除泡沫等不易燃烧的漂浮物时选用一般鼠笼型感应电动机。

3）为了缩短行车的返回时间，可选用双速电动机。

（3）减速器和减速系统：

1）减速器的选择：撇渣机的减速器一般要求具有体积小、传动比大、寿命长、传动效率高等特点。选用时可根据撇渣的工作制度、传递功率、传动速比及布置形式等条件选用行星摆线针轮减速机或两级蜗轮减速器，特殊情况也可选用其他形式或自行设计减速系统。

2）减速系统布置：减速器在出轴后可用链轮、联轴器和齿轮等传动，以满足减速比和连接尺寸的要求。如减速比还满足不了传动要求可在减速器进轴端采用皮带传动减速，但双边传动的进轴端不允许采用皮带传动，以保证两端驱动轮的同步。

3）减速比的计算：总传动比，按式（4-6）为

$$i = \frac{\pi D n}{v} \tag{4-6}$$

式中 n——电动机转数（r/min）；

D——驱动轮直径（m）；

v——行车速度（m/min）。

4.1.6.2 传动部分

传动部分包括传动轴、联轴器、轴承和驱动车轮等部件。

传动轴为钢制两半轴，要求传动轴的扭转刚度每米不超过 0.5°，联轴器一般为刚性联轴器，也可选用齿轮联轴器。支承轴承采用滑动轴承较多。

车轮主要有双轮缘和单轮缘两种，轮缘的作用是导向和防止脱轨，单轮缘车轮应使有轮缘的一端安置在轨距内侧。车轮凸缘内净距应与轨道顶宽保留适当间隙，一般不超过 20mm。车轮的支承轴承选用滚动轴承，并在轴承盖上装油嘴，以便加注润滑油。

车轮踏面形式分为圆柱形、圆锥形两种。通常采用圆柱形。当采用圆锥形踏面的车轮时，必须配用头部带圆弧的轨道，且轮径的大端应放在跨度的内侧。车轮踏面的锥度一般采用 1∶10 的锥度。同一跨间的车轮踏面应选用同一形式。

车轮组主要由车轮、轮轴、轴承和轴承箱组成。为便于安装和维修，将车轮安装在可整体拆卸和连接的角形轴承箱内，形成独立部件。车轮组的部件结构形式，如图 4-6 所

示；车轮的结构形式，如图 4-7 所示；车轮结构尺寸，参见表 4-1。

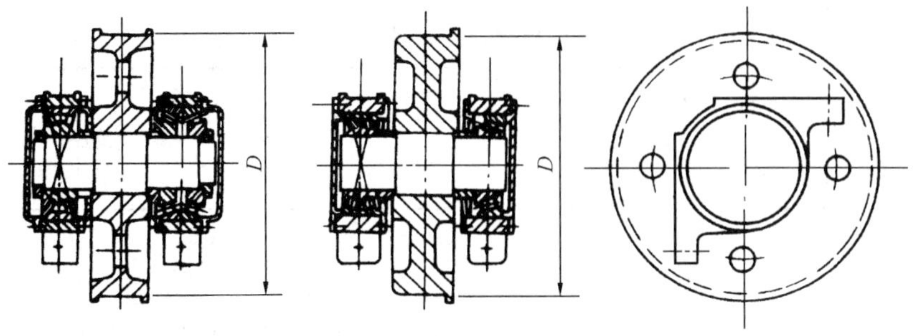

图 4-6 车轮组的部件结构

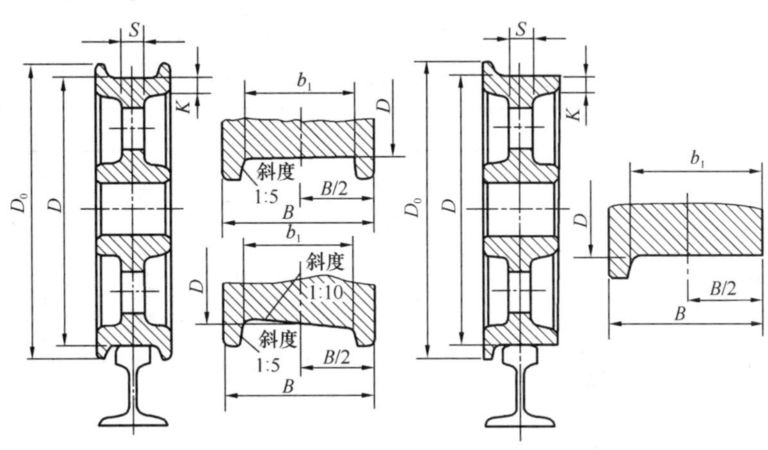

图 4-7 车轮结构

车轮结构尺寸（mm） **表 4-1**

D	D_0	S	K	双轮缘		单轮缘	
				b_1	B	b_1	B
φ250	φ280	30	20	$b+20$	b_1+40	$b+40$	b_1+20
φ350	φ380	35	27.5	$b+20$	b_1+40	$b+40$	b_1+20
φ400	φ400	40	30	$b+20$	b_1+40	$b+40$	b_1+20

4.1.7 驱动功率计算

4.1.7.1 撇渣机在运行中所受的各水平阻力

（1）自重阻力：按式（4-7）为

$$P_{摩} = G\frac{2K+\mu d}{D}k \quad (N) \tag{4-7}$$

式中 G——行车重力（N）；

K——车轮与钢轨的摩擦力臂（cm），查表 4-2；

μ——轴承摩擦系数，查表 4-3；

d——轮轴直径（cm）；

D——车轮直径（cm）；

k——考虑车轮轮缘与轨道或轴与轮毂摩擦的阻力系数，一般取1.5～2。

滚动摩擦力臂 *K* 值（cm） **表4-2**

轨道型式	车轮直径（mm）/材料	100 150	200 300	400 500
平面轨道	钢 铸铁	0.025 —	0.03 0.04	0.05 0.06
头部带曲率的轨道	钢 铸铁	0.03 —	0.04 0.05	0.06 0.07

注：车轮踏面圆柱形对应于平面轨道，圆锥形对应于头部带曲率的轨道。

滚动轴承和滑动轴承的摩擦系数 μ 值 **表4-3**

滚动轴承				
单列向心球轴承	纯径向载荷 有轴向载荷	0.002 0.004	双列向心球面球轴承	0.0015
单列向心推力球轴承	纯径向载荷 有轴向载荷	0.003 0.005	短圆柱滚子轴承	0.002
单列圆锥滚柱轴承	纯径向载荷 有轴向载荷	0.008 0.02	双列向心球面滚子轴承	0.004
滑动轴承				
润滑脂润滑	钢对钢	0.09～0.11		
	钢对铸铁	0.07～0.09		
	钢对青铜	0.06～0.08		

（2）轨道不平阻力：当撇渣机车轮在水平轨道上运行时，由于轨道安装或轮压造成的自然坡度引起的爬坡阻力。其按式（4-8）计算：

$$P_{轨} = k_s G \quad (\mathrm{N}) \tag{4-8}$$

式中 k_s——轨道坡度阻力系数，当轨道设在钢筋混凝土基础上时，$k_s=0.001$。

（3）风阻力：室外作业，风速较大地区可考虑，按式（4-9）计算：

$$P_{风} = qAC \quad (\mathrm{N}) \tag{4-9}$$

式中 q——标准风压（Pa），（一般按Ⅰ类标准风压推荐值，沿海地区150Pa，内地100Pa）；

A——桁架迎风面的净面积（m^2）；

C——体形系数，取1.3～1.4。

（4）撇渣阻力：按式（4-10）计算：

$$P_{渣} = C_0 A \frac{v^2}{2g} \gamma Z \quad (\mathrm{N}) \tag{4-10}$$

式中 C_0——刮板系数（或板形系数），一般取2；

A——刮板撇渣面积（包括刮板在水下面积）（m^2）；

Z——l 距离内刮板数量（块）；

γ——浮渣的重度（N/m^3），一般为 8000～10000N/m^3；

v——行车速度（m/s）。

（5）翻板阻力：

1）重锤式翻板撇渣机的翻板阻力如图 4-4 所示。如果略去重锤与挡铁的滑动摩擦阻力，则

$$R = \frac{bP - aT}{c} \quad (N) \tag{4-11}$$

$$P_{翻} = \frac{R}{\sin\alpha} \quad (N) \tag{4-12}$$

式中 P——重锤重力（N）；

T——刮板重力（N）；

R——挡铁给重锤的反力（N）；

α——重锤中心线与水平夹角（°）。

2）棘轮棘爪式的受力分析如图 4-8 所示。

$$P_{翻} = R_A = \frac{M}{r}\sin\alpha \quad (N) \tag{4-13}$$

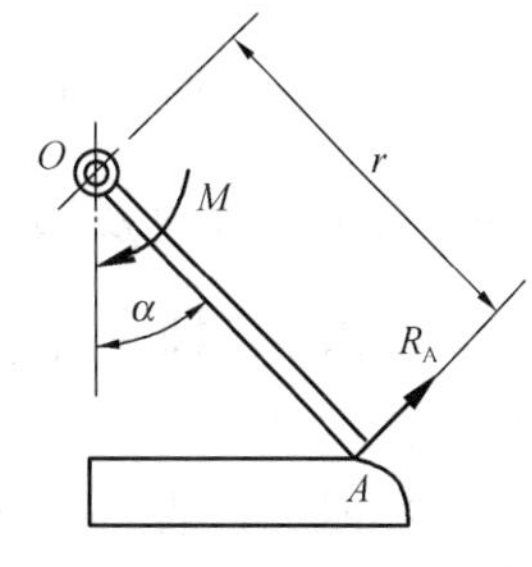

图 4-8 棘轮棘爪式刮板受力图

式中 R_A——挡铁对刮板作用力（N）；

M——刮板自重力矩（N·m）；

r——刮板旋转点与作用点距离（m）。

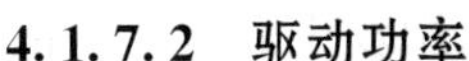

4.1.7.2 驱动功率

$$N = \frac{\Sigma Pv}{1000\eta} \quad (kW) \tag{4-14}$$

式中 v——行车速度（m/s）；

η——机械传动总效率，取 0.7～0.85；

ΣP——桁架所受水平阻力总和（N）；按式（4-15）计算：

$$\Sigma P = P_{摩} + P_{风} + P_{轨} + P_{渣} + P_{翻} \tag{4-15}$$

式（4-15）中由于阻力总和 ΣP 较小，计算功率 N 也较小，一般可根据减速器产品的实际情况选用电动机。

4.1.7.3 驱动轮打滑验算及防止措施

为了防止撇渣机行走时车轮空转打滑（尤其在北方冬季室外作业），须进行驱动轮打滑的验算。

（1）正常运转时不打滑的条件是：按式（4-16）、式（4-17）为

$$R_n > n\Sigma P \tag{4-16}$$

式中 R_n——驱动轮所受驱动摩擦阻力（N）；

ΣP——行车运行的阻力总和（N）；

n——安全系数，取 1.1～1.5。

$$R_n = fmN \quad (N) \tag{4-17}$$

式中 N——驱动轮压力（N）；

m——驱动轮数；

f——走轮附着系数，一般取 0.1～0.18，冰冻地区在室外作业可按实测数。

（2）防止打滑的办法：

1）增大驱动轮轮压，合理布置，使行车的重心偏向驱动轮轴线一侧。

2）提高走轮和导轨的附着系数，改铁轮缘为耐油橡胶轮缘。

3）改变驱动方式，变行车式为钢绳牵引式。

4.1.8　行程控制

（1）控制程序：撇渣机一般停驻在浮选池的进水端。（逆水刮渣停在出水端）驱动后，行车向排污槽方向行驶，开始撇渣，当刮板把浮渣撇进排污槽后，刮板翻起，行车换向，退回到进水端后，刮板落下，再次撇渣开始。如此反复运行，待浮渣撇净后停止。

（2）为防止换向开关失灵，在两端的换向开关后边，各装一个停止开关，以防行车超越行程。

（3）行车上碰块与行程开关位置应在现场安装调试后固定。其动作必须先翻动刮板，后碰换向行程开关。

（4）上述行程控制，可由电气控制设备来实现。

4.1.9　轨道及其铺设要求

（1）钢轨的铺设以池壁顶面（或外伸的牛腿梁面）为基础，因此，安装时要求池壁的顶面平整。

（2）钢轨的型号，一般选用 P11～P24 轻轨。跨度较小者可选用较小的钢轨。也可用型钢代替。

（3）钢轨铺设的技术要求：

1）轨距的偏差不超过±5mm；

2）轨道纵向水平度不超过 1/1500；

3）两平行轨道的相对高度不超过 5mm；

4）两平行轨道接头位置应错开布置，其错开距离应大于轮距；

5）轨道接头用鱼尾板连接，其接头左、右、上三面的偏移均不超过 1mm，接头间隙不应大于 2mm。

（4）轨道基础板、垫板及压板等固定设施应在每间隔 1000mm 左右处设置一套，在平整度调整好后，应将轨道固定。

（5）轨道的两终止端应安设强固的掉轨限制装置（焊接端头立柱），防止行程开关失灵，造成行车从两端出轨。端头立柱的高度应超过车轮中心线 20mm 以上。

4.1.10　计算实例

【例】　行车式撇渣机如图 4-1、图 4-2 所示。

已知：

（1）池宽 3m，导轨安装在池顶上；轨距为 3.5m，行车轮距为 1m。

（2）撇渣机行走速度：5m/min。

（3）刮板选用松木板，下部加锯齿形胶板。

(4) 行车主梁的设计：主梁为简支梁，中心按集中荷载计算。

【解】 (1) 计算工字钢型号：已知：$P=7500\text{N}$、$L=350\text{cm}$、$E=206\text{GPa}$。

$$f_c=\frac{PL^3}{48EI_x}\leqslant\frac{L}{700}$$

$$I_x=\frac{700PL^2}{48E}=\frac{700\times7500\times350^2}{48\times206\times10^5}=650\text{cm}^4$$

查型钢表，选用 $I_{16}(160\times88\times6)$，即

$$I_{x-x}=1130\text{cm}^4$$

实际挠度：

$$f_c=\frac{PL^3}{48EI_x}=\frac{7500\times350^3}{48\times206\times10^5\times1130}=0.288\text{cm}$$

$$f_c<\frac{L}{700}=\frac{350}{700}=0.5\text{cm}$$

(2) 翻板装置：选用重锤式翻板机构，重锤的配重计算（见图 4-4)：已知：$a=12.5\text{cm}$、$b=21\text{cm}$、$T=250\text{N}$、C 取 1.4。

由式 (4-5) 得

$$P=C\frac{a}{b}T=1.4\frac{12.5}{21}\times250=208\text{N}$$

翻板装置采用双侧配重，每侧配重的重锤选用 104N。

(3) 摩擦阻力：已知：$G=7500\text{N}$、$d=5\text{cm}$、$K=0.03\text{cm}$（圆柱形车轮、平面轨道）、$D=20\text{cm}$、$\mu=0.004$（采用双列向心球面滚子轴承）、$k=2$。

由式 (4-7) 得

$$P_{摩}=G\frac{2K+\mu d}{D}k=7500\frac{2\times0.03+0.004\times5}{20}\times2=60\text{N}$$

(4) 轨道不平阻力：已知：$k_s=0.001$。

由式 (4-8) 得

$$P_{轨}=Gk_s=7500\times0.001=7.5\text{N}$$

(5) 风阻力：已知：$q=150\text{Pa}$、$A=0.7\text{m}^2$、$C=1.3$。

由式 (4-9) 得

$$P_{风}=qAC=150\times0.7\times1.3=136.5\text{N}$$

(6) 撇渣阻力（阻力很小，可忽略不计)：已知：$C_0=2$、$A=0.1\times3=0.3\text{m}^2$、$v=\frac{5}{60}\text{m/s}$、$g=9.81\text{m/s}^2$、$\gamma=8000\text{N/m}^3$、$Z=1$。

由式 (4-10) 得

$$P_{渣}=C_0A\frac{v^2}{2g}\gamma Z=2\times0.3\frac{\left(\frac{5}{60}\right)^2}{2\times9.81}\times8000\times1=1.7\text{N}$$

(7) 翻板阻力：参阅图 4-4。已知：$P=240\text{N}$、$T=250\text{N}$、$C=30\text{cm}$、$\alpha=45°$、$a=12.5\text{cm}$、$b=21\text{cm}$。

由式 (4-11) 得

$$R=\frac{bP-aT}{C}=\frac{21\times240-12.5\times250}{30}=63.8\text{N}$$

由式（4-12）知：

$$P_{翻}=\frac{R}{\sin\alpha}=\frac{63.8}{\sin45^{\circ}}=90.2\text{N}$$

（8）阻力和：

$$\Sigma P=P_{摩}+P_{风}+P_{轨}+P_{渣}+P_{翻}=60+136.5+7.5+1.7+90.2=296\text{N}$$

（9）驱动功率：已知：$\eta=0.7$、$v=5\text{m/min}$。

由式（4-14）知：

$$N=\frac{\Sigma Pv}{1000\eta 60}=\frac{296\times5}{1000\times0.7\times60}=0.035\ \text{kW}$$

（10）减速器的选用及校核：

1）总减速比：$i=\frac{\pi Dn}{v}=\frac{3.14\times0.2\times1500}{5}=188$

2）根据 N 和 i 选用 XWED0.37-63-1/187 两级行星摆线针轮减速机：$N=0.37\text{kW}$，$i=187$（17×11），$M_{n}=2000\text{N}\cdot\text{m}$

3）连接方式：减速器与传动轴的连接采用链传动。

4）减速器输出轴扭矩校核：

$$M_{max}=9550\frac{N_{max}}{n}=9550\frac{0.035}{\frac{1500}{187}}=41.7\text{N}\cdot\text{m}$$

$M_{max}\ll M_{n}$，即 $41.7\ll2000$。

（11）驱动轮打滑验算：驱动轮的正压力按行车总重力的 60%计算：

$$N=60\%G=60\%\times7500=4500\text{N}$$

f 取 0.15，$m=2$，$n=1.2$。

由式（4-17）得

$$R_{n}=fmN=0.15\times2\times4500=1350\text{N}$$

$$n\Sigma P=1.2\times296=355.2\text{N}$$

$$1350>355.2\text{，即 }R_{n}>n\Sigma P\text{（安全）。}$$

在冰冻地区可根据实测附着系数 f 进行验算。

4.2　绳索牵引式撇油、撇渣机

4.2.1　总体构成

绳索牵引式撇渣机由驱动机构、牵引钢丝绳、导向轨、张紧装置、撇渣小车、刮板和翻板装置等部件组成。其结构如图 4-9、图 4-10 所示。

绳索牵引撇油、撇渣设备，除驱动和钢丝绳牵引等部分外，其他部分的结构和功能与行车式基本相同。

绳索牵引撇油、撇渣机除适用于平流式池子外，还可使用于封闭式隔油池。

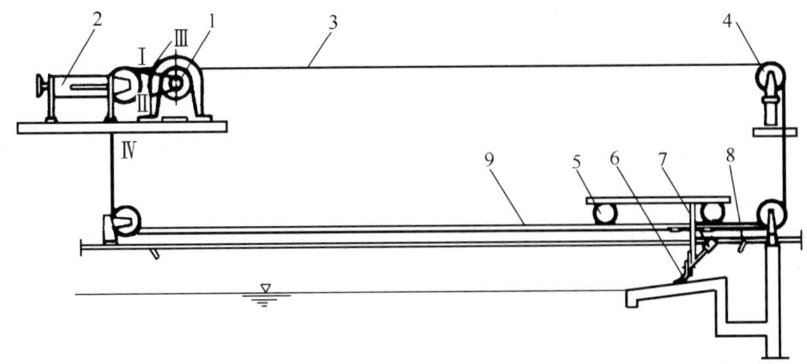

图 4-9 绳索牵引式撇渣机示意（摩擦轮式）
1—驱动机构；2—张紧装置；3—钢丝绳；4—导向轮；
5—撇渣小车；6—刮板；7—翻板机构；8—挡板；9—轨道；
Ⅰ、Ⅱ、Ⅲ、Ⅳ表示钢绳缠绕顺序

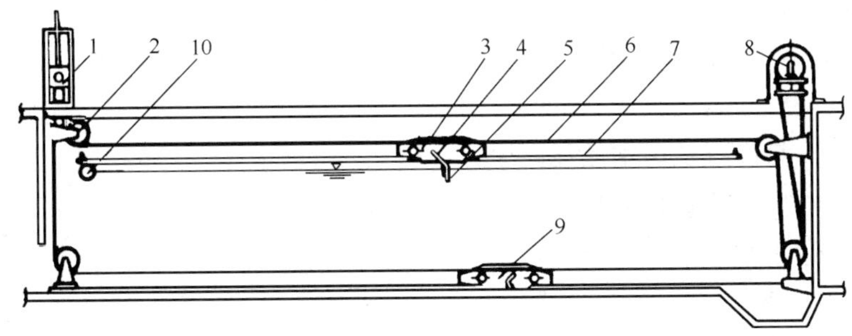

图 4-10 绳索牵引式撇油刮泥机示意（卷筒式）
1—张紧装置；2—导向轮；3—撇油车；4—翻板机构；
5—刮板；6—钢丝绳；7—轨道；8—驱动机构；
9—刮泥车；10—排油管

4.2.2 驱动装置

4.2.2.1 减速系统

（1）减速器的选择：可根据撇渣机的工作制度、传递功率、速比及减速器的布置形式选用标准减速器或自行设计专用减速器。绳索牵引式撇渣机一般都选用行星摆线针轮减速机。行星摆线针轮减速机其优点是体积小、传动比大、寿命长和传动效率高。也有选用蜗轮减速器。

（2）传动比的计算：总传动比：

$$i=\frac{\pi Dn}{v}$$

式中 D——滚筒直径（m）；

n——电动机转速（r/min）；

v——撇渣小车速度（m/min）。

4.2.2.2　驱动轮

驱动轮有卷筒式和摩擦轮式两种形式。

（1）卷筒式：

1）卷筒的结构：有光面和螺旋槽式两种，由于螺旋槽式卷筒的优点多于光面卷筒，因此应用较广。螺旋槽采用标准槽型，其标准可参见《机械设计手册》。

绳端在卷筒上固定必须做到安全可靠，便于检查和装拆。一般利用摩擦力来固定，其有三种方法：

①用楔形块。

②用压板和压紧螺钉。

③用盖板和螺栓。

其中③法使卷筒构造简单，而且工作可靠，故普遍采用。为了防止钢丝绳在卷筒上重压及偏离沟槽，对于钢丝绳出入卷筒的偏斜角 α 作如下规定：对于光面滚筒 $\tan\alpha \leqslant 0.035$（即 $\alpha \leqslant 2°$）；对于螺旋槽式卷筒 $\tan\alpha \leqslant 0.06$（即 $\alpha \leqslant 3.5°$），钢丝绳偏角如图 4-11 所示。

2）卷筒的计算：

①卷筒直径：一般为 $D \geqslant ed_s$

式中　D——卷筒名义直径（mm）；

e——卷筒直径与钢丝绳直径比，取 e 为 20；

d_s——钢丝绳直径（mm）。

②卷筒的长度如图 4-12 所示：

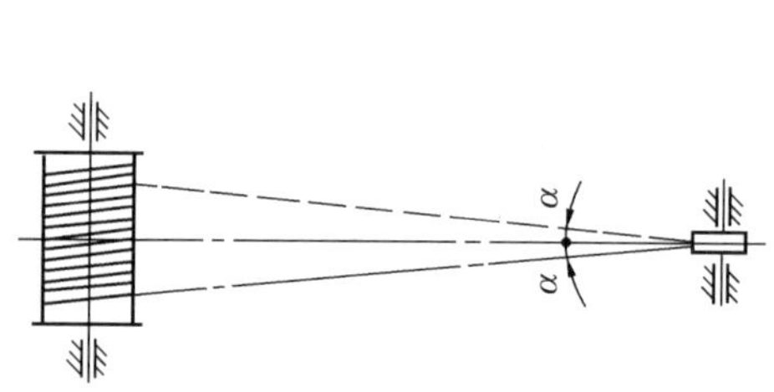

图 4-11　钢丝绳偏角

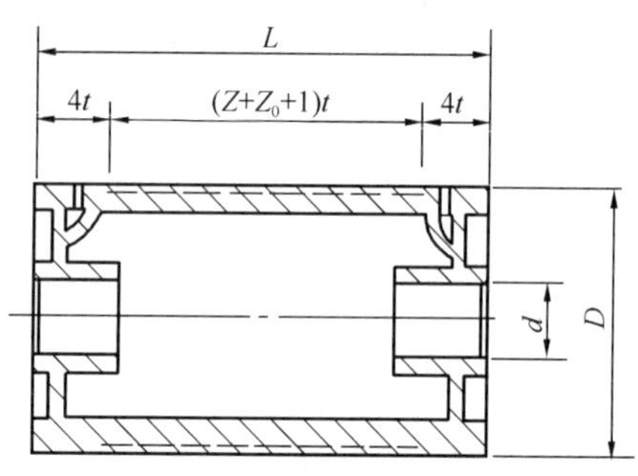

图 4-12　螺旋槽式卷筒

总长度：按式（4-18）计算：

$$L = Zt + Z_0 t + t + 8t = (Z + Z_0)t + 9t \quad (\text{mm}) \tag{4-18}$$

式中　Z——工作圈数，

$$Z = \frac{L_o}{\pi D_e}$$

式中　L_o——工作长度（mm）；

D_e——卷筒直径（mm）；

Z_0——附加圈数，一般 Z_0 为 1.5～3.0；

t——钢丝绳的绳距（mm）。

（2）摩擦轮式：

1）摩擦轮的结构：

①绳轮表面为抛物线型，如图 4-13（a）所示。这种绳轮结构虽较简单，但绳轮与钢丝绳表面摩擦较大，钢丝绳易于磨损，因此采用的不多。

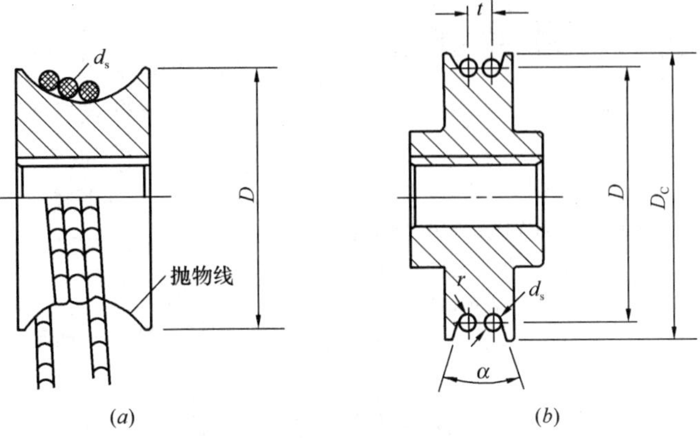

图 4-13 摩擦轮式驱动轮

（a）抛物线型摩擦轮；（b）槽型摩擦轮

②绳轮表面为槽型，这种绳轮具有螺旋式卷筒轮的优点。轮槽圆弧半径 $r=(0.55\sim0.65)d_s$，多槽式摩擦轮的槽距 $t=(1.2\sim1.3)d_s$，槽数可根据张力和包角考虑选用。摩擦轮的两臂应向外倾斜，夹角 α 一般在 35°～60°之间。图 4-13（b）所示为二槽型的摩擦轮。多槽式的摩擦轮一般与张紧轮配合使用。

2）摩擦轮的计算：

①摩擦轮直径计算，参考卷筒直径。

②摩擦轮包角计算：

为了传递一定的张力，钢丝绳需要在摩擦轮上缠绕多圈，其缠绕圈数可计算钢丝绳与摩擦轮的包角。包角的计算可用下式：

$$\begin{cases} S_1 = S_2 e^{\mu\alpha} \\ T = S_1 - S_2 \end{cases} \tag{4-19}$$

式中 S_1——钢丝绳绕入端拉力（N）；

S_2——钢丝绳引出端拉力（N）；

μ——钢丝绳与轮面间摩擦系数，通常取 $\mu=0.13$；

α——钢丝绳与驱动轮的包角；

e——自然对数的底数，$e=2.718282$；

T——牵引力（N）。

4.2.3 导向轮和张紧装置

4.2.3.1 导向轮

导向轮一般为铸铁或铸钢制成。轮径和绳槽规格与摩擦轮相同。

通常将导向轮装在固定的心轴上，滑轮与心轴间一般采用滑动轴承，受力较大时也可采用滚动轴承。并要求有良好的润滑。

4.2.3.2 张紧装置

绳索牵引式撇渣机主要采用螺杆式和重锤式两种张紧装置。

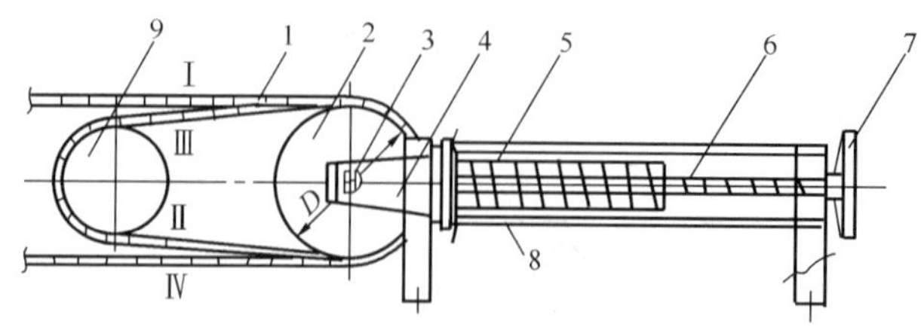

图 4-14 螺杆式张紧装置

1—牵引绳；2—张紧轮；3—轮轴；4—轮架和滑块；5—弹簧；6—调节螺杆；7—手轮；8—支架；9—驱动摩擦轮；Ⅰ、Ⅱ、Ⅲ、Ⅳ—表示钢丝绳缠绕顺序

(1) 螺杆式如图 4-14 所示，通过调试拉紧螺杆，使钢丝绳达到合适的张紧度。其布置型式可根据实际位置情况，分为立式和卧式。

螺杆式张紧装置有两种结构形式：一种为拉紧螺杆直接拉紧张紧轮。这种张紧装置结构较简单，但是需要经常调节钢丝绳的张力。钢丝绳经常处在一定的张力变化范围内工作。一般在张力较小的情况下用得较多。

另一种为通过弹簧拉紧张紧轮，这种张紧装置能够调节钢丝绳的张力，使钢丝绳处在一定的张力范围内工作。

(2) 重锤式：重锤用钢丝绳经过滑轮将张紧轮拉紧，使牵引钢丝绳达到一定的张力。重锤式拉紧装置可以保持钢丝绳长度变化较大时的张力稳定，能自动调节张力变化。运转比较方便可靠，在张力较大的场合运用。

重锤式张紧装置有两种形式，一种是重锤经导向滑轮直接拉张紧轮，如图 4-15 (*a*) 所示。其张力与重锤重力相等。另一种是张紧轮与导向轮的小轮用钢丝绳相连，配置的重锤挂在与小滑轮并联的大滑轮上，这种形式由于大小滑轮半径不同，可减少重锤的配重，适用于较大拉紧力场合，如图 4-15 (*b*) 所示。

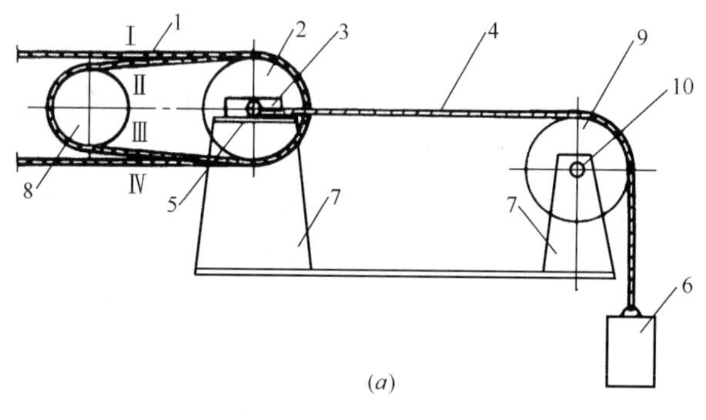

(*a*)

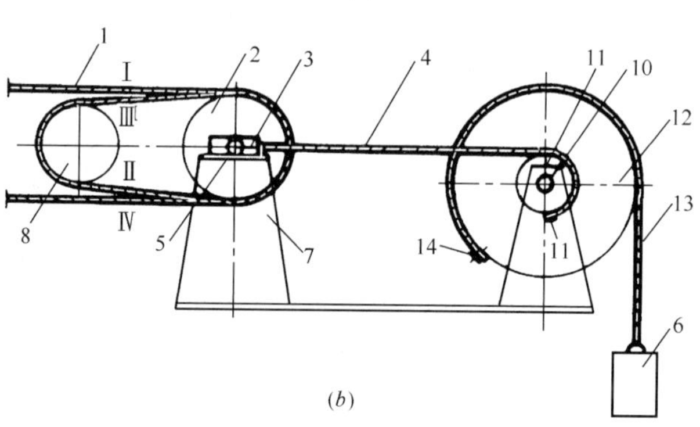

(*b*)

图 4-15 重锤式张紧装置

(*a*) 直接式重锤张紧装置；(*b*) 增力式重锤张紧装置

1—牵引钢丝绳；2—张紧轮；3—滑块；4—张紧绳；5—张紧轮轴；6—重锤；7—支架；8—驱动摩擦轮；9—导向轮；10—滑轮轴；11—张紧小滑轮；12—大滑轮；13—重锤绳；14—压绳板；Ⅰ、Ⅱ、Ⅲ、Ⅳ—表示钢丝绳缠绕顺序

张紧轮的结构形式，一般根据其布置形式分为单槽型和多槽型，单槽型与导向轮的结构基本相同，多槽型张紧轮与多槽型驱动摩擦轮结构基本相同。

张紧装置布置形式，由于撇渣机的牵引力较小，张紧装置一般布置在驱动轮后面直接拉紧驱动轮，也可根据实际情况布置在适当位置。

4.2.4 钢丝绳的选择

牵引式撇渣机用的钢丝绳可参照牵引设备使用的钢丝绳进行选择，要求钢丝绳具有较好的挠曲性、耐磨性和耐腐蚀性。一般使用柔性较好的同向捻 6×19 不锈钢钢丝绳。使用普通钢丝绳时应经常清除钢丝绳表面的污物并涂油保护，加强管理维修，同时要保证设备换向机构的灵敏性，以防设备超行程而使钢丝绳超负荷运行。撇渣刮泥机宜采用不锈钢钢丝绳。

钢丝绳的直径选择，按照拉力进行计算。

$$S_P \geqslant nT_{max} \tag{4-20}$$

式中 T_{max}——钢丝绳最大牵引力（N）；

S_P——钢丝绳破断拉力（N），从钢丝绳标准中查得；

n——钢丝绳安全系数，取 $[n] \geqslant 4$。

4.2.5 撇油小车

绳索牵引式撇渣机的撇油小车多为单梁式小车，因车上无驱动装置等负荷，结构可简单。小车的主梁可按简支梁考虑，要求中心挠度（最大挠度）不大于跨度的 1/500。

其结构和组装要求可参见行车撇渣机的撇渣小车。

4.2.6 驱动功率

驱动功率计算公式仍采用桁架式撇渣机的功率计算公式，其中阻力总和

$$\Sigma P = P_{摩} + P_{风} + P_{渣} + P_{翻} \quad (N)$$

各分阻力计算与行车式相同。钢丝绳与导向轮的摩擦阻力很小，可忽略不计。

4.2.7 设备的布置与安装

（1）驱动装置和张紧装置可根据水池顶面情况，布置在池子一端的中间位置，使其牵引钢丝绳位于池子的中心位置。

（2）要求导向轮、张紧轮的传动中心线在同一平面，以保证牵引钢丝绳紧贴在轮槽里。

（3）小车上的牵引钢丝绳应在小车的中心位置，以保证小车运行平稳。

（4）钢轨一般铺设在池壁的支架上或牛腿梁上，铺轨面要平整。其钢轨铺设技术可参见行车式撇渣机。

（5）撇渣小车安装在导轨上后，如水池需要加盖，则小车的最高点应低于盖底 100mm。

（6）钢丝绳通过摩擦轮、张紧轮和各导轮的缠绕方向要一致，尽量减少反向缠绕，以利提高钢丝绳的寿命。

4.2.8 计算实例

【例】 钢丝绳牵引撇渣机的计算：已知：池宽 3.5m、导轨设在池内侧壁、选用轨距

3m，参见图 4-9。

【解】　(1) 撇渣机运行总阻力：

1) 自重阻力：已知 $G=7000\text{N}$、$D=16\text{cm}$、$d=4.6\text{cm}$、$K=0.025\text{cm}$（圆柱形车轮踏面、平面轨道）、$\mu=0.0015$（双列向心球面球轴承）、$k=2.0$。

由式 (4-7) 得

$$P_{摩}=G\frac{2K+\mu d}{D}k$$

$$=7000\,\frac{2\times0.025+0.0015\times4.6}{16}\times2=50\text{N}$$

2) 轨道不平阻力：已知：$k_s=0.001$。

由式 (4-8) 得

$$P_{轨}=k_sG=0.001\times7000=7\text{N}$$

3) 撇渣阻力：阻力很小，可忽略不计。已知：

$$C_0=2、A=0.1\times3=0.3\text{m}^2、$$

$$v=\frac{6}{60}\text{m/s}、\gamma=8000\text{N/m}^3、$$

$$Z=1、g=9.81\text{m/s}^2。$$

由式 (4-10) 得

$$P_{渣}=C_0A\frac{v^2}{2g}\gamma Z$$

$$=2\times0.3\,\frac{0.1^2}{2\times9.81}\times8000\times1=2.45\text{N}$$

4) 阻力和：

$$\Sigma P=P_{摩}+P_{轨}+P_{渣}$$

$$=50+7+2.45=59.5\text{N}$$

(2) 驱动功率：已知：$v=6\text{m/min}$，$\eta=0.7$。

由式 (4-14) 得

$$N=\frac{\Sigma Pv}{1000\eta 60}=\frac{59.5\times6}{1000\times0.7\times60}=0.0085\text{kW}$$

(3) 减速器的选择：

1) 减速比：已知：$D=0.16\text{m}$、$n=1500\text{r/min}$、$v=6\text{m/min}$。即

$$i=\frac{\pi nD}{v}=\frac{3.14\times1500\times0.16}{6}=126$$

2) 选用二级行星摆线针轮减速器，型号为 XWED0.37-63-1/121，N 为 0.37kW，i 为 121，M_n 为 2000N·m。

3) 减速器输出轴扭矩校核：

$$M_{max}=9550\,\frac{N}{n}=9550\,\frac{0.0085}{\frac{1500}{121}}=6.55\text{N}\cdot\text{m}$$

$$M_{max}\ll M_n$$

(4) 撇渣机主梁计算（选用单梁式）：已知：$L=300\text{cm}$、$G=7000\text{N}$、$E=206\times10^5$

N/cm^2。据

$$f_c = \frac{GL^3}{48EI} \leqslant \frac{L}{700}$$

则
$$I \geqslant \frac{700GL^2}{48E} = \frac{700 \times 7000 \times 300^2}{48 \times 206 \times 10^5} = 446\text{cm}^4$$

主梁选用 14 号工字钢（$I=712\text{cm}^4$）。

4.3 链条牵引式撇渣机

4.3.1 总体构成

链条式撇渣机（如图 4-16 所示）的总体构成，它是一种带多块刮板的双链撇渣机。主要由驱动装置、传动装置、牵引装置、张紧装置、刮板、上下轨道和挡渣板等部分组成。

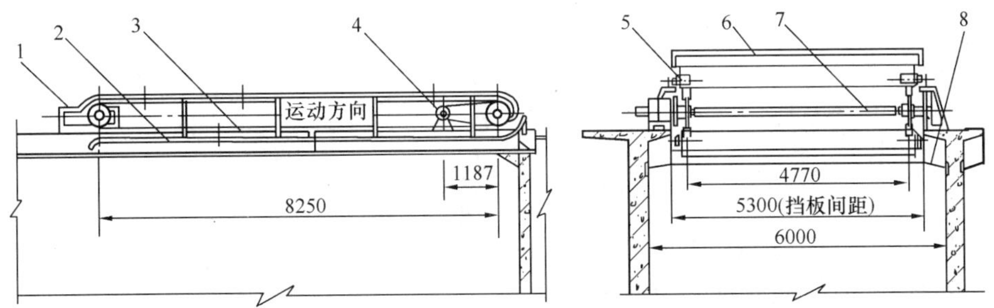

图 4-16 链条式撇渣机

1—张紧装置；2—导轨与支架；3—片式牵引链；4—减速装置（传动链）；5—托轮组；6—刮板装置；7—轴；8—挡渣板

链条式撇渣机有如下主要特点：

(1) 刮板块数较行车式、绳索式撇渣机多。可适当降低撇渣机的行走速度，减轻链条链轮的磨损，并能使产生的浮渣立即撇除。

(2) 撇渣机在池上作单向直线运动，不必换向，因而不需要行程开关；电源连接和控制都较简单，减少电气设备的故障。

4.3.2 驱动功率计算

4.3.2.1 撇渣机在运行中所受的水平牵引力

(1) 摩擦阻力：按式（4-21）计算：

$$P_{摩} = P_{摩1} + P_{摩2} \quad (\text{N}) \tag{4-21}$$

式中 $P_{摩1}$ ——链条与导轨之摩擦阻力（N）；

$P_{摩2}$ ——刮板与排渣堰之摩擦阻力：按式（4-22）计算：

$$P_{摩1} = 2L\left(G_c + \frac{G_f}{2e}\right)\mu_1 \quad (\text{N}) \tag{4-22}$$

式中 L——撇渣长度即主动轮轴-从动轮轴中心距（m）；

G_c——每米链条的重力（N/m）；

G_f——刮板（包括附件）重力（N）；

e——刮板间距（m）；

μ_1——链条滑块与导轨间的摩擦系数，一般取 $\mu_1=0.33$。$P_{摩2}$计算按式（4-23）为

$$P_{摩2} = \mu_2 P_1 \quad (N) \tag{4-23}$$

式中 P_1——刮板与排渣堰板压力（N）；

μ_2——刮板与排渣堰间的摩擦系数。

（2）撇渣阻力：由于链式撇渣机的撇渣速度缓慢（一般在1m/min以内），撇渣阻力很小，一般可忽略不计。

（3）链条弛垂引起的张力：按式（4-24）计算：

$$P_{张} = \frac{50}{8} e G_c \quad (N) \tag{4-24}$$

（4）链轮的转动阻力：按式（4-25）计算：

$$P_{转} = P_{转A} + P_{转B} \quad (N) \tag{4-25}$$

$$P_{转A} = R_A \frac{d_A}{D_A} \mu \quad (N)$$

$$P_{转B} = R_B \frac{d_B}{D_B} \mu \quad (N)$$

式中 $P_{转A}$——A链轮转动阻力（N）；

$P_{转B}$——B链轮转动阻力（N）；

R_A——A链轮合拉力（N）；

R_B——B链轮合拉力（N）；

d_A——A链轮的心轴直径（mm）；

d_B——B链轮的心轴直径（mm）；

D_A——A链轮节径（mm）；

D_B——B链轮节径（mm）；

μ——轴与轴承的摩擦系数，一般取 $\mu=0.2$。

4.3.2.2 每条主链水平总牵引力

每条主链水平总牵引力，按式（4-26）计算：

$$P_{主} = k \Sigma P \quad (N) \tag{4-26}$$

式中 k——工作环境系数，一般取1.4；

ΣP——水平牵引合力，按式（4-27）为

$$\Sigma P = \frac{1}{2} P_{渣} + P_{摩} + 2P_{张} + P_{转} \quad (N) \tag{4-27}$$

4.3.2.3 驱动功率计算

驱动功率，按式（4-28）计算：

$$N = \frac{2P_{主}\ v_{主}}{1000\eta 60} \quad (kW) \tag{4-28}$$

式中 $v_{主}$——撇渣机行走速度（主链线速度）（m/min）；

η——传动装置总效率，取 0.65～0.8；

$$\eta = \eta_1 \eta_2 \eta_3$$

其中 η_1——减速器的传动效率；

η_2——链传动效率；

η_3——轴承传动效率。

4.3.3 驱动和传动装置

4.3.3.1 安全剪切销的设计

为了防止撇渣机超负荷运行，在减速器的输出轴设置安全剪切销装置，其结构如图 4-17 所示。

剪切销一般为特制的双头光螺栓，并要求其硬度略低于链轮和链轮座的硬度。安装剪切销的销孔端面不应倒钝，以便过载时剪断剪切销。链轮和链轮座要保证充分润滑，以免链轮和链轮座生锈卡住。

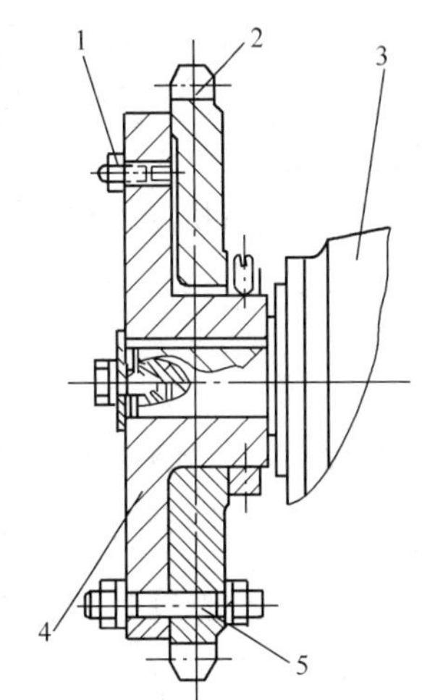

图 4-17 剪切销式安全联轴器
1—油嘴；2—传动链轮；
3—减速器；4—链轮座；
5—安全剪切销

剪切销在安装前应做剪切试验。

剪切销直径计算：

$$d = \sqrt{\frac{4kM\ 10^3}{\pi R[\tau]Z}} \quad (\text{mm}) \tag{4-29}$$

式中 M——计算扭矩（N·m）；

k——过载限制系数，一般取 2.1；

$[\tau]$——材料许用剪切应力（MPa）；

$$\tau = (0.6 \sim 0.8)\ \sigma_b$$

其中 σ_b——材料许用拉伸应力（MPa）；

R——剪切销孔中心至轴心距离（mm）；

Z——剪切销数量。

采用此公式计算剪切销直径时，应使 $kM < M_n$ 以保证减速器的安全。M_n 为减速器输出轴扭矩。

4.3.3.2 减速器的选择

链式撇渣机一般选用行星摆线针轮减速机，条件许可时也可选用其他形式减速器。

减速器可按下列条件选择参数：

（1）减速器输出轴转速应尽可能接近计算转速，即用变更传动链上的大、小链轮的节径，使计算转速与减速器出轴转速一致。

减速比：按式（4-30）计算：

$$i = \frac{\pi D n d_2}{v d_1} \tag{4-30}$$

式中 n——电动机转数（r/min）；

i——减速器的传动比；

v——撇渣机行走速度，一般 v 在 1m/min 以内；

D——牵引链轮节径（m）；

d_1——大传动链轮节径（m）；

d_2——小传动链轮节径（m）。

（2）减速器输出轴的扭矩应大于计算矩，即

$$M_n \geqslant 9550\frac{N}{n} \quad (\text{N}\cdot\text{m})$$

式中 N——计算功率（kW）；

n——减速器输出轴转数（r/min）。

（3）减速器的输入功率应大于计算功率，即

$$N_n \geqslant N \quad (\text{kW})$$

4.3.3.3 牵引链条的选择和链轮的设计

（1）牵引链条：牵引链条是撇渣机的主要部件，由于撇渣机的工作环境较差，经常出没于污水中容易生锈，因此，要求撇渣机的链条具有耐磨性、耐腐蚀性、抗拉强度大、结构简单和安装方便等特点。

目前撇渣机使用的牵引链条主要有两种结构形式：片式牵引链和销合链。

片式牵引链：此链主要由链板、销轴和套筒组成，现已有定型产品，可根据最大牵引力选用适当标准链条，牵引力计算：

$$Q_j = k_s k_L P_{主} \leqslant Q_n \tag{4-31}$$

式中 Q_j——计算牵引力（N）；

k_s——链条的安全系数，一般为 7～10；

k_L——长度系数（当 $L<50$m 时，$k_L=1$，当 $l>50$m 时，$k_L=\frac{L}{50}$）

$P_{主}$——每条主链的牵引力（N）；

Q_n——破断载荷（N），可查链条产品样本。

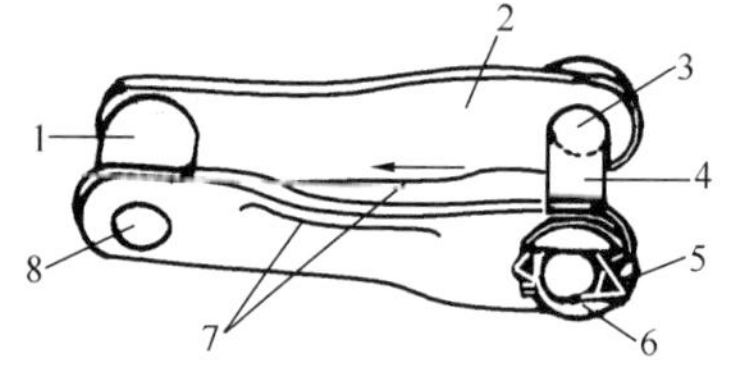

图 4-18 铸造链节图

1—套筒；2—链节；3—销孔；4—销钉；5—开尾销；6—止转件；7—磨损靴垫；8—套筒孔

销合链：为了克服片式牵引链的耐磨性和耐腐蚀性较差以及价格较贵的缺点，现已开始研究和使用铸造成型的销合链。销合链主要由链条本体、销钉和开尾销三部分组成。其链条主体是由可锻铸铁、球墨铸铁等高强度材料整体铸造而成，其结构如图 4-18 所示，它是由套筒、链板和止转部分组成。销合链的使用寿命，取决于套筒表面的耐磨性，套筒表面一般要进行热处理，以提高套筒表面的硬度，增强其耐磨性。

（2）链轮：链式撇渣机所用的链轮有牵引链用的主链轮和导向链轮（从动链轮）。链轮一般用铸钢或高强度的铸铁铸造，齿面要进行热处理。其硬度与链条套筒的硬度相仿。

主链轮与导向链轮可以根据结构需要设计得一样。

4.3.3.4 传动轴

链式撇渣机的传动轴分为主动轴和从动轴。为了设计、制造和安装的方便，如条件允许，主动轴和从动轴可设计得一样。为了减轻轴重，传动轴可采用无缝钢管加轴头的结构形式，如图 4-19 所示。

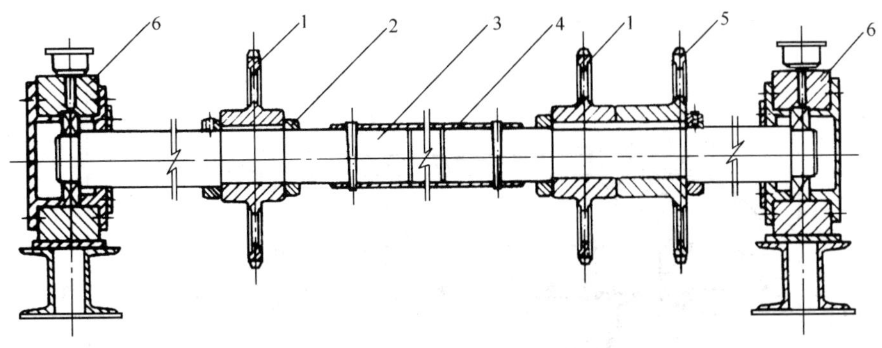

图 4-19 主动轴及轴承装置

1—牵引链轮；2—锁紧挡圈；3—主动轴；4—联轴器；5—单列大链轮；6—轴承装置

4.3.3.5 张紧装置

牵引主链的张紧装置：主链的张紧装置一般为螺旋滑块式张紧装置，其结构如图 4-20 所示。在从动轴的两端各安装一套此装置，调整时可直接调整主动轴和从动轴的中心距。此装置的调整范围应大于两个链节节距，调整时应使两条主链的张度基本相等，并保证撇渣板与主链条垂直。

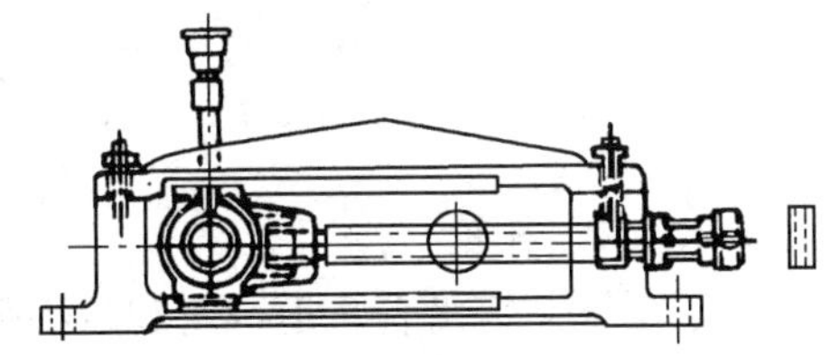

图 4-20 张紧轴承装置

装置的轴承采用调心滚动轴承，也可采用滑动轴承。调整螺杆须经氮化处理，调整滑轨和轴承应加注润滑脂润滑。

4.3.4 刮板和刮板链节

4.3.4.1 刮板结构

一般由槽钢、钢板、耐油橡胶和螺栓等组成。其结构如图 4-21 所示。刮板两端装有托轮，以保证刮板正常撇渣。

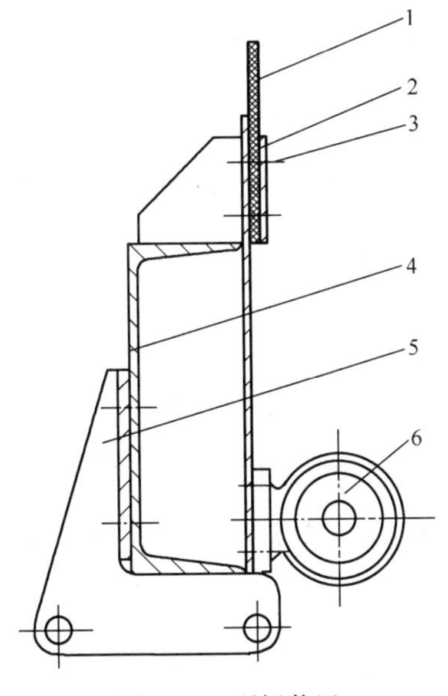

图 4-21 刮板装置

1—橡胶板；2—压板；3—螺栓螺母；4—刮架；5—刮板链节；6—托轮

4.3.4.2 刮板安装

刮板固定在刮板链节上，也有固定在定距轴上。撇渣胶皮一般深入浮渣层以下进行撇渣，为了调节所撇渣层厚度，刮板一般设计成可调式，以便安装时调整撇渣板位置高度。

4.3.4.3 刮板间距

一般要求主链周长有 3～5 块刮板即可，当刮板的间距较大时，为了减小链条的弧垂，可以在两组刮板间加设装有托轮的定距轴。定距轴的间距一般在 2m 左右，如图 4-22 所示。也有在每间隔 2～4m 处装一组刮板。

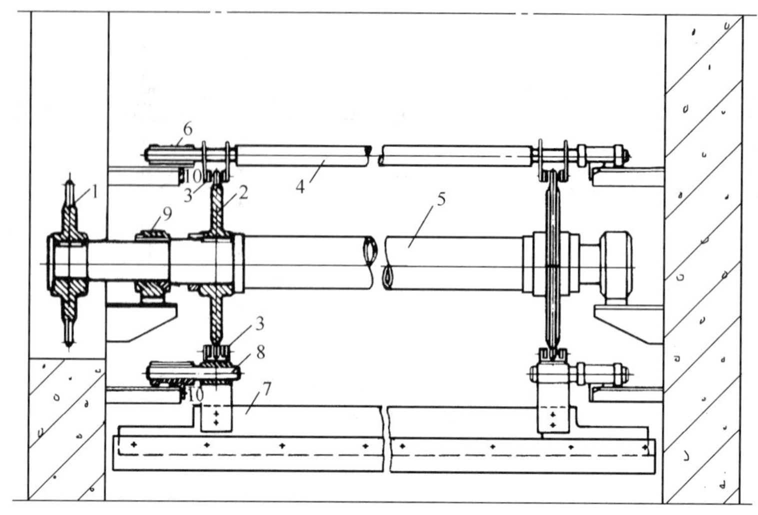

图 4-22 链式撇渣机传动布置

1—传动链轮；2—牵引链轮；3—牵引链；4—定距轴；5—传动轴；6—托滚轮；7—刮板；8—刮板轴；9—滑动轴承；10—导轨

4.3.4.4 托轮

为了保证主链沿着轨道行走和减小弧垂，一般在每间隔 2m 左右加装一组托轮。托轮可安装在刮板或定距轴上，同一刮板上左右两组托轮的中心线应重合。

4.3.4.5 刮板链节

片式链的刮板链节一般为外链节，主要尺寸与外链节一样，上部为与刮板连接的支承板。销合式刮板链节为铸造件，其材料与主链的要求一样，可以与主链一起委托链条厂加工制造。

4.3.5 导轨及设备安装要求

链式撇渣机的轨道分上导轨和下导轨。上下导轨各两条。导轨一般用角钢或轻型钢轨按托轮行走轨迹设计，上导轨焊在池壁上的支架上，下导轨焊在池壁的预埋钢板上。

设备安装的技术要求：

(1) 轨道铺设后其不直度允差为 1/1000，全长允差不应超过 5mm。

(2) 上、下导轨跨中中心线与两牵引链跨中中心线的重合度为 3mm。

(3) 两条牵引链安装后要同位同步。

(4) 同一链条上，牵引链轮和导向链轮应在同一平面内，其允差为 1mm。

(5) 主动轴的水平允差为 0.5/1000。主动轴和从动轴相对平行度公差，在水平和垂直平面内均为 1/1000。

主动轴和从动轴相对标高允差 5mm。

(6) 安装后，牵引链的弛垂度，不大于 50mm。

(7) 安装后，应使刮板和集渣槽的圆弧边沿全部均匀接触。

(8) 设备的各传动部件经调整妥善后，应拧紧紧固螺栓或焊接。

4.3.6 挡渣板和出渣堰

4.3.6.1 挡渣板

在有外伸梁的水池中，为了消除撇渣时存在的死区和浮渣倒流现象，可在池子两边设置挡渣板，如图 4-16 所示。挡渣板表面应光滑平直，两块板互相平行，其间距与刮板尺寸相吻合，挡渣板与池墙应焊接密封，以防浮渣进入挡板内。

4.3.6.2 出渣堰

为了使浮渣顺利刮进排渣槽，可在排渣槽的浮渣进口处设置出渣堰，一般按照刮板行走的圆弧轨迹设计圆弧形出渣堰板。

4.3.7 计算实例

【例】 链式撇渣机设计计算：已知：设计条件见表 4-4。

链式撇渣机已知的设计条件 **表 4-4**

池长 L (m)	14.2	浮渣密度 γ (kg/m^3)	800
池宽 B (m)	6.0	水质情况 SS (kg/m^3)	0.25
水深 H (m)	3.1	污物去除率 ξ (%)	60
刮板间距 e (m)	2.0	撇渣长度 L (m)	8.25
撇渣平均深度 h (m)	0.1	撇渣宽度 b (m)	5.3
行走速度 v (m/min)	0.3	停留时间 t (h)	1

【解】 （1）撇渣能力理论计算：

1）池容积：

$$V=LBH=14.2\times6\times3.1=264.12\text{m}^3$$

2）流量：

$$Q=\frac{v}{t}=\frac{264.12}{1}=264.12\text{m}^3/\text{h}$$

3）浮渣产量：由式（4-1）得：

$$Q_d=SSQ\xi=0.25\times264.12\times0.6=39.6\text{kg/h}$$

4）含水率 98%浮渣量：由式（4-2）得

$$Q_{98}=\frac{100}{100-98}Q_d=\frac{100}{100-98}\times39.6=1980\text{kg/h}$$

5）刮渣机撇渣能力：由式（4-3）得

$$Q_1=60hbv\gamma=60\times0.1\times5.3\times0.3\times800=7632\text{kg/h}$$

$Q_1>Q_{98}$ 即：刮渣能力>产渣量

（2）每天运行时间：由式（4-4）得

$$T=\frac{Q_{98}\times24}{Q_1}=\frac{1980\times24}{7632}=6.2\text{h}<12\text{h}$$

（3）功率计算：

1）主链条受力计算：

①摩擦阻力（链条空转阻力）：

【例】　已知：$L=8.25\text{m}$、$G_c=50\text{N/m}$、$\mu_1=0.33$、$\mu_2=0.6$、$G_f=1390\text{N}$、$P_1=150\text{N}$、$e=2\text{m}$。

【解】　由式（4-21）得

$$P_{摩}=P_{摩1}+P_{摩2}$$

由式（4-22）得

$$P_{摩1}=2L\left(G_c+\frac{G_f}{2e}\right)\mu_1$$

$$=2\times8.25\times\left(50+\frac{1390}{2\times2}\right)\times0.33=2164\text{kN}$$

由式（4-23）得

$$P_{摩2}=\mu_2P_1=0.6\times150=90\text{N}$$

故
$$P_{摩}=P_{摩1}+P_{摩2}=2164+90=2254\text{kN}$$

②撇渣阻力：由于链式撇渣机行走速度很慢，其阻力可忽略不计。

③链条弛垂引起的张力：由式（4-24）得

$$P_{张}=\frac{50}{8}eG_c=\frac{50}{8}\times2\times50=625\text{N}$$

④链轮的转动阻力（如图 4-23 所示）：

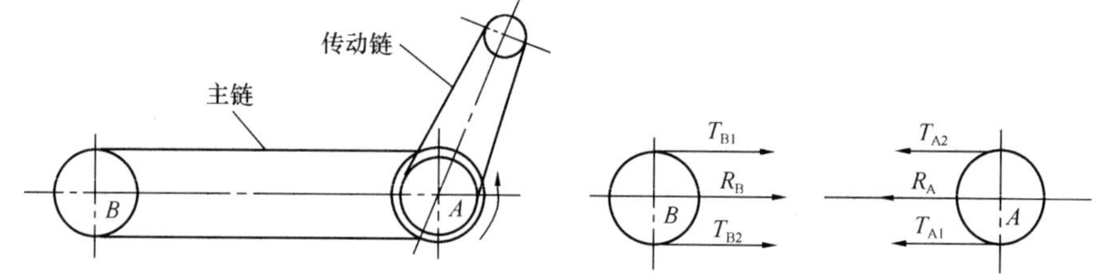

图 4-23　链轮受力图

A—主链轮；B—从链轮

【例】　已知：$D=48.3\text{cm}$、$d=9\text{cm}$、$P_{摩1}=2164\text{N}$、$P_{张}=625\text{N}$、$P_{摩2}=90\text{N}$、$\mu=0.11$。

【解】　转动阻力由式（4-25）得

$$P_{转}=P_{转A}+P_{转B}$$

$$P_{转A}=R_A\frac{d_A}{D_A}\mu$$

$$P_{转B}=R_B\frac{d_B}{D_B}\mu$$

$$T_{B1}=\frac{1}{2}P_{摩1}+P_{张}=\frac{1}{2}\times2164+625=1707\text{N}$$

$$R_B=T_{B1}+T_{B2}\approx2T_{B1}=2\times1707=3414\text{N}$$

$$P_{转B}=R_B\frac{d_B}{D_B}\mu=3414\times\frac{9}{48.3}\times0.11=70\text{N}$$

$$T_{B2}=T_{B1}+P_{转B}=1707+70=1777\text{N}$$

又因
$$T_{A1}=T_{B2}+\frac{1}{2}P_{摩1}+\frac{1}{2}P_{摩2}+P_{张}+\frac{1}{2}P_{渣}$$

$$= 1777 + \frac{1}{2} \times 2164 + \frac{90}{2} + 625 + \frac{1}{2} \times 0 = 3529\text{N}$$

$$T_{A2} = P_{张} = 625\text{N}$$

$$R_A = T_{A1} + T_{A2} = 3529 + 625 = 4154\text{N}$$

故

$$P_{转A} = R_A \frac{d_A}{D_A} \mu = 4154 \times \frac{9}{48.3} \times 0.11 = 86\text{N}$$

$$P_{转} = P_{转A} + P_{转B} = 86 + 70 = 156\text{N}$$

⑤每条主链总牵引力

由式（4-26）、式（4-27）得

$$\Sigma P = \frac{1}{2} P_{渣} + P_{摩} + 2P_{张} + P_{转}$$

$$= 0 + 2254 + 2 \times 625 + 156 = 3660\text{N}$$

$$P_{主} = k\Sigma P，其中 k = 1.4，$$

$$P_{主} = 1.4 \times 3660 = 5124\text{N}$$

2）驱动功率：已知 $v_{主} = 0.3\text{m/min}$，

$$\eta = \eta_1 \eta_2 \eta_3 = 0.9 \times 0.96 \times 0.9 = 0.78$$

由式（4-28）得

$$N = \frac{2P_{主} v_{主}}{1000\eta 60} = \frac{2 \times 5124 \times 0.3}{1000 \times 0.78 \times 60} = 0.066\text{kW}$$

（4）牵引链的选用：已知：$k_s = 7$、$k_L = 1$、$P_{主} = 5124$、$Q_n = 70000\text{N}$。

计算牵引力 Q_j：由式（4-31）得

$$Q_j = k_s k_L P_{主} = 7 \times 1 \times 5124 = 35868\text{N}$$

选用 $Q_n = 70000\text{N}$、3016 型平滑滚子牵引链。

安全系数为

$$k_s = \frac{Q_n}{P_{主}} = \frac{70000}{5124} = 13.66 > 7$$

4.4 排 污 装 置

4.4.1 槽式排污装置

4.4.1.1 结构形式

槽式排污装置如图 4-24 所示。

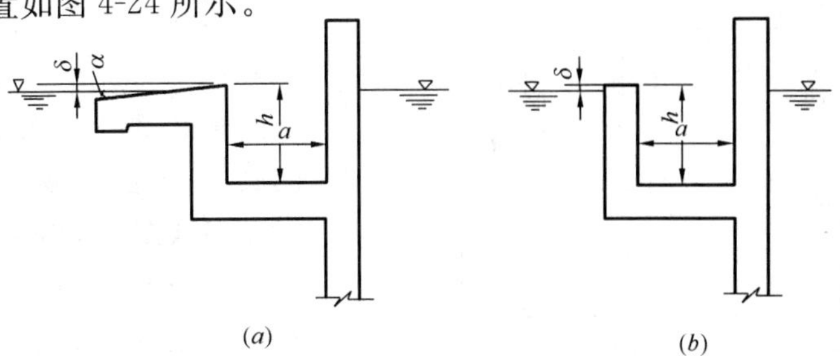

图 4-24 槽式排污装置

（a）带斜板的排污槽；（b）不带斜板的排污槽

槽式排污装置多为钢筋混凝土结构。它是与池体同时浇注而成，也有用钢板焊接后固定在池壁上。它有两种形式：①带撇渣斜板型，见图 4-24（*a*）；②不带撇渣斜板型见图 4-24（*b*）。带撇渣斜板的排污槽能使浮渣顺着斜板刮进槽内。使用效果很好，但斜板占有一定的气浮表面而使气浮池增大。

槽式排污槽的断面尺寸，一般为（高 $h\times$宽 a）400×400mm，也可根据浮渣的数量、浓度决定排污槽的断面尺寸。斜板的角度 α 一般为 5°～10°之间。液面与斜坡顶端应设有间隙 δ，使池水不外溢。

4.4.1.2　安装要求

（1）排污槽必须安装在撇渣机刮板翻板的适当位置。

（2）排污槽的进污槽面要高出池内水面 5～20mm，以防污水流入排污槽。

（3）排污槽的槽底平面要有一定坡度 2°～5°，以利浮渣顺槽流出。

4.4.2　管式排污装置

4.4.2.1　结构形式

管式排污装置，如图 4-25 所示。

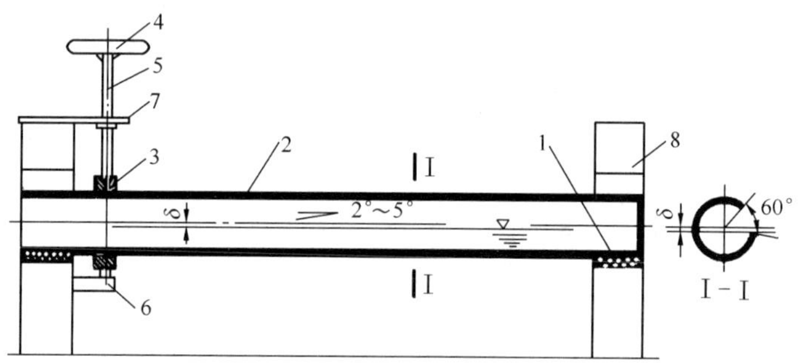

图 4-25　管式排污装置

1—轴瓦；2—开口式集污管；3—蜗轮；4—手轮；5—蜗杆轴；6—支承轴承；7—支板；8—池壁

排污管常采用直径为 300mm 的钢管，排污管顶开缝宽成 60°的圆心角。排污管的一端加装旋转机构以便操作人员在池面操作。

撇渣时，旋转手轮，通过蜗轮旋转机构（也有用杠杆机构）带动排污管旋转一定角度，使槽口单侧没入液面以下，浮油浮渣自动流入管内排出池外。撇完油、渣后，反向旋转手轮，使槽口向上，槽口下沿高出液面停止排除浮油、浮渣。

另一种形式为排污管不旋转，在排污管中央的上部配置球阀，用手轮使球上下动作而进行排污，如图 4-26 所示。

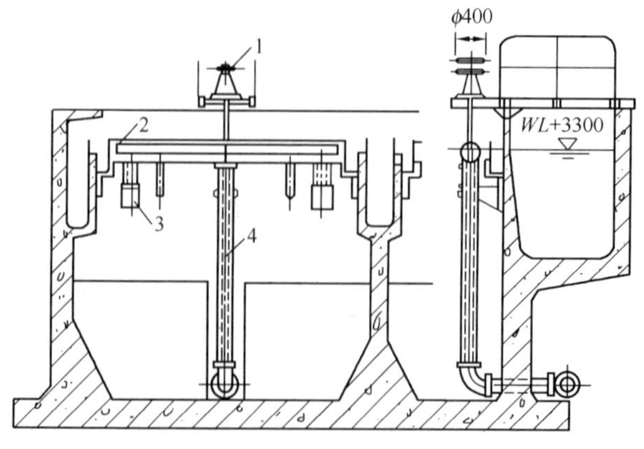

图 4-26　球阀式排污装置

1—手轮；2—撇渣器；3—支座；4—排污管

4.4.2.2 安装要求

（1）排污管必须安装在撇渣机刮板翻板后适当位置。

（2）排污管安装须有一定坡度（一般为 2°～5°）。

（3）排污管安装后，要求转动自由，旋转机构转动灵活。

4.4.3 升降式排污装置

升降式排污装置是将槽式或管式排污装置通过螺杆升降装置，在不撇渣时，将排污管升到水面以上，撇渣时，落入水中适当位置进行撇渣。它的优点是增大了浮选池的浮选面积，缺点是增加了一套吊装装置，结构稍复杂。

4.5 滗 水 器

间歇式曝气，是在单一的反应池内，按照进水、曝气、沉淀、排水等工序进行活性污泥处理的工艺，其污水处理的单元操作，可按时间程序，有序反复地连续进行。每周期 6～8h。在配置了先进的测、控装置后，可全自动运行。该工艺具有投资省、效率高、节省占地面积等诸多优点。

（1）滗水器是水处理工艺的沉淀阶段，为排除与活性污泥分离后的上清液的专用设备，其主要功能应满足如下要求：

1）追随水位连续排水的性能：为取得分离后清澄的上清液，滗水器的集水器应靠近水面，在上清液排出的同时，能随反应池水位的变化而变化，具有连续排水的性能。

2）定量排水的功能：滗水器运作时应能不扰动沉淀的污泥，又能不将池中的浮渣带出，按规定的流量排放。

3）有高可靠性：滗水器在排水或停止排水的运行中，有序的动作应正确、平稳、安全、可靠、耗能小、使用寿命长。

（2）设计时应兼顾以下事项：

1）不同的滗水器其结构性能均有较大差异，部分滗水器由于自身结构的制约，限制了滗水深度 ΔH。为了保证出水水质和单位时间的流量，设计时应根据工艺要求，确定合理的滗水范围、滗水速度和滗水时间。

2）滗水器滗水时，由于排水管道通常是空管，进水时会发生气阻，尤其是设计中排水管道采用满流或接近满流时，应采取必要的排气措施。

3）对介于气、液二相之间的滗水部件应考虑其材料适应性。

4）当对滗水速度有较高要求时，可优先考虑机械动力配合。

5）当采用的滗水器在曝气阶段有污水进入时，在操作过程中，应考虑滗水前将污水排出。

6）设计时应着重考虑浮力与重力的平衡问题，以使所耗用的功率最小。

7）依靠恒定浮力作用的滗水器，其浮力在滗水时，应始终大于重力，并有足够的裕度，避免在滗水过程中发生下沉现象。

8）不同的滗水器，在考虑其集水口形式时，应注重浮渣挡板的设计，避免浮渣进入滗水管。

4.5.1 滗水器的分类

滗水器形式随工艺条件和池形的结构而有所不同，通常分为固定式和升降式，固定式一般都是由固定不变的排水管组成，不随水位的变化而运动，升降式在滗水过程中能始终追随水位的变化。

目前在应用的滗水器形式多样，分类的办法各不相同。表 4-5 从不同的角度对滗水器作了归纳。

滗 水 器 分 类　　表 4-5

<table>
<tr><th>形式</th><th colspan="4">分　类</th><th>说　明</th><th>图示</th></tr>
<tr><td rowspan="5">固定式</td><td rowspan="5">按排水方式分</td><td colspan="3">虹吸式</td><td>靠虹吸原理完成排水工作</td><td>4-27 (a)</td></tr>
<tr><td rowspan="4">重力流式</td><td rowspan="3">固定管式</td><td>单层</td><td rowspan="3">靠固定的穿孔管集水，由阀门控制排水</td><td rowspan="3">4-27 (b)</td></tr>
<tr><td>双层</td></tr>
<tr><td>多层</td></tr>
<tr><td colspan="2">短管式</td><td>靠喇叭管集水，由阀门控制排水</td><td>4-27 (c)</td></tr>
<tr><td rowspan="13">升降式</td><td rowspan="3">按集水方式分</td><td rowspan="2">堰槽式</td><td colspan="2">圆形堰</td><td>堰槽为环形状，堰式进流</td><td>4-28 (a)</td></tr>
<tr><td colspan="2">多面矩形堰</td><td>堰槽 2 面、3 面或 4 面开口，堰式进流</td><td>4-28 (b)、(c)</td></tr>
<tr><td colspan="3">堰门式</td><td>类似给排水工程中的堰门，靠门板的上下移动，完成闲置与滗水</td><td>4-32</td></tr>
<tr><td rowspan="3">按排水管性质分</td><td>柔性管</td><td colspan="2">波纹管</td><td>以柔性管可变性，作为追随水位变化的主要方法</td><td>4-28</td></tr>
<tr><td rowspan="2">刚性管</td><td colspan="2">可伸缩套筒</td><td>以可伸缩的套筒作为追随水位变化的方法</td><td>4-30</td></tr>
<tr><td colspan="2">旋臂直管</td><td>以刚性直管的转动作为追随水位变化的主要方法</td><td>4-31</td></tr>
<tr><td rowspan="4">按追随水位变化的力分</td><td rowspan="2">浮筒力</td><td rowspan="2">变浮力</td><td>注气</td><td>给浮筒注气并排出浮筒内的水，使集水管上浮，完成闲置；反之则完成滗水</td><td>4-28</td></tr>
<tr><td>压筒</td><td>将浮筒下压，使集水口抬高，闲置；反之则滗水</td><td>4-31 (a)</td></tr>
<tr><td rowspan="2">机械力</td><td colspan="2">螺杆传动</td><td>以螺杆的传动，完成闲置和滗水动作</td><td>4-34</td></tr>
<tr><td colspan="2">钢索传动</td><td>以钢索牵引使集水口抬出水面而闲置，重力滗水</td><td>4-31 (c)</td></tr>
<tr><td rowspan="3">按自动化程度分</td><td colspan="3">手动</td><td>定期、定时以手动操作使之滗水或闲置</td><td>4-29</td></tr>
<tr><td colspan="3">半自动</td><td>以水位和时间作为条件，连续控制滗水或闲置</td><td></td></tr>
<tr><td colspan="3">全自动</td><td>对水质、水位连续监测与控制实施周期性滗水或闲置</td><td></td></tr>
</table>

4.5.2 滗水器的型式

滗水器经不同设计，可产生多种型式。由于分类的方法不同，其命名各不一样，同一设备各地称呼不一，但大多是按照滗水器特性称呼。

4.5.2.1 固定式滗水器

固定式滗水器（亦可称为管式滗水器）由于其自身结构限制、仅适用于不追随水位变化的场合，选用时首先应考虑工艺要求。图 4-27 中几种结构可适用于不同工艺要求。

图 4-27（*a*）为虹吸管式：当需排水时，电磁阀打开，积聚在管上部的空气被放掉，关闭电磁阀，使之形成虹吸，自动排水，直至真空破坏后，停止排水，等待下一个循环。

图 4-27（*b*）为双层固定管式：利用手动阀或电磁阀完成滗水工作，曝气时管内会流入污水，所以排水时必须先排污水，在集水口，需考虑防止浮渣进入。其使用条件基本与虹吸式相同，所不同的是逐层递进，滗水深度可不受限制。

图 4-27（*c*）为固定短管式：没有集水管，由池壁伸出吸水管，靠手动阀的启闭进行操作，一般作为事故时的备用。

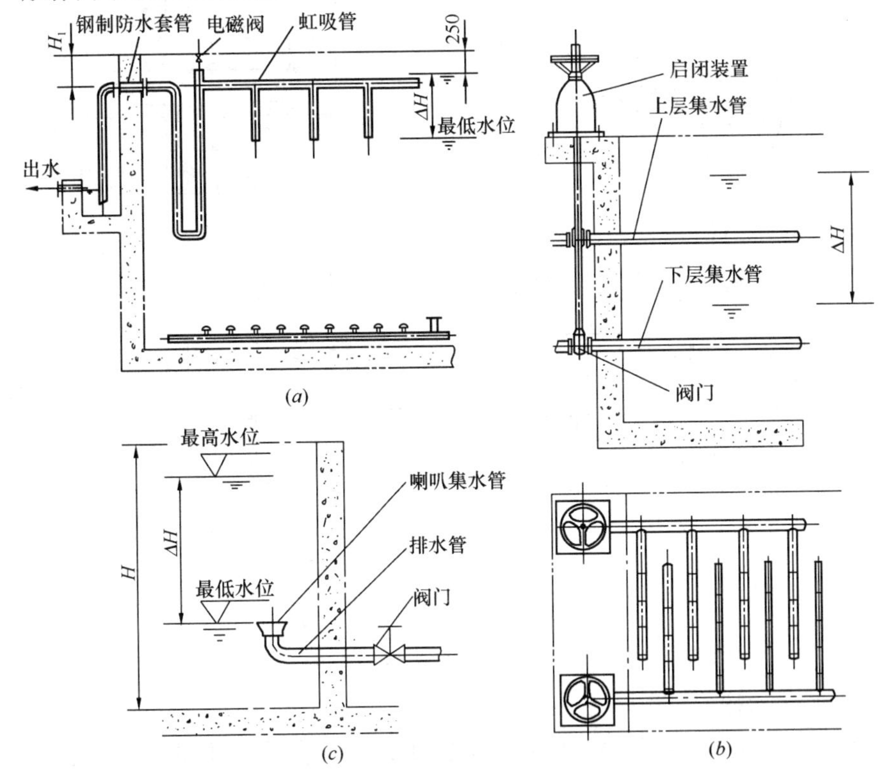

图 4-27 固定管式滗水器

（*a*）虹吸管式；（*b*）双层固定管式；（*c*）固定短管式

4.5.2.2 升降式滗水器（以下简称滗水器）

（1）柔性管滗水器：柔性管滗水器总体一般由浮筒、堰槽、柔性排水管和导轨等组成，追随水位变化的力可以是恒浮力，也可以是变浮力或机械力。

柔性排水管可以是橡胶软管或波纹管，考虑管子越粗柔性越差，故采用柔性管作排水管时，其滗水量一般不宜过大。

注气式柔性管滗水器：依靠给浮筒或浮箱内注气，产生浮力，使滗水器闲置；反之进行滗水。由于其追随水位变化的力是浮力，故通常也称为浮筒式滗水器。

图 4-28 是不同集水堰槽的注气式柔性管滗水器，一般排水量 150～200m^3/h。

图 4-28（*a*）为圆形集水堰槽结构。

图 4-28（*b*）为双面矩形集水堰槽结构。

图 4-28（*c*）为多面辐射矩形集水堰槽结构。

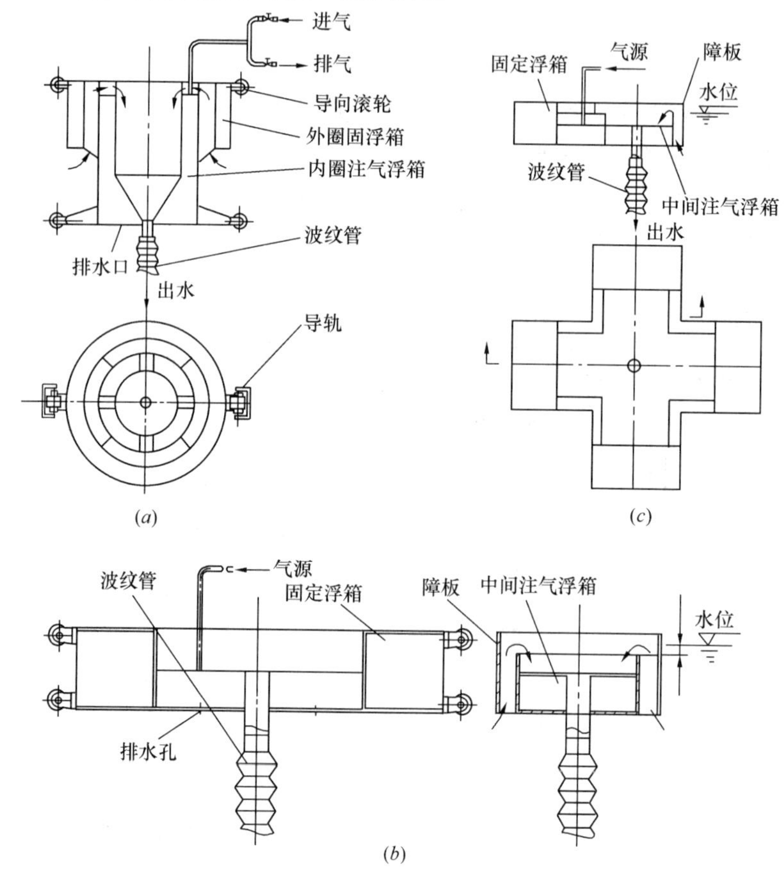

图 4-28　注气式柔性管滗水器

（*a*）圆形集水堰槽；（*b*）双面矩形集水堰槽；（*c*）多面辐射矩形集水堰槽

（2）刚性管滗水器：

1）手动式滗水器：其结构较为简单，如图 4-29 所示。适用于滗水量和滗水深度都不大的反应池，滗水时定期、定时手动操作，排水完毕即使之闲置。

2）套筒式滗水器：套筒式滗水器总体结构由可升降的堰槽和套筒等部件组成。缺点是：滗水深度受外套管容纳内套筒长度的限制，不能满足某些滗水深度大于 2/5 池内水深的工艺要求。

图 4-30 是双吊点螺杆传动套筒式滗水器。除此之外，常用的还有钢索传动套筒式滗水器等。

3）旋转式滗水器：旋转式滗水器目前在国内较大规模的水处理工程中应用较为广泛，其追随水位变化的种类比较多，可以是机械力亦可以是浮力，机械力以螺杆传动居多，浮

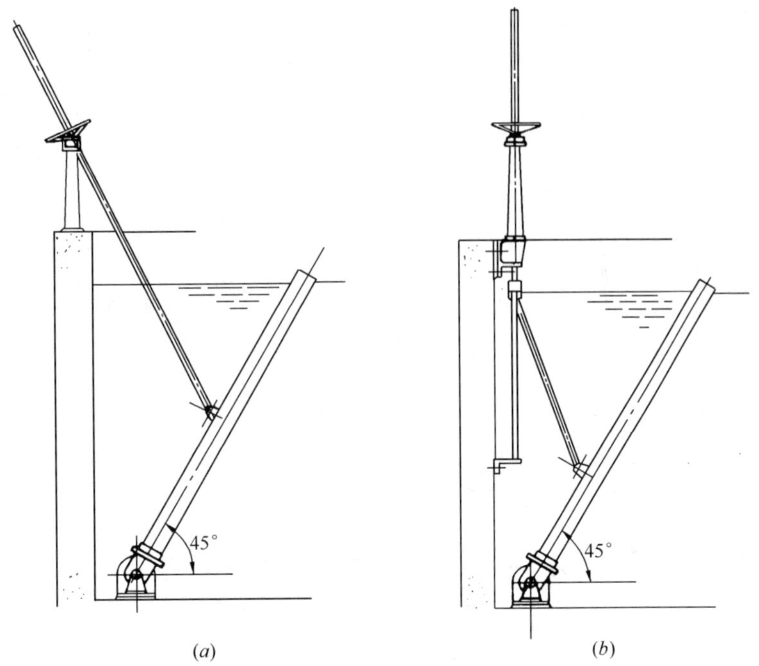

图 4-29 手动式滗水器

(a) 手动螺杆斜推旋转式滗水器；(b) 手动螺杆传动旋转式滗水器

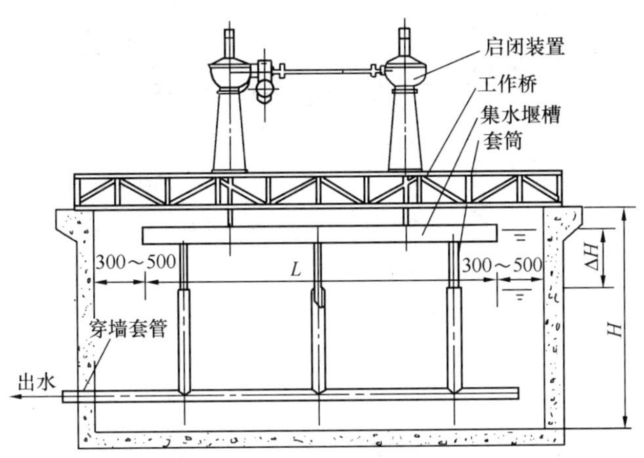

图 4-30 套筒式滗水器

力以压筒式居多。其优点是：滗水量和滗水范围大，便于控制。

其总体构成主要由集水管或集水槽、支管、主管、支座、旋转接头、动力装置、控制系统等组成。

旋转式滗水器一般采用重力自流，当滗水器降至最低位置时，堰槽内最低水位与池外水位（或出水口中心）差 ΔH 通常为 500mm 左右。其集水堰长度一般不宜超过 20m，滗水深度不宜小于 1m。

①压筒旋转式滗水器：如图 4-31（a）所示，该滗水器追随水位的变化靠浮筒和旋转接头，当需要停止滗水时，由气源供气，气缸动作，将浮筒下压，使集水管口抬高，从而

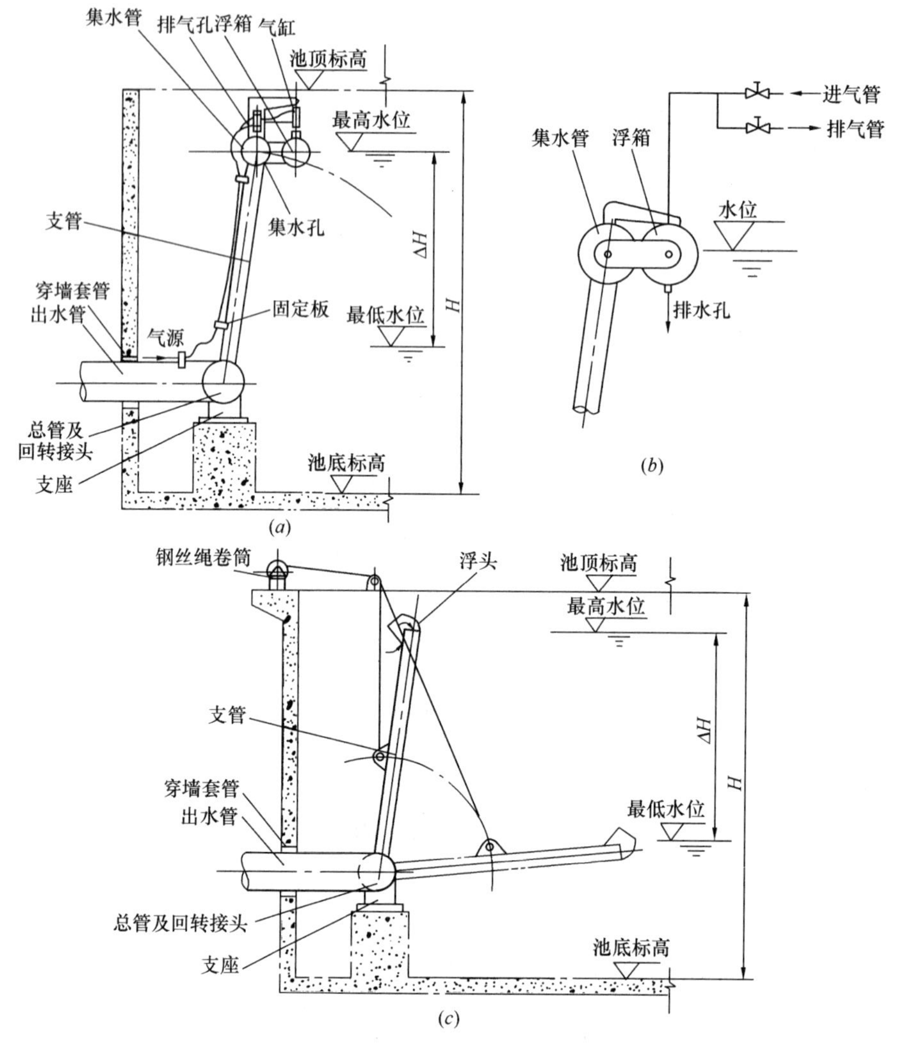

图 4-31 旋臂直管式滗水器

(a) 压筒旋转式；(b) 注气旋转式；(c) 绳索牵引旋转式

使滗水器处于闲置状态。

当需要滗水时，气源向气缸另一端供气，气缸内的推杆后缩，使浮筒处于上浮状态，集水管排气，使池内的上清液源源流入集水管，从而完成滗水动作。

② 注气旋转式滗水器：如图 4-31 (*b*)，该滗水器滗水时，使浮筒泄气进水，从而集水管下沉，排出一定的气体后，开始滗水，直到滗水结束，启动空压机，使浮筒内进气。排出浮筒内的水，浮力增加将集水口抬起，高出水面，停止滗水，滗水器处于闲置等待状态；池内水位升高时，浮筒带动集水口一起上浮，直到下一个循环。

由于滗水过程中，不同角度的重力不同，故应允许流量稍有变化。若要实现恒流量，在设计时，保证浮力的应变是关键，浮力的应变量应始终等于重力的增加量。

③ 绳索牵引旋转式滗水器：如图 4-31 (*c*) 所示，其滗水依靠重力，在闲置时，由钢丝绳卷筒将集水口吊离水面。条件是滗水时，相对于总管中心的重力力矩必须大于浮力和各部摩擦力产生的力矩之和。

(3) 堰门式滗水器：其工作原理基本与工程中常用的堰门相同，只是比普通堰多一挡渣板。其滗水深度有一定局限性，如图 4-32 所示。

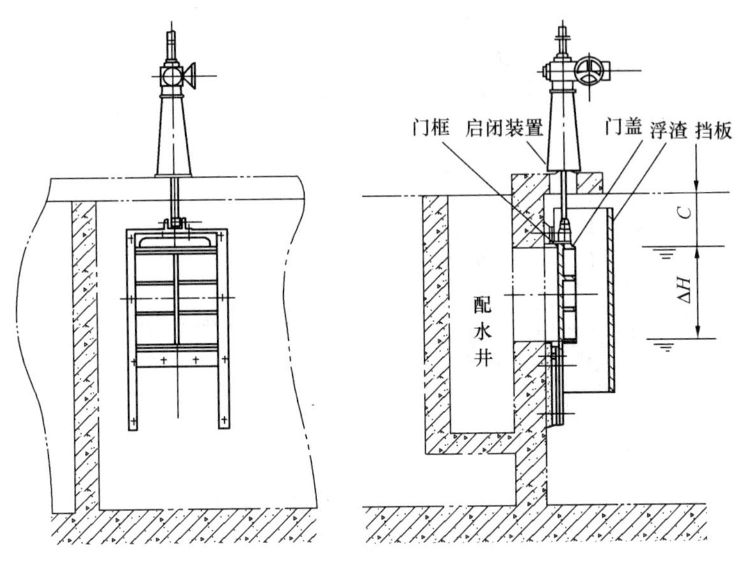

图 4-32 堰门式滗水器

4.5.3 螺杆传动旋转式滗水器

4.5.3.1 适用条件

旋转式滗水器适用于大型反应池中排水，其滗水深度一般可至 3m 左右，由于其机构限制，对堰口移动速率有较高要求，设计时应根据不同的工艺要求，制定一套控制堰口移动速率的措施。一般应采取等速率移动形式，当采用其他机构，而不能使集水口均速下降时，应考虑速度补偿措施或设立伺服机构。

根据图 4-33 所示，当 $e=0$，$L_1=L_2$时，可以导出 $\Delta x=\Delta y$。

$$v_a=\frac{\Delta x+\Delta y}{\Delta t}=2v_b$$

要使集水堰口等速率运行当 $\Delta x=\Delta y$ 时，从图 4-37 可见，必须 $\alpha=\beta+\gamma$，得

$$v_d=v_bL_3/L_1=0.5v_aL_3/L_1 \qquad (4\text{-}32)$$

式中 v_a——a 点上升速度；

v_b——b 点上升速度；

Δt——单位时间。

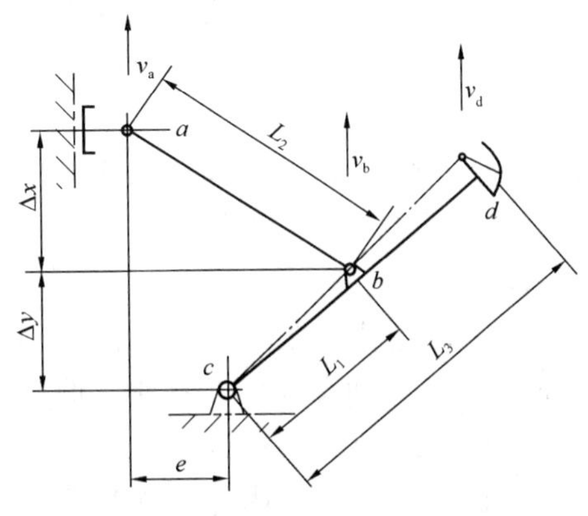

图 4-33 螺杆传动旋转式滗水器结构简图

4.5.3.2 总体构成

旋转式滗水器由集水槽、排水管组、回转支座、连杆装置、导轨及传动装置等组成。如图 4-34 所示。

4.5.3.3 动作程序

当需要排水时，控制元件给出信号（全自动型滗水器通过泥水界面计或 OPR 测定仪

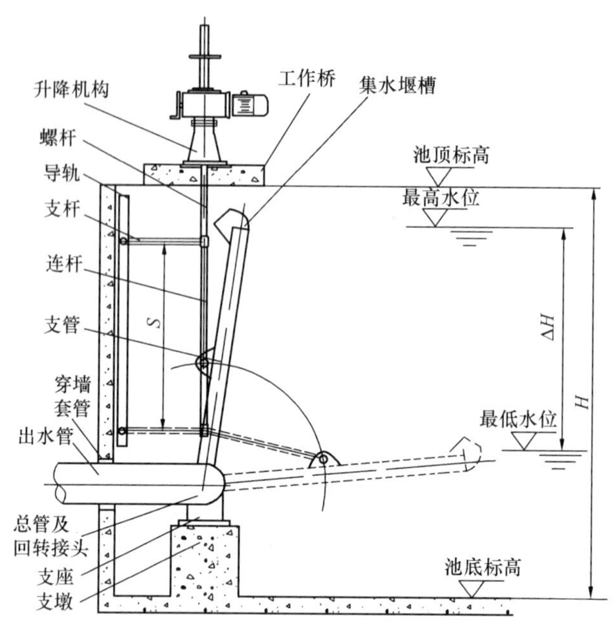

图 4-34 螺杆传动旋转式滗水器

等元器件；半自动型滗水器通过液位计、时间继电器等元件)，指令传动装置工作，螺母旋转，螺杆均速下降，撑杆按一定轨迹运动，使集水堰槽按设定速度下移，完全均量滗水。

当滗水结束后，可由液位控制仪给出最低极限信号，电机反转，牵引集水堰槽上移，回到预置位置，等待完成下一个循环。

在进水水位上升的速度大于堰口上升的速度时，一种办法是：考虑将电机改为调速电机，使集水堰槽复位速度加快。另有一种办法是：采用开合螺母。当集水堰槽上移时，开合螺母脱开，使集水堰槽依靠浮力上移。其优点是可实现随机控制，缺点是传动机构变得复杂，且滗水前螺杆必须克服集水堰槽较大的浮力。

如将滗水过程安排在沉淀过程中，首先应考虑滗水范围（也称滗水区域）问题，确定集水堰槽的下移速度，应结合污泥下沉速度，以确保滗水的同时，不影响污泥沉淀，这样才能真正节省循环时间，提高效益。

设计时应根据具体条件和自动化程度，先进行总体设计。

4.5.3.4 计算

(1) 集水堰槽：在恒定位移条件下，要使整个滗水过程状态稳定，最好的办法是在集水堰槽和支管之间添加回转接头，但显得较为复杂不太现实，为防止滗水时浮渣影响水质，一般可采用下列方式设计。

如图 4-35 (a) 所示内外浮渣挡板均采用固定钢板。另外尚有以浮筒作为挡渣板，亦较为实用，如图 4-35 (b) 所示。

(2) 堰长：可按通用矩形平堰公式（4-33）计算：

$$L=\frac{Q}{\mu_1 h_0\sqrt{2gh_0}} \tag{4-33}$$

式中 L——堰口长度（m）；

μ_1——矩形薄壁堰流量系数，可由(瑞包克 T. Rehbock)公式求出：

$$\mu_1 = (2/3)[0.605 + 1/(1050h_0 - 3) + 0.08\ h_0/f]$$

h_0——堰口水位高度（又称壅水高度），见图 4-35(c)。

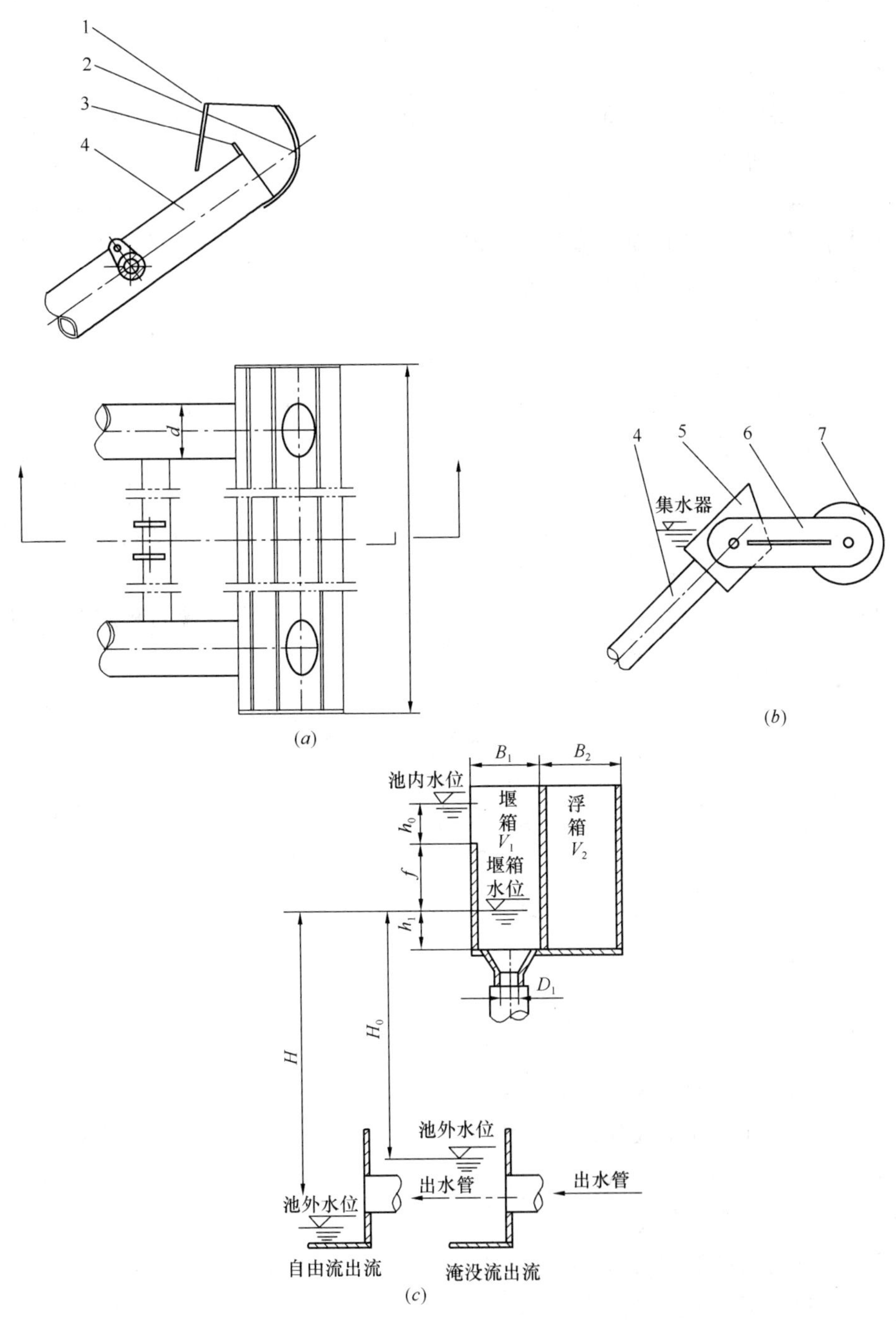

图 4-35 堰口挡渣板构造

(a) 内外侧固定式挡渣板；(b) 浮筒式挡渣板；(c) 堰槽出水示意

也可采用简化公式计算：

$$L = Q/3.6\mu$$

其中 Q——单台滗水器流量（m^3/h）；

μ——堰流负荷，一般为20～40L/(m·s)。

（3）总管管径：计算方法见公式（4-34）。

$$D = kQ^{0.5}g^{-0.25}H^{-0.25} \tag{4-34}$$

式中 D——总管直径（m）；

H——当滗水器降至最低位置时，堰槽内最低水位与池外水位（或出水口中心）差，取小值；

k——流速系数1.06～1.42，与重力加速度及流量系数有关，与H成反比。

（4）支管直径：支管面积和总管面积相等时，会造成阻流现象，故应考虑一定的安全系数，可按式（4-35）计算支管直径为

$$d = k_1 n^{-0.5} D \tag{4-35}$$

式中 d——支管直径（m）；

k_1——支管面积安全裕度，与支管长度有关（一般为1.05～1.1）；

n——支管数量。

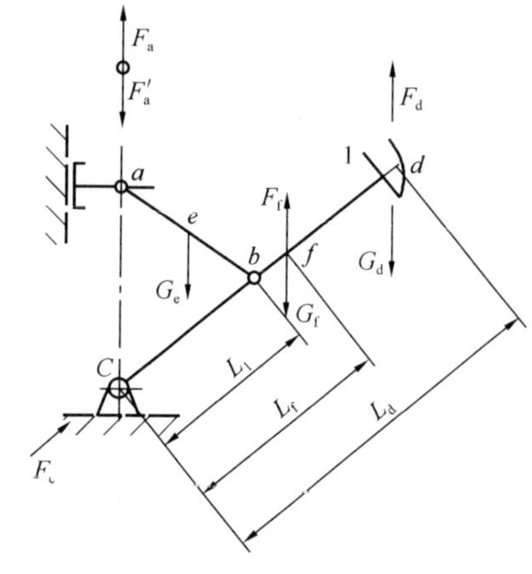

图4-36 螺杆传动旋转式滗水器受力图

（5）螺杆的垂直作用力：计算螺杆作用力前，应先进行浮力计算。浮力的计算可分作两步考虑。

1）滗水前：浮力等于支管的有效容积加上集水槽的有效容积。

2）滗水时：浮力等于滗水前的浮力减去滗水时滗水器中所增加的水重。

如图4-36所示，根据理论力学中力的平衡原理，可分别求得滗水前后螺杆上的作用力，按式（4-36）、式（4-37）为

拉力：
$$F_a = F_M + \frac{G_e L_1 + 2G_d L_d + 2G_f L_f + M}{4L_1} \tag{4-36}$$

压力：
$$F'_a = F_M + \frac{(F_d - G_d)L_d + (F_f - G_f)L_f + M}{2L_1} \tag{4-37}$$

式中 F_a——螺杆拉动时最大作用力（N）；

F'_a——螺杆压动时最大作用力（N）；

G_e——连杆机构的重力（N）；

G_d——集水槽组件的重力（N）；

G_f——支管组件的重力（N）；

F_d——集水槽所产生的浮力（N）；

F_f——支管所产生的浮力（N）；

F_M——撑杆滑动副所产生的摩擦阻力，与加工精度有关；

M——回转接头所产生的摩擦转矩（N·m），与加工精度、密封材料和回转接头的直径有关。

由上述公式可以看出，在整个工作过程中，螺杆的作用力与转动角度无关。

压力计算公式为近似计算式，一般作验算用，当支管和集水槽的浮力远大于其重力，使 F'_a 大于 F_a 时，应按 F'_a 的大小确定功率和计算构件刚度。

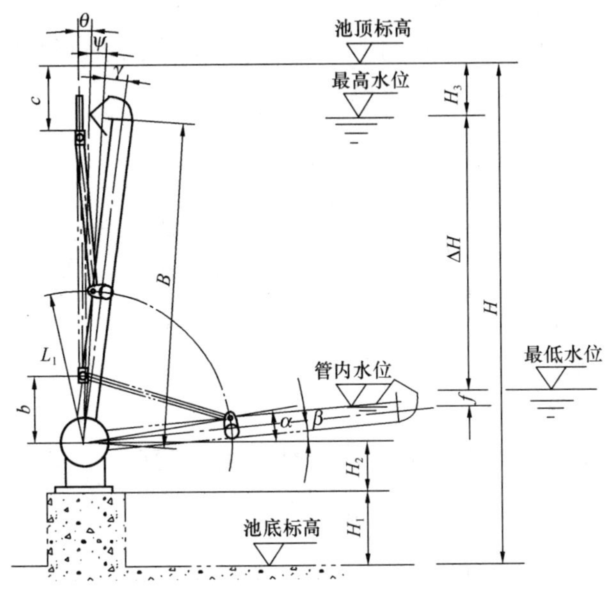

图 4-37　螺杆传动旋转式滗水器极限位置示意

(6) 支管长度：图 4-37 标出了旋转式滗水器的两个极限位置，可以看出，旋转式滗水器的有效转动范围与滗水深度密切相关，ψ 角是挡住浮渣的最小角度。

上极限位置：螺杆与集水槽之间有一定的安全角度 θ，一般取 3°～5°，以防止碰撞。

下极限位置：也宜设计一定的起始角度 β，堰口的最低位置不应低于总管上口。

支管长度计算公式（4-38）为

$$B=\frac{\Delta H}{\cos(\theta+\psi)-\sin(\beta+\gamma)} \tag{4-38}$$

式中　B——堰口至总管中心的长度（m）；

ΔH——滗水深度（m）；

$\theta+\psi$——堰口上极限角（度）；

$\beta+\gamma$——堰口下极限角（度）。

采用旋转式滗水器，一般其最小滗水深度不宜小于 1m。

(7) 连杆与支杆：根据螺杆作用力公式（图 4-36），连杆的长度 L_1 与螺杆作用力成反比，即 L_1 值越大，F_a 值越小，L_1 值越小，各杆件受力越大，因此 L_1 宜取 $(0.3\sim0.5)B$。当 $L_1>0.5B$ 时也不宜超出图 4-37 中 C 值范围（约 400），否则需相对抬高操作平台高度。

连杆承受的力：

$$F'=\frac{F_a}{\sin\alpha}$$

支杆承受的力：

$$F'' = \frac{F_a}{\tan\alpha}$$

上述公式表明，连杆和支杆的受力随 α 角的变化而不同，设计时应根据 F' 和 F'' 的最大值校核其强度，校核刚度时，上式 F_a 值应以 F'_a 代入，同样取其最大值。

(8) 流量、滗水时间与滗水速度：为保证整个工艺的连续出水，滗水器的台数、单台流量和滗水时间是根据工艺要求确定的。

当滗水过程在沉淀过程后，则滗水吮间应尽量短，当滗水过程穿插在沉淀过程中，则滗水时间不能小于沉淀的时间。

三者关系式为

$$T = \frac{A\Delta H}{Qn'},\ v' = \frac{\Delta H}{T}$$

式中　Q——单台滗水器流量（m^3/h）；

n'——单池中滗水器数量；

A——反应池面积（m^2）；

v'——单池水位下降速度（m/h）；

T——滗水时间（h）。

单池中多台滗水器集水堰槽的垂直下降速度（滗水速度）计算式（4-39）为

$$v_d = \frac{Qn'}{A} \tag{4-39}$$

(9) 功率，按式（4-40）为

$$N = \frac{F_{max} v_a}{\eta_n} \tag{4-40}$$

式中　N——电动机功率（kW）；

η_n——机械传动总效率 $\eta_n = \eta_1 \eta_2 \eta_3$；

式中　η_1——蜗轮蜗杆传动效率；

η_2——轴承传动总效率；

η_3——螺纹传动效率；

F_{max}——螺杆最大作用力（kN）；

v_a——螺杆移动速度（m/s）。

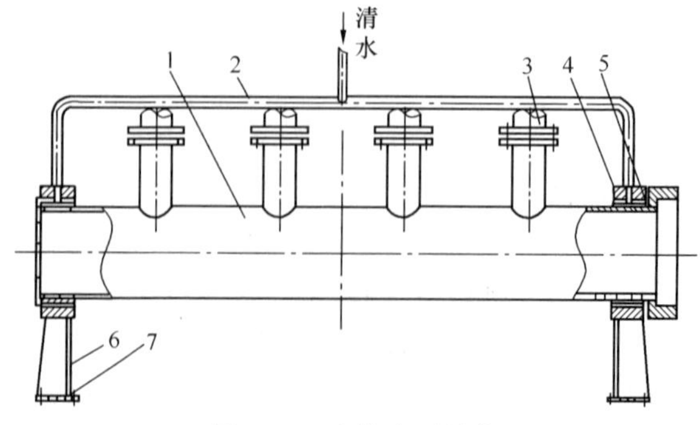

图 4-38　主管支承结构

1—总管；2—润滑水管；3—支管；4—衬套；5—轴瓦；6—支承座体；7—连接螺栓

(10) 主管支承：根据图 4-36 管座受力为

$$F_c = \frac{F_a \cos 2\alpha}{\sin\alpha}\ (N)$$

图 4-38 所示，主管与支管采用的是分散式结构，利用法兰连接。

主管支承置于主管中间，结构应为对夹式。

主管支承的另一种结构是设置在主管的两端，此时主管与支管可直接采用焊接连接。

(11) 旋转接头与密封：旋转接头采用填料加压盖密封，与本手册中旋转套筒接头类似，如图 4-39 所示。

(12) 导轨与支杆：图 4-40 采用的是滚轮摩擦副，导槽内设置了耐磨条。如采用滑块式结构，可参照机械设计手册相关内容。

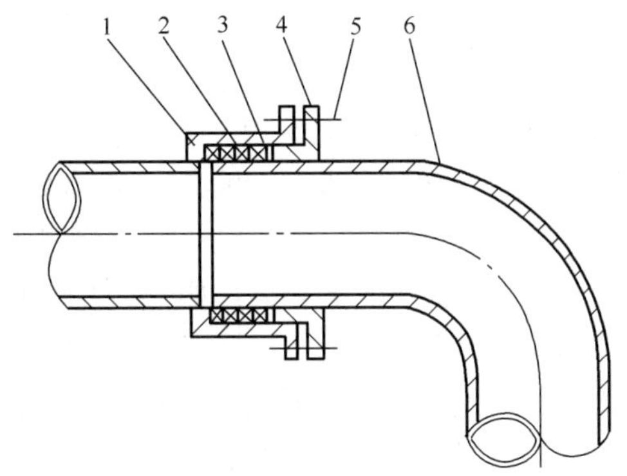

图 4-39 旋转接头结构
1—填料箱；2—填料；3—垫板；4—填料压盖；5—螺栓；6—弯头

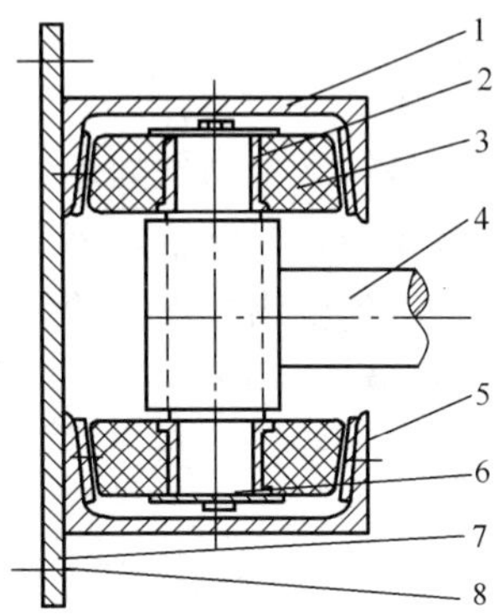

图 4-40 滚轮摩擦副结构
1—导槽；2—衬套；3—滚轮；4—支杆；5—耐磨条；6—销轴；7—连接板；8—连接螺栓

(13) 传动装置：主要由电动机、蜗轮蜗杆、减速箱、传动螺母及螺杆、过力矩保护装置等组成。

传动装置的变速，主要是采用电磁调速电机或变频调速电机。

选用成品电机装置，应考虑其电机的连续工作时间。

5 曝 气 设 备

曝气设备是给水生物预处理、污水生物处理的关键性设备。其功能是将空气中的氧转移到曝气池液体中，以供给好氧微生物新陈代谢所需要的氧量，同时对池内水体进行充分均匀的混合，达到生物处理目的。

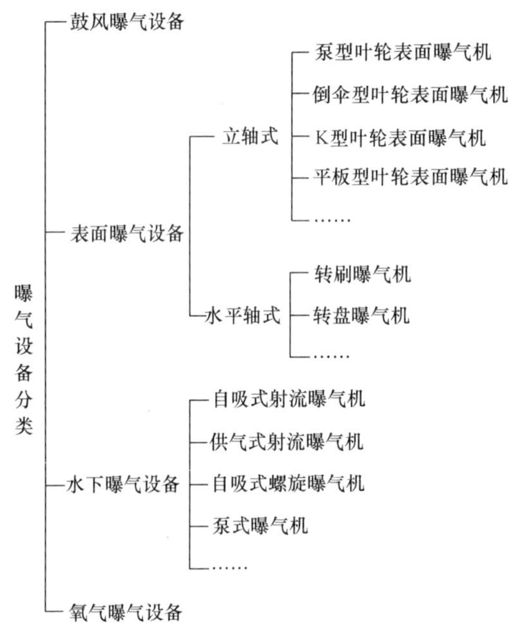

图 5-1 曝气设备分类

曝气设备分类，如图 5-1 所示。

其中：

(1) 鼓风曝气设备由空气加压设备、管路系统与空气扩散装置组成。空气加压设备一般选用鼓风机。空气扩散装置有扩散板、竖管、穿孔管、微孔曝气头等多种形式。

(2) 氧气曝气设备由制氧、输氧和充氧装置等组成。氧气曝气法在我国尚不多见，国外有所应用。与空气曝气法相比较，其主要特点在于能够提高曝气的氧分压。空气法的氧分压为 0.21 个大气压，而氧气法的氧分压可达 1 个大气压。因而水中氧的饱和浓度可提高 5 倍；氧吸收率高达 80%～95%；氧传递速率快，在活性污泥法中维持高达 6～10mg/L 的浓度。故同一污泥负荷条件下，要取得同等效果的处理水质，氧气曝气法曝气时间可大为缩短，曝气池容积可减小，并能节省基建投资，但运转成本较高。

(3) 表面曝气设备，主要作用是把空气中的氧溶入水中。曝气器在水体表面旋转时产生水跃，把大量水滴和片状水幕抛向空中，水与空气的充分接触，使氧很快溶入水体。充氧的同时，在曝气器转动的推流作用下，将池底层含氧量少的水体提升向上环流，不断地充氧。

(4) 水下曝气设备在水体底层或中层充入空气，与水体充分均匀混合，完成氧的气相到液相转移。

以上四类充氧曝气设备，常用的有鼓风曝气设备和表面曝气设备。鼓风曝气设备的设计选用，详见《给水排水设计手册》第 5 册《城镇排水》和第 12 册《器材与装置》。本章主要对表面曝气设备进行阐述，并对水下曝气设备作一般介绍。

5.1 表 面 曝 气 机 械

表面曝气机械在我国应用较为普遍。与鼓风曝气相比，不需要修建鼓风机房及设置大量布气管道和曝气头，设施简单、集中。一般不适用于曝气过程中产生大量泡沫的污水。其原因是由于产生的泡沫会阻碍曝气池液面吸氧，使溶氧效果急剧下降，处理效率降低。

根据目前实践经验，表面曝气机械适用于中、小规模的污水处理厂。当污水处理量较大时，采用多台表面曝气机械设备会导致基建费用和运行费用的增加，同时维护管理工作比较繁重。此时应考虑鼓风曝气工艺。

5.1.1 立轴式表面曝气机械

立轴式表面曝气机械的成套设备有多种形式，其机械传动结构大致相同，主要区别在于曝气叶轮的结构形式，有泵（E）型叶轮、倒伞型、K_3 型叶轮、平板型叶轮等。

5.1.1.1 泵（E）型叶轮表面曝气机

(1) 总体构成：泵（E）型表面曝气机由电动机、传动装置和曝气叶轮三部分组成。

1) 按整机安装方式有固定式与浮置式两类：

① 固定式：是整机固定安装在构筑物的上部，如图 5-2 所示。

② 浮置式：是整机安装于浮筒上，如图 5-3 所示。主要用于液面高度变动较大的氧化塘、氧化沟和曝气湖，根据需要还可在一定范围内水平移动。

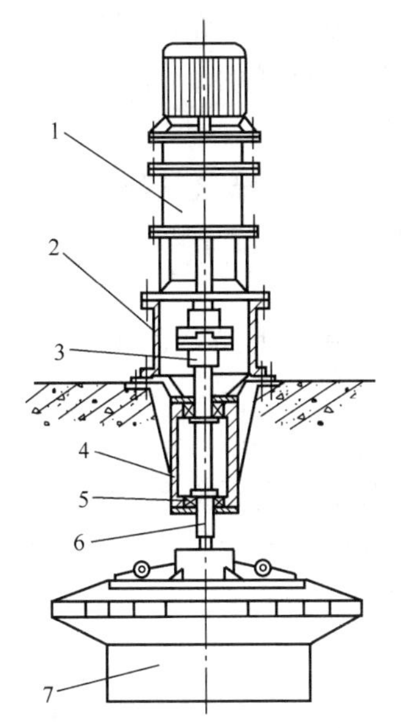

图 5-2 立式同轴布置叶轮曝气机

1—行星摆线针轮减速机；2—机座；3—浮动盘联轴器；4—轴承座；5—轴承；6—传动轴；7—叶轮

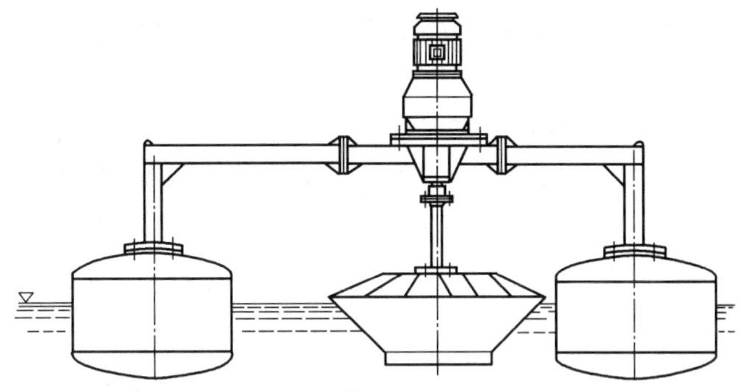

图 5-3 浮置式叶轮曝气机

2) 按电动机输出轴的位置分卧式安装与立式安装。

① 卧式安装：电动机转轴轴线呈水平状，其减速机输入轴线与输出轴线夹角呈 90°，如图 5-4 所示。

② 立式安装：电动机转轴轴线呈铅垂状，其减速机输入轴线与输出轴线在同一轴线上，或在同一铅垂平面上，如图 5-2 所示。

3) 按叶轮浸没度可调与否分为可调式与不可调式。

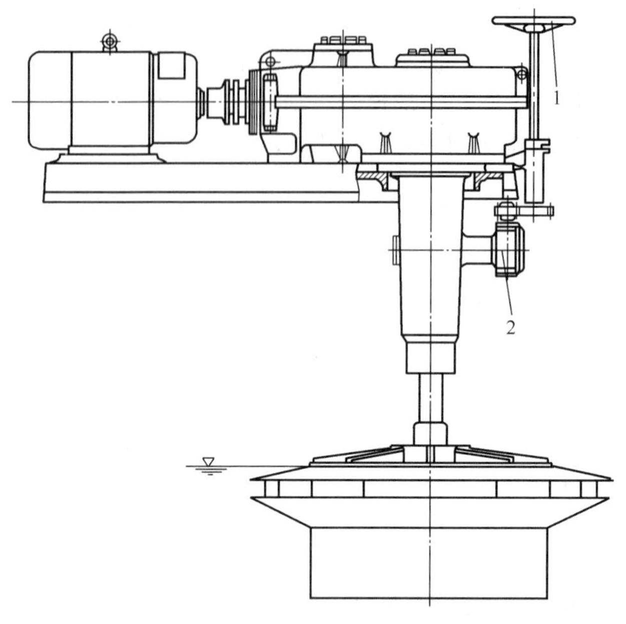

图 5-4　浸没度可调式叶轮曝气机

1—浸没度调节手轮；2—浸没度调节机构

① 可调式：见图 5-4，用调节手轮 1 通过调节机构 2 调节叶轮的浸没度。另一种调节方式，采用螺旋调节器调整整机的高度，达到调整叶轮浸没度，以提高或降低充氧量的目的，同时也能弥补土建施工误差。但调节过程相对较为复杂。

整机调整完毕后，必须采取锁定措施，防止运行振动产生的移位。

② 不可调式：无调节机构。

4）按调速要求可分为无级变速、多速、定速 3 种。调速适用于进水水质和水量变化较大，要求改变曝气叶轮的线速度以满足不同充氧量的工况。但设备结构复杂，费用随调速技术要求的提高而有不同程度的增加。

（2）叶轮结构：泵（E）型叶轮是我国自行研制的高效表面曝气叶轮。多年来广泛应用于石油化工、制革、印染、造纸、食品、农药和煤气等行业以及城市污水的生物处理。

泵（E）型叶轮的构造，如图 5-5（*a*）所示。由平板、叶片、上压罩、下压罩、导流锥顶和进水口等构成。

泵（E）型叶轮充氧量及动力效率较高，提升能力强，但制造稍复杂，且易被堵塞。运转时应保持叶轮有一定的浸没度（约 4cm），否则运行不久即产生“脱水”现象。

泵（E）型叶轮的结构尺寸，如图 5-5（*b*）所示。叶轮各部分尺寸与叶轮直径 *D* 的比例关系见表 5-1。在制造加工过程中，对表 5-1 所列的比例可作局部修改，使得制造放样更加合理、方便，修正如图 5-6 所示。

叶轮各部分尺寸与叶轮直径 *D* 的比例关系　　**表 5-1**

代　号	尺　寸	代　号	尺　寸	代　号	尺　寸	代　号	尺　寸
D	D	S	$0.0243D$	R	$0.503D$	$n_1$①	$0.000035D^2$
D_1	$0.729D$	m	$0.0343D$	H	$0.396D$	$d_2$②	$\phi16$
D_2	$1.110D$	h	$0.299D$	b_1	$0.0868D$	$n_2$②	$0.000002D^2$
D_3	$0.729D$	l	$0.139D$	b_2	$0.177D$	C	$0.139D$
D_4	$0.412D$	$d_1$①	$\phi3$	b_3	$0.0497D$	h_s	0～40mm

① 初始资料为 $\frac{6}{10000}$ 进水口面积；

② 初始资料为 $\frac{1}{1000}$ 进水口面积。

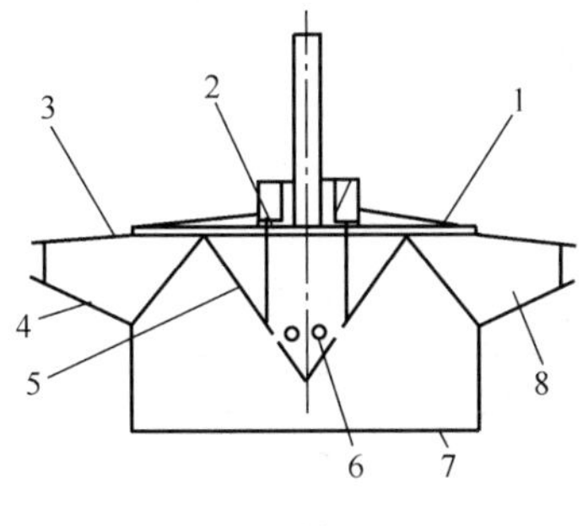

(*a*)

叶轮直径 (mm)	叶片数 (片)
600	8
900	12
1200	15
1500	18
1800	22
2100	24

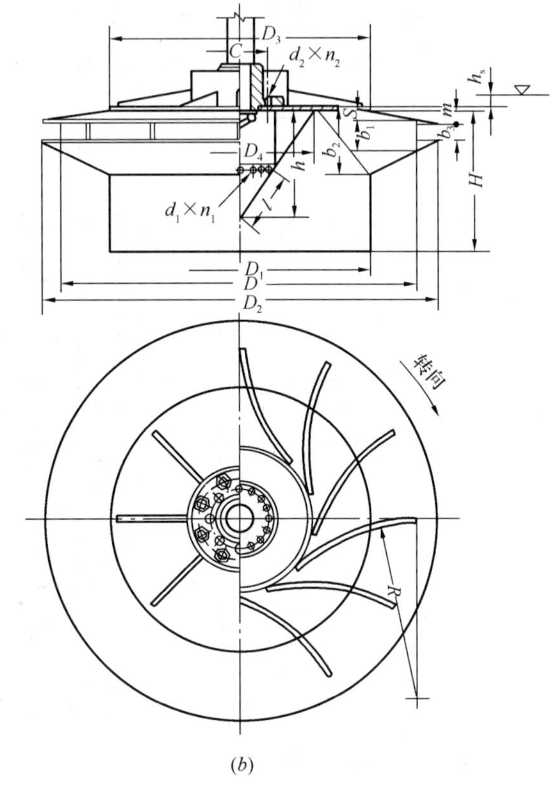

(*b*)

图 5-5 泵（E）型叶轮

（*a*）叶轮构造示意；（*b*）叶轮的结构尺寸

1—上平板；2—进气孔；3—上压罩；4—下压罩；5—导流锥顶；6—引气孔；7—进水口；8—叶片

(3) 叶轮作用原理

图 5-7 所示为泵（E）型表面曝气机叶轮运转时曝气池中水流循环示意。其作用原理为：

1) 水在转动的叶轮作用下，不断地从叶轮周边呈水幕状被抛向水面，并使水面产生波动水花，从而带进大量空气，使得空气中的氧迅速溶解于水中。

2) 由于叶轮的离心抛射和提升作用，水体快速地上下循环产生一个强大的回流，液面不断更新，以充分接触空气充氧。

(4) 泵（E）型叶轮充氧量及轴功率：可按经验公式（5-1）、式（5-2）计算：

$$Q_s = 0.379K_1v^{2.8}D^{1.88} \tag{5-1}$$

$$N_{轴} = 0.0804K_2v^3D_{2.08} \tag{5-2}$$

式中 Q_s——标准条件下（水温 20℃，一个大气压）清水的充氧量（kg/h）；

$N_{轴}$——叶轮轴功率（kW）；

v——叶轮周边线速度（m/s）；

D——叶轮公称直径（m）；

K_1——池形结构对充氧量的修正系数；

K_2——池形结构对轴功率的修正系数。

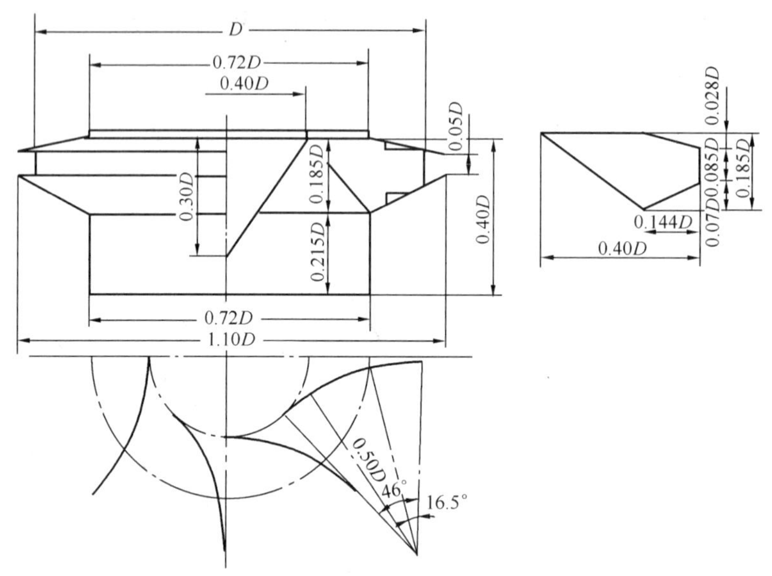

图 5-6 泵（E）型叶轮几何尺寸修正

K_1、K_2 池型修正系数见表 5-2。

K_1、K_2 **表 5-2**

K	池形			
	圆 池	正方池	长方池	曝气池
K_1	1	0.64	0.90	0.85～0.98
K_2	1	0.81	1.34	0.85～0.87

注：1. 圆池内设四块挡板，正方池和长方池不设挡板；
2. 表列曝气池指曝气与沉淀合建式水池。

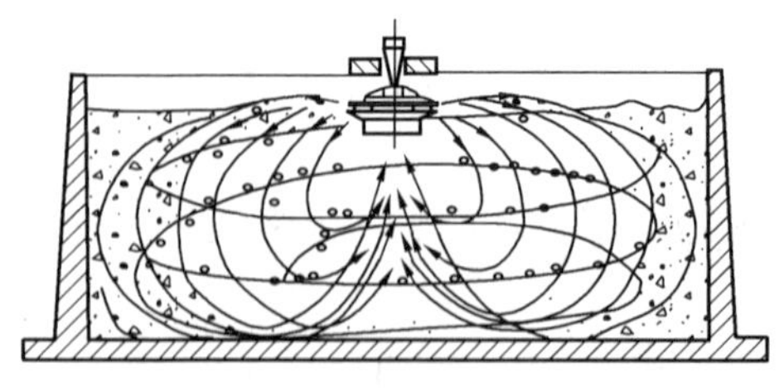

图 5-7 泵（E）型表面曝气机械运行时曝气池中水流循环示意

此外，对下述情况，可分别采用如下 K_1、K_2 值：

1）分建式圆池：池壁光滑无凸缘、池壁四面有挡流板、池内无立柱，则 $K_1=1$，$K_2=1$。

2）合建式加速曝气池：多角形曝气筒、池壁有凸缘和支撑、池内无立柱、回流窗关闭、回流缝堵死，则 $K_1=0.85\sim0.98$、$K_2=0.85\sim0.87$；回流窗全开、回流缝通畅，则 $K_1=1.11$、$K_2=1.14$。

3）方池：池壁光滑无凸缘、池内无立柱，则 $K_1=0.89$，$K_2=0.96$。

图 5-8 所示为泵（E）型叶轮的线速度、直径与充氧量的关系。图 5-9 所示为泵（E）型叶轮的线速度、直径与轴功率的关系。

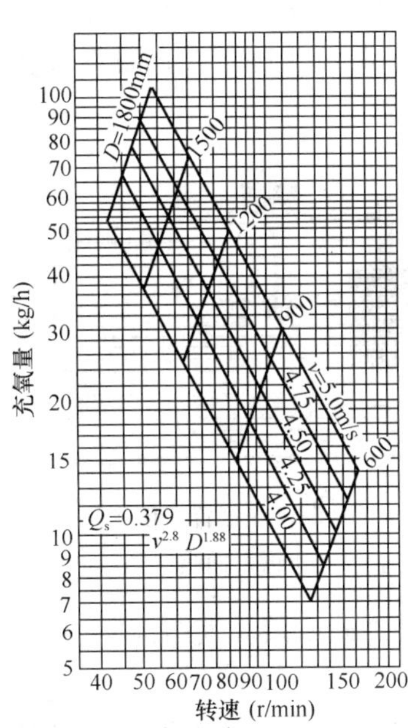

图 5-8 泵（E）型叶轮线速度、直径与充氧量关系

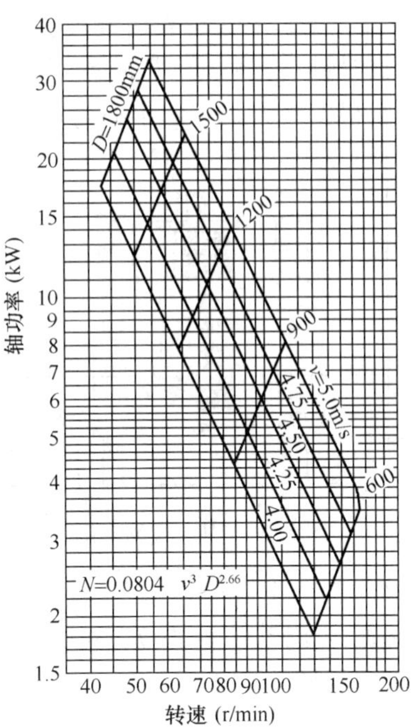

图 5-9 泵（E）型叶轮线速度、直径与轴功率关系

叶轮外缘最佳线速度应在 4.5～5.0m/s 范围内。如线速度小于 4m/s，在曝气池中有可能引起污泥沉积。对于叶轮的浸没度，应不大于 4cm。过深要影响充氧量，而过浅则容易引起叶轮脱水，使运转不稳定。此外，叶轮不可反转，反转会使充氧量下降。

(5) 设计与选型原则：

1) 叶轮直径与曝气池直径或正方形边长的关系：

$$\frac{\text{叶轮直径}}{\text{曝气池直径或正方形边长}} = \frac{1}{4.5 \sim 7.5}$$

2) 叶轮直径与曝气池水深的关系：

$$\frac{\text{叶轮直径}}{\text{曝气池水深}} = \frac{1}{2.5 \sim 4.5}$$

上述叶轮直径与曝气池水深之比$<\frac{1}{3.5}$时，应考虑设置导流筒，以保证曝气液体完全混合，有利于提高处理效果。否则不必设置导流筒，如果装了，反而增加功率消耗。

3) 叶轮浸没度：叶轮浸没度大小对电动机输入功率无太大影响。但浸没度过浅产生脱水现象，过深影响水跃，使充氧量下降。一般浸没 40mm 为宜。

4) 叶轮叶片数：叶轮叶片数过少、过多都会影响充氧。一般叶片数以保持叶片外缘间距 250mm 左右为宜。根据叶轮直径大小采用叶片数的推荐值，见表 5-3。

根据叶轮直径大小采用叶片数的推荐值 **表 5-3**

叶轮直径（m）	0.6	0.9～1	1.2	1.5	1.8	2.1
叶片数（片）	8	12	15	18	22	24

5.1.1.2 倒伞形叶轮表面曝气机

（1）总体构成：倒伞形表面曝气机由电动机、传动装置和曝气叶轮三部分组成。

1）按整机安装方式有固定式与浮置式两种：图 5-10 为固定式；图 5-11 为浮置式。

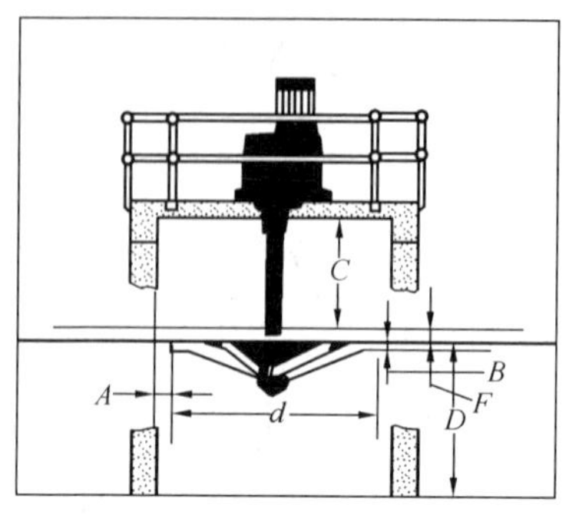

图 5-10　固定式倒伞形叶轮表面曝气机

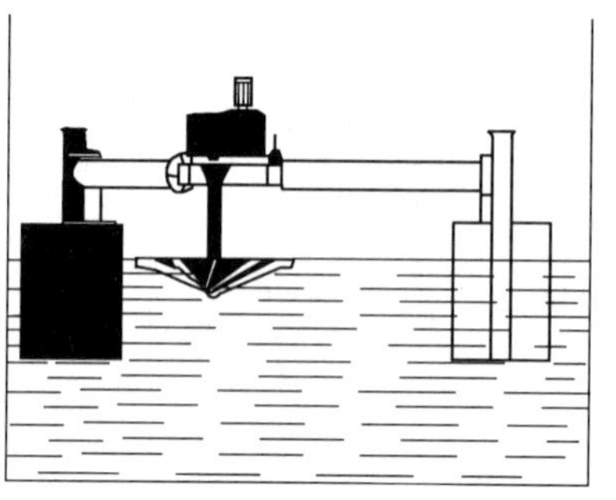

图 5-11　浮置式倒伞形叶轮表面曝气机

2）按电动机出轴轴线的位置可分为卧式安装与立式安装。其结构形式与泵（E）型叶轮表面曝气机类同。

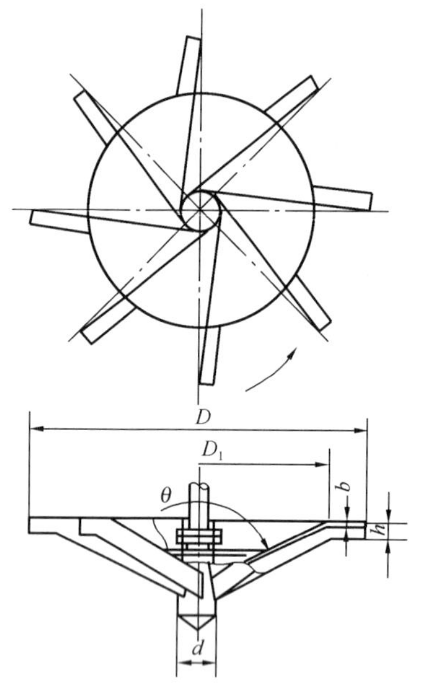

图 5-12　倒伞形叶轮结构

3）倒伞形叶轮表面曝气机也可做成浸没度可调式。其浸没度的调节可采用叶轮轴可升降的传动装置（参见图 5-4），以及由螺旋调节器调整整机高度，达到叶轮浸没度调节的目的。也可以通过调节曝气池的出水堰门来实现。浮置式叶轮浸没度的调节靠增加或减少浮筒内的配重。

（2）叶轮结构：倒伞形（又称辛姆卡型）叶轮结构，如图 5-12 所示。直立在倒置浅锥体外侧的叶片，自轴伸顶端的外缘，以切线方向对周边放射，其尾端均布在圆锥体边缘水平板上，并外伸一小段，与轴垂直。叶轮一般采用低碳钢制作，表面涂防腐涂料，当应用在腐蚀性强的污水中时，可采用耐腐蚀金属制造。

倒伞形叶轮各部分尺寸关系，见图 5-12、表 5-4。

（3）叶轮作用原理：图 5-13 及图 5-14 为倒伞形叶轮充氧作用原理示意。其作用原理为：

倒伞形叶轮各部分尺寸关系　　表 5-4

D(mm)	D_1	d	b	h	θ(°)	叶片数(个)
叶轮直径	(7/9)D	(10.75/90)D	(4.75/90)D	(4/90)D	130	8

1）当倒伞形叶轮旋转时，在离心力作用下，水体沿直立叶片被提升，然后呈低抛射线状向外甩出，造成水跃与空气混合、进行充氧。

2）叶轮旋转时，叶片后侧形成低压区，吸入空气充氧。

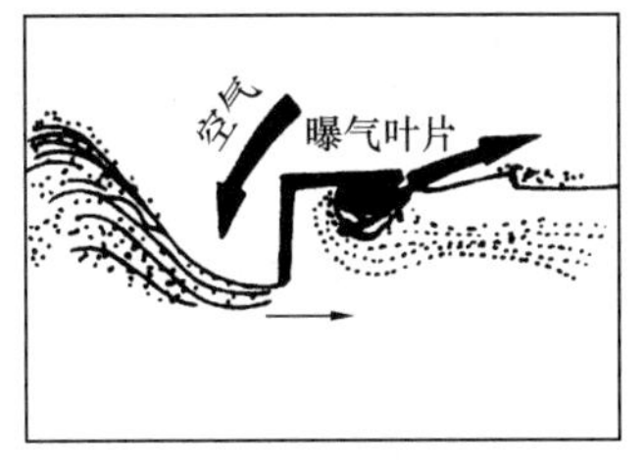

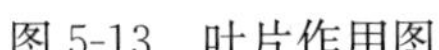
图 5-13 叶片作用图

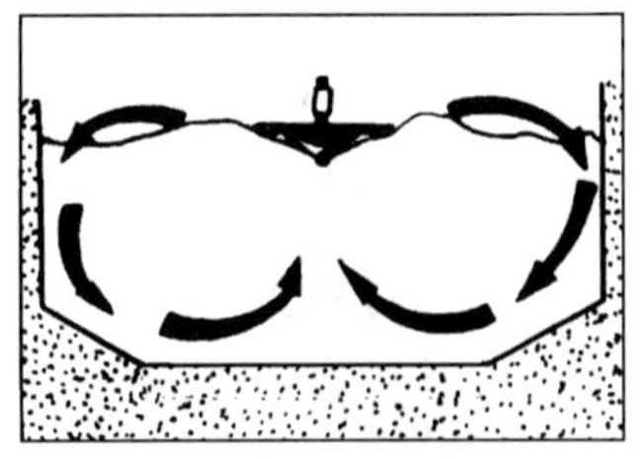
图 5-14 曝气环流图

3）叶轮旋转时产生离心推流作用，不断地提水和输水，使曝气池内形成环流，更新气液接触面，进一步进行氧传递。

有些倒伞形叶轮上钻有吸气孔，可以提高叶轮的充氧量。

(4) 倒伞形叶轮充氧量及轴功率：倒伞形叶轮充氧量性能及安装要求，参见表 5-5、图 5-15。叶轮转速在 27～84r/min 之间，叶轮外缘线速度一般在 5.25m/s 左右。动力效率一般为 1.8～2.44kgO_2/(kW・h)，运行条件在最佳状态可达 2.5 kgO_2/(kW・h)。

倒伞形叶轮表曝机性能及安装要求 **表 5-5**

型号 (No)	直径 d (mm)	充氧量* (kg/d)	离池底距离 D^+ (mm)	电动机功率		设备质量+ (kg)	离桥距离 C (mm)	叶片最小浸没度 B^+ (mm)	最大浸没度 F (mm)
				(hp)	(kW)				
40	1016	26～40	1400～2000	1	0.75	260	340	30	90
45	1143	52～80	1600～2300	2	1.50	300	380	35	100
50	1270	104～160	1750～2600	4	3	400	430	35	110
56	1422	145～240	2000～2850	$5\frac{1}{2}$	4	490	480	40	115
64	1626	265～400	2300～3250	10	7.5	730	550	45	135
72	1829	400～600	2600～3700	15	11	1110	610	50	160
80	2032	530～800	2850～4100	20	15	1290	680	55	170
90	2286	800～1230	3200～4600	30	22	1950	770	60	190
110	2540	1000～1600	3600～5100	40	30	2340	850	70	210
112	2845	1300～2000	4000～5500	50	37	3730	950	80	240
128	3251	2000～3000	4500～5800	75	55	5500	1100	90	270
144	3658	2600～4000	5100～6000	100	75	6470	1250	100	300

表 5-5 中，带“*”号数据在下列标准条件下测得：

1）溶解氧为零。

2）0.1MPa 大气压。

3）纯净清水。

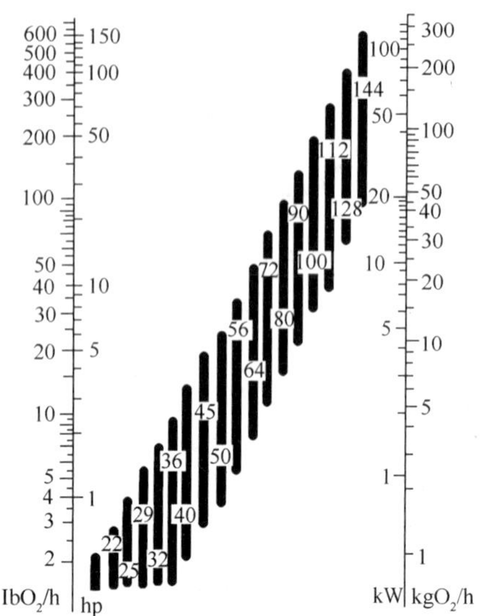

图 5-15 倒伞形叶轮表曝机充氧能力大约值

4）温度 10℃。

带"+"号尺寸为名义值。表内字母如图 5-10 所示。

图 5-15 充氧测试条件：

1）溶解氧为零。

2）0.1MPa 大气压。

3）纯净自来水。

4）温度 10～20℃。

图 5-15 所列功率为倒伞形叶轮轴功率。型号（22～144）是用英寸表示的倒伞形叶轮直径。

倒伞形叶轮轴功率计算，按公式（5-3）为

$$N_{轴} = N_{慢}\left(\frac{n_{实}}{n_{慢}}\right)^{x} \tag{5-3}$$

式中 $N_{轴}$——轴功率（kW）；

$N_{慢}$——相对慢转速功率（kW），

$$N_{慢} = 0.353D^3,$$

其中 D——叶轮直径（m）；

$n_{实}$——叶轮实际转速（r/min）；

$n_{快}$——相对快转速（r/min），$n_{快} = \left(\frac{873}{D}\right)^{\frac{2}{3}}$；

$n_{慢}$——相对慢转速（r/min），$n_{慢} = \left(\frac{436}{D}\right)^{\frac{2}{3}}$；

x——功率指数，$x = \frac{\lg N'}{\lg n'}$，

其中 $N' = \frac{N_{快}}{N_{慢}}$，$n' = \frac{n_{快}}{n_{慢}}$，

$N_{快}$——相对快转速功率（kW），

$$N_{快} = 1.95D^3$$

（5）叶轮吸气孔计算：为了提高倒伞形叶轮的充氧能力，在叶轮锥体上开有一定数量的吸气孔。吸气孔布置在叶片的转向后方（即负压区）。最低吸气孔位置的确定，按公式（5-4）计算：

$$h_r = h' + h'' \tag{5-4}$$

$$h_r = \frac{v_{吸}^2}{2g},\ v_{吸} = \frac{n\pi D_2}{60}$$

$$h_r = \left(\frac{n\pi D_2}{60}\right)^2 \frac{1}{2g}$$

$$h' = \frac{D_1 - D_2}{2}\tan\alpha$$

则 $\left(\frac{n\pi}{60}\right)^2 \frac{1}{2g}D_2^2 = \frac{D_1 - D_2}{2}\tan\alpha + h''$，即得

$$D_2=\frac{-\tan\alpha+\sqrt{\tan^2\alpha+1.117\times10^{-6}(2h''+D_1\tan\alpha)n^2}}{5.58\times10^{-7}n^2} \tag{5-5}$$

式中 D_2——最低吸气孔位置的直径（mm）；

$v_{吸}$——最低吸气孔线速（mm/s）；

h_r——相对速头（mm）；

h'——最低吸气孔离叶轮顶边的距离（mm）；

h''——叶轮浸没度（mm），一般取 100mm；

g——重力加速度（mm/s^2）；

D_1——锥体顶部直径（mm）；

α——锥体斜边与锥体顶边的夹角。

吸气孔总面积 A，由于设计的数量较少，尚未进行测定取得最佳数值，目前可按下式计算：

$$A=\frac{锥体上底面积}{130\sim150}$$

（6）倒伞形叶轮曝气机计算实例：设计条件：

1）叶轮直径 ϕ3000mm。

2）叶轮外缘线速度 5m/s。

3）池型为矩形，内壁无挡板。

【解】 1）确定叶轮转速 $n_{叶}$ 和叶轮实际转速 $n_{实}$

$$n_{叶}=\frac{v}{\pi D}=\frac{5\times60}{\pi\times3}=31.83\text{r/min}$$

根据选用的立式行星摆线针轮减速机减速比 i（选取 $i=29$）和电动机转速 $n_{电}$（选取 $n_{电}=980$r/min）计算叶轮实际转速并保证 $n_{实}$ 尽可能接近 $n_{叶}$

$$n_{实}=\frac{n_{电}}{i}=\frac{980}{29}=33.79\text{r/min}$$

2）确定叶轮轴功率和电动机功率：根据式（5-3），轴功率为 $N_{轴}=N_{慢}\left(\frac{n_{实}}{n_{慢}}\right)^x$

$$x=\frac{\lg N'}{\lg n'},$$

$$N'=\frac{N_{快}}{N_{慢}},\ N_{快}=1.95D^3,\ N_{慢}=0.353D^3=0.353\times3^3=9.53\text{kW}$$

$$n'=\frac{n_{快}}{n_{慢}},\ n_{快}=\left(\frac{873}{D}\right)^{2/3},\ n_{慢}=\left(\frac{436}{D}\right)^{2/3}=\left(\frac{436}{3}\right)^{2/3}=27.64\text{r/min}$$

$$N'=\frac{1.95D^3}{0.353D^3}=\frac{1.95}{0.353}=5.525$$

$$n'=\left(\frac{873}{436}\right)^{2/3}=1.589$$

$$x=\frac{\lg N'}{\lg n'}=\frac{\lg 5.525}{\lg 1.589}=\frac{0.7423}{0.2011}=3.69$$

故
$$N_{轴}=N_{慢}\left(\frac{n_{实}}{n_{慢}}\right)^x=9.53\left(\frac{33.79}{27.64}\right)^{3.69}=20\text{kW}$$

电机功率根据第 5.1.3.2 节中式（5-8）为

$$N=\frac{kN_{轴}}{\eta}$$

式中　取 k=1.25（见表 5-13），η=0.9，

则 $$N=\frac{1.25\times 20}{0.9}=27.78\text{kW}$$

3）减速机和电动机的选择：根据上述计算选用 Y225M-6W，30kW 电动机和 BLD-55-40-29 立式行星摆线针轮减速机。

4）叶轮几何尺寸计算，如图 5-16 所示。

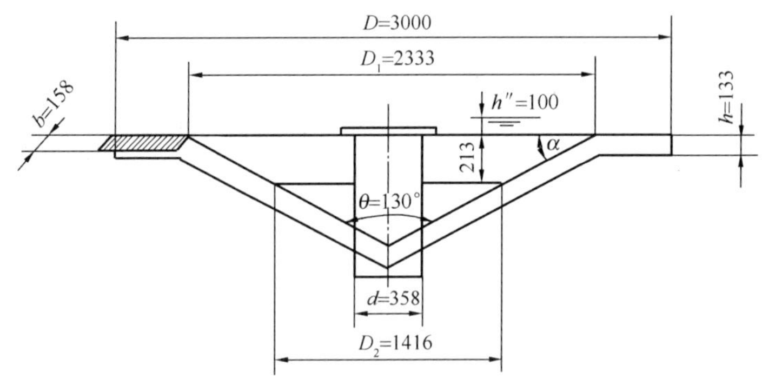

图 5-16　倒伞形叶轮几何尺寸

锥体直径：$D_1=\frac{7}{9}D=\frac{7}{9}\times 3000=2333\text{mm}$

锥底直径：$d=\frac{10.75}{90}D=\frac{10.75}{90}\times 3000=358\text{mm}$

叶片宽：　$b=\frac{4.75}{90}D=\frac{4.75}{90}\times 3000=158\text{mm}$

叶片高：　$h=\frac{4}{90}D=\frac{4}{90}\times 3000=133\text{mm}$

锥体夹角：θ=130°

叶片数：　Z=8 片

5）转轴直径的确定：

① 扭矩计算：

$$M_n=9550\frac{N\eta}{n_{实}}=9550\times\frac{27.78\times 0.90}{33.79}=7066\text{N}\cdot\text{m}$$

② 轴径计算：

a. 强度计算：

$$\tau=\frac{M_n}{W}\leqslant[\tau]$$

式中　M_n——扭矩（N·m）；

W——抗扭截面模量，$W=\frac{\pi d^3}{16}$（cm³）；

其中 d——轴径（cm），

$$d=\sqrt[3]{\frac{16M_n}{\pi[\tau]}}=\sqrt[3]{\frac{16\times706600}{\pi\times7000}}=8\text{cm};$$

$[\tau]$——许用剪应力，45号钢取$[\tau]=70\text{N/mm}^2$。

b. 刚度计算：

$$\theta=\frac{M_n l}{IG}\leqslant[\theta]$$

式中 θ——许用扭转角，取$\theta=0.5°/\text{m}$；

l——单位轴长1m；

G——剪切弹性模量，$G=79.4\text{GPa}$；

I——断面极惯性矩，$I=\frac{\pi d^4}{32}$（cm^4）。

故 $$d\geqslant\sqrt[4]{\frac{M_n l\times32}{\pi G\theta}}=\sqrt[4]{\frac{7066\times1\times32}{\pi\times79.4\times10^9\times\pi/180}}=0.08489\text{m}=8.49\text{cm}$$

应根据刚度决定转轴直径，考虑键槽影响，将轴径增大8%，故轴径d应为9.2cm。

5.1.1.3 DSC立式倒伞形表面曝气机

（1）总体构成：DSC立式倒伞形表面曝气机的总体构成与前述立轴式表面曝气机总体构成相同，见图5-17。

（2）叶轮结构：DSC立式倒伞形曝气机叶轮是吸收了目前世界最先进的曝气机叶轮技术，通过开发创新，不断测试完善的新一代曝气机叶轮。具有结构简单，动力效率高的特点。

叶轮结构如图5-18所示。

七只叶片与叶轮轴呈放射形均布。根据负荷状态，叶片按叶轮旋转方向呈一定的后倾角β与中心板连接。每只叶片和压水板构成呈α斜度的抛水口，根据叶轮直径与转速设定抛水口面积和斜度，调节搅起水体的流量和扬程。在每只叶片与中心板一定的位置开设气流孔，利用抛水时产生的局部负压，更多地使空气通过气流孔导入水体中。

倒伞形叶轮各部分尺寸见图5-18和表5-6。

倒伞形叶轮各部分尺寸关系 **表5-6**

代号	D	D_1	D_2	H	Φ	α	β	叶片个数
系数值	叶轮直径	$0.9D$	$0.53D$	$0.25\sim0.3D$	$0.13D$	$18°\sim24°$	$7°\sim12°$	7

说明：

H值的选取：H值决定叶轮负荷，对动力消耗影响大。小功率配置或叶轮转速高时，系数取小值。反之，取大值。

α值的选取：α值决定水跃抛撒的高度，对充氧效果影响大。叶轮直径小时，取大值。反之，取小值。

β值的选取：β值决定水流推进的强度，对水体螺旋运动影响大。小功率配置时，取小值。反之，取大值。

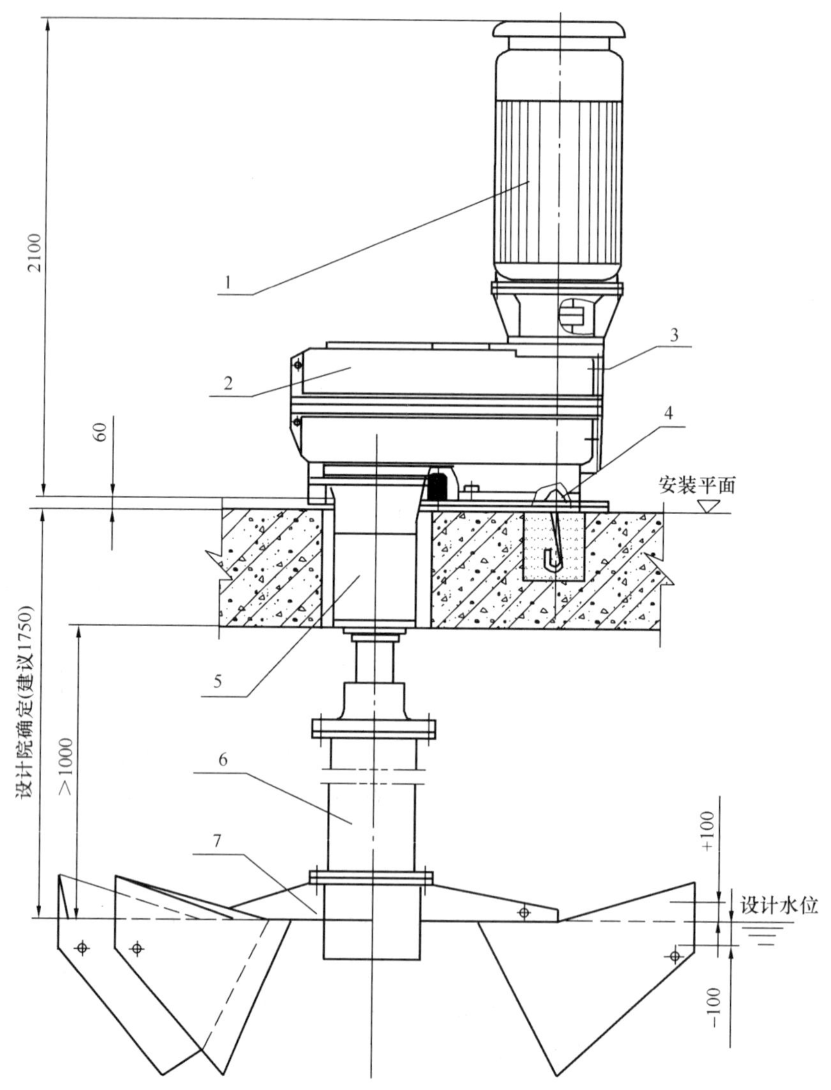

图 5-17 DSC 型外形图

1—电机；2—减速箱；3—润滑系统；4—安装平板；5—倒伞座；6—倒伞连接轴；7—叶轮

（3）叶轮作用原理

1）当倒伞形叶轮旋转时，在倒伞形叶轮的强力推进作用下，污水形成剧烈的螺旋运动，污水呈水幕状自叶轮边缘被甩出，形成水幕和浪花，裹进大量空气。

2）由于污水的剧烈螺旋运动，导致水体上下循环，不断更新液面，污水大面积与空气接触。

3）叶轮旋转带动水体流动，形成负压区，吸入空气，空气中的氧气迅速溶入污水中，完成对污水的充氧作用。同时，强大的动力驱动，搅动大量水体流动，从而实现混合和推流作用，在氧化沟内使水体产生螺旋式推进效应。

（4）DSC 立式倒伞形曝气机性能参数

由国帧环保机械有限公司提供的 DSC 立式倒伞形曝气机的规格性能参数见表 5-7。

DSC立式倒伞形表面曝气机性能参数表 表 5-7

电机功率(kW)	型 号	叶轮直径(mm)	充氧量(kg/h)	最大服务沟宽(m)	最大服务水深(m)	整机质量(kg)	动载荷(kN)
37	DSC240	2400	82	6.8	3.5	≈3400	68
45	DSC260	2600	104	7.5	4.0	≈3560	71
55	DSC280	2800	126	8.0	4.2	≈3560	71
75	DSC300	3000	168	8.0	4.4	≈3900	78
90	DSC300	3000	210	8.5	4.5	≈5790	110
	DSC325	3250	215	9.0	4.6	≈6100	115
110	DSC300	3000	250	9.0	4.6	≈6400	120
	DSC325	3250	256	9.5	4.8	≈6700	125
132	DSC325	3250	310	9.5	5.2	≈6800	132
160	DSC325	3250	368	10.5	5.4	≈7500	150

(5) 叶轮设计计算

1) 叶轮结构尺寸关系

叶轮设计的关键参数是：叶轮直径 D，叶轮边缘线速度 v，叶轮高度 H 和电机功率 N 之间的配置。

叶轮直径 D 的确定，根据使用场合（如氧化沟沟宽）。

叶轮边缘线速度 v 的确定，根据大量实测数据证明，v 值在 4.2～5.3m/s 之间，叶轮边缘线速度对充氧能力至关重要。

叶轮高度 H 的确定，在一定功率条件下，叶轮高度 H 与叶轮边缘线速度 v 成反比。H 值大，搅动的水体体积大，形成的水体含氧梯度大，利于氧的迅速传递。

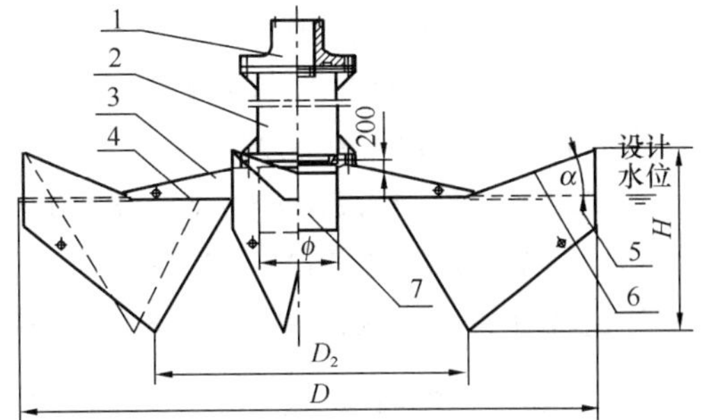

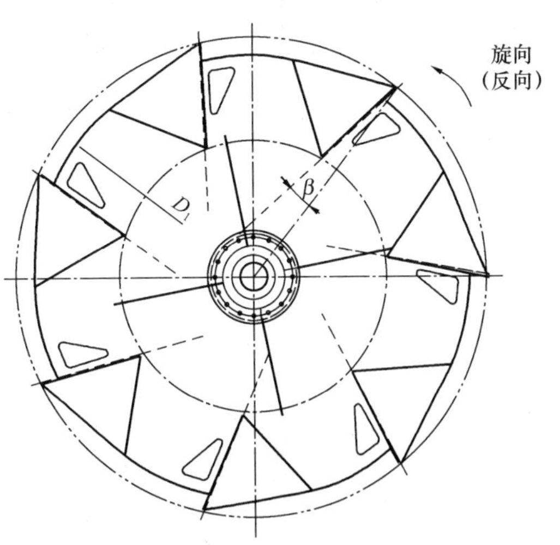

图 5-18 叶轮结构

1—锥孔法兰；2—倒伞连接轴；3—筋板；4—中心板；5—叶片；6—压水板；7—叶轮轴

2) 输入功率计算

根据经验公式 (5-6)

$$N = 0.243D^{2.356}v^{2.053} \tag{5-6}$$

式中 N——电机功率 (kW)；

D——叶轮直径 (m)；

v——叶轮边缘线速度 (m/s)。

3) 叶轮设计计算实例

设计条件：

叶轮直径 ϕ3250mm，叶轮边缘线速度 5m/s。

【解】

① 确定叶轮转速 $n_{叶}$ 和叶轮实际转速 $n_{实}$：

$$n_{叶}=\frac{v}{\pi \cdot D}=\frac{5\times 60}{\pi \cdot 3.25}=29.39\text{r/min}$$

选用斜齿轮减速机，减速比 $i=50$，电机转速 $n_{电}=1485\text{r/min}$，计算叶轮实际转速并保证 $n_{实}$ 尽可能的接近 $n_{叶}$。

$$n_{实}=\frac{n_{电}}{i}=\frac{1485}{50}=29.7\text{r/min}$$

② 计算实际叶轮边缘线速度

$$v=\frac{\pi \cdot D \cdot n_{实}}{60}=5.05\text{m/s}$$

③ 计算输入功率

$$N=0.243D^{2.356}v^{2.053}=108\text{kW}$$

故：选用 110kW 电机。

④ 叶轮几何尺寸计算：（叶轮结构见图 5-19）

中心板直径：$D_1=0.9D=0.9\times 3250=2925$mm

叶尖直径：$D_2=0.53D=0.53\times 3250=1722$mm

叶片高度：$H=0.29D=0.29\times 3250=942$mm（注：功率较大，系数值取偏大）

叶轮轴直径：$\Phi=0.13D=0.13\times 3250=422$mm

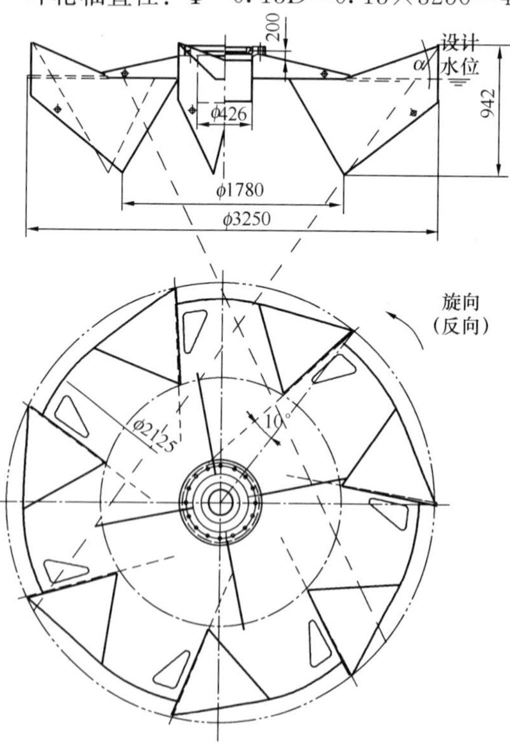

图 5-19　DSC325/110kW 叶轮几何尺寸

叶高斜角：$\alpha=20°$（注：叶轮直径大，系数值取偏小）

叶片后倾角：$\beta=10°$（注：功率较大，系数值取偏大）

（6）曝气机性能

根据 DSC325/110kW 曝气机实测数据，得出以下结论：

1）电机负荷与叶轮转速及浸没深度关系

从图 5-20 得知，电机负荷随叶轮转速的提高和浸没深度的增加而加大。电机负荷与叶轮转速几乎成同比例递增。浸没深度在 −100～−50mm 范围内增加时，电机负荷增幅较缓。浸没深度在 −50～50mm 范围内增加时，电机负荷增幅较大。浸没深度在 50～100mm 范围内增加时，电机负荷增幅又变得很小。因此，选取适当的转速和确定合适的浸没深度对电机负荷影响很大。

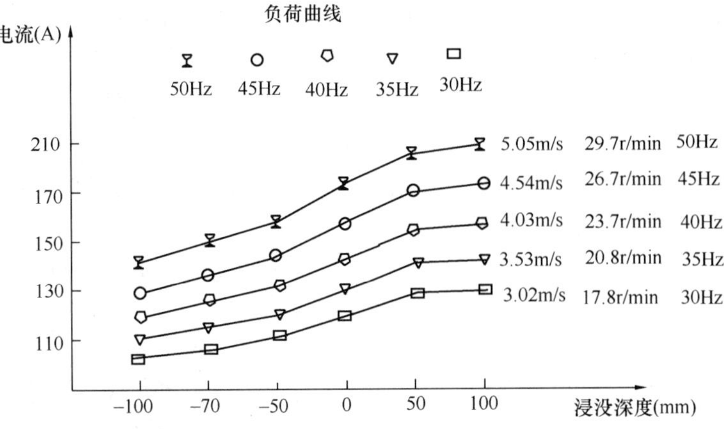

图 5-20 DSC325/110kW 倒伞浸没深度、线速度与负荷电流关系

2）充氧能力与浸没深度关系

从图 5-21 得知，充氧能力随浸没深度增加而提高，当进入正浸没深度范围时，充氧能力增幅变缓，达到一定程度时，充氧量几乎不再增加。因此，叶轮在一定的浸没深度下运行，对充氧量影响很大。

3）动力效率与浸没深度关系

从图 5-22 得知，动力效率进入正浸没深度时，曲线拐头向下，说明叶轮进入正浸没深度时，电机负荷的加大远超出其充氧量的提高，此时电机负荷主要用于叶轮的搅拌和推流能力。因此，若要增强曝气搅拌和推流作用，就提高浸没深度。

4）充氧能力与叶轮转速关系

从图 5-23 得知，随叶轮转速的提高，充氧量加大。因此，曝气机采用变频无级调速控制，可得到曝气机不同转速，同时可满足不同需氧量，这对最佳的经济运行方式有实际意义。

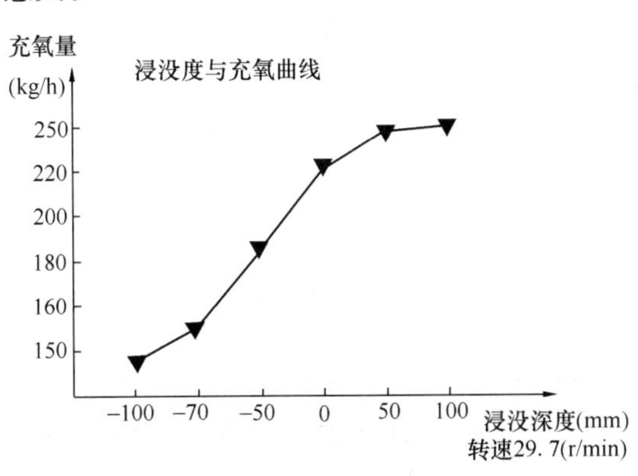

图 5-21 DSC325/110kW 倒伞浸没深度与充氧能力的关系

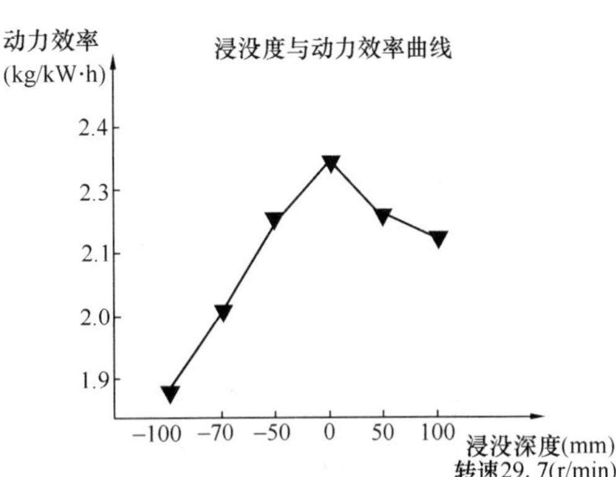

图 5-22 DSC325/110kW 倒伞浸没深度与动力效率的关系

5.1.1.4 K 型叶轮表面曝气机

（1）总体构成：K 型叶轮表面曝气机的总体构成与前述立轴式表面曝气机总体构成相同。

（2）叶轮结构：K型曝气叶轮结构如图5-24所示。主要由后轮盘、叶片、盖板和法兰组成。后轮盘近似于圆锥体，锥体上的母线呈流线型，与若干双曲率叶片相交成水流通道。通道从始端至末端旋转90°。后轮盘端部外缘与盖板相接，盖板大于后轮盘及叶片，其外伸部分与后轮盘出水端构成压水罩，无前轮盘。

K型叶轮叶片数随叶轮直径大小不同而不同。叶轮直径越大则叶片数越多。根据高效率离心式泵最佳叶片数目的理论公式，ϕ1000叶轮的较佳叶片数为20～30片。理论上叶片越多越好，考虑叶轮的阻塞，推荐的叶轮直径与叶片数的关系，如表5-8所示。

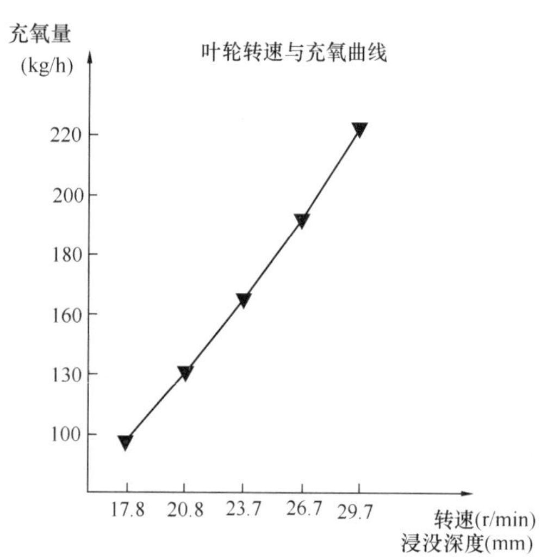

图5-23　DSC325/110kW倒伞叶轮转速与充氧能力的关系

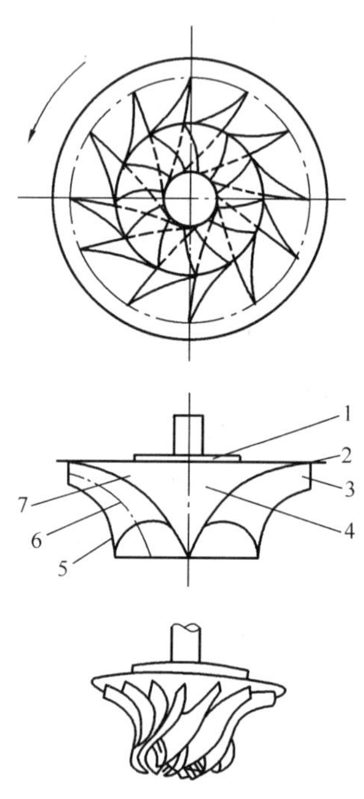

图5-24　K型叶轮结构

1—法兰；2—盖板；3—叶片；4—后轮盘；5—后流线；6—中流线；7—前流线

推荐的叶轮直径与叶片数的关系　　**表5-8**

叶轮直径（mm）	ϕ200～ϕ300	ϕ500	ϕ600～ϕ1000	ϕ1200
叶片数（片）	12	14	16	18

K型叶轮形似离心泵，但不完全相同，属于通流式水力机械类。叶轮叶片采用径向式，即叶片出水角$\beta_2=90°$，如图5-25所示。图5-25中各符号意义为：

u_1，u_2——叶轮进、出口圆周速度；

c_1，c_2——叶轮进、出口处液体流动的绝对速度；

ω_1，ω_2——液体相对叶片运动的进、出口速度；

R_1，R_2——叶轮进、出口处半径；

β_1，β_2——叶片方向与圆周速度负方向之间的夹角；

n——叶轮转速；

α_1，α_2——c_1 与 u_1，c_2 与 u_2 之间夹角。

如图 5-26 所示，K 型叶轮的叶片前流线入水角 $\beta'_1=17°$；中流线入水角 $\beta''_1=24°$；后流线入水角 $\beta'''_1=26°$。

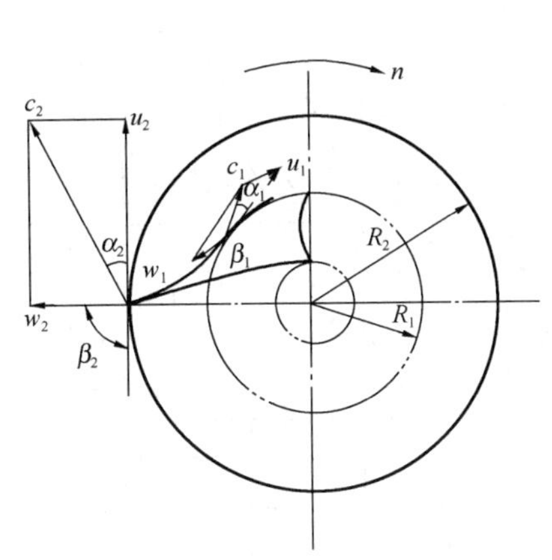

图 5-25 K 型叶轮叶片出、入水角

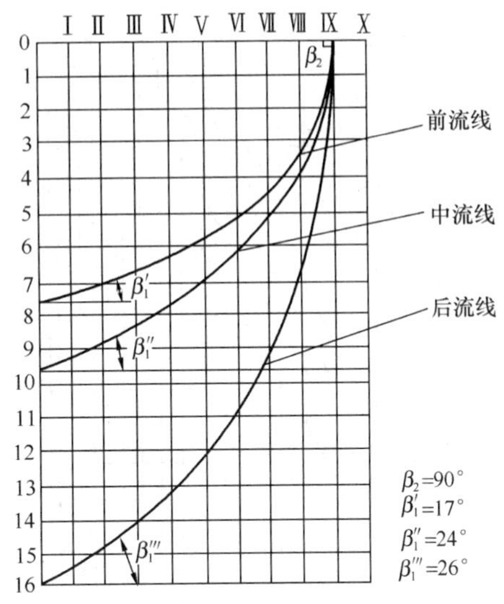

图 5-26 前、中、后各流线的出、入水角

(3) 叶轮作用原理：K 型叶轮的作用原理，如图 5-27 所示。其叶轮充氧通过三个方面进行：

1) 水体在旋转的叶轮叶片作用下流经叶片通道，从叶轮进水口处 I—I 断面至叶轮出水口处 II—II 断面能量不断增加，不断地从叶轮周边呈水幕状态射出水面，并使水面产生水跃，从而大量裹进空气，使空气中的氧迅速溶于水中；

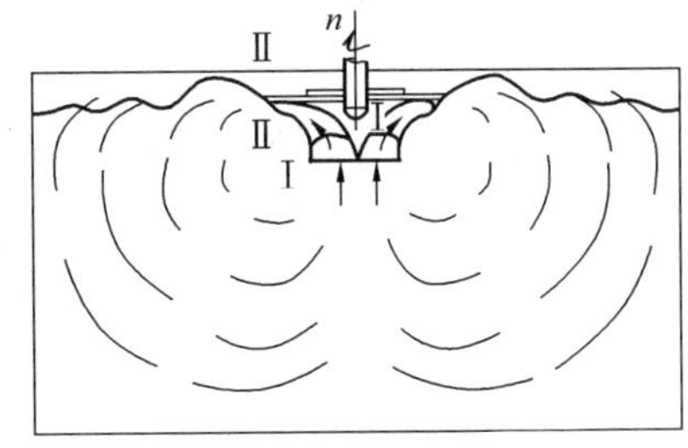

图 5-27 K 型叶轮作用原理

2) 由于叶轮的输水及提升作用，水体快速上下循环，液面不断更新以接触空气充氧；

3) 在叶轮进水锥顶（或叶片后侧）的负压区开有一定数量的进气孔，可以吸入一部分空气，被吸入的空气与提升起来的水混合而使氧溶于水中。

以上三个作用中，以前两个作用为主，第三个作用为辅。进气孔的大小及数量要严格控制，如果孔径过大或孔数过多都会产生叶轮脱水现象，孔径过小或孔数过少，则充氧效果的增加不明显。一般在充氧效果满足要求的情况下可不开进气孔。

(4) K 型叶轮充氧量及轴功率：根据实测资料，K 型叶轮在标准状态下，清水中的充氧量、轴功率与叶轮直径、线速度之间的关系，见图 5-28、图 5-29。

当叶轮直径为 500～750mm、运行线速度 4～5m/s 时，动力效率为 2.54～3.09kgO_2/(kW·h)。

(5) 设计与选型原则：

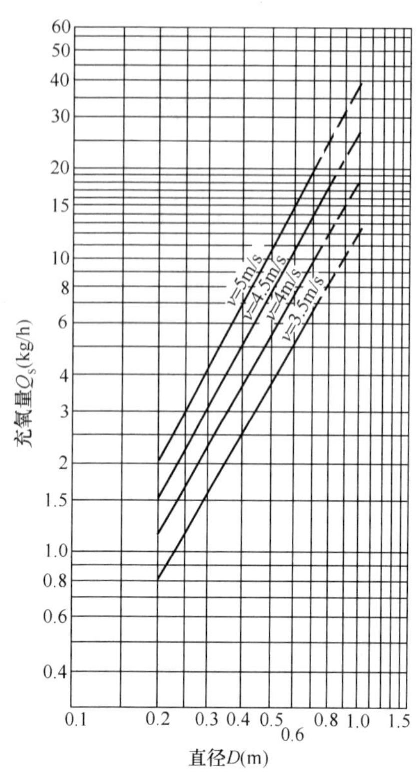

图 5-28　K 型叶轮线速度、直径和充氧量关系

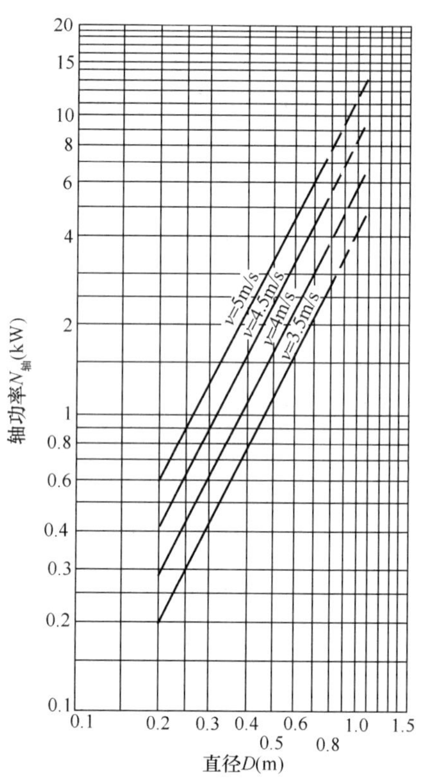

图 5-29　K 型叶轮线速度、直径和轴功率关系

1）叶轮直径与曝气池直径或正方形边长的关系：

$$\frac{叶轮直径}{曝气池直径或正方形边长}=\frac{1}{6\sim10}$$

上述比例关系中，小值适用于叶轮直径在 ϕ600mm 以上的叶轮，大值适用于叶轮直径在 ϕ400mm 以下的叶轮。

2）叶轮浸没度：叶轮浸没度指静止水面距叶轮出水口上边缘间的距离，一般为 0～1cm。

3）叶轮线速度：叶轮线速度一般在 4～5m/s。实验表明，叶轮线速度在 4m/s 及 5m/s 时，动力效率≥3kgO_2/(kW·h)，达最佳效果。在 4～5m/s 之间稍次之。

5.1.1.5　平板形叶轮表面曝气机

(1) 总体构成：平板形叶轮表面曝气机的总体构成参见图 5-30，属立轴式表面曝气机的一种。

(2) 叶轮结构：叶轮结构，如图 5-30 所示。由平板、叶片和法兰构成。叶片长宽相等，叶片与圆形平板径向线夹角一般在 0°～25°之间，最佳角度为 12°。

平板形叶轮构造最简单，制造方便，不会堵塞。

平板形叶轮叶片数、叶片高度与叶轮直径的关系，如图 5-31 所示。

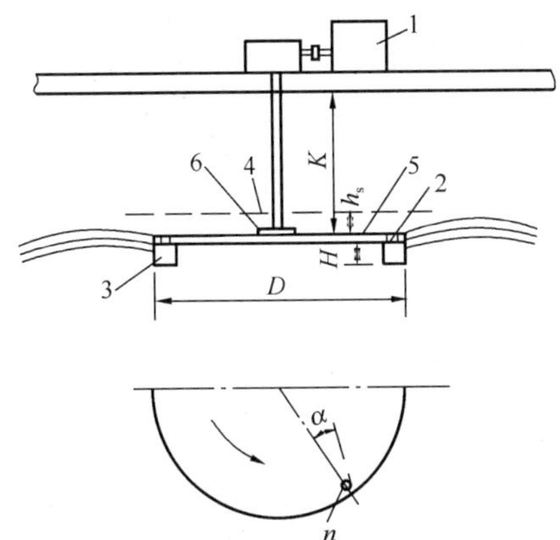

图 5-30 平板形叶轮构造

1—驱动装置；2—进气孔；3—叶片；4—停转时水位线；5—平板；6—法兰

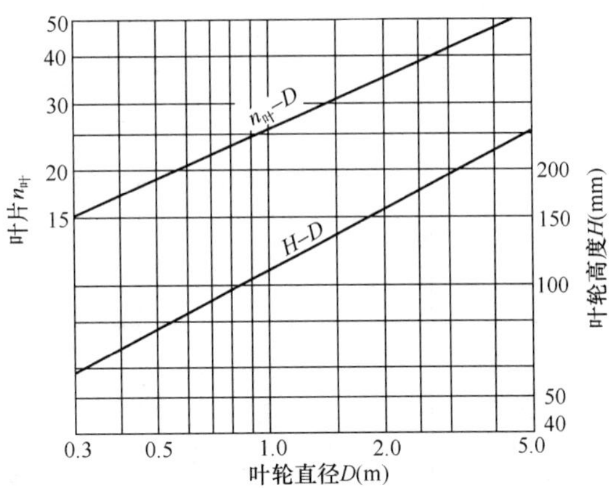

图 5-31 平板形叶轮叶片数和叶片高度计算图

平板形叶轮进气孔直径的计算以及叶轮外缘与池壁最小间距的计算，见图 5-32。

平板形叶轮浸没度 h_s（参见图 5-30）随叶轮直径的变化以及平板形叶轮顶部距整机支架底部最小间距 K 值的计算，见图 5-33。

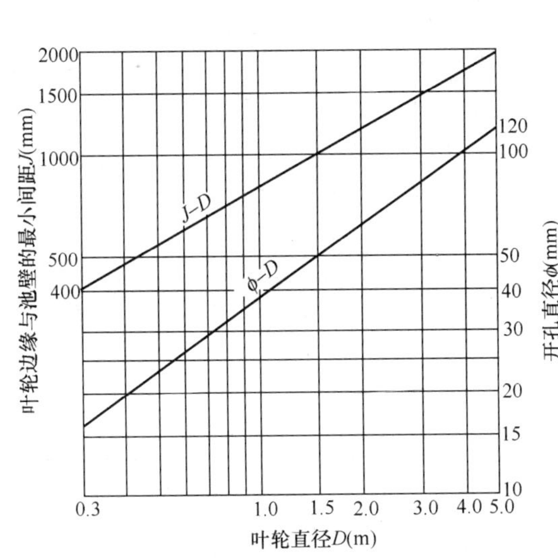

图 5-32 平板形叶轮开孔与池壁最小间距计算图

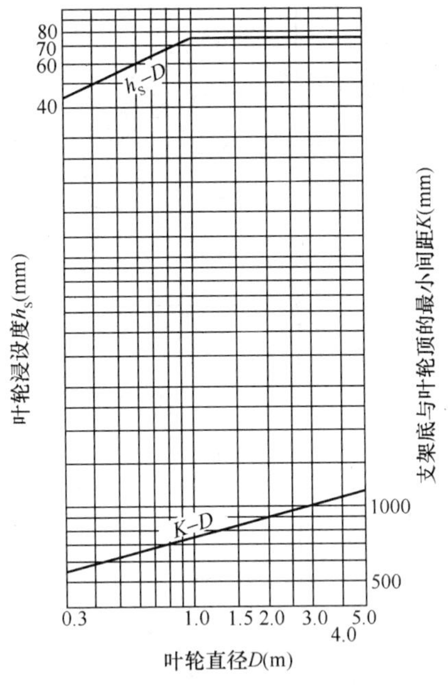

图 5-33 平板形叶轮浸没度和支架底与叶轮顶的最小间距计算图

改进后的平板形叶轮结构，见图 5-34。

(3) 叶轮充氧量及轴功率：平板形叶轮动力效率为 2.24～2.61kgO_2/(kW·h)，改进形可提高到 3.0～3.4kgO_2/(kW·h)。

图 5-35 所示叶轮线速度 4.85m/s 时叶轮轴功率、充氧量与叶轮直径关系。

国内部分立轴式表面曝气机技术性能测定数据，见表 5-9。

国内部分立轴式表面曝气器技术性能测定数据

表 5-9

序号	叶轮主要参数	电动机型号规格及机械传动装置	运转状态			输入功率 N (kW)	充氧量 Q_s (kg/h)	总动力效率 Q_s/N [kgO_2/(kW·h)]	曝气池型号主要参数尺寸 (m)	使用单位	测定日期	说明
			叶轮线速 (m/s)	回流窗开启度 (cm)	浸没度 (cm)							
1	泵(E) ϕ1800 叶片数 22	JZTT-82-4/6 拖动电动机额定功率 55/37kW，滑差离合器额定输出力矩 35kg·m，最高转速 1320r/min，圆锥圆柱齿轮减速器	3		3～4	13.8	11.93	0.864	分建，圆形 D12.5，导流筒内径 5.2、深 4.4，筒上有 0.32×0.32 立柱 8 根	沙市印染厂	1981 年 9 月	(1) 对于直流电动机，输入功率栏中，斜线以下为整流变压器输入功率，斜线以上为直流电动机输入功率，两者比值即为整流效率； (2) 凡带星号的充氧量是经过α值校正的，其余的均为以当地自来水作充氧测定时的充氧量
			3.6			18.0	19.36	1.08				
			4			36.6	36.9	1				
			4.7			47.4	61.10	1.28				
			5			53.4	84.90	1.59				
2	泵(E) ϕ1800 叶片数 12	直流电动机 Z_2-92、40kW，1000r/min，立式双级圆柱齿轮减速器	3		4	11.84/12.8	14	1.09	分建，方形 12×12×4.5，导流筒内径 6，导流筒上、下有 0.24×0.40 立柱各 4 根	郑州印染厂	1983 年 12 月	
			3.5			17.73/19.2	24.24	1.26				
			4			27.58/28.8	38	1.32				
			4.5			36.38/37.6	52.68	1.4				
			4.7			42.08/44						
			5			48.34/52	78.34	1.51				
3	泵(E) ϕ1800 叶片数 12	直流电动机 Z_2-82、40kW，1500r/min，圆锥圆柱齿轮减速器	3	回流窗全开	3～4	10.42/12.89			合建，加速曝气池，直径 16.8，水深 4.7，回流窗 16 只，面积 0.7×0.6	襄樊棉纺厂	1980 年 10 月	
			3.5			16.02/19.13						
			4			23.58/26.74						
			4.5			34.86/38.64						
			4.8			42.04/46.53						
			3	回流窗平静水位	3～4	5.24/7.64						
			3.5			9.14/11.21						
			4			14.15/17.77						
			4.5			19.28/22.17						
			5			30.38/32.58						

续表

序号	叶轮主要参数	电动机型号规格及机械传动装置	运转状态 叶轮线速 (m/s)	运转状态 回流窗开启度 (cm)	运转状态 浸没度 (cm)	输入功率 N (kW)	充氧量 Q_s (kg/h)	总动力效率 Q_s/N [kgO_2/(kW·h)]	曝气池型号主要参数尺寸 (m)	使用单位	测定日期	说明
4	泵(E) ϕ1800 叶片数 12	JZTT-82-4/6 拖动电动机额定功率 55/37kW，滑差离合器额定输出力矩 35kg·m，最高转速 1320r/min，圆锥圆柱齿轮减速器	3 3.5 4 4.5 4.7 5	回流窗全开	3～4	15.2 32.9 39.8 47.7 53.6 64	6.17 14.11 27 36.58 48	0.41 0.43 0.68 0.77 0.75	合建，加速曝气池，直径 17，水深 4.4，回流窗 16 只，面积 0.6×0.6		1983 年 7 月	(1) 对于直流电动机，输入功率栏中，斜线以下为整流变压器输入功率，斜线以上为直流电动机输入功率，两者比值即为整流效率； (2) 凡带星号的充氧量是经过 α 值校正的，其余的均为以当地自来水作充氧测定时的充氧量
			3 4 5	—22 —16 —6	3～4	11 32.4 46.8	6.56 15.9 28.27	0.6 0.49 0.6				
5	泵(E) ϕ1800 叶片数 12	JZS91，40/13.3kW 1050/350r/min，圆锥圆柱齿轮减速器	2.96 3.42 4.1 4.55 4.68		3～4	9.79 16.66 30.91 40.61 45.12			分建，圆形直径 9，深 7.1，导流筒内径 2.7	武汉印染厂	1973 年	
6	泵(E) ϕ1800 叶片数 22	JZT-82，拖动电动机额定功率 55/36.5kW，滑差离合器额定输出力矩 35.8kg·m，转速 1320～810r/min/810～440r/min，双级圆柱齿轮减速器圆锥齿轮减速器	3.75 4.07 4.58 4.81 5.04		3	42.05 46.9 55.6 58.5 65	35.2* 69.4* 95.4* 98.4*	0.84 1.25 1.63 1.54	分建，矩形 14.5×43.5，深 4.5，装三台曝气器	上海金山石化总厂污水处理厂	1975 年 9 月	

续表

序号	叶轮主要参数	电动机型号规格及机械传动装置	运转状态			输入功率 N (kW)	充氧量 Q_s (kg/h)	总动力效率 Q_s/N [kgO_2/(kW·h)]	曝气池型号主要参数尺寸 (m)	使用单位	测定日期	说明
			叶轮线速 (m/s)	回流窗开启度 (cm)	浸没度 (cm)							
7	泵(E) ϕ1500 叶片数16	JZS_2-83，4D/13.3kW，圆锥圆柱齿轮减速器	3 4 4.71 5	回流窗全开	3～4	8.88 19.2 31.6 36.8	6.48 33.25 63 64.55	0.72 1.73 1.99 1.75	合建，加速曝气池，直径17，深4.7，回流窗16只，面积0.7×0.6	湖北3545厂	1975年	
8	泵（E） ϕ1500 叶片数16	直流电动机 Z_2-92，40kW，1000r/min，立式双级圆柱齿轮减速器	3.5 4 4.7 5		3	11.66/12.51 17.21/18.71 28.9/31.78 33.44/36.4	13.83 24.05 41.24 61.13	1.10 1.29 1.30 1.68	分建，方形12×12，深4.5，导流筒内径6，筒上、下有0.24×0.4立柱各4根	桂林上窑污水处理厂	1981年9月	
9	泵（E） ϕ1500 叶片数16	直流电动机 Z_2-91，30kW，1000r/min，立式双级圆柱齿轮减速器	3.5 4 4.5 4.75 5	回流窗全开	1	10.49 16.67 26.15 30.37 35.22			合建，加速曝气池，直径17，深4.7，回流窗16只，面积0.6×0.6	桂林北区污水处理厂	1982年2月	输入功率栏中功率为直流电动机输入功率
			3.5 4 4.5 4.75 5	—8.5	1	8.08 12.35 20.73 26.78 34.93						
			4 4.5 4.7 5	回流窗口平静水位	1	7.93 12.31 15.69 23.37						

续表

序号	叶轮主要参数	电动机型号规格及机械传动装置	运转状态			输入功率 N (kW)	充氧量 Q_s (kg/h)	总动力效率 Q_s/N [kgO_2/(kW·h)]	曝气池型号主要参数尺寸 (m)	使用单位	测定日期	说明
			叶轮线速 (m/s)	回流窗开启度 (cm)	浸没度 (cm)							
10	泵(E) ϕ1500 叶片数 20	直流电动机 Z_2-81，30kW，1500r/min，三角皮带，双级圆柱齿轮、圆锥齿轮减速器	4.24 4.4 4.81 5.01		0 6 0 3	24.6 28.30 33.75	25.22 30.6 52.30 68.35	1.24 1.84 2.03	合建，方形曝气区 8.7 × 8.7，深 4.7	上海第三印染厂	1975 年 8 月	输入功率栏中功率为直流电动机输入功率
11	泵(E) ϕ1500 叶片数 20	JZT82-4，拖动电动机额定功率 40kW，滑差离合器额定输出力矩 25kg·m，400～1200r/min，蜗轮减速器	3.69 3.92 4.32 4.71		3～4	28 29.8 37.6 40			分建，方形 11×11，深 4.2，导流筒内径 4，筒下有 0.2×0.2 立柱 4 根	岳阳化工总厂污水处理厂	1983 年 11 月	
12	泵(E) ϕ1500 叶片数 20		3.5 4 4.5 4.74		3～4	26.8 35.8 43.7 47.8	16.66 25.4 43.6 44.86	0.62 0.71 1 0.94	分建，方形 12×12，深 4，导流筒内径 6，筒上、下有 0.4×0.4 立柱各 4 根	长沙污水处理厂	1983 年 10 月	
13	泵(E) ϕ1500 叶片数 20	直流电动机 Z_2-81，30kW，1500r/min，圆锥圆柱齿轮减速器	4.4		3～4	23.37/25.36			合建，方形曝气区 8×8，深 5.6	重庆印染厂	1983 年 12 月	
14	泵(E) ϕ1400 叶片数 16	直流电动机 Z_2-81，30kW，1500r/min，三角皮带，双级圆柱齿轮、圆锥齿轮减速器	4 4.5 4.7 5		3	14.54/16.2 18/20.22 20/22.67 23.45/26.92	22.33 30.46 35.33 41.67	1.38 1.51 1.56 1.54		上海第三印染厂	1975 年 8 月	

续表

序号	叶轮主要参数	电动机型号规格及机械传动装置	运转状态			输入功率 N (kW)	充氧量 Q_s (kg/h)	总动力效率 Q_s/N [kgO_2/(kW·h)]	曝气池型号主要参数尺寸 (m)	使用单位	测定日期	说明
			叶轮线速 (m/s)	回流窗开启度 (cm)	浸没度 (cm)							
15	泵(E) ϕ1300 叶片数 16	JZS_2-72，22/7.3kW，1410/470r/min，三角皮带，单级圆柱齿轮、圆锥齿轮减速器	3.9 4.11 4.6 4.96	回流窗关闭	6	11.85 13.2 17.7 22.35	18.75 20.04 32.8 48.45	1.58 1.52 1.85 2.16	合建，曝气池直径 16.8，深 4.4，回流窗 24 只，面积 0.35×0.35	上海川沙毛巾漂印厂	1975 年 7 月	输入功率栏中功率为直流电动机输入功率
16	泵(E) ϕ1200 叶片数 18		3.78 4.05 4.38 4.73	回流缝堵死	3	8.4 12.15 15.2 18.15	12.65 18.2 25.47 36.2	1.5 1.5 1.68 1.99			1975 年 7 月	
17	K_3， ϕ1000	JO_2-61-4，13kW，1460r/min，双级三角皮带减速	4.3		～1	12.04			分建，矩形曝气池 30×15，深 3.5，共 10 台表曝机，距叶轮中心约 1.85 处，有 3 根直径为 0.5 的立柱	昆明印染厂	1983 年 11 月	池中各机功率随在池中的位置和邻机开停的情况略有差别，池中机 B 略大于池角机 A，表中所列为最大值
18	K_3， ϕ1000	JO_2-72-4，30kW，1470r/min，双级三角皮带减速	4.48		～1	12.4				昆明皮革厂	1983 年 11 月	
19	倒伞 ϕ2032	JZS_2-72，22/7.3kW，1410/470r/min，三角皮带，单级圆柱齿轮、圆锥齿轮减速器	4.78 5.12 5.18 5.25		15 15 60 15	9.46 11 12 11.03	17.79 19.42 24.28 20.43	1.88 1.77 2.02 1.85		上海川沙毛巾漂印厂	1975 年 7 月	

续表

序号	叶轮主要参数	电动机型号规格及机械传动装置	运转状态			输入功率 N (kW)	充氧量 Q_s (kg/h)	总动力效率 Q_s/N [kgO_2/(kW·h)]	曝气池型号主要参数尺寸 (m)	使用单位	测定日期	说明
			叶轮线速 (m/s)	回流窗开启度 (cm)	浸没度 (cm)							
20	倒伞 ϕ3000	JO_2-132-6L_3，40kW，980 r/min，立式单级行星摆线针轮减速器	5.31 5.31 5.31		10～15	38.4 39.4 42.4			0.25 11.05 2.2 池深3.1	上海龙华肉联厂		2号(反转) 3号 1号
21	倒伞 ϕ2000	JZS_2-71-2,22/7.3kW，双级圆柱齿轮减速器，圆锥齿轮减速器	3 3.5 4 4.5 5		6	8.7 10 11.8 14.4 18.4			合建，曝气池直径 12.5，深 4.5，回流窗 24 只，面积 0.3×0.6	上海彭浦新村污水处理厂	1983年12月	
22	倒伞 ϕ1400	JZS_2-52-3，7.5kW，2850 r/min，双级圆柱齿轮减速器，圆锥齿轮减速器	3.55 3.85 4.16 4.16 4.48 4.48		6 8 8 10 10 12	5 5.5 5.7 6.08 6.6 7.05	8.24 8.88 10.93 8.44 7.10 10.1	1.70 1.61 1.92 1.40 1.08 1.40	合建，加速曝气池直径 8.14，深 4.64，回流窗 10 只，面积 0.3×0.6	上海彭浦新村污水处理厂	1975年	
23	平板 ϕ1400	JZS_2-52-3，7.5kW，2850 r/min，双级圆柱齿轮减速器，圆锥齿轮减速器	3.85 3.85 4.16 4.16 4.48 4.48		6 8 8 10 10 12	4.28 4.50 5.28 5.28 5.70 6.00	7.1 14.2 21.0 23.1 14.2 22.5	1.67 3.14 3.98 4.06 2.50 3.80	合建，加速曝气池直径 8.14，深 4.64，回流窗 10 只，面积 0.3×0.6	上海彭浦新村污水处理厂	1975年	

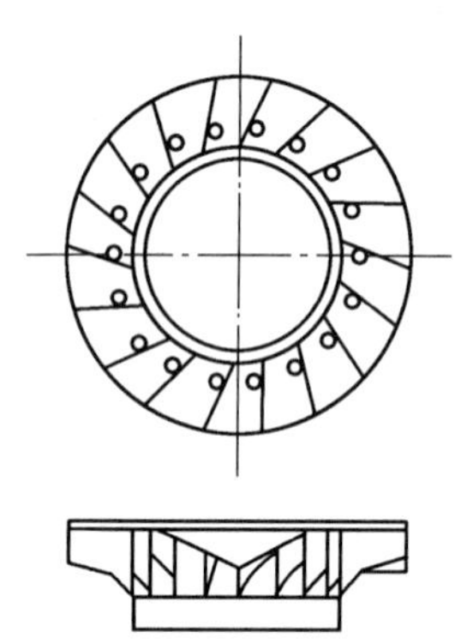

图 5-34 改进后平板形叶轮

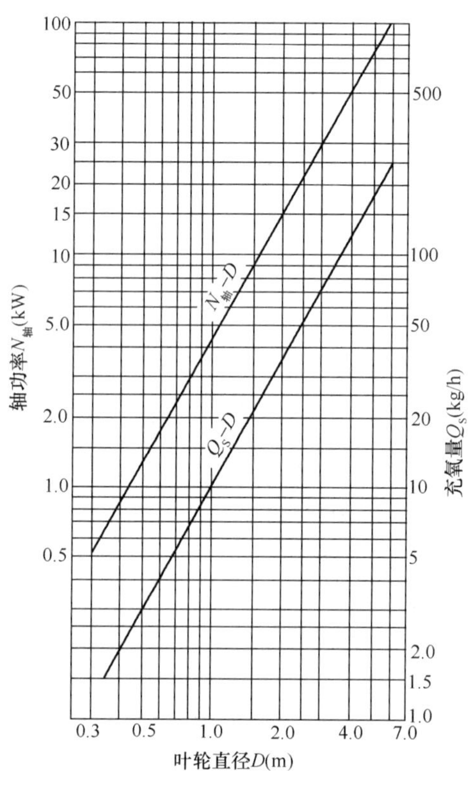

图 5-35 叶轮线速度 4.85m/s 时，叶轮轴功率和充氧量与叶轮直径关系

5.1.2 水平轴式表面曝气机械

水平轴式表面曝气机有多种型式，机械传动结构大致相同，总体布置有异，主要区别在于水平轴上的工作载体——转刷或转盘。国内设计应用最广泛的是转刷曝气机和转盘曝气机。

5.1.2.1 转刷曝气机

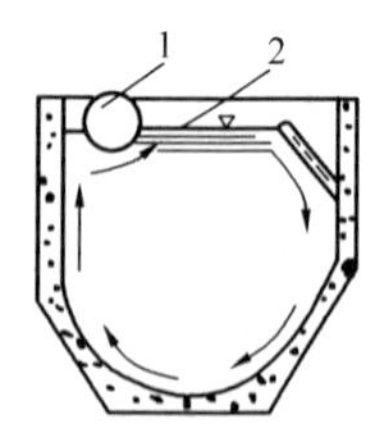

图 5-36 转刷曝气机作用示意

1—转刷；2—充氧区

(1) 总体构成：转刷曝气机主要应用于城市污水和工业废水处理的氧化沟技术，可在矩形也可在圆形曝气混合池中使用。国外研究应用较早，国内始见于 20 世纪 70 年代，武汉钢铁公司冷轧废水处理厂，引进原联邦德国 PASSAVANT 公司 ϕ500 的 Mammoth 转刷，用于矩形曝气反应池，如图 5-36 所示。

转刷曝气机具有推流能力强，充氧负荷调节灵活，效率高且管理维修方便等特点。在氧化沟技术发展的同时，转刷曝气机得到广泛的应用。其推流能力应确保底层池液流速不小于 0.2m/s，最大水深不宜超过 3.5m。

转刷曝气机由电动机、减速传动装置和转刷主体等主要部件组成。如图 5-37 所示。

1) 按整机安装方式分固定式和浮筒式：

① 固定式是整机横跨沟池，以池壁构筑物作为支承安装。

减速机输出轴可以单向或双向传动，也可在一个方向上，根据水池结构串联几根刷辊，以减少传动装置，达到一机共用。如图 5-38 所示为双出轴转刷曝气机。

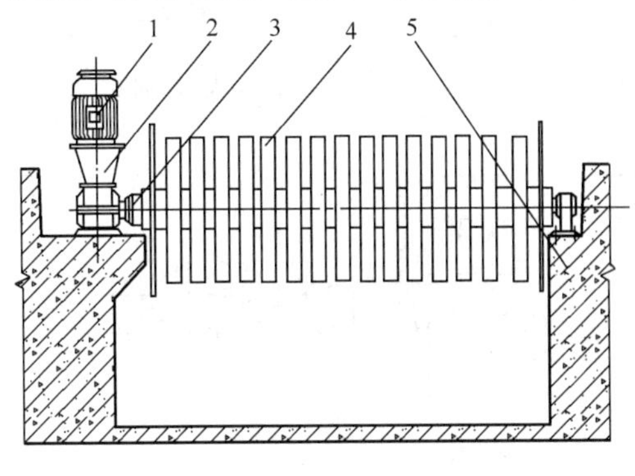

图 5-37 转刷曝气机

1—电动机；2—减速装置；3—柔性联轴器；4—转刷主体；5—氧化沟池壁

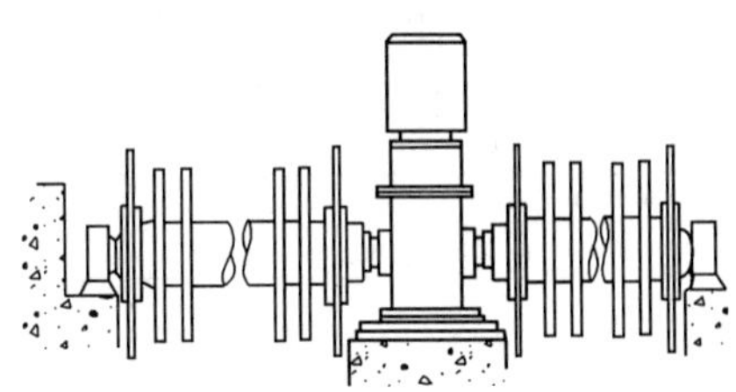

图 5-38 双出轴式转刷曝气机

可以按氧化沟池形结构特点，设计成桥式，形成通道，图 5-39 所示为桥式转刷曝气机。

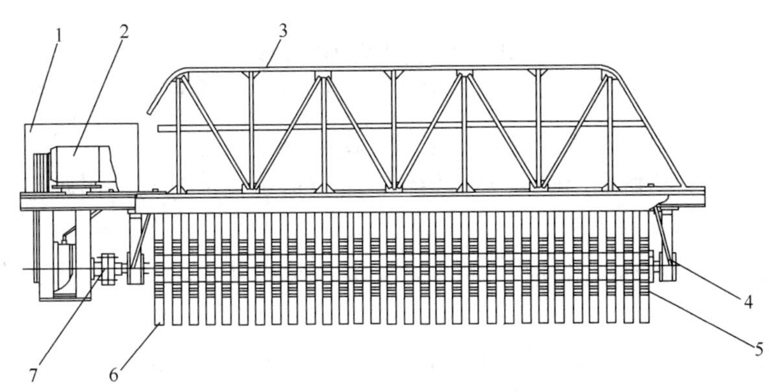

图 5-39 桥式转刷曝气机

1—电机罩；2—驱动机构；3—桥架；4—轴承；5—挡水盘；6—刷片；7—联轴器

② 浮筒式是整机安装在浮筒上，浮筒内充填泡沫聚氨酯，以防止浮筒漏损而不致影响浮力。采用顶部配重调整刷片浸没深度，达到最佳运行效果。图 5-40 所示为浮筒式转刷曝气机。

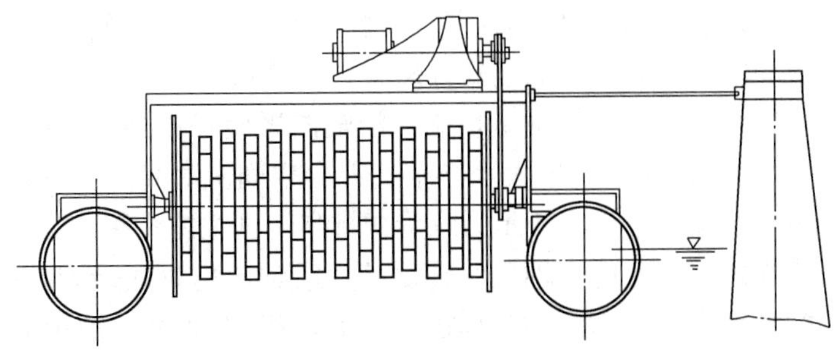

图 5-40 浮筒式转刷曝气机

2）按转刷主体顶部是否设置钢板罩而分为敞开式和罩式结构：

① 敞开式转刷主体顶部不设钢板罩，刷片旋转时，抛起的水滴自由飞溅。

② 罩式是转刷主体顶部设置钢板罩，当刷片旋转飞溅起的水滴与壳板碰撞时，会加速破碎与分散，增加和空气混合，可以提高充氧量，图 5-41 所示为罩式转刷曝气机。

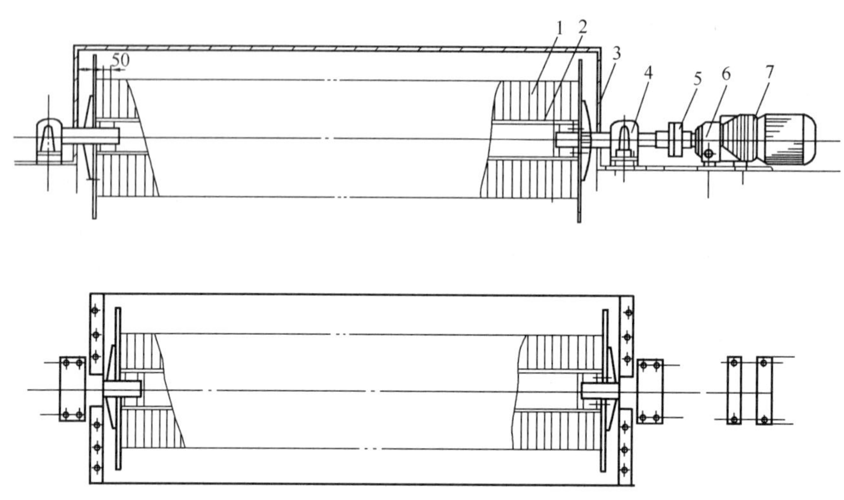

图 5-41 罩式转刷曝气机

1—叶片；2—转刷轴；3—罩；4—轴承座；5—联轴器；6—减速机；7—基座垫板

3）按电动机输出轴的位置分卧式与立式安装：

① 卧式安装：电动机输出轴线为水平状，其减速机输入轴与输出轴呈同轴线或平行状，如图 5-41 所示。

② 立式安装：电动机输出轴线为垂直状，其减速机输入轴线与输出轴线呈 90°夹角，如图 5-37 所示。

4）按减速机输出轴与转刷主体间连接，分有轴承座过渡连接与悬臂连接式：

① 有轴承座过渡连接：是指转刷主体两端，设置轴承座固定转刷主体，减速机输出轴与刷体的输入轴间，采用联轴器或其他机械方式的传动连接，如图 5-41 所示。

② 悬臂连接：是减速机输出轴与转刷主体输入轴直连，联轴器采用柔性联轴器。柔性联轴器由球面橡胶与内外壳挤压组成，是联轴器中的新类别。既可以承受弯矩，传递扭矩；同时具有减振、缓冲及补偿两轴相对偏移的作用。由于减少了支承点，使得曝气机轴向整体安装尺寸缩小。

（2）转刷主体：转刷主体是在传动轴上，安装有组合式箍紧的矩形窄条片。

1）按刷片在传动轴上安装排列的形式分螺旋式与错列式。

① 螺旋式安装排列：是在传动轴上，刷片沿轴向螺旋式排列，每圈叶片呈放射状径向均布。圈与圈之间留有间距，以增大水与空气混合空间。对直径 ϕ1000mm 的转刷，每圈 12 片，每米约 6.67 圈。图 5-42 所示为螺旋式排列转刷主体全貌。

② 错列式安装排列：是在传动轴上，转刷叶片沿轴向呈直线错列状排列，叶片分布与前相同。在上述叶片数和圈间留有间距条件下，相邻叶片在轴上排列时的错位角为 15°。

转刷叶片数为6片时，其在轴上圈间也有不留空隙的排列形式，相邻叶片间错位角为30°。

2）刷片结构：转刷由多条冲压成形的叶片用螺栓连接组合而成。如图5-43所示，目前转刷直径系列在ϕ500～ϕ1000mm之间。

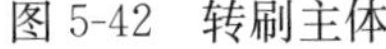

图5-42 转刷主体

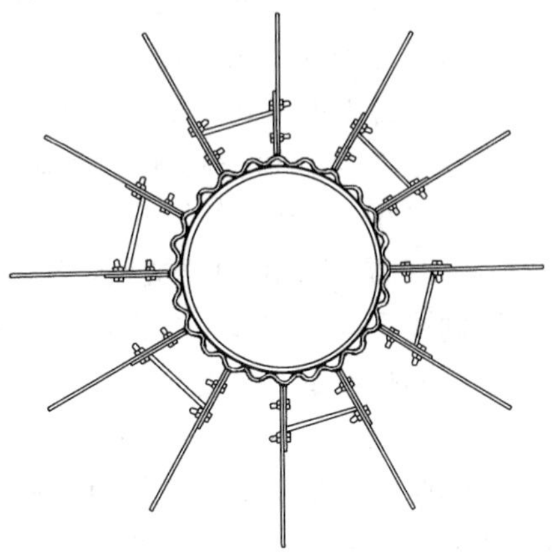

图5-43 转刷

叶片形状多样，有矩形、三角形、T型、W型、齿形、穿孔叶片等。目前设计应用最多为矩形窄条状，叶宽一般在50～76mm之间，用$\delta=2\sim3$mm的薄钢板制作，为了减小刷轴运转时的转动惯量，片长的4/5冲压成带槽的截面，以提高断面模量，保证叶片击水时有一定的抗弯强度，并富于弹性。对较大直径转刷的下部，再用拉筋加固。

当转刷叶片数为12时，周向夹角为30°；叶片数为6时，周向相邻叶片夹角为60°。

刷片在轴上定位箍紧力，由叶根贴轴处的凸圈产生的弹性变形进行调整，并应大于刷片击水时在轴上的扭转力。

叶片采用不锈钢或浸锌碳素钢板制作，特殊情况采用钛合金钢板材加工，但成本较高。传动轴一般采用厚壁热轧无缝钢管或不锈钢管加工而成。

（3）作用原理：图5-44所示为转刷曝气机在氧化沟中作用原理示意。

1）向处理污水中充氧。水在不断旋转的转刷叶片作用下，切向呈水滴飞溅状抛出水面与裹入空气强烈混合，完成空气中的氧向水中转移。

2）推动混合液以一定的流速在氧化沟中循环流动。

曝气机运转时，其下游水位被抬高。在稳定状态下，通过转轴中心线的垂直断面上力的平衡，可以近似得出曝气机的推动力F按式（5-7）计算：

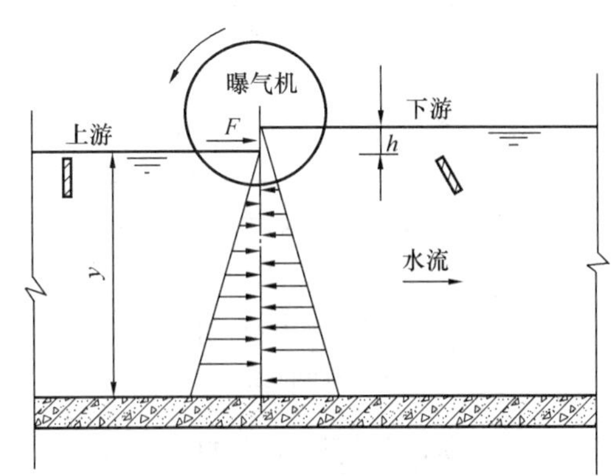

图5-44 氧化沟转刷曝气机运转示意

$$F=\gamma g y h\ (\text{N/m}) \tag{5-7}$$

式中 γ——混合液密度为 $1000kg/m^3$；

g——重力加速度为 $9.81m/s^2$；

y——氧化沟水深（m）；

h——曝气机推流水头（m）。

对几何尺寸一定的氧化沟，曝气机推动力的大小，决定它所产生的推流水头，即提升高度 h 值，这与曝气机性能、运转方式密切相关。

推动混合液的流速，必须能使混合液中的固体在氧化沟的任何位置均保持悬浮状态。

(4) 充氧能力和轴功率：转刷的充氧量及轴功率的测试，是在标准状态下，水温 20℃，0.1MPa 大气压条件，在设定的沟池内，对溶解氧为零的清水进行试验、测定的。

表 5-10 是根据国内外文献，实验总结列出的部分转刷曝气机的技术性能参数。

转刷浸没度的调节是在保证正常浸没度条件下，利用曝气池或氧化沟的出水堰门或堰板，控制调整液位，改变转刷浸没度。在曝气机转速一定的情况下，实现充氧量及推流能力的变动。

性能曲线反映出不同规格直径的转刷，在转速和浸没深度一定时的充氧能力、动力效率及动力消耗特点。其单位长度转刷轴功率，可作为类比、估算设计参考，并应结合特定的氧化沟参数及工艺要求综合考虑，使整机动力匹配合理。

图 5-45、图 5-46 所示分别为德国生产的 ϕ700、ϕ1000 转刷曝气机特性曲线。

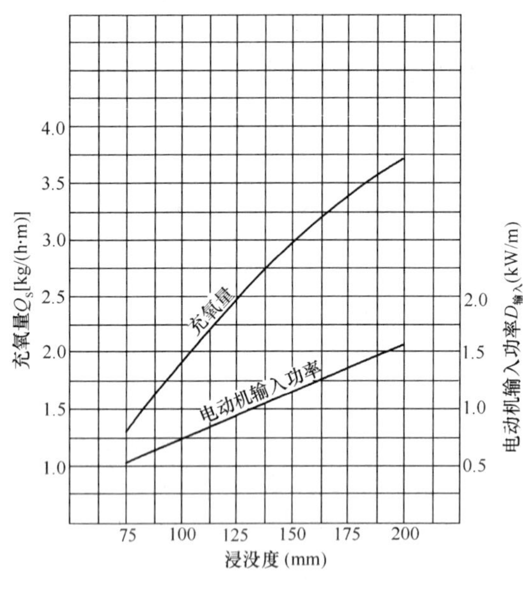

图 5-45 德国 ϕ700 转刷曝气机特性曲线

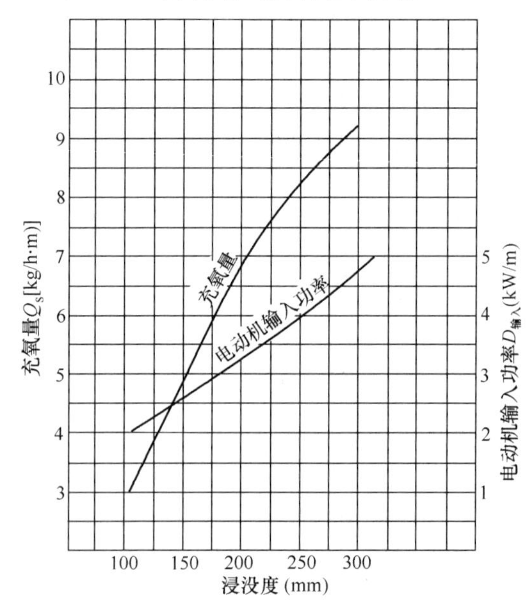

图 5-46 德国 ϕ1000 转刷曝气机特性曲线

图 5-47 所示为德国生产的 ϕ500 转刷曝气机特性曲线。

图 5-48、图 5-49 所示为日本生产的 ϕ700、ϕ1000 转刷曝气机特性曲线。

图 5-50 所示，为丹麦 Krüger 公司与德国 PASSAVANT 公司生产的 ϕ1000 转刷曝气机特性曲线。

图 5-51 所示，为国产 ϕ1000 转刷曝气机特性曲线。

部分转刷曝气机的技术性能参数 **表 5-10**

型号或类型	Mammu-trotoren	Mammu-trotoren	Mammu-trotoren	Akva-rotor midi	叶片式转刷	Mammoth 转刷	转刷	BZS 转刷	YHG 转刷	YHG 转刷	BQJ 转刷	BQJ 转刷
研制单位或生产厂家	德国 PASS-AVANT	德国 PASS-AVANT	德国 PASS-AVANT	丹麦 Krüger 公司	日本	英国	中南市政设计院	中南市政设计院安纺	清华大学环工系，宜兴第一环保设备厂		江苏江都，通州给排水设备厂，宜城净化设备厂	
直径 (mm)	500	700	1000	860	1000	970～1070	700	1000	1000	700	700	1000
转速 (r/min)	90	85	72	78	60	—	78	72～74	70	70	—	—
浸深 (m)	0.04～0.16	0.24	0.30	0.12～0.28	0.17	0.10～0.32	0.15～0.20	0.2～0.3	0.25～0.30	0.20	0.15	0.20
充氧能力 [$kgO_2/(m \cdot h)$]	0.4～1.9	3.75	8.3	3.0～7.0	3.75	2.0～9.0	1.3～2.0	2.58～9.6	6.0～8.0	4.1	3.0	6.0
动力效率 [$kgO_2/(kW \cdot h)$]	2.5～2.7	2.2	1.98	1.6～1.9	2.7	—	0.52～0.76	1.93～2.39	2.5～3.0	2.95	—	—
转刷有效长度 (m)	—	1.0，1.5，2.5，3.0	3.0，4.5，6.0，7.5，9.0	2.0，3.0，4.0	—	—	2.5	3.0，4.5，6.0，7.5，9.0	4.5，6.0，7.5，9.0	1.5，2.5	3.0，3.5	3.0～3.5
氧化沟设计水深 (m)	—	—	2.0～4.0	1.0～3.5	2.9	3.0～3.6	2.0	3.0	3.03～3.5	2.0～2.5	—	—

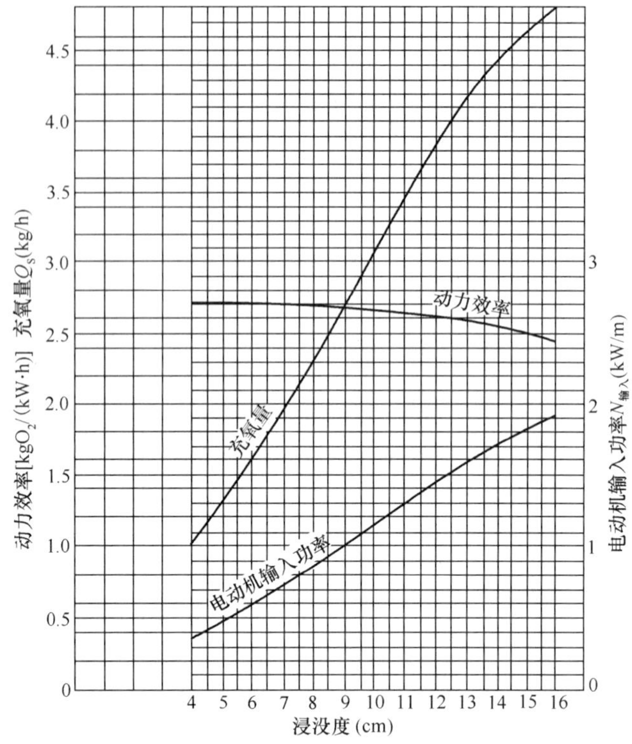

图 5-47 德国 ϕ500 长 2500、转速 90r/min 的转刷曝气机特性曲线

图 5-48 日本 ϕ700 转刷曝气机特性曲线

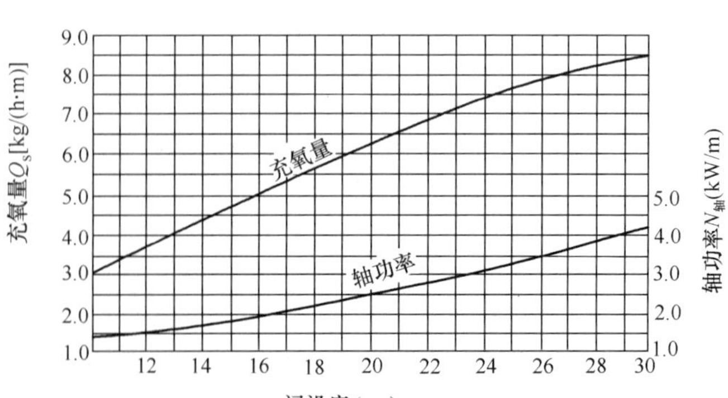

图 5-49 日本 ϕ1000 转刷曝气机特性曲线

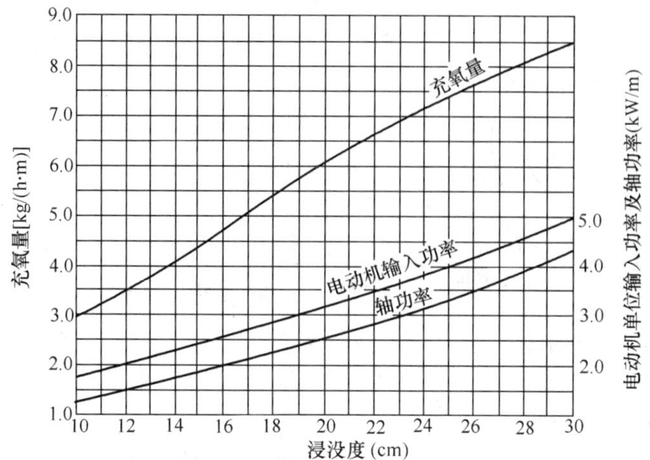

图 5-50 Krüger 公司与德国 PASSAVANT 公司 ϕ1000 转刷曝气机特性曲线

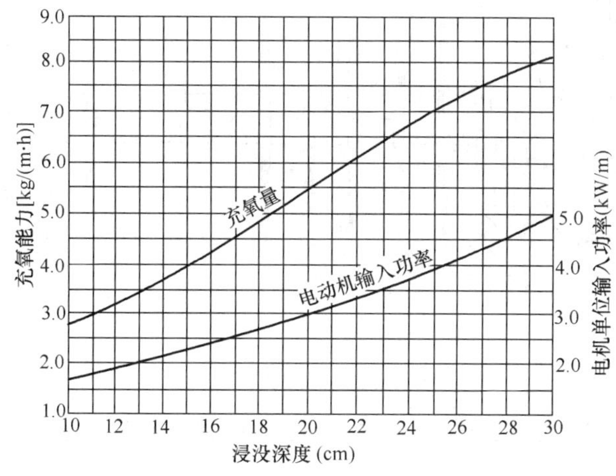

图 5-51 国产 ϕ1000 转刷曝气机特性曲线

5.1.2.2 转盘曝气机

转盘曝气机主要用于奥贝尔（Orbal）型氧化沟，通常称之为曝气转盘或曝气转碟。

它是利用安装于水平转轴上的转盘转动时，对水体产生切向水跃推动力，促进污水和活性污泥的混合液在渠道中连续循环流动，进行充氧与混合。图 5-52 所示为转盘曝气机在氧化沟中运转示意。

转盘曝气机是氧化沟的专用机械设备，在推流与充氧混合功能上，具有独特的性能。运转中可使活性污泥絮体免受强烈的剪切，SS 去除率较高，充氧调节灵活。在保证满足混合液推流速率及充氧效果的条件下，适用有效水深可达 4.3～5.0m。随着氧化沟技术发展，这种新型水平推流曝气机械设备，使用愈来愈广泛。

(1) 总体构成：整机由电动机、减速传动装置、传动轴及曝气盘等主要部件组成。

安装方式为固定式，如图 5-53 所示。曝气机横跨沟渠，以池壁为支承的固定安装

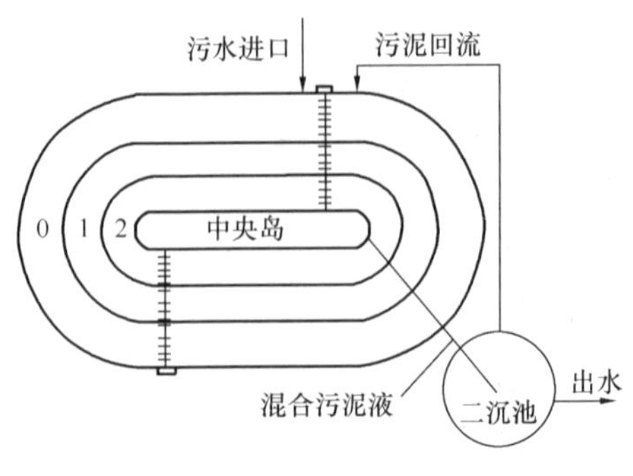

图 5-52 运转示意

形式。

1）按电动机输出轴的位置分卧式与立式安装：

① 卧式安装：电动机输出轴线为水平状，其减速机输入轴与输出轴为同轴线或平行状，如图 5-54 所示。

② 立式安装：电动机输出轴线为垂直状，经立式减速机与转盘曝气机相连雷同，如图 5-53 所示。

2）按减速机输出轴与传动轴直联连接传动轴的数量，分单轴式和多轴式：

① 单轴式：是减速机输出轴工作时，只传动单根轴的运转方式，如图 5-53 所示。

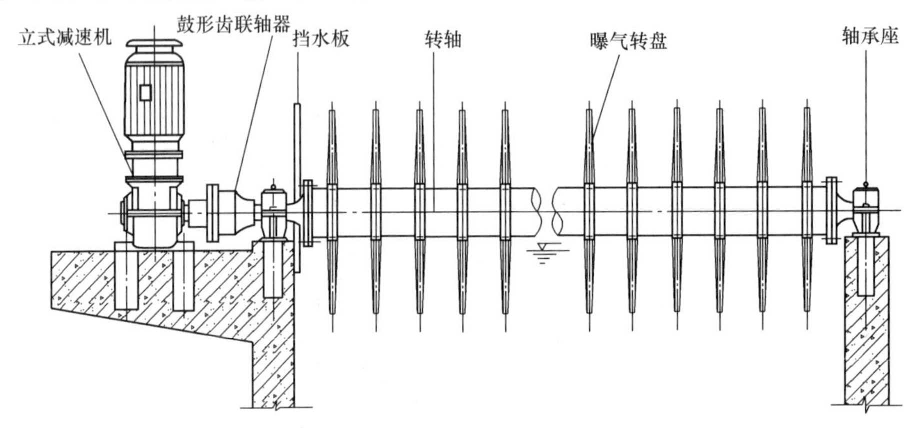

图 5-53 转盘曝气机安装结构示意

② 多轴式：是减速机输出轴工作时，与两根或两根以上的传动轴串联同步运转的方式。

多轴式其特点是适应了氧化沟 0、1、2 工艺配置与发展，使设计布置更趋灵活、机动。由于简化了传动机构，实现一体机共用，使得氧化沟运行控制、管理、维护更加方便。

图 5-54、图 5-55 所示均为曝气机多轴式的安装形式。

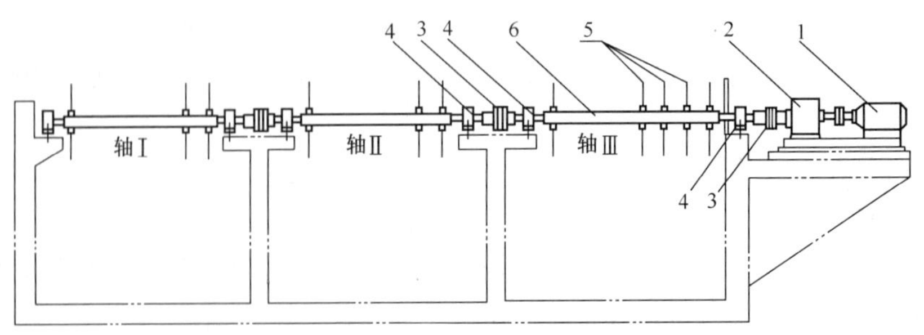

图 5-54 多轴式转盘曝气机结构示意

1—电动机；2—减速机；3—联轴器；4—轴承座；5—曝气转盘；6—传动轴

3）按减速机输出轴与转盘传动轴间的连接，分为有轴承座过渡连接与悬臂连接：

① 有轴承座的过渡连接：是指转盘传动轴两端设置轴承座，减速机输出轴与传动轴间连接形式与转刷曝气机连接方式类同，如图 5-37 所示。

② 悬臂连接：采用柔性联轴器，如图 5-55 所示。

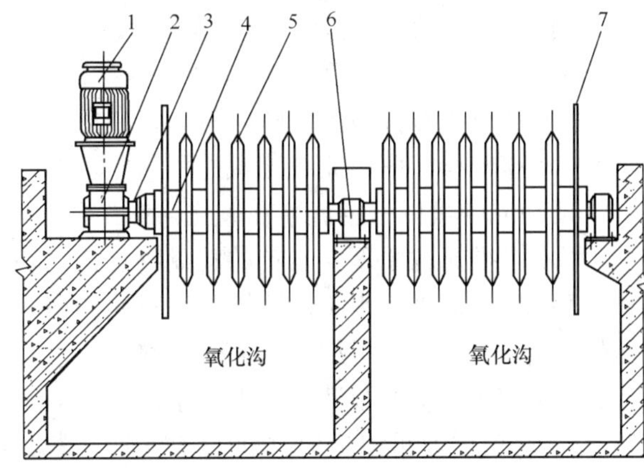

图 5-55 双轴式转盘曝气机结构示意

1—电机；2—减速装置；3—柔性联轴器；4—主轴；5—转盘；6—轴承座；7—挡水盘

4）转盘浸没度与转速调节：

① 转盘浸没度的调节：是保证氧化沟正常运行的重要因素。一般多采用沟渠的出水堰门或堰板调整液面水位，以改变转盘浸没深度。此法易行，且控制维护管理较为方便。

② 转盘转速调节：也是影响曝气机在氧化沟中推流与充氧的重要因素。转盘转速按目前使用情况，其转速在 43～55r/min 范围内，对转速调节多采用无级变速的方法。

（2）转盘构造：转盘是曝气机主要工作部件，由抗腐蚀玻璃钢或高强度工程塑料压铸成形。图 5-56 所示为转盘整体外形，盘面自中心向圆周有呈放射线状规则排列的若干符合水力特性的楔形凸块，形成许多条螺旋线，其间密布着大量的圆形凹穴。

转盘设计成中线对开剖分式，如图 5-57 所示。以半法兰形式，用螺栓对夹紧固于轴上，构成转盘整体。这种对夹式的安装方式，对转盘拆卸及安装密度的调整带来方便。

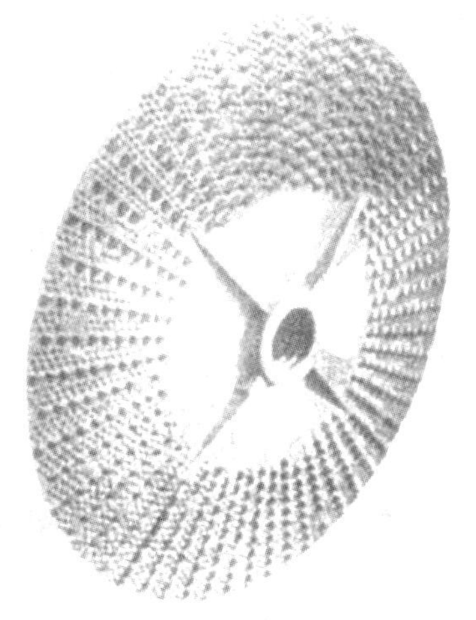

图 5-56 转盘

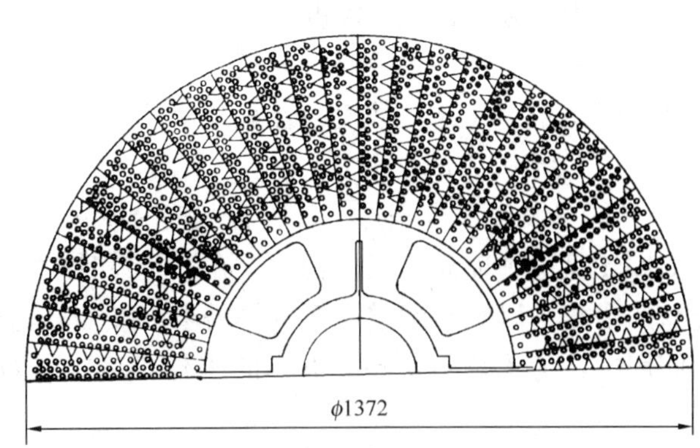

图 5-57 SX 型半扇转盘

目前转盘直径系列在 ϕ1400 以下，其厚度在 10～12.5mm 之间，圆穴直径 12.5mm。转动轴采用厚壁热轧无缝钢管或不锈钢管加工而成。

（3）作用原理：转盘曝气机在氧化沟中运行，有充氧和推流两种作用。

1）向污水混合液中充氧：转盘旋转时，盘面及楔形凸块与水体接触部分产生摩擦，由于液体的附壁效应，使露出的转盘上部盘面形成帘状水幕，同时由于凸块切向抛射作用，液面上形成飞溅分散的水跃，将凹穴中载入和裹进的空气与水进行混合，使空气中的氧向水中迅速转移溶解，完成充氧过程。

2）推动混合液以一定流速在氧化沟中循环流动。

按照水平推流的原理，运转的转盘曝气机以转轴中心线划分的上游及下游液面，同样存在液面高差，即推流水头。其转盘在氧化沟内，单位宽度的推动力 F（N/m）与转刷曝气推流计算方法相同，可用式（5-7）估算。

在保证水池底层混合液流速不小于 0.2m/s 时，其氧化沟内平均流速需保持在 0.25～0.35m/s，曝气转盘可以适应这种工况要求，其效果较好。

（4）充氧量及轴功率：根据实测资料，曝气转盘在标准状态下，清水中的充氧量、轴功率、转速、浸没度和安装密度等有如下关系。

1）转盘的浸没水深一定时，当改变转盘转速时，转盘转速增高，充氧能力[kg/(盘·h)]随之升高，即充氧量与转速呈线性关系，如图 5-58 所示。当转速超过 55r/min 时，充氧量并无明显增加，会出现较多的水带回上游侧，即回水现象。

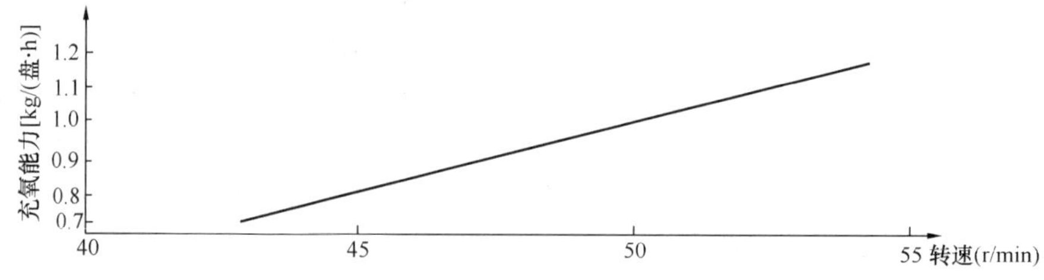

图 5-58 ϕ1372 转盘充氧能力与转速关系曲线（浸没深度 530mm）

对目前转盘直径（ϕ1372～ϕ1400）的工作转速在 43～55r/min 之间。

2）浸没深度的变化是影响转盘充氧能力的敏感因素。在任一转速和工作水深的条件下，充氧能力均随转盘浸没深度增加而提高。

当浸没深度达到一定值时，充氧能力提高十分迅速，但超过一定的上限值时，充氧能力则基本保持稳定，这一数值因转盘几何尺寸的差异而变化。按目前使用的曝气转盘，浸没深度在 0.23～0.53m 之间。

3）在同一浸没深度条件下，转盘的安装密度对单个转盘充氧能力影响很小。

依照转盘这种独立的工作特性，在整机设计时，必须充分利用每 1m 单位轴长可以容纳转盘的个数，以此来调整充氧量的需求。按照转盘构造尺寸，每米轴长可装设 5 盘。在实际使用中，为了减小安装、拆卸的工作难度，转盘最大安装密度以每米轴长 4 盘左右为宜。

4）设置导流板可增加转盘的充氧能力。其方法是在转盘下游直道中，设置 60°倾斜导流板，可将刚刚经过充氧并受曝气机推动的混合液引向氧化沟的底部，强化气水间的混合，延长气泡在水中的停留时间，改善溶解氧浓度和流速的竖向分布。这种辅助设施虽简易，但可以提高转盘充氧能力。

5）正、反转充氧量及动力效率的变化。

由于盘面楔形凸块，为非对称垂面三棱体，若以通过转盘圆心的径向辐射线为基准，其垂直面与径向线重合。

据国外公司对直径 1.38m 盘，当浸没深为 0.533m，转速在 43～55r/min 时的测定数据表明，当旋转过程中三棱楔形块的垂面先与水接触时（下转），充氧能力最大；当反转过程中，块角先与水接触时（上转）动力效率最大，表 5-11 为测试数据。

表 5-11

转 速 (r/min)	下 转			上 转		
	kg/(盘·h)	kW/盘	kg/(kW·h)	kg/(盘·h)	kW/盘	kg/(kW·h)
43	0.753	0.353	2.13	0.567	0.265	2.14
46	0.848	0.412	2.06	0.635	0.301	2.11
49	0.943	0.478	1.97	0.703	0.345	2.02
52	1.04	0.544	1.91	0.771	0.382	2.02
55	1.13	0.610	1.85	0.839	0.426	1.97

6）轴功率的测试如图 5-59 所示，当转盘浸没水深一定时，转盘轴功率随转速升高而增大，两者成线性变化关系。

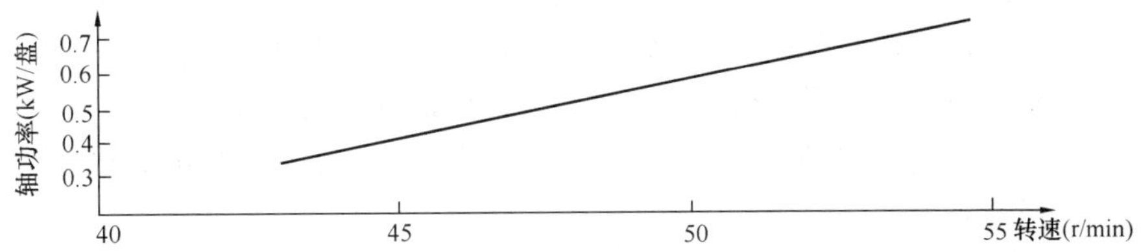

图 5-59 ϕ1372 转盘轴功率与转速关系曲线（浸没深度 530mm）

目前还没有根据转盘外形尺寸，进行理论性推导轴功率的计算公式，轴功率多从试验中获取数据或采用类比法进行估算。

表 5-12 是根据资料列出的国内外转盘特性及数据。

国内外转盘特性及数据 **表 5-12**

型号或类型	Orbal Disc	SX 曝气转盘	YBP 曝气转盘	曝气转盘	曝气转盘
研制单位或生产厂家	美国 Envirex	广东省石油化工设计院 广州市新之地环保公司	西北市政工程设计院 宜兴水工业器材设备厂	重庆建筑大学	清华大学环工系
直径（mm）	1378	1372	1400	1200	1370
转速（r/min）	43～55	45～55	50～55	55	46～73
浸没深（m）	0.28～0.533	0.4～0.53	0.40～0.53	0.40	0.20～0.35
充氧能力 [kgO_2/（盘·h）]	0.567～1.13	0.80～1.12	—	0.34	0.268～0.863
动力效率 [kgO_2/（kW·h）]	1.85～2.14	1.80～2.03	—	1.5	0.96～1.42

续表

型号或类型	Orbal Disc	SX 曝气转盘	YBP 曝气转盘	曝气转盘	曝气转盘
单盘轴功率（kW）	0.353～0.61	0.40～0.63	0.43～0.702	—	—
试验水池有效容积（m^3）	850	34	100	100	12
水表面积（m^2）	220	13	19	50	12
应用工程项目	广州石化总厂污水处理厂	广州石化总厂污水处理改造工程 湖南长岭炼油厂污水处理厂 苏州吴县市城市污水处理工程	北京燕山石化公司污水净化厂	—	—

5.1.3 传动设计

5.1.3.1 基本要求

(1) 表面曝气机的传动部分应保证在正常情况下连续安全运转。

(2) 为降低污水处理耗电量，表面曝气机的传动效率要高，以节省能源。

(3) 满足污水处理对于表面曝气机转速调节和浸没度调节要求。

根据曝气池或氧化沟对曝气机运行要求，转速调节有下列三种：

1) 无级调速：曝气机可在设计范围内作无级调速，适用于污水处理要求较高，水质水量不稳定的场合；

2) 有级调速：曝气机的转速按几个定值调节，此种方式适用于污水处理要求稍低的条件；

3) 定速：曝气机只能以一种速度运转。用于污水处理比较成熟及负荷条件较稳定的情况。

5.1.3.2 电动机选择

(1) 电动机功率计算：电动机功率按下式计算：

$$N=\frac{kN_{轴}}{\eta} \tag{5-8}$$

式中 N——电动机输出计算功率（kW）；

k——电动机的功率备用系数，污水处理表面曝气机使用的电动机功率为中小功率范围，取值见表 5-13；

$N_{轴}$——曝气机轴功率（kW），根据不同机型叶轮和刷、盘的性能特性曲线和计算公式确定。对要求变速的表面曝气机，应按确定的最大线速运转时轴功率进行计算；

η——机械传动总效率。

电动机的功率备用系数　　**表 5-13**

备用系数 \ 分类	曝气叶轮类型	
	立轴式曝气叶轮	水平轴式曝气叶轮
k	1.25～1.15	1.10～1.05

如果已有同类型表面曝气机投入运行，可根据实测资料分析决定电动机的额定功率，选择时应接近或略大于计算 N 值。

（2）选用电动机类型：

1）定速电动机：一般选用封闭式鼠笼型电动机。对于工作环境恶劣，湿度较大，置露天使用的表曝机，应选择 Y-W（户外型）、Y-F（防腐型）、Y-WF（户外防腐型）三相异步电动机。在一般户外环境下，电动机不需要任何防护条件可直接安装使用。

2）有级调速电动机：可选用 YD 系列变极多速三相异步电动机。与表曝机匹配使用时，转速出现跳跃式间隔，无平滑过渡区，但对污水曝气处理具有一定的灵活性。因电动机性能优良，运行可靠，控制系统简单，因而常作为曝气机驱动使用。

3）无级调速：无级调速系统，即笼形异步电动机变频调速：是在电动机与输入电源间，设置电力电子变频装置，改变输入电源的频率，从而平滑地调节异步电动机的同步转速，实现曝气机输出转速无级变速。由于变频调速效率高，对节能有一定意义，因而为表曝机实现无级调速所采用。

5.1.3.3 机械传动装置

（1）减速机的设计与选用：表面曝气装置无论垂直轴负载还是水平轴负载，转速都不高。目前所应用要求均低于 100r/min，在电动机和负载之间应进行减速，因而设置减速器（机）。应尽量选用通用标准减速器配套，例如二合一式的标准型《带电机行星摆线针轮减速机》等类机型，其电动机和减速器之间直连，整体性强，体积小，安装方便。

对于输入轴与输出轴呈 90°变向传动的表曝减速机，宜采用圆锥—圆柱齿轮组合传动，其中圆锥齿轮应置于首级以减小组合尺寸。圆锥齿轮尤以弧齿锥齿轮承载能力高，运转平稳，噪声小。齿轮材质宜采用优质合金钢，加工后经氮化处理成硬齿面，以保减速机连续安全运转。

当采取专业制造时，应针对污水处理特殊要求，生产安装型式多样的减速器，以满足曝气机的需求，其设计制造基本要求如下：

1）减速器传动齿轮精度高，传动效率 η_c 应不低于 0.94。

2）在全速、满载连续运转时，有足够的强度和寿命。

3）构造简单，便于维护。

4）为减少机械传动损失，传动级数不宜超过两级。

5）尽量减少对环境的二次污染，运行噪声小，密封性能好，不漏油。

（2）立轴式表面曝气机叶轮轴的连接设计有两种形式：

1）减速器输出轴与叶轮轴通过刚性联轴器直连，叶轮轴轴端不设轴承。这种形式构造简单，但安装、检修较困难。

2）叶轮轴与减速器输出轴通过浮动盘联轴器传递转矩，另设轴承以支承叶轮。这种形式构造较复杂，但安装、维修方便。由于叶轮轴和减速器轴间为过渡连接，在检修减速器时，可不涉及叶轮，因而减少了在臭气较大的现场维修的工作量。

为节约电能，简化传动机构，提高机械传动效率，立轴式表面曝气机多采用定速电动机拖动和无叶轮升降装置的立式减速器的传动形式，如图 5-2 所示。

（3）水平轴式表面曝气机传动轴的设计

1）轴的强度计算：转刷和转盘安装于传动轴上的工作状况是推动混合液在渠道内，

以一定流速流动，轴主要承受扭矩而受弯矩较小。传动轴按扭转强度计算确定轴径。其计算公式（5-9）、式（5-10）为

实心轴
$$d=17.2\sqrt[3]{\frac{T}{[\tau]}}=A_0\sqrt[3]{\frac{N_{轴}}{n}} \tag{5-9}$$

空心轴
$$d=17.2\sqrt[3]{\frac{T}{[\tau](1-\beta^4)}}=A_0\sqrt[3]{\frac{N_{轴}}{n(1-\beta^4)}} \tag{5-10}$$

式中　d——轴的直径（mm）；

T——轴所传递的扭矩（N·m）；

$$T=9550\frac{N_{轴}}{n}$$

$N_{轴}$——轴所传递的功率（kW）；

n——轴的工作转速（r/min）；

$[\tau]$——许用扭转剪应力（N/mm^2），按表5-14选用；

A_0——系数，按表5-14选取；

β——空心轴内径 d_1 与外径 d 比值。

$$\beta=\frac{d_1}{d}$$

2）为了减轻整机质量，一般应采用厚壁无缝钢管加工，并进行防腐处理。许用最大挠度 $[f]=0.1\%$。

3）考虑氧化沟宽度因素，传动轴有一定长度，由于温度造成的涨缩现象，设计中应采取补偿措施。

几种常用轴材料的 $[\tau]$ 及 A_0 值　　**表5-14**

轴的材料	Q235-A、20	Q275、35（1Cr18Ni9Ti）	45	40Cr、35SiMn、40MnB、38SiMnMo、3Cr13
$[\tau]$（N/mm^2）	15～25	20～35	25～45	35～45
A_0	149～126	135～112	126～103	112～97

注：1. 表中所给出的 $[\tau]$ 值是考虑了弯曲影响而降低了的许用扭转剪应力；
2. 在下列情况下 $[\tau]$ 取较大值、A_0 取较小值：弯矩较小或只受扭矩作用，载荷较平稳，无轴向载荷或只有较小的轴向载荷，减速器低速轴，轴单向旋转。反之，$[\tau]$ 取较小值、A_0 取较大值。

4）对于多支点、分段的传动轴，轴间联轴器宜采用结构简单，外形尺寸及转动惯量均小，能在一定程度上补偿两轴相对偏移、具有减振和缓冲性能的联轴器。

5）计算实例：设计曝气转盘装置中装有转盘的传动轴；其简图，如图5-54所示，为多轴式转盘曝气机。

① 条件：

a. 氧化沟净宽为7000mm。

b. 轴承座间距离 $L=6818$mm。

c. 转盘参数：

(i) 单盘轴功率：0.63kW（浸没水深530mm）

(ii) 转速 nmax：55r/min

(iii) 单盘质量：30kg

(iv) 每段转盘数量：轴Ⅰ25、轴Ⅱ25、轴Ⅲ25

(v) 转盘直径 D：1372mm

② 设计计算：

a. 轴功率及电动机功率确定：

(i) 转盘总数量为 25×3=75，所需轴功率为

$$N_{轴}=0.63\times75=47.25\text{kW}$$

(ii) 考虑传动效率及负载因素，所需电动机功率为

$$N=\frac{kN_{轴}}{\eta}=\frac{1.05\times47.25}{0.9}=55\text{kW}$$

式中 k——电动机功率备用系数，按表 5-13，取 $k=1.05$；

η——总传动效率，对于一轴式、二轴式、三轴式结构分别取 0.95、0.92、0.90。

选用 Y280M-6 型电动机，其 $N_{额}=55\text{kW}$，转速 $n_1=980\text{r/min}$。

b. 减速机的确定：

(i) 当转盘最大转速为 55r/min，电动机 $n_1=980\text{r/min}$ 时，传动比 i：

$$i=\frac{n_1}{n_{\max}}=\frac{980}{55}=17.8$$

选用标准减速机 ZLY180D，传动比为 18。

(ii) 轴实际转速为

$$n=\frac{n_1}{i}=\frac{980}{18}=54.4\text{r/min}$$

c. 轴径计算：轴径应根据电动机所传递的扭矩来确定，按水平轴式曝气机传动轴设计制定要求，轴采用标准无缝钢管加工，以节省费用。

根据式 (5-10) 为

$$d=A_0\sqrt[3]{\frac{N_{轴}}{n(1-\beta^4)}}=149\sqrt[3]{\frac{47.25}{54.4(1-0.85^4)}}\approx182\text{mm}$$

式中 A_0——轴材料及承载情况确定的系数，查表 5-14 取 $A_0=149$；

β——空心轴内外径比值。

查型材标准，选无缝钢管 ϕ219×18，扣除腐蚀裕量 2mm 后计算得

$$\beta=\frac{d_1}{d}=\frac{183}{215}=0.85$$

式中 d_1——轴内径，$d_1=219-2\times18=183\text{mm}$；

d——轴外径，$d=219-2\times2=215\text{mm}$。

d. 轴的强度校核：轴径校核尺寸为 ϕ215×16，对于三轴结构，轴Ⅲ靠近联轴器端所受应力最大，应对该截面进行校核。

疲劳强度安全系数校核：按式 (5-11) 为

$$S=\frac{\sigma_{-1}}{\sqrt{\left(\lambda_\sigma\frac{M}{Z}\right)^2+0.75\left[(\lambda_\tau+\psi_\tau)\frac{T}{Z_p}\right]^2}}\geqslant[S] \tag{5-11}$$

式中 σ_{-1}——材料弯曲疲劳极限，载荷平稳、无冲击，选 20 号钢，其 $\sigma_{-1}=$

170N/mm^2；

λ_σ、λ_τ——换算系数，取 $\lambda_\sigma=2.95$，$\lambda_\tau=2.17$；

ψ_τ——等效系数，取 $\psi_\tau=0.1$；

Z——抗弯截面模数，按下式计算：

$$Z=\frac{\pi d^3}{32}(1-\beta^4)$$

$$=\frac{\pi\times 21.5^3}{32}(1-0.854)=466\text{cm}^3;$$

Z_p——抗扭截面模数，按下式计算：

$$Z_p=2Z=2\times 466=932\text{cm}^3;$$

T——轴所传递的最大扭矩：

$$T_{max}=9550\frac{N}{n}=9550\times\frac{55}{54.4}=9655\text{N}\cdot\text{m};$$

$[S]$——疲劳强度许用安全系数，取$[S]=1.5\sim1.8$。

为了简化计算，将转盘所传递的扭矩转化为集中力 P，如图 5-60 所示。为保证转盘设备的充氧能力和设计上安全，力臂 l 的取值略大于转盘中心到浸没深度的一半距离。对于不同尺寸的转盘，需要具体采用试验或其他方法确定。

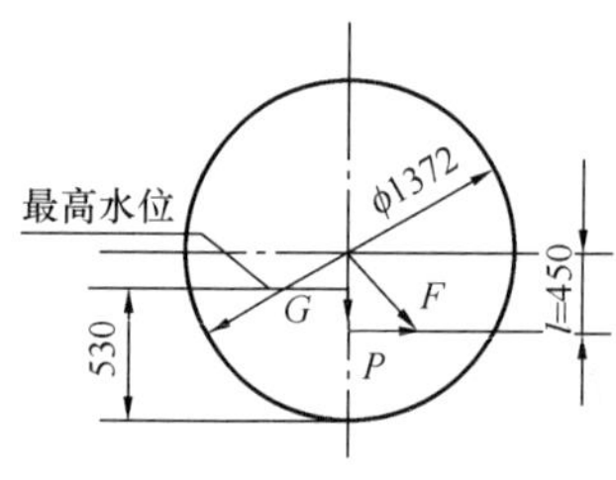

图 5-60　受力图

单盘力：$P_1=\dfrac{M_1}{l}$

$$=\frac{9550\times\dfrac{0.63}{54.4}}{0.45}=246\text{N}$$

式中　M_1——单盘工作时扭矩（N·m）。

转盘总集中力：$P=25P_1=25\times246=6150\text{N}$

轴自重力：$G_1=6080\text{N}$

转盘重力：$G_2=25\times300=7500\text{N}$

合力：$F=\sqrt{P^2+(G_1+G_2)^2}$

$=\sqrt{6150^2+(6080+7500)^2}=14908\text{N}$

轴Ⅲ单位载荷：

$$W=\frac{F}{L}=\frac{14908}{6.818}=2187\text{N/m}$$

轴Ⅲ的最大弯矩：

$$M=\frac{WL^2}{8}=\frac{2187\times6.818^2}{8}=12708\text{N}\cdot\text{m}$$

将以上结果代入式（5-11）得

$$S=\frac{170}{\sqrt{\left(2.95\times\dfrac{12708}{466}\right)^2+0.75\left[(2.17+0.1)\times\dfrac{9655}{932}\right]^2}}$$

$$\approx 2.05>[S]$$

轴疲劳强度合格。

e. 轴的刚度校核：

(i) 扭转刚度校核：

扭转角：按式（5-12）计算：

$$\phi = 7350\frac{T}{d^4(1-\beta^4)} = 7350\times\frac{9655}{215^4\times(1-0.85^4)} = 0.069°/\text{m} < [\phi] \tag{5-12}$$

对于一般传动轴 $[\phi]=(0.5°\sim1°)/\text{m}$，按式（5-12）计算结果，轴扭转刚度合格。

(ii) 弯曲刚度校核：

轴惯性矩：$I = \frac{\pi}{64}(d^4 - d_1^4)$

$$= \frac{\pi}{64}(21.5^4 - 18.3^4) = 4984\text{cm}^4$$

轴上单位载荷：$W = 21.87\text{N/cm}$

材料弹性模量，取 $E = 206\text{GPa} = 206\times10^5\text{N/cm}^2$

轴Ⅲ挠度最大值在跨中，按式（5-13）计算：

$$f_{\max} = \frac{5WL^4}{384EI} = \frac{5\times21.87\times681.8^4}{384\times206\times10^5\times4984} \approx 0.60\text{cm} \tag{5-13}$$

$$f_{\max}/L = 0.60/681.8 \approx 9\times10^{-4} < 0.1\%$$

(iii) 按最大跨度考虑，轴的弯曲刚度合格。

轴在支承处偏转角：按式（5-14）计算：

$$\theta = \frac{WL^3}{24EI}\times\frac{180}{\pi} = \frac{21.87\times681.8^3\times180}{24\times206\times10^5\times4984\times3.1416} = 0.16° < [\theta] \tag{5-14}$$

对于调心滚子轴承允许轴对外圈的偏转角 $[\theta]=0.5°\sim2°$，偏转角也小于浮动联轴器的许用补偿量（$\leqslant 0.5°$），所以偏转角合格。

其余校核略。

5.2　水下曝气机（器）

水下曝气机（器）置于被曝气水体中层或底层，将空气送入水中与水体混合，完成空气中的氧由气相向液相的转移过程。

水下曝气机（器）种类颇多，其设备技术发展较快，按进气方式可分为压缩空气送入与自吸空气式两类。压缩空气式一般采用鼓风机或空气压缩机送气。自吸式靠叶轮离心力或射流技术产生负压区，外接进气管吸入空气。

与表面曝气方式相比，水下曝气机突出优点是能够提高氧的转移速度。另由于底边流速快，在比较大的范围内可以防止污泥沉淀。另外，无泡沫飞溅、无噪声，避免了二次污染。

发达国家还有深水曝气设备，深度大于 10m，有的设计水深达 30m。

5.2.1　射流曝气机

射流曝气机有自吸式与供气式两种形式。除具有曝气功能外，同时兼有推流及混合搅拌的作用。

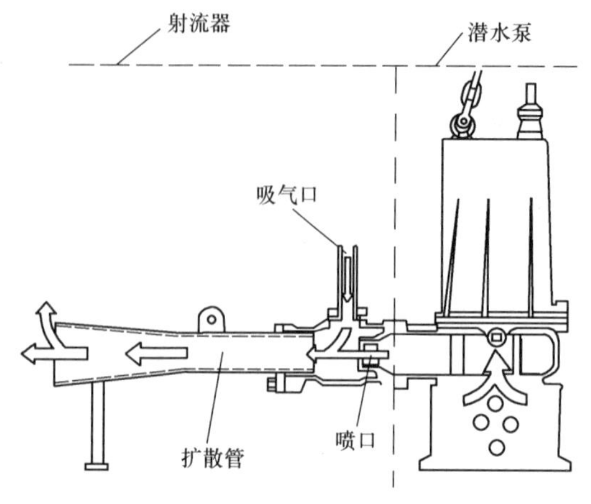

图 5-61　BER 型水下射流曝气机

5.2.1.1　自吸式射流曝气机

（1）总体构成与工作原理：由潜水泵和射流器组成的 BER 型水下射流曝气机，如图 5-61 所示。当潜水泵工作时，高压喷出的水流通过射流器喷嘴产生射流，通过扩散管进口处的喉管时，在气水混合室内产生负压，将液面以上的空气，由通向大气的导管吸入，经与水充分混合后，空气与水的混合液从射流器喷出，与池中的水体进行混合充氧，并在池内形成环流。

（2）供氧量及技术性能：BER 型水下射流曝气机的技术性能参数，见表 5-15、图 5-62。

BER 型水下射流曝气机技术参数　　**表 5-15**

空气管直径(mm)	型号		电动机功率(kW)	转速(r/min)	循环水量(m^3/h)	供气量-水深(m^3/h-m)	曝气池尺寸(长×宽×高)(m)	有效水深(m)	质量(kg)		供氧量(kg/h)
	无滑轨	有滑轨							无滑轨	有滑轨	
25	8-BER	TOS-8B	0.75	3000	22	11-3	3×2×4	1～3	28	23	0.45～0.55
32	15-BER	TOS-15B	1.5	3000	41	28-3	4×3.5×4	1～3	45	36	1.3～1.5
50	22-BER	TOS-22B	2.2	1500	63	45-3	5×5×4.5	2～3	75	61	2.2～2.6
	37-BER	TOS-37B	3.7	1500	94	80-3	6×6×5	2～4	91	77	3.6～4.3
	55-BER	TOS-55B	5.5	1500	126	120-3	7×7×6	2～5	137	120	6.0～7.0

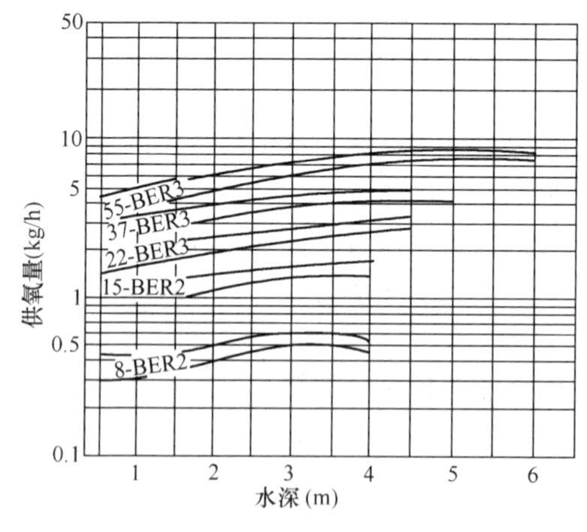

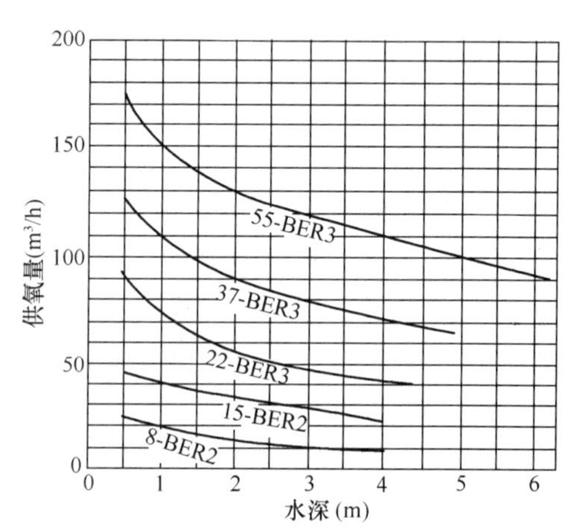

图 5-62　BER 型水下射流曝气机供氧量与供气量曲线

（3）适用范围：自吸式射流曝气机适用于建筑的中水处理以及工业废水处理的预曝气，通常处理水量不大。在进气管上一般装有消声器与调节阀，用于降低噪声与调节进气量。

5.2.1.2 供气式射流曝气机（器）

供气式射流曝气机（器）如图 5-63 所示。一般由单一的射流器构成，设置在曝气池或氧化沟的底部。外接加压水管、压缩空气管与射流器构成曝气系统。工作原理为送入的压缩空气与加压水充分混合后向水平方向喷射，形成射流和混合搅拌区，对水体充氧曝气。

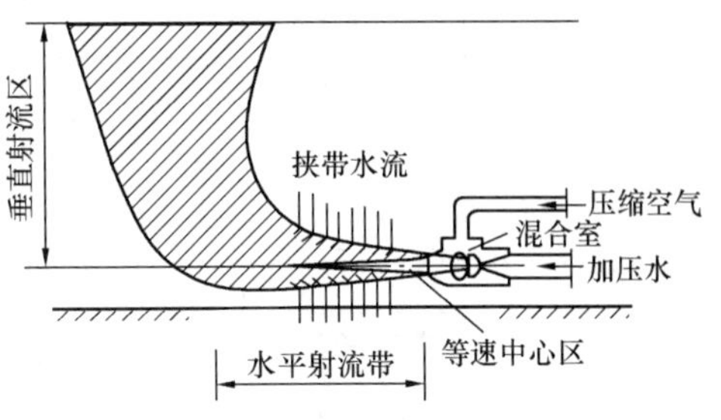

图 5-63 供气式射流曝气机（器）

由于射流带在水平及垂直两个方向的混合作用，因而可得到良好的混合效果，氧转移率较高。缺点是需要外设加压水管及压缩空气系统，使得整个系统较复杂。

5.2.2 泵式曝气机

（1）总体构成与工作原理：泵式水下曝气机是集泵、鼓风机和混合器的功能于一体的曝气设备。直接安装于池底对水体进行曝气。

如图 5-64 所示，水下曝气机的叶轮与潜水电机直连，叶轮转动时产生的离心力使叶轮进水区产生负压，空气通过进气导管从水面上吸入，与进入叶轮的水混合形成气水混合液由导流孔口增压排出，水流中的小气泡平行沿着池底高速流动，在池内形成对流和循环，达到曝气充氧效果。图 5-65 为曝气环流示意。

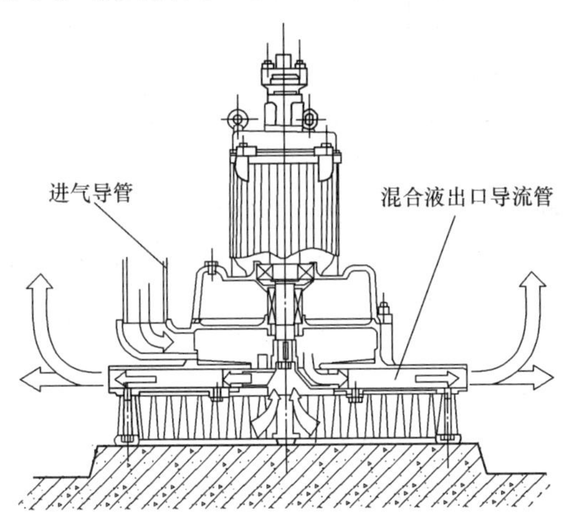

图 5-64 泵式水下曝气机

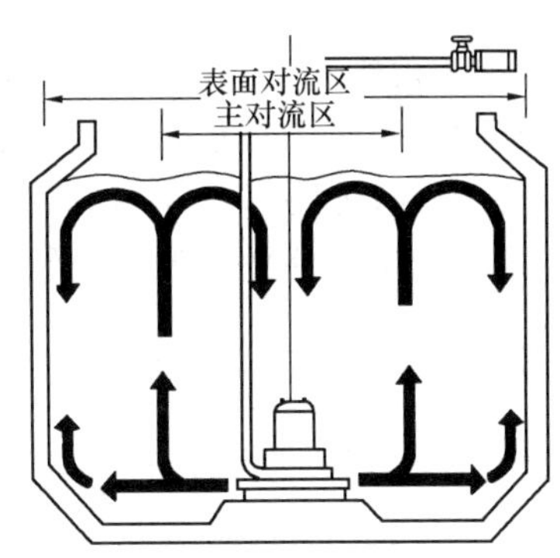

图 5-65 泵式水下曝气机曝气环流示意

（2）供气量及技术性能，见表 5-16；环流区域，见表 5-17。

TR 型泵式水下曝气机技术参数 表 5-16

空气管直径 (mm)	型 号	供气量-水深 (m^3/h-m)	供氧量 (kg/h)	转 速 (r/min)	质 量 (kg)	电动机功率 (kW)
	4-TRS	4.5-1.5	0.11～0.14	3000	23	0.4
25	4-TR	4.5-1.5	0.11～0.14	3000	22	0.4
32	8-TR	11-3	0.35～0.6	3000	60	0.75
	15-TR	25-3	1.0～1.4	3000	70	1.5

续表

空气管直径(mm)	型号	供气量-水深(m^3/h-m)	供氧量(kg/h)	转速(r/min)	质量(kg)	电动机功率(kW)
50	22-TR	36-3	1.8～2.8	1500	170	2.2
	37-TR	60-3	3.5～5.0	1500	180	3.7
	55-TR	90-3	3.5～7.7	1500	220	5.5
80	75-TR	125-3	8.2～11.3	1500	240	7.5
	110-TR	200-3	13～18	1500	280	11
	150-TR	260-3	17～23	1500	290	15
100	190-TR	330-3	20～27	1500	520	19
	220-TR	400-3	24～36	1500	530	22

注：TRS型为单相电源，其余为三相电源。

环流区域 **表5-17**

型号	主对流区(m)	表面对流区(m)	最大水深(m)	型号	主对流区(m)	表面对流区(m)	最大水深(m)
8-TR	1.2	2.0	3.2	75-TR	4.5	9.0	4.1
15-TR	1.5	2.5	3.2	110-TR	5.0	10.0	4.7
22-TR	2.5	5.0	3.6	150-TR	5.5	11.0	4.7
37-TR	3.0	6.0	3.6	190-TR	6.0	12.0	5.0
55-TR	3.5	7.0	3.6	220-TR	6.0	12.0	5.0

(3) 适用范围：

1) 适用于中水、污水处理过程中的预曝气和好氧反应过程的曝气；

2) 用于畜牧业污水、食品加工废水、屠宰废水、肉类加工废水等工业废水处理；

3) 用于以培养活性污泥为目的的供氧曝气工艺。

5.2.3 自吸式螺旋曝气机

自吸式螺旋曝气机是一种小型曝气设备，其大致结构与工作原理，见图5-66。该曝气机倾斜安装于氧化沟（池）中，利用螺旋桨转动时产生的负压吸入空气，并剪切空气呈微气泡扩散，进而对水体充氧。由于螺旋桨的作用，该曝气机同时具有混合推流的功能。

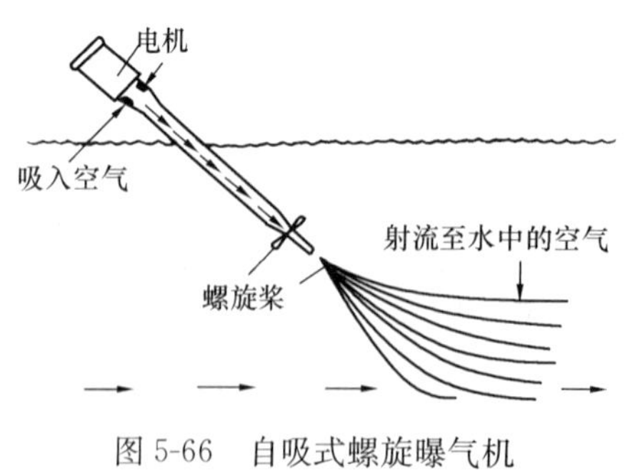

图5-66 自吸式螺旋曝气机

该曝气装置一般用于小型曝气系统，或者作为大中型氧化沟增强推流与曝气效果而增添的附加设施。其动力效率在1.9kgO_2/(kW·h)左右。这种类型曝气机的优点是安装容易，运行费用低，噪声小，操作也较简单。

6 排 泥 机 械

6.1 沉 淀 及 排 泥

沉淀是给水和排水工艺流程中的重要环节之一，沉淀池排泥直接影响水质处理的效果。采用机械排泥可以减轻劳动强度，保证沉淀效果。

沉淀池的平面形状有矩形和圆形两种。根据水体在池中的流向可分为平流式、竖流式和辐流式。按照其工作作用，在水厂中有斜管（板）沉淀池、机械搅拌澄清池、悬浮澄清池以及脉冲澄清池等。在污水处理厂中有沉砂池、初次沉淀池、二次沉淀池以及污泥浓缩池等。

6.1.1 沉淀池水质处理指标

6.1.1.1 水厂沉淀池水质处理指标

水厂平流沉淀池、斜管（板）沉淀池和机械搅拌澄清池的水质主要参数与沉淀效率见表 6-1。悬浮澄清池及脉冲澄清池一般不采用机械排泥的方式。

沉淀池水质参数 **表 6-1**

池　型	沉淀时间（h）	进水悬浮物含量（mg/L）	出水悬浮物含量（mg/L）	排出污泥含水率（%）
平流式沉淀池	1～2	≤5000	<10①	98
辐流式沉淀池				98
斜管沉淀池				97
机械搅拌澄清池				96

① 高浊度原水或低温低浊度原水时不宜超过 15mg/L。

6.1.1.2 污水处理厂沉淀池污水处理指标

初次沉淀池、二次沉淀池、污泥浓缩池的工艺性能指标见表 6-2。BOD_5、SS 去除率的指标，见表 6-3。

初次沉淀池、二次沉淀池、污泥浓缩池的工艺性能 **表 6-2**

名　称	沉淀时间（h）	表面负荷 [$m^3/(m^2 \cdot d)$]	沉淀污泥含水率（%）	污泥斗容积（m^3）
初次沉淀池	1.5	30～70	98	按污泥量停留 2d 计（矩形池间歇排泥）
二次沉淀池	2.5	25～50	99	按污泥量停留 2h 计（辐流式连续排泥）

续表

名　称	沉淀时间 (h)	表面负荷 [$m^3/(m^2 \cdot d)$]	沉淀污泥含水率 (%)	污泥斗容积 (m^3)
污泥浓缩性	>12		97	
备　注		按设计最大 日污水量计		

BOD_5、SS 去除率　　**表 6-3**

项　　目		去除率 (%)	
处理程度	处理方法	BOD_5	SS
初级处理	沉淀法	25～35	50～60
二级处理	标准活性污泥法	80～90	80～90

6.1.2　排泥机械的分类和适用条件

6.1.2.1　形式和分类

排泥机械的形式随工艺的条件与池型的结构而有所不同，目前常用的排泥机械如图 6-1 所示。通常可分为平流式（矩形）沉淀池排泥机和辐流式（圆形）排泥机两大类，选型时应按照适用条件决定。表 6-4 为常用排泥机械分类表。

沉淀池排泥机械分类　　**表 6-4**

<table>
<tr><td rowspan="11">平流式</td><td rowspan="6">行车式</td><td rowspan="4">吸泥机</td><td rowspan="2">泵吸式</td><td>单管扫描式</td></tr>
<tr><td>多管并列式</td></tr>
<tr><td>虹吸式</td><td></td></tr>
<tr><td>虹吸泵吸式</td><td></td></tr>
<tr><td rowspan="2">刮泥机</td><td colspan="2">翻板式</td></tr>
<tr><td colspan="2">提板式</td></tr>
<tr><td rowspan="2">链板式</td><td colspan="3">单列链式</td></tr>
<tr><td colspan="3">双列链式</td></tr>
<tr><td rowspan="2">螺旋输送式</td><td colspan="3">水平式</td></tr>
<tr><td colspan="3">倾斜式</td></tr>
<tr><td>往复式刮泥机</td><td colspan="3"></td></tr>
<tr><td rowspan="8">辐流式</td><td rowspan="6">中心传动式</td><td rowspan="5">垂架式</td><td rowspan="2">刮泥机</td><td>双刮臂式</td></tr>
<tr><td>四刮臂式</td></tr>
<tr><td rowspan="3">吸泥机</td><td>水位差自吸式</td></tr>
<tr><td>虹吸式</td></tr>
<tr><td>空气提升式</td></tr>
<tr><td colspan="3">悬挂式</td></tr>
<tr><td rowspan="2">周边传动式</td><td colspan="3">刮泥机</td></tr>
<tr><td colspan="3">吸泥机</td></tr>
</table>

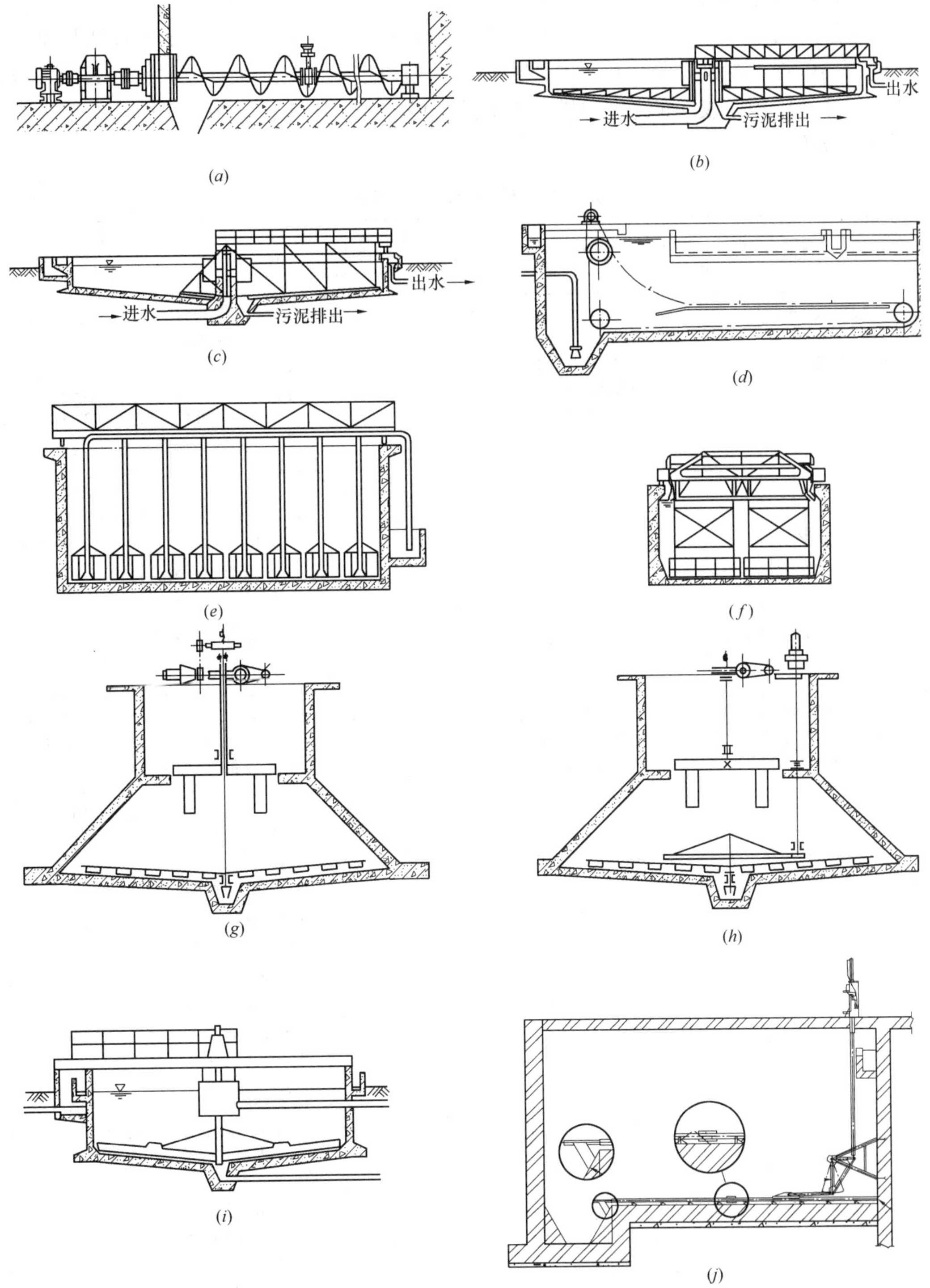

(a)

(b)

(c)

(d)

(e)

(f)

(g)

(h)

(i)

(j)

图 6-1 常用排泥机械的形式

(a) 螺旋式排泥机；(b) 垂架式中心传动刮泥机；(c) 周边传动式刮泥机；(d) 链板式刮泥机；(e) 行车式虹吸吸泥机；(f) 行车式提板刮泥机；(g) 套轴式中心传动刮泥机；(h) 销齿轮传动刮泥机；(i) 悬挂式中心传动刮泥机；(j) 往复式刮泥机

6.1.2.2 适用条件

在水厂与污水处理厂中，由于悬浮物性质、含量及池形的不同，各类排泥机械都存在着一定的局限性，特别是吸泥机。若水中所含的颗粒过多，相对密度较大，则必须采取预沉措施后才能应用。表 6-5 为常用排泥机械的适用范围、特性和优缺点，设计时可视具体情况选择应用。

常用排泥机械适用范围、特性及优缺点　　表 6-5

序号	机种名称	池形	池径或池宽（m）	适用范围	池底斜度	刮泥速度（m/min）	优　缺　点	注意事项
1	行车式虹吸、泵吸吸泥机	矩形	8～30	1. 给水平流沉淀池 2. 排水二次沉淀池 3. 斜管沉淀池 4. 悬浮物含量应低于 5000mg/L 5. 固体重度不大于 2.5mg/粒	平底	0.6～1	优点： 1. 边行进边吸泥，效果较好； 2. 根据污泥量多少，调节排泥次数； 3. 往返工作，排泥效率高； 缺点： 1. 池内不均匀沉泥，吸泥浓度不一致； 2. 吸出污泥的含水率高	1. 严禁较大漂浮物和悬浮物等进入； 2. 吸泥机应停驻在沉淀池末端，作为吸泥的起始位置； 3. 池内积泥不得超过 2d； 4. 池水表面冰冻时应有破冰措施
2	行车式提板刮泥机	矩形	4～30	1. 给水平流沉淀池 2. 排水初次沉淀池	$\frac{1}{100}$～$\frac{1}{500}$	0.6	优点： 1. 排泥次数可由污泥量确定； 2. 传动部件均可脱离水面，检修方便； 3. 回程时，收起刮板，不扰动沉泥	1. 升降刮板的钢索应采用不锈钢丝绳； 2. 行程开关的位置应调试准确
3	链板式刮泥（撇渣）机	矩形	≤6	1. 沉砂池 2. 排水初次沉淀池 3. 排水二次沉淀池	$\frac{1}{100}$	3 0.6 0.3	优点： 1. 排泥效率高，在循环的牵引链上，每隔 2m 左右装有一块刮板，因此整个链上的刮板较多，使刮泥保持连续 2. 刮泥撇渣两用，机构简单 缺点： 1. 池宽受到刮板的限制，通常不大于 6m； 2. 链条易磨损，对材质的要求较高	1. 双侧链条应同步牵引； 2. 链条必须张紧； 3. 张紧装置尽可能设在水面以上； 4. 水下轴承应注意密封

续表

序号	机种名称	池形	池径或池宽(m)	适用范围	池底斜度	刮泥速度(m/min)	优缺点	注意事项
4	往复式刮泥机	矩形		斜管沉淀池		可调≤5	优点： 1. 沉淀过程不间断，污泥连续输送； 2. 水下运动构件少，便于维护 缺点： 污泥必须流动性较好	1. 应了解污泥性质，对其所推刮的污泥运动阻力进行测试； 2. 停机时间不能过长，以防止污泥板结
5	螺旋输送式刮泥机	矩形或圆形	≤5 ≤ϕ40	1. 沉砂池 2. 初沉池 3. 最大安装角≤30° 4. 最大输送距离： (1) 水平布置为20m； (2) 倾斜布置为10m	长槽	10～40 r/min	优点： 1. 排泥彻底，污泥可直接输出池外，输送过程中起到浓缩的效果； 2. 连续排泥 缺点： 1. 倾斜安装时，效率较低； 2. 螺旋槽精度要求较高； 3. 输送长度受限制	1. 严禁较大或带状的悬浮物进入； 2. 中间支承不得阻碍泥砂输送； 3. 池外传动密封要求可靠； 4. 泥砂沉积时间不宜超过8h
6 7 8	悬挂式中心传动刮泥机 垂架式中心传动吸泥机、刮泥机 周边传动吸泥机、刮泥机	圆形	ϕ6～ϕ12 ϕ14～ϕ60 ϕ14～ϕ100	1. 给水辐流式沉淀池 2. 排水初沉池 3. 排水二次沉淀池刮泥 4. 排水二次沉淀池吸泥 5. 污泥浓缩池	$\frac{1}{12}$～$\frac{1}{10}$ $\frac{1}{12}$～$\frac{1}{10}$ $\frac{1}{12}$～$\frac{1}{10}$ 平底～$\frac{1}{20}$ $\frac{1}{4}$～$\frac{1}{6}$	最外缘刮板端 1～3	优点： 1. 结构简单 2. 连续运转，管理方便 缺点： 刮泥速度受刮板外缘的速度控制	1. 水下轴承应考虑密封； 2. 中心传动式驱动扭矩较大，注意机械的强度，过载保护； 3. 周边传动式应注意周边滚轮打滑
9	机械搅拌澄清池刮泥机	圆形	ϕ3～ϕ6 ϕ7～ϕ15	机械搅拌澄清池	$\frac{1}{12}$ 抛物线	最外缘刮板端 1.8～3.4	优点： 排泥彻底 缺点： 1. 水下传动部件的检修较困难； 2. 销齿磨损，不易察觉	1. 水下轴承应考虑清水润滑； 2. 销齿啮合应可靠

续表

序号	机种名称	池形	池径或池宽(m)	适用范围	池底斜度	刮泥速度(m/min)	优缺点	注意事项
10	钢索牵引刮泥机	矩形 圆形	<10	斜板斜管沉淀池 机械搅拌澄清池		0.6~1 1~3	优点： 1. 驱动装置简单，传动灵活； 2. 适用各种池形，应用范围广； 缺点： 1. 磨损腐蚀较快，维修工程量较大； 2. 钢索伸长，需经常张紧	1. 须有张紧装置； 2. 钢索应尽量采用不锈钢丝绳； 3. 钢索走向切忌正反向混合缠绕

沉淀池污泥量计算 **表 6-6**

序号	项目	公式	设计数据及符号说明
1	进水流量计算	$Q=\frac{V}{t}$ (6-1) 对于圆形池 $V=\frac{\pi D^2}{4}H$ 对于矩形池 $V=WLH$	Q——进水流量（m^3/h）； V——沉淀池有效容积（m^3）； D——池径（m）； H——水池有效深度（m）； W——水池宽度（m）； L——水池长度（m）； t——沉淀时间（h）
2	干污泥量计算	$Q_干=QSS_1\varepsilon 10^{-6}$ 或 $Q_干=Q(SS_1-SS_2)10^{-6}$ (6-2)	$Q_干$——干污泥量（m^3/h）； SS_1——沉淀池进水悬浮物含量（mg/L）； SS_2——沉淀池出水悬浮物含量（mg/L）； ε——悬浮物去除百分率（%）
3	去除污泥量计算	$Q_\xi=Q_干\times\frac{100}{100-\xi}$ (6-3)	Q_ξ——含水率为ξ%时的污泥量（m^3/h）； ξ——去除污泥含水率（%）

6.1.3 沉淀池污泥量计算

沉淀池是利用重力沉降原理去除水中相对密度大于1的悬浮物，沉淀的效率随原水水质和池型设计而异。通常，沉淀池的污泥量是根据进水的悬浮物含量与悬浮物去除百分率的乘积作为计算的依据，然后按照污泥的含水浓度换算成实际排出的污泥量，计算公式列于表6-6。

6.2 行车式排泥机械

6.2.1 行车式吸泥机

6.2.1.1 总体构成

行车式吸泥机按吸泥的形式有泵吸式、虹吸式和泵/虹吸式等方式，其主要组成部分列于表6-7。

行车式吸泥机主要组成部分 表 6-7

名 称	虹 吸 式	泵吸式、泵/虹吸式
总体构成	1. 行车钢结构 2. 驱动机构（包括车轮、钢轨及端头立柱） 3. 虹吸吸泥系统 4. 配电及行程控制装置	1. 行车钢结构 2. 驱动机构（包括车轮、钢轨及端头立柱） 3. 泵吸吸泥系统 4. 配电及行程控制装置

图 6-2 为平流式沉淀池虹吸式吸泥机总体结构，图 6-3 为平流式沉淀池泵吸式吸泥机总体结构，图 6-4 为斜管沉淀池泵/虹吸式吸泥机总体结构，图 6-5 为平流式沉淀池泵/虹吸式吸泥机总体结构。由于主体结构基本相同，为此对以上几种机械的相同部分合并叙述。

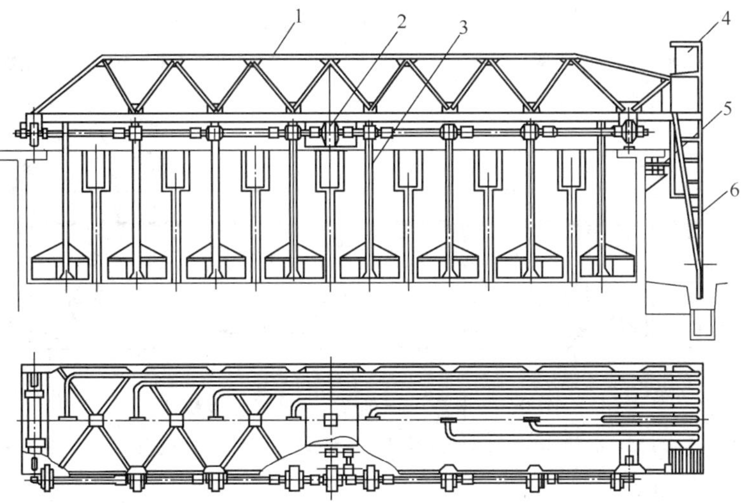

图 6-2 平流式沉淀池虹吸吸泥机总体结构

1—桁架；2—驱动机构；3—虹吸管；4—配电箱；5—集电器；6—虹吸出流管

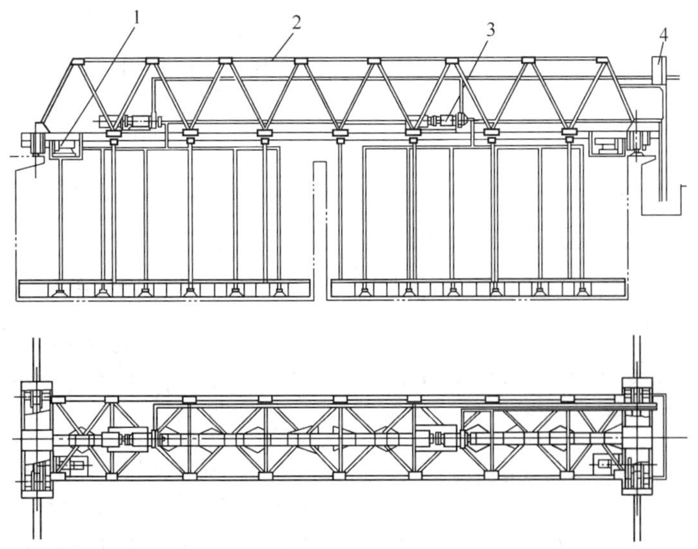

图 6-3 平流式沉淀池泵吸吸泥机总体结构

1—驱动机构；2—桁架；3—泵；4—配电箱

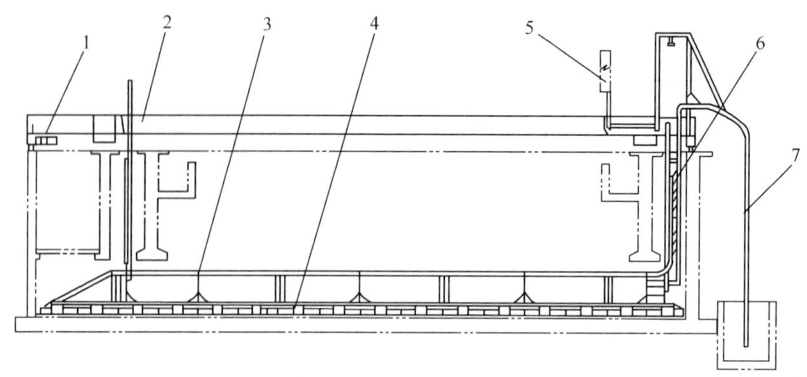

图 6-4 斜管沉淀池泵/虹吸式吸泥机

1—驱动机械；2—桁架；3—吸泥管；4—集泥板；5—电控箱；6—泵；7—排泥管

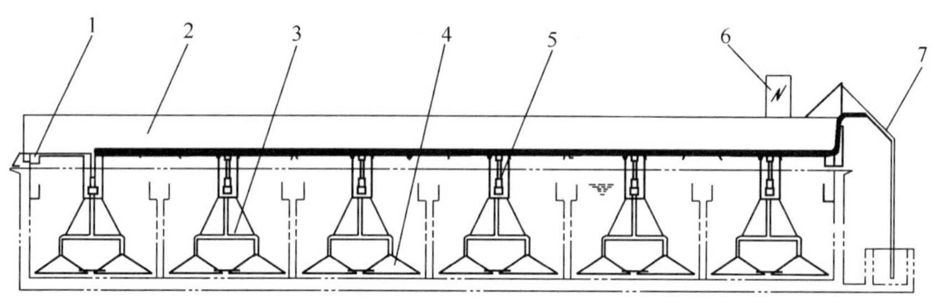

图 6-5 平流沉淀池泵/虹吸式吸泥机

1—驱动机械；2—桁架；3—吸泥管；4—集泥板；5—泵；6—电控箱；7—排泥管

6.2.1.2 行车结构

吸泥机的行车架为钢结构，由主梁、端梁、水平桁架及其他构件焊接而成。吸泥机行车的车轮跨距与前后轮距应根据矩形沉淀池的池宽来确定，池宽 $L_{池}$ 为 8～30m。行车车轮的尺寸布置如图 6-6 所示，车轮的跨距 L 应比池宽 $L_{池}$ 大 400～600mm，即单边各大 200～300mm。主从动轮的轮距 B 与跨距 L 之比为 $\frac{B}{L}=\frac{1}{8}\sim\frac{1}{6}$，跨距较小时，通常可取大的比值，跨距较大时，应取小的比值。

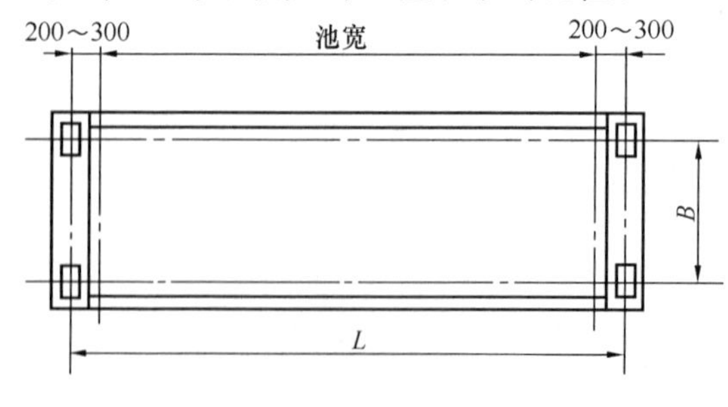

图 6-6 行车车轮的尺寸布置

(1) 主梁构造：主梁通常分为型钢梁、板式梁、箱形梁、L 型梁和组合梁五种类型，其许用挠度均应小于 $\frac{1}{700}L$。

1) 型钢梁是指由工字钢或槽钢等组成的主梁，用于荷载较小的场合。结构简单，制造容易。

2) 板式梁由角钢与钢板制成，刚度较大，制造容易。

3) 箱形梁用平板制成箱形结构，由于在结构上具有封闭断面，有利于防腐，而且抗扭刚度较大，适用于承受偏心荷载。通常箱形梁的高度为 $\left(\frac{1}{18}\sim\frac{1}{16}\right)L$。

4）L 型梁用 6～8mm 钢板折边成形，刚度大、制作简便，用钢量少，较经济，适用于大跨度桁架结构。

5）组合梁可由角钢、槽钢或钢管组成。特别是跨距较大时，采用组合结构比较经济。

上述形式的主梁在设计时应提出主梁跨中须有 $\frac{1}{700}L$ 的上拱度。

（2）主梁计算简介（板式梁）

板梁的强度和刚度计算：板梁的经济尺寸通常以梁高 h 与 L 之比为：$\frac{h}{L}=\frac{1}{15}\sim\frac{1}{12}$。从受力的原理上说，如将板梁作成抛物线形可以省料，但制造较困难，因此，均制成如图 6-7（a）所示两端倾斜的形状。倾斜部分的长度 $C\approx\left(\frac{1}{6}\sim\frac{1}{4}\right)L$，板梁两端的高度 $h_1\approx(0.4\sim0.45)h$。板梁的弯矩和剪力，如图 6-7（b）、图 6-7（c）所示。

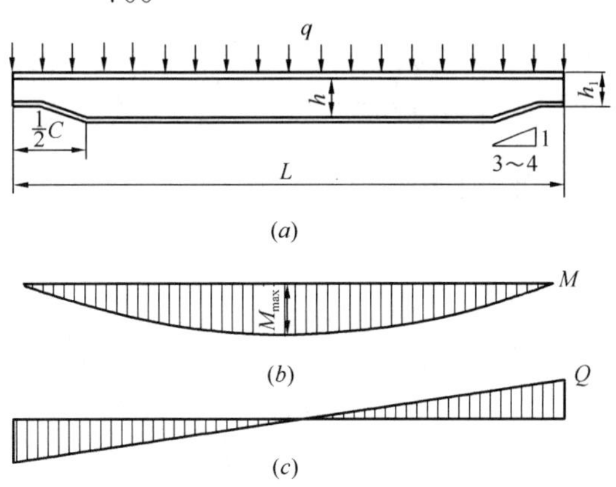

图 6-7　板梁的形状、弯矩和剪力

（a）板梁的形状及荷载分布；（b）板梁的弯矩；（c）板梁的剪力

板梁的断面应按许用弯曲应力和许用挠度进行计算。吸泥机的计算荷载原则上均按静荷载考虑。其中，钢架结构自重为均布静荷载，驱动机构等设备重量为集中静荷载。从排泥机械总体来看，均按均布荷载计算影响不大。

6.2.1.3 驱动机构及功率计算

（1）驱动方式：行车车轮的驱动方式一般有分别驱动（双边驱动）和集中驱动（长轴驱动）两种布置方式。

1）分别驱动：图 6-8 为分别驱动机构图。行车两侧的驱动轮分别由独立的驱动装置驱动。两侧驱动装置均以相同的机件组成，并且要求同步运行。一般在行车跨距较大或者行驶阻力较大时采用。与集中驱动相比，由于省去传动长轴而使驱动机构的自重减轻，同时给安装维修带来了方便。

2）集中驱动：图 6-9 为集中驱动机构。在行车式吸泥机中应用得较为普遍，通常由电动机、减速器、传动长轴、轴承座和联轴器等组成。驱动机构传递的扭矩应位于长轴的

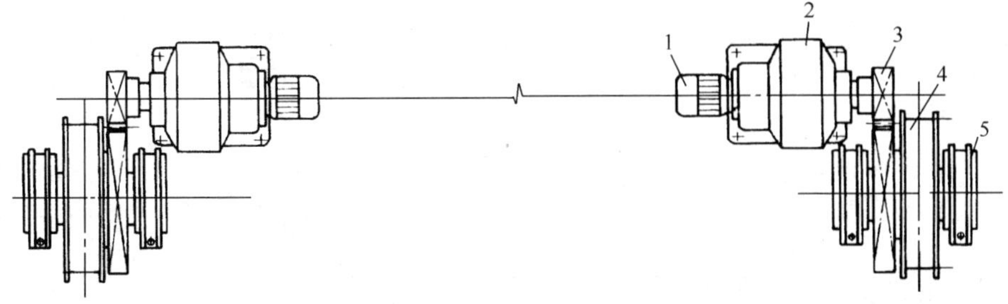

图 6-8　分别驱动机构

1—电动机；2—减速机；3—齿轮传动副；4—驱动车轮；5—角型轴承箱

跨中位置，以保证两侧驱动轴的扭转角相同，避免车轮走偏。传动长轴的许用扭转角 $[\theta]$ 列于表 6-8。

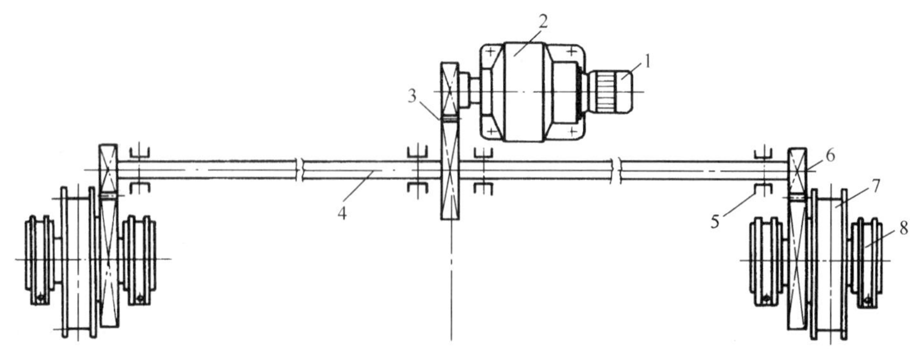

图 6-9　集中驱动机构

1—电动机；2—摆线针轮减速机；3—第一级齿轮传动副；4—传动长轴；5—轴承座；6—第二级齿轮传动副；7—驱动车轮；8—角型轴承箱

传动长轴的许用扭转角 $[\theta]$　　**表 6-8**

吸泥机行驶速度 v (m/s)	许用扭转角 $[\theta]$ (°/m)	吸泥机行驶速度 v (m/s)	许用扭转角 $[\theta]$ (°/m)
<0.5	0.35	≥0.5	0.25

（2）车轮及轨道

1）车轮：吸泥机行车的车轮踏面可采用圆柱形双轮缘铸钢车轮如图 6-10 所示或铁芯实心橡胶车轮如图 6-11 所示两种类型。使用有轮缘的铸钢车轮时，应同时配置钢轨。轮缘的作用是导向和防止脱轨，使用单轮缘车轮时，当两侧车轮运行不同步，它可起到自动调整的安全保护作用。使用无轮缘实心橡胶轮时，应在吸泥机行车两侧的前、后设置水平橡胶靠轮，沿池壁滚动时起到限位导向作用。导向橡胶靠轮如图 6-12 所示。

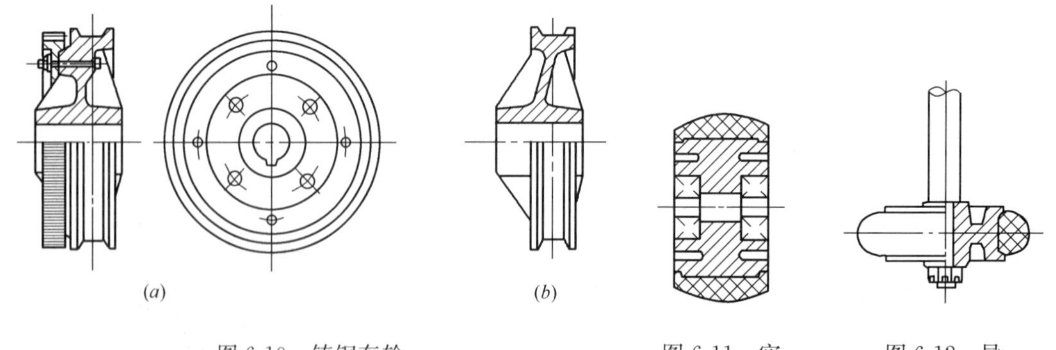

图 6-10　铸钢车轮
(a) 主动车轮；(b) 从动车轮

图 6-11　实心橡胶轮

图 6-12　导向橡胶靠轮

铸钢车轮的直径按车轮的工作轮压来计算，按式（6-4）为

$$D=\frac{KP}{C(b-2r)}(\mathrm{m})\tag{6-4}$$

式中 P——工作轮压(N);
K——轮压不均匀系数;
b——钢轨轨顶宽度(m);
r——钢轨轨顶圆角半径(m);
C——应力系数，查表 6-9。

应力系数 C **表 6-9**

与钢轨配合的车轮材料	C(MPa)	与钢轨配合的车轮材料	C(MPa)
HT200	1.5～3	35 锻钢	6～8
ZG 270-500	4～6	ZG 340-640 踏面淬火处理 HB≥280	8～10

图 6-13 为铸钢车轮与钢轨相配合的关系。考虑到车轮的安装误差与行车受温差的影响，车轮凸缘的内净间距应与轨顶宽度间留有适当的间隙，其值为（15～20）mm。如图 6-14 所示为导向靠轮与水池池壁的配合尺寸，其间隙不大于 10mm。

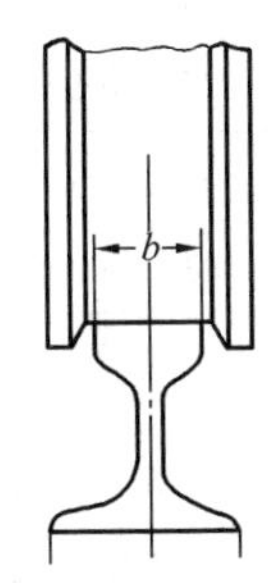

图 6-13 铸钢车轮与钢轨的配合

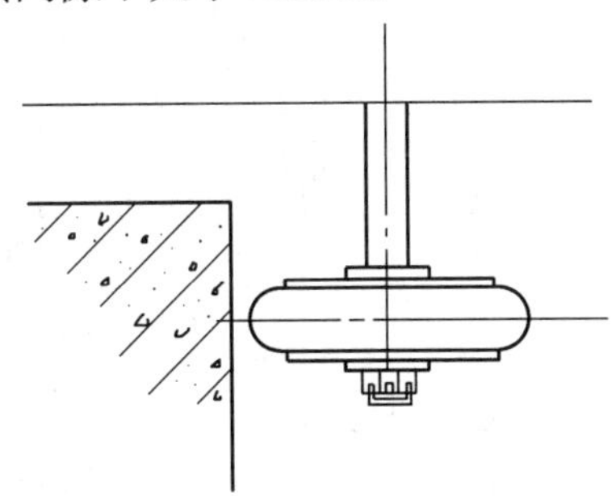

图 6-14 导向靠轮与池壁的间距

实心胶轮的形式有压配式、螺栓连接式和固定式三种，如图 6-15 所示。在图 6-15 中，轮缘的尺寸 D（mm）为实心胶轮的外径，b（mm）为实心胶轮宽度，D_1（mm）为轮辋外径，D_2（mm）为实心胶轮制造时的定位基准。表 6-10 为实心胶轮的规格尺寸与最大承载量的关系。设计时胶轮的尺寸应根据荷载来确定。

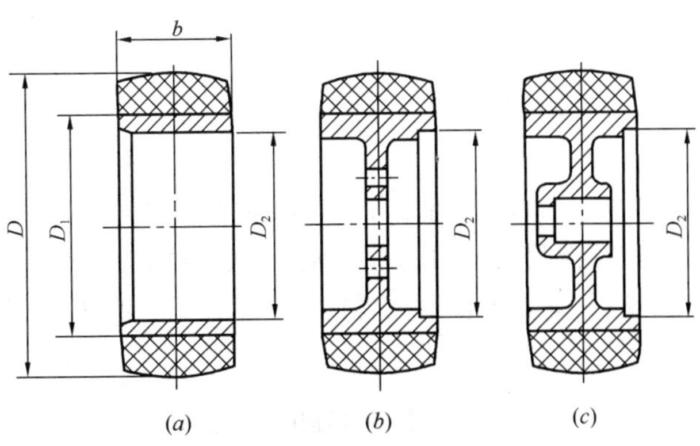

图 6-15 实心胶轮的主要尺寸
(*a*) 压配式；(*b*) 螺栓连接式；(*c*) 固定式

普通实心胶轮的最大许用载荷（N） 表 6-10

直径(mm)	轮宽(mm)																
	25	32	38	44	50	57	64	70	76	83	86	102	115	127	140	152	204
50	140	200	270														
76	200	310	420	550													
102	270	450	630	730	950	1280	1540										
127	350	590	790	920	1170	1460	1760	2080	2400								
153	430	670	900	1120	1400	1690	1980	2320	2670	3030	3400						
178	520	770	1040	1310	1580	1900	2220	2560	2900	3260	3620	4440	5350				
204	620	890	1170	1450	1760	2080	2400	2620	3080	3460	3850	4710	5670	6840			
229		1020	1270	1580	1900	2240	2580	2740	3260	3670	4080	4940	5980	7210	8660		
254			1380	1670	2040	2380	2720	3080	3440	3850	4260	5170	6250	7570	9130	10700	
280			1490	1810	2130	2490	2850	3230	3620	4030	4440	5390	6570	7930	9580	11240	
305			1600	1950	2260	2620	2990	3370	3760	5190	4620	5620	6840	8250	10020	11790	18760
330				2100	2400	2760	3120	3510	3900	4350	4800	5850	7120	8610	10470	12330	19620
355					2550	2880	3220	3620	4030	4500	4980	6070	7390	8930	10880	12830	20430
381						3010	3350	3760	4170	4640	5120	6300	7660	9250	11270	13290	21200
407						3140	3440	3870	4300	4800	5300	6530	7890	9520	11650	13780	22000
432							3530	3960	4390	4910	5440	6710	8160	9840	12040	14240	22700
458							3620	4020	4530	5070	5620	6940	8430	10160	12420	14690	23400
483							3760	4140	4620	5210	5800	7120	8660	10470	12780	15100	24100
508							3850	4300	4760	5350	5940	7340	8930	10750	13150	15550	24800
558							4030	4500	4980	5610	6250	7710	9380	11380	13810	16370	26000
610							4170	4690	5210	5890	6570	8110	9880	11970	14550	17140	27300
660							4350	4890	5440	6140	6840	8520	10380	12560	15210	17870	28500

注：时速为 12.9km/h。

对于实心轮胎的配方，目前大多数还是以天然橡胶为主，配入适量的炭黑。轮胎的物理机械性能见表 6-11。

由于天然橡胶制作的实心胎承载能力较低，与同直径的铸钢车轮相比，许用的荷载量要小得多，因此，为了提高橡胶实心胎的承载能力，已开始应用热塑型聚胺基甲酸酯橡胶（聚氨酯）制的实心轮。有关聚氨酯橡胶的性能，见表 6-12 和 MC 尼龙实心轮的 MC 尼龙性能，见表 6-13。

实心胶轮的物理机械性能 表 6-11

项目	指标	项目	指标
抗拉强度(MPa)	≥10	硬度(邵氏 A)(度)	70～80
延伸率(%)	≥200	磨耗量(阿克隆)(cm^3/1.61km)	≤0.8

聚氨酯橡胶物理机械性能 **表 6-12**

项 目	指 标	项 目	指 标
抗拉强度(MPa)	28～42	撕裂强度(MPa)	<6.3
延伸率(%)	40～60	耐磨性	比天然胶高 9 倍
硬度		耐温度性(℃)	+100～−40
(邵氏 A)(度)	45～95		

MC 尼龙物理机械性能 **表 6-13**

项 目	指 标	项 目	指 标
抗拉强度(MPa)	≥72	断裂伸长率(%)	≥15
抗压强度(MPa)	≥100	热变温度(℃)	≥135
弯曲强度(MPa)	≥80	低温脆化温度(℃)	不高于−40

为增强轮辋表面与橡胶的粘合力，轮辋表面可制成带有矩形、梯形或燕尾槽形断面的沟槽，沟槽的尺寸，如图 6-16 所示。

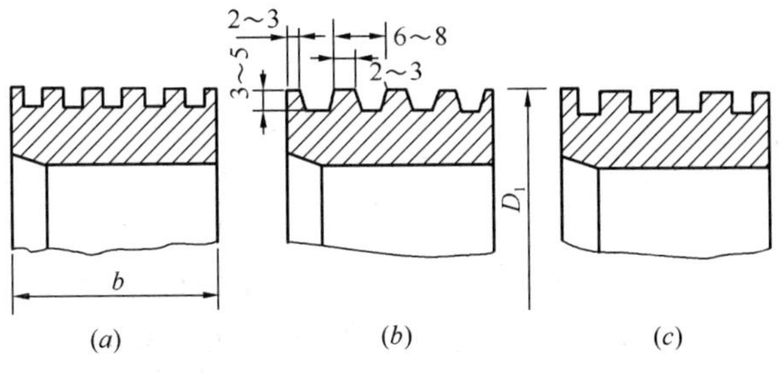

图 6-16 轮辋沟槽的尺寸

(*a*) 矩形；(*b*) 梯形；(*c*) 燕尾槽形

2) 轨道：轨道的选择同车轮的轮压有关，同时也受土建基础的影响，通常选用轻型钢轨作为吸泥机行车的轨道。钢轨在混凝土面上平整铺设时，钢轨的计算应力可按式 (6-5) 计算：

$$[\sigma_{轨}] \geqslant \frac{9P}{64WbF} = \sigma_{轨}(\text{MPa}) \qquad (6\text{-}5)$$

式中 P——轮压(N)；

b——轨底宽度(m)；

W——钢轨断面系数(m^3)；

F——基础的支承压应力，混凝土面为 1.5～2MPa；

$[\sigma_{轨}]$——钢轨的许用应力，取 $[\sigma_{轨}]=100$MPa。

用式 (6-5) 也可计算钢轨的许用轮压。现将常用钢轨许用轮压 [P] 的计算结果，列于表 6-14。

常用钢轨的许用轮压 [*P*] **表 6-14**

示意图	规格 (kg/m)	质量 (kg/m)	惯性矩 (cm^4)	断面系数 (cm^3)	断面积 (cm^2)	许用轮压 (N)	钢轨许用应力 (MPa)	混凝土面支承应力 (MPa)
42.86 8.33 79.37 79.37	15	15.5	156.1	38.6	19.33	60000	100	1.5

续表

示意图	规格（kg/m）	质量（kg/m）	惯性矩（cm^4）	断面系数（cm^3）	断面积（cm^2）	许用轮压（N）	钢轨许用应力（MPa）	混凝土面支承应力（MPa）
50.8 10.72 93.66 96.66	22	22.8	339	69.6	28.39	65000	100	1.5
60.33 12.30 107.95 107.95	30	30.7	606	108	38.32	90000	100	1.5
68 13 134 114	38	38.8	1204.4	180.6	49.50	120000	100	1.5

（3）驱动功率的计算：驱动功率的确定应按吸泥机在工作时所受的各项阻力来计算。表 6-15 为阻力的计算公式。图 6-17 为行驶阻力计算示意图。

吸泥机的阻力计算　　表 6-15

序号	计算项目	计 算 公 式	设计数据及符号说明
1	车轮行驶阻力 $P_{驶}$	$P_{驶}=1.3W_{总}\frac{\mu_1 d+2K}{D}$(N)　(6-6)	$W_{总}$——吸泥机总重力（包括活载）(N)； μ_1——轮轴与轴衬的滑动摩擦系数为 0.1； d——车轮轮轴直径（cm）； D——车轮直径（cm）； K——车轮滚动摩擦力臂（cm）； 铸钢滚轮与钢轨的摩擦力臂为 0.05cm； 橡胶滚轮与混凝土面的摩擦力臂为（0.4～0.8）cm
2	道面坡度阻力 $P_{坡}$	$P_{坡}=W_{总}K_{坡}$(N)　(6-7)	$K_{坡}$——道面坡度阻力系数一般取 $\frac{1}{1000}$
3	风压阻力 $P_{风}$	$P_{风}=qAC$(N)　(6-8) $A=KA_{毛}$	q——基本风压（按表 6-16 取值）； A——吸泥机的有效迎风面积（m^2）； $A_{毛}$——结构各部分外形轮廓在垂直于风向平面上的投影面积（m^2）； K——金属结构迎风面的充满系数，即结构的净面积与其外形轮廓面积之比 型钢制成的桁架 $K=0.2\sim0.6$ 管结构 $K=0.2\sim0.4$； C——体型系数（见表 6-17）
4	集泥阻力 $P_{泥}$	$P_{泥}=K_{泥}L_{池}$(N)　(6-9)	$K_{泥}$——单位宽度阻力（N/m），一般取 800～1000N/m； $L_{池}$——沉淀池池底宽度（m）

续表

序号	计算项目	计算公式	设计数据及符号说明
5	水下拖曳阻力 $P_{曳}$①	$P_{曳}=C_D\dfrac{\gamma}{2g}A_{水}v^2$(N) (6-10)	C_D——阻力系数(见第3章)； γ——泥水重度 $10kN/m^3$； g——重力加速度 $9.81m/s^2$； $A_{水}$——阻水面积(m^2)； v——吸泥机行进速度(m/s)

①由于水与淹没体间的相对速度极低，水下拖曳阻力可忽略不计。

基本风压值 q (Pa)　　　　表 6-16

地　　区	数　值
内　地	100
①沿海地区、台湾、南海	150

①沿海地区系指离海岸线 100km 以内的大陆地区。

风载体型系数 C　　　　表 6-17

结构形式		C
桁　架		1.2～1.6
型钢和板梁		1.3～1.9
管结构	$qd^2<7$	1.0～1.3
	$qd^2>100$	0.9～0.5

注：q——计算风压值(Pa)；

d——钢管外径(m)。

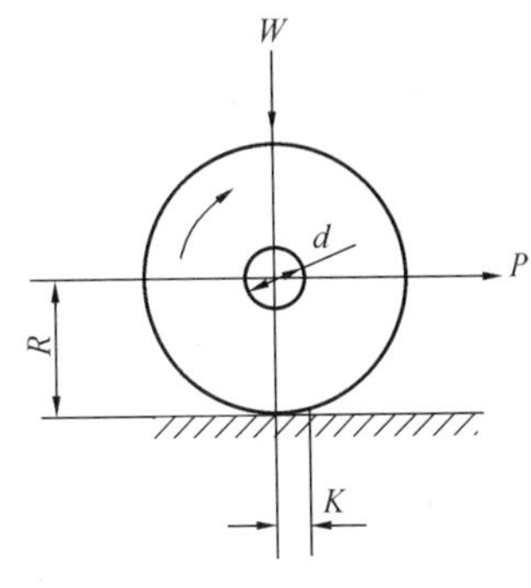

图 6-17　行驶阻力计算

上述各项阻力计算后，可按下式确定驱动功率 N（kW）为

$$N=\frac{\Sigma Pv}{60000\eta m}(\mathrm{kW}) \tag{6-11}$$

式中　$\Sigma P=P_{驶}+P_{坡}+P_{风}+P_{泥}+P_{曳}$(N)；

v——吸泥机行驶速度（m/min）；

η——总机械效率（%）；

m——电动机台数（在采用分别驱动时，应除以电动机的台数）。

（4）吸泥机行车的倾覆力矩：行车式吸泥机在工作时，由于受到污泥的阻力，对吸泥机行车产生倾覆力矩，如图 6-18 所示。因此，由吸泥机重力对前进车轮作为支点而产生的力矩必须大于倾覆力矩，才能保证吸泥机行车不致倾覆。吸泥机的最小防倾覆重力可按下式验算：

$$W_{\min}\geqslant\frac{P_{泥}h}{B}(\mathrm{N}) \tag{6-12}$$

式中　$P_{泥}$——泥（水）阻力（N）；

h——阻力点至车轮中心点的垂直距离（m）；

B——吸泥机重心至前进车轮中心点的距离（m）。

（5）驱动车轮打滑验算：吸泥机的行驶是靠驱动车轮与轨道之间的粘着力工作的。运行的条件必须是使驱动轮的驱动力小于粘着力，如果驱动轮与钢轨间或胶轮与混凝土面的

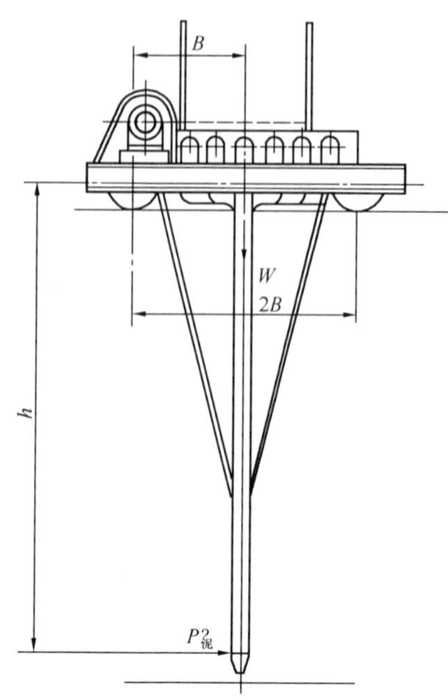

图 6-18　吸泥机倾覆力矩计算

粘着力不够时，则出现驱动轮的打滑现象。因此，当粘着力不足时，应在车轮的承压条件许可下增加压重，或采取其他增加阻力系数的措施。

驱动轮打滑验算工况，应在吸泥机自重不受外来荷载，而且处于驱动阻力最大的条件下计算，计算的公式（6-13）为

$$P_{阻} < \frac{W_{总}}{2}\mu(\mathrm{N}) \tag{6-13}$$

式中　$W_{总}$——吸泥机总重力（不包括活载）（N）；

μ——滑动摩擦系数，钢轮与钢轨的滑动摩擦系数取 0.2～0.4；胶轮与混凝土面的滑动摩擦系数，取 0.4～0.8。

（6）计算实例：

【例】 计算跨距为 12m 的吸泥机的行驶功率及确定行驶车轮的直径。设计数据如下：

1）行驶速度 v=1m/min。

2）吸泥机总重力 $W_{总}$=60kN。

3）驱动机构的机械效率 70%。

4）选用 22kg/m 钢轨。

5）车轮的轮轴直径 d=60mm。

6）桁架结构挡风面积 $A = A_{毛}K = 14.4\times0.4 = 5.76\mathrm{m}^2$。

【解】 已知：吸泥机总重力为 $W_{总}$=60kN，行驶车轮 4 个，材料为 ZG270-500，轨道规格为 22kg/m 钢轨，车轮轮轴为 ϕ60mm。

每个车轮的轮压为

$$P = \frac{W_{总}}{4} = \frac{60}{4} = 15\mathrm{kN}$$

按式（6-4）得

车轮直径为

$$D = \frac{KP}{C(b-2r)} = \frac{1.1\times15000}{6\times10^6(5.08-2\times0.794)\times10^{-2}} = 0.0787\mathrm{m}$$

其中由表 6-9 查得 C=6MPa

钢轨标准按 GB 11264，查得 b=5.08cm，r=0.794cm

根据车轮转速的条件，取车轮的直径 D=350mm=0.35m

吸泥机行驶功率计算：按表 6-15 所列的公式得：

$$P_{驶} = 1.3W_{总}\frac{\mu_1 d+2K}{D} = 1.3\times60000\times\frac{(0.1\times6+2\times0.05)\times10^{-2}}{0.35} = 1560\mathrm{N}$$

$$P_{坡} = W_{总}K_{坡} = 60000\times\frac{1}{1000} = 60\mathrm{N}$$

$$P_{风} = qAC = 150 \times 14.4 \times 0.4 \times 1.4 = 1210\text{N}$$

$$P_{泥} = K_{泥} L_{池} = 1000 \times 11.5 = 11500\text{N}$$

式中 $L_{池}$——池宽 11.5m。

$$\Sigma P = P_{驶} + P_{坡} + P_{风} + P_{泥} = 1560 + 60 + 1210 + 11500 = 14330\text{N}$$

驱动功率为

$$N = \frac{\Sigma Pv}{60000\eta} = \frac{14330 \times 1}{60000 \times 0.7} = 0.34\text{kW}$$

式中 η——机械总效率，按 70%考虑。

采用 0.55kW 电动机。

6.2.1.4 排泥管路系统设计

吸泥机排泥的方式有虹吸、泵吸和空气提升三种。在行车式吸泥机中主要采用虹吸排泥与泵吸排泥两种形式。

(1) 虹吸排泥：图 6-19 为吸泥管路的走向。运转前水位以上的排泥管内的空气可用水射器抽吸，从而在大气压的作用下，使泥水充满管道，开启排泥阀后形成虹吸式连续排泥。

1) 吸泥管与吸口数量的确定：为了便于虹吸管路的检修和避免多口吸泥时相互干扰，从吸泥口至排泥口均以单管自成系统，如图 6-20 所示。吸泥口的数量应视沉淀池的断面尺寸确定，通常间距为 1～1.5m，管材可选用镀锌水煤气钢管，管径由计算确定，但管径不小于 25mm。

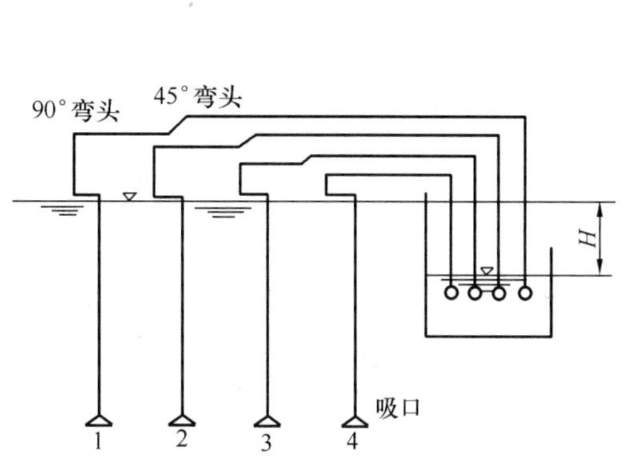

图 6-19 吸泥管布置示意

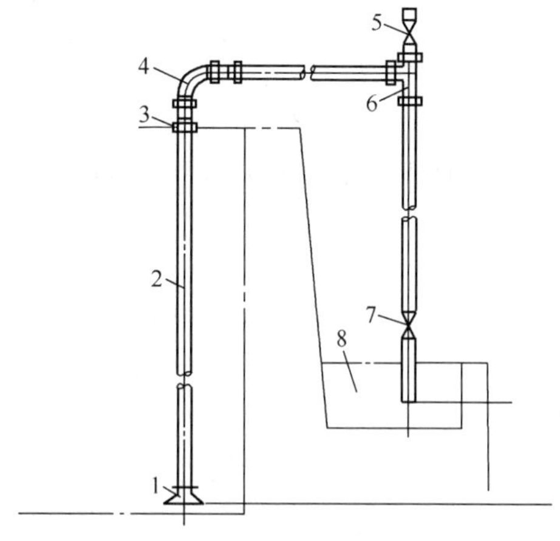

图 6-20 虹吸管

1—吸口；2—排泥管；3—活接头；4—90°弯头；5—阀；6—三通接头；7—阀；8—排泥槽

2) 管径的确定：吸泥管的管径确定主要取决于排出污泥量 $Q_污$、管内污泥流速 v 及吸泥管排列的根数 Z。管内泥水流速不超过 2m/s，管径可按表 6-18 所列的公式 (6-14)、式 (6-15) 计算：

吸泥管管径计算 表 6-18

吸泥方式	公 式	设计数据及符号说明
间歇式	$D=0.258\sqrt{\dfrac{Q_{\xi}Tv\times10^{6}}{\pi v_{1}Zl}}$(mm) (6-14)	Q_{ξ}——含水率为 ξ% 的污泥量(m^3/h)； v——吸泥机行驶速度(m/min)； Z——虹吸管根数； T——吸泥间隔时间(h) $T=\dfrac{24}{吸泥次数}$ l——吸泥机在沉淀池纵向往返行程(m)； D——吸泥管内径(mm)； v_1——虹吸管内水流流速(m/min)
连续式	$D=0.033\sqrt{\dfrac{Q_{\xi}\times10^{6}}{\pi v_{1}Z}}$(mm) (6-15)	

3）摩擦水头损失：吸泥机的虹吸管路一般由吸口、直管、弯头、阀门等管配件组成。由于吸泥时水流在管内产生摩擦，损失水头，因此，池内水位与排泥管出口之间应保持一定的落差，使泥水畅流。

① 直管的摩擦水头损失：吸泥管内的水流一般为紊流状态，流体在管内的摩擦水头损失大致上与流速成正比例，常用式（6-16）计算：

$$h_{f}=\lambda\frac{Lv^{2}}{D2g}(\mathrm{m}) \tag{6-16}$$

式中 h_f——管内摩擦损失水头（m）；

v——管内平均流速（m/s）；

λ——摩擦损失系数，在紊流状态时，

$$\lambda=0.020+\frac{0.0005}{D}$$

L——管长（m）；

D——管道内径（m）。

② 管配件的摩擦水头损失：管配件的摩擦水头损失可按公式（6-17）计算：

$$h_{配}=f\frac{v^{2}}{2g}(\mathrm{m}) \tag{6-17}$$

式中 f——各种管配件的摩擦损失系数，按表 6-19 选取。

常用吸泥管配件水头损失系数 表 6-19

异型管	形 状	损失系数 f
进水口	棱角接口	0.5
	圆角接口	0.25～0.05 ($r_{小}$)($r_{大}$)
	倒角接口	$\dfrac{l}{d}\geqslant4$ 时 $f=0.56$，$\dfrac{l}{d}<4$ 时 $f=0.75$

续表

<table>
<tr><th>异型管</th><th>形　状</th><th>损失系数 f</th></tr>
<tr><td rowspan="2">进水口</td><td>管口突出</td><td>0.5～3.0
（钝）（锐）</td></tr>
<tr><td>管口斜接
θ
与管壁呈直角流动时的阻力系数 f 加 β 值</td><td>0.5+β(棱角)，$\beta=0.3\cos\theta+0.2\cos^2\theta$
0.05+β(圆角)
<table>
<tr><td>θ</td><td>15°</td><td>30°</td><td>45°</td><td>60°</td><td>75°</td><td>90°</td></tr>
<tr><td>β</td><td>0.48</td><td>0.41</td><td>0.31</td><td>0.2</td><td>0.02</td><td>0</td></tr>
</table></td></tr>
<tr><td>喇叭口</td><td>(a)　(b)</td><td>(a) 0.2(铸铁喇叭口)
(b) 0.4(钢制喇叭口)</td></tr>
<tr><td>90°弯管</td><td>(a)　(b)
(c) d r　d r (d)
(e)　r (f)</td><td>(a) 1.0
(b) 0.14～0.40(带整流格)
(c)
<table>
<tr><td>$\frac{r}{d}$</td><td>1.0</td><td>1.25</td><td>1.5</td><td>2.0</td></tr>
<tr><td>f</td><td>0.27</td><td>0.22</td><td>0.17</td><td>0.13</td></tr>
</table>
(d) $\frac{r}{d}=1; f=0.24$
(e) 0.88
(f) $\frac{r}{d}=1.5$；$f=0.40$</td></tr>
<tr><td>多节弯管
（虾腰圆管）</td><td>θ_1
θ_1总弯曲角
θ各节弯曲角
N节数</td><td>
<table>
<tr><td>θ</td><td>22.5°</td><td>30°</td><td>20°</td><td>45°</td><td>22.5°</td><td>30°</td></tr>
<tr><td>N</td><td>2</td><td>2</td><td>3</td><td>2</td><td>4</td><td>3</td></tr>
<tr><td>θ_1</td><td>45°</td><td>60°</td><td>60°</td><td>90°</td><td>90°</td><td>90°</td></tr>
<tr><td>f</td><td>0.284</td><td>0.266</td><td>0.236</td><td>0.377</td><td>0.250</td><td>0.299</td></tr>
</table></td></tr>
<tr><td>排放口</td><td></td><td>1.0</td></tr>
<tr><td>底　阀</td><td>带滤网</td><td>全开 3～8</td></tr>
<tr><td>单向阀
闸　阀</td><td>全开时</td><td>1.5
0.05(大形)～0.4(小形)</td></tr>
</table>

4）管内流速的调节：图 6-19 为池内水位与排泥槽水位的水头差 H，因此，管内的流速 v 可根据（$H-\Sigma h$）来复核，其值按式（6-18）计算：

$$v=\sqrt{2g(H-\Sigma h)}\,(\text{m/s}) \tag{6-18}$$

式中　Σh——吸泥管与管配件的摩擦水头损失的总和。

5）计算实例：

【例】 按图 6-21 确定沉淀池吸泥机的泥管直径及根数。设计数据为

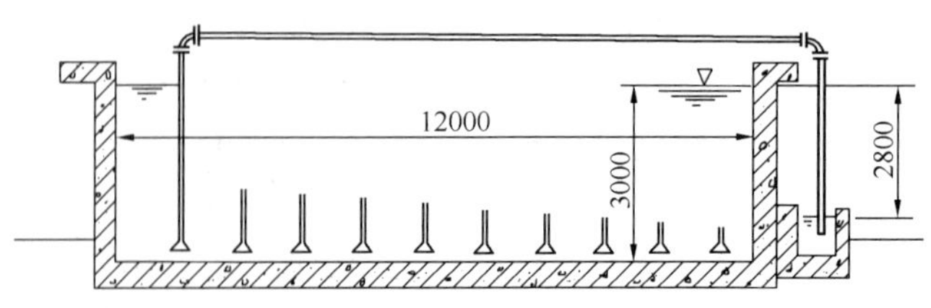

图 6-21 吸泥管计算

①进水流量 Q=1000m^3/h；

②进水悬浮物含量 SS_1=1000mg/L；

③出水悬浮物含量 SS_2=10mg/L；

④沉淀池断面尺寸：长度为 36m、宽度为 12m、有效水深度为 3m；

⑤吸泥机行驶速度 v=1m/min；

⑥吸出污泥含水率 ξ=98%。

【解】 ①干污泥量 $Q_干$ 计算：

$$Q_{干}=Q(SS_1-SS_2)10^{-6}=1000\times(1000-10)\times10^{-6}=0.99\text{m}^3/\text{h}$$

②排除的沉泥水量 Q_ξ 计算：

$$Q_{\xi}=Q_{干}\frac{100}{100-98}=0.99\times\frac{100}{2}=49.5\text{m}^3/\text{h}$$

③吸泥机往返一次所需时间为

$$t=\frac{2\times L}{v}=\frac{2\times 36}{1}=72\text{min}$$

④虹吸管计算：设吸泥管排列的根数为 10 根，管内流速为 2m/s，最长的虹吸管长度为 18m，采用间歇排泥方式，每日吸泥 4 次。

由表 6-18 得，每次间隔时间 $T=\frac{24}{4}=6$（h）

$$D=0.258\sqrt{\frac{Q_{\xi}Tv\times10^6}{\pi v_1 zl}}=0.258\sqrt{\frac{49.5\times6\times1\times10^6}{\pi\times2\times10\times72}}$$

$$=0.258\times256.23=66.11\text{mm}$$

取管径为 $DN65$ 镀锌水煤气钢管，内径为 68mm。

⑤吸口的断面确定（考虑吸口的断面积与管的断面积相等）：

已知吸泥管的断面积 $A=\frac{\pi\times0.068^2}{4}=0.0036\text{m}^2$

设吸的长度 l=0.2m

则吸口的宽度 $b=\frac{A}{l}=\frac{0.0036}{0.2}=0.018\text{m}$

⑥吸泥管路水头损失计算：

a. 吸口水头损失：按表 6-19 取吸口水头损失系数 f_1=0.4，得

$$h_1 = f_1 \frac{v^2}{2g} = 0.4 \times \frac{2^2}{2g} = 0.0815\text{m}$$

b. 90°弯头水头损失：按表 6-19 取 90°弯头水头损失系数 $f_2 = 0.13$，弯头数量为 2 个。

$$h_2 = f_2 \frac{v^2}{2g} \times 2 = 0.13 \times \frac{2^2}{2g} \times 2 = 0.053\text{m}$$

c. 出口闸阀水头损失：按表 6-19 取闸阀全开时的损失系数 $f_3 = 0.4$，得

$$h_3 = f_3 \frac{v^2}{2g} = 0.4 \times \frac{2^2}{2g} = 0.0815\text{m}$$

d. 管道部分的水头损失：含水率 98%的污泥，在 2m/s 流速排泥时，一般为紊流状态。

$$h_{管} = \lambda \frac{Lv^2}{D_0 2g} = 0.0274 \times \frac{18}{0.068} \times \frac{2^2}{2g} = 1.48\text{m}$$

e. 总水头损失 H：

$$H = h_1 + h_2 + h_3 + h_{管} = 0.0815 + 0.053 + 0.0815 + 1.48 = 1.696\text{m}$$

考虑管道使用年久等因素，实际的 $H_{总}$ 为 $1.3H$。

$$H_{总} = 1.3H = 1.3 \times 1.696 = 2.2\text{m}$$

根据图 6-21 所示的沉淀池水位与排泥槽水位落差距离为 2.8m，因此可保证吸泥管正常工作。

6）吸泥管安装要求：吸泥管的安装应注意下列三点：

① 吸泥口至池底的距离可与吸泥管的直径相等。

② 在虹吸管的最高位置处设置电磁阀及真空引水系统，用作抽吸真空或破坏虹吸之用。

③ 虹吸管出泥口伸入悬吊在吸泥机机架上的水封槽内排出，水封槽置于排泥沟内。

7）吸口与集泥刮板：

①吸口：吸口的形状如图 6-22 所示，为了尽可能提高吸泥的浓度，一般都将吸口做成长形扁口的形状，然后以变截面过渡到圆管形断面，圆管断面积与吸口的断面积相等，并以管螺纹与吸泥管连接。为了制造方便，都用铸铁浇铸，铸铁的牌号为 HT150。

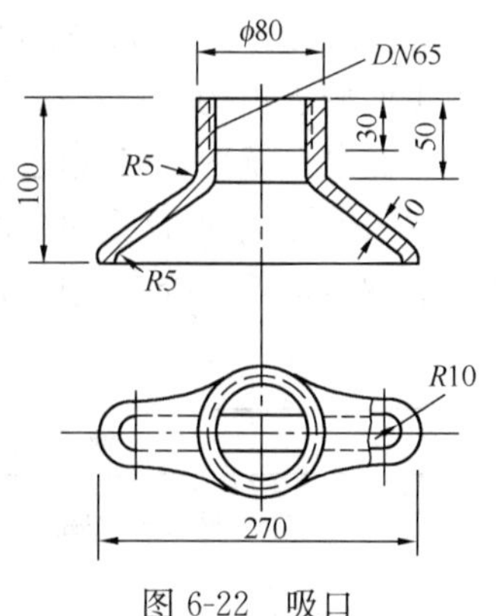

图 6-22 吸口

②集泥刮板：由于吸口与吸口之间相隔 1m 左右的距离，在间距内的污泥就必须借助于集泥刮板推向吸口。集泥刮板的形状如图 6-23 所示，刮板高约 250～300mm，采用 3～4mm 厚的钢板制作。刮板的长边与长轴之间夹角为 30°～45°。图 6-24 为吸口与集泥刮板的排列，吸口与集泥刮板间隔设置，呈一字形横向排列，并与池宽相适应。安装在池边的集泥刮板边口与水池内壁（包括凸缘）的距离

为 50mm，集泥刮板离池底的距离为 30～50mm。

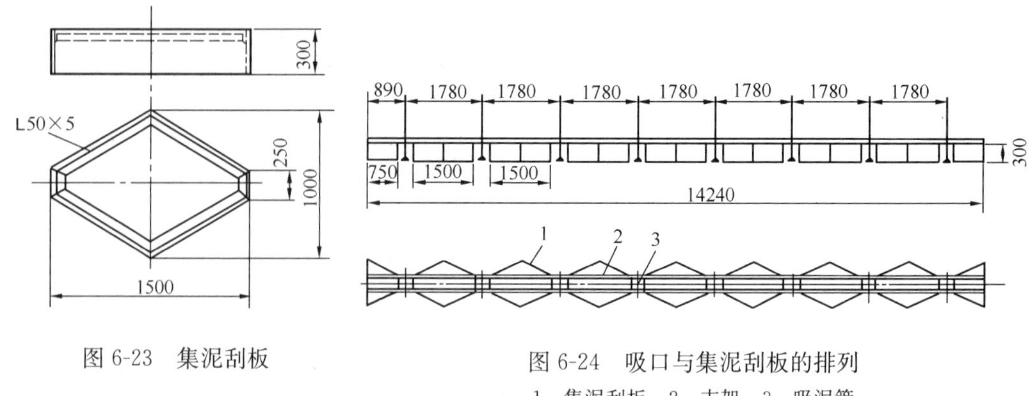

图 6-23 集泥刮板

图 6-24 吸口与集泥刮板的排列
1—集泥刮板；2—支架；3—吸泥管

8）吸泥管的固定：吸泥管的固定方式，随水池的类型而定。在平流沉淀池中，池内无障碍物，钢支架可直接悬入池内，作为固定吸泥管及集泥刮板之用。在斜管（板）沉淀池中，由于池内设置许多间隔较小的平行倾斜板或孔径较小的平行倾斜蜂窝状管，吸泥管从池边下垂伸入越过斜板（管）后，再分别固定在悬挂于水下的钢支架上。图 6-25 为用于斜板（管）沉淀池吸泥机的总体结构。

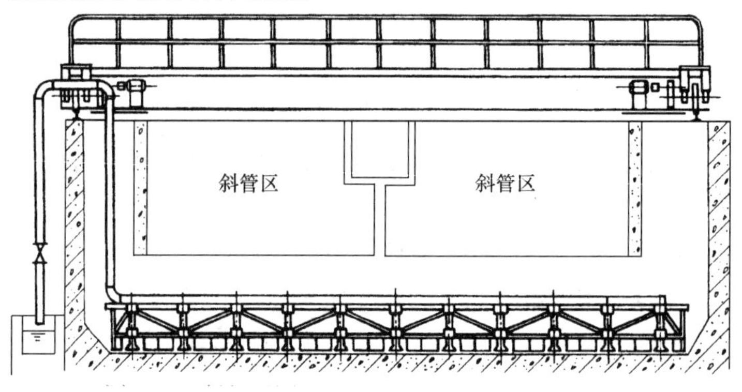

图 6-25 斜板（管）沉淀池的虹吸式吸泥机总体结构

（2）泵吸排泥：主要由泵和吸泥管组成。与虹吸式的差别是各根吸泥管在水下（或水上）相互联通后再由总管接入水泵，如图 6-26 所示，吸入管内的污泥经水泵出水管输出池外。

1）管路设计：泵吸管路的摩擦水头损失计算、吸口和集泥刮板等要求与虹吸管路相同，可参照上节的介绍进行设计。管材也采用镀锌水煤气钢管，吸口间距为 1～1.5m。在一台吸泥泵系统内，各吸泥支管管径断面积之和应略小于吸泥泵的进水管断面积。

2）选泵：泵吸式吸泥机的吸泥泵常用的有立式液下泵和潜水污泥泵等，可按表 6-20 介绍的种类进行选择。其中立式液下泵形式如图 6-27 所示；潜污泵形式如图 6-28 所示。

吸泥泵的种类及使用条件 **表 6-20**

名 称	使用条件及优缺点	名 称	使用条件及优缺点
立式液下泵	叶轮部分须浸没于水下，橡胶轴承易磨损	潜水污水泵	泵体及电机潜于水下，防护等级为 IP68

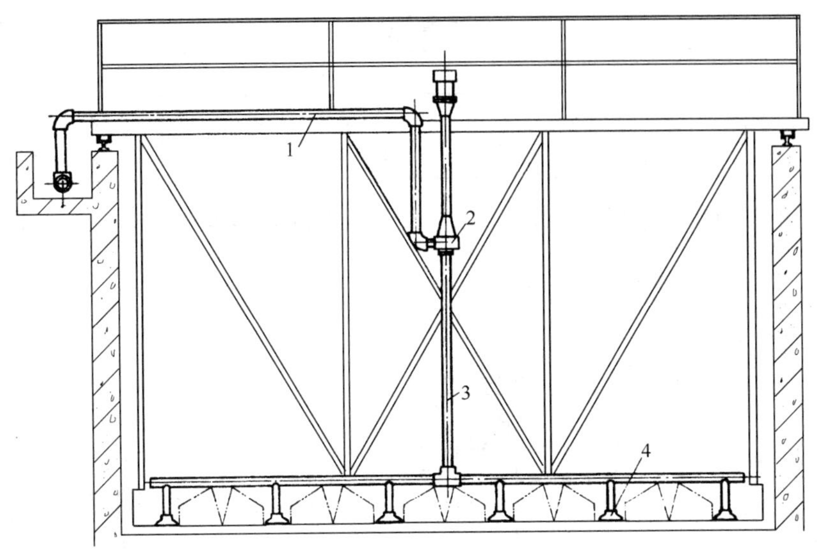

图 6-26 泵吸式吸泥管路布置

1—出水管；2—吸泥泵；3—进水管；4—吸口

水泵的台数应根据泵吸管路的布局和所需的排泥量决定。吸泥泵的吸高 $H_{吸}$（m）应大于管路及配件的总摩擦水头损失 1～1.5m。

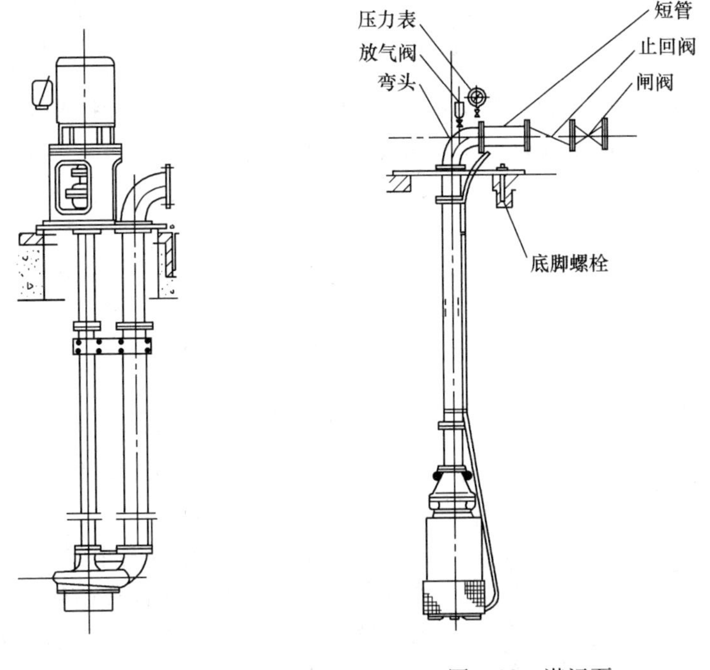

图 6-27 立式液下泵

图 6-28 潜污泵

6.2.1.5 集电装置及端头立柱

(1) 集电装置：行车式吸泥机或刮泥机的集电装置常用有两种形式，其优缺点见表 6-21。

常用集电装置　表 6-21

集电方式	优 缺 点	集电方式	优 缺 点
安全形封闭式滑触线	1. 结构简单 2. 安全可靠	移动式悬挂电缆集电装置	1. 结构简单，使用方便 2. 跨度大时垂度较大

其中，安全形封闭式滑触线，如图 6-29 所示；移动式橡套电缆悬挂装置，如图 6-30 所示。

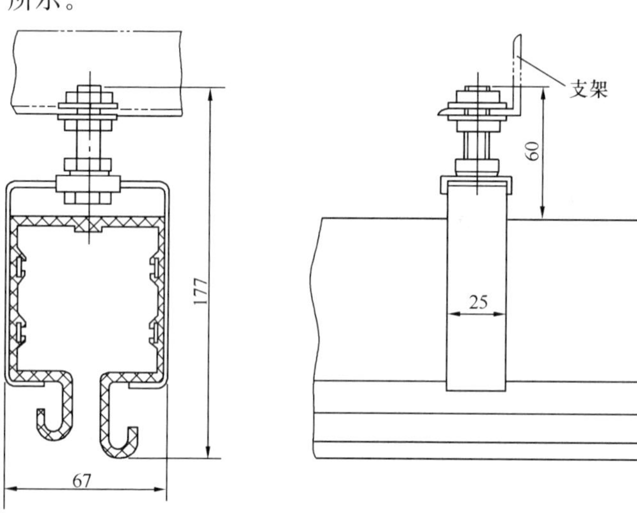

图 6-29　安全形封闭式滑触线

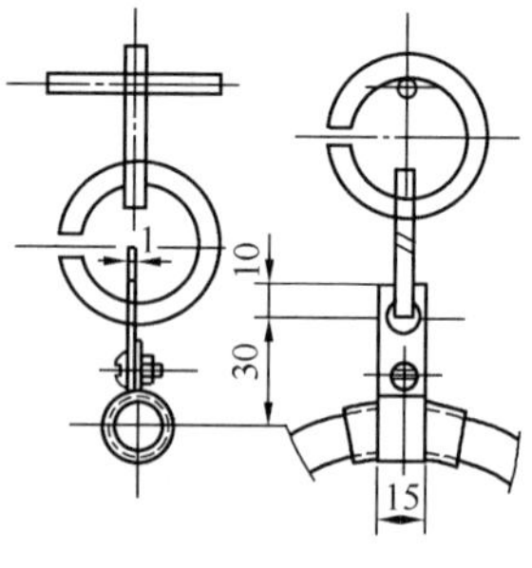

图 6-30　移动式橡套电缆悬挂装置

(2) 端头立柱：图 6-31 为端头立柱的示例。端头立柱固定在钢轨的两端，用来防止吸泥机的终端开关失灵而掉轨的事故。端头立柱的高度 H 可按式 (6-19) 确定：

$$H = (1.1 \sim 1.2)R(\text{cm}) \tag{6-19}$$

式中　H——立柱高度 (cm)；

R——车轮半径 (cm)。

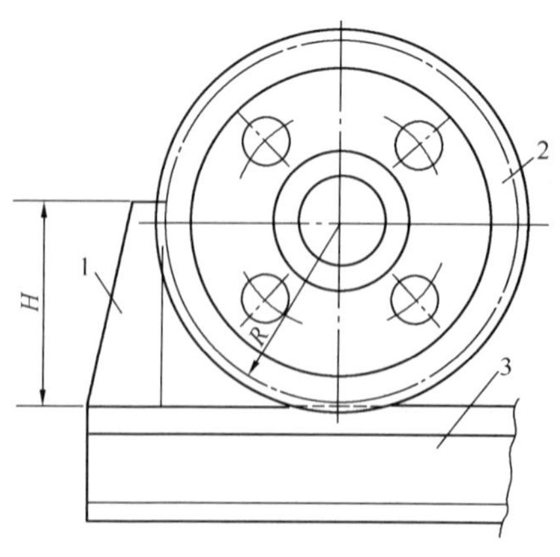

图 6-31　端头立柱

1—立柱；2—车轮；3—钢轨

6.2.1.6　运转及管理

(1) 吸泥机的停驻位置应在沉淀池的出水端。驱动前，开启各吸泥管的排泥阀，然后向进水端行进。到达进水口尽端时，即自动返驶，回至出口端的原位停车，作为一次吸泥的全过程。

(2) 吸泥的起动由人工操作，返驶及停车等动作均由装在轨道上的触杆或磁钢触动行车上的 Lx 型或接近开关完成。轨道上触杆或磁钢的定位，以及行车上行程开关间的相对位置，应在安装时确定。

(3) 给水厂沉淀池内积泥不宜过久，超过 2d 后泥质就相当密实。吸泥时，须注意排泥的情况，如发现阻塞现象，即须停车，待排泥管疏通后再行进。超过4d以后，泥质已积实，须停池清洗后才能使用吸泥机，否则不但无法吸泥，且泥的阻力会使机架变形和设备受损。

(4) 若池内水面结冰，应在解冻或破冰后才能使用。

6.2.1.7 系列化设计

上海市政工程设计研究总院（集团）有限公司已完成虹吸式吸泥机和泵吸式吸泥机通用图设计，其跨距为8～20m，池深均为3.5m，分别见表6-22及表6-23，可供参考。通用图的设计原则如下：

进水浊度1000mg/L、出水浊度10mg/L，如进水浊度超出或低于1000mg/L时，则可按吸泥周期来调节。吸泥系统的布置按行车跨度内无导流墙等土建结构的影响为条件，若根据工程需要，跨内设有导流墙等土建构筑物时，则吸泥管路、集泥刮板及吸泥管固定支架等均应作相应的改动。

泵吸式吸泥机系列规格　　表6-22

桁架					驱动机构			吸泥管数量（根）	不同吸泥管径适用最高进水浊度(mg/L) DN(mm)				钢轨型号	设备质量(t)
跨度(m)	高度(m)	宽度(m)	轮距(m)	车速(m/min)	驱动方式	功率(kW)	车轮转速(r/min)		40	50	65	80		
8	1.2	1.7	2	1	双边驱动	2×0.4	0.93	8	500	1000	1100	2500	22kg/m轻轨	4.7
10	1.2	1.7	2					8	400	750	1300	2000		5.0
12	1.2	2.0	2.3					10	400	750	1300	2000		5.4
14	1.4	2.0	2.3					10	350	600	1100	1700		6.2
16	1.6	2.2	2.55					12	350	600	1100	1700		7.0
18	2.0	2.2	2.55					12	300	540	1000	1500		7.5
20	2.0	2.5	2.85					14	300	540	1000	1500		8.0

虹吸式吸泥机系列规格　　表6-23

桁架					驱动机构			吸泥管数量（根）	不同吸泥管径适用最高进水浊度(mg/L) DN(mm)				钢轨型号	设备质量(t)
跨度(m)	高度(m)	宽度(m)	轮距(m)	车速(m/min)	驱动方式	功率(kW)	车轮转速(r/min)		40	50	65	80		
8	1.2	1.7	2	1	双边驱动	2×0.4	0.93	8	500	1000	1700	2500	22kg/m轻轨	4.7
10	1.2	1.7	2					8	400	750	1300	2000		5.0
12	1.2	2.0	2.3					10	400	750	1300	2000		5.4
14	1.4	2.0	2.3					10	350	600	1100	1700		6.2
16	1.6	2.2	2.55					12	350	600	1100	1700		7.0
18	2.0	2.2	2.55					12	300	540	1000	1500		7.5
20	2.0	2.5	2.85					14	300	540	1000	1500		8.0

6.2.2 行车式提板刮泥机

6.2.2.1 总体构成

提板式刮泥机由行车桁架、驱动机构、撇渣板与刮板升降机构、程序控制及限位装置等部分组成。图 6-32 为行车式提板刮泥机的总体结构。

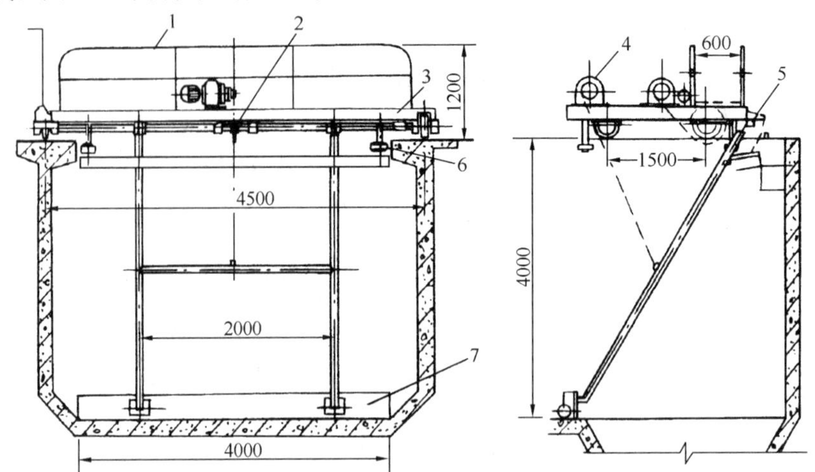

图 6-32 行车式提板刮泥机总体结构

1—栏杆；2—驱动机构；3—行车架；4—卷扬提板机构；5—行程开关；6—导向靠轮；7—刮板

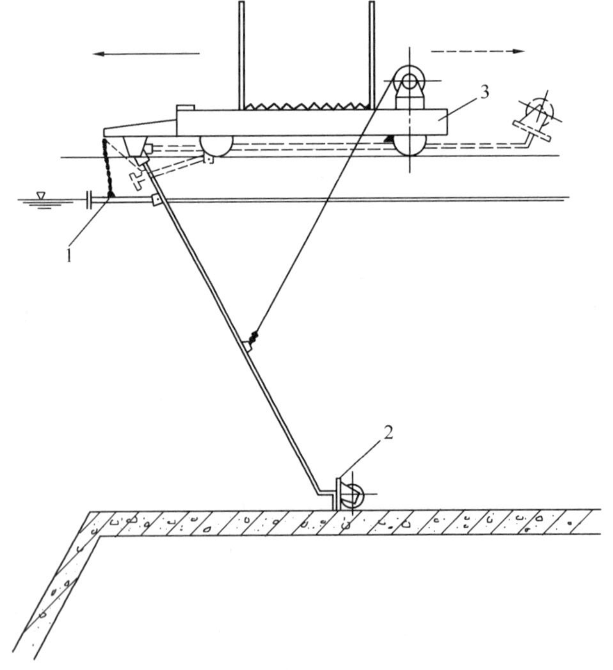

图 6-33 同向撇渣与刮泥的形式

1—撇渣板；2—刮泥板；3—行车

(1) 刮泥机行车一般采用桁架结构，小跨度的可用梁式结构，可按照第 6.2 节计算。为了便于检修和管理，在行车上应设宽 600～800mm 的工作走道。

(2) 驱动机构采用两端出轴的长轴集中传动形式或双边分别驱动的形式，可视行车跨距而定，设计时参照第 6.2 节。

(3) 撇渣板与刮泥板的升降机构可以有两种布置形式：

第一种形式如图 6-33 所示，刮泥板与撇渣板同向工作及升降，即刮泥机运行时，撇渣板与刮泥板同时进行撇渣与刮泥；回程时，撇渣板与刮泥板又同时提出水面。第二种形式如图 6-34 所示，撇渣板与刮泥板逆向工作与升降，即刮泥板刮泥时，撇渣板提出水面，而撇渣板工作时，刮泥板提离池底。

(4) 刮泥机的行驶与刮板升降采用两套独立的驱动机构，通过电气控制能互相转换交替动作。

6.2.2.2 排泥量及刮泥能力计算

(1) 排泥量的计算：排泥量主要根据进水中所去除的悬浮物含量换算成含水率 ξ%的沉泥量计算。排泥量的计算公式，见表 6-6。

(2) 刮泥能力的计算：

1) 设沉入池底的污泥含水率为 98%，刮泥机每次最大刮泥量，按图 6-35 所示的形式计算。

按式（6-20）为

$$Q_{次}=\frac{1}{2}lbh\gamma 1000\ (\text{kg/次})$$

$$l=\frac{h}{\tan\alpha}\ (\text{m})$$

故 $$Q_{次}=\frac{bh^2\gamma}{2\tan\alpha}1000(\text{kg/次}) \tag{6-20}$$

式中 h——刮泥板高度(m)；

b——刮泥板长度(m)；

α——刮泥时污泥堆积坡角(度)，一般初次沉淀池污泥取 5°；

l——α 时的污泥堆积长度(m)；

γ——污泥表观密度(t/m^3)一般取 1.03t/m^3。

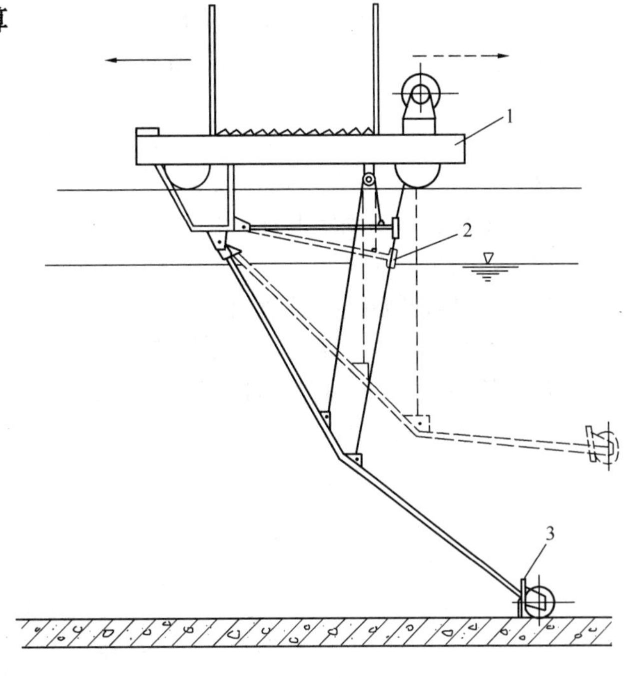

图 6-34 逆向撇渣与刮泥的形式

1—行车；2—撇渣板；3—刮泥板

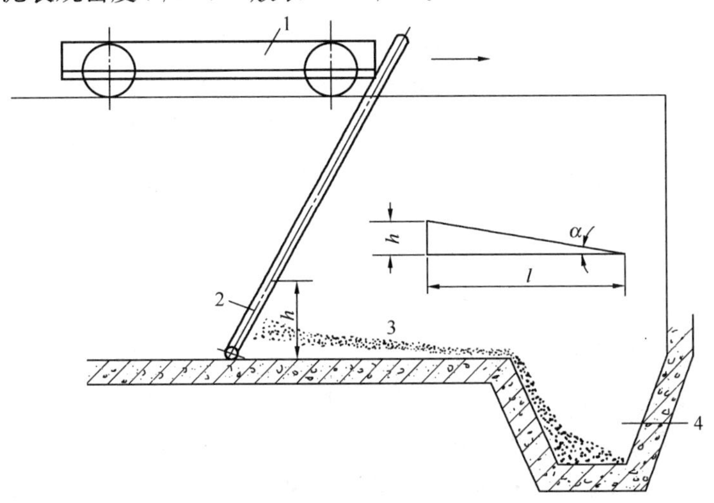

图 6-35 污泥的刮集

1—刮泥行车；2—刮板；3—污泥；4—污泥斗

2) 每小时的平均刮泥能力 $Q_{时}$ 可按式（6-21）计算：

$$Q_{时}=\frac{60Q_{次}}{t}(\text{t/h}) \tag{6-21}$$

式中 t——刮泥机往返一次所需的时间（min）。

3）单位时间内的刮泥能力与污泥沉积量之比 n：按式（6-22）为

$$n=\frac{Q_{时}}{Q_{\xi}}=\frac{Q_{时}}{Q_{98}} \tag{6-22}$$

式中 Q_{98}——含水率 98%时的污泥量(t/h)。

根据以上计算可以确定刮泥机的每天刮泥次数。通常初次沉淀池每天刮泥 3～4 次，高峰负荷时可增加刮泥次数。

6.2.2.3 驱动机构及功率计算

（1）驱动机构：驱动机构的布置形式在第 6.2 节中已作了介绍。图 6-36 为集中驱动的形式，传动长轴直接与驱动车轮相连接。主要由电动机、减速机构、传动长轴、轴承座、联轴器及车轮等组成。

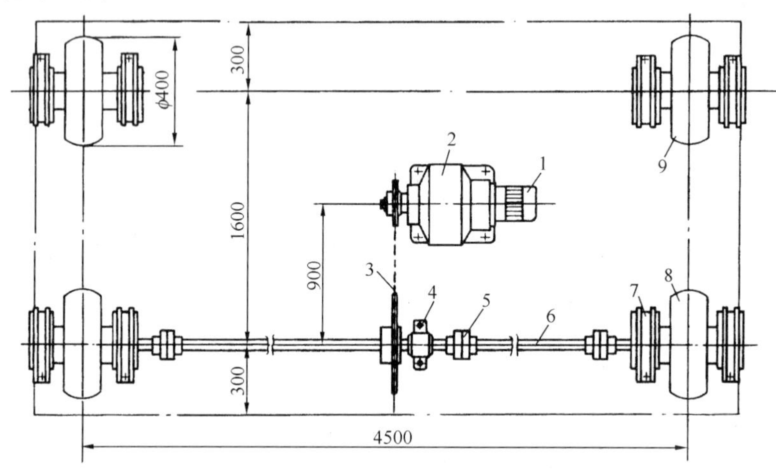

图 6-36 集中驱动的形式

1—电动机；2—摆线针轮减速机；3—链传动；4—轴承座；5—联轴器；6—长轴；7—轴承座；8—主动车轮；9—从动车轮

（2）驱动功率的确定：刮泥机驱动功率主要根据刮泥机在工作时所受的刮泥阻力、行驶阻力、风阻力和道面坡度阻力等阻力总和计算确定。

1）刮板集泥时所受的阻力 $P_{刮}$：按式（6-23）为

$$P_{刮}=Q_{次}g\mu 1000(\mathrm{N}) \tag{6-23}$$

式中 μ——污泥与池底的摩擦系数，沉砂池取 0.5、给水厂沉淀池取 0.2～0.5、污水处理厂初次沉淀池取 0.1、污水处理厂二次沉淀池取 0.035；

g——重力加速度，$g=9.81\mathrm{m/s^2}$。

2）行车行驶阻力 $P_{驶}$：行驶阻力的确定，参见表 6-15。

3）风阻力 $P_{风}$：风阻力的确定，参见表 6-16。

4）道面坡度阻力 $P_{坡}$：爬坡力 $P_{坡}$的确定，参见表 6-15。

5）驱动功率的计算［与式（6-11）相同］：

$$N=\frac{\Sigma Pv}{60000\eta m}(\mathrm{kW})$$

6.2.2.4 刮泥板与撇渣板的联动布置及提板功率计算

刮板的结构，如图 6-37 所示。其主要由铰链式刮臂、刮板、支承托轮、撇渣板及卷扬机等组成。为便于更换钢丝绳或刮泥板等易损零件，还可设置刮臂的挂钩装置，如图 6-38 所示。

刮臂的一端铰接在行车的桁架上，另一端装有刮泥板及托轮，吊点最好设在刮臂的重心位置。当刮泥板放至池底时，刮臂与池底夹角为 60°～65°。刮泥板高度为 400～500mm，撇渣板高度为 120～150mm。图中介绍的撇渣板与刮泥板的联动采用同向工作与升降。提升机构有钢丝绳卷扬式、螺杆式和液压推杆式三种，其中最常用的为钢丝绳卷扬式的提升机构，结构简单，制造容易。

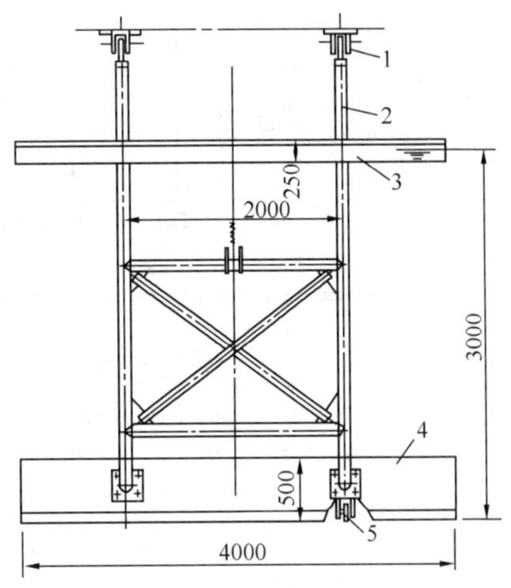

图 6-37 刮板机构

1—铰支座；2—刮板架；3—撇渣板；4—刮泥板；5—支承托轮

图 6-39 为卷扬式提升装置的结构，卷筒上的钢丝绳与刮臂上的吊点相连接，钢丝绳材质最好选用耐蚀性好的 1Cr18Ni9Ti 不锈钢丝绳。刮臂通过钢丝绳的卷扬来完成提升和下降的动作。提升功率根据起吊力及起吊速度确定。钢丝绳的安全系数不小于 5，卷筒直径应大于 20 倍钢丝绳直径，在刮泥板放至池底时，卷筒上应保留 3 圈钢丝绳。

刮板起吊时的受力分析：

1）当刮泥板处于刚离开池底时的受力状态，如图 6-40 所示。按式（6-24）～式（6-26）计算：

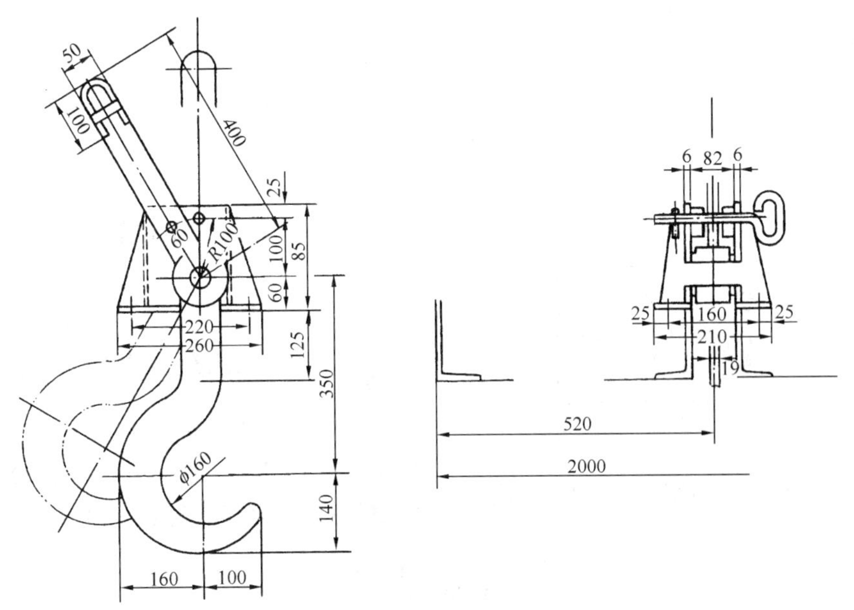

图 6-38 挂钩装置

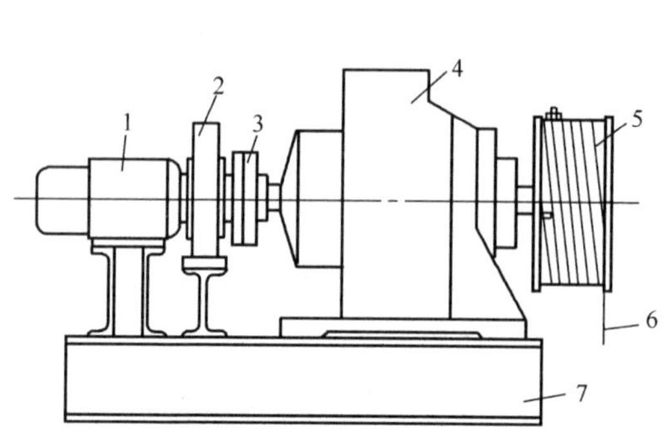

图 6-39 卷扬式提升装置

1—电动机；2—制动器；3—带制动轮联轴器；4—减速器；5—卷筒；6—钢丝绳；7—机座

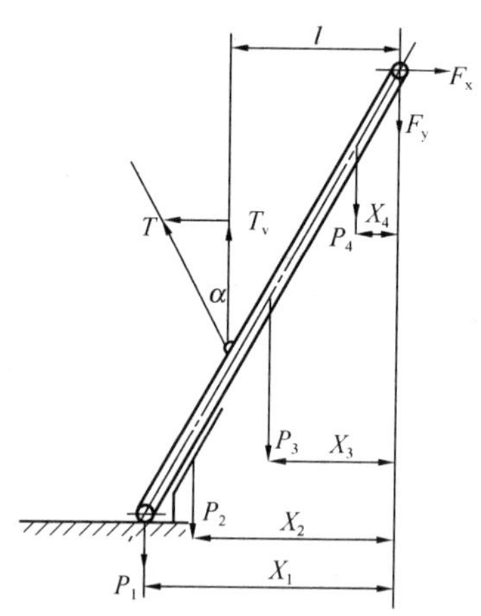

图 6-40 刮板刚吊离池底时的受力状态

设：P_1——支承托轮的重力(N)；

P_2——刮板的重力(N)；

P_3——刮臂的重力(N)；

P_4——撇渣板的重力(N)；

T_v——钢丝绳吊点处的竖向分力(N)；

T——钢丝绳起吊时的张力(N)。

$$\Sigma M_f = 0$$

$$T_v = \frac{p_1 x_1 + p_2 x_2 + p_3 x_3 + p_4 x_4}{l}(\mathrm{N}) \tag{6-24}$$

$$T = \frac{T_v}{\cos\alpha}(\mathrm{N}) \tag{6-25}$$

$$\Sigma Y = 0$$

$$F_y = T_y - (P_1 + P_2 + P_3 + P_4)(\mathrm{N}) \tag{6-26}$$

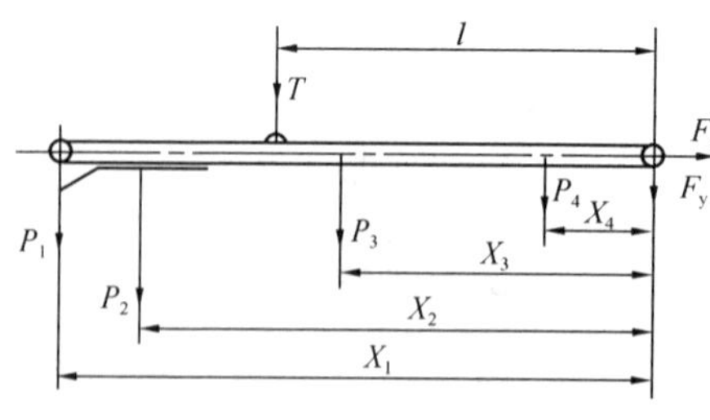

图 6-41 刮臂提到水平位置时受力状态

2) 当刮臂提升到水平位置时的受力状态，如图 6-41 所示。

$$\Sigma M_f = 0$$

$$T = T_v = \frac{p_1 x_1 + p_2 x_2 + p_3 x_3 + p_4 x_4}{l}(\mathrm{N})$$

$$\Sigma Y = 0$$

$$F_y = T_y - (P_1 + P_2 + P_3 + P_4)(\mathrm{N})$$

刮泥板提升的功率计算：

$$N = \frac{Tv}{60000\eta}(\mathrm{kW}) \tag{6-27}$$

式中 v——钢丝绳卷扬速度 (m/min)；

η——机械总效率 (%)。

6.2.2.5 电气控制系统

提板式刮泥机使用行驶和升降两组行程开关，根据编排的程序自动地转换来控制刮泥机的动作。图 6-42 为提板式刮泥机工作程序的示例。

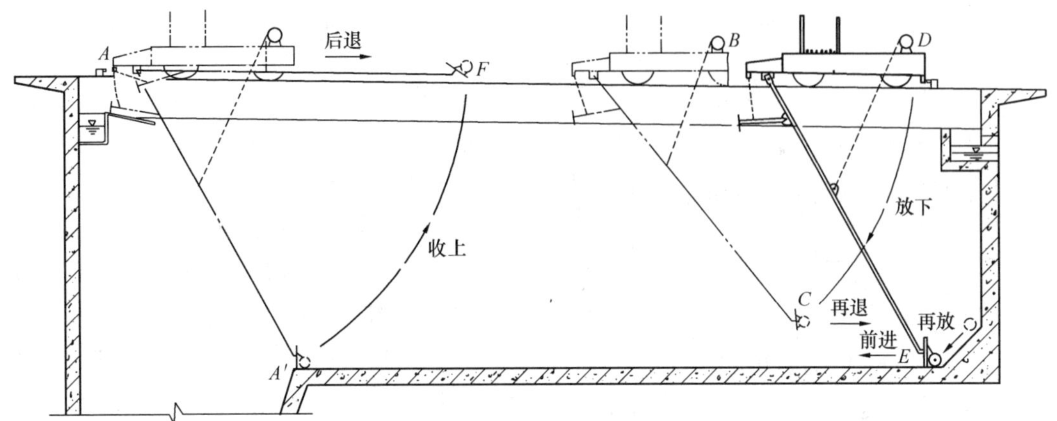

图 6-42 提板式刮泥机的动作程序

设 A 点作为刮泥机的起始位置，此时刮板露出水面。

(1) 合上电源，刮泥机后退，行至 B 点位置时，刮泥机停驶，并使刮泥板下降。

(2) 当刮泥板降至 C 点时，升降机构停止，并使刮泥机继续后退。

(3) 当后退至 D 点时，刮泥机停驶，接着又使刮板继续下降至池底 E。

(4) 当刮板下降至池底 E 时，撇渣板也通过联动机构浸入水面，并立即发出刮泥机向前动作的指令。

(5) 刮泥机开始刮泥及撇渣工作，一直行驶到 A' 点为止。此时，污泥及浮渣均分别排入污泥斗和集渣槽内，然后再次将刮板提出水面，回到原来的起始位置。

上述的动作程序就是刮泥机工作的一个周期，根据沉泥量多少，确定重复循环的次数。此外，也可根据需要另编程序。

各行程控制原件可采用密封式 JLXK1-111M 型行程开关，一般都安装在刮泥机上，安装时应密封防潮。图 6-43 为 JLXK1-111M 行程开关外形。触块设在水池走道与机上行程开关相对应的位置上。图 6-44 为行程控制开关安装布置，图中 A 为起始点行程开关位置，B 为指令刮板下降的行程开关位置，C 为终点行程开关位置。

6.2.2.6 计算实例

【例】 设计如图 6-45 所示的提板式刮泥机，进行如下的计算：(1) 排泥量；(2) 驱动功率；(3) 刮板提升时的钢丝绳张力；(4) 钢丝绳直径。

设计数据：

(1) 初次沉淀池的尺寸为长×宽×深＝20m×4m×4m，有效水深 3.6m。

(2) 污水停留时间为 2h，悬浮物 SS＝320mg/L，去除率 60%。

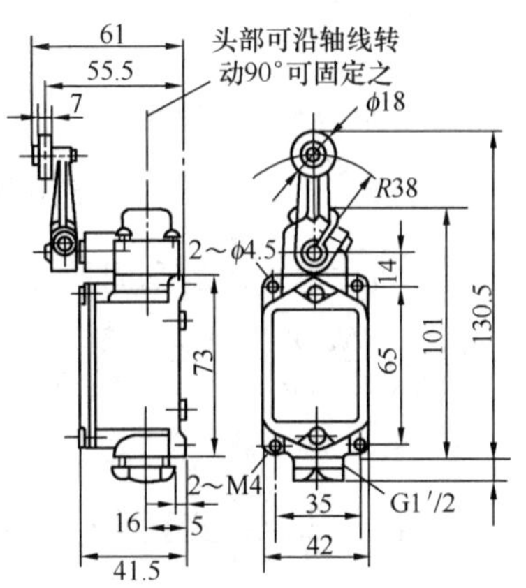

图 6-43 JLXK1-111M 行程开关

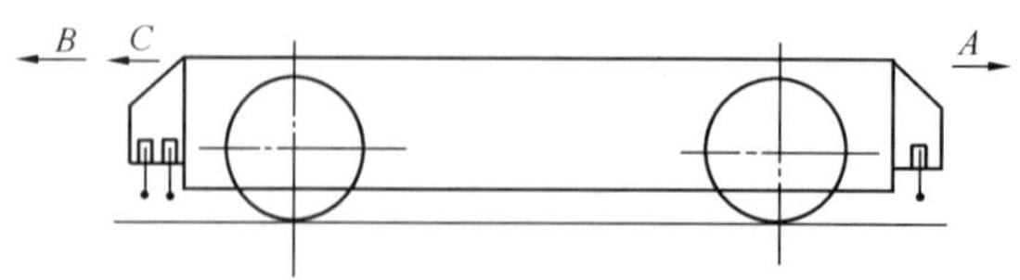

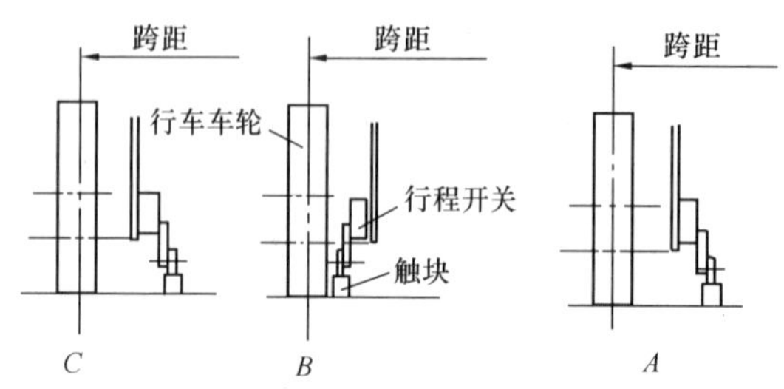

图 6-44　行程开关安装布置

(3) 刮泥板高度为 500mm。

(4) 刮泥机行驶速度为 $v_1 = 1\text{m/min}$。

(5) 刮泥机总重力为 $W=28000\text{N}$。

(6) 驱动胶轮直径为 $D=430\text{mm}$，滚动轴承平均直径为 $d=85\text{mm}$，轴承的滚动摩擦系数为 $\mu_1=0.008$，车轮的滚动摩擦力臂为 $K=0.4\text{cm}$。

(7) 桁架受风面积为 $A=2.7\text{m}^2$。

(8) 驱动机构机械效率为 $\eta_1=0.75$，提升机构机械效率为 $\eta_2=0.81$。

(9) 刮板升降时的卷扬速度为 $v_2=1.1\text{m/min}$。

【解】 (1) 污泥量与刮泥能力计算

按表 6-6 所列的公式：

1) 进水流量为 $Q=\dfrac{V}{t}=\dfrac{WLH}{t}=\dfrac{4\times20\times3.6}{2}=144\text{m}^3/\text{h}$

2) 干污泥量为 $Q_{干}=QSS\varepsilon10^{-6}=144\times320\times0.6\times10^{-6}=0.0276\text{m}^3/\text{h}$

3) 折算成含水率为 $\xi=98\%$ 的污泥量为

$$Q_{\xi}=Q_{干}\frac{100}{100-\xi}$$

$$=0.0276\times\frac{100}{100-98}$$

$$=1.38\text{m}^3/\text{h}$$

4) 刮泥能力计算：设刮板高 $h=500\text{mm}$ 刮泥速度为 1m/min，提升和下降刮板的时间约 4min，实际刮送距离为 16.5m。

刮泥机往返一次时间为

$$T=\frac{2\times16.5}{1}+4=37\text{min}$$

刮泥机往返一次的刮泥量 $Q_{次}$ 为

$$Q_{次}=\frac{bh^2\gamma}{2\tan\alpha}=\frac{4\times0.5^2\times1.03}{2\tan5^\circ}$$

$$=5.886\text{t/次}$$

$$Q_{时}=\frac{60}{37}\times5.886=9.54\text{t/h}$$

每小时刮泥量与刮泥机刮泥能力之比

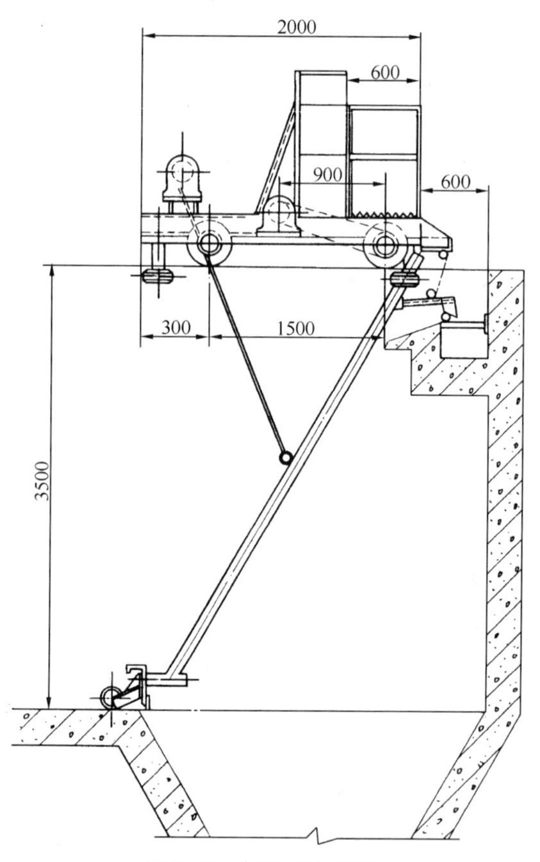

图 6-45　提板式刮泥机

$$n=\frac{Q_{时}}{Q_{\xi}\gamma}=\frac{9.54}{1.38\times1.03}=6.7 倍$$

(2) 驱动功率:

1) 刮泥阻力为

$$P_{刮}=gQ_{次}\mu=9.81\times5886\times0.1=5774\mathrm{N}$$

2) 车轮行驶阻力为

$$P_{驶}=1.3W\frac{\mu_1 d+2K}{D}$$

$$=1.3\times28000\times\frac{0.008\times8.5+2\times0.4}{43}$$

$$=735\mathrm{N}$$

3) 风阻力为

$$P_{风}=qAC=150\times2.7\times1.6=648\mathrm{N}$$

4) 道面坡度阻力为

$$P_{坡}=WK_{坡}=28000\times\frac{1}{1000}=28\mathrm{N}$$

5) 驱动功率计算:

$$N=\frac{\Sigma Pv}{60000\eta}=\frac{(5774+735+648+28)\times1}{60000\times0.75}=0.16\mathrm{kW}$$

选用 0.37kW 电动机。

(3) 刮板升降机构的分析与计算:已知刮板升降机构采用卷扬式提升装置,卷扬速度为 1.1m/min。当刮板起吊时,吊点的受力如图 6-46 所示。

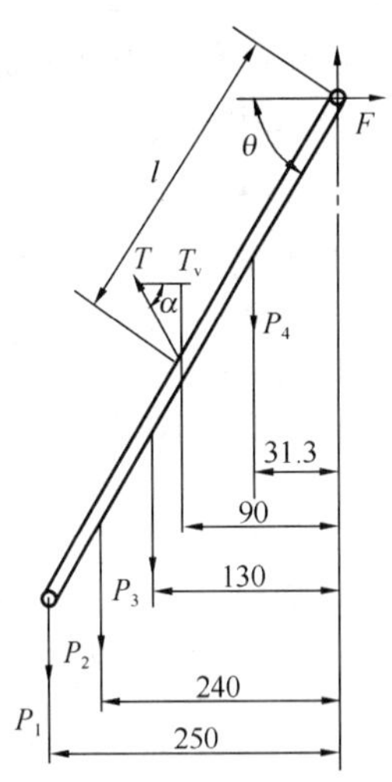

图 6-46 刮臂受力计算

P_1——托轮重力=82N

P_2——刮泥板重力=662N

P_3——刮臂的重力=1642N

P_4——撇渣板重力=240N

l——牵引点至 F 距离=180cm

θ——刮臂与水平桁架夹角=60°

刮板提升的总重力为

$$\Sigma P=P_1+P_2+P_3+P_4=82+662+1642+240=2626\mathrm{N}$$

1) 钢丝绳在起吊时的最大张力 T_v:当刮臂处在刚起吊时的钢丝绳垂直分力为最大。

$$T_v=\frac{P_1\times250+P_2\times240+P_3\times130+P_4\times31.3}{l\cos\theta}$$

$$=\frac{82\times250+662\times240+1642\times130+240\times31.3}{180\cos60^\circ}$$

$$=4448\mathrm{N}$$

钢丝绳起吊张力为

$$T=\frac{T_v}{\cos\alpha}=\frac{4448}{\cos30^\circ}=5136\mathrm{N}$$

$$F_Y=T_v-P=4448-2626=1822\mathrm{N}$$

2) 钢丝绳直径的确定:

取钢丝绳的安全系数为

$$C_n=5$$

最大破断荷载为

$$S_P=TC_n=5136\times5=25680\mathrm{N}$$

考虑到污水的腐蚀，选用不锈钢丝绳。

设：钢丝绳直径为 $d=9$mm，

破断拉力为 S_P约为 46490N。

安全系数为

$$n=\frac{S_P}{T}=\frac{46490}{5136}=9>5\text{（安全）。}$$

3）刮板提升功率：

$$N=\frac{Tv_2}{60000\eta}=\frac{5136\times1.1}{60000\times0.81}=0.116\text{kW}$$

选用 0.37kW 电动机。

6.3 链条牵引式刮泥机

6.3.1 适用条件和特点

（1）链条牵引式刮泥机适用于水厂沉淀池或污水处理厂的沉砂池、初沉池、二次沉淀池、隔油池等矩形池排砂、排泥；对于有浮渣的沉淀池可在底部刮泥的同时在池面撇渣。

（2）池底沿刮泥方向粉刷成 1%的坡度；池内端头与两侧墙脚应有大于泥砂安息角的斜坡；污水进行处理之前须先经过格栅，阻止较大的漂浮物进入池内。

（3）链条牵引式刮泥机的特点：

1）刮板块数多，刮泥能力强；刮板的移动速度慢，对污水扰动小，有利于泥砂沉淀。

2）刮板在池中作连续的直线运动，不必往返换向，因而不需要行程开关。驱动装置设在池顶的平台上，配电及维修都很简便。

3）不需要另加机构可同时兼作撇渣机。

6.3.2 总体构成

图 6-47 为链条牵引式刮泥机总体结构，主要由驱动装置、传动链与链轮、牵引链与链轮、刮板、导向轮、张紧装置、链轮轴和导轨等组成。在传动链轮的主动链轮上装有安全销，进行过载保护，如图 6-48 所示。

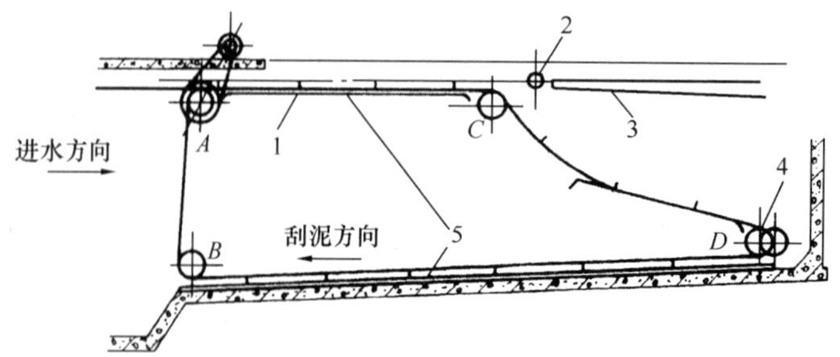

图 6-47　链条牵引式刮泥机总体结构

1—刮板；2—集渣管；3—溢流堰；4—张紧装置；5—导轨

6.3.3 刮泥量及刮泥能力的计算

(1) 刮泥量的确定：污泥量的确定，可按表 6-6 所列的公式计算。

(2) 刮泥能力的计算：按式（6-28）

$$Q = 60hlv \geqslant Q_{\xi}(\mathrm{m^3/h}) \qquad (6\text{-}28)$$

式中 h——刮板高度（m）；

l——刮板长度（m）；

v——刮板移动速度（m/min）；

Q_{ξ}——含水率 $\xi\%$ 的沉淀污泥量。

(3) 每天运动时间：按式（6-29）为

$$t = \frac{24Q_{\xi}}{Q}(\mathrm{h}) \qquad (6\text{-}29)$$

应当采用不锈钢链条、链轮，防止链节的生锈。

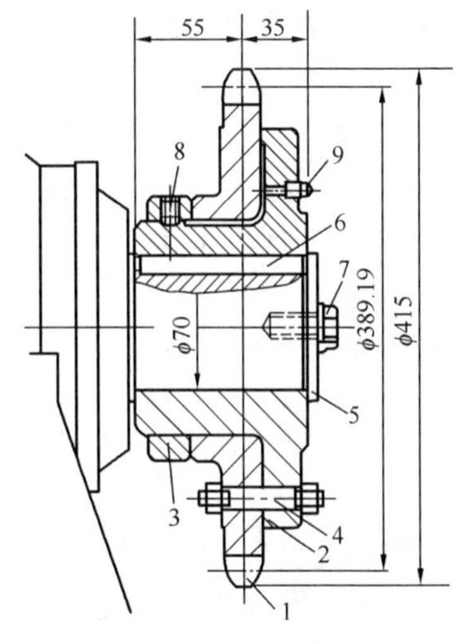

图 6-48 安全销

1—链轮；2—链轮轮壳；3—挡圈；4—安全销；5—垫圈；6—键；7—螺栓；8—螺钉；9—油杯

6.3.4 牵引链的计算

牵引链的张力与驱动功率随池内有水和无水而有所不同。一般有水时链条与刮板受浮力的作用，张力和摩阻力均较小，因此，应按无水状态进行链传动的设计计算。

6.3.4.1 刮板牵引链的最大张力 T_{max} 计算

图 6-49 为链条受力计算简图。设驱动链轮 A 与张紧链轮 D 之间的距离为 L_1；从动链轮 B 与 C 的间距为 L；A、B 以及 D、C 间的垂直距离分别为 H_2、H_1；相邻两刮板间距

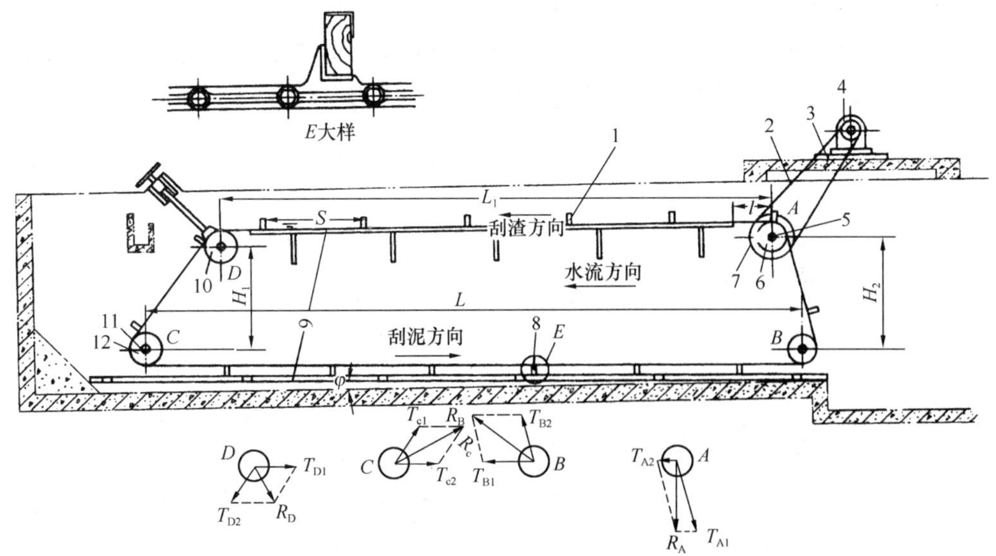

图 6-49 牵引链受力分析

1—主链与刮板链节；2—传动链；3—传动链张紧装置；4—减速器；5—轮轴；6—主牵引链轮；7—传动链轮；8—刮板；9—导轨；10—牵引链轮张紧装置；11—导轮轴；12—导轮

为 S；链轮 A 的输出端弧垂段距离为 l；链条每米重量为 w_c，每块刮板及其附件的重量为 W_1。

（1）如图 6-49 所示，刮板牵引链上产生的张力主要由下列几点所引起：

1）由链条弧垂而引起的初张力。

2）刮泥时所产生的张力。

3）上升或下降的自重张力。

4）刮板与导轨的摩擦。

5）各导向链轮的转动摩擦。

（2）在计算时可先根据链条弧垂所引起的链条初始张力算起，按照图示逐级计算如下：

1）驱动链轮松弛侧的水平张力 T_{A_1}：牵引链运动时，水平张力 T_{A_1} 的最大值是在带刮板的链节处于驱动轮输出端起始段，根据链弧垂 y 和张力 T_A 的关系及弧垂许用值，可求得 T_A，其计算式（6-30）为

$$T_{A_1} = \frac{l}{8y}(w_c l + W_f) \tag{6-30}$$

y 一般为 $\frac{l}{50}$，

则
$$T_{A_1} = \frac{50}{8}(w_c l + W_f)(\text{N})$$

式中 y——链条的弧垂度（m）；

w_c——每米链节的重力（N/m）；

W_f——刮板及刮板附件的重力（N）；

l——链轮 A 至最靠近链轮 A 的支点距离（m）。

2）张紧轮 D 输入侧张力 T_{D_1}：根据牵引链运动方向，要使主动链运动，必须克服 L_1 长度内各刮板与导轨的摩阻力。其按式（6-31）计算：

$$T_{D_1} = T_{A_1} + L_1\left(w_c + \frac{W_f}{2S}\right)\mu_1(\text{N}) \tag{6-31}$$

式中 μ_1——刮板上的钢靴与导轨间的摩擦系数，取 $\mu_1 = 0.33$；

L_1——钢靴与导轨的接触长度（m）；

$\left(w_c + \frac{W_f}{2S}\right)$——链条与刮板的平均重量（N/m）；

S——刮板与刮板的间距（m）。

3）张紧轮 D 输出侧张力 T_{D_2}：按式（6-32）计算：

$$T_{D_2} = T_{D_1} + R_D\mu_2\frac{d}{D}(\text{N}) \tag{6-32}$$

式中 μ_2——轴与轴承的摩擦系数，取 $\mu_2 = 0.2$；

D——张紧轮直径（如采用链轮则为节圆直径）（mm）；

d——张紧轮轴轴径（mm）；

R_D——作用在轮轴上链张力的合力，可假定链轮 D 的输出侧的张力与 D 的输入侧张力相等来求 R_D（求 R_C、R_B的方法也与此相同）(N)。

4）从动链轮 C 输入侧张力 T_{C_1}：按式（6-33）计算：

$$T_{C_1}=T_{D_2}-H_1\left(w_c+\frac{W_f}{2S}\right)(N) \tag{6-33}$$

5）从动链轮 C 输出侧张力 T_{C_2}：按式（6-34）计算：

$$T_{C_2}=T_{C_1}+R_C\mu_2\frac{d}{D}(N) \tag{6-34}$$

6）从动链轮 B 输入侧张力 T_{B_1}：按式（6-35）计算：

$$T_{B_1}=T_{C_2}+L\left(w_c+\frac{W_f}{2S}\right)\mu_1(N) \tag{6-35}$$

式中 L——刮板导靴与池底导轨的接触长度（m）。

7）从动链轮 B 输出侧张力 T_{B_2}：按式（6-36）计算：

$$T_{B_2}=T_{B_1}+R_B\mu_2\frac{d}{D}(N) \tag{6-36}$$

8）驱动链轮的最大张力 T_{max}：按式（6-37）计算：

$$T_{max}=T_{B_2}+H\left(w_c+\frac{W_f}{2S}\right)+R_A\mu_2\frac{d}{D}(N) \tag{6-37}$$

上述各式归纳整理后可用式（6-38）表示：

$$T_{max}=(L_1+L)\left(w_c+\frac{W_f}{2S}\right)\mu_1+\mu_2\Sigma\left(R\frac{d}{D}\right)+\frac{50}{8}(w_c l+W_f)+(H-H_1)\left(w_c+\frac{W_f}{2S}\right)(N) \tag{6-38}$$

式中 R——作用在各链轮轴上链张力的合力（N）。

6.3.4.2 驱动功率计算

驱动功率计算：按式（6-39）为

$$N=\frac{2(T_{max}-T_{min})v}{60000\eta}(kW) \tag{6-39}$$

式中 v——刮板移动速度（m/min）；

T_{min}——主驱动轮松弛侧张力，$T_{min}=T_{A_1}$（N）。

6.3.4.3 计算实例

【例】 按图 6-50 所示的刮泥机布置形式，计算牵引链的强度及传动功率。

已知：链条的重力 $w_c=100$N/m；刮板及刮板附件的重力 $W_f=260$N/块；刮板与刮板的间距为 $S=1800$mm；链条破断拉力 $P=150000$N；导向轮或链轮直径 $D=510$mm；轮轴直径 $d=80$mm；刮板行走速度 $v=0.6$m/min。

【解】 从图 6-50 可知，刮板由双列链传动牵引。链轮 A 与导向托轮 F 的跨距为 3m，

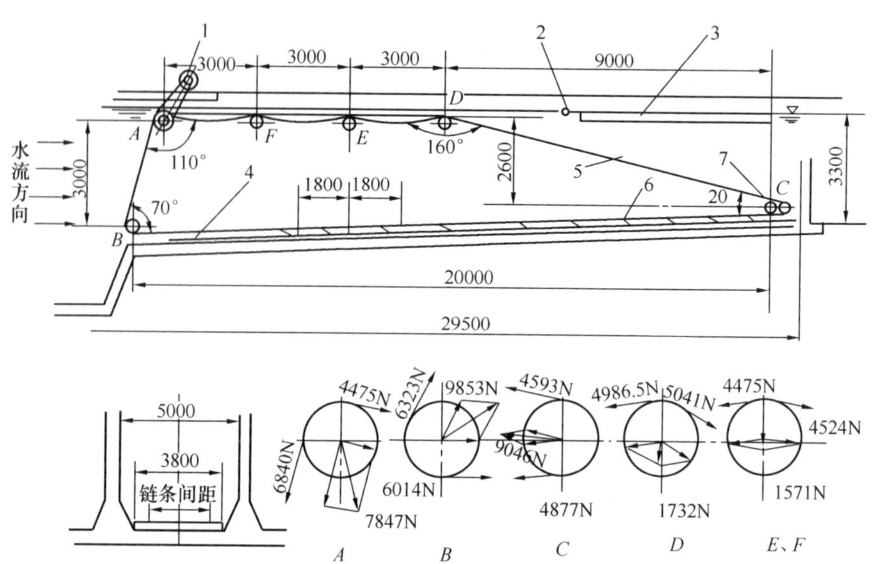

图 6-50　牵引链计算简图

1—驱动机构；2—集渣管；3—溢流堰；4—刮板；5—链条；6—导轨；7—张紧装置

刮板与刮板的间距 $S=1.8$m，由此，跨距的中心挠度可按表 6-24 求得。

多点集中载荷作用时的中心挠度 y　　**表 6-24**

在跨距内进入的刮板数	中心挠度 y	在跨距内进入的刮板数	中心挠度 y
1	$\frac{W_f l}{4T}+\frac{w_c l^2}{8T}$	4	$\frac{W_f l}{4T}(4-8C)+\frac{w_c l^2}{8T}$
2	$\frac{W_f l}{4T}(2-2C)+\frac{w_c l^2}{8T}$	5	$\frac{W_f l}{4T}(5-12C)+\frac{w_c l^2}{8T}$
3	$\frac{W_f l}{4T}(3-4C)+\frac{w_c l^2}{8T}$		

（1）牵引链强度计算（不考虑刮板的浮力）：运转时，在 3m 的跨距内，应进入两块刮板，按表 6-24 得

$$y=\frac{W_f l}{4T}(2-2C)+\frac{w_c l^2}{8T}$$

$$C=\frac{S}{l}=\frac{1.8}{3}=0.6;$$

式中　T——链条的初张力（N）；

w_c——链条重力为 100N/m；

W_f——刮板及附件重力为 260N/块。

$$T=\frac{1}{8y}[2W_f l(2-2C)+w_c l^2]$$

$$=\frac{1}{8\times 0.06}[2\times 260\times 3\times(2-2\times 0.6)+100\times 3^2]=4475\text{N}$$

1）导向轮 D 输入侧的张力：

$$T_{D_1}=T+(w_c+\frac{W_f}{2S})L_1\mu_1$$
$$=4475+\left(100+\frac{260}{2\times 1.8}\right)\times 9\times 0.33$$
$$=4475+511.5=4986.5N$$

2）导向轮 D 输出侧的张力：

$$T_{D_2}=T_{D_1}+R_D\mu_2\frac{d}{D}$$
$$=4986.5+1732\times 0.2\times\frac{80}{510}$$
$$=4986.5+54.3=5041N$$

式中　R_D——设导向轮的输入侧与输出侧张力相等，在导向轮 D 上的合力 R_D 可根据入边与出边的夹角求得。

3）导向轮 C 输入侧张力：

$$T_{C_1}=T_{D_2}-H_1\left(w_c+\frac{W_f}{2S}\right)$$
$$=5041-2.6\times\left(100+\frac{260}{2\times 1.8}\right)$$
$$=5041-448=4593N$$

4）导向轮 C 输出侧张力：

$$T_{C_2}=T_{C_1}+R_C\mu_2\frac{d}{D}$$
$$=4593+9046\times 0.2\times\frac{80}{510}$$
$$=4593+284=4877N$$

5）导向轮 B 输入侧张力：

$$T_{B_1}=T_{C_2}+\left(w_c+\frac{W_f}{2S}\right)L\mu_1$$
$$=4877+\left(100+\frac{260}{2\times 1.8}\right)\times 20\times 0.33$$
$$=4877+1137=6014N$$

6）导向轮 B 输出侧张力：

$$T_{B_2}=T_{B_1}+R_B\mu_2\frac{d}{D}$$
$$=6014+9853\times 0.2\times\frac{80}{510}$$
$$=6014+309=6323N$$

7）导向轮 A 输入侧张力：

$$T_{A_1}=T_{B_2}+H\left(w_c+\frac{W_f}{2S}\right)$$
$$=6323+3\left(100+\frac{260}{2\times 1.8}\right)$$
$$=6323+517=6840N$$

8）牵引链最大张力：

$$T_{max} = T_{A_1} + R_A \mu_2 \frac{d}{D}$$
$$= 6840 + 7847 \times 0.2 \times \frac{80}{510}$$
$$= 6840 + 246 = 7086\text{N}$$

如不采用不锈钢链条，考虑链条在污水的腐蚀性环境中运转，取其使用系数为 1.4。

则牵引链的设计张力 $T'_{max} = 1.4T_{max} = 1.4 \times 7086 = 9920\text{N}$

链条的安全率 $n = \frac{150000}{T'_{max}} = \frac{150000}{9920} = 15 > 8$

(2) 驱动功率计算：

$$N = \frac{2(T'_{max} - T_{min})v}{60000\eta}$$
$$= \frac{2 \times (9920 - 4475) \times 0.6}{60000 \times 0.7}$$
$$= 0.156\text{kW}$$

式中　η——机械效率取 0.7，采用 0.55kW 电动机。

6.3.5　牵引链的链节结构

牵引链一般采用扁节链，链条中有如图 6-51 所示的主链节和如图 6-52 所示的装刮板链节两种形式。各链节用销轴连接，销轴一端为 T 形头，另一端钻销孔。销轴装在链节上后，再插入开口销，以防销钉脱落。各链节上还设有销轴止转槽，使销轴和链节不产生相对转动，以避免销轴与销孔的磨损。链上的圆筒部分与链轮的轮齿相啮合，其表面及圆筒孔的表面硬度以及销轴表面的硬度对链条的使用寿命有很大影响。根据运转情况和试验表明，生活污水如 pH 值在 6.5～8 之间，链条的腐蚀损耗很小。链条的寿命主要取决于机械磨损。链节的磨损量以圆筒部分最大，圆筒孔与销轴的磨损量均较小。为合理使用，链节各部分的硬度可按表 6-25 所列的要求设计。

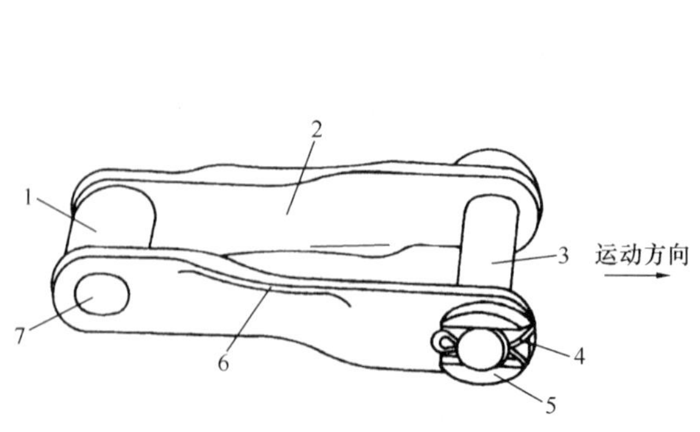

图 6-51　扁节链链节

1—圆筒；2—链板；3—销轴；4—开口销；5—止转动槽；6—耐磨靴；7—筒孔

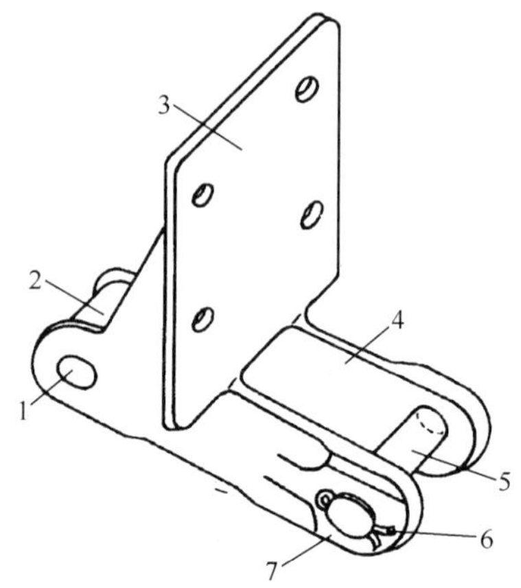

图 6-52　装刮板的扁节链链节

1—筒孔；2—圆筒；3—刮板座；4—链侧板；5—销轴；6—开口销；7—止转动凹槽

链节的硬度 表 6-25

部位名称	硬度（HB）	部位名称	硬度（HB）
链节本体	200～230	销轴表面	200～210
滚筒表面	≥415		

链节的制造一般为精密铸造一次成型，表面光洁度 6.3μm 以上。对于 pH 值在 6.5～8 的生活污水，链节的材料可用珠光体可锻铸铁、球墨铸铁或镍铬不锈钢，当 pH 值在 5 以下的酸性废水、氯离子含量为 3000mg/L 以上或硫化物含量较多的污水中应使用特制的热塑性工程塑料制的链节。

6.3.6 链轮、导向轮和轮轴的设计

链条的磨损程度除与链节选材及其表面硬度有关外，还与链节间相对转动的角度有关，即与链轮的齿数成反比。齿数过少，磨损加快，而齿数多，就会增大链轮的直径，不够经济。为了兼顾两种不同要求，链轮齿数以 11 齿为宜。同时，为延长链轮的使用寿命，还可利用扁节链节距较大的特点，在节圆直径不变的情况下，由链齿的节距间再增加一个链齿，如图 6-53 所示，增加后的齿数 n 可用式（6-40）计算：

$$n = 2N \pm 1 \tag{6-40}$$

式中 N——原链轮齿数。

由于设计的链轮齿数为单数，所以每回转两次才会重复到原来的啮合位置，实际上也等于是延长了一倍寿命。

链轮材料一般为球墨铸铁，齿面高频淬火，以提高耐磨性。齿面硬度与链节的圆筒表面相同。

导向轮用于支承链条或使链条换向，常做成双边凸缘的滚筒形式，如图 6-54 所示。使链节侧板的耐磨靴与滚筒筒面接触，以减少链节的圆筒磨损，延长链条的使用寿命。

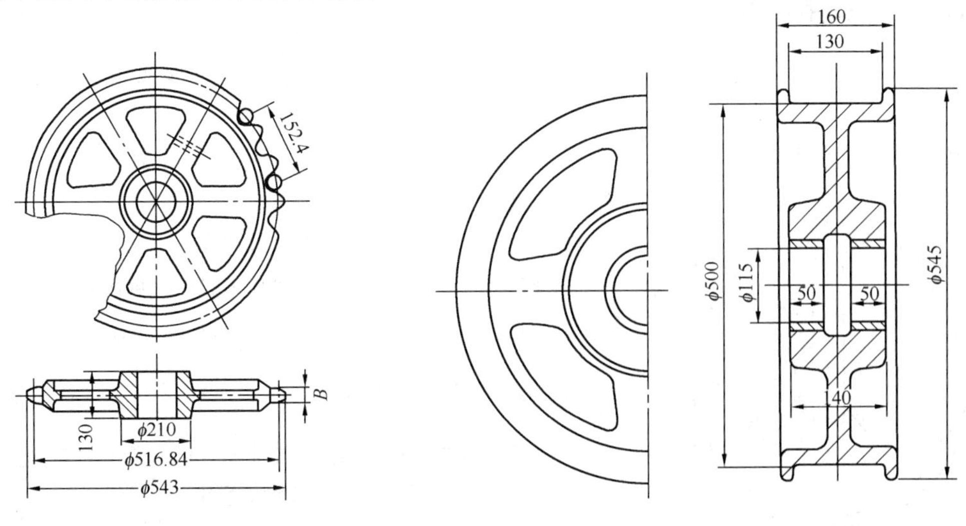

图 6-53 改进后的链轮　　图 6-54 导向滚轮

导向轮材料为球墨铸铁或珠光体可锻铸铁，滚筒表面的硬度为 HRC40～HRC45。

导轮轴可制成悬臂的形式，如图 6-55 所示，其轴承座固定在池壁的预埋铁板上。水下轴承可采用滑动轴承，轴衬材料常用 ZCuZn38Mn2Pb2，并用清水润滑。有关链轮张紧装置、安全销计算参见第 1 章机械格栅除污机。

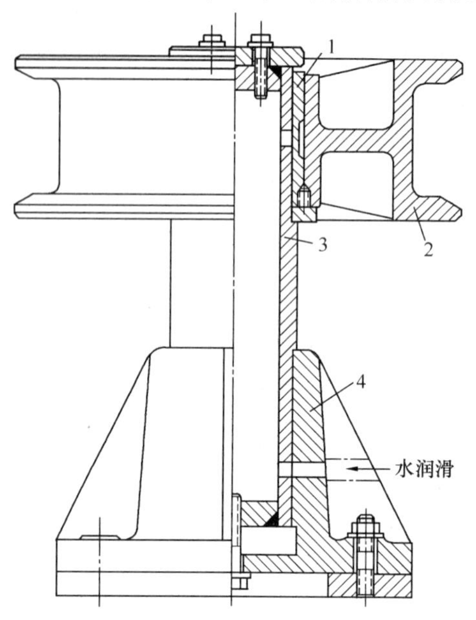

图 6-55　导轮轴结构

1—轴衬；2—导向轮；3—导轮轴；4—支座

6.4　螺 旋 排 泥 机

6.4.1　适用条件

螺旋排泥机是一种无挠性牵引的排泥设备，在输送过程中可对泥沙起搅拌和浓缩作用。

螺旋排泥机适用于中小型沉淀池、沉砂池（矩形和圆形）的排泥除砂。对各种斜管（板）沉淀池、沉砂池更为适宜。

螺旋排泥机可单独使用，也可与行车式刮泥机、链条刮泥机、钢丝绳水下牵引刮泥机配合使用。如图 6-56 和图 6-57 所示。

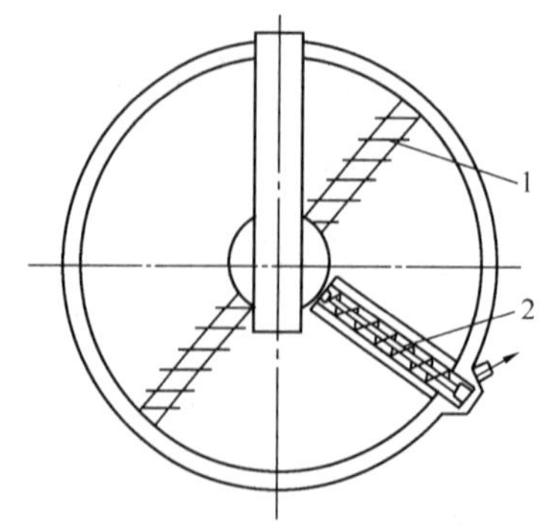

图 6-56　圆池用螺旋排泥机

1—刮泥机；2—螺旋排泥机

6.4.2　应用范围

（1）螺旋输送物料的有效流通断面较小，故适宜输送小颗粒泥沙，不宜输送大颗粒石块。

（2）不宜输送黏性大易结块的物体或细长织物等。

（3）水平布置时输送距离小于 20m，倾斜布置时输送距离小于 10m。

(4) 安装形式一般为水平布置；倾斜布置时，其倾角应小于30°。

(5) 工作环境温度应在－10～＋50℃范围。

(6) 工作制度，一般为连续工作，在一定条件下也可间断运行。

6.4.3 总体构成

6.4.3.1 螺旋排泥机形式及组成

螺旋排泥机常称作螺旋输送机，常用的形式为有轴式螺旋排泥机和无轴式螺旋排泥机两类。

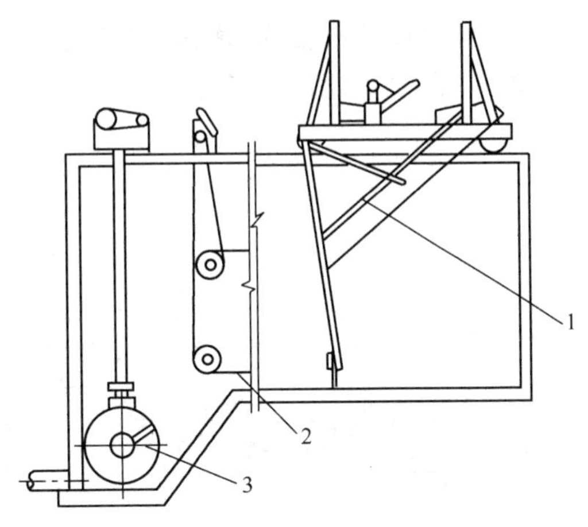

图 6-57 矩形池用螺旋排泥机
1—行车式刮泥机；2—链板式刮泥机；3—螺旋排泥机

(1) 有轴螺旋排泥机通常由螺旋轴、首轴承座、尾轴承座、悬挂轴承、穿墙密封装置、导槽、驱动装置等部件组成。

1) 螺旋轴：以空心轴上焊螺旋形叶片而成。

2) 轴承座：螺旋轴由首、尾轴承座和悬挂轴承支承。首轴承座安装在池外，悬挂轴承安装在水下，尾轴承座安装在水下或池外。

3) 穿墙密封装置：螺旋轴与池外的驱动装置连接时，需经过穿墙管，并采用填料密封。

4) 导槽：一般由钢板或钢板和混凝土制造，下半部呈半圆形，设有排泥口，倾斜布置时设有进泥口。

5) 驱动装置：由电动机、减速器、联轴器及皮带传动等部件组成。螺旋转速为定速。

(2) 无轴螺旋排泥机通常由无轴螺旋体、带凸缘的短轴、导槽（嵌入耐磨衬）、轴承函、驱动装置等部件组成。

1) 无轴螺旋体：为便于加工、安装和运输，无轴螺旋体通常由数段无轴螺旋焊接，并与其端部的传动凸缘焊成一个整体。

螺旋为单头，旋向应尽量制成使螺旋受拉的工况。当水平安装时，螺旋导程可较大，倾斜安装时则较小。

2) 导槽：是螺旋体的支承，并引导物料的输出。槽的形状有U形或管形，槽内壁嵌入耐磨衬瓦（条）。当应用于边输送、边沥水的场合，导槽卸水段应设置泄水孔，槽外加设排水罩。

3) 轴承函：无轴螺旋体在耐磨衬上旋转，依靠导槽支持，仅单侧设置轴承，承受螺旋运行时产生的径向荷载和轴向荷载。

4) 驱动装置由电动机、减速器、联轴器等组成，为使安装简便，对中容易，可采用轴装式减速器，直接与无轴螺旋体的凸缘端连接。

6.4.3.2 螺旋排泥机布置

(1) 水平布置：有轴螺旋和无轴螺旋均可水平安装，有轴螺旋通过穿墙管与驱动装置连接，螺旋叶片全长均接受泥沙，输送至排泥口排出。

水下设中间悬挂轴承的螺旋排泥机如图 6-58 所示，其输送距离长，但水下轴承维修不方便，中间轴承处较易堵塞。

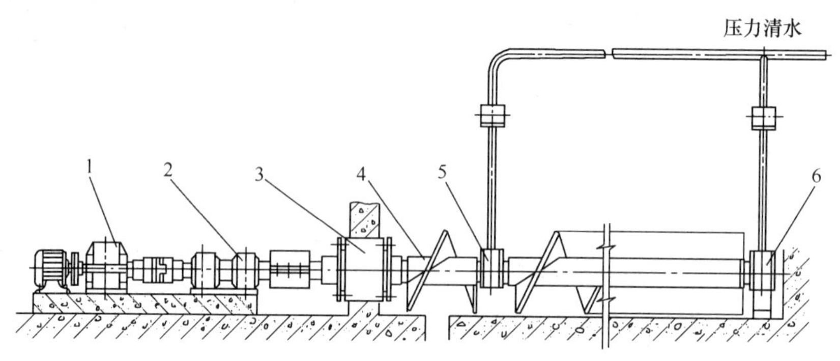

图 6-58　水平布置螺旋排泥机

1—驱动装置；2—首轴承座；3—穿墙管密封；4—螺旋轴；5—中间悬挂轴承；6—尾轴承座

水下无轴承的螺旋排泥机如图 6-59 所示，其输送距离较短，但因轴承均在池外，维修方便。

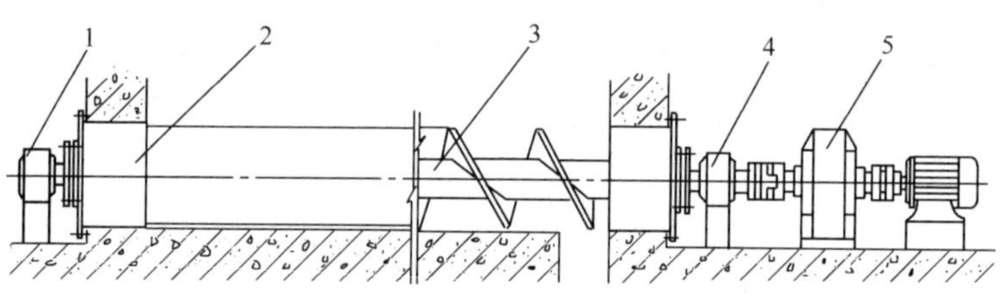

图 6-59　水下无轴承螺旋排泥机

1—尾轴承座；2—穿墙管密封；3—螺旋轴；4—首轴承座；5—驱动装置

（2）倾斜布置：有轴螺旋和无轴螺旋均可倾斜安装，泥砂经导槽由螺旋提升至排泥口排出，如图 6-60、图 6-61 所示。

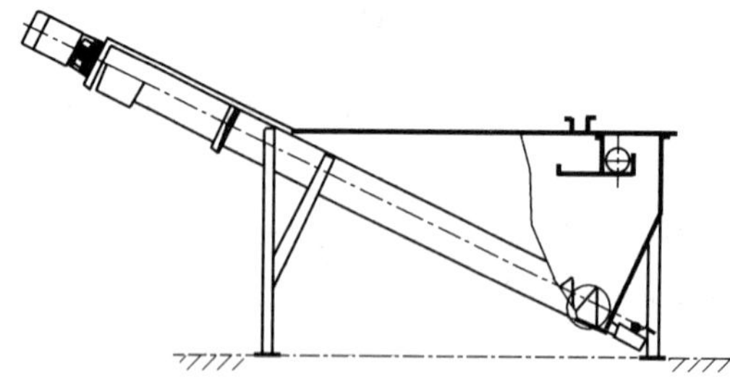

图 6-60　无轴螺旋式砂水分离器

（3）布置推力轴承和排泥口位置时，应考虑使螺旋轴受拉力。

6.4.4　设计计算

6.4.4.1　设计资料

（1）输送泥砂量，即含水的泥砂量。

（2）输送泥砂性质，包括粒度组成情况，表观密度和含水率。

（3）螺旋排泥机的布置形式。

（4）工作环境：环境温度，安装在室内或露天。

（5）工作制度。

6.4.4.2　螺旋各部尺寸

螺旋各部尺寸如图 6-62 所示。

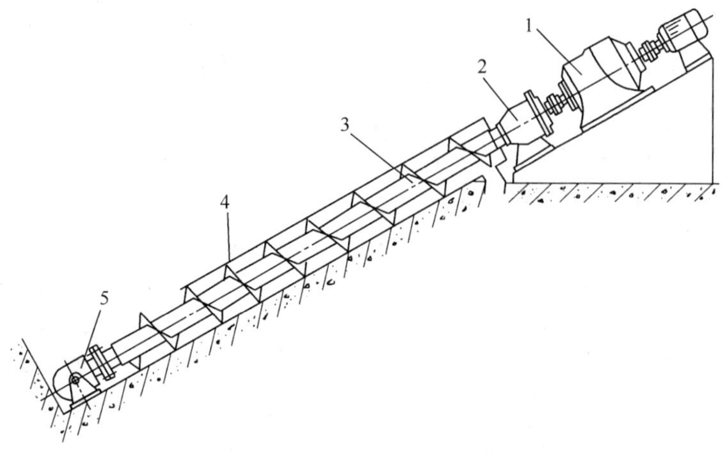

图 6-61 倾斜布置螺旋排泥机

1—驱动装置；2—首轴承座；3—螺旋轴；4—导槽；5—尾轴承座

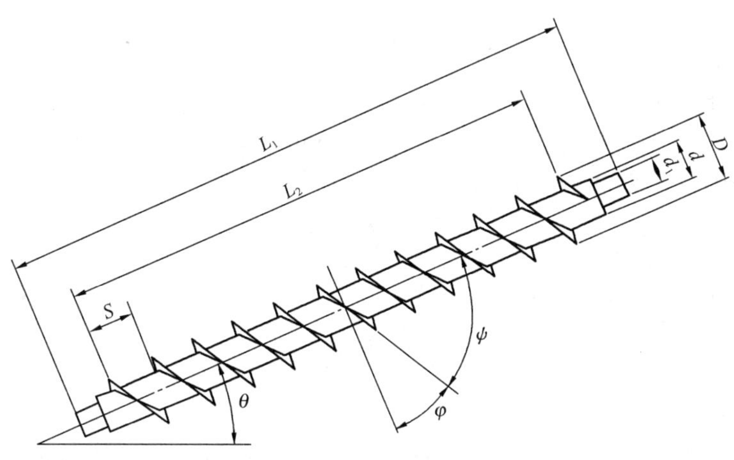

图 6-62 螺旋各部尺寸

L_1—螺旋轴长度；L_2—螺旋叶片长度；S—螺距；D—螺旋外径；d—螺旋轴直径；θ—螺旋倾角；φ—螺旋角；ψ—导程角；d_1—轴端直径

6.4.4.3 螺旋叶片与头数

(1) 螺旋叶片的面型：输送黏度小、粉状和小颗粒的泥砂，宜采用实体面型螺旋如图 6-63 所示。其结构简单，效率高，是常用的叶片形式。

(2) 实体面型叶片计算：实体面型螺旋展开图如图 6-64 所示。

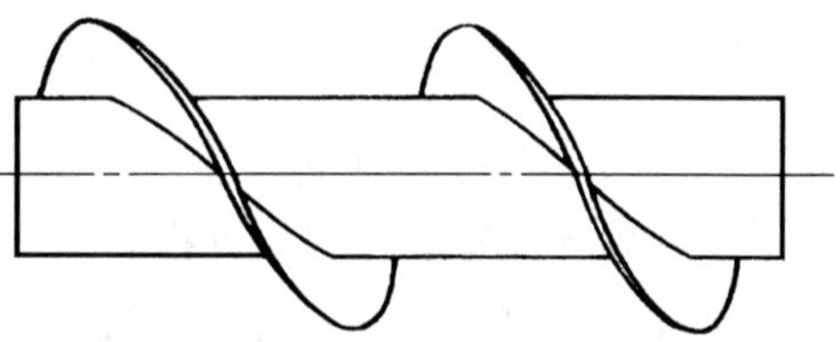

图 6-63 实体螺旋面

1) 已知尺寸：螺旋叶片外径 D、螺旋叶片内径 d、叶片高度 c、螺距 S。

2) 叶片计算：

① 螺旋叶片外周长：按式 (6-41) 为

$$l_1 = \sqrt{(\pi D)^2 + S^2}\ (\text{mm}) \qquad (6\text{-}41)$$

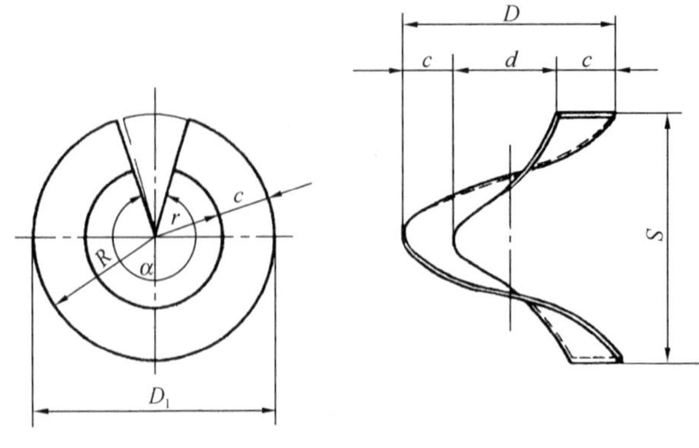

图 6-64　叶片展开图

D_1—叶片展开外径；r—叶片展开内圆半径；α—圆心角；R—叶片展开外圆半径；D—螺旋叶片外径；d—螺旋叶片内径；c—叶片高度；S—螺距

② 螺旋叶片内周长：按式(6-42)为

$$l_2=\sqrt{(\pi d)^2+S^2}(\mathrm{mm}) \tag{6-42}$$

式中　l_1——叶片外周长（mm）；

l_2——叶片内周长（mm）；

D——螺旋外径（mm）；

d——螺旋内径（mm）；

S——螺距（mm）。

③ 叶片展开外圆半径：按式(6-43)为

$$R=\frac{cl_1}{l_1-l_2}(\mathrm{mm}) \tag{6-43}$$

④ 叶片高度：按式（6-44）为

$$c=\frac{1}{2}(D-d)(\mathrm{mm}) \tag{6-44}$$

⑤ 叶片展开内圆半径：按式（6-45）为

$$r=R-c(\mathrm{mm}) \tag{6-45}$$

⑥ 叶片圆周角：按式（6-46）为

$$\alpha=\frac{180l_1}{\pi R}(^\circ) \tag{6-46}$$

⑦ 计算叶片数量：按式（6-47）为

$$n_0=\frac{L_2}{S}(\text{片}) \tag{6-47}$$

式中　L_2——螺旋叶片长度（mm）。

各叶片连接焊缝须错开，并为节省材料，常把每个叶片做成接近整圆（即圆心角 $\alpha\approx359^\circ$），折合为整圆的叶片数。其计算式（6-48）为

$$n_1=\frac{l_2}{S}\frac{\alpha}{359^\circ}(\text{片}) \tag{6-48}$$

式中　359°——整圆减去割开时切缝宽度；

n_1——折合整圆的叶片数（片）。

⑧ 每个整圆叶片的螺旋长度：按式（6-49）为

$$S_1=S\frac{359^\circ}{\alpha}(\mathrm{mm}) \tag{6-49}$$

式中　S_1——整圆叶片伸展螺旋长度（mm）。

(3) 螺旋叶片厚度：它随直径而异，一般为 5～10mm。

(4) 螺旋头数：一般常用单头螺旋。

(5) 螺旋旋向：有左旋和右旋，通常用右旋。

(6) 叶片尺寸调整：因螺旋外圆需要加工，所以螺旋外径要增大 3～6mm，作为加工裕量。而叶片内径焊接时需要调整，故叶片内径需增大 1～3mm，螺旋长度短或直径小时

取小值。

6.4.5 实体面型螺旋直径 D 计算

(1) 设置中间悬挂轴承：一般取 $\frac{d}{D}<0.3$，其螺旋轴径较小，可按式 (6-50) 计算：

$$D \geqslant k_z \sqrt[2.5]{\frac{Q}{k_\alpha k_\beta \gamma}}(\mathrm{m}) \tag{6-50}$$

式中 D——螺旋直径 (m)；

k_z——泥砂综合特性系数；对沉淀池泥砂，取 $k_z=0.07$；

k_α——填充系数，取 $k_\alpha=0.4$；

k_β——倾角系数，见表 6-26；

γ——含水泥砂表观密度 (t/m³)；

Q——输送含水泥砂量 (t/h)。

倾角系数 k_β　　表 6-26

倾斜角 β	0°	≤5°	≤10°	≤15°	≤20°	≤25°	≤30°
k_β	1.0	0.9	0.8	0.7	0.65	0.6	0.55

(2) 无中间悬挂轴承：

1) 当倾斜角度较大时，一般不设置中间悬挂轴承。如跨度大时，螺旋轴直径增大，同时也减小了螺旋的有效断面，影响输泥能力。因此，为保证足够的螺旋有效断面，必须先计算有效当量螺旋直径 D_0。其计算式 (6-51) 为

$$D_0 = k_z \sqrt[2.5]{\frac{Q}{k_\alpha k_\beta \gamma}}(\mathrm{m}) \tag{6-51}$$

式中 D_0——当量螺旋直径 (m)；

k_α——填充系数，取 $k_\alpha=0.5$；

k_z——综合特性系数，取 $k_z=0.07$；

k_β——螺旋倾角系数，见表 6-26；

γ——泥砂表观密度 (t/m³)；

Q——输送含水泥砂量 (t/h)。

2) 根据允许挠度计算出螺旋轴直径 d (不考虑叶片)。

3) 计算螺旋直径 D：按式 (6-52) 为

$$D=\sqrt{D_0^2+d^2}(\mathrm{m}) \tag{6-52}$$

式中 D——螺旋直径 (m)；

d——螺旋轴直径 (m)。

(3) 螺旋直径 D 与泥砂粒度关系：按式 (6-53) 表示：

$$D \geqslant (8 \sim 10)d_\mathrm{k}, \text{并 } c > 3d_\mathrm{k} \tag{6-53}$$

式中 d_k——泥砂等物料的最大尺寸 (mm)；

c——叶片高度 (mm)。

6.4.6 螺旋轴直径确定

（1）无中间悬挂轴承时，螺旋轴直径一般为 $\frac{d}{D}=0.35\sim0.7$，当螺旋轴跨度短或螺旋直径小时取小值，当螺旋轴跨度大时取大值。在满足输泥量的条件下，可适当增大轴径。

（2）按允许挠度校核轴径：

1）允许最大挠度：按式（6-54）为

$$[y]=\frac{L}{1500}(\mathrm{m}) \tag{6-54}$$

式中 $[y]$——允许最大挠度（m）；

L——螺旋轴最大跨度（m）。

2）螺旋轴自重产生的挠度 y 按式（6-55）计算：

$$y=\frac{5WL^3}{384EI}(\mathrm{m}) \tag{6-55}$$

式中 y——螺旋轴自重产生的挠度（m）；

W——螺旋轴重力和叶片重力及焊接叶片增加重力（按10%叶片重力）（N）；

L——螺旋轴最大跨度（m）；

E——材料弹性模量（Pa），碳钢为 206GPa＝206×10^9Pa；

I——螺旋轴的惯性矩（不包括叶片）（m^4）。

6.4.7 螺旋导程和螺旋节距

（1）螺旋导程与螺距关系：按式（6-56）表示：

$$S=\frac{\lambda}{\text{头数}}(\mathrm{m}) \tag{6-56}$$

式中 S——螺旋节距（m）；

λ——螺旋导程（m）。

（2）实体面型的螺距如下：

1）螺旋水平布置时，螺旋常采用 $S=(0.6\sim1)D$。

2）螺旋倾斜布置时，螺距为 $S=(0.6\sim0.8)D$，倾角大时取小值。

6.4.8 螺旋排泥机的倾角

螺旋排泥机一般采用水平布置形式，当倾斜布置时，输送能力随倾角增大而降低。一般螺旋倾角＜10°为宜；最大螺旋倾角≤30°。

6.4.9 螺旋转速

（1）螺旋转速 n 可按式（6-57）计算：

$$n=\frac{4Q}{60\pi D^2 Sk_\alpha k_\beta \gamma}(\mathrm{r/min}) \tag{6-57}$$

式中 Q——输送泥砂量（t/h）；

D——螺旋直径（m）；

S——螺距（m）；

k_α——填充系数，水平输送取 $k_\alpha=0.4$；倾斜输送取 $k_\alpha=0.5$；

k_β——倾角系数见表 6-26；

γ——泥砂表观密度（t/m^3）。

（2）螺旋排泥机的转速是随输送量、螺旋直径和输送泥砂的特性而变化的，其目的是保证在一定输送量的条件下，不使物料受切向力太大而抛起，以致不能向前运输，故最大转速应以泥砂不上浮为限。

螺旋的极限转速：可按式（6-58）计算

$$n_j=\frac{k_L}{\sqrt{D}}(\text{r/min}) \tag{6-58}$$

式中 n_j——螺旋的极限转速（r/min）；

k_L——物料特性系数，取 $k_L=30$；

D——螺旋直径（m）。

使 $n<n_j$ 时，螺旋排泥机的转速一般为 10～40r/min。螺旋直径大时，转速取小值；螺旋直径小时，转速取大值。当输送泥砂量较小，而计算的螺旋转速很低时，或在大倾角输送时，可适当提高螺旋转速。螺旋直径与转速关系见表 6-27。由于泥砂成分复杂，使用条件不同，可通过试验取得最佳转速。

螺旋直径与转速关系 **表 6-27**

螺旋直径(mm)	150	200	250	300	400	500
螺旋转速(r/min)	40～30	35～25	30～20	25～15	20～10	

6.4.10 螺旋功率

（1）螺旋排泥的轴功率计算：按式（6-59）为

$$N_0=kg\frac{Q(WL_h\pm H)}{3600}(\text{kW}) \tag{6-59}$$

式中 N_0——螺旋排泥的轴功率（kW）；

k——功率备用系数，取 $k=1.2$～1.4；

Q——输送泥砂量（t/h）；

L_h——螺旋工作长度的水平投影长度（m）；

H——螺旋工作长度的垂直投影高度（m）；

H 值在向上输送时取正号；向下输送时取负号；水平输送时取零；

W——泥砂阻力系数，输送物料的总阻力变化较大，对输送型砂、矿砂，$W=4$；对污水泥砂，由于成分复杂，阻力系数值 W 可适当增大；

g——重力加速度，$g=9.81\text{m/s}^2$。

（2）电动机功率计算：按式（6-60）为

$$N=\frac{N_0}{\eta}(\text{kW}) \tag{6-60}$$

式中 N——电动机额定功率（kW）；

η——驱动装置总效率。

6.4.11 螺旋轴和螺旋叶片

（1）螺旋轴一般用无缝钢管制造，壁厚为 4～15mm。轴上焊有叶片，两端焊接实心轴端，螺旋叶片与导槽间隙为 5～10mm。

（2）螺旋轴每段长度为 2～4m，各段螺旋轴用法兰或套筒将螺旋连成整体。轴上叶片采用实体螺旋面，用钢板制造。为了耐磨，选用优质钢或将叶片边缘部分淬火硬化。

6.4.12 轴承座

6.4.12.1 轴承座形式

按轴承座安装位置可分为：

（1）首轴承座。

（2）悬挂轴承座。

（3）尾轴承座。

按轴承座形式可分为：

（1）独立式。

（2）整体式。

按轴承种类可分为：

（1）滑动轴承座。

（2）滚动轴承座。

6.4.12.2 首轴承座要求和形式

（1）首轴承座要求如下：

1）为使螺旋轴处于受拉情况，首轴承座通常要承受螺旋轴的径向荷载和轴向荷载。

2）采用滚动轴承，当跨度大时轴承要考虑调心的可能。

3）首轴承座布置在池外，为便于检修，首轴承座可用上下剖分式。

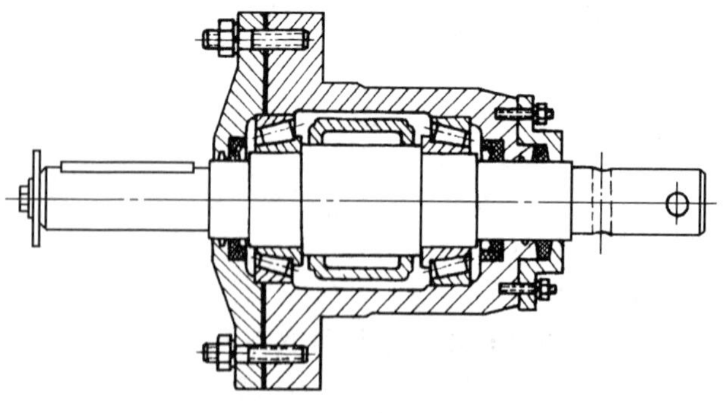

图 6-65 独立式首轴承座

（2）首轴承座形式：分为独立式和整体式两种：

1）独立式：如图 6-65 所示，轴承座为独立部件，两侧出轴，拆卸方便，但调整同心度麻烦。

2）整体式：如图 6-66 所示，螺旋轴与轴承座连为一体，同心度有保证，但设备长度短。

6.4.12.3 悬挂轴承要求

悬挂轴承要求如下：

（1）悬挂轴承长期在水下工作。为保证物料有效流通断面和减小螺旋中断距离，轴承宽度要窄，外形尺寸要小。轴承间距一般为 2～4m。当螺旋直径大时，间距可增大些。

（2）悬挂轴承一般采用滑动轴承，压力清水润滑，填料密封。如图 6-67、图 6-68 所示。选用滚动轴承时，用润滑脂润滑，橡胶油封。

(3) 轴套材料常采用铜合金、酚醛层压板、尼龙、聚四氟乙烯等材料。

6.4.12.4 尾轴承座要求、形式和密封方式

(1) 尾轴承座要求：

1) 尾轴承座布置在池外时，轴承可按一般机械考虑，采用滚动轴承。

2) 尾轴承座布置在水下时，由于泥砂磨损和污水腐蚀，检修又不方便，故必须有可靠的密封结构和润滑方式，并考虑拆卸方便。

(2) 尾轴承座形式：因螺旋轴自重和受力后产生挠度，所以尾轴承座为可调式或采用调心式轴承，如图 6-69、图 6-70 所示。

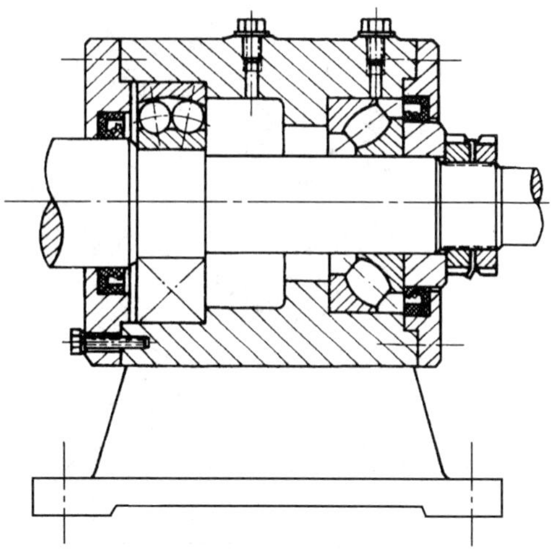

图 6-66 整体式首轴承座

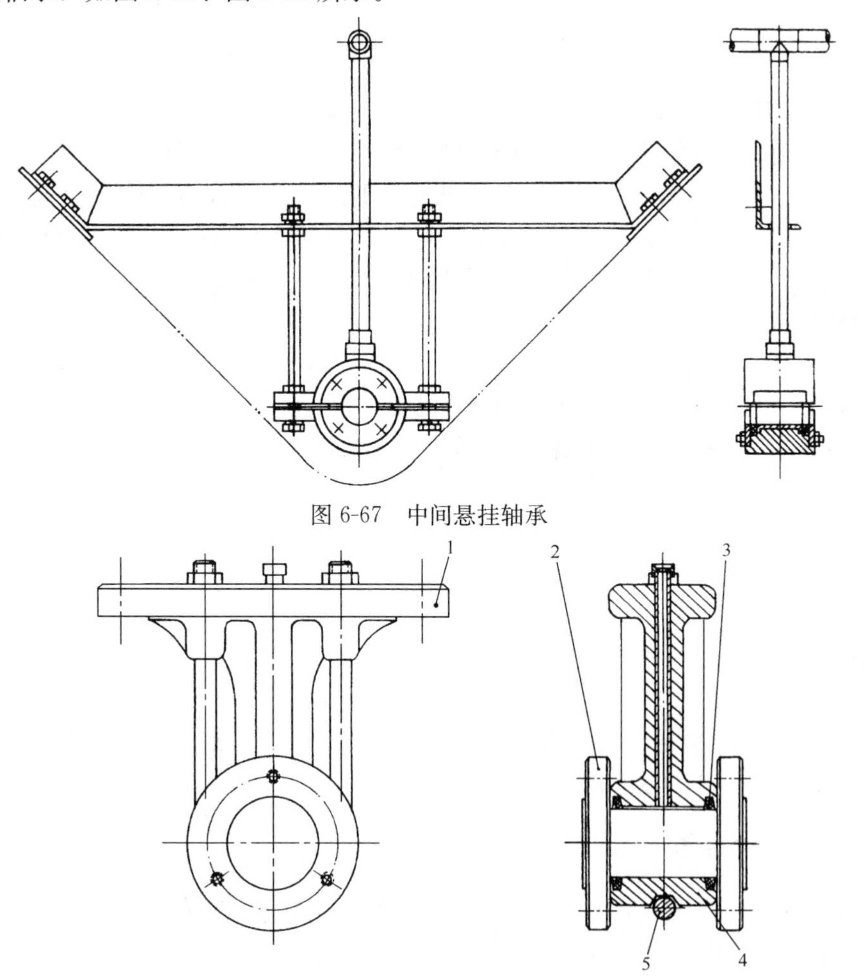

图 6-67 中间悬挂轴承

图 6-68 中间悬挂轴承

1—底座；2—连接轴；3—密封圈；4—瓦盖；5—U 型螺栓

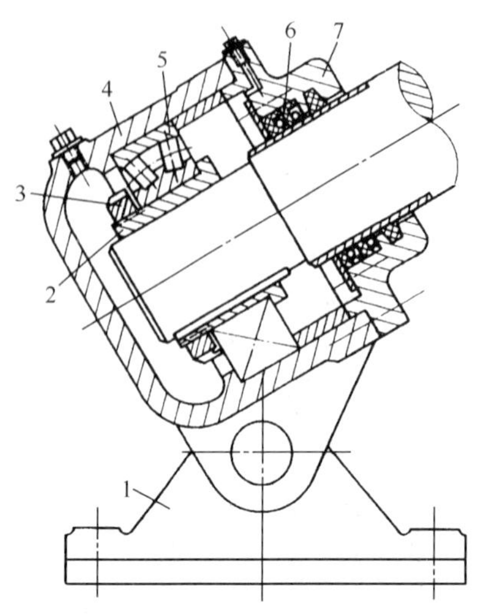

图 6-69　尾端滚动轴承座

1—机座；2—轴套；3—锁紧螺母；4—轴承座；5—轴承；6—密封圈；7—压盖

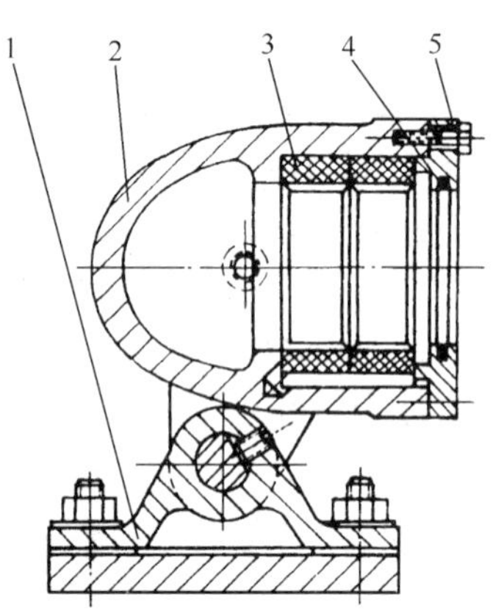

图 6-70　尾端滑动轴承座

1—机座；2—轴承座；3—滑动轴承；4—密封圈；5—压盖

(3) 尾轴承座密封方式：

1) 填料密封：用于清水润滑，如图 6-67、图 6-68 和图 6-70 所示。

2) 橡胶油封：多采用 J 形、U 形有骨架或无骨架橡胶油封，如图 6-66 所示。

3) 组合密封：为达到较好密封效果，常采用填料和橡胶油封的组合密封，或同时使用两个橡胶油封，如图 6-65、图 6-69 和图 6-73 所示。

4) 橡胶油封的要求：

① 唇口的过盈量，轴径小于 20mm 的取 1mm，轴径大于 20mm 的取 2mm。

② 弹簧的弹力按唇口对轴的压力而定，其值等于或大于被密封介质的压盖。

③ 弹簧装入皮碗后，弹簧本身应拉长 3%～4%。

(4) 润滑方式

1) 清水润滑：用于水下悬挂轴承和尾轴承，清水压力应高于池子水位压力 100～200mm 水柱，清水不能间断，清水由密封处流入池中。

2) 油润滑：

① 润滑油润滑：通常用油泵润滑，循环供油，油压略大于池水位的水柱高，并使用橡胶油封。

② 润滑脂润滑：将轴承盒内部充满润滑脂，并配合组合密封，使泥水不进入轴承。润滑脂应选用耐水性能好的润滑脂。

6.4.13　驱动装置

螺旋排泥机驱动装置：由电动机、减速器、联轴节以及皮带传动等部件组成。其布置形式有水平和倾斜两种：

(1) 水平布置的驱动装置，如图 6-71 所示。

(2) 倾斜布置的驱动装置，如图 6-72 所示。

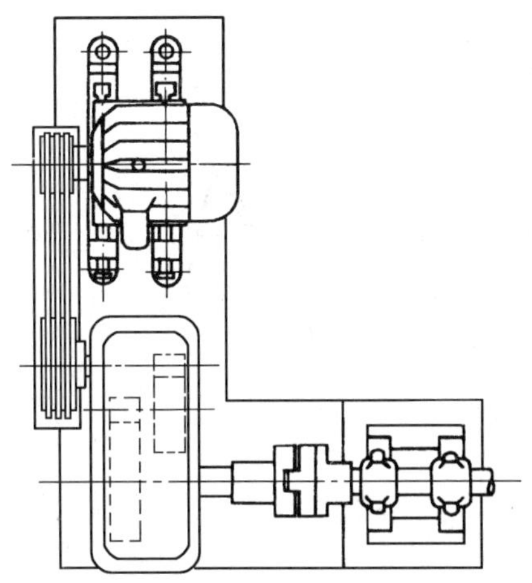
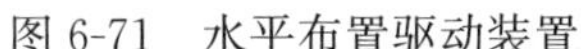

图 6-71 水平布置驱动装置

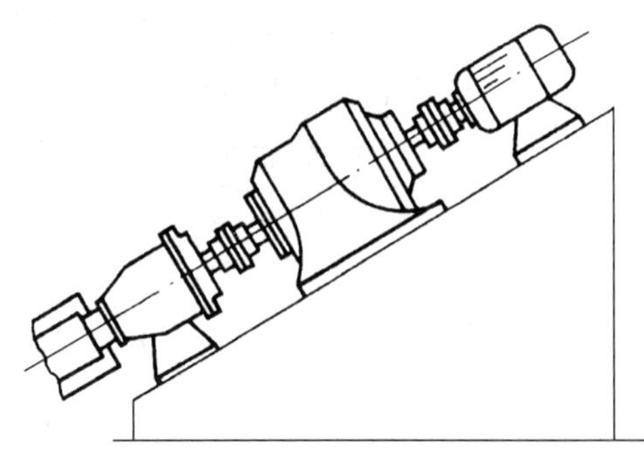

图 6-72 倾斜布置驱动装置

螺旋转速通常为定速，如有需要，也可采用变速。使用减速电动机可使布置更紧凑，常用的减速器有行星摆线针轮减速机和齿轮减速机。在倾斜布置时，要注意减速机的润滑是否可靠，否则应采取措施。

联轴节的选用要便于安装和拆卸，低速轴常采用夹壳联轴器和十字滑块联轴器。

6.4.14 穿墙密封和导槽

(1) 穿墙密封：由穿过池壁的钢管和填料密封装置组成。填料密封布置在池外，以便调节，并可不停池进行检修。

图 6-73 和图 6-74 为常用的两种穿墙密封装置（一）、（二）。

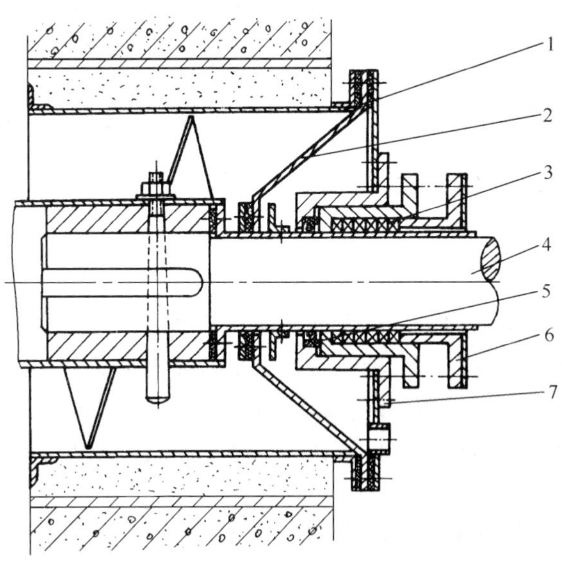

图 6-73 穿墙密封装置（一）

1—穿墙管；2—减压舱隔板；3—填料；4—螺旋轴；5—J 型橡胶密封；6—压盖；7—密封函

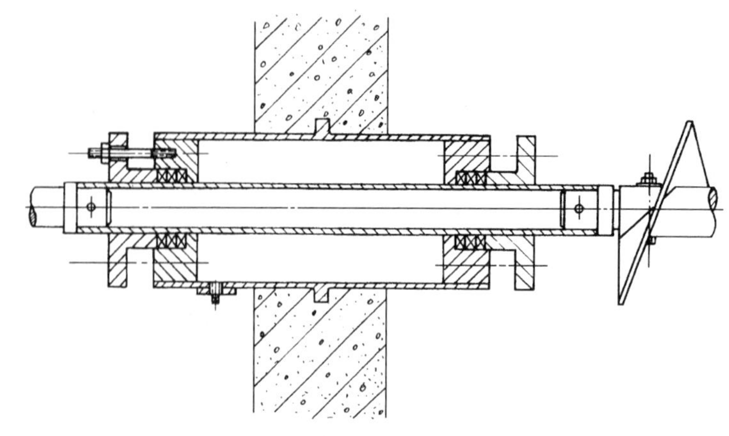

图 6-74　穿墙密封装置（二）

（2）导槽：由钢板或钢板和混凝土制造。导槽下半部呈半圆形，固定在池底上，导槽上半部为平板或半圆形，并可拆卸，在导槽上设有进泥口和排泥口。

导槽断面形状，用钢板制造的如图 6-75 所示，钢板和混凝土组合制造的如图 6-76 所示。

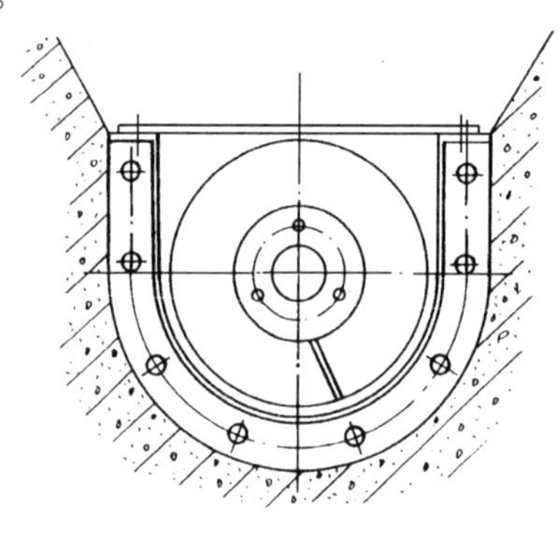

图 6-75　钢板导槽断面

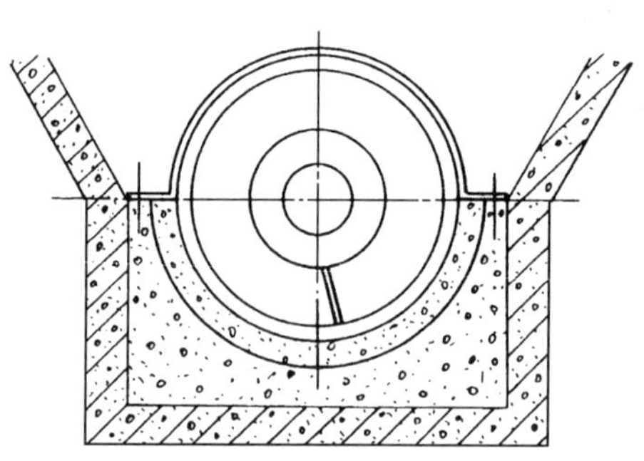

图 6-76　钢板和混凝土组合式导槽断面

6.4.15　制造、安装和运行

制造和管理要求如下：

（1）叶片与螺旋轴的焊接，要双面焊连续缝。

（2）焊接后螺旋外圆需金加工，以保证与两端轴径的同轴度。

（3）螺旋与各支承轴承应在同一轴线上，螺旋转动需灵活。空载试车时，悬挂轴承和尾轴承温升不应超过 20℃，否则应调整轴承位置。

（4）水下轴承采用清水润滑时，设备在启动前，应预注压力水预润，运转中严格禁止停水。

（5）泥砂堆积高度，当水平布置时以不超过螺旋顶部为宜；倾斜布置时泥砂也不得堆积过高。当泥砂堆积过高或堆积时间过长时，必须清池，待排除泥砂后，才允许开车。

6.4.16　计算实例

【例】　按下述数据设计螺旋排泥机

设计数据：

(1) 排泥砂量为 $Q=16.6\text{t/h}$；

(2) 泥砂表观密度为 $\gamma=1.06\text{t/m}^3$；

(3) 泥砂最大粒度<5mm；

(4) 螺旋轴最大跨度为 $L=9\text{m}$；

(5) 螺旋叶片工作长度为 $L_2=7.7\text{m}$；

(6) 螺旋倾斜布置，倾角为 $\beta=30°$；

(7) 螺旋排泥机连续工作；

(8) 驱动装置安装在室内。

【解】 (1) 螺旋参数选定

螺旋叶片面型：选用实体面型；

叶片头数选用单头；

螺旋节距为 $S=0.6D$；

叶片厚度为 5mm。

(2) 螺旋直径：

1) 确定有效当量螺旋直径：

$$D_0=k_z\sqrt[2.5]{\frac{Q}{k_\alpha k_\beta \gamma}}$$

式中 k_z——泥砂综合特性系数，取 $k_z=0.07$；

Q——排泥砂量，取 $Q=16.6\text{t/h}$；

k_α——泥砂填充系数，取 $k_\alpha=0.5$；

k_β——螺旋倾角系数，查表 6-26，$k_\beta=0.55$；

γ——泥砂表观密度，取 $\gamma=1.06\text{t/m}^3$。

则
$$D_0=0.07\sqrt[2.5]{\frac{16.6}{0.5\times0.55\times1.06}}=0.353\text{m}$$

2) 螺旋轴径：有效当量螺旋截面积为

$$A=\frac{\pi}{4}D_0^2=\frac{\pi}{4}\times0.353^2=0.098\text{m}^2$$

取 $\dfrac{d}{D}=0.6,\dfrac{\pi}{4}(1.67^2-1^2)d^2=A$

计算 $d=0.264\text{m}$。

考虑螺旋轴刚度和材料型号，选取无缝钢管，其外径为 273mm，厚为 8mm，每米的重力为 522.8N。

3) 计算螺旋直径 D：

$$D=\sqrt{D_0^2+d^2}=\sqrt{(0.353)^2+(0.273)^2}$$
$$=0.446\text{m，取 }D=450\text{mm}$$

(3) 验算螺旋轴挠度：

1) 螺旋轴重力 q_1：

$$q_1=522.8\times9=4705\text{N}$$

2）叶片与焊接重力：

螺旋节距：$S=0.6D=0.6\times450=270\text{mm}$

叶片展开：

螺旋外周长 l_1：

$$l_1=\sqrt{(\pi D)^2+S^2}=\sqrt{(\pi\times450)^2+(270)^2}=1439.3\text{mm}$$

螺旋内周长 l_2：

$$l_2=\sqrt{(\pi d)^2+S^2}=\sqrt{(\pi\times273)^2+(270)^2}=899\text{mm}$$

叶片高度 c：

$$c=\frac{1}{2}(D-d)=\frac{1}{2}(450-273)=88.5\text{mm}$$

叶片展开外圆半径 R：

$$R=\frac{cl_1}{l_1-l_2}=\frac{88.5\times1439.3}{1439.3-899}=235.8\text{mm}$$

叶片展开内圆半径 r：

$$r=R-c=235.8-88.5=147.3\text{mm}$$

叶片圆心角 α：

$$\alpha=\frac{180l_1}{\pi R}=\frac{180\times1439.3}{\pi\times235.8}=349.7^\circ$$

计算叶片片数 n_0：

$$n_0=\frac{L_2}{S}=\frac{7700}{270}=28.5\text{ 片}$$

叶片重力 q_2：

$$q_2=\frac{\pi}{4}(D_1^2-d_1^2)\delta n_0\gamma_1 g(\text{N})$$

式中　D_1——叶片展开后的外圆直径（m）；

d_1——叶片展开后的内圆直径（m）；

δ——叶片厚度（m）；

g——重力加速度（m/s^2），$g=9.81\text{m/s}^2$；

γ_1——叶片材料表观密度（kg/m^3），$\gamma_1=7800\text{kg/m}^3$。

则　　$q_2=\frac{\pi}{4}(0.47^2-0.295^2)\times0.006\times28.5\times7800\times9.81=1376\text{N}$

考虑焊接材料重力，增加叶片重力的10%，焊接材料重力为

$$q_3=1376\times0.1=138\text{N}$$

3）螺旋总重力 W：

$$W=q_1+q_2+q_3=4705+1422+138=6265\text{N}$$

4）螺旋轴许用挠度：

$$[y]=\frac{L}{1500}=\frac{900}{1500}=0.6\text{cm}$$

5）计算螺旋轴挠度：

$$y=\frac{5WL^3}{384EI}$$

式中　y——螺旋轴自重产生的挠度（cm）；

W——螺旋总重力，$W=6269\text{N}$；

L——螺旋轴跨度，$L=900\text{cm}=9\text{m}$；

E——材料弹性模量（Pa），碳钢 $E=206\text{GPa}=206\times10^{9}\text{Pa}$；

I——螺旋轴的惯性矩（m^4）（不包括叶片）。

$$I=\frac{\pi}{64}[d^4-(d-2b)^4]$$

式中 b——螺旋轴厚度（cm）。

则 $$I=\frac{\pi}{64}[27.3^4-(27.3-2\times0.8)^4]=5852\text{cm}^4$$

螺旋轴挠度：

$$y=\frac{5\times6265\times\cos30^{\circ}\times9^3}{384\times206\times10^9\times5852\times10^{-8}}=4.2\times10^{-3}\text{m}=0.42\text{cm}$$

因 $y<[y]$，故轴径 273mm 合适。

（4）螺旋转速：

螺旋转速 n：

$$n=\frac{4Q}{60\pi D^2Sk_\alpha k_\beta\gamma}$$

式中 n——螺旋的转速(r/min)；

Q——排泥砂量(t/h)，$Q=16.6\text{t/h}$；

D——螺旋直径(m)，$D=0.45\text{m}$；

k_β——倾角系数，查表 6-26，$k_\beta=0.55$；

γ——泥砂表观密度，$\gamma=1.06\text{t/m}^3$；

S——螺旋节距(m)，$S=0.27\text{m}$；

k_α——填充系数，$k_\alpha=0.5$。

则 $$n=\frac{4\times16.6}{60\pi\times0.45^2\times0.27\times0.5\times0.55\times1.06}=22.1\text{r/min}$$

取 $n=20\text{r/min}$。

螺旋的极限转速 n_j：

$$n_j=\frac{30}{\sqrt{D}}=\frac{30}{\sqrt{0.45}}=44.7\text{r/min}(n<n_j)$$

（5）功率计算：

1）螺旋轴所需功率：

$$N_0=kg\frac{Q(WL_\text{h}\pm H)}{3.6}$$

式中 N_0——螺旋轴所需功率(kW)；

k——功率备用系数，$k=1.3$；

Q——输送泥砂量(t/h)，$Q=16.6\text{t/h}$；

W——泥砂阻力系数，$W=4$；

L_h——螺旋工作长度的水平投影长度(m)，

$$L_\text{h}=L_2\cos30^{\circ}=7.7\times\cos30^{\circ}=6.7\text{m}$$

H——螺旋工作长度的垂直投影长度(m)，

$$H = L_2 \sin 30° = 7.7 \times \sin 30° = 3.85\text{m}$$

则
$$N_0 = 1.3 \times 9.81 \frac{16.6(4 \times 6.7 + 3.85)}{3600} = 1.8\text{kW}$$

2）电动机功率：

$$N = \frac{N_0}{\eta}$$

式中　N——电动机功率(kW)；

η——驱动装置总效率，取 $\eta=0.9$。

则
$$N = \frac{1.8}{0.9} = 2\text{kW}$$

选用电动机功率为 2.2kW 根据传动比和螺旋轴扭矩，确定电动机和减速器的型号和规格。

6.5　中心与周边传动排泥机

6.5.1　垂架式中心传动刮泥机

6.5.1.1　总体构成

图 6-77 为垂架式中心传动刮泥机总体布置。主要由驱动装置、中心支座、中心竖架、工作桥、刮臂桁架、刮泥板及撇渣机构等部件组成。在沉淀池的中心位置上设有兼作进水

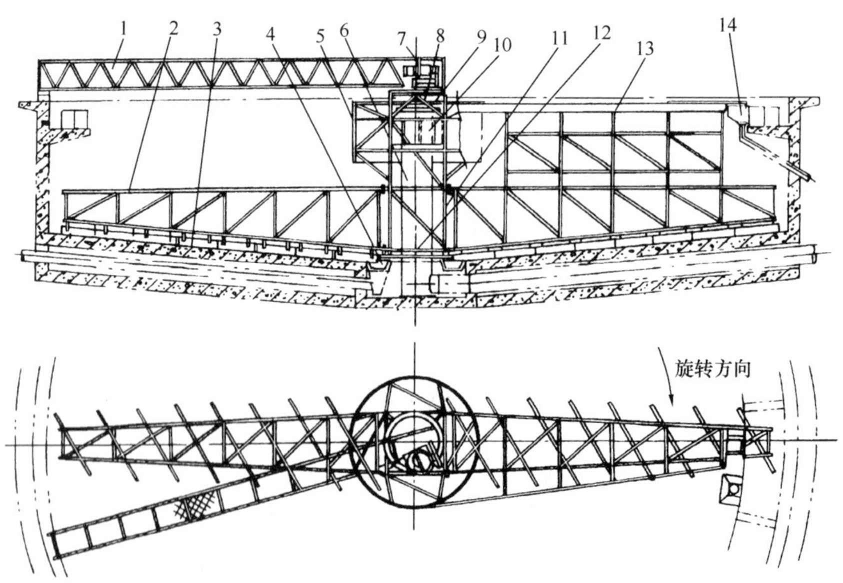

图 6-77　垂架式中心传动刮泥机

1—工作桥；2—刮臂；3—刮板；4—刮板；5—导流筒；6—中心进水管；7—摆线针轮减速机；8—蜗轮蜗杆减速器；9—滚动轴承式旋转支承；10—扩散筒；11—中心竖架；12—水下轴承；13—撇渣板；14—排渣斗

管道的立柱，柱管的下口与池底进水管衔接，上口封闭作为中心支座的平台，管壁四周开孔出水。柱管大多为钢筋混凝土结构，也有采用钢管制成。由于刮泥机的重量和旋转扭矩均由中心柱管承受，也叫做支柱式中心传动刮泥机。

原水（污水）由中心进水柱管流出，经中心配水筒布水后，沿径向以逐渐减小的流速向周边出流，污水中的悬浮物被分离而沉降于池底。然后由刮板刮集至集泥槽内，通过排泥管排出。

为了避免中心配水时的径向流速过高造成短路而影响沉淀的效果，一般在中心进水配水管外设置导流筒改变出水流向，导流筒的水平截面积为水池横截面的3%。池径大于21m时，还需在中心进水柱管的出水口外周加置扩散筒，使出水在导流筒内先形成水平切向流，然后再变成缓慢下降的旋流。图6-78为扩散筒的结构，如图所示，扩散管为中心柱管的同心套筒，扩散筒的环面积略大于中心柱管的断面积，筒体高度比中心柱管的矩形出水口长度长出100mm，筒体下端为封板，封板的位置略低于中心柱管的出流口，然后在扩散筒体上相应开设8个纵向长槽口，沿槽口设置导流板，使原水（污水）从扩散筒流出后，沿切线方向旋流，以此改善沉淀效果。

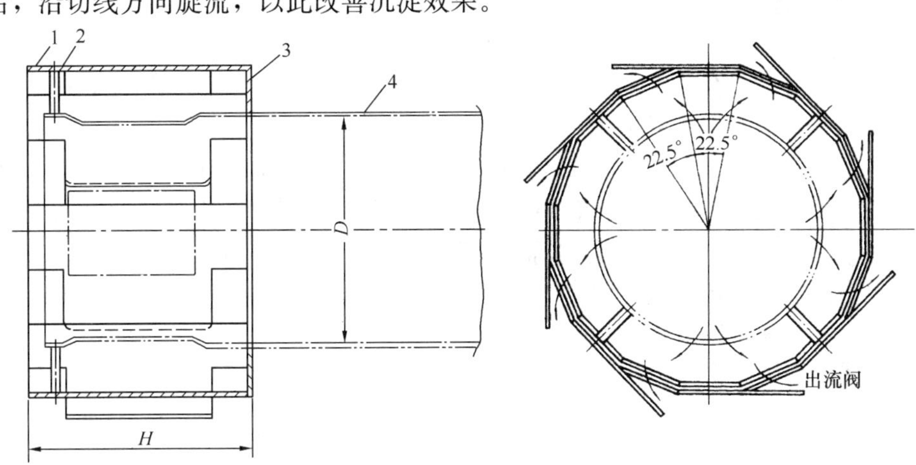

图6-78 扩散筒

1—扩散筒；2—支撑；3—封板；4—进水柱管

6.5.1.2 驱动机构

垂架式中心传动刮泥机的适用范围较大，池径的变化可从14～60m。由于刮泥机主轴的转速取决于刮板外缘的线速，因此，驱动机构的速比随池径的增大而增大，如以电动机转速为1440r/min及刮板外缘线速为3m/min计算，总减速比为21000～90500，一般需要采用多级减速的传动方式。而且，在恒功率条件下刮泥机的扭矩与转速成反比例的关系，因而对各传动件的强度计算一定要重视。常用的驱动形式大致有以下两种：

第一种形式如图6-79所示。结构比较简单，适用于池径为14～20m。主要由户外式电动机直联的立式二级摆线减速机、联轴器、齿轮及带外齿圈的滚动轴承式旋转支承等组成。为了防止扭矩过载，在链条联轴器上设置安全销保护。安全销的材料为35号钢，硬度为HRC40～HRC45。该机的工作桥为半桥式钢结构，桥脚的一端架在池壁顶上，另一端固定在中心主柱的平台上，图6-80为工作桥结构。立式摆线减速机安装在工作桥上，将带外齿圈的滚动轴承式旋转支承安装在中心支柱的平台上，使减速机出轴的小齿轮与外

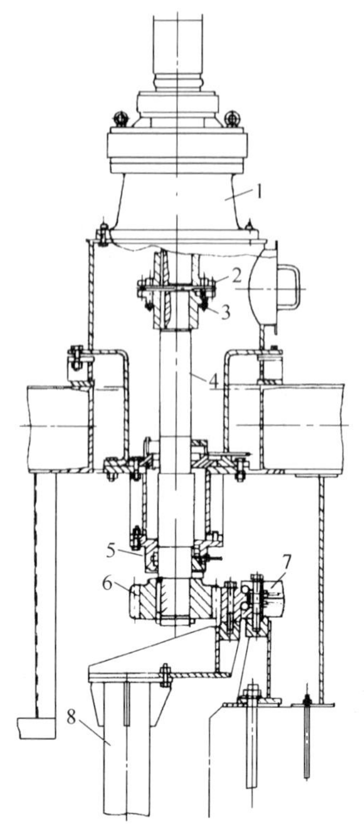

图 6-79　外啮合式传动

1—摆线减速机；2—链条联轴器；3—安全销；4—传动轴；5—轴承座；6—小齿轮；7—外啮合滚动轴承式旋转支承；8—中心旋转竖架

齿圈保持啮合位置。通过传动，连接在外齿圈上的中心旋转竖架就随外齿圈一起旋转。图 6-81 为滚动轴承式旋转支承结构。

第二种形式如图 6-82 所示，由户外式电动机直联的卧式二级摆线减速机、链轮链条、蜗轮减速器、带内齿圈的滚动轴承式旋转支承等依次传递扭矩，使悬挂在内齿圈上的中心竖架相应旋转。

为防止扭矩过载，在蜗轮减速器的蜗杆端部设置压簧式过力矩保护装置如图 6-83 所示。同时，在主动链轮上设置安全销保护如图 6-84 所示。

池上须架设工作桥，工作桥的一端固定在中心驱动机构的机座上，另一端架在沉淀池的池壁顶上。工作桥仅作为检修管理的通道，不安装机械设备。图 6-85 为工作桥结构。

6.5.1.3　驱动功率的确定

(1) 辐流式沉淀池的刮泥功率，常用下列三种公式计算：

1) 第一种计算公式：按刮泥时作用在刮臂上的扭矩 M_n（N·m）计算。按式（6-61）、式（6-62）为

对称双刮臂式：$M_n = 0.25D^2K$（N·m）　　(6-61)

垂直四刮臂式（长、短臂各一组，短臂长度为长臂的 1/3）：

$$M_n = 0.25\left[D^2 + \left(\frac{D}{3}\right)^2\right]K\text{(N·m)} \qquad (6\text{-}62)$$

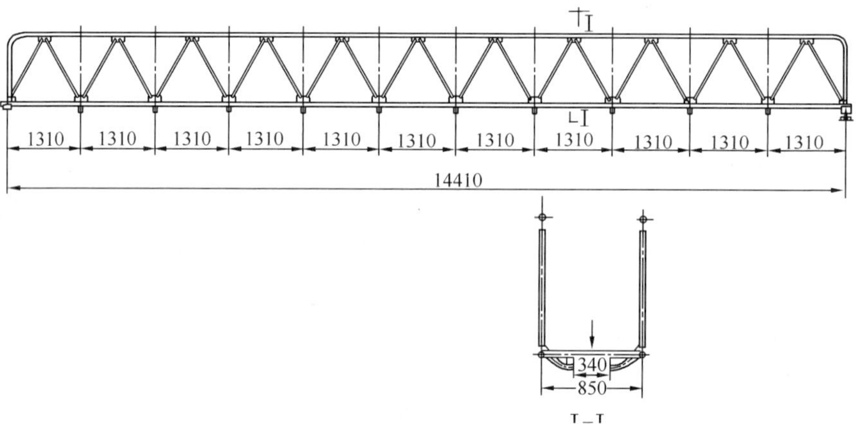

图 6-80　工作桥

式中　D——刮板的外缘直径(m)；

K——荷载系数(N/m)，按表 6-28 选取。

刮泥功率：按式（6-63）为

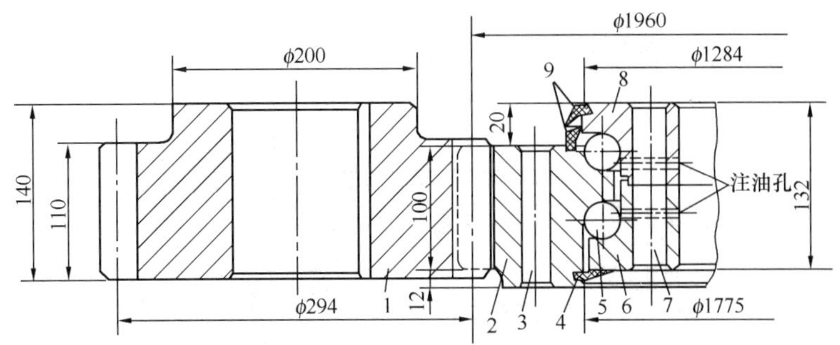

图 6-81 外啮合式滚动轴承支座

1—小齿轮；2—外齿圈；3—螺栓孔；4—下密封圈；5—钢球；6—下滚圈；7—螺栓孔；8—上滚圈；9—上密封圈

$$N_1 = \frac{M_n n}{9550}(\mathrm{kW}) \quad (6\text{-}63)$$

式中 n——刮臂的转速(r/min)。

表 6-28 为中心传动刮泥机在不同的刮泥直径及不同荷载系数条件下的驱动转矩计算结果。

2）第二种计算公式：根据刮板每刮泥一周所消耗的动力来确定。

每小时的积泥量 Q_ξ 为

$$Q_\xi = Q_{干}\frac{100}{100-\xi}(\mathrm{m^3/h})$$

式中 Q_ξ——含水率 ξ 的污泥量（$\mathrm{m^3/h}$）；

$Q_{干}$——干污泥量（$\mathrm{m^3/h}$）。

假设水池直径为 D（m），刮板外缘线速度为 n（m/min），则转动一周所需的时间 t 为

$$t = \frac{\pi D}{n \times 60}(\mathrm{h})$$

在 t 小时内的积泥量 Q_t（即每转一周的刮泥量）为

$$Q_t = Q_\xi t(\mathrm{m^3})$$

刮泥时的阻力 P 为

$$P = gQ_t\mu\gamma \times 1000(\mathrm{N})$$

式中 μ——污泥与池底的摩擦系数见式（6-23）；

γ——污泥表观密度 $1.03\mathrm{t/m^3}$；

g——重力加速度（$\mathrm{m/s^2}$），$g=9.81\mathrm{m/s^2}$。

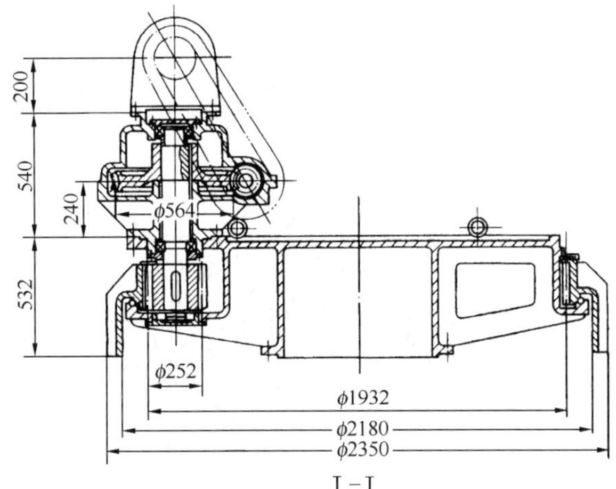

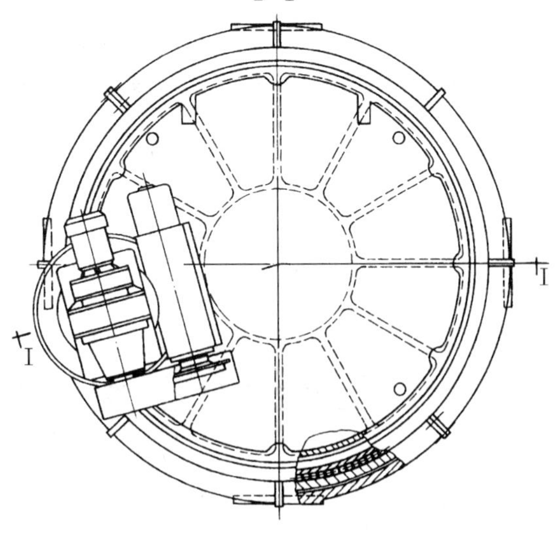

图 6-82 内啮合式滚动轴承支座

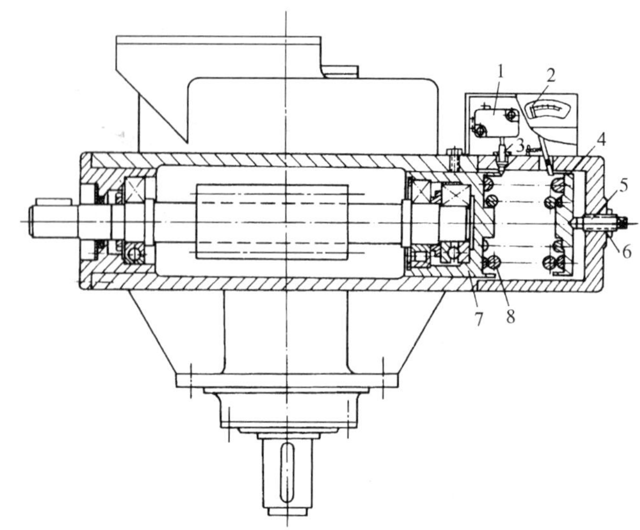

图 6-83 压簧式过力矩保护装置
1—行程开关；2—压簧张力指示针；3—顶杆；4—压簧座；5—调整螺杆；6—锁紧螺母；7—压簧座；8—压簧

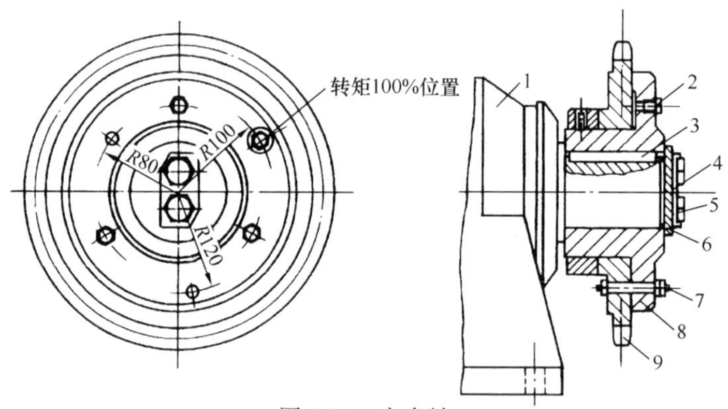

图 6-84 安全销
1—减速器；2—油杯；3—平键；4—止推垫圈；5—螺钉；6—挡圈；7—安全销；8—链轮壳；9—链轮

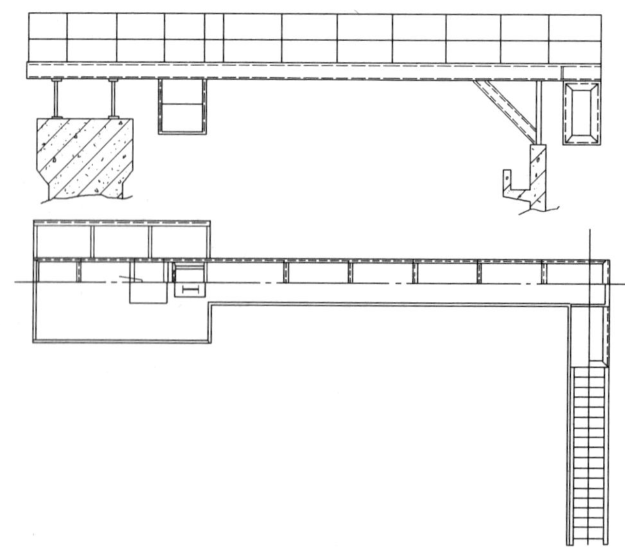
图 6-85 工作桥结构

中心传动刮泥驱动转矩计算 表 6-28

序号	刮臂直径 $D-1$(m)		$D/(D-1)$	20/19	25/24	30/29	35/34	40/39	45/44	50/49	55/54	60/59	臂端线速度	池底坡度 $1/i$
	计算公式			$M_n=0.25(D-1)^2K$			$M_n=0.25[(D-1)^2+\left(\frac{D-1}{3}\right)^2]K$							
	污泥种类	污泥性质	荷载系数 K(N/m)	驱动转矩 M_n(N·m)									(m/min)	
1	水力分离	(1) 翻砂厂级砂砾	745	67236	107280	156636	217416	285708	363312	450228	546458	651999	4.6～6.1	—
		(2) 轧钢厂铁屑	1044	94221	150336	219501	304674	400374	509124	630924	765774	913674	3.05～4.6	—
2	自然沉降	初沉池污泥	194	17509	27936	40789	56616	74399	94607	117241	142299	169782	3.05～3.66	1∶12～5∶48
3	石灰混凝	(1) 初次固体沉淀	447	40342	64368	93982	130450	171425	217987	270137	327875	391200	3.05～4.6	1∶12～1∶8
		(2) 三级处理	224	20216	32256	47096	65371	85904	109237	135371	164304	196037	3.05～3.66	1∶8～1∶6
4	自然沉降	二次生化污泥(吸泥)	119	10740	17136	25020	34728	45637	58032	71916	87287	104145	3.66～5.49	平底
5	铝(铁)	(1) 低浊度沉淀	89	8032	12816	18712	25973	34132	43402	53786	65282	77890	3.05～3.66	1∶16
	矾混凝	(2) 三级处理	104	9386	14976	21866	30351	39884	50717	62851	76284	91017	1.83～2.44	1∶12
6	沉　降	石灰软化(冷)	224	20216	32256	47096	65371	85904	109237	135371	164304	196037	3.05～3.66	1∶8
7	浓　缩	烟灰	1193	107668	171792	250828	348157	457516	581786	720970	875066	1044074	2.44～3.05	5∶24～1∶4
8	浓　缩	氧气顶吹炉灰	1044	94221	150336	219501	304674	400374	509124	630924	765774	913674	2.44～3.05	5∶24～1∶4
9	自然沉降	轧钢废水	1044	94221	150336	219501	304674	400374	509124	630924	765774	913674	2.13～2.44	1∶4
10	混凝沉降	轧机杂粒	522	47111	75168	109751	152337	200187	254562	315462	382887	456837	2.13～2.44	1∶6～5∶24
11	浓　缩	纸浆粕	596	53789	85824	125309	173933	228566	290649	360183	437166	521599	3.05～3.66	5∶24
12	沉　降	纸厂"白液"	373	33663	53712	78423	108854	143046	181900	225416	273596	326437	3.05～3.66	1∶6
13	再浓缩	(1) 石灰污泥	596	53789	85824	125309	173933	228566	290649	360183	437166	521599	3.05	5∶24～1∶4
		(2) 初沉池污泥	895	80774	128880	188174	261191	343233	436462	540878	656483	783274	3.05～3.66	5∶24～1∶4
		(3) 高炉尾气、氧气顶吹炉	1491	134563	214704	313483	435124	571799	727111	901061	1093649	1304874	2.13～2.44	1∶4～7∶24

刮泥功率 N_1：按式（6-64）为

$$N_1 = \frac{Pv}{60000}(\mathrm{kW}) \tag{6-64}$$

式中 v——刮板线速度（m/min）$\left(可考虑在池径的\frac{2}{3}处的速度\right)$。

3）第三种计算公式：根据刮板每转一周克服泥砂与池底以及泥砂与刮板的摩擦所做的总功率确定。驱动功的计算公式（6-65）为

$$A = A_1 + A_2 = P_1S_1 + P_2S_2(\mathrm{N \cdot m}) \tag{6-65}$$

式中 A_1——刮泥一周刮板克服污泥与池底摩擦所做的功（N·m），$A_1 = P_1S_1$；

P_1——污泥与混凝土池底的摩擦力（N），

$$P_1 = 1000Q_{周}\mu_2\gamma g(\mathrm{N})$$

$$Q_{周} = Q_{干}\frac{t}{60}(\mathrm{m^3/周})$$

其中 t——刮臂旋转一周所需的时间（min）；

$Q_{干}$——每小时沉淀的干泥量（$\mathrm{m^3/h}$）；

S_1——污泥沿池底行走的路程（m），

$$S_1 = \frac{R_P}{\cos\phi_2}$$

其中 R_P——刮臂旋转半径（m）（见图 6-86），

$$R_P = R\cos\alpha$$

式中 R——刮臂长度（m）；

α——池底坡角（°）；

ϕ_2——污泥运动的方向与刮臂的夹角（°），

$$\phi_2 = 90 - (\phi_1 + \rho)$$

其中 ϕ_1——刮板的安装角（°）；

ρ——污泥与池底的摩擦角（°），

$$\rho = \arctan\mu_2$$

其中 μ_2——污泥与池底的摩擦系数；

A_2——污泥与刮板摩擦所做的功（N·m），

$$A_2 = P_2S_2 = P_1\mu_1(R - R_1)$$

其中 P_2——污泥与刮板的摩擦力（N），

$$P_2 = P_1\mu_1 \times \cos\phi_1$$

其中 μ_1——污泥与刮板的摩擦系数（与 μ_2 相同）；

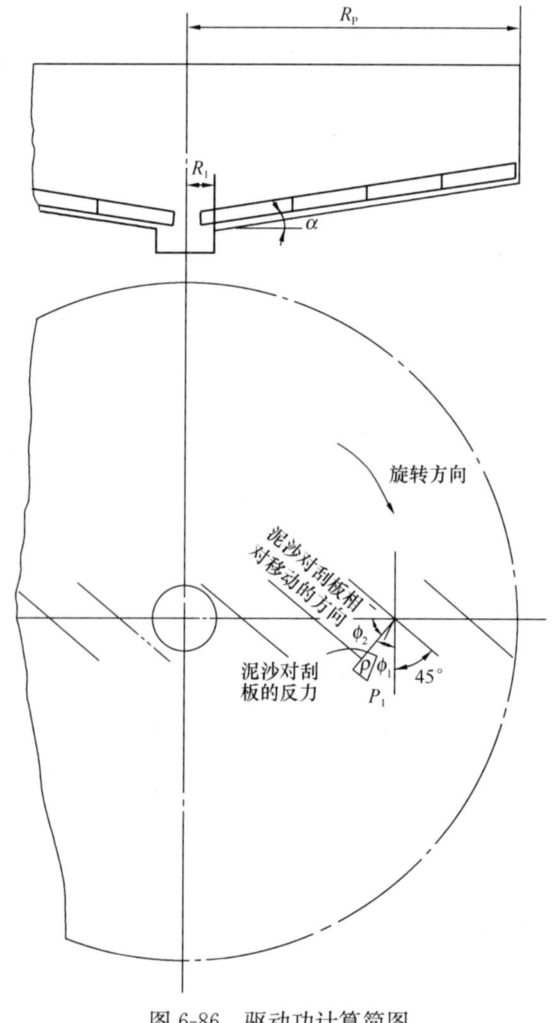

图 6-86 驱动功计算简图

S_2——污泥沿刮板移动的距离，对于直线形排泥的刮板为

$$S_2 = \frac{R - R_1}{\cos\phi_1}(\text{m})$$

对于对数螺旋形刮板为

$$S_2 = \frac{\sqrt{1 + K^2}}{K}(R - R_1)(\text{m})$$

式中 K——常数，$K = \cot\left(45° + \frac{\phi_2}{2}\right)$。

驱动功率的计算：按式（6-66）为

$$N_1 = \frac{A}{60000t} = \frac{A_1 + A_2}{60000t}(\text{kW}) \quad (6\text{-}66)$$

式中 t——刮泥一周所需的时间（min）。

（2）辐流式沉淀池（圆池）的刮泥功率计算公式的比较：上述三种公式都有应用，对于污水处理的初次沉淀池、二次沉淀池刮泥，可选用第一种公式。对于积泥量较多而且大部分沉降于池周的机械搅拌澄清池刮泥，应用第三种公式较为适宜。表 6-29 为上述三种公式的比较。

圆池刮泥的功率计算公式比较　　表 6-29

种别	计算公式	比较
1	$M_n = 0.25D^2K$ (N·m) $N_l = \frac{M_n n}{9550}$ (kW)	（1）荷载系数由污泥的性质确定 （2）公式中对刮板外缘线速、池底斜度等都作了限定 （3）驱动转矩按双臂的扭矩计 （4）刮板高度一般为 254mm
2	$p = Q_t\mu\gamma 1000g$ (N) $N_l = \frac{pv}{60000}$ (kW)	（1）刮泥阻力由污泥量的多少及污泥对池底的摩擦系数确定 （2）刮泥的速度按圆池直径的 2/3 处的刮板线速计算
3	$A = A_1 + A_2$ (N·m) $N_l = \frac{Q}{60000t}$ (kW)	（1）按刮泥的阻力及泥砂行走的距离所做的功来确定 （2）公式中也考虑了泥浆对刮板在相对滑动时所做的功 （3）为简化计算，不考虑池底坡度产生的下滑力

（3）中心传动刮泥机的滚动摩擦功率计算：中心传动刮泥机的阻力计算，除刮泥阻力外，尚有转动部件的总重量（即竖向荷载）在中心旋转支承上的滚动摩擦阻力，图 6-87 为滚动摩擦的计算简图。

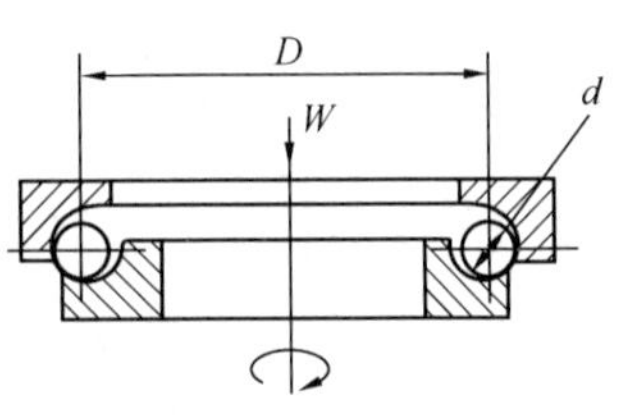

图 6-87　滚动阻力计算

$$P = \frac{W}{d}2Kn(\text{N}) \quad (6\text{-}67)$$

式中 W——旋转钢架结构、刮臂、刮板等重力（N）；

d——滚动轴承的钢球直径（cm）；

K——滚动轴承摩擦力臂（cm）；

n——荷载系数，一般取3。

$$N_2 = \frac{pv}{60000}(\text{kW}) \tag{6-68}$$

式中 v——滚动轴承式旋转支承的中心圆（滚道平均直径）圆周速度（m/min）。

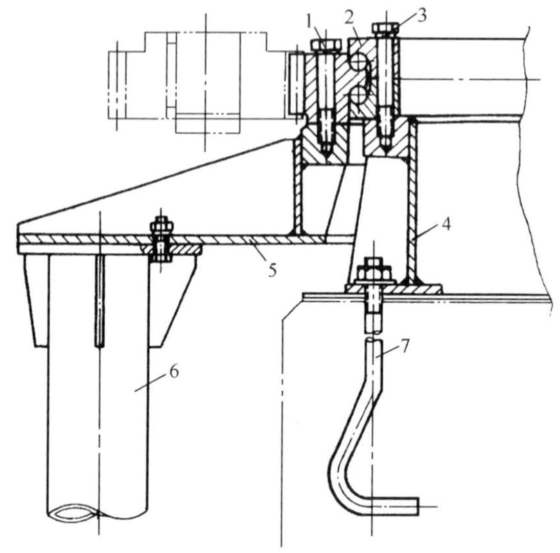

图6-88 中心传动竖架与外齿圈连接的结构
1—螺钉；2—滚动轴承式旋转支承；3—螺钉；4—固定基座；5—旋转支座；6—中心传动竖架；7—基础螺栓

（4）驱动功率计算：驱动功率，按式（6-69）确定：

$$N = \frac{N_1 + N_2}{\Sigma\eta}(\text{kW}) \tag{6-69}$$

式中 $\Sigma\eta$——机械总效率（%）。

6.5.1.4 中心传动竖架及水下轴瓦

（1）中心传动竖架：是垂架式中心传动刮泥机传递扭矩的主要部件之一。竖架的上端连接在旋转支承的齿圈上，竖架的下端两侧装有对称的刮臂，并设有滑动轴承作径向支承，刮板固定在刮泥架底弦。图6-88为竖架与外齿圈连接的构造。图6-89为竖架与内齿圈连接的构造。

由于刮泥机的转速非常缓慢，中心传动竖架传递的扭矩较大（例如直径30m的初沉池刮泥机扭矩达40790N·m）。考虑到安装上的方便，中心传动竖架一般设计成横截面为正方形的框架结构。

（2）水下轴承支承：中心传动竖架为一垂挂式桁架，为保持旋转时的平稳，在垂架的

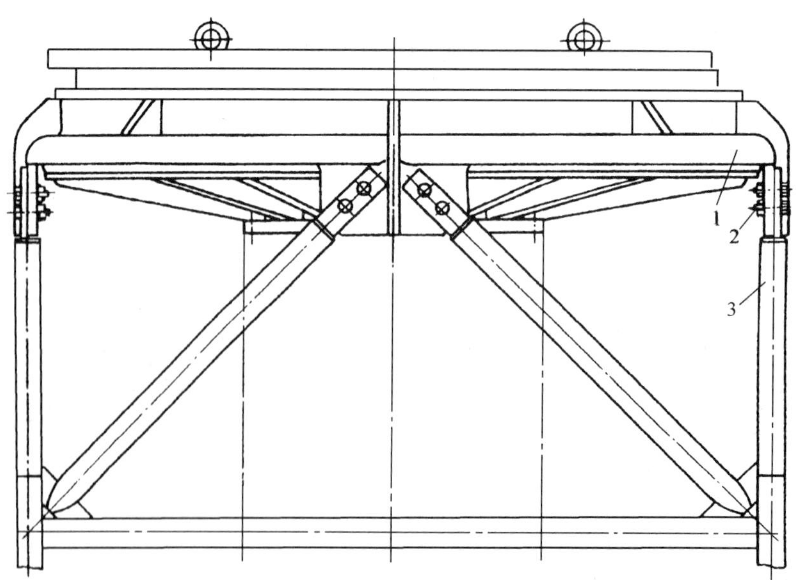

图6-89 中心传动竖架与内齿圈连接的结构
1—内齿圈；2—连接螺栓；3—中心传动竖架

下端安装 4 个轴瓦式滑动轴承，沿中心进水柱管外圆的环圈上滑动，以保证中心传动竖架的传动精度。图 6-90 为水下轴瓦的结构及传动竖架横截面。

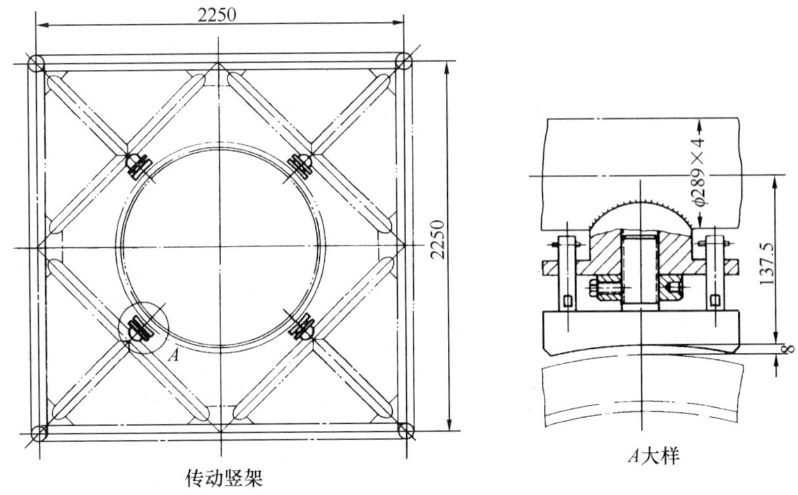

图 6-90　水下滑动轴承

6.5.1.5　刮臂与刮板

（1）刮臂的形式和计算：

1）垂架式中心传动刮泥机刮臂的形式有悬臂三棱柱桁架结构和悬臂变截面矩形桁架等。图 6-91 为三角形截面的桁架结构，用于小直径的垂架式中心传动刮泥机。图 6-92 为变截面矩形桁架结构，用于大直径垂架式中心传动刮泥机。为了便于刮板的排列、安装和受力平衡，通常多以对称形式布置两个刮臂，同时，刮臂的底弦应与池底坡面平行。

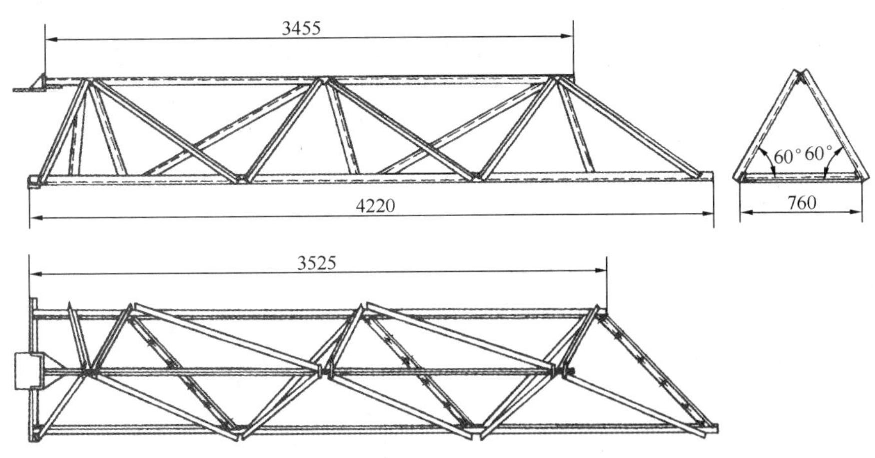

图 6-91　三角形桁架刮臂

2）刮臂计算：刮臂承受刮泥阻力和刮臂、刮板等自重的作用。对悬臂式的刮臂桁架来说，既承受水平方向由刮泥阻力所产生的力矩，又承受竖直方向由刮臂自重所引起的弯矩。

（2）刮板

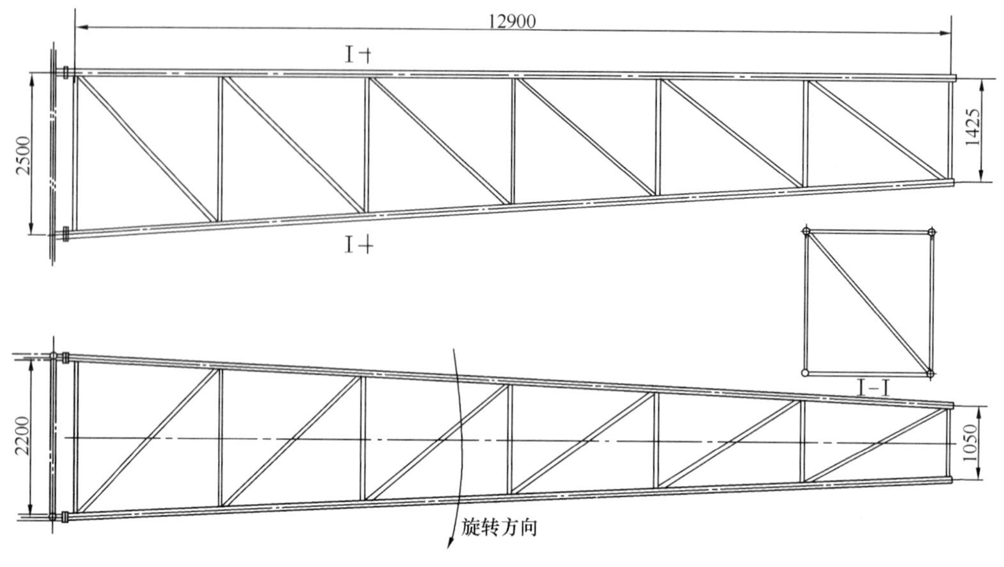

图 6-92　矩形桁架刮臂

沉淀池的集泥槽位于水池中心，当刮板旋转时，如图 6-93 所示的刮板 a、b、c、d 各点触及沉淀污泥后，使污泥受到刮板法向的推力和沿刮板的摩擦力作用向水池中心移动。对于中心进水的沉淀池来说，积泥大多集中在靠近中心导流筒的池底上，为提高刮泥的效率，最好是将刮板的形状设计成对数螺旋线。直径小的刮泥机可以设计成两条对称排列的整体对数螺旋线形刮板。大直径的刮泥机由于整体曲线的刮板存在安装上的困难，都将螺旋线分成若干段，平行地安装在刮臂上如图 6-94 所示。此外，对数螺旋线是一变曲率曲线，刮板制造比较困难，因而在设计中多数简化成直线刮板的形式，刮板与刮臂中心线的夹角为 45°，相互平行排列。

1）对数螺旋线的几何轨迹：刮板曲线如图 6-95 所示的几何尺寸可按式（6-70）计算：

$$r_x = \frac{R}{e^{k\theta_x}} \text{ (m)} \tag{6-70}$$

式中　r_x——变化半径（m）；

R——起点半径（m）；

θ_x——从起点至变径 r_x 间的夹角（°）；

e——自然对数的底，$e=2.718282$；

k——常数，$k=\cot\alpha$，

$$\alpha = 45° + \frac{\varphi}{2}$$

其中　φ——刮板与泥砂的摩擦角，取 $\varphi=2°\sim10°$。

2）刮板数量及长度：刮板的数量和长度与刮臂的结构有关。每条刮臂上的刮板数量应满足刮泥的连续性。当刮板较长时，则要求刮臂桁架底弦有较大的宽度，同时还要求刮臂有足够的结构强度和刚度。因此，设计刮臂时在结构允许的情况下，尽量设计成较宽的刮臂底弦。

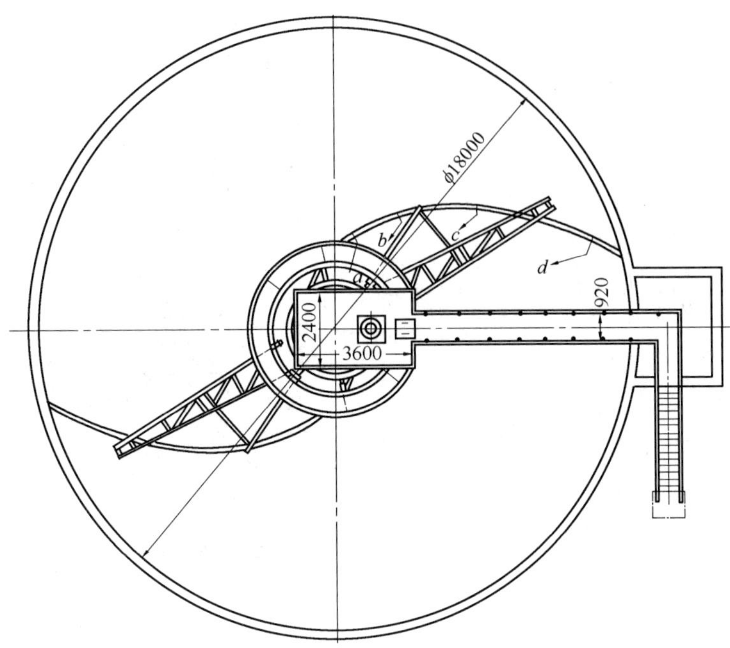

图 6-93 污泥的刮移

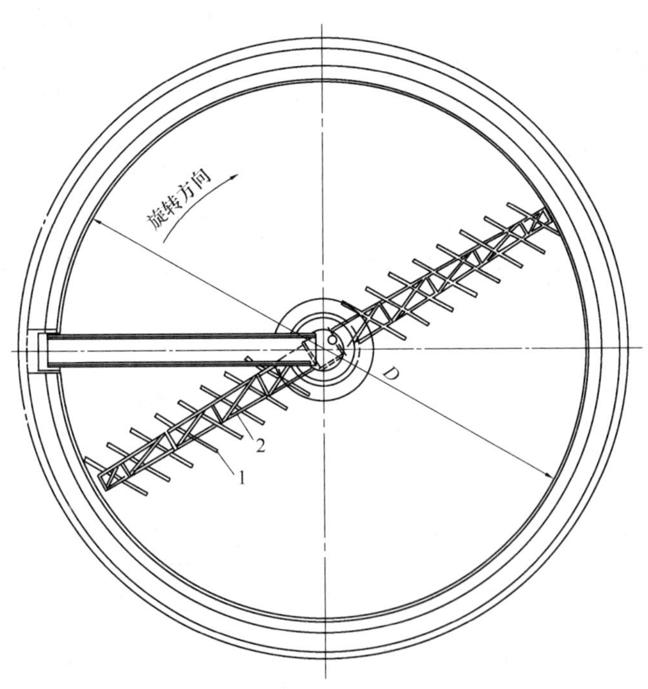

图 6-94 刮板的排列

1—刮板；2—刮臂

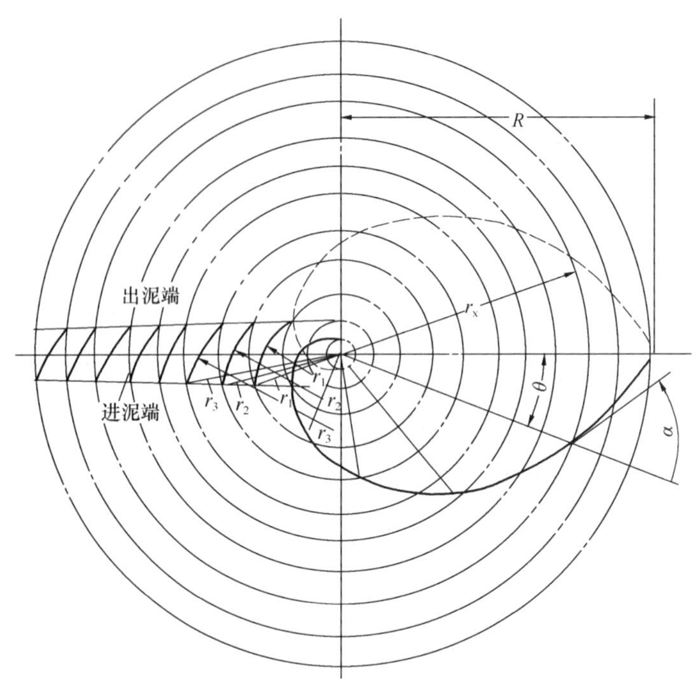

图 6-95 对数螺旋曲线的几何作图

设置刮板时，可先从距池边 0.3～0.5m 处开始。如采用分块安装，则除第一块起始刮板的长度按实际需要设计外，其余均应有一定的前伸量，以保证邻近的刮板在刮臂轴心线上的投影彼此重叠。其重叠度为刮板长度投影的 10%～15%，一般为 150～250mm。这样连续重叠下去，直到最后一块刮板的末端伸过中心集泥槽的外周 0.1～0.15m 为止。刮板的长度随桁架结构形式而变，通常由池边向中心布置，长度逐渐增大。

3）刮板高度：刮板的高度取决于所要刮送污泥层的厚度。通常设计的刮板高度应比污泥层厚度高出一个固定值。但沉淀池的污泥含水率较高，相对密度与水接近，具有一定的流动性，污泥层高度较难确定，通常各块刮板取同一高度，约 250mm，刮板下缘距池底为 20mm。

6.5.1.6 系列化设计

吉林化学工业公司设计院为配合 8～20m 直径的辐流式沉淀池，设计了一系列外啮合滚动轴承支承式的中心传动刮泥机。图 6-96 为该机的总体结构，表 6-30 为该刮泥机的系列规格。

中心传动（外啮合式）刮泥机系列 **表 6-30**

规格 (m)	处理污水量 (m^3/h)	周边速度 (m/min)	电动机功率 (kW)	质量 (t)
8	120	1.01	0.8	
10	160	1.13	0.8	
12	210	1.22	0.8	
14	270	1.33	1.5	
16	350	1.41	1.5	
18	430	1.46	1.5	16
20	500	1.63	2.2	

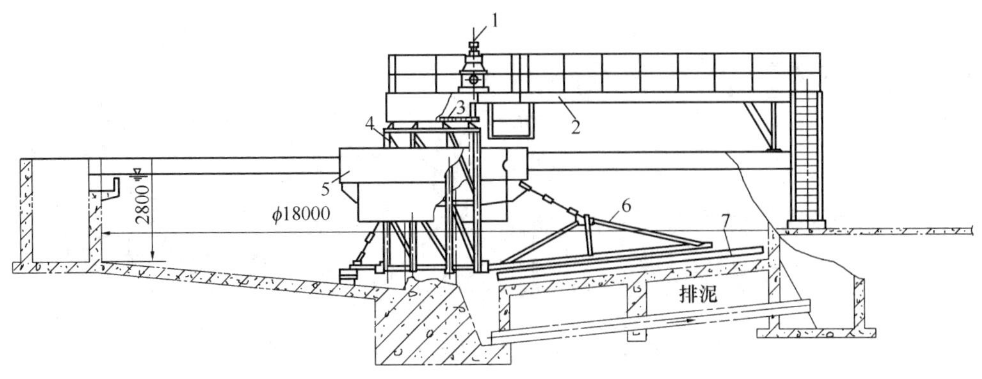

图 6-96 垂架式中心传动（外啮合式）刮泥机总体结构

1—摆线针轮减速机；2—工作桥；3—外啮合传动齿轮副；
4—传动竖架；5—配水筒；6—刮臂；7—刮板

上海市政工程设计研究总院设计的直径为 22～40m 内啮合滚动轴承旋转支承式的中心传动刮泥机，其系列规格见表 6-31。

刮泥机（内啮合式）系列 表 6-31

规格 (m)	处理水量① (m^3/h)	周边速度 (m/min)	电动机功率 (kW)	质量 (t)
22	15000	3	0.75	12
30	25000	3	1.5	15
40	50000	3	1.5	18

① 为二次沉淀池处理水量。

6.5.2 垂架式中心传动吸泥机

6.5.2.1 总体构成

垂架式中心传动吸泥机用于污水处理中二次沉淀池的排泥。采用吸泥方式是为了克服活性污泥含水率高，难以刮集的困难。吸泥机主要由工作桥、驱动装置、中心支座、传动竖架、刮臂、集泥板、吸泥管、中心高架集泥槽及撇渣装置等组成，结构形式基本上与垂架式中心传动刮泥机相似。垂架式中心传动吸泥机总体结构如图 6-97 所示，沿两侧刮臂对称排列吸泥管道，每根吸泥管自成系统，互不干扰，从吸口起直接通入高架集泥槽。通过刮臂的旋转，由集泥板把污泥引导到吸泥管口，利用水位差自吸的方式，边转边吸。吸入的污泥汇集于高架集泥槽后，再经排泥总管排出池外。水面上的浮渣则由撇渣板撇入池边的排渣斗。撇渣装置的设计参见 6.5.5 节周边传动刮泥机。

吸泥机的驱动机构、刮臂、中心传动竖架、水下轴瓦等设计见第 6.5.1 节垂架式中心传动刮泥机。

6.5.2.2 吸泥管的流速计算与集泥槽布置

垂架式中心传动吸泥机采用自吸式排泥，水池的液位应与吸泥管出口保持一定的高差。吸泥管从中心集泥槽槽底接入，如图 6-98 所示。

(1) 吸泥管内的流速计算

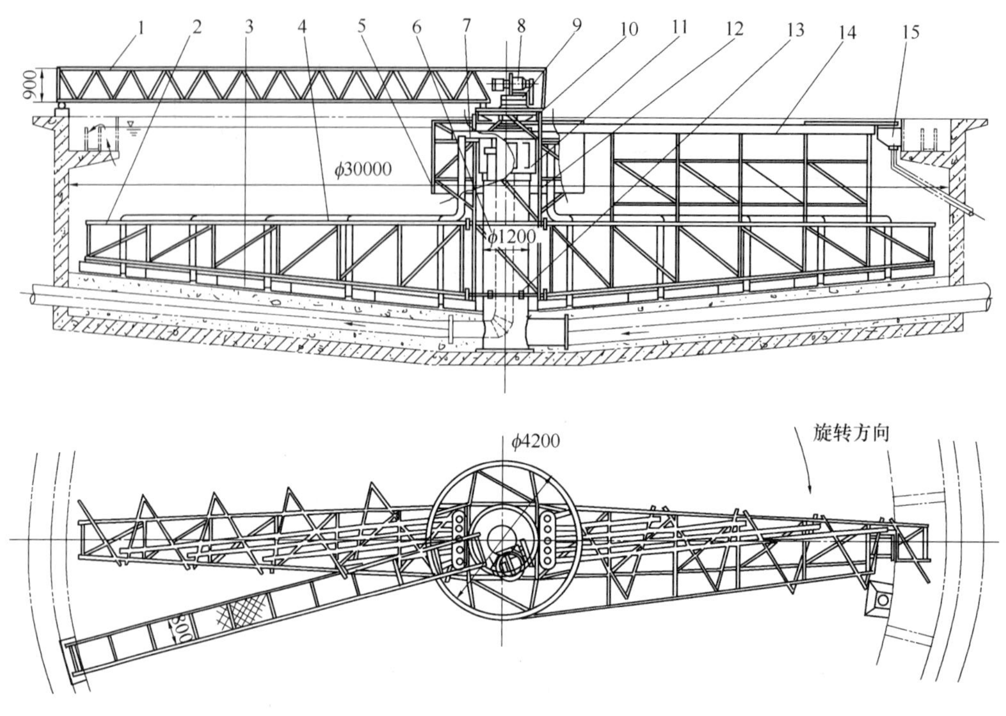

图 6-97 垂架式中心传动吸泥机总体结构

1—工作桥；2—刮臂；3—刮板；4—吸泥管；5—导流筒；6—中心进水柱管；7—中心集泥槽；8—摆线减速机；9—蜗轮减速器；10—旋转支承；11—扩散筒；12—传动竖架；13—水下轴承；14—撇渣板；15—排渣斗

污水处理中二次沉淀池的吸泥管管径不得小于 150mm。在管径确定后，流速可按式(6-71) 计算：

$$v=\frac{4Q_1}{\pi d^2}\ (\mathrm{m/s}) \tag{6-71}$$

式中 v——流速（m/s）；

d——吸泥管内径（m），取 0.15～0.20m；

Q_1——每根吸泥管的流量（m^3/s），

$$Q_1=\frac{Q}{Z}$$

其中 Q——总吸出污泥量（m^3/s）；

Z——吸泥管根数。

（2）水头损失计算：吸泥管的水头损失计算参见第 6.2.1 节行车式吸泥机。

（3）管内流速的调节：如图 6-98 所示，沉淀池水位与排泥槽水位的水位差为 H，吸泥管的实际流速可按式（6-72）验算：

$$v=\sqrt{2g(H-\Sigma h)}\ (\mathrm{m/s}) \tag{6-72}$$

式中 H——水位差（m）；

Σh——总摩擦水头损失（m）。

如验算的 v 值超过由流量与管径所确定的流速 v 时，则可在水位差不变的条件下将管内的流速用调节阀调节到原设计的数值。

(4) 计算实例：

【例】 计算如图 6-97 所示的直径 30m 中心传动吸泥机的吸泥管路系统。

设计数据：

1) 二次沉淀池进水量为 $Q=15000\text{m}^3/\text{d}$。

2) 回流污泥比按 100%计。

3) 回流污泥含水率为 99.2%。

4) 吸泥管数量共 10 根，管径均为 150mm，最长的吸泥管长度为 20m。

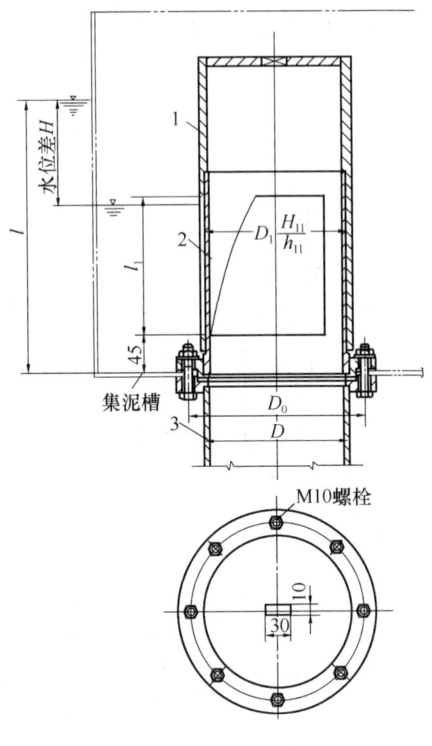

图 6-98　吸泥管与集泥槽的连接

1—调节套筒；2—出流短管；3—吸泥管

【解】 1) 回流污泥量 $Q_{泥}$：

$$Q_{泥}=15000\times100\%=15000\text{m}^3/\text{d}\ (0.1736\text{m}^3/\text{s})$$

2) 每根吸泥管所吸出的泥量 Q_1：

$$Q_1=\frac{Q_{泥}}{Z}=\frac{0.1736}{10}=0.01736\text{m}^3/\text{s}$$

3) 管内流速为

$$v=\frac{4Q_1}{\pi d^2}=\frac{4\times0.01736}{\pi\times0.15^2}=0.9823\text{m/s}$$

4) 摩擦水头损失：

$$\Sigma h=\Sigma h_{配}+h_{管}$$

式中　$\Sigma h_{配}$——吸口、弯头、排放口等水头损失（水头损失系数查表 6-19）。

$$\Sigma h_{配}=(f_1+f_2+f_3)\ \frac{v^2}{2g}=[0.4+(2\times0.3)+1]\ \frac{0.9823^2}{2\times9.81}=0.098\text{m}$$

$$h_{管}=\lambda\frac{Lv^2}{D2g}=0.023\times\frac{20}{0.15}\times\frac{0.9823^2}{2\times9.81}=0.153\text{m}$$

$$\Sigma h=0.098+0.153=0.25\text{m}$$

(5) 吸泥量调流装置：吸泥机在吸泥时，应根据污泥的浓度调整吸泥量，通常可用调节吸泥管出流孔口断面的方式。图 6-99 为出流孔口调节装置一例。该装置由出流短管、调节套管等组成，结构简单。在出流短管和调节套管上分别开设相同直角梯形的出流孔，只要拧转套管，使短管上的孔口与套管上的孔口错位就可改变出流孔的断面，达到调节流量的目的。

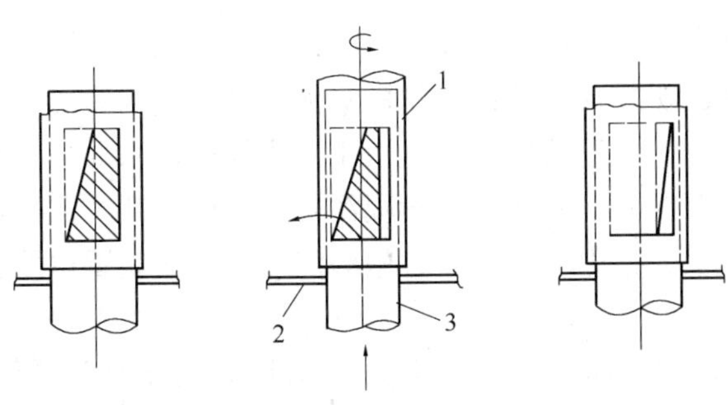

图 6-99　调流装置

1—调节套管；2—固定板；3—出流短管

(6) 吸泥管的布置：通常是根据池径尺寸作不等距设置，并以刮臂作为支架沿线固定，如图 6-100 所示。吸泥管的一端与中心集泥槽相接，另一端设置吸泥口，并在吸口两侧安装集泥刮板，将污泥引向吸泥管口。管口与池底的距离为管径的$\frac{3}{4}$～1。

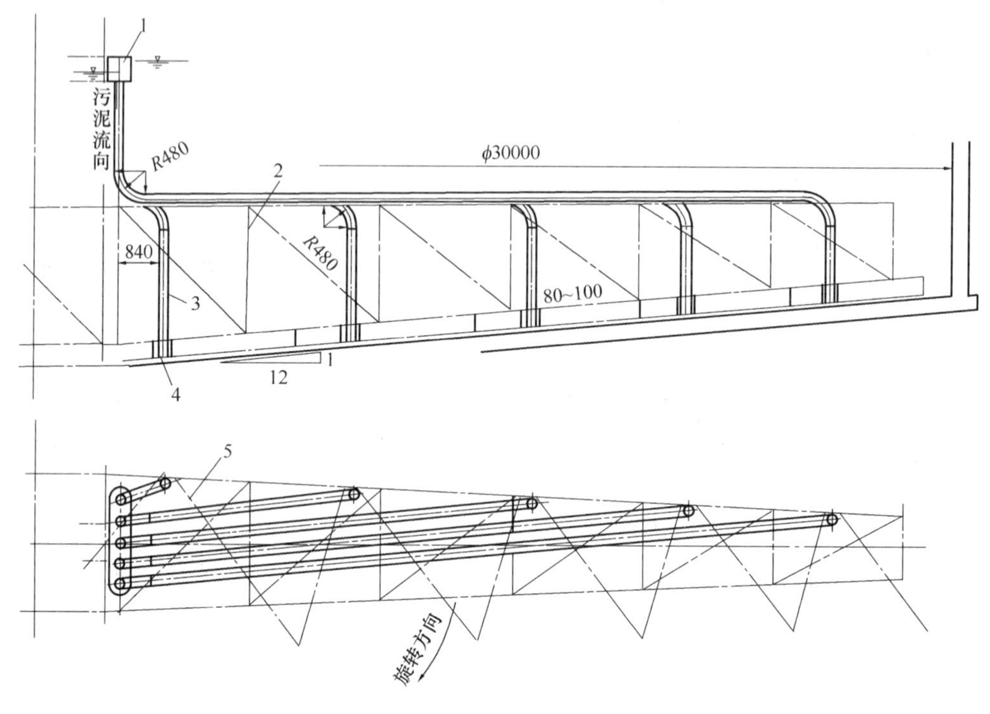

图 6-100　吸泥管布置

1—中心集泥槽；2—刮臂；3—吸泥管；4—吸口；5—集泥板

（7）中心集泥槽：图 6-101 为中心集泥槽的结构，与刮臂同样地对称布置在竖架两侧，并固定在中心传动竖架上随竖架转动。为了防止沉淀池的污水灌入集泥槽内，应将集泥槽的槽顶高出沉淀池水位 50～70mm。

污泥由吸泥管调节器出流孔溢出，经过集泥槽汇流后，从中心排泥管排出池外。集泥槽与中心进水管之间用填料函密封，以防污水渗入集泥槽。

6.5.3　垂架式中心传动单（双）管吸泥机

6.5.3.1　总体构成

垂架式中心传动单（双）管吸泥机（以下简称中心传动单管吸泥机）适用于圆形辐流式二次沉淀池的排泥和撇渣。与多管式吸泥机相比，此种机型的吸泥管结构更为紧凑，污泥在管内流动时水头损失小，排泥效果良好，运行稳定。并且由于采用周边进水周边出水的方式，使得进水均匀缓慢，污泥更易于沉淀。中心传动单管吸泥机包括以下几个主要部件：工作桥、驱动装置、中心柱、中心垂架、桁架、吸泥管、中心泥罐、刮渣装置以及进出水附件等。

当沉淀池内径不大于 42m 时，一般采用单根吸泥管，其总体结构如图 6-102 所示，吸泥管与桁架分列于中心垂架两侧，通过驱动装置带动中心垂架的旋转而运转。利用沉淀池内外水位差自吸或采用安装于池外排泥管上污泥泵抽吸的方式，将池底污泥由变径圆孔

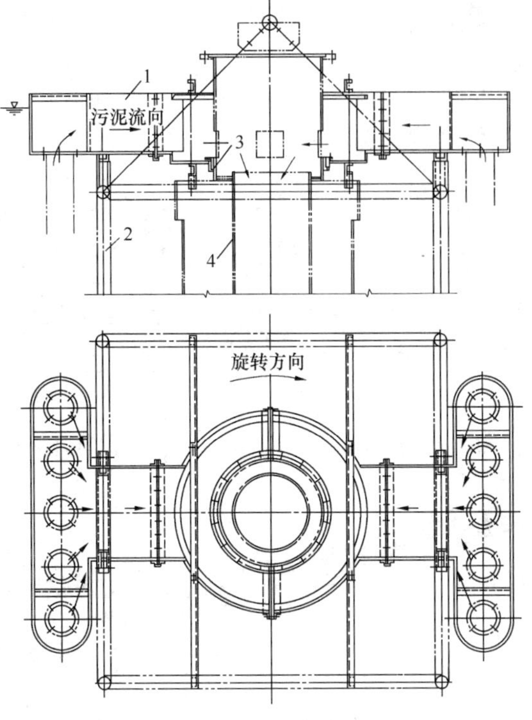

图 6-101 中心集泥槽

1—集泥槽；2—旋转竖架；3—填料密封函；4—中心排泥管

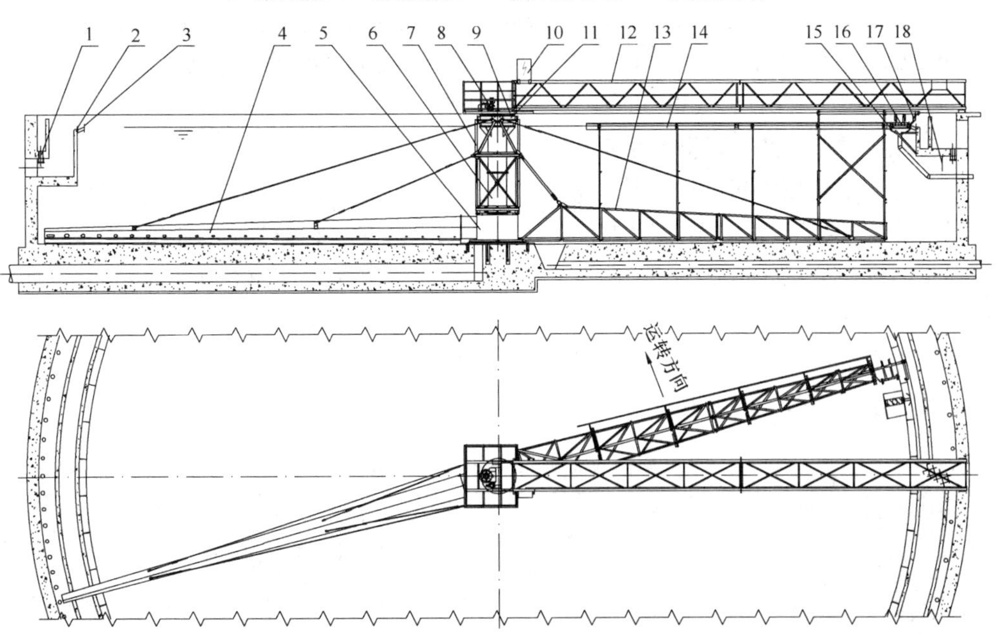

图 6-102 垂架式中心传动单管吸泥机

1—布水孔管；2—出水堰板；3—浮渣挡板；4 吸泥管；5—中心泥罐；6—中心柱；7—中心垂架；8—驱动装置；9—检修平台及护栏；10—电控柜；11—回转支承；12—工作桥；13—架；14—刮渣板；15—排渣斗；16—刮渣耙；17—冲洗水阀；18—挡水裙板

经吸泥管引导至中心泥罐并由排泥总管排出池外。驱动机构、撇渣机构等部件同 6.5.2 节垂架式中心传动吸泥机。

当沉淀池内径大于 42m 时，一般采用对称的两根吸泥管，称为双管吸泥机，习惯上仍叫做单管吸泥机，其总体结构如图 6-103 所示。

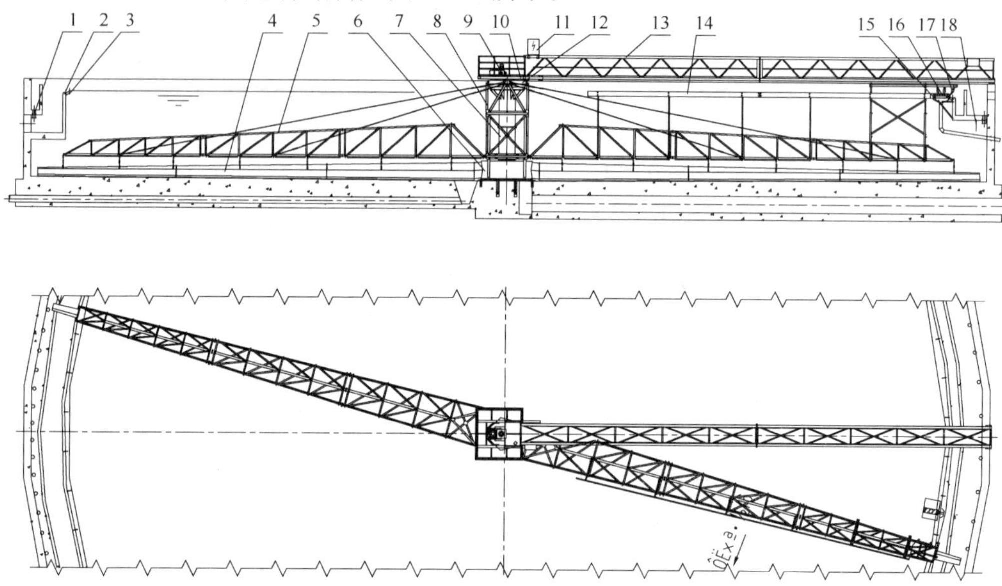

图 6-103 垂架式中心传动双管吸泥机

1—布水孔管；2—出水堰板；3—浮渣挡板；4—吸泥管；5—架；6—中心泥罐；7—中心柱；8—中心垂架；9—驱动装置；10—检修平台及护栏；11—电控柜；12—回转支承；13—工作桥；14—刮渣板；15—排渣斗；16—刮渣耙；17—冲洗水阀；18—挡水裙板

6.5.3.2 驱动扭矩及驱动功率

中心传动单管吸泥机的适用范围较大，池径的变化可从 20～60m。吸泥机的转速取决于吸泥管外缘的线速度，以电机转速 1440r/min，吸泥管外缘线速度 1.8～3.5m/min 计算，则驱动机构的总减速比为 50260～77500，一般需采用多级减速的传动方式。吸泥机的驱动扭矩则取决于池径的大小和污泥性质。

对于二次生化污泥沉淀池，无锡市通用机械厂设计了一系列 ZX 型中心传动单管吸泥机，其驱动扭矩和驱动功率见表 6-32。

单管吸泥机驱动扭矩和驱动功率 表 6-32

沉淀池直径 Φ（m）	19/20	21/22	23/24	25/26	27/28	29/30	31/32
驱动扭矩 M_n（N·m）	10740	13120	15740	18600	21690	25020	31770
周边线速度 v（m/min）	1.8	1.8	1.8	1.9	1.9	2.0	2.1
驱动功率 P（kW）	0.18			0.25			
沉淀池直径 Φ（m）	33/34	35/36	37/38	39/40	41/42	43/44	45/46
驱动扭矩 M_n（N·m）	36000	40500	45260	50280	55570	61120	66940
周边线速度 v（m/min）	2.2	2.3	2.4	2.5	2.6	2.7	2.8
驱动功率 P（kW）	0.25			0.37			
沉淀池直径 Φ（m）	47/48	49/50	51/52	53/54	55/56	57/58	59/60
驱动扭矩 M_n（N·m）	73020	79370	85980	92860	100000	107400	115070
周边线速度 v（m/min）	2.9	3.0	3.1	3.2	3.3	3.4	3.5
驱动功率 P（kW）	0.37			0.55			

6.5.3.3 吸泥管的安装形式

单管吸泥机在沉淀池中运转的过程中，依靠与沉淀池底面呈45°倾斜安装的矩形变截面吸泥管，将污泥从池底通过吸泥管前下部的吸泥口排到池中心的中心泥罐中，并通过排泥管排出沉淀池。对于沉淀池内径不大于42m的单管吸泥机，吸泥管出口端用法兰与中心泥罐连接后，再以长拉筋将其与中心垂架上部连接。对于沉淀池内径大于42m的双管吸泥机，吸泥管出口端用法兰与中心泥罐连接后，其管体以调节螺杆固定于桁架下，高度可调（图6-104）。为便于运输和安装，每根吸泥管可分段制作，相互间以矩形法兰连接并密封。

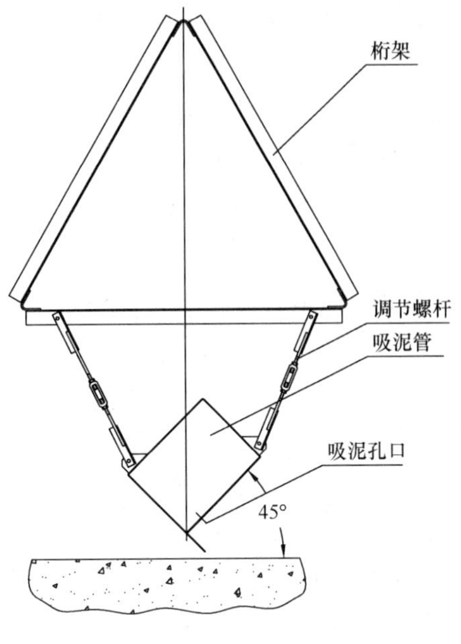

图6-104 吸泥管安装示意图

6.5.3.4 吸泥管孔径计算

(1) 在沉淀池进、出水达到平衡后，通常认为池底污泥层的厚度是均匀一致的。

1) 求吸泥管根部最大口径见式(6-73)

$$A = Q/V \tag{6-73}$$

式中 A——吸泥管根部最大口径（m^2）；

Q——单座沉淀池设计处理量（m^3/s）；

V——吸泥管内污泥的平均流速0.8～1.0m/s。

2) 求吸泥管上任一孔径 d_i

如图6-105所示，一般吸泥管上的吸泥孔采用等间距分布，设定间距为L，因此每个

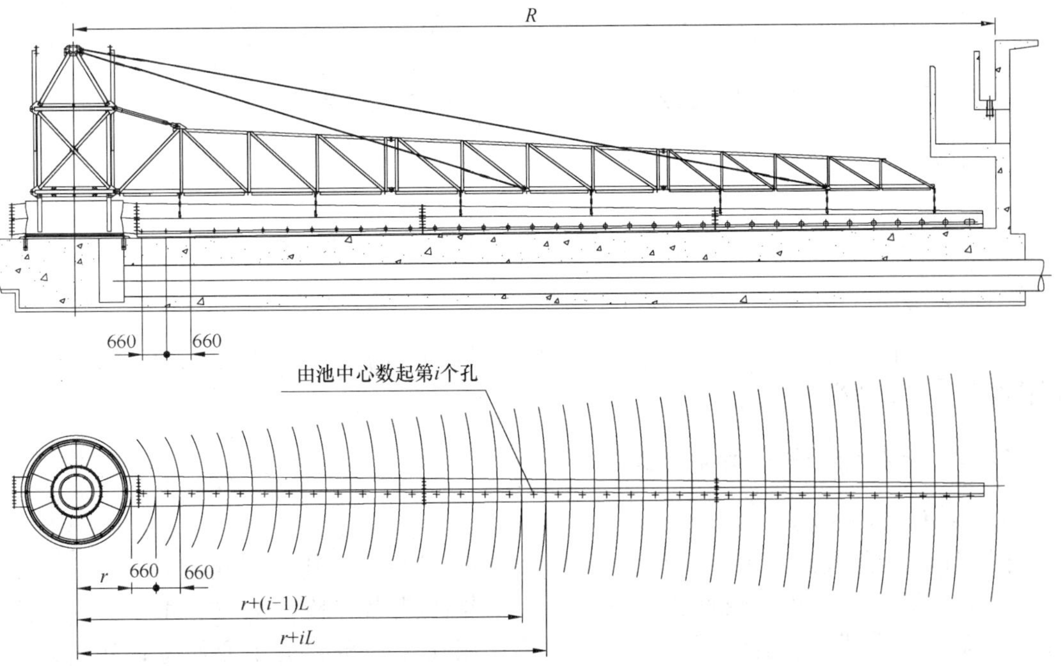

图6-105 吸泥孔口及排泥环形区域示意

吸泥孔都分管一个半径差为 L 的环形区域的排泥，即理论上认为每个半径差为 L 的环形区域的污泥由其对应的吸泥孔排入吸泥管。而所有环形区域的面积总和等于整个沉淀池的沉淀面积，为保证排泥流速稳定，所有吸泥孔的过流面积总和应等于吸泥管根部过流面积，这样就出现了一个比例关系：

$$\frac{\text{单个吸泥孔的面积}}{\text{吸泥管的最大口径}}=\frac{\text{吸泥孔所在的环形区域面积 } A_2}{\text{整个污泥沉淀面积 } A_1}$$

因此由池中心数起第 i 个孔的孔径 d_i（m）的计算关系式为 6-74：

$$\frac{\frac{\pi}{4}d_i^2}{A}=\frac{\pi(r+iL)^2-\pi[r+(i-1)L]^2}{\pi\cdot R^2-\pi\cdot r^2} \tag{6-74}$$

式中　r——中心泥罐的半径 mm（根据工艺及土建结构确定，一般 $r=1000\sim1500$mm，在其区域内无沉淀污泥）；

R——沉淀池的半径 mm。

（2）计算实例

【例】　设 ZX50 的单池设计处理量为 50000m^3/d，设计回流比为 100%，即排泥量为 50000m^3/d，由两根吸泥管排泥。求单根吸泥管的最大口径及吸泥管上每个吸泥孔的孔径。

【解】　1）取 $V=0.9$m/s，单根吸泥管的最大口径：

$$A=\frac{Q}{V}=\frac{50000}{2\times24\times3600\times0.9}=0.3215\text{m}^2$$

吸泥管根部正方形边长尺寸 $b=\sqrt{0.3215}=0.567$m，取 $b=570$mm。

2）取 $r=1500$mm，$L=660$mm，分别求第 20、第 21 个吸泥孔的孔径：

由 $$\frac{\frac{\pi}{4}d_{20}^2}{0.3215}=\frac{\pi(1500+20\times660)^2-\pi[1500+(20-1)\times660]^2}{\pi\cdot25000^2-\pi\cdot1500^2}$$

求得 $d_{20}=0.1117$m，取 $d_{20}=112$mm；

由 $$\frac{\frac{\pi}{4}d_{21}^2}{0.3215}=\frac{\pi(1500+21\times660)^2-\pi[1500+(21-1)\times660]^2}{\pi\cdot25000^2-\pi\cdot1500^2}$$

求得 $d_{21}=0.1142$m，取 $d_{20}=114$mm；

各吸泥孔孔径可依此类推。考虑到水头损失等各种因素，可对孔径尤其是最后一个吸泥孔的孔径进行适当修正。

6.5.4 悬挂式中心传动刮泥机

6.5.4.1 总体构成

图 6-106 为悬挂式中心传动刮泥机总体结构。该机的结构形式比较简单，主要由户外式电动机、摆线针轮减速机、链传动、蜗轮减速器、传动立轴、水下轴承、刮臂及刮板等部件组成。整台刮泥机的荷载都作用在工作桥架的中心，悬挂式由此得名。该机一般用于池径小于 18m 的圆形沉淀池。如图 6-106 所示，污水经中心配水

筒布水后流向周边溢水槽，随着流速的降低，污水中的悬浮物被分离而沉降于池底，由刮板将沉淀的污泥刮集到中心集泥槽后，靠静水压力将其从污泥管中排出。

6.5.4.2　驱动机构

悬挂式中心传动刮泥机的驱动机构主要有两种布置形式。图6-107为立式三级摆线针轮减速机的直联传动，布局较紧凑。摆线针轮减速机的出轴用联轴器与中间轴连接，再由中间轴与传动立轴相接而传递扭矩。图中序号4为联轴器上设置的安全销，作为过载保护，当刮板阻力过大而超过额定的扭矩时，作用在安全销上的剪力就会将销剪断，起到机械保护作用。图6-108为卧式二级摆线针轮减速机，链传动与立式蜗轮减速器的组合形式，目前应用较广。立式蜗轮减速器的蜗杆端部设有过力矩自动停机的安全装置。图6-109为过力矩安全装置的示例，在正常的工作力矩时，套在蜗杆轴上键连接的蜗杆与蜗轮保持正常的啮合位置。过载时，蜗杆的轴向力超过压簧额定作用力，使蜗杆与蜗杆端相连的压簧座一起作轴向位移，装在箱体上的顶杆，被压簧座的斜面推移上升，触动限位开关，达到自动切断电源，实现机械过力矩保护作用。

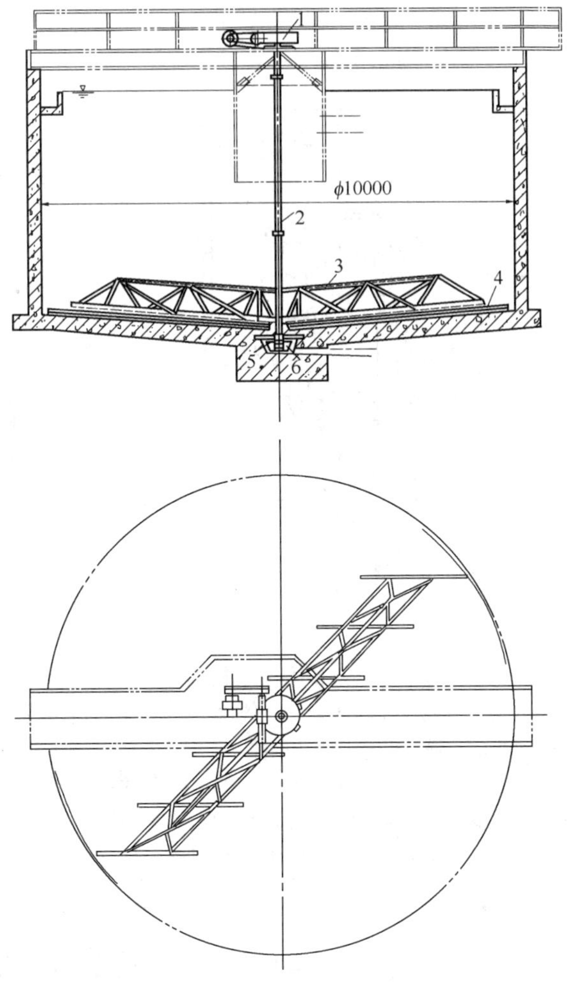

图6-106　悬挂式中心传动刮泥机总体结构
1—驱动机构；2—传动立轴；3—刮臂；
4—刮板；5—水下轴承；6—集泥槽刮板

悬挂式中心传动刮泥机的驱动功率，主要根据刮泥时产生的阻力和刮泥机本身在回转时作用在中心轴承上的悬挂荷载所产生的滚动摩擦力进行计算。计算公式可见第6.5.1节垂架式中心传动刮泥机。

6.5.4.3　传动立轴的计算

传动立轴主要传递扭矩和承受刮臂、刮板的重量。水池较深时，立轴可分段制造后用法兰联轴器连接，但必须保证同轴度。在设计中为减轻立轴的自重，节约钢材，也可采用空心轴形式。轴径根据扭转强度及扭转刚度的计算确定（选取二者中的大值）。表6-33为按扭转强度及刚度计算轴径的公式（6-75）～式（6-78）。表6-34为材料的许用扭转剪应力［τ］值。

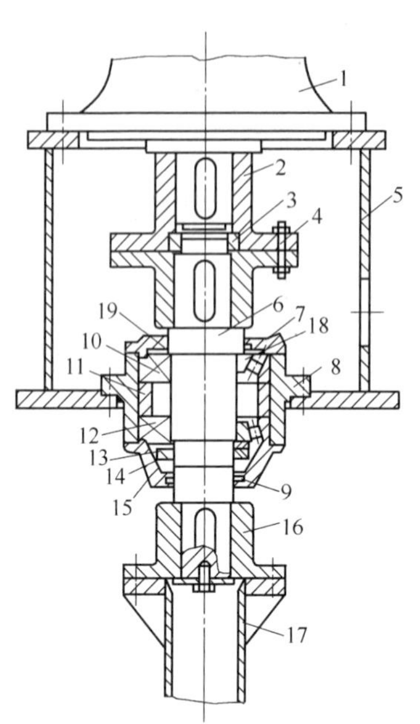

图 6-107 直联式中心驱动机构

1—立式三级摆线针轮减速机；2—联轴器；3—衬圈；4—安全销；5—减速机座；6—中间轴；7—压盖；8—轴承箱；9—油封；10—轴承；11—挡圈；12—轴承；13—止推垫圈；14—圆螺母；15—压盖；16—刚性联轴器；17—传动立轴；18—油杯；19—油封

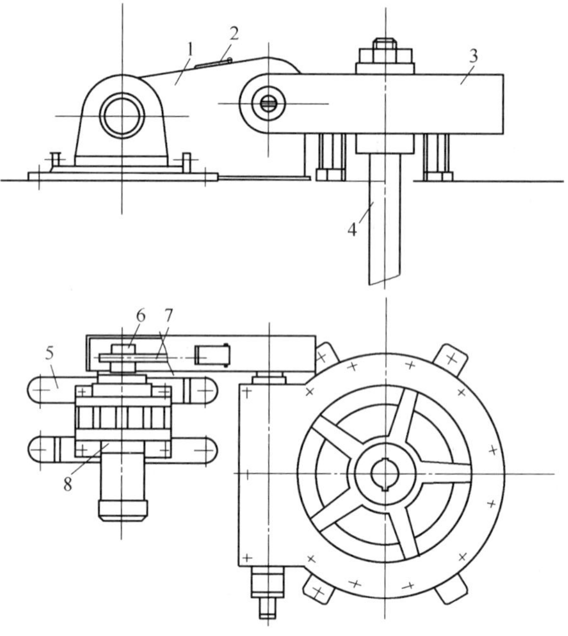

图 6-108 组合式中心驱动机构

1—护罩；2—加油孔；3—蜗轮减速器；4—立轴；5—滑轨；6—链轮；7—链条；8—摆线针轮减速机

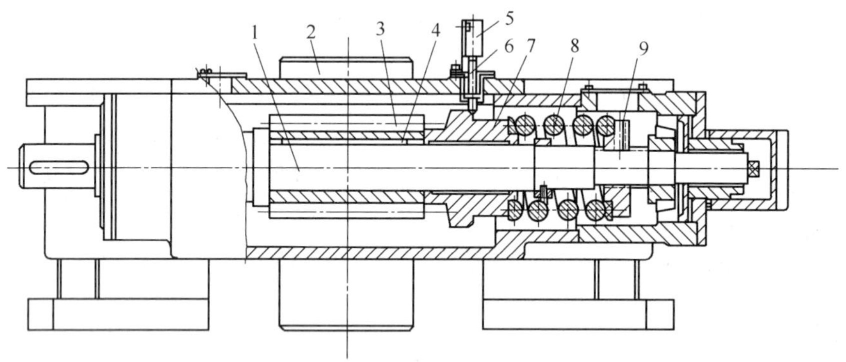

图 6-109 过力矩安全装置

1—蜗杆轴；2—蜗轮；3—空套蜗杆；4—平键；5—行程开关；6—顶杆；7—挡圈；8—压簧；9—调整螺母

按扭转强度及刚度计算轴径 **表 6-33**

轴的类型	按扭转强度计算	按扭转刚度计算
实心轴	$d=17.2\sqrt[3]{\frac{M_n}{[\tau]}}$ (6-75)	$d=16.38\sqrt[4]{\frac{M_n}{[\theta]}}$ (6-76)

续表

轴的类型	按扭转强度计算	按扭转刚度计算
空心轴	$d=17.2\sqrt[3]{\frac{M_n}{[\tau]}}\frac{1}{\sqrt[3]{1-\alpha^4}}$ (6-77)	$d=16.38\sqrt[4]{\frac{M_n}{[\theta]}}\frac{1}{\sqrt[4]{1-\alpha^4}}$ (6-78)
符号说明及设计数据	d——最小轴径（mm）； M_n——轴所传递的扭矩（N·m）； $[\tau]$——许用扭转剪应力（N/mm²）； $[\theta]$——许用扭转角（°/m），$[\theta]=(0.25°\sim0.5°)$/m； α——空心轴内径 d_1 与外径 d 之比，$\alpha=\frac{d_1}{d}$	

几种常用轴材料的 [τ] 值 **表 6-34**

轴的材料	Q235A，20	1Cr18Ni9Ti Q235A，35，	45	40Cr
$[\tau]$（N/mm²）	15～25	20～35	25～45	35～55

6.5.4.4 刮臂和刮板

悬挂式中心传动刮泥机适用于中小型沉淀池刮泥，刮臂的悬臂长度不宜过长，最常用的为对称设置的圆管。为改善圆管的受力条件，一般都借助斜拉杆支承。拉杆的形式为两端叉形接头的圆钢杆，中间用索具螺旋扣调节，杆的一端与刮臂的悬臂端相接，杆的另一端固定在中心的立轴上，如图 6-110 所示。对于稍长的刮臂尚需再增设一对短臂，与两长臂成十字形，然后在臂端之间相互用水平拉杆相连，图 6-111 为刮臂的斜拉杆和水平拉杆连接的情况。刮板的形式可采用多块平行排列的直线形刮板或整体形对数螺旋线刮板。具体的设计形式可参见第 6.5.1 节垂架式中心传动刮泥机。

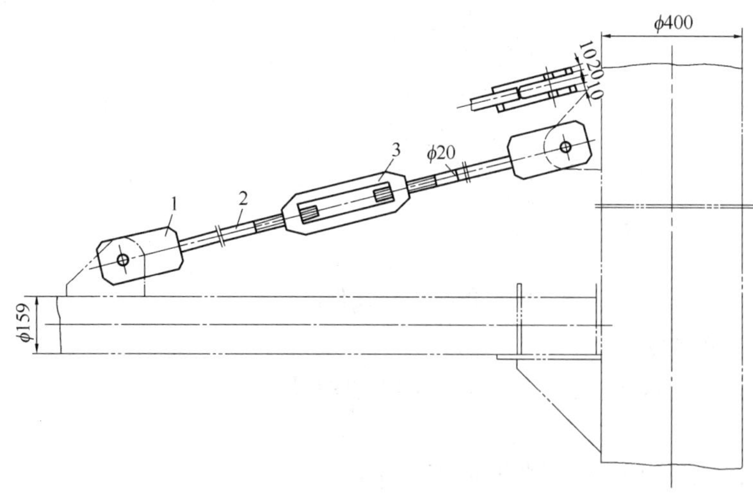

图 6-110　刮臂的拉杆

1—叉形接头；2—拉杆；3—索具螺旋扣

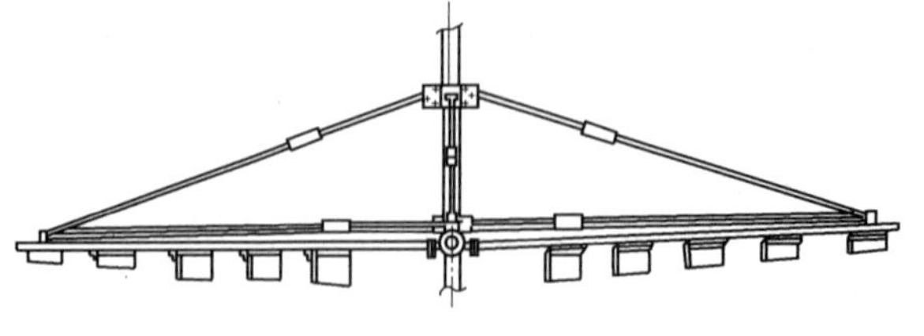

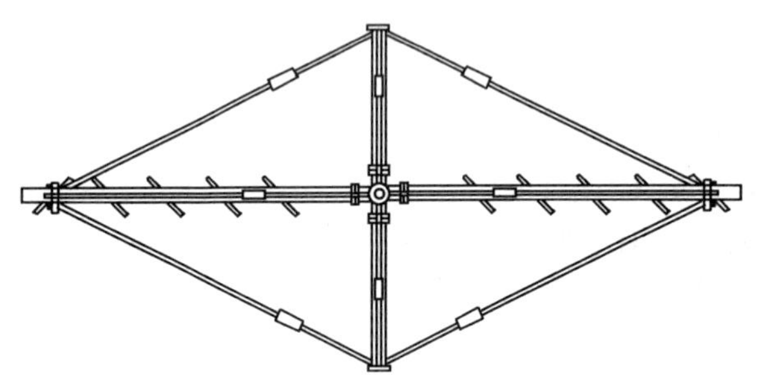

图 6-111 刮臂与水平拉杆的连接

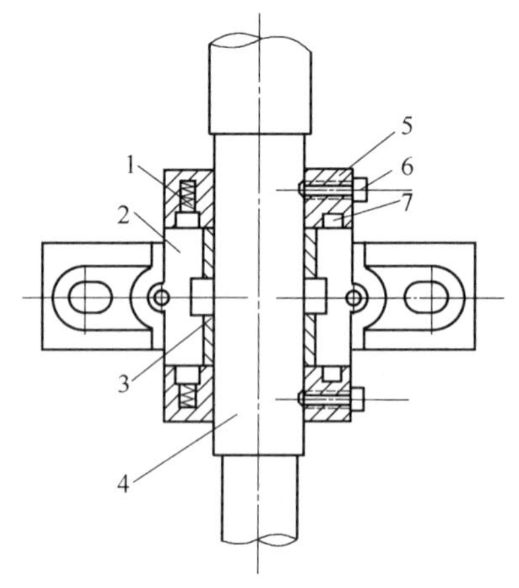

图 6-112 水下轴承

1—压簧；2—滑动轴承座；3—轴瓦；4—立轴；5—挡圈；6—螺钉；7—密封圈

6.5.4.5 水下轴承

图 6-112 为水下轴承结构。水下轴承的作用是使刮板在旋转时能径向定位。由于水下轴承不承受轴向荷载，一般都选用剖分式滑动轴承，但水下轴承的工作条件较差，泥砂极易侵入，而且立轴的垂直度允差可达 0.5mm/m，轴与轴承的间隙较大，所以轴承的密封设计十分重要。

6.5.4.6 工作桥

工作桥应横跨在水池上，宽度 1.2m 左右，须承受整台刮泥机的重量、活载及刮泥阻力所产生的扭矩，大多采用钢架结构，也有采用钢筋混凝土结构，设计时应满足一定的强度和刚度。图 6-113 为悬挂式中心刮泥机的工作桥。

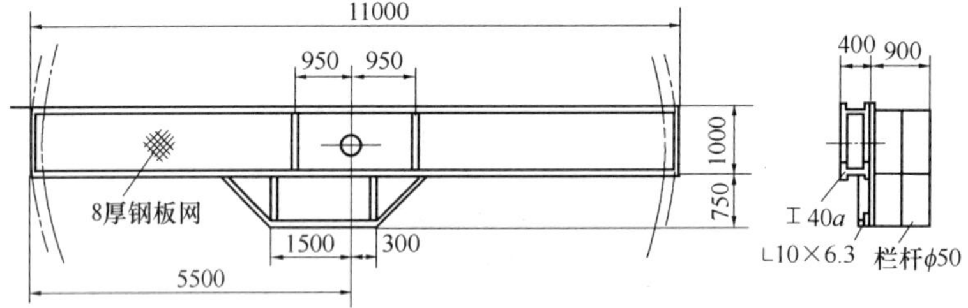

图 6-113 工作桥

6.5.4.7 计算实例

【例】 试按下列数据及图 6-114 计算刮泥机驱动功率。

设计数据：

(1) 初沉池直径为 10m，有效深度为 2.97m。

(2) 污水停留时间 2h。

(3) 污水悬浮物含量为 SS=300mg/L，去除率 ε=40%。

(4) 初沉池污泥对池底的摩擦系数为 $\mu=0.1$。

(5) 刮泥板外缘直径为 $D_{板}=9.5\text{m}$，外缘线速 3m/min。

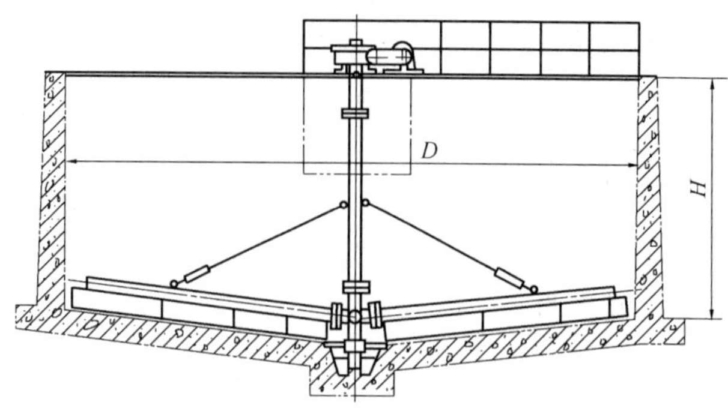

图 6-114 悬挂式中心传动刮泥机计算简图

【解】 (1) 刮臂转速为 $n_{臂}=\frac{v}{\pi D_{板}}=\frac{3}{\pi\times 9.5}=0.1\text{r/min}$

(2) 功率计算：

1) 刮泥机悬挂部件重力在旋转时所需的功率 N 为

设：刮泥机悬挂部件的重力 $W=10000\text{N}$

旋转支承的钢球直径 $d=3.2\text{cm}$

滚动摩擦力臂 $K=0.05\text{cm}$

安全系数 $n=3$

由式 (6-67) 得：

旋转时的阻力 P_1 为

$$P_1=\frac{W}{d}\times 2Kn=\frac{10000}{3.2}\times 2\times 0.05\times 3=937.5\text{N}$$

设钢球槽的中心圆直径 $D_{球}$ 为 0.5m，

$$v_{球}=n_{臂}\ \pi D_{球}=0.1\times\pi\times 0.5=0.157\text{m/min}$$

旋转功率 N_1 为

$$N_1=P_1 v_{球}/60000=\frac{937.5\times 0.157}{60000}=0.0024\text{kW}$$

2) 刮板刮泥所需功率按照第 6.5.1 节垂架式刮泥机中刮泥功率第二种公式计算：

初沉池有效容积为

$$V=\frac{\pi}{4}D_{池}^2\ H=\frac{\pi}{4}\times 10^2\times 2.97=233.3\text{m}^3$$

进水量为

$$Q=\frac{V}{t}=\frac{233.3}{2}=116.65\text{m}^3/\text{h}$$

干污泥量为

$$Q_{干}=Q\times SS\times\varepsilon\%\times 10^{-6}=116.65\times 300\times 0.4\times 10^{-6}=0.014\text{m}^3/\text{h}$$

将 $Q_{干}$ 换算成含水率 98%的污泥量为

$$Q_{98}=Q_{干}\times\frac{100}{100-98}=0.014\times\frac{100}{100-98}=0.7\text{m}^3/\text{h}$$

刮泥机每转所需时间为

$$t=\frac{\pi D_{板}}{v}=\frac{\pi\times 9.5}{3}=9.95\text{min/r}=0.166\text{h/r}$$

刮泥机每转的刮泥量为

$$Q_{周}=Q_{98}t=0.7\times0.166=0.116\text{m}^3/\text{r}$$

刮泥时的阻力为

$$P_2=Q_{周}\gamma g\mu 1000=0.116\times1.03\times9.81\times0.1\times1000=117\text{N}$$

刮泥功率为

$$N_2=\frac{P_2 v_3^2}{60000}\ (\text{kW})$$

设刮板按 2/3 的直径处的线速度 $v_3^2=2\text{m/min}$，即

$$N_2=\frac{117\times2}{60000}=0.004\text{kW}$$

3）电动机功率为

$$N_{电}=\frac{N_1+N_2}{\eta}\ (\text{kW})$$

设机械总效率为 $\eta=0.5$，即

$$N_{电}=\frac{0.0024+0.004}{0.5}=0.013\text{kW}$$

选用 0.37kW 电动机。

6.5.5 周边传动刮泥机

6.5.5.1 总体构成

周边传动刮泥机按旋转桁架结构可分为半跨式和全跨式两种。全跨式周边传动刮泥机如图 6-115 所示，具有横跨池径的工作桥，桥架的两端各有一套驱动机构，旋转桁架为对称的双臂式桁架，并具有对称的刮板布置。半跨式周边传动刮泥机常见的有旋转桁架式或可动臂式，如图 6-116 和图 6-117 所示，主要由中心旋转支座、旋转桁架（或可动臂）、刮板、撇渣机构、集电装置、驱动机构及轨道等部件组成，结构比较简单。半跨式桥架的一端与中心立柱上的旋转支座相接，另一端安装驱动机构和滚轮，通过传动使滚轮在池周走道平台上作圆周运动，同时池内刮板将污泥刮向池中心的集泥槽内。桁架的驱动力，主要是以驱动滚轮与钢轨之间，或是实心橡胶轮与混凝土面之间的摩擦系数乘以驱动轮轮压所产生的摩擦力确定。驱动阻力大于摩擦力时，滚轮产生打滑现象，这与行车式吸泥机所介绍的

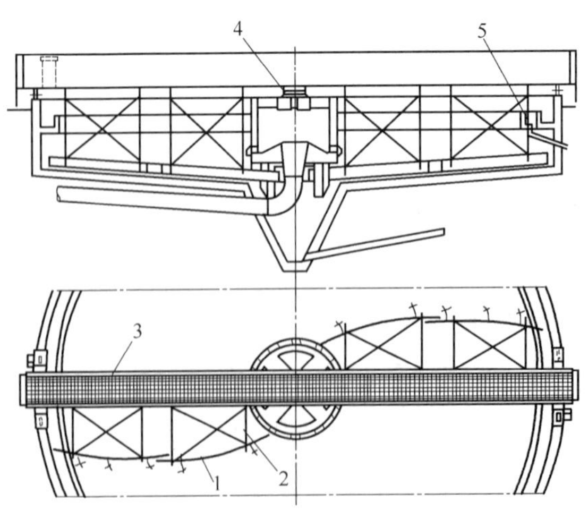

图 6-115 全跨式周边传动刮泥机总体结构

1—刮板；2—可动臂；3—桥架；4—旋转支承；5—撇渣装置

情况一样。因此，必须注意驱动力和摩擦力的关系，设计时需进行防滑验算。如摩擦力不足时，应采取增加压重或采用带齿轮的滚轮在带齿条的轨道上滚动等措施，以满足驱动力。

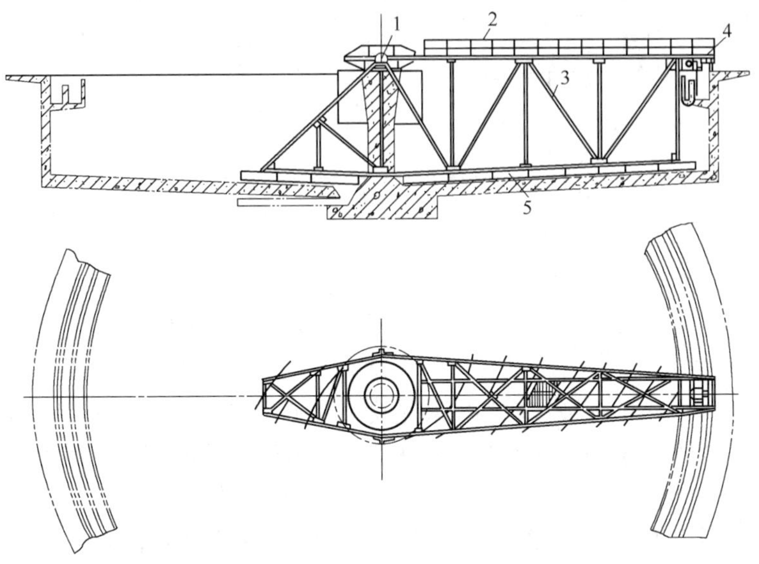

图 6-116 半跨式周边传动刮泥机（旋转桁架式）总体结构

1—中心旋转支座；2—栏杆；3—旋转桁架；4—驱动装置；5—刮板

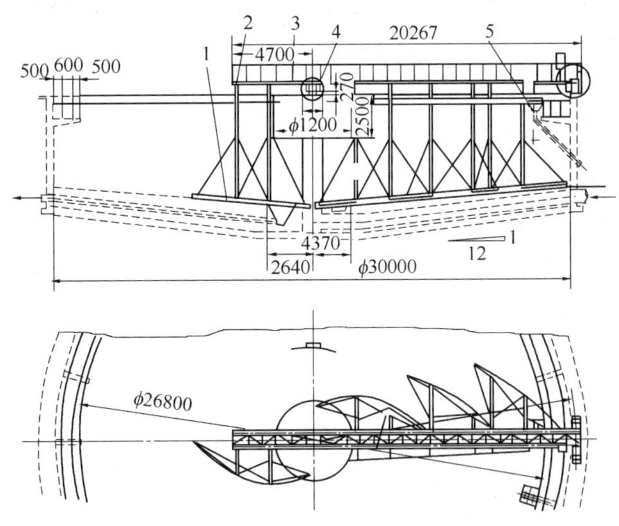

图 6-117 半跨式周边传动刮泥机（可动臂式）总体结构

1—刮板；2—可动臂；3—桥架；4—旋转支座；5—撇渣装置

6.5.5.2 中心旋转支座

中心旋转支座是周边传动刮泥机的重要部件之一，由固定支承座、转动套、推力滚动轴承和集电环等部件组成，如图 6-118 所示。中心旋转支座安装在兼作进水管的中心柱管平台上，柱管大多采用钢筋混凝土结构。轴承主要承受轴向荷载，径向荷载较小。但如周边驱动滚轮的走向，偏离正常轨迹或钢轨圆心与中心轴承不同心，在中心轴承上将产生严

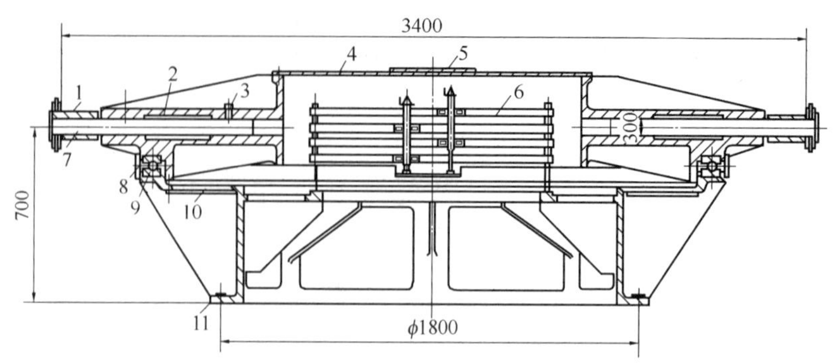

图 6-118　中心旋转支座

1—挡圈；2—旋臂；3—螺钉；4—压盖；5—检修孔盖；6—集电器；7—销轴；8—防尘罩；9—推力轴承；10—盖；11—支座

重的径向力。因此，必须保证车轮的安装精度。中心支座与旋转桁架以铰接的形式连接，刮泥时产生的扭矩作用于中心支座时即转化为中心旋转轴承的圆周摩擦力，因而受力条件较好，这与以中心传递扭矩的中心传动刮泥机有很大的不同。

图 6-119 为周边传动刮泥机的中心旋转支座的另一种形式，桥架与中心旋转支座的连接，仍采用销轴铰接，以保持桥架运行过程中良好的受力状态。同时为了改善旋转桁架的受力条件，也有将旋转桁架与刮板的刚性连接改为铰接的形式，如图 6-120 所示。当污泥阻力对铰点产生的力矩大于刮板自重对铰点的力矩时，刮板会自行绕铰点转动，从而避免将力传递至旋转桁架。

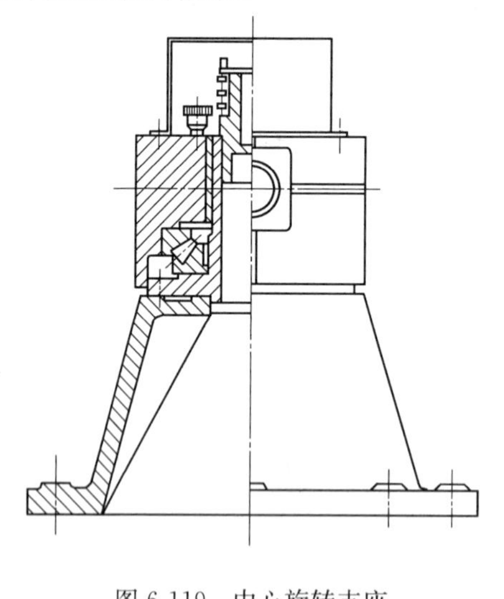

图 6-119　中心旋转支座

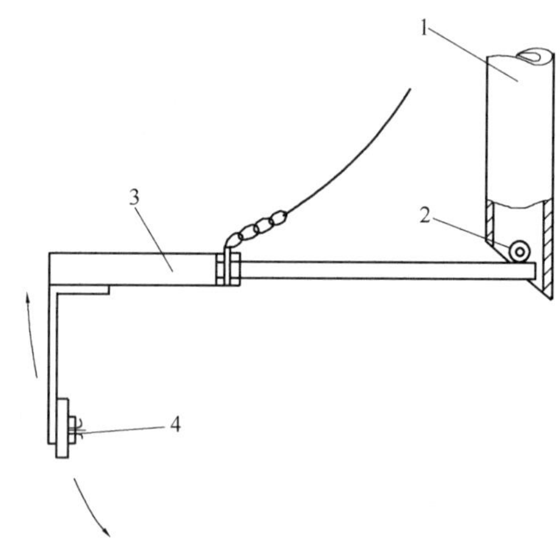

图 6-120　铰接式刮板

1—柱管；2—铰轴；3—刮臂；4—刮板

6.5.5.3　驱动机构

驱动机构通常由户外式电动机、卧式摆线针轮减速机、链条链轮、滚轮等部件组成，如图 6-121 所示。由于圆形池刮泥时，周边线速度限于 3m/min 以下，滚轮总是以一定的旋向和线速度在池周行驶，所以，不论池径大小，减速比均相同，驱动机构较易做到系列化。

滚轮的转速，可按式（6-79）计算：

$$n=\frac{v}{\pi D}\ (\mathrm{r/min}) \qquad (6\text{-}79)$$

式中 v——驱动滚轮行驶速度（m/min），一般取1～3m/min；

D——滚轮直径（m）。

周边滚轮的轮压应按实际承受的荷载来确定，根据需要可用一个滚轮或两个滚轮。安装两个滚轮时，荷载由主动滚轮与从动滚轮共同承受。常用的滚轮有铸钢滚轮和实心橡胶轮等，设计时可参照第6.2节行车式吸泥机。

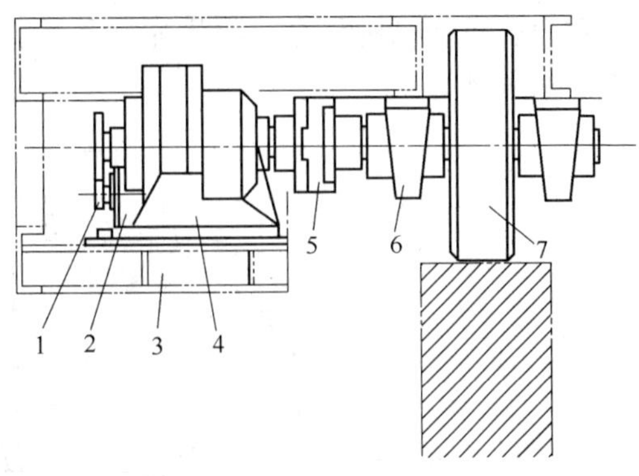

图 6-121 驱动机构

1—链传动；2—电动机；3—机座；4—二级摆线减速机；5—联轴器；6—滚动轴承座；7—橡胶滚轮

驱动功率的确定，可按表 6-35 所列公式(6-80)～式(6-86)计算。

驱动功率的计算 **表 6-35**

序号	计算项目	计算公式	符号说明及设计数据
1	中心轴承的旋转阻力 $P_{旋}$ 与旋转功率 $N_{旋}$	$P_{旋}=\frac{W_{中}}{d_1}2f$ (N) (6-80) $N_{旋}=\frac{P_{旋}\ v_1}{60000}$ (kW) (6-81)	$W_{中}$——作用在中心旋转支承上的载荷（N） d_1——滚动轴承的钢球直径（cm） f——滚动轴承摩擦力臂（cm） v_1——轴承中心圆的圆周速度（m/min）
2	周边滚轮的行驶阻力 $P_{行}$ 与行驶功率 $N_{行}$	$P_{行}=1.3W_{周}\frac{2K+\mu d_2}{D}$ (N) (6-82) $N_{行}=\frac{P_{行}\ v_2}{60000}$ (kW) (6-83)	$W_{周}$——作用在周边滚轮上的载荷（N） K——摩擦系数 橡胶滚轮与混凝土的摩擦系数 0.4～0.8 铸钢滚轮与钢轨的摩擦系数 0.2～0.4 d_2——轮轴直径（cm） D——滚轮直径（cm） v_2——滚轮行驶速度（m/min）
3	刮泥阻力 $P_{刮}$ 与刮泥功率 $N_{刮}$	$P_{刮}=Q_t\times\gamma\times\mu\times g\times1000$ (N) (6-84) $N_{刮}=\frac{P_{刮}\ v_3}{60000}$ (kW) (6-85)	Q_t——刮泥机每转一周的时间内所沉淀的污泥量（m^3） μ——污泥与池底的摩擦系数 γ——沉淀污泥的表观密度一般取 $1.03t/m^3$ v_3——刮泥板线速度（m/min）一般按刮臂 2/3 直径处的线速度计算 g——重力加速度（m/s^2），$g=9.81m/s^2$
4	总驱动功率 $N_{总}$	$N_{总}=\frac{N_{旋}+N_{行}+N_{刮}}{\Sigma\eta}$ (kW) (6-86)	$\Sigma\eta$——机械总效率（%）

6.5.5.4 旋转桁架结构

图 6-122 所示为周边传动刮泥机典型的桁架形式。主要的计算荷载为桁架自重重力、

刮板重力、驱动机构重力及活载等。支承条件为简支梁。水平方向主要是考虑刮泥阻力对桁架的水平推力。

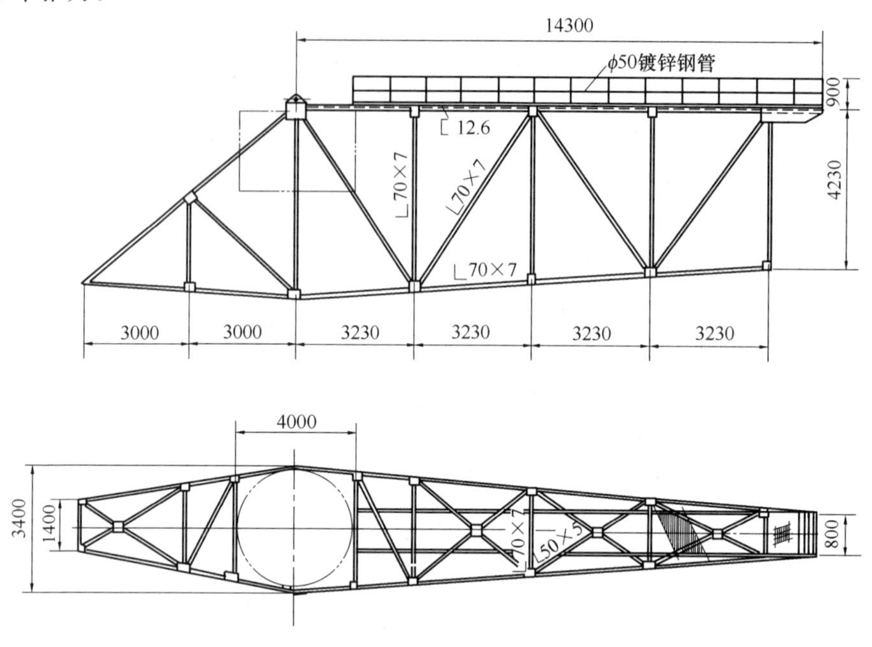

图 6-122 周边传动刮泥机旋转桁架

桁架与中心支座转套连接采用销轴铰接，当行走滚轮端因轨面不平而起伏时，桁架能绕销轴作稍微的转动而避免桁架受扭变形。销轴的轴径大小应按抗剪验算确定。

6.5.5.5 撇渣机构及刮板布置

在沉淀池中，特别是污水的初次沉淀池和二次沉淀池的液面上浮有较多的泥渣和泡沫等杂质，如果不及时撇除，会影响出水水质，因此，需要设置撇渣机构。图 6-123 为撇渣机构的一例，主要是由撇渣板、排渣斗及冲洗机构等部件组成。撇渣板固定在旋转桁架的前方，与桁架的中心线成一角度，使浮渣沿撇渣板推向池周，撇渣板高约 300mm，安装高度应有 100mm 的可调位置，以使撇渣板的一半露出水面。排渣斗和冲洗机构固定在池周，桁架旋转到排渣斗的位置时，将浮渣撇入斗内。与此同时，设在桁架上的压轮正好压下冲洗阀门的杠杆，使阀门开启，并利用沉淀池的出水，回流入斗进行冲洗，将积在斗内的浮渣排出。当压轮移过阀门的杠杆后，靠杠杆的自重将阀门重新关上。

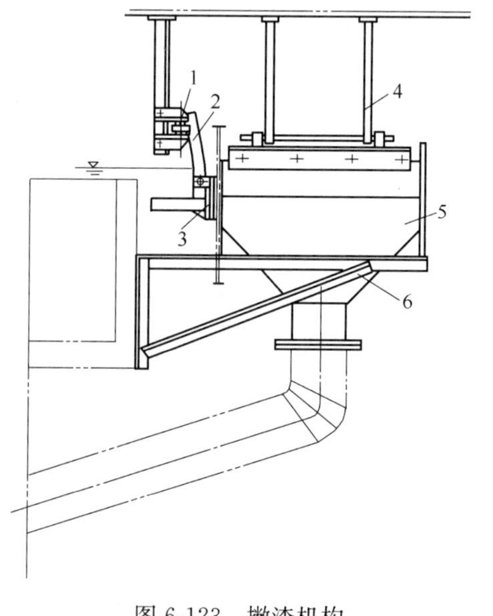

图 6-123 撇渣机构

1—压轮；2—杠杆；3—冲水阀；4—撇渣板；5—排渣斗；6—支架

周边传动刮泥机的刮板设计与中心传动刮泥机的要求相同，根据旋转桁架的结构形式确定全跨布置或半跨布置。

6.5.5.6　集电装置

由于周边传动刮泥机的驱动机构随旋转桁架作圆周运动，所以集电的方式与第6.2节行车式刮泥机所介绍的几种型式不同，通常都采用滑环式受电。图6-124及图6-125为滑环式集电器一例，由集电环及电刷架组成。集电环安装在中心旋转支座的固定机座中，动力电缆由池底进入中心支座，各股线端分别接在铸造黄铜的几个滑环引出节点上，固定不动。另外，将人字形的电刷架装在中心旋转支座的转动套上，电刷靠弹簧的压力与相应的滑环保持接触，通过从电刷架上引出的导线，将电输送到驱动电机。

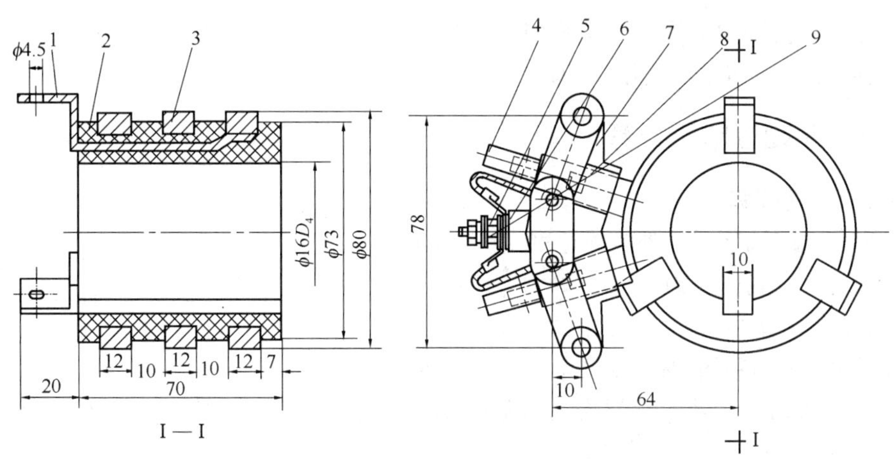

图6-124　滑环式集电装置（一）

1—接线头；2—滑环座；3—滑环；4—罩；5—螺母；6—垫块；7—刷盒；8—电刷；9—垫圈

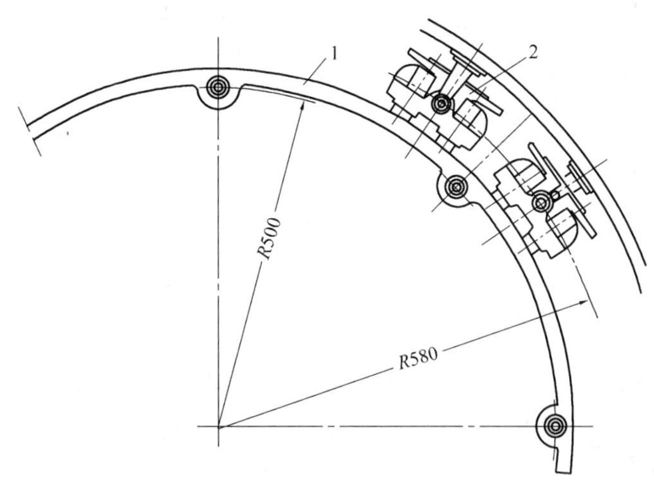

图6-125　滑环式集电装置（二）

1—滑环；2—电刷架

6.6　浓缩池的污泥浓缩机

浓缩是减少污泥体积的一种方法，在污泥处理过程中，一般都采用重力浓缩的方法作为脱水操作的预处理。因此，在浓缩池中进行污泥的浓缩，实际上与沉淀池的沉积过程相似。污泥浓缩池的池径一般为6～20m。由于浓缩池刮泥阻力较大，驱动机构的形式除了6.5.4.2节中图6-107、图6-108介绍的两种布置方式以外，当浓缩池直径较大时，还应采用6.5.1.2节中图6-79的布置方式。

浓缩池结构与圆池刮泥机基本相似，在刮臂上装有垂直排列的栅条，在刮泥的同时起着缓速搅拌作用，以提高浓缩的效果。

6.6.1　基础资料及计算

6.6.1.1　基础资料

(1) 污泥浓缩机刮板的外缘线速度≤3.5m/min；

(2) 浓缩池池底坡度为1∶6～1∶4。

6.6.1.2　计算

刮泥功率的确定可根据第6.5节介绍的公式计算。

对于连续浓缩大荷载的砂类或无黏泥物质时，刮集功率可按经验公式(6-87)计算：

$$N=\frac{Q_{干}}{3}(f\cos\alpha-\sin\alpha)\frac{2R^3+r^3-3rR^2}{R^2-r^2} \tag{6-87}$$

式中　α——刮板底与水平面的夹角(°)；

f——沉淀物的摩擦系数；

$Q_{干}$——每分钟在池内沉淀固体的总吨数(t/min)；

R——浓缩池半径(m)；

r——排泥斗半径(m)。

应用上述公式计算时，有两个假设条件：

(1) 由池中心进水，周边溢流。

(2) 沉淀物均匀地分布于池底。

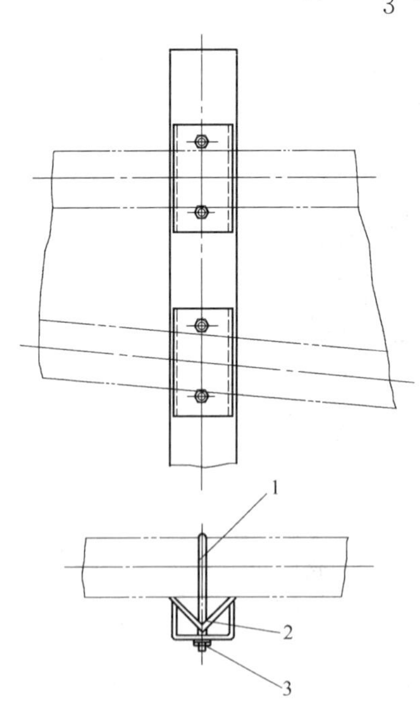

图6-126　浓缩机栅条
1—U型螺栓；2—栅条；3—螺母

6.6.2　竖向栅条

竖向栅条可安装在浓缩机的刮臂上，栅条的形式大多采用等边角钢断面，如图6-126所示。栅条的高度一般为刮臂的下弦至配水筒下口，约占有效水深的2/3，栅条的间隔为300mm。刮臂旋转时带动栅条作缓慢的搅拌，当栅条穿行于污泥层时，能为水提供从污泥中逸出的通道，以提高污泥浓缩的效果。图6-127为悬挂式中心传动浓缩机，适用于池径在14m以下的浓缩池。图6-128为垂架式中心传动浓缩机，适用于池径大于14m的浓缩池。图6-129为周边传动浓缩机，适用的池径为16～30m。

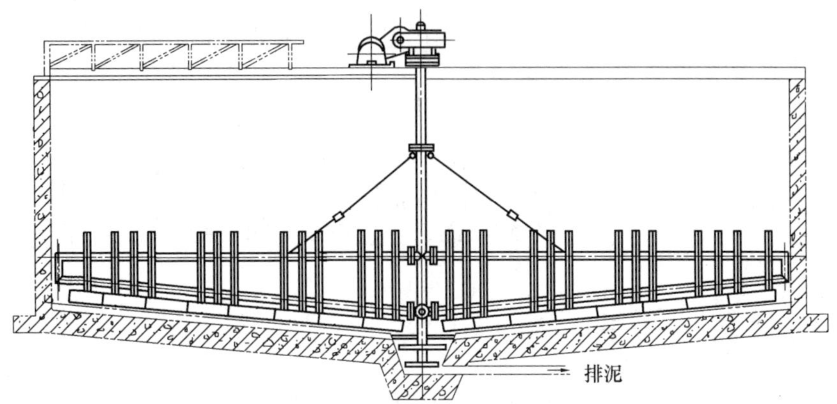

图 6-127 悬挂式中心传动浓缩机

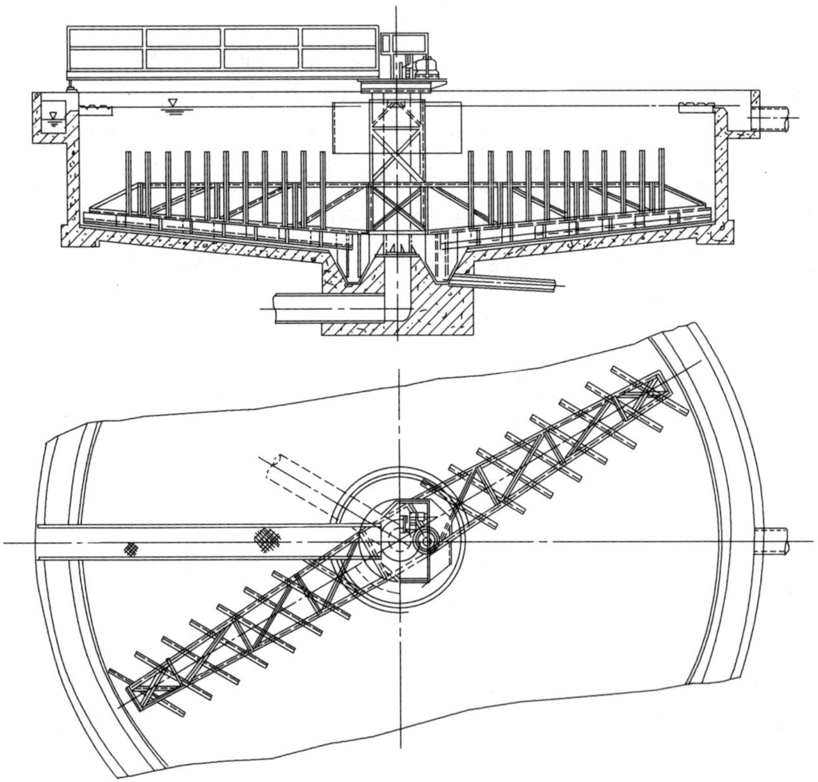

图 6-128 垂架式中心传动浓缩机

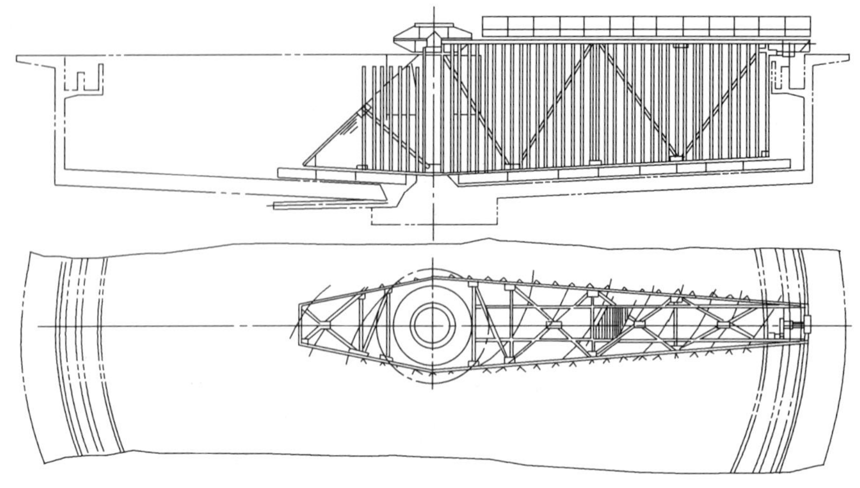

图 6-129　周边传动浓缩机

6.7　机械搅拌澄清池刮泥机

机械搅拌澄清池是泥渣循环型的池子，原水进池后与循环的泥渣通过搅拌桨板和机械叶轮的搅拌和提升使能充分混合反应，以提高澄清效果。整个池子由第一反应室、第二反应室和泥水分离室组成。泥水在分离室分离后，沉淀泥渣的一部分就在分离室的集泥斗内定时排出；另一部分通过回流缝进入第一反应室，较重的污泥沉降于池底，其余随叶轮提升后进行循环。由于机械搅拌澄清池的池底是圆形的，所以，刮泥机按照普通的圆池刮泥机设计。其计算方法也基本上与圆池刮泥机相似。但由于机械搅拌澄清池的结构与功能比较特殊，在第一反应室和第二反应室中间设置了一个悬挂的大型提水叶轮，因此，给刮泥机的设置增加了困难。现在常用的形式有两种，按传动方式的不同，可分为套轴式中心传动刮泥机（如图 6-130 所示）和销齿传动刮泥机（如图 6-131 所示）。

6.7.1　套轴式中心传动刮泥机

6.7.1.1　总体构成

套轴式中心传动刮泥机在形式上与悬挂式中心传动刮泥机相似。为使结构紧凑，将刮泥机的驱动机构叠架在叶轮搅拌机的驱动机构上面，刮泥机的立轴从搅拌机的空心轴中穿越。这种结构形式，习惯上称为套轴式中心传动刮泥机。由于刮泥机的立轴轴径受到搅拌机空心轴内径的限制，一般仅用于水量小于 600m^3/h 的池子，刮板的工作直径约 10m 左右，如图 6-130 所示。主要由电动机、减速器、手动式提耙装置、水下轴承、传动立轴、刮臂及刮板等组成。

6.7.1.2　手动提耙装置

手动提耙装置是升降刮泥板的机构，主要是为了防止池底积泥过多，当超过了刮泥机的能力时，提耙作为安全保护措施。图 6-132 为手动提耙装置的结构，调节高度为 200mm。如图 6-132 所示，在减速器中设置带有滚动推力轴承底座的旋转螺母，与立轴的螺杆部分成一滑动螺旋副，转动螺母时立轴就随导键作上、下升降移动，从而使刮板提

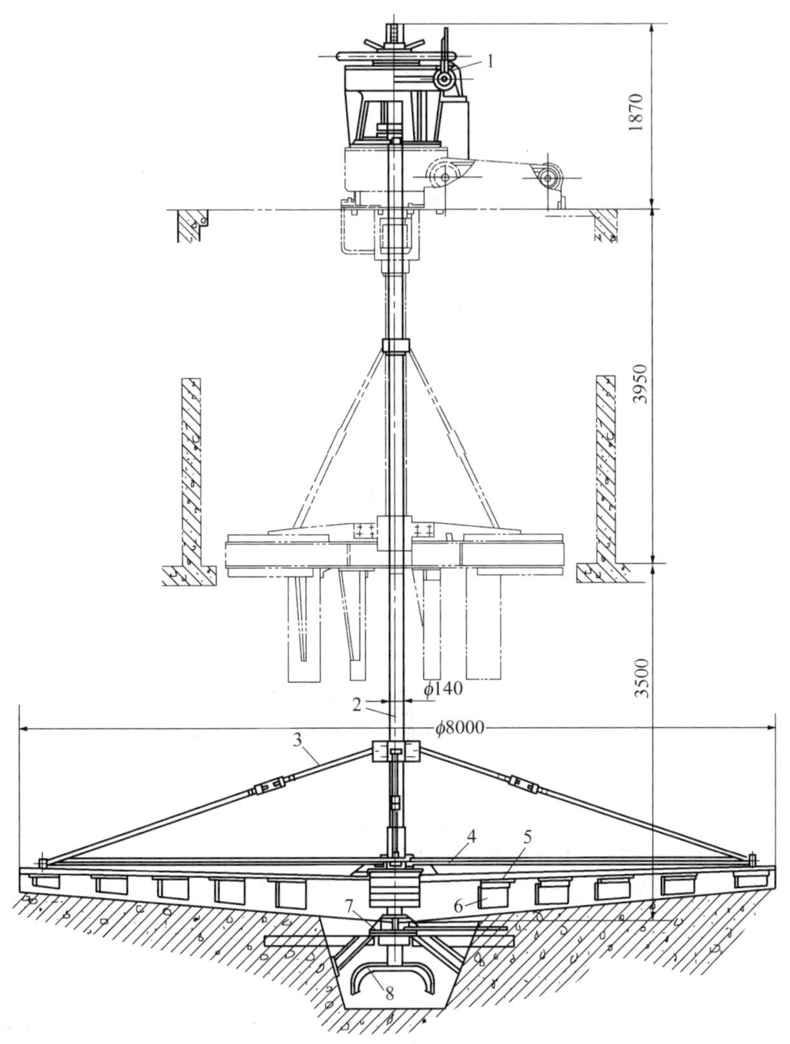

图 6-130 套轴式中心传动刮泥机

1—驱动装置；2—传动立轴；3—斜拉杆；4—水平拉杆；5—刮臂；6—刮板；7—水下轴承；8—集泥槽刮板

高。设计时应注意螺旋副的螺纹旋进方向应与刮臂的旋转方向相反，并用销钉使螺旋副定位，立轴上的导键在升降的范围内不可移出轮壳的键槽。

6.7.2 销齿传动刮泥机

销齿传动刮泥机采用立轴传动的形式，与套轴式不同的是将传动立轴由中心位置移到搅拌叶轮直径之外，从机械搅拌澄清池的池顶平台穿过第二反应室后伸入第一反应室，然后，经小齿轮与销齿轮啮合，带动以枢轴为中心的刮臂进行刮泥。该机的总体布置如图 6-131 所示，主要由电动机、减速器、传动立轴、水下轴承座、小齿轮、销齿轮、中心枢轴、刮臂、刮板等部件组成。从图中可见，销齿传动可视为一对设在水下的外啮合齿轮传动，销齿轮直接与刮臂连接，通过传动使销齿轮带动刮臂绕中心枢轴旋转。图 6-133 为中心枢轴的结构形式，小齿轮传动轴与枢轴的轴承均应采用清水润滑，以防泥砂进入而受到

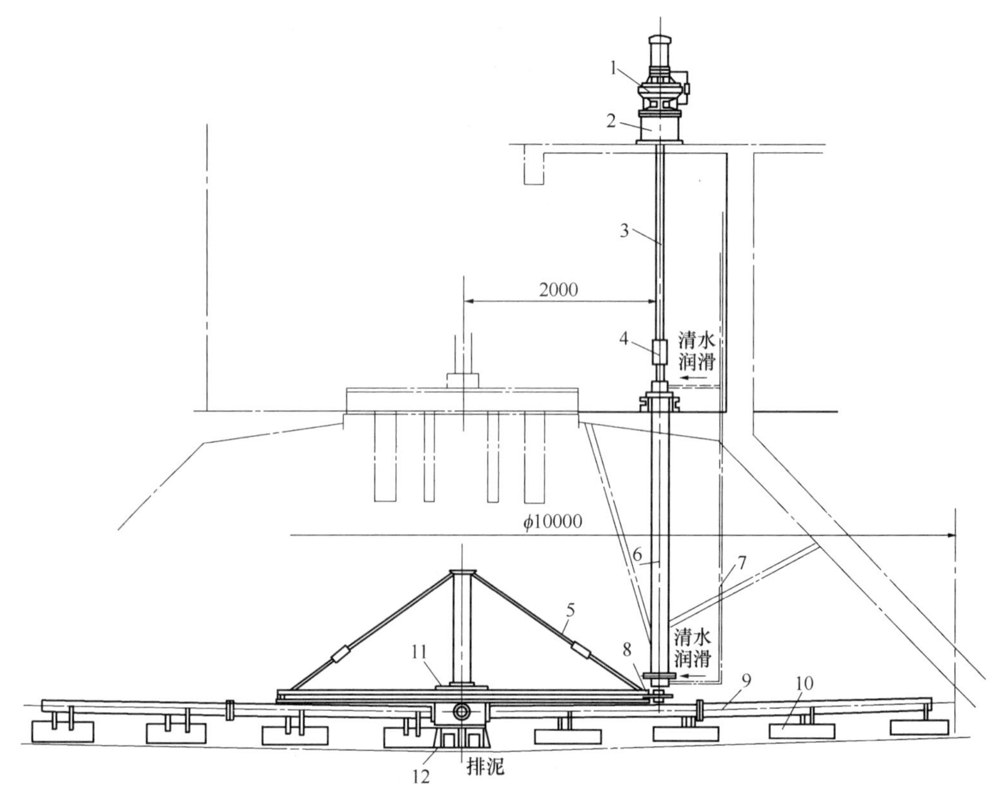

图 6-131 齿轮销齿轮传动刮泥机

1—摆线针轮减速机；2—机座；3—传动轴；4—联轴器；5—拉杆；6—套管；7—清水润滑管路；8—齿轮与销齿轮；9—刮臂；10—刮板；11—中心枢轴；12—支座

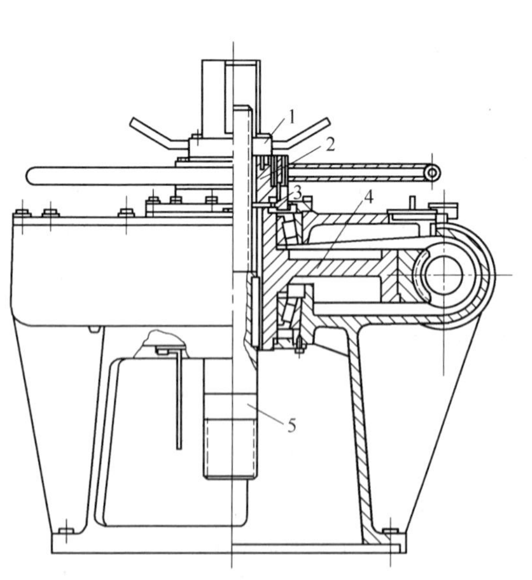

图 6-132 手动提耙装置

1—锁紧螺母；2—调节螺母；3—推力球轴承；4—蜗轮减速器；5—刮泥机立轴

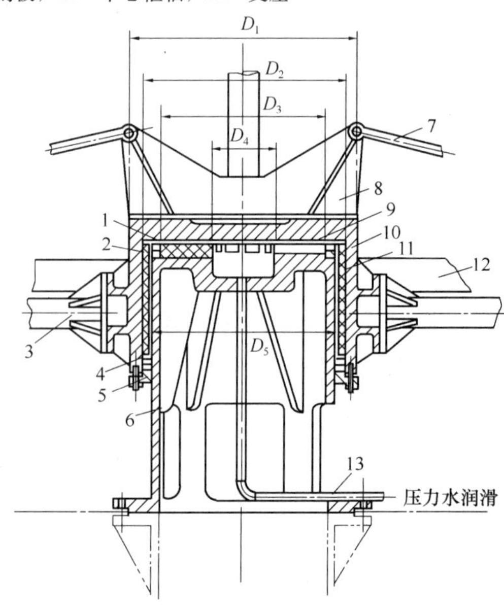

图 6-133 中心枢轴结构

1—轴衬片；2—定位挡圈；3—刮泥横臂；4—填料；5—压盖；6—轴心座；7—调整杆；8—调整拉盘座；9—衬片；10—转轴套；11—衬套；12—大针轮盘；13—压力清水管

磨损。在齿轮与销齿轮的啮合中，由于小齿轮轴悬臂较长，设计时应考虑合理支撑，使之具有足够的刚度，以保证啮合精度。

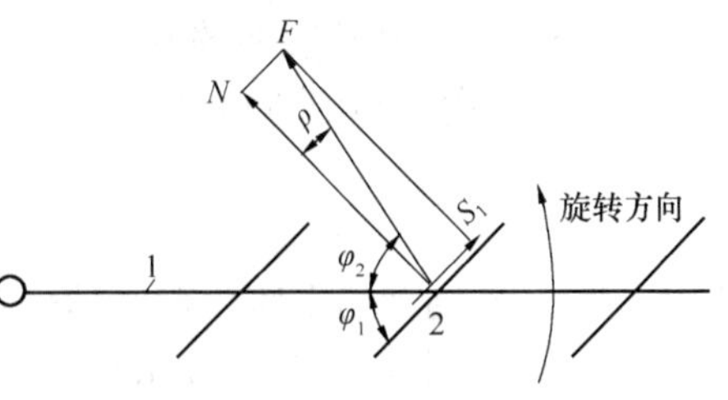

图 6-134 泥砂运动的受力分析

1—刮臂；2—刮板

6.7.3 刮泥板工作阻力和刮泥功率计算

6.7.3.1 刮板工作阻力计算

图 6-134 为泥砂刮移时受力分析。表 6-36 为刮泥阻力的计算公式。

机械搅拌澄清池刮板阻力计算　表 6-36

序号	计算项目	计算公式	符号说明及设计数据
1	刮臂旋转一周所刮送的干泥量 $Q_{周}$	$Q_{周}=Q_{干}\frac{t}{60}$（m^3/周）	t——刮臂旋转一周所需的时间（min/周） $Q_{干}$——每小时沉淀的干污泥量（m^3/h）
2	污泥沿池底行走的路程 S_1	$R=\frac{R_p}{\cos\alpha}$ $S_1=\frac{R_p}{\cos\varphi_2}$ $\varphi_2=90°-(\varphi_1+\rho)$	α——池底坡角（度） R_p——刮臂板的池半径（m） R——刮板的实际工作半径（m） φ_1——刮板与刮臂轴线的水平夹角（°） φ_2——泥砂运动的角度（泥砂沿池底移动时，行走的轨迹，与刮板互为补角的对数螺旋线）（°） ρ——泥砂摩擦角：$\rho=\mathrm{arccot}\mu_1$
3	泥砂在池底上移动时的摩擦力 P_1	$P_1=1000Q_{周}\mu_2\gamma$（N）	γ——泥砂密度（t/m^3） μ_2——泥砂对池底的摩擦系数（与 μ_1 相同）
4	刮泥一周刮板克服污泥与池底摩擦所做的功 A_1	$A_1=P_1S_1$（N·m）	
5	泥砂与刮板的摩擦力 P_2	$P_2=P_1\mu_1\cos\varphi_1$（N）	$\mu_1$①——泥砂对刮板的摩擦系数，对含水率95%的泥浆 $\mu_1=0.15$
6	泥砂沿刮板移动的距离 S_2	对于直线形排列的刮板 $S_2=\frac{R-R_1}{\cos\varphi_1}$（m） 对于对数螺旋线形的刮板 $S_2=\frac{\sqrt{1+K^2}}{K}(R-R_1)$（m）	R_1——集泥斗半径（m） K——常数，$K=\cot\left(45°+\frac{\varphi_2}{2}\right)$ φ_2——见序号 2 符号说明
7	泥砂与刮板摩擦所消耗的功 A_2	$A_2=P_2S_2=P_1\mu_1(R-R_1)$（N·m）	
8	刮泥一周所消耗的总功 A	$A=A_1+A_2$（N·m）	
9	刮泥所需功率 N_p	$N_p=\frac{A}{60000t}$（kW）(6-88)	t——刮泥一周所需时间（min/周）
10	刮臂的工作扭矩 M_p	$M_p=9550\frac{N_p}{n}$（N·m）(6-89)	n——刮臂转速（r/min）

① 由原中国给水排水西北分院对某澄清池的刮泥摩擦系数测定；
当排泥密度为 935kg/m^3 时，$\mu_1=0.53$，$\mu_2=1.42$；
当排泥密度为 500kg/m^3 时，$\mu_1=0.061$，$\mu_2=0.46\sim0.53$。

6.7.3.2 电动机功率的确定

（1）套轴式中心传动刮泥机的功率计算：

$$N=\frac{1.3M_{p}n}{9550\Sigma\eta}\ (kW) \tag{6-90}$$

式中 M_p——刮臂的工作扭矩（N·m）；

n——刮臂的转速（r/min）；

$\Sigma\eta$——总效率，

其中 $$\Sigma\eta=\eta_1\eta_2\eta_3\eta_4$$

η_1——单级摆线减速机效率取 0.9；

η_2——链传动的机械效率取 0.96；

η_3——蜗轮减速机效率取 0.70；

η_4——水下轴承效率取 0.93；

1.3——附加系数（主要考虑由机械自重在旋转时所产生的阻力等因素）。

（2）销齿传动刮泥机的功率计算：

1）枢轴的扭矩及刮泥功率计算：枢轴由转轴、芯轴、止推滑动轴承、径向滑动轴承、填料密封及水润滑管等部件组成，枢轴的扭矩计算及功率计算公式列于表 6-37。

中心旋转枢轴的扭矩计算 表 6-37

序号	计算项目	计算公式	符号说明及设计数据
1	枢轴的扭矩 $M_枢$	$M_枢=M_1+M_2+M_3+M_p$（N·m） $N_枢=\frac{M_枢\ n_枢}{9550}$（kW）（6-91）	M_p——刮臂的工作力矩（N·m），见表 6-36 M_1——转套止推滑动轴承摩擦力矩（N·m） M_2——转套径向滑动轴承摩擦力矩（N·m） M_3——填料摩擦力矩（N·m）
2	转套止推滑动轴承摩擦力矩 M_1 及所需功率 N_1	$M_1=\frac{fd_m}{2}$（N·m） $f=\mu\times\Sigma P$（N） $\Sigma P=W_刮+W_{转轴}-P_{介差压}$（N） $P_{介差压}=P_{介内}-P_{介外}$ $N_1=\frac{M_1n_枢}{9550}$（kW）	f——转套转动时与枢轴的摩擦力（N） d_m——止推轴承平均直径（m） μ——环状承压面的摩擦系数 酚醛层压板对金属 （干摩擦时）$\mu=0.14$ 青铜对钢 $\mu=0.15$ ΣP——转套所承受的轴向总荷载（N） $W_刮$——刮臂及刮板的重量（N） $W_{转轴}$——转套的重力（N） $P_{介外}$——枢轴外的介质压力（N） $P_{介内}$——枢轴内的介质压力（N） $n_枢$——枢轴转速（r/min）
3	转套径向滑动轴承摩擦力矩 M_2 及功率 N_2	$M_2=f_径\times\frac{d}{2}$（N·m） $f_径=\mu P_径$（N） $P_径=\frac{2M_p}{D_节}\text{tg}\beta$（N） $N_2=\frac{M_2n_枢}{9550}$（kW）	d——滑动轴承直径（m） $f_径$——径向滑动轴承的摩擦力（N） $P_径$——径向受力（N） M_p——刮臂工作扭矩（N·m） $D_节$——大齿轮节圆直径（m） β——齿轮压力角 $\beta=20°$
4	填料和转轴间摩擦力矩 M_3 及功率 N_3	$M_3=P_f\frac{d}{2}$（N·m） $P_f=\pi dh_1q\mu_3$（N） $N_3=\frac{M_3n_枢}{9550}$（kW）	P_f——填料与转轴间的摩擦力（N） d——同前（m） h_1——填料高度（m） q——填料侧压力，一般为 5×105Pa μ_3——填料与转轴间的摩擦系数，μ3=0.04～0.08

2）电动机功率的确定：电动机功率 N（kW）可按下式计算：

$$N=\frac{M_{枢}\times n_{枢}}{9550\times\Sigma\eta}\text{（kW）}$$

式中 $\Sigma\eta$——机械总效率%。

6.7.4 刮臂和刮板

6.7.4.1 刮臂

刮臂承受刮泥阻力及自重重力，在机械搅拌澄清池中通常采用管式悬臂结构，并设置拉杆作辅助支撑。

刮臂的数量为 800m^3/h 以上的水池采用 120°等分的三个刮臂。600m^3/h 以下的池子采用对称设置的两个大刮臂和两个小刮臂，互成十字形。

6.7.4.2 刮板

刮板可按对数螺旋线布置。为了加工方便，也可设计成直线形多块平行排列的刮板。

刮板与刮臂轴线夹角应大于 45°。

6.7.4.3 池底坡角

通常 200m^3/h、320m^3/h 的机械搅拌澄清池池底坡度为 1∶12；430m^3/h 以上的大中型机械搅拌澄清池，由于土建设计为弓形薄壳池底，因此刮臂与刮板的设计也应与此相适应。

6.7.5 系列化设计及计算实例

机械搅拌澄清池刮泥机的标准系列图集由北京市市政设计院负责编制，并由沈阳冶金矿山机器厂制造，主要规格见表 6-38。

机械搅拌澄清池刮泥机系列规格 **表 6-38**

型　式	规 格（m^3/h）	部颁标准图代号
套轴式中心传动刮泥机	200	S774（一）
	320	S774（二）
	430	S774（三）
	600	S774（四）
齿轮销齿轮传动刮泥机	800	S774（五）
	1000	S774（六）
	1330	S774（七）
	1800	S774（八）

【例】 试计算 1000m^3/h 的机械搅拌澄清池刮泥机功率。

设计数据：

（1）刮泥机每转一周的刮泥量（含水率 95%）为

$$Q_{周}=4\text{m}^3/\text{周}$$

（2）刮板的工作圆周半径 6.5m。

（3）排泥槽半径 0.3m。

（4）刮板与刮臂的夹角 $\varphi_2=45°$。

（5）泥砂对池底、刮板的摩擦系数 $\mu=0.15$。

(6) 刮板外缘线速 $v=2\text{m/min}$。

(7) 刮板一周的时间 $t=20\text{min}=0.33\text{h}$。

(8) 总机械效率为 70%。

【解】 因机械搅拌澄清池规模为 $1000\text{m}^3/\text{h}$，所以设计的刮泥机采用销齿传动形式。

设：刮泥机传动布置如图 6-135 所示。

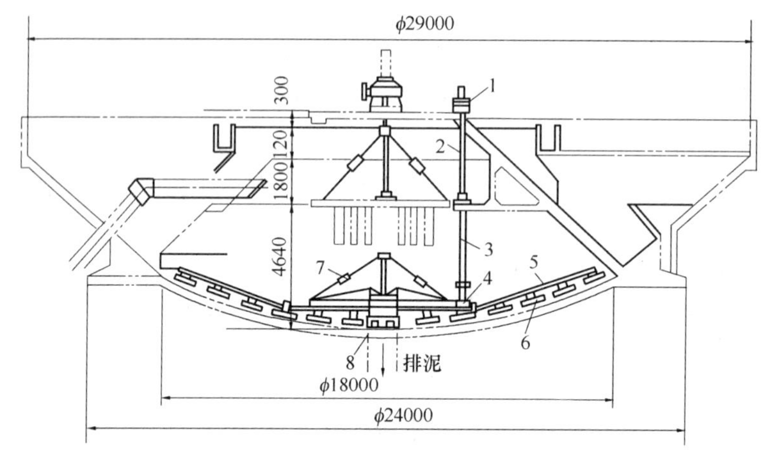

图 6-135　机械搅拌澄清池刮泥机计算

1—驱动机构；2—传动立轴；3—套筒；4—齿轮销齿轮啮合副；5—刮臂；6—刮板；7—拉杆；8—中心枢轴

刮臂与刮板的自重重力为 8000N。

转动套与销齿轮等重力为 8000N。

转动套内、外的水压差忽略不计。

(1) 枢轴的扭矩计算（按表 6-37 计算）：

$$M_{枢}=M_p+M_1+M_2+M_3$$

式中

$$M_p=9550\frac{N_p}{n}=\frac{9550\ (A_1+A_2)}{60000tn}=\frac{9550\ (P_1s_1+P_2s_2)}{60000tn}$$

$$=\frac{9550\left[1000Q_{周}\ \mu_2 g\gamma\dfrac{R_p}{\cos\varphi_2}+1000Q_{周}\ \mu_2\gamma g\mu_1\ (R-R_1)\right]}{60000t\dfrac{v}{2\pi R}}$$

$$=9550\times\left\{\frac{1000\times4\times0.15\times1.03\times9.81\times\dfrac{6.5}{\cos[90°-(45°+8.5°)]}+1000\times4\times0.15\times1.03\times9.81\times0.15\times(6.5-0.3)}{60000\times20\times\dfrac{2}{2\times\pi\times6.5}}\right\}$$

$$=8883\text{N}\cdot\text{m}$$

$$M_1=\mu\ (W_{刮}+W_{转})\ \frac{d_m}{2}=0.14\times(8000+8000)\times\frac{0.335}{2}=375.2\text{N}\cdot\text{m}$$

$$M_2=\frac{2M_p}{D_{节}}\tan\beta\mu\frac{d}{2}=\frac{2\times8883}{4}\times\tan20°\times0.14\times\frac{0.4}{2}=45\text{N}\cdot\text{m}$$

$$M_3=\pi dh_1q\mu_3\frac{d}{2}=\pi\times0.4\times0.075\times500000\times0.08\times\frac{0.4}{2}=754\text{N}\cdot\text{m}$$

$$M_{枢}=8883+375.2+45+754=10057.2\text{N}\cdot\text{m}$$

（2）驱动功率计算：

$$N=\frac{M_{枢}\ n}{9550\eta}=\frac{10057.2\times0.049}{9550\times0.7}=0.074\text{kW}$$

选用 0.55kW 电动机。

6.8 双钢丝绳牵引刮泥机

6.8.1 适用条件和特点

双钢丝绳牵引刮泥机，适用于水厂平流沉淀池、斜管沉淀池、浮沉池的排泥。通常采用一套驱动卷扬装置，同时牵引两台行驶方向相反，作直线往复运动的刮泥车。设备结构简单、操作方便、刮泥能力与适应性强，易于实现自动化。

6.8.2 常用布置方式

刮泥机的布置与沉淀池的长度、宽度有关，通常布置方式有纵向（池长）刮泥布置和横向（池宽）刮泥布置两种方式，如图 6-136 所示。其布置要点：

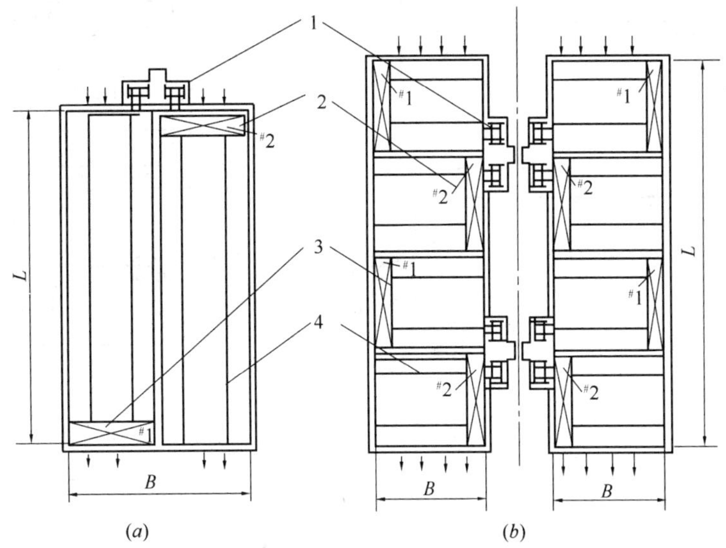

图 6-136 双钢丝绳牵引刮泥机布置方案

（a）纵向刮泥布置；（b）横向刮泥布置

1—驱动卷扬装置；2—#2 刮泥车；3—#1 刮泥车；4—钢丝绳

（1）当沉淀池长度 $L\leqslant30\text{m}$，宽度 $B\leqslant9\text{m}$ 时应优先选用纵向布置。

1）刮泥车运行方向平行于水流方向，刮泥设备设置少。

2）进水端沉泥量大，故池内集泥槽最好设在进水端，使大量沉泥刮送距离短，增强排泥效果。

(2) 当沉淀池长 $L>30\mathrm{m}$，宽度 $B>9\mathrm{m}$ 时应优先采用横向布置。

1) 刮泥车运行方向垂直于水流方向，刮泥设备设置量较多，且各台刮泥机负荷不一致，须采取不同的运行速度或工作周期，以适应进水端负荷大于出水端。此种布置，在实际工程中应用较多。

2) 横向刮泥布置方案：一般都在两组沉淀池之间设排泥管廊，便于集中排泥和刮泥设备的布局。

上述两种刮泥机的布置，其排泥效果均能满足工艺要求。

6.8.3 总体构成

双钢丝绳牵引刮泥机主要由一套驱动卷扬装置、八套立式改向滑轮组、十二套卧式改向滑轮组、两套换向机构、两台刮泥车和钢丝绳组成。如图 6-137 所示。

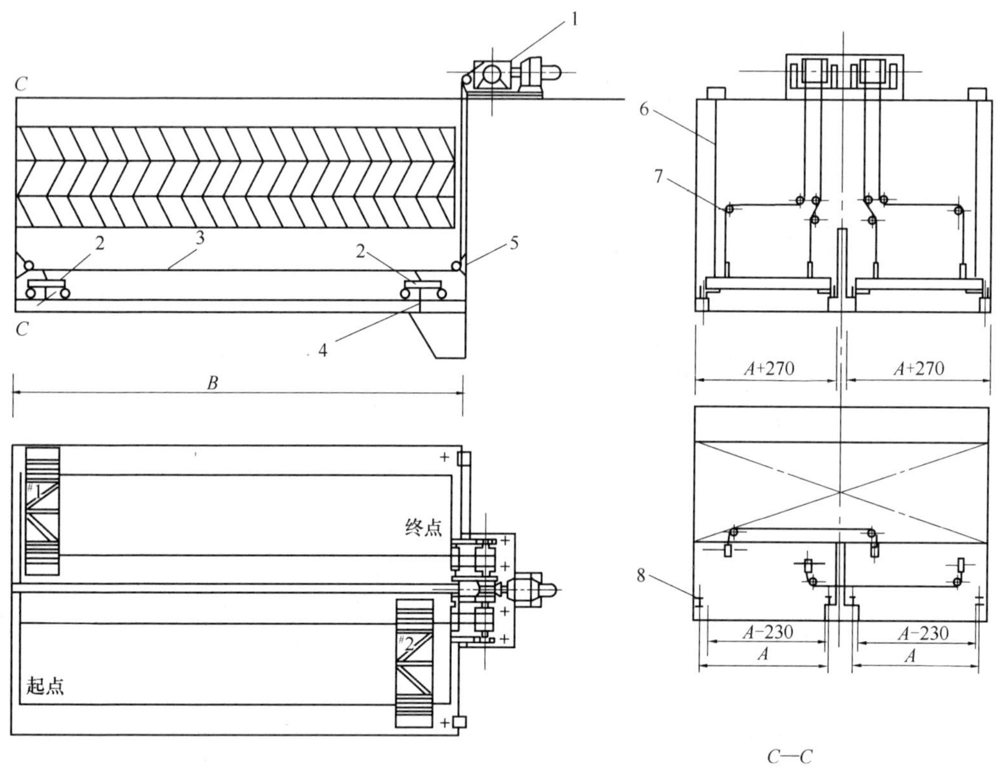

图 6-137　双钢丝绳牵引刮泥机结构布置

1—驱动卷扬装置；2—刮泥车；3—钢丝绳；4—刮泥板；5—立式滑轮；6—换向机构；7—卧式滑轮；8—轨道

驱动卷扬装置设在池顶走道板上，两套换向机构设在沉淀池集泥槽侧，其位置应与刮泥车上碰杆相对应，二十套改向滑轮组与池壁上的预埋件焊接定位，两台刮泥车设置在池体底部的轨道上，一台在刮泥行程的终端，一台在刮泥行程的起点。每台刮泥车首端用钢丝绳与卷绳筒相连，两台车尾端用钢丝绳连接，组成一个运动链，单向刮泥。

在驱动卷扬装置中，减速机的输出端装有小圆锥齿轮，同时与两个卷筒输入端的大圆锥齿轮啮合，组成齿轮副。当电机顺时针旋转时，其中一个卷筒顺时针旋转，卷绕钢丝绳，另一个卷筒逆时针旋转，释放钢丝绳。在卷绕钢丝绳的牵引下，#1、#2 刮泥车同时动作，其中#1 车刮泥板翻转下降，作正向行驶刮泥。#2 车刮泥板翻转抬起，反向行驶，空行程返回。当驶完全行程到达各自的另一端时，由正向行驶的#1 车通过碰杆触动换向机构，并由它发出信号，使电机停止，反转。而原来顺时针旋转的卷筒开始逆时针旋转。钢丝绳牵引下，#2 车刮泥板翻转下降，#1 车翻转抬起，换向行驶。当#2 车刮泥到达终点时，触动换向机构发出信号，电动机停止转动，同时指令排泥管上的阀门开启排泥，延迟一段时间后自动关闭。至此一个排泥周期结束。

根据原水浊度的变化，排泥周期的间隔时间可调。当间隔时间设定为零时，刮泥机就可连续刮泥。另外也可根据沉淀池的平均沉泥厚度确定，一般沉泥厚度大于 80mm 时就需排泥，控制方式可由沉泥浓度计或计算机集中自动控制或现场手动控制。

6.8.4 双钢丝绳牵引刮泥机主辅设备

6.8.4.1 驱动卷扬机构

驱动卷扬机构，如图 6-138 所示，有调速型和定速型两种。调速型主要配置无级变速电机；定速型选用单一速度的电机与摆线针轮减速器配套，以驱动卷扬机。

为防止钢丝绳出入卷筒时无序排列，在两个卷筒上设有导绳槽，卷筒设在减速机左端的设右旋导槽，右端的设左旋导槽，绳槽数根据池长和卷筒直径确定。钢丝绳出入卷筒的偏角 $\alpha \leqslant 6°$。有关卷筒的结构、绳槽间距和强度计算等详阅起重设备零部件设计的有关章节。

为防止刮泥机超负荷运行，在减速机输出轴端设置安全剪切销，当输出扭矩大于设计值时，剪切销剪断，停止运行，剪切销结构及计算见第 4 章。

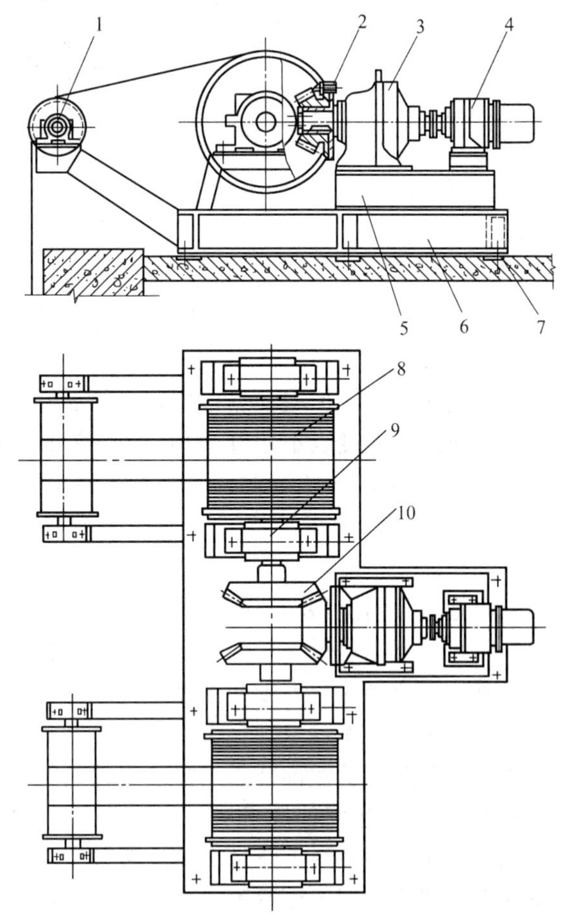

图 6-138 调速型驱动卷扬机构

1—导绳筒；2—剪切销；3—摆线针轮减速机；4—调速电机；5—减速机座；6—驱动卷扬机座；7—底脚螺栓；8—卷绳筒；9—轴承座；10—圆锥齿轮副

6.8.4.2 刮泥车

如图 6-139 所示为刮泥车结构，车体采用普碳钢组合梁结构，四组行走轮用 U 形螺栓固定在车身上。行走轮轴心镶嵌铜合金轴衬，轮轴采用不锈钢，每一走轮前设置清除轨面积泥的辅助刮板。池底积泥由设置在车架上可翻转的刮板清除，刮板下部装有氯丁橡胶板。

刮泥车正向行驶时，钢丝绳牵引拉杆，在连杆的作用下，刮板翻转，与池底呈 90°，前进刮集污泥，直至推入集泥槽内。刮泥车反向行驶时，动作与正

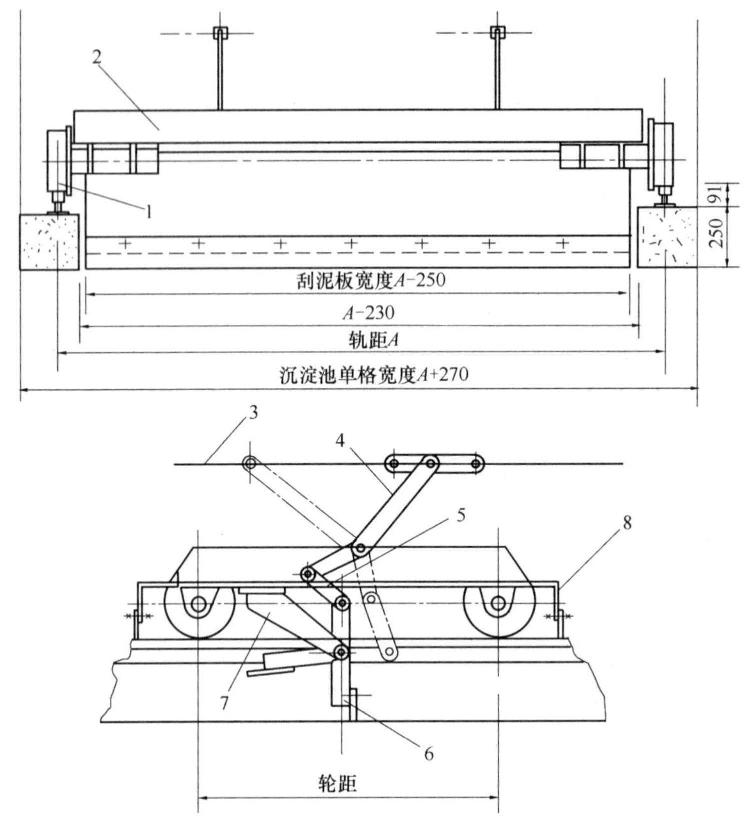

图 6-139 刮泥车

1—行走轮；2—车体；3—牵引钢丝绳；4—拉杆；5—连杆；6—刮泥板；7—刮板支架；8—辅助刮板

向相同，刮泥板翻转抬起，空行程，直至返回始发端。

刮泥车运行速度以不超过 1.5m/min 为宜，通常采用 1m/min；跨度一般不超过 6m；轮距与跨度比为 1/5～1/3。

6.8.4.3 换向机构

刮泥车行驶至终点时，车上的碰杆推动换向机构的摆杆，使之旋转一定的角度，转轴的另一侧把直杆向上移动，杆的上部设有接近开关磁铁，当两者靠近时，开关动作，指令刮泥车停止或反向运行。若接近开关故障，在杆的上端设有超越行程开关的拨块，超越行程开关动作指令刮泥车停驶并报警，详见图 6-140。

换向开关选用无触点，全密封的接近开关，适应潮湿环境和动作频繁的工况。超越行程开关采用湿热型机械推杆式能自动复位的行程开关。

6.8.4.4 钢丝绳的选用

刮泥机用的钢丝绳，总是交替地浸没于水中，因此除需要足够的强度外，应考虑介质的腐蚀，一般应采用不锈钢钢丝绳。若采用镀锌钢丝绳时镀锌层出现裂纹会由于双金属的电化学作用而加速腐蚀。

运行中，钢丝绳要多次通过改向滑轮组，故应采用同向捻的，且钢丝绳计算中其安全系数不宜取得过大，一般 $[n] \geqslant 4$，确保足够的柔性。

6.8.5 设计计算

6.8.5.1 沉淀池排泥量

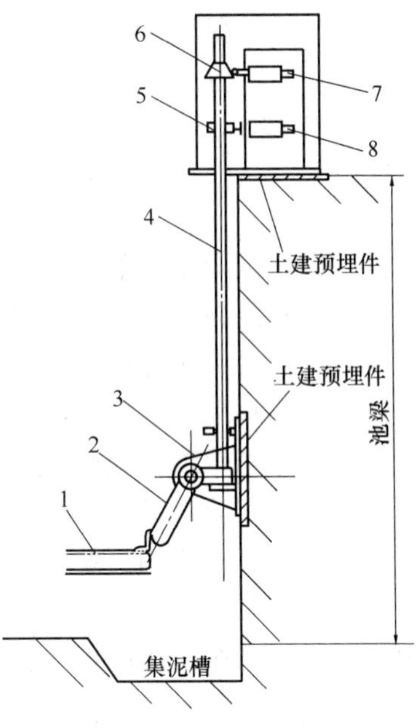

图 6-140 换向机构示意

1—刮泥车碰杆；2—摆杆；3—支座；4—连杆；5—接近开关挡片；6—超越行程开关撞块；7—超越行程开关；8—接近开关

（1）每套刮泥机担负的处理水量：按式（6-92）为

$$Q_{机} = \frac{Q}{A} \quad (m^3/h) \tag{6-92}$$

式中 A——刮泥机总数（套）；

Q——沉淀池总进水量（m^3/h）。

（2）刮泥机刮集干污泥量：按式（6-93）为

$$Q_{干} = Q_{机}(SS_1 - SS_2) \times 10^{-6} (m^3/h) \tag{6-93}$$

式中 SS_1——沉淀池进水浊度（mg/L）；

SS_2——沉淀池出水浊度（mg/L）。

（3）沉淀池排泥按含水率 98%计，污泥量：按式（6-94）为

$$Q_{\varepsilon} = Q_{干}\frac{100}{100-\varepsilon}\rho \ (kg/h) \tag{6-94}$$

式中 ε——污泥含水率（%）；

ρ——污泥密度（kg/m^3），一般 $\rho=1030kg/m^3$。

6.8.5.2 刮泥机刮泥量

（1）刮泥机一个工作循环的刮泥量（指两台刮泥车各刮泥一次）：按式（6-95）为

$$Q_{次} = \frac{bh^2\rho}{\tan\alpha} (kg/次) \tag{6-95}$$

式中 b——刮泥板宽度（m）；

h——刮泥板高度（m）；

α——刮泥时污泥堆积坡角，一般取 5°。

（2）刮泥机一个工作循环所需时间：按式（6-96）为

$$t = \frac{2S}{v} \ (min) \tag{6-96}$$

式中 $2S$——两台刮泥车运行距离（m）；

v——刮泥车运行速度（m/min）。

（3）连续刮泥，每小时刮泥次数：按式（6-97）为

$$K_{次} = \frac{60}{t} \ (次/h) \tag{6-97}$$

（4）每小时刮泥量：按式（6-98）为

$$Q_{刮} = K_{次} Q_{次} (kg/h) \tag{6-98}$$

刮泥量应大于排泥量，即 $Q_{刮} > Q_{\varepsilon}$。

6.8.5.3 驱动功率

（1）刮泥时刮板所受阻力：按式（6-99）为

$$P_{刮} = \frac{Q_{次}}{2}\mu g = 4.9 Q_{次}\,\mu \ (N) \tag{6-99}$$

式中 μ——污泥与沉淀池底摩擦系数，一般0.2～0.5；

g——重力加速度（m/s^2），$g=9.81m/s^2$。

（2）刮泥车行驶阻力：按式（6-100）为

$$P_{驶} = GK\frac{2K_1+\mu d}{D}\ (N) \tag{6-100}$$

式中 G——刮泥车总重力（N）；

K——阻力系数，一般取2～3；

K_1——铸钢车轮与钢轨滚动摩擦力臂，一般取0.05～0.1cm；

μ——轴承摩擦系数，一般滚动轴承取0.002～0.01；滑动轴承取0.1～0.5；

d——车轮轮轴直径（cm）；

D——车轮直径（cm）。

（3）轨道坡度阻力：按式（6-101）为

$$P_{坡} = GK_{坡}(N) \tag{6-101}$$

式中 $K_{坡}$——轨道坡度阻力系数，一般取0.005。

（4）各项阻力总和：按式（6-102）为

$$\Sigma P=P_{刮}+2\ (P_{驶}+P_{坡})\ (N) \tag{6-102}$$

（5）驱动功率：按式（6-103）为

$$N_0 = \frac{\Sigma Pv}{60000\eta}\ (kW) \tag{6-103}$$

式中 η——总机械效率（%）；

v——刮泥车行驶速度（m/min）。

（6）电动机功率：按式（6-104）为

$$N_{电} = K_2N_0 \tag{6-104}$$

式中 K_2——工况系数，一般取1.2～1.4。

6.8.6 计算实例

【例】 某水厂设计规模30万m^3/d，沉淀池分两个系统，每系统分两组，原水浊度10～500mg/L，短期可高达600mg/L，出水浊度10mg/L。采用双钢丝绳牵引刮泥机，如图6-137所示；每组三套，横向刮泥。刮泥机运行速度$v=1m/min$，设刮泥车总重力17640N，刮板宽3.68m，高$h=0.55m$，车轮直径$D=32cm$，轮轴直径$d=6cm$。

【解】 （1）沉淀池排泥量：

1）每套刮泥机担负的处理水量：

$$Q_{机} = \frac{Q}{A} = \frac{300000}{12} = 25000m^3/d = 1042m^3/h$$

2）刮集的干污泥量：

$$Q_{干} = Q_{机}(SS_1 - SS_2)\times 10^{-6} = 1042(600-10)\times 10^{-6} = 0.615m^3/h$$

3）按排泥含水率98%计算污泥量：

$$Q_{\varepsilon} = Q_{干}\frac{100}{100-\varepsilon}\rho = 0.615\frac{100\times 1030}{100-98} = 31673kg/h$$

（2）刮泥机刮泥量：

1）一个工作循环的刮泥量：

$$Q_{次}=\frac{bh^2\rho}{\tan\alpha}=\frac{3.68\times0.55^2\times1030}{\tan5^{\circ}}=13106\text{kg/次}$$

2）一个工作循环所需时间：

$$t=\frac{2S}{v}=\frac{2\times10.5}{1}=21\text{min}$$

式中 S——刮泥车运行距离，等于 10.5m。

3）每小时刮泥次数：

$$K_{次}=\frac{60}{t}=\frac{60}{21}=2.86\text{次}$$

4）每小时刮泥量：

$$Q_{刮}=K_{次}Q_{次}=2.86\times13106=37483\text{kg/h}$$

每小时刮泥量 $Q_{刮}$ 大于每小时排泥量 Q_{ϵ}。

（3）驱动功率计算：

1）刮板集泥时阻力：

$$P_{刮}=\frac{Q_{次}}{2}\mu\times9.8=4.9\times Q_{次}\times\mu=4.9\times13106\times0.35=22477\text{N}$$

2）轨道坡度阻力：

$$P_{坡}=GK_{坡}=17640\times0.005=88\text{N}$$

3）刮泥车行驶阻力：

$$P_{驶}=GK\frac{2K_1+\mu d}{D}=2\times17640\frac{2\times0.08+0.3\times6}{32}=2161\text{N}$$

4）各项阻力之和：

$$\Sigma P=P_{刮}+2(P_{坡}+P_{驶})=22477+2(2161+88)=26973\text{N}$$

5）驱动功率：

$$N_0=\frac{\Sigma Pv}{60000\eta}=\frac{26973\times1}{60000\times0.75}=0.6\text{kW}$$

6）电动机功率：

$$N_{电}=K_1N_0=1.2\times0.6=0.72\text{kW}$$

选 $N_{电}=0.75$kW。

（4）钢丝绳直径：每台刮泥车由两根钢丝绳牵引：

故

$$F_{max}=\frac{\Sigma P}{2}=\frac{26973}{2}=13486.5\text{N}$$

初选钢丝绳 $d=9.3$mm，抗拉强度 1700N/mm^2

$$F_D = 54700\text{N}$$

$$n = \frac{F_D}{F_{max}} = \frac{54700}{13487} = 4.1 > 4 \text{（安全）。}$$

6.9 液压往复式刮泥机

6.9.1 总体构成

液压往复式方形池底刮泥机是一个由液压系统、推杆系统和一些楔形刮板与斜撑等焊接在一起的池底刮板系统组成的具有往复移动功能的刮泥设备。其总体结构见图 6-141。

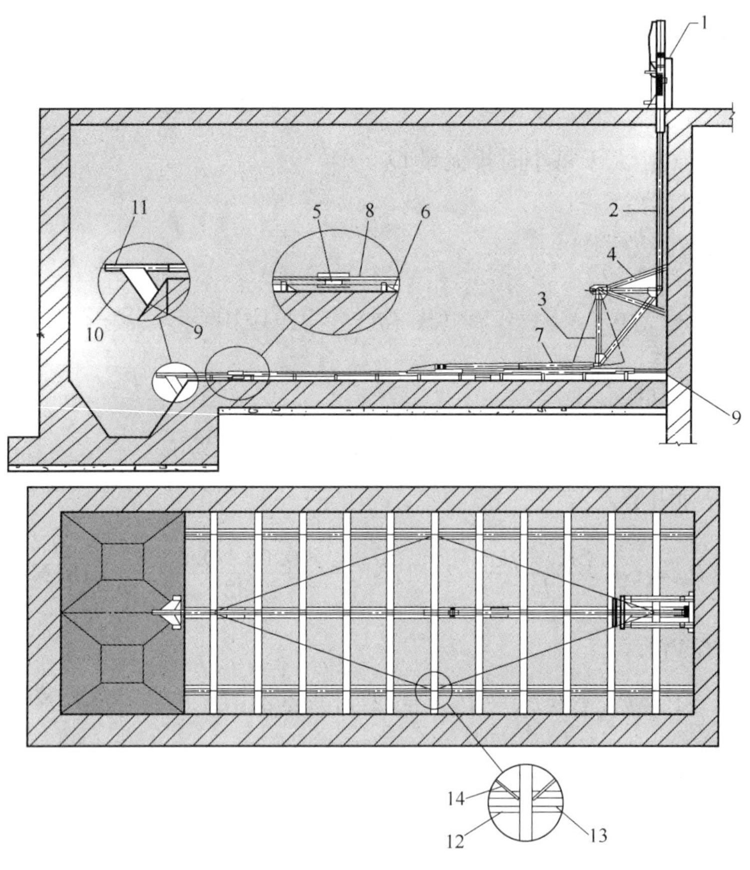

图 6-141 刮泥机的立面图及平面图

1—油压缸；2—活塞撑杆；3—三角臂架；4—三角臂固定架；5—压力平衡口；6—刮板；7—水平推杆；8—中心轴；9—固定板；10—固定支撑；11—滑杆套管；12—耐磨板（作导轨）；13—滑行板；14—斜撑

液压往复式刮泥机的动力来源为油压缸。油压缸活塞杆推出，将撑杆向下推动，通过三角臂架使水平推杆向污泥沟方向移动。中心轴带动刮板，被水平推杆推向污泥沟。中心轴端部的滑杆穿越固结在固定板上的套管，确保中心轴轴向移动。返程运动时，油压缸活塞杆收缩，所有构件作反向运动。

6.9.2 工作原理

往复式刮泥机的工作原理是楔形刮板在刮泥机所涉及的区域内前后移动（图6-142）。当部件向前移动时，输送污泥的刮板的楔形凹面面对污泥沟的方向前进，在返回运动中，锐角形楔尖插入覆盖的污泥层，返回的速度大约是前进速度的两倍，因此污泥在刮板上面向污泥沟流动，使得污泥输送不间断。

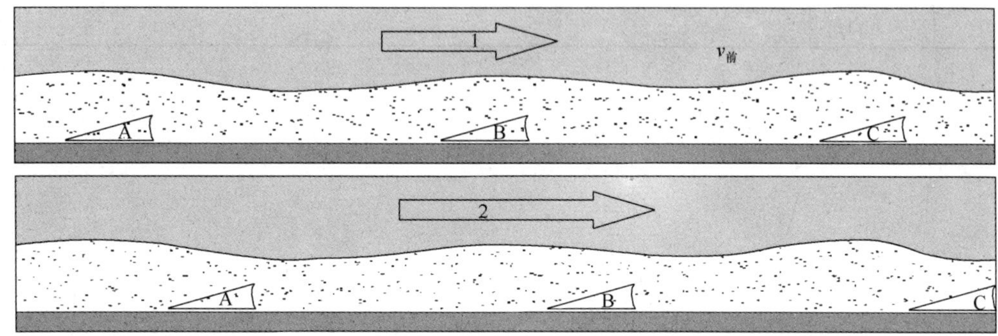

刮板向泥沟方向刮送污泥

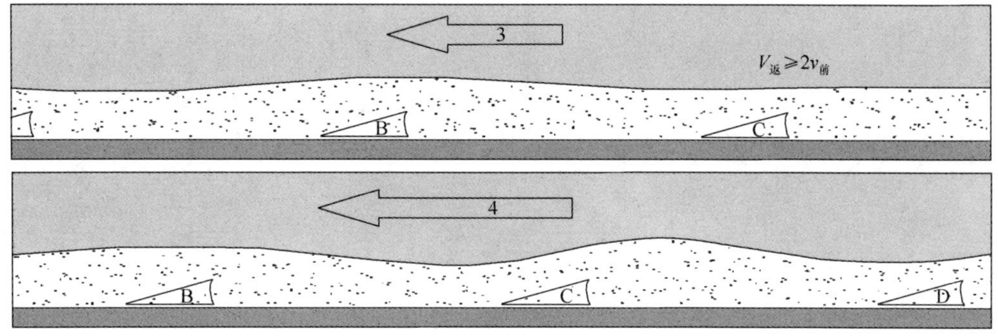

刮板背向泥沟弧面抽吸

图 6-142 往复式刮泥机推刮原理示意

前进速度：$v_前 = 0 \sim 5$ m/min；

返回速度：$v_返 = 0 \sim 10$ m/min（$\geqslant 2v_前$ 视实际污泥情况）。

6.9.3 刮板、基板、滑行板

如图6-143所示，刮板通过基板与滑行板固结，所以能够依托滑行板，在沉淀池底部的导轨上滑行。导轨的材质为耐磨高密度聚乙烯。

6.9.4 规格性能

由上海合茂环保设备有限公司提供的部分液压复往式刮泥机的规格和性能见表 6-39。

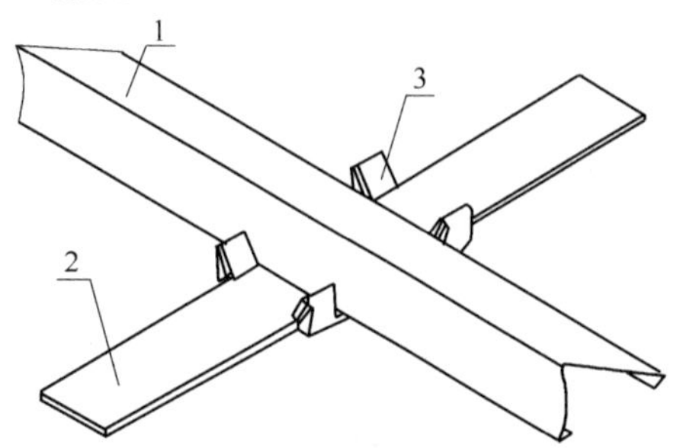

图 6-143 刮板、基板、滑行板

1—刮板；2—滑行板；3—基板

部分液压复往式刮泥机的规格和性能 表 6-39

编号	液压缸径	压力（选择）		样式（选择）		适用范围	功率（kW）
		低压 $100kg/cm^2$	高压 $140kg/cm^2$	挂壁式	平座式		
JV2100	ϕ70/L	L	H	B	P	$200m^2$ 以下	1.5～2.2
	ϕ85/L					200～$600m^2$	3.75～4
	ϕ100/L					600～$1000m^2$	5.5
	ϕ150/H					1000～$1200m^2$	7.5～11

7 污泥浓缩与脱水设备

7.1 污泥的浓缩与脱水

7.1.1 污泥的种类与特性

城镇污水处理中，产生的污泥主要包括两大类：初沉污泥和活性污泥。初沉污泥和活性污泥混合，经消化后还会产生消化污泥。在污水深度处理或工业废水处理中，当采用混凝沉淀工艺时，还会产生化学污泥。

7.1.1.1 初沉污泥

初沉污泥是指在初次沉淀池沉淀下来并排除的污泥。初沉污泥正常情况下为棕褐色略带灰色，当发生腐败时，则为灰色或黑色，一般情况下有难闻的气味。初沉污泥的 pH 值一般在 5.5～7.5 之间。含固量一般为 2%～4%，初沉污泥的有机成分为 55%～70%。

初沉污泥的水力特性很复杂。水力特性主要指流动性和混合性。污泥的流动性系指污泥在管道内流动阻力和可泵性（是否可用泵输送和提升）。当污泥的含固量小于 1%时，其流动性能基本和水一样。对于含固量大于 1%的污泥，当在管道内流速较低时［（1.0～1.5）m/s］，其阻力比污水大；当在管道内的流速大于 1.5m/s 时，其阻力比污水小。因此，污泥在管道内的流速一般应控制在 1.5m/s 之上，以降低阻力。当污泥的含固量超过 6%时，污泥的可泵性很差，用泵输送困难，可用螺杆泵输送。污泥的含固量越高，其混合性能越差，不易均匀混合。

7.1.1.2 活性污泥

活性污泥是指传统活性污泥工艺等生物处理系统中排放的剩余污泥。活性污泥外观为黄褐色絮状，有土腥味，含固量一般在 0.5%～0.8%之间。有机成分为 70%～85%。活性污泥的 pH 值在 6.5～7.5 之间，当采用消化工艺时有时会低于 6.5。活性污泥的含固量一般都小于 1%，因而其流动性及混合性能与污水基本一致。

7.1.1.3 化学污泥

化学污泥是指絮凝沉淀工艺中形成的污泥，其性质取决于污水的成分和采用的絮凝剂种类。当采用铁盐混凝剂时，可能略显暗红色。一般来说，化学污泥气味较小，其有机成分含量不高，容易浓缩和脱水。

7.1.2 污泥的浓缩

水处理系统产生的污泥，含水率很高，体积很大，输送、处理或处置都不方便。污泥浓缩后可以缩小污泥的体积，从而为后续处理和处置带来方便。浓缩之后采用消化工艺时，可以减小消化池容积，并降低热量；浓缩后进行脱水，可以减少脱水机台数，降低絮凝剂的投加量，节省运行成本。所以污泥浓缩是污水处理工程中必不可少的工艺过程。

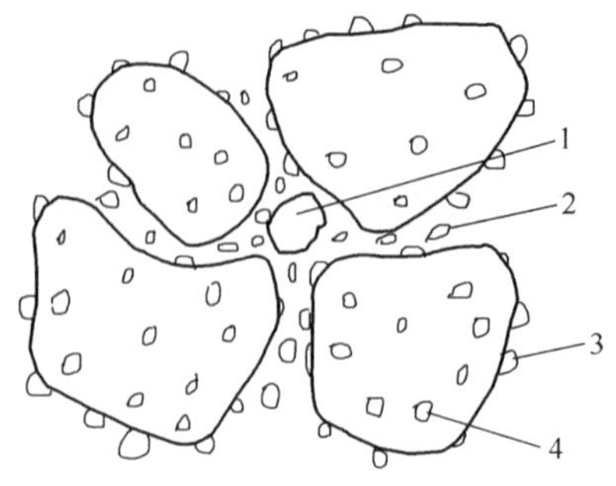

图 7-1 污泥内的水分
1—空隙水；2—毛细水；
3—吸附水；4—结合水

(1) 污泥中所含的水分大致可分为四类。见图 7-1。

1) 空隙水系指存在于污泥颗粒之间的一部分游离水，占污泥中总含水量的 65%～85%，污泥浓缩可将绝大部分空隙水从污泥中分离出来。

2) 毛细水系指污泥颗粒之间的毛细管水，约占污泥总含水量的 15%～25%，浓缩作用不能将毛细水分离，必须采用机械脱水或自然干化进行分离。

3) 吸附水系指吸附在污泥颗粒上的一部分水分，由于污泥颗粒小，具有较强的表面吸附力，因而浓缩或脱水方法均难以使吸附水从污泥颗粒分离。

4) 结合水是颗粒内部的化学结合水，只有改变颗粒的内部结构，才能将结合水分离。吸附水和结合水一般占污泥总含水量的 10%左右，只有通过高温加热或焚烧等方法，才能将这两部分水分离出来。

(2) 污泥浓缩主要形式：

1) 重力浓缩。

2) 气浮浓缩。

3) 离心浓缩。

常用的设备有：重力式污泥浓缩池浓缩机（详见 6.6 节）；带式浓缩机（详见 7.4 节）；卧螺式离心机（详见 7.7 节）此处不再详述。

7.1.3 污泥脱水

污泥经浓缩之后，其含水率仍在 94%以上，呈流动状，体积很大，因此还需要进行污泥脱水。浓缩主要是分离污泥中的空隙水，而脱水则主要是将污泥中的吸附水和毛细水分离出来，这部分水约占污泥中总含量的 15%～25%。

(1) 污泥的体积、重量及污泥所含固体物浓度之间的关系，可用式 (7-1) 表示：

$$\frac{V_1}{V_2}=\frac{W_1}{W_2}=\frac{100-p_2}{100-p_1}=\frac{C_2}{C_1} \tag{7-1}$$

式中 V_1、W_1、C_1——含水率为 p_1 时污泥体积、重量与固体浓度（以污泥中干固体所占重量%计）；

V_2、W_2、C_2——含水率为 p_2 时污泥体积、重量与固体浓度（以污泥中干固体所占重量%计）。

【例】 某污水处理厂有 1000m^3 由初沉污泥和活性污泥组成的混合污泥，其含水率为 97.5%，经脱水后，其含水率降至 75%，求污泥体积。

【解】 $V_1=1000\text{m}^3$，$p_1=97.5\%$，$p_2=75\%$，将以上数值代入式 (7-1)，可得

$$V_2=\frac{(100-p_1)\ V_1}{(100-p_2)}=\frac{(100-97.5)\ \times1000}{(100-75)}=\frac{2.5\times1000}{25}=100\text{m}^3$$

脱水后污泥的体积为 100m^3，其体积减至脱水前的 1/10。

(2) 污泥脱水使用的设备种类较多，目前常用的设备有：带式压滤机、离心脱水机、板框压滤机。

板框压滤机含水率最低，但这种脱水机为间断运行，效率低，操作麻烦，维护量很大，所以城市污水处理厂使用不普遍，仅在要求出泥含水率很低的工业废水处理厂使用。离心脱水机和带式压滤机的性能比较见表 7-20。

7.1.4 脱水效果的评价指标

脱水效果质量评价主要有三个指标：①泥饼的含固率；②固体回收率；③生产率（脱水能力）。

(1) 泥饼的含固率即泥饼中所含固体的重量与泥饼总重量的百分比。泥饼的体积越小，运输和处置越方便。

(2) 固体回收率是泥饼中的固体量占脱水污泥中总干固体量的百分比，用 η 表示。η 越高，说明污泥脱水后转移到泥饼中的干固体越多，随滤液流失的干固体越少，脱水率越高。

η 可用式 (7-2) 计算：

$$\eta = \frac{C_\mu(C_0 - C_1)}{C_0(C_\mu - C_1)} \tag{7-2}$$

式中 C_μ——泥饼的含固量（%）；

C_0——脱水机进泥的含固量（%）；

C_1——滤液中的含固量（%）。

【例】 某污水处理厂对消化污泥进行脱水，污泥的含固量为 5%，经脱水后，实测泥饼的含固量为 25%，脱水滤液的含固量为 0.5%。试计算该脱水机的固体回收率。

【解】 已知数据 $C_0=5\%$，$C_\mu=25\%$，$C_1=0.5\%$，将 C_0、C_μ、C_1 代入式 (7-2)，得

$$\eta=\frac{25\%\ (5\%-0.5\%)}{5\%\ (25\%-0.5\%)}=91.8\%$$

即该脱水机的固体回收率为 91.8%。

(3) 生产率是进入脱水机的总污泥量，用 m^3/h 表示。也可以将泥饼的产量折合成含固量为 100% 的干泥量，用 kg 干泥/h 表示。

7.2 絮凝剂的选择和调制

絮凝剂的种类很多，可分为两大类，一类是无机絮凝剂，另一类是有机絮凝剂。

(1) 无机絮凝剂：包括铁盐和铝盐两类金属盐类以及聚合氯化铝等无机高分子絮凝剂。常用的有：三氯化铁、硫酸亚铁、硫酸铁、硫酸铝（明矾）、碱式氯化铝等。

(2) 有机絮凝剂：主要是聚丙烯酰胺等高分子物质。由于高分子絮凝剂具有：用量少、沉降速度快、絮体强度高、能提高过滤速度等优点，它的絮凝效果比传统的无机絮凝剂大几倍到几十倍，所以目前在水处理工程中广泛使用。

7.2.1 高分子絮凝剂——聚丙烯酰胺

聚丙烯酰胺（简称 PAM）主要原料为丙烯腈。它与水以一定比例混合，经水合、提

纯、聚合、干燥等工序即可得到成品。

聚丙烯酰胺合成工序如下：

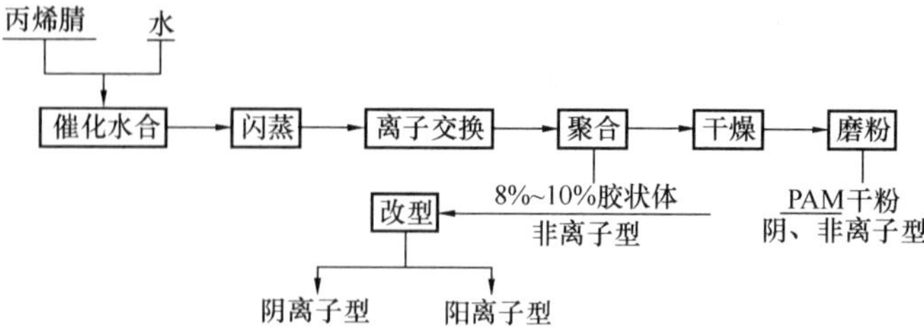

通过以往的试验可以得出下列结论：

(1) 阴离子型 PAM，适用于浓度较高的带正电荷的无机悬浮物，以及悬浮粒子较粗(0.01～1mm)，pH 值为中性或碱性溶液。

(2) 阳离子型 PAM，适用于带负电荷，含有机物质的悬浮物。

(3) 非离子型 PAM，适用于有机、无机混合状态的悬浮物分离，溶液呈酸性或中性。

7.2.2　絮凝剂的调制

絮凝剂可以是固相或高浓度的液相。若直接将这种絮凝剂加入悬浮液中，由于它的黏度大，扩散速度低，因此絮凝剂不能很好地分散在悬浮液中，致使部分絮凝剂起不到絮凝作用，造成絮凝剂的浪费，因此需要有一个溶解搅拌机，把絮凝剂和适量的水搅拌后达到一定的浓度，一般不大于 4～5g/L，有时还要小于此值，搅拌均匀后即可使用。搅拌时间约为 1～2h。

高分子絮凝剂配制以后，它的有效期限为 2～3d，当溶液呈现乳白色时，说明溶液变质并失效，应立即停止使用。

7.2.3　影响絮凝的主要因素

(1) 絮凝剂的用量：最佳的絮凝剂用量是絮凝剂全部被吸附在固相粒子表面上，且絮块的沉降速度达最大值。最佳用量随着絮凝剂的离子性质、分子量、悬浮液的 pH 值而变化，可用试验方法确定。值得注意的是，絮凝剂超过最佳用量时，絮凝效果反而下降。

图 7-2 表示絮凝剂用量与絮块沉降速度的关系。

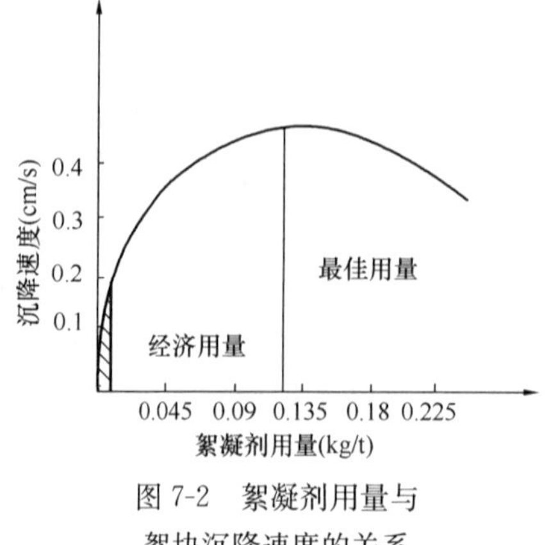

图 7-2　絮凝剂用量与絮块沉降速度的关系

(2) 絮凝剂分子量对絮凝的影响：絮凝剂分子量越大，絮凝效果越高。但分子量太大，难于溶解且制造费用也高。常用的分子量为 300 万～1000 万。

(3) 搅拌对絮凝的影响：搅拌可使絮凝剂均匀地分散到悬浮液中，达到高效絮凝。但搅拌过于剧烈，会使已形成的絮块破碎，因而絮凝剂的消耗量增加。而絮凝效果相对讲是降低了。所以在絮凝处理时只能进行适当的搅拌。搅拌机转速一般应控制在 50～250r/min。

此外，在高温、光辐射等作用下絮凝剂会产生不同程度的降解，也会影响絮凝效果。

7.3 滤带的选择

滤带是带式压滤机的一个重要组件，它不但起了过滤介质的主要作用，同时具有传递压榨力和输送滤渣的作用。故必须具有良好的过滤性能和滤饼的剥离性。由于滤带在不断的过滤、再生，再进入重力脱水区的循环过程，所以滤带也必须具有良好的再生性能。此外还必须具有足够的强度、耐磨和变形量小的性能，常用的滤带材质为聚酯和尼龙。

编织方法，常用为单丝编织，表 7-1 为污泥脱水用聚酯单丝滤带的性能指标。

聚酯单丝污泥脱水滤带的性能指标 表 7-1

厂品代号	聚酯单丝丝径 经×纬 (mm)	经度×纬度 (10cm)	网孔尺寸(mm)		厚度 (mm)	开孔率 (%)	透水量 [L/(cm² · min)]	抗拉强度(N/cm)	
			经	纬				经	纬
JW 1280103	0.8×1.0	120×26	0.0333	2.843	3	2.96	3.156	2940	1000
JW 1280106	0.8×1	120×56	0.0333	0.786	3.5	1.76	3.03	2940	2146
JW 1280806	0.8×0.8	120×59	0.0333	0.895	3	2.11	2.651	2940	2900
JW 2050106	0.5×1	204×75	0.01	0.428	2.5	0.6	1.704	1960	2685
JW 1850806	0.5×0.8	185×66	0.0405	0.715	2.5	3.54	2.777	1764	1617
JW 2050103	0.5×1	204×44	0.01	1.27	2	1.14	2.525	1960	1686
JW 2050803	0.5×0.8	200×30	0.0405	2.53	2	5.75	2.094	1764	735
JW 2050806	0.5×0.8	220×44		1.47	2.51		2.083	1960	1078
JW 2740106	0.4×1	270×44		1.27	2.35		1.894	1666	1635
JW 2740803	0.4×0.8	270×56		2.28	1.9		3.068	1666	1372
JW 2740103	0.4×1	270×48			1.8		2.094	1715	1323
JW 2040603	0.4×0.6	200×60	0.1	1.067	1.6	12	2.146	1225	823
JW 2640806	0.4×0.8	260×52		1.1	1.95		2.777	1568	1274
JW 2640503	0.4×0.5	260×56		1.28	1.3		2.493	1470	540
JW 2440606	0.4×0.6	240×108	0.016	0.326	1.7	1.35	2.935	1470	1470
JW 2640626	0.4×0.6	260×120		0.333	1.6		2.998	1470	1078
JW 2050503	0.5×0.5	200×64		1.06	1.8		2.638	1920	607
JW 2250606	0.5×0.6	220×92		0.48	1.8		2.556	1862	1274

注：1. 门幅为 1000～8000mm；

2. 延伸率：径向为 35%，纬向为 40%；

3. 工作温度<120℃；

4. 接头方式：有端螺旋环和无端接织；

5. 本表摘自化学工程 24 卷过滤设计手册；

6. 生产厂：沈阳铜网厂、天津造纸网厂、成都纸网厂、厦门工业滤网带厂。

为提高滤带脱水性能和捕集性能，现在有的采用 $1\frac{1}{2}$层和 2 层网，上层由丝径较细、结构较紧密，起捕集作用的材料构成，下层由丝径较粗，强度高的材料构成。按编织系列划分可分为三综、四综，如图 7-3～图 7-6 所示。

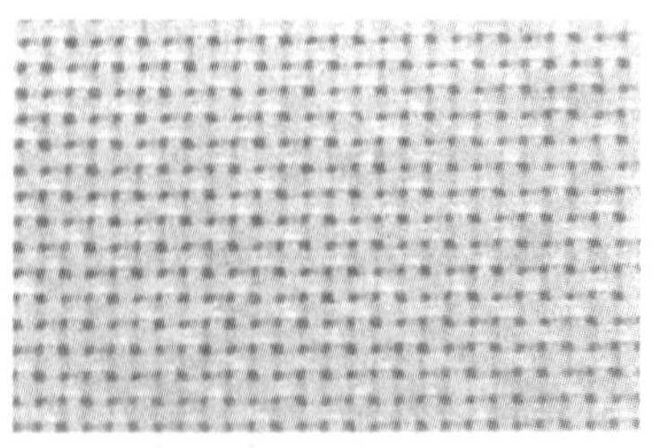

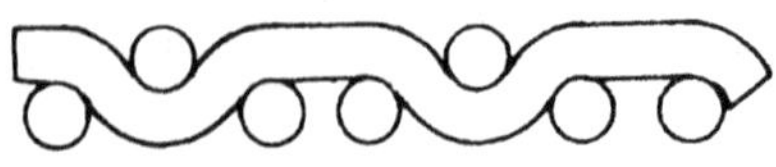

图 7-3　二综单层网

图 7-4　三综一层半网

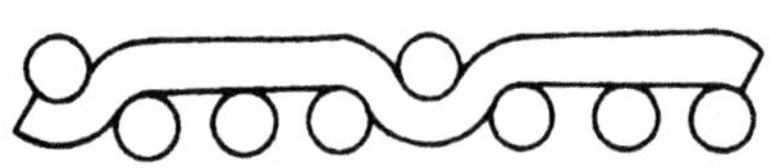

图 7-5　四综单层网

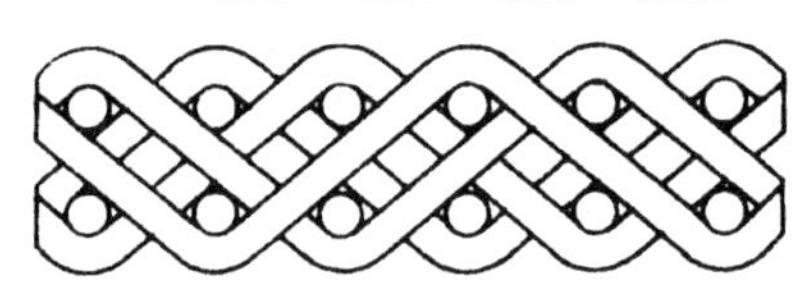

图 7-6　四综双层网

带式压滤机采用聚酯网品种规格，见表 7-2、表 7-3。目前这种滤带，国内外在压滤机上应用已较广泛。

聚酯网品种规格　　**表 7-2**

种　类	网子型号	密度（根/cm）		线径（mm）		透气量
		经　密	纬　密	经　线	纬　线	[m³/（m²·h）]
$1\frac{1}{2}$层	GW 22503	23～24	11～12	0.50	0.50	8000
	GW 22453	22～23	12～13	0.45	0.45	8500
	GW 24503	24～25	11～12	0.50	0.50	7000
	GW 28403	28.5～29.5	14～15	0.40	0.40	8000
	GW 28453	28.5～29.5	12～13	0.40	0.45	9500
2 层	GW 18504	20～21	7～8	0.50	0.50	8000
	GW 20504	21～22	11～12	0.50	0.50	—
	GW 22504	23～24	11～12	0.50	0.50	12000
	GW 24504	25～26	11～12	0.50	0.50	11000
	GW 24454	26～27	11～12	0.45	0.45	—
	GW 28454	28.5～29.5	11.5～12.5	0.45	0.45	13000

注：生产厂为天津造纸网厂。

聚酯网尺寸及偏差 表 7-3

	订货尺寸（m）	允许偏差（mm）		订货尺寸（m）	允许偏差（mm）
长 度	≥30 <30	±100 ±80	宽 度	1～7	±10

滤带连接接口形式：分为无端接口，螺旋环接口和销接环接口。无端接口的滤带使用寿命长，强度高，但该种滤带安装不方便。目前常用销接环接口。

城镇污水处理厂，消化污泥或混合污泥，用带式压滤机进行脱水，滤布参数为：单丝直径 0.4～0.5mm、径密 24～28 根/cm、网厚 2.0～2.8mm、透气度 7000～13000$m^3/(m^2 \cdot h)$。

7.4 带式浓缩机

7.4.1 适用条件

带式浓缩机是连续运转的污泥浓缩设备，进泥含水率为 99.2%，污泥经絮凝，重力脱水后含水率可降低到 95%～97%，达到下一步污泥处理的要求。一般带式浓缩机和带式压滤机相连接，因而污泥经浓缩后可直接进入带式压滤机进行脱水。

带式浓缩机可代替混凝土浓缩池及大型带浓缩栅耙构成的浓缩池。因而可减少占地面积，节省土建投资。目前城市污水处理厂已广泛使用。

7.4.2 总体构成

7.4.2.1 设备的结构原理

带式浓缩机其结构原理与带式压滤机结构原理相似，是根据带式压滤机的前半段即重力脱水段的原理并结合沉淀池排出的污泥含水率高的特点而设计的一种新型的污泥浓缩设备。

带式浓缩机的总体结构，如图 7-7 所示。

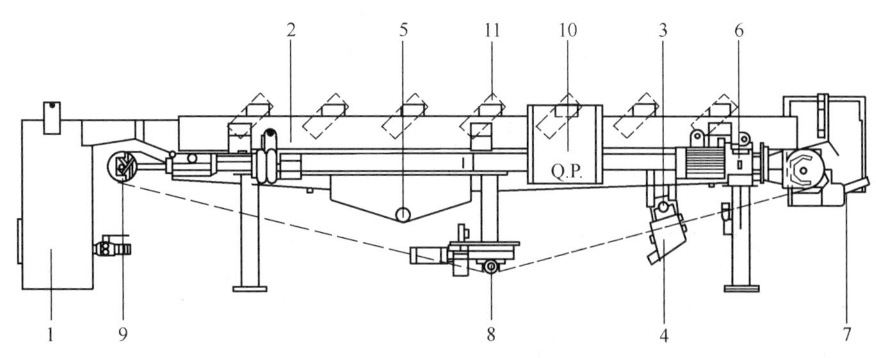

图 7-7 带式浓缩机

1—絮凝反应器；2—重力脱水段；3—冲洗水进口；4—冲洗水箱；5—过滤水排出口；6—电机传动装置；7—卸料口；8—调整辊；9—张紧辊；10—气动控制箱；11—犁耙

絮凝后的污泥进入重力脱水段，由于污泥层有一定的厚度，而且含水率高，但其透水性不好。为此设置了很多犁耙，将均铺的污泥耙起很多垄沟，垄背上的污泥脱出的水分，通过垄沟处能顺利地透过滤带而分离。

7.4.2.2　规格和性能

带式浓缩机规格和性能，见表7-4。

带式浓缩机规格和性能　　表7-4

型　　号		1200	2000	3000
功 率（kW）		2.2	2.2	4
流 量（m^3/h）		100	200	300
滤带宽度（mm）		1300	2200	3200
滤带速度（m/min）		3～17	3～17	3～17
电　源	电压（V）	380	380	380
	频率（Hz）	50	50	50
质 量（kg）		1850	2400	3100
外形尺寸（m）		5500×2490×1210	5500×3460×1210	6400×4400×1250

7.4.2.3　处理能力

带式浓缩机对不同类型的污泥进行浓缩，其效果参见表7-5。

不同类型污泥的浓缩效果　　表7-5

污泥类型	进机污泥含固率（%）	出机污泥含固率（%）	高分子絮凝剂投量（kg/t干泥）
初次沉淀池污泥	2.0～4.9	4.1～9.3	0.7～0.9
剩余活性污泥	0.3～0.7	5.0～6.6	2.0～6.5
混合污泥	2.8～4.0	6.2～8.0	1.6～3.5
生物膜法污泥	2.0～2.7	4.0～6.5	4.7～6.5
氧化沟污泥	0.75	8.1	
消化污泥	1.6～2.0	5.0～10.5	2.5～8.5
给水厂污泥	0.65	4.9	

7.5　带式压滤机

7.5.1　适用条件及工作原理

带式压滤机是连续运转的污泥脱水设备，进泥的含水率一般为96%～97%，污泥经絮凝，重力脱水，压榨脱水之后滤饼的含水率可达70%～80%。该设备适用于城市给排水及化工、造纸、冶金、矿业加工、食品等行业的各类污泥的脱水处理。

带式压滤机结构简单，出泥含水率低且稳定，能耗少，管理控制不复杂，所以被广泛地采用。

（1）带式压滤机常见形式的工作原理，如图 7-8、图 7-9 所示。

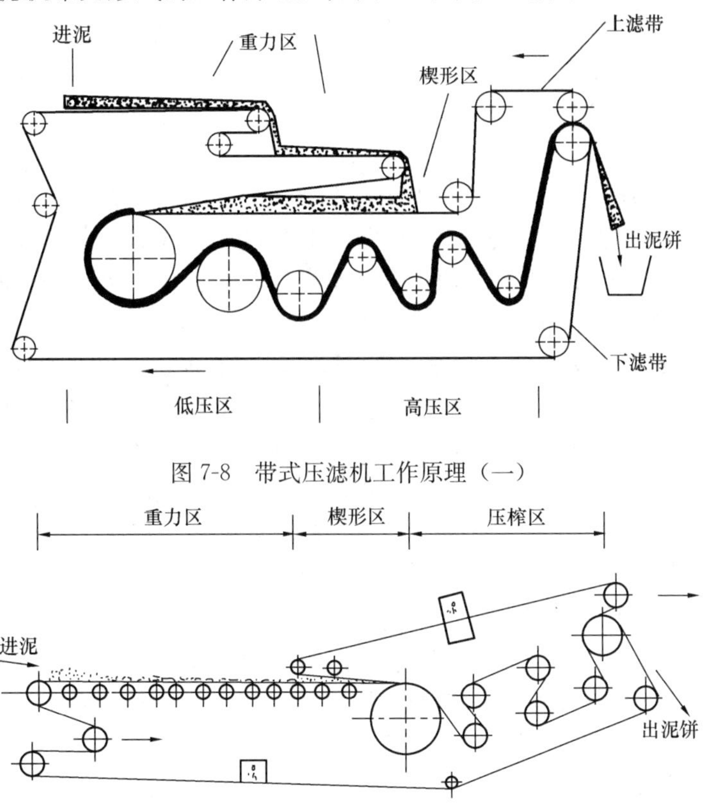

图 7-8 带式压滤机工作原理（一）

图 7-9 带式压滤机工作原理（二）

一般压滤机的压榨脱水区，其压榨型式有四种，如图 7-10（*a*）所示。其中 P 型压榨方式是相对辊压榨方式。它是利用辊间压力脱水，由于辊间接触面积很小，所以具有压榨

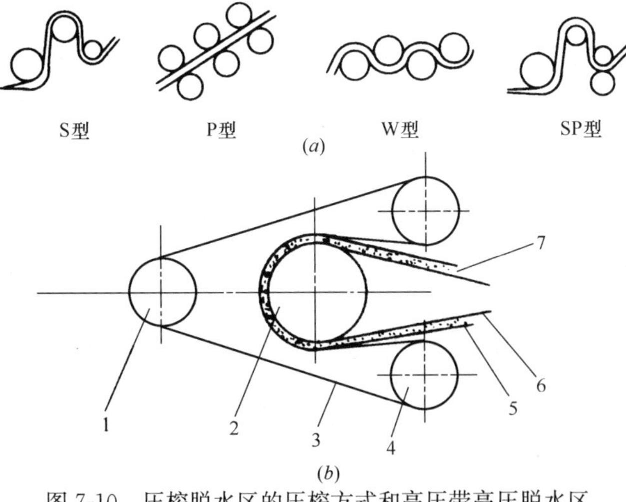

图 7-10 压榨脱水区的压榨方式和高压带高压脱水区

（*a*）为压榨脱水区的压榨方式；（*b*）为高压带高压脱水区

1—张紧辊；2—高压辊；3—高压带；

4—导向辊；5—上滤带；6—下滤带；7—滤饼

力大，压榨时间短的特点。S型压榨方式是利用滤带的张紧力，对辊子曲面施加压力，由于滤带辊子的接触面积较宽，具有压榨力小，压榨时间长的特点。而W型和SP型是上述两种形式的组合或变型。

（2）带式压滤过程如下：

污泥絮凝→重力脱水→楔形脱水→低压脱水→高压脱水。

1）污泥絮凝：污泥在脱水前必须先经过絮凝过程，絮凝是指用高分子絮凝剂，对悬浮液进行预处理，使悬浮液中的固相粒子发生粘接产生凝聚现象，使固液分离。

2）重力脱水：压滤机在压滤之前，有一水平段，在这一段上大部分游离水借自身重力穿过滤带，从污泥中分离出来。一般重力脱水区可脱去污泥中50%～70%的水分，使含固量增加7%～10%。从设计方面考虑这一段应尽可能延长，但长度增加使机器外形尺寸加大，此段长度一般为2.5～4.5m左右。在此段内设有分料耙和分料辊，可把污泥疏散并均匀地分布在滤布表面，使之在重力脱水区更好地脱去水分。

3）楔形脱水：楔形区是一个三角形的空间，两滤带在该区逐渐靠拢，污泥在两条滤带之间逐步开始受到挤压。在该段内，污泥的含固量进一步提高，并由半固态向固态转变，为进入压力脱水区作准备。

4）低压脱水：污泥经楔形区后，被夹在两条滤带之间绕辊筒作S形上下移动。施加到泥层上的压榨力取决于滤带张力和辊筒直径。在张力一定时，辊筒直径越大，压挤力越小S型压辊压榨力与滤带张力及压榨辊直径之间的关系式（7-3）为

$$P = T/r \tag{7-3}$$

式中 P——压榨压力（Pa）；

T——滤带张紧力（N/m）；

r——压榨辊半径（m）。

压滤机前面三个辊，直径较大，一般为500～800mm，施加到泥层上的压力较小，因此称为低压区，污泥经低压区之后，含固量会进一步提高，为接受高压进一步脱水作准备。

5）高压脱水：经低压区之后的污泥，进入高压区之后，受到的压榨力逐渐增大，其原因是辊筒的直径越来越小。高压区辊筒直径一般为200～300mm，经高压脱水后，含固率进一步提高，一般大于20%，正常情况在25%左右。

低压脱水和高压脱水，统称为压榨脱水。常见的带式压滤机压辊数目为4～11个，压榨辊直径在150～1200mm范围内。经压榨脱水后的污泥含固率一般为20%～30%，可用输送机输送至堆放场或直接装车送出厂外。

6）某些带式压滤机为提高脱水污泥的含固率，设置了具有高压压榨带的高压脱水区，如图7-10（*b*）所示。此时总压榨力可用式（7-4）计算：

$$P_{总} = \frac{T + T_h}{r_h} \tag{7-4}$$

式中 $P_{总}$——总压榨力（Pa）；

T——滤带张紧力（N/m）；

T_h——高压带张紧力（N/m）；

r_h——高压压榨辊半径（m）。

对于污泥脱水常用的滤带张紧力为 $3.9\times10^3\sim9.8\times10^3$N/m，以压辊直径 0.15m 计，则压榨力为 $5.2\times10^4\sim1.3\times10^5$Pa，高压张紧带张紧力，一般为 $4.9\times10^4\sim9.8\times10^4$N/m，高压压榨辊半径为 0.2m，则计算的总压榨力为 $2.6\times10^5\sim5.39\times10^5$Pa，通过高压压榨脱水后，滤饼的含液量一般可减少 2%～13%。

7.5.2 主要部件设计说明

7.5.2.1 主传动装置

由于污泥的种类较多，性质不同，要求带式压滤机能在较宽的工作范围内使用。主传动系统一般采用无级调速。常用变频调速电机实现滤带速度的无级调节。

滤带速度一般为 0.5～5m/min，对于处理生活污水产生的污泥及有机成分较高的不易脱水的污泥取低速；对于消化污泥及含无机成分较高的易于脱水的污泥取高速。

7.5.2.2 滤带的张紧及矫正装置

对于处理不同性质的污泥，要求滤带的张紧力能够调节。滤带张紧力常用气动或液动系统来实现。即用气缸或液压缸来拉紧滤带。采用此种方式，结构简单，调节减压阀，改变气体或液体的压力即可调整滤带的拉力。采用气动系统时，气体减压阀的压力一般在 0.1～0.4MPa 之间调节，常用滤带的张紧气压为 0.2～0.3MPa。

滤带矫正装置示意见图 7-11。

在上、下滤带的两侧设有机动换向阀，当滤带脱离正常位置时，将触动换向阀杆，接通阀内气路，使纠偏气缸带动纠偏辊运动，在纠偏辊的作用下，使滤带恢复原位。

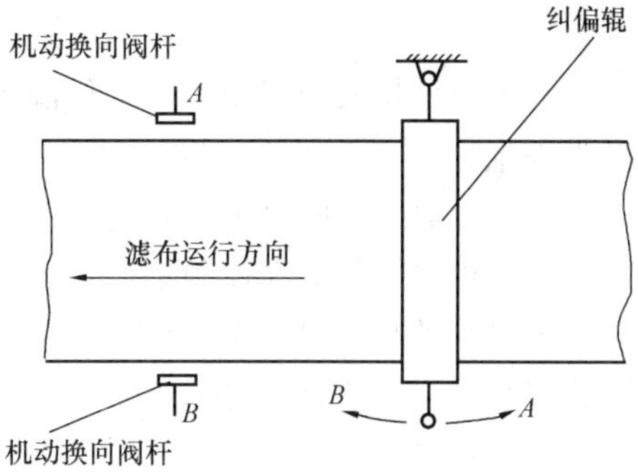

通过实际运行和国内外同类型产品比较，气体传动比液体传动应用得更多，它具有动作平稳可靠、灵敏度高、维修方便、没有污染等特点。

图 7-11 滤带矫正装置示意

正常工作时，滤带允许偏离中心线两边 10～15mm，超过 15mm 时，滤带矫正装置开始工作，调整滤带的运行。如果矫正装置工作失灵，滤带得不到调整，当滤带偏离中心位置超过 40mm 时，应有保护装置，使机器自动停机。

7.5.2.3 传动辊、压榨辊及导向辊

带式压滤机有各种不同直径的辊，其结构形式相似。一般的压榨辊都是用无缝钢管，两端焊接轴头，一次加工而成。主传动辊和纠偏辊，为增加摩擦力，在外表面衬胶（包一层橡胶）。在低压脱水段使用直径大于 500mm 的压榨辊，一般用钢板卷制而成。由于此工作段污泥的含水率高，常在辊筒表面钻孔或辊筒表面开有凹槽，以利于压榨出来的水及时排出。

除了衬胶的压榨辊以外，一般的压榨辊表面均需特殊处理，并涂以防腐涂层以提高其耐腐蚀性，或采用不锈钢材质。涂层应均匀、牢固、耐蚀、耐磨。衬胶的金属辊，其胶层与金属表面应紧密贴合、牢固、不得脱落。

为了保持滤带在运行中的平稳性，设备安装后，所有辊子之间的轴线应平行，平行度不得低于 GB 1184 形状和位置公差中未注明公差规定的 10 级精度。对于直径大于 300mm 的辊子，在加工制造时应使用重心平衡法进行静平衡检验，辊子安装后要求在任何位置都应处于静止状态。

7.5.2.4 机架

机架是用槽钢、角钢等型材或用异型钢管焊接而成。其主要作用是安装传动装置和各种工作部件，起到定位和支承作用。对机架的要求，除了有足够的强度和刚性之外还要求有较高的耐腐蚀能力，因为它始终工作在有水的环境之中。

7.5.2.5 滤带冲洗装置

滤带经卸料装置卸去滤饼后，上、下滤带必须清洗干净，保持滤带的透水性，以利于脱水工作连续运行。对于混合污泥，因为污泥的黏性大，常堵塞在滤带的缝隙中不易清除，故冲洗水压必须大于 0.5MPa。清洗水管上要装有等距离的喷嘴，喷出的水呈扇形，有利于减小水的压力损失。有的清洗水管内设置铜刷，用于洗刷喷嘴，避免堵塞。

7.5.2.6 安全保护装置

当发生严重故障，不能保证机器的正常、连续运行时应自动停机并报警。带式压滤机应设置以下保护装置：

(1) 当冲洗水压小于 0.4MPa 时，滤带不能被冲洗干净会影响循环使用，应自动停机并报警。

(2) 滤带张紧采用气压时，当气源压力小于 0.5MPa 时，滤带的张紧压力不足，应自动停机并报警。

(3) 运行中滤带偏离中心，超过 40mm 无法矫正时，应自动停机并报警。

(4) 机器侧面及电气控制柜上，设置紧急停机按钮，用于紧急情况下停机。

上述自动停机的含义为：主电机停止转动，同时进泥的污泥泵、加药泵也停止转动；但冲洗水泵、空压机泵不停。

7.5.2.7 辅助设备

与带式压滤机配套使用的辅助设备有：加药系统、污泥泵、冲洗水泵、加药计量泵等。

7.5.3 类型及特点

带式压滤机种类较多，主要工作原理相似，现将主要几种类型分别作一介绍。

7.5.3.1 CDYA 型带式压滤机

(1) 规格和性能见表 7-6。

CDYA 型带式压滤机规格和性能 **表 7-6**

型　　号	CDYA2000	CDYA2500	CDYA3000
滤带宽度（mm）	2000	2500	3000
滤带线速度（m/min）	0～5（变频无级调速）		
主传动电机功率（kW）	2.2	3	3
进机污泥含水率（%）	95～97（消化污泥）		

续表

型 号	CDYA2000	CDYA2500	CDYA3000
出机滤饼含水率（%）	≤80		
滤带张力（kg·f）	3～4		
处理量（m^3/h）	>15	>20	>25
重力过滤面积（m^2）	5.6	7	8.4
预压脱水面积（m^2）	2.8	3.5	4.2
压榨过滤面积（m^2）	9.6	12	14.4
外形尺寸（长×宽×高）（mm）	5560×2600×2645	5560×3100×2645	5560×3600×2645

注：无锡通用机械厂有限公司产品。

（2）外形总图：CDYA型带式压滤机的外形总图，见图7-12。

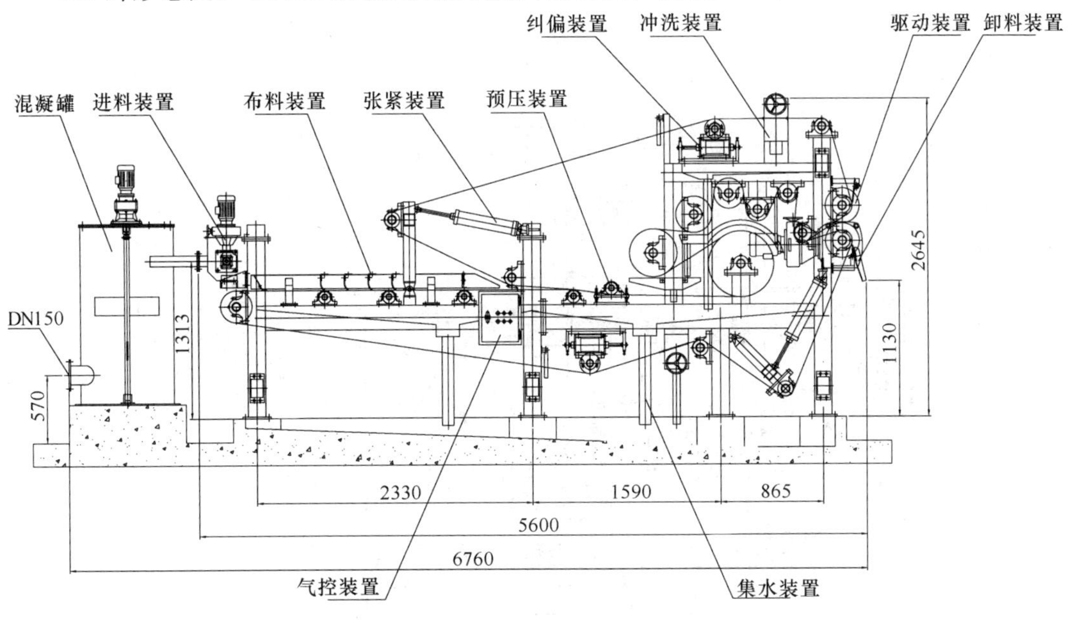

图7-12 CDYA型带式压滤机外形总图

7.5.3.2 DNYC型带式浓缩压滤一体机

浓缩压滤一体机具备带式压滤机的特点，同时增加了浓缩段，对污泥的处理能力更强。

（1）规格和性能见表7-7。

DNYC型带式浓缩压滤一体机规格和性能 **表7-7**

型 号	DNYC1000		DNYC1500		DNYC2000	
	浓缩段	压滤段	浓缩段	压滤段	浓缩段	压滤段
滤带线速度（m/min）	4～25	1～7	4～25	1～7	4～25	1～7
传动机电功率（kW）	1.1	1.5	1.5	2.2	1.5	2.2
滤带宽度（mm）	1000		1500		2000	
进机污泥含水率（%）	99.2～99.7（消化污泥）					

续表

型　号	DNYC1000	DNYC1500	DNYC2000
出机滤饼含水率（%）	≤85		
滤带张力（kg·f）	2～3		
处理量（m^3/h）	20	30	40
重力过滤面积（m^2）	7.5	10	15
压榨过滤面积（m^2）	5	7.5	10
外形尺寸（长×宽×高）（mm）	4200×1800×2625	4200×2300×2625	4200×2800×2625

注：无锡通用机械厂有限公司产品。

（2）外形总图：DNYC型带式浓缩压滤一体机的外形总图，见图7-13。

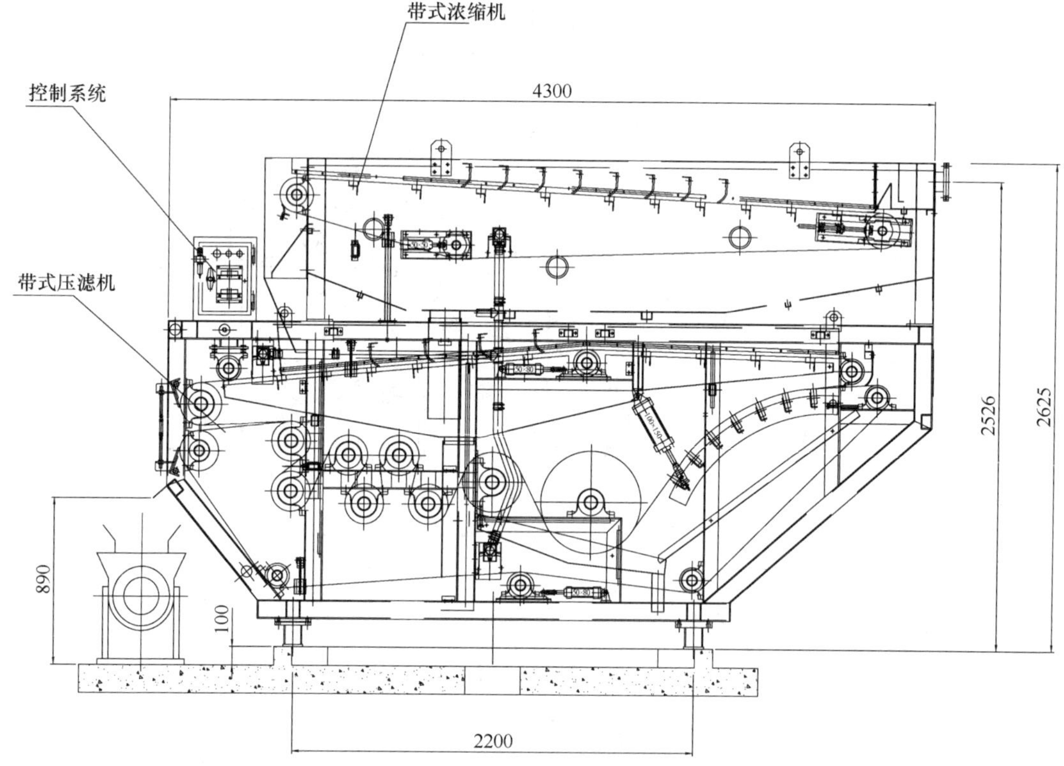

图7-13　DNYC型带式浓缩压滤一体机的外形总图

7.5.3.3　DNYB型带式浓缩压滤一体机

（1）规格和性能见表7-8。

DNYB型带式浓缩压滤一体机规格和性能　　**表7-8**

型　号		DNYB1000	DNYB1500	DNYB2000	DNYB2500	DNYB3000
滤带线速度（m/min）	浓缩段	4～22				
	压滤段	0.7～5				
传动机电功率（kW）	浓缩段	1.1	1.5	1.5	2.2	2.2
	压滤段	1.5	2.2	2.2	3.0	3.0

续表

型号	DNYB1000	DNYB1500	DNYB2000	DNYB2500	DNYB3000
滤带宽度（mm）	1000	1500	2000	2500	3000
进机污泥含水率（%）	99.2～99.7（消化污泥）				
出机滤饼含水率（%）	≤85				
滤带张力（kg·f）	2～3	2～3	2～3	3～4	3～4
处理量（m^3/h）	20	30	40	50	60
重力过滤面积（m^2）	7.5	11.3	15.0	18.8	22.5
预压过滤面积（m^2）	1.0	1.5	2.0	2.5	3.0
压榨过滤面积（m^2）	7.5	11.3	15.0	18.8	22.5
外形尺寸（长×宽×高）（mm）	6500×1415×2342	6500×1915×2342	6500×2415×2342	6500×2915×2342	6500×3415×2342

注：无锡通用机械厂有限公司产品。

(2) 外形总图：DNYB 型带式浓缩压滤一体机的外形总图，见图 7-14。

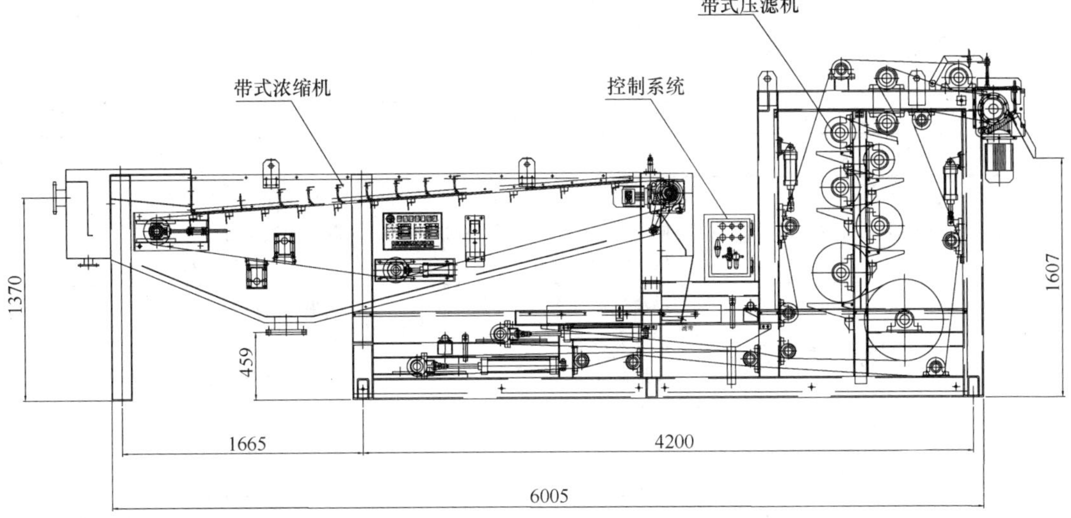

图 7-14 DNYB 型带式浓缩压滤一体机的外形总图

7.5.3.4 带式压滤机的脱水性能

带式压滤机对各种污泥进行脱水，其性能数据参见表 7-9。

各种污泥进行带式压滤脱水的性能数据 表 7-9

工矿名称	物料来源和名称	进料含水率（%）	滤饼含水率（%）	处理能力[kg 干泥/（h·m）]
造纸厂	1. 草浆 初次沉淀污泥	95～97	75～78	100～130
	混合污泥（初沉和生化污泥）	96～98	76～78	80～120
	2. 木浆 初次沉淀污泥	94～97	65～75	200～500
	混合污泥（初沉和生化污泥）	95～98	75～78	150～300
	3. 废纸浆 初次沉淀污泥	95～98	70～75	300～400
	混合污泥（初沉和生化污泥）	95～98	72～75	250～380

续表

工矿名称	物料来源和名称	进料含水率（%）	滤饼含水率（%）	处理能力［kg干泥/（h·m）］
印染厂	生化污泥	96～98	70～78	80～120
啤酒厂	生化污泥	96～98	75～78	80～110
化工厂（石化）	混合污泥（初沉和生化污泥）	95～97	75～78	150～200
制革厂	初沉污泥和气浮污泥	96～98	78～80	100～200
钢铁厂	转炉除尘沉渣	55～65	20～24	1000～1500
煤矿	选洗煤泥	60～70	22～28	3000～5000
冶金矿山	选矿矿浆	40～60	14～18	4000～9000
城镇污水处理	混合污泥（初沉和生化污泥）	92～97	70～80	130～250

7.5.4　常见故障及排除方法

带式压滤机常见故障及排除方法，见表7-10。

带式压滤机常见故障及排除方法　　表7-10

故障现象	原因分析	排除方法
滤带跑偏得不到有效控制	1. 纠偏装置失灵 2. 两侧换向阀安装位置不对 3. 辊筒轴线不平行	检查换向阀开关是否正常 调整安装位置 调整辊筒轴线平行度
从滤带两侧跑泥	1. 进料流量太大 2. 带速太慢 3. 楔形区调整不当 4. 絮凝效果不好	减小进泥流量 提高带速 重新调整楔形区间隙 检查投药系统
滤带冲洗不干净	1. 冲洗水泵压力过低 2. 喷嘴堵塞	检查管路及水泵压力 洗刷或更换喷嘴
滤带打褶	1. 滤带张紧不当 2. 辊筒轴线不平行	重新张紧滤带 调整辊筒轴线
机器自动报警停机	自动报警保护装置动作	确定何处报警，并予排除

7.6　板框压滤机

7.6.1　适用条件

板框压滤机是间歇操作的设备。被广泛用于化工、印染、制药、冶金、环保等行业各类悬浮液的固液分离及工业废水污泥的脱水处理，可有效地过滤固相粒径5μm以上、固相浓度0.1%～60%的悬浮液以及黏度大或胶体状的难过滤物料和对滤渣质量要求较高的物质。

其优点是结构简单，工作可靠，操作容易；滤饼含水率低；对物料的适应性强，应用广泛。其缺点是压滤机间歇操作，不能连续运行；手动压滤机劳动强度大；自动压滤机劳动强度小，但卸饼时需要监控或干预；与带式压滤机相比产率低。但由于滤饼的含水率最低，因而一直在采用。

7.6.2 工作原理及结构特点

图 7-15 为自动板框压滤机示意。

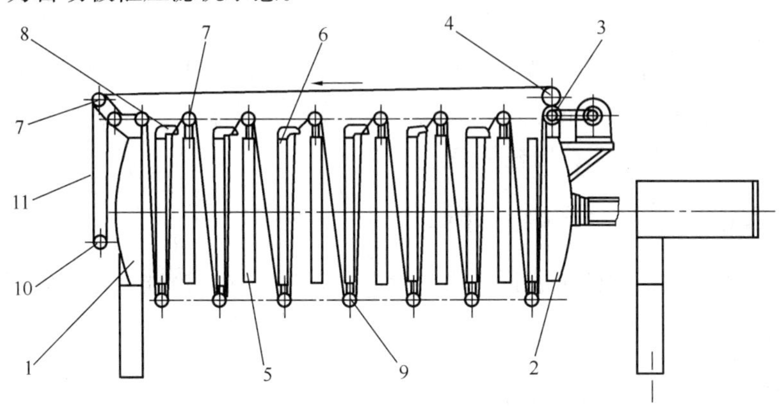

图 7-15 自动板框压滤机示意

1—固定压板；2—活动压板；3—传动辊；4—压紧辊；5—滤框；6—滤板；7、9—托辊；8—刮板；10—张紧辊；11—滤布

板框压滤机工作过程：

压滤机关键部件为滤板，按照滤板结构不同，可分为：板框式压滤机、厢式压滤机、隔膜式压滤机。

板框压紧→进料→压干滤渣（隔膜压滤机有）→放空（排料卸荷）→正吹风→反吹风→板框拉开→卸料→洗涤滤布。

板框压紧采用液压闭合压紧，主要组成为：液压站（包括油箱，液压电机，阀门仪表组件等），液压缸。液压电机启动，液压油进入液压缸，活塞杆推动压滤机尾板压紧所有滤板，达到最大设定压力后，液压电机停止工作，背压阀保压，当压力低于设定最低压力时，液压电机重新启动，液压达到最大压力后，液压电机停止。当过滤过程结束后，液压系统泄压，电机启动，液压缸活塞杆反向运动，带动压滤机尾板回到初始位置。

进料时，一般进料压力根据物料过滤性质确定，一般厢式压滤机 0.3～1.5MPa，隔膜压滤机 0.2～0.8MPa。市政上常用压滤机形式为隔膜压滤机（滤板组由厢式压滤机和隔膜压滤机 2 种滤板组成），进料压力 0.5～0.8MPa，隔膜挤压压力 0.8～1.6MPa。

在进料之前或后，如果物料相对密度很大且黏稠，有时增加冲洗进料口工序。这是为了保证进料口的畅通，冲洗水压一般不大于 0.3MPa。目前比较有效的方式是在进料口使用分料环和支撑

图 7-16 分料环和支撑环

环（图 7-16），并且对进料孔进行压缩空气吹扫。分料环和支撑环可以组成光滑的进料通道，避免滤布形成的进料通道在进料口进行过滤沉淀。且保护滤板和滤布，尤其是磨损比较厉害的物料（比如含沙的市政污泥脱水）建议使用，还可避免腔室间形成压差。

滤饼吹风的压力不超过 0.5MPa，先正吹，后反吹，正吹风除了吹去进料管道中的残余悬浮液及滤板中滤渣的部分水分外，还促使滤渣与橡胶膜分离。反吹风使滤渣和滤布处于脱开状态，反吹风的目的是为了便于自动卸料，正反吹风的目的是为了自动卸料，正反吹风各自反复吹 2～3 次，每次大约半分钟。

洗涤滤布可用自来水。为了保证有足够压力的干净的气源，一般压滤机要配备 1～1.5m^3/min 的空压机和一只 3m^3 的贮气罐。在市政污泥过滤上，有效洗涤滤布的压力应当不小于 0.8MPa，清洗水泵选用柱塞泵。

7.6.3　板框压滤机生产能力计算

板框压滤机为间歇操作的过滤设备，它的单位过滤面积生产能力可按式（7-5）计算：

$$q=\frac{v}{t+t_1+t_2} \tag{7-5}$$

式中　q——过滤机单位面积的生产能力 [m^3/（$m^2\cdot s$）]；

t——过滤操作时间（s）；

t_1——滤饼洗涤时间（s），（对于污泥脱水，滤饼一般不洗涤，故 $t_1=0$）；

t_2——包括卸渣、滤布清洗、吹干、压紧等辅助操作时间（s）；

v——每个操作周期，单位过滤面积所获得之滤液量（m^3/m^2）。

若假设板框压滤机操作在恒压条件下进行，则按式（7-6）为

$$v^2=Kt \tag{7-6}$$

式中　K——恒压过滤常数（m^2/s）（通常可由实验测得）。

由物料平衡可得单位过滤面积上泥饼质量 w（kg/m^2），按式（7-7）为

$$w=v\rho c/(1-mc) \tag{7-7}$$

式中　v——单位过滤面积上所得滤液量（m^3/m^2）；

ρ——滤液的密度（kg/m^3）；

c——料浆中固体物质的质量分率；

m——滤饼的湿干质量比。

滤饼的厚度和单位过滤面积与滤饼重量关系式（7-8）为

$$b=w/r_c \tag{7-8}$$

式中　b——滤饼的厚度（m）；

r_c——滤饼的堆密度（kg/m^3）。

由式（7-6）～式（7-8）可得过滤时间和滤饼厚度的关系式（7-9）为

$$t=v^2/K=\left(\frac{br_c(1-mc)}{\rho c}\right)^2/K \tag{7-9}$$

一般当选定了板框压滤机的规格后，它的滤框厚度已选定，通常由于一个滤框两面在进行过滤，以滤框厚度的一半作为滤饼厚度代入式（7-9），可计算板框压滤机的过滤时间。再根据自选过滤机的型号与规格，而辅助操作时间 t_2 也为一确定值。

由式（7-10）可算得该设备的生产能力为

$$Q = Aq = \frac{Av}{t + t_2} \tag{7-10}$$

式中 A——过滤机的过滤面积（m^2）；

Q——过滤机的生产能力（m^3/s）。

板框压滤机在市政上可采用简化的经验计算方法：

市政自来水厂和污水处理厂在计算压滤机选型时需要考虑：

（1）污泥加药方式，是投加无机混凝剂，还是投加高分子絮凝剂，或者二者兼有。

（2）压滤机自动化程度，常规自动化应包括：自动液压闭合，自动拉板，自动卸饼，自动集水盘，泵和管路阀门仪表自动控制。

（3）选型计算

确定每一天的干固量：Q（如投加大量无机混凝剂，需将增加的干固量加到处置的污泥中）

确定压滤机每天工作时间：T

确定一个循环的工作时间：C

压滤机每一天循环数：T/C

每个循环的干固量：$Q/$（T/C）

确定滤饼的相对密度：q，可通过试验或经验，一般市政污泥泥饼密度，污水处理厂1.1kg/L；水厂1.2kg/L

确定滤饼的含固率：S，物料需根据过滤和挤压试验确定

压滤机一个循环的滤饼体积为：$[Q/(T/C)]/S/q$

如果是隔膜压滤机，需要考虑隔膜挤压系数，A，一般市政项目需考虑0.6～0.7

得到一个循环需要压滤机的容积 $V=[Q/(T/C)]/S/q/A$

根据滤板的标准有效容积和面积，可确定压滤机需要的滤板数量

7.6.4 板框压滤机的规格、性能及主要尺寸

7.6.4.1 X_M^AKG（30～160）/1000-U 型厢式压滤机

（1）规格与性能

X_M^AKG（30～160）/1000-U 型厢式压滤机的规格性能见表 7-11。

X_M^AKG（30～160）/1000-U 型厢式压滤机的规格与性能　　表 7-11

型号	X_M^AKG30/1000-U	X_M^AKG60/1000-U	X_M^AKG80/1000-U	X_M^AKG100/1000-U	X_M^AKG120/1000-U	X_M^AKG140/1000-U	X_M^AKG160/1000-U
滤室型式	厢式						
进料方式	双向进料（或单向进料）						
出液方式	暗流（XAKG型）明流双出液（XMKG型）						
压紧方式	液压						
控制方式	PLC控制						
过滤面积（m）	30	60	80	100	120	140	160

续表

型 号	X_M^A KG30/1000-U	X_M^A KG60/1000-U	X_M^A KG80/1000-U	X_M^A KG100/1000-U	X_M^A KG120/1000-U	X_M^A KG140/1000-U	X_M^A KG160/1000-U
液板外形尺寸(mm)	1000×1000×60						
滤板数/压缩板数	7/8	14/15	19/20	24/25	29/30	34/35	39/40
滤室数（个）	16	30	40	50	60	70	80
滤饼厚度（mm）	30						
滤室容积（L）	480	900	1200	1500	1800	2100	2400
过滤压力（MPa）	≤0.6						
压榨压力（MPa）	≤0.8						
油缸压力（MPa）	≤18						
油泵电机	Y112M-4B5（4kW）1台						
洗涤电机	YEJ801-4B5（0.55kW）2台						
液盘电机	Y90S-4（1.1kW）1台						
外形尺寸（mm）	4280×2680×2870	5260×2680×2870	5970×2680×2870	6670×2680×2870	7380×2680×2870	8090×2680×2870	8790×2680×2870
防护等级	IP44						
工作温度（℃）	≤70						
整机质量（kg）	8500	9800	11000	12500	14000	15500	17000

注：无锡通用机械厂有限公司产品。

(2) 外形尺寸

X_M^A KG（30～160）/1000-U 型厢式压滤机的外形尺寸见图 7-17 及表 7-12。

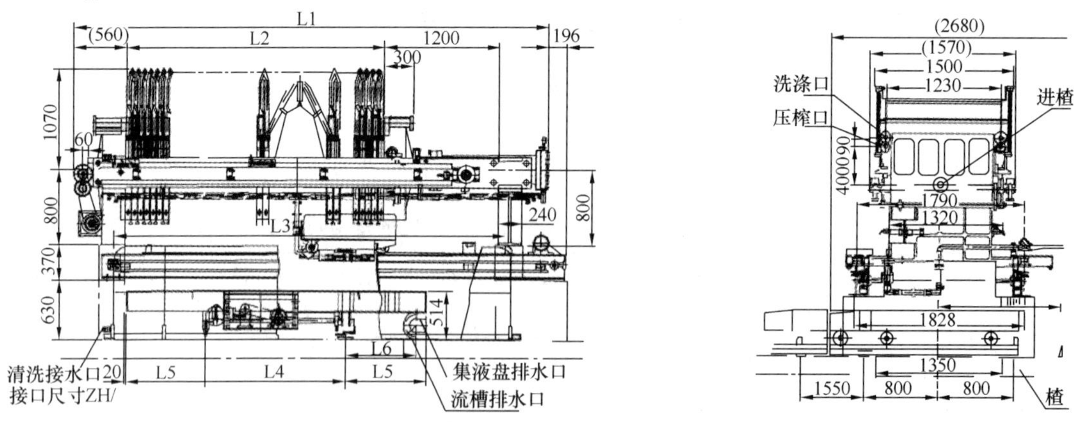

图 7-17 X_M^A KG（30～160）/1000-U 型厢式压滤机外形

X_M^AKG（30～160）/1000-U 型厢式压滤机的主要尺寸（mm） 表 7-12

产品型号＼尺寸	L_1	L_2	L_3	L_4	L_5	L_6
XMZG30/1000-U	4084	1790	3240	1200	520	430
XMZG60/1000-U	5064	2770	4220	1500	850	760
XMZG80/1000-U	5774	3480	4930	2000	955	865
XMZG100/1000-U	6474	4180	5630	2200	1205	1115
XMZG120/1000-U	7184	4890	6340	2500	1410	1320
XMZG140/1000-U	7894	5600	7050	2800	1615	1525
XMZG160/1000-U	8594	6300	7750	3000	1865	1775

7.6.4.2 X_M^AKG（100～250）/1250-U 型厢式压滤机

（1）规格与性能

X_M^AKG（100～250）/1250-U 型厢式压滤机的规格与性能见表 7-13。

X_M^AKG（100～250）/1250-U 型厢式压滤机的规格与性能 表 7-13

型 号	X_M^A KG100/1250-U	X_M^A KG120/1250-U	X_M^A KG140/1250-U	X_M^A KG160/1250-U	X_M^A KG180/1250-U	X_M^A KG200/1250-U	X_M^A KG250/1250-U
滤室型式	厢 式						
进料方式	双向进料（或单向进料）						
出液方式	暗流（XAKG 型）明流双出液（XMKG 型）						
压紧方式	液 压						
控制方式	PLC 控制						
过滤面积（m）	100	120	140	160	180	200	250
液板外形尺寸(mm)	1250×1250×65						
滤板数/压缩板数	18/19	22/23	26/27	29/30	33/34	37/38	46/47
滤室数（个）	38	46	54	60	68	76	94
滤饼厚度（mm）	30						
滤室容积（L）	1500	1820	2140	2380	2670	3020	3730
过滤压力（MPa）	≤0.6						
压榨压力（MPa）	≤0.8						
油缸压力（MPa）	≤18						
油泵电机	Y112M-4B5（4kW）1 台						
洗涤电机	YEJ801-4B5（0.55kW）2 台						
液盘电机	Y90S-4（1.1kW）1 台						
外形尺寸（mm）	6330×3000×3190	6930×3000×3190	7530×3000×3190	7980×3000×3190	8600×3000×3190	9200×3000×3190	10560×3000×3190
防护等级	IP44						
防腐情况	塑料滤板为改性聚丙烯，进料口 2Cr13（螺钉 1Cr18Ni9Ti）进料通道碳钢或 PP，左右横梁、滤板支承架、止推板、压紧板、清洗机构、集液盘均为不耐腐材质，出液口为 2Cr13，压榨隔膜为普通耐酸碱						
工作温度（℃）	≤70						
整机质量（kg）	12500	14000	15500	16700	18200	19500	22000

注：无锡通用机械厂有限公司产品。

(2) 外形尺寸

X_M^AKG (100～250) /1250-U 型厢式压滤机的外形尺寸见图 7-18 及表 7-14。

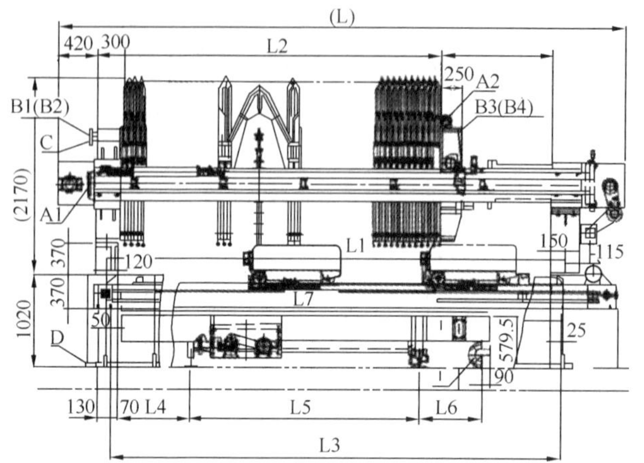

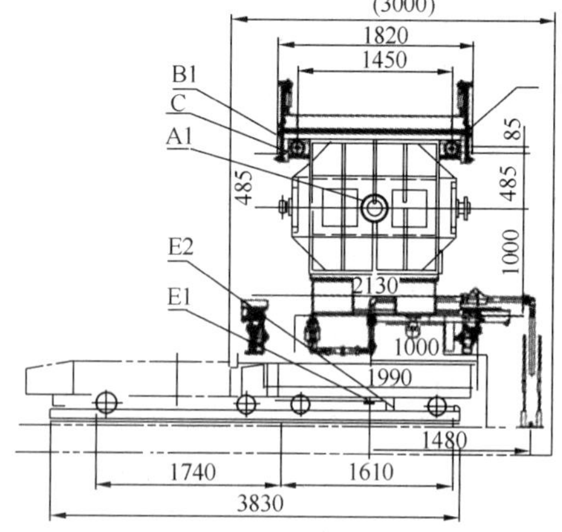

图 7-18 X_M^AKG (100～250) /1250-U 型厢式压滤机外形

X_M^AKG (100～250) /1250-U 型厢式压滤机的主要尺寸 (mm) **表 7-14**

产品型号 \ 尺寸	L	L_1	L_2	L_3	L_4	L_5	L_6	L_7
XMZG100/1250-U	6330	5120	3520	5045	850	2500	710	4100
XMZG120/1250-U	6930	5720	4120	5645	1000	2800	860	1700
XMZG140/1250-U	7530	6320	4720	6245	1200	3000	1060	5300
XMZG160/1250-U	7980	6770	5170	6695	1275	3310	1125	5750
XMZG180/1250-U	8600	7390	5790	7315	1430	3610	1290	6370
XMZG200/1250-U	9200	7990	6390	7915	1590	3890	1450	6970
XMZG250/1250-U	10560	9350	7750	9275	1900	4630	1760	8330

7.6.4.3 X_M^AKG (250～560) /1500-U 型厢式压滤机

(1) 规格与性能

X_M^AKG (250～560) /1500-U 型厢式压滤机的规格与性能见表 7-15。

X_M^AKG (250～560) /1500-U 型厢式压滤机的规格与性能 **表 7-15**

型号	X_M^AKG250/1500-U	X_M^AKG300/1500-U	X_M^AKG340/1500-U	X_M^AKG400/1500-U	X_M^AKG450/1500-U	X_M^AKG500/1500-U	X_M^AKG560/1500-U
滤室型式	厢式						
进料方式	单向进料 (可实现双向进料)						
出液方式	暗流 (XAK 型) 明流双出液 (XMK 型)						
压紧方式	液压						
控制方式	PLC 控制						
过滤面积 (m)	250	300	340	400	450	500	560

续表

型 号	X_M^A KG250/1500-U	X_M^A KG300/1500-U	X_M^A KG340/1500-U	X_M^A KG400/1500-U	X_M^A KG450/1500-U	X_M^A KG500/1500-U	X_M^A KG560/1500-U
液板外形尺寸(mm)	1500×1500×70						
滤板数	63	76	86	101	114	127	142
滤室数（个）	64	77	87	102	115	128	143
滤饼厚度（mm）	32						
滤室容积（L）	4000	4800	5440	6400	7200	8000	8960
过滤压力（MPa）	≤0.8						
压榨压力（MPa）	≤0.8						
油缸压力（MPa）	≤18						
油泵电机	Y112M-4B5（4kW）1台						
洗涤电机	YEJ801-4B5（0.55kW）2台						
液盘电机	Y90S-4（1.1kW）1台						
外形尺寸（mm）	7750×2290×2330(1805)	8680×2290×2330(1805)	9390×2290×2330(1805)	10460×2290×2330(1805)	11390×2290×2330(1805)	12320×2290×2330(1805)	13390×2290×2330(1805)
防护等级	IP44						
主机防腐情况	塑料滤板为增强聚丙烯，进料通道碳钢，左右横梁、止推板、压紧板材料为碳钢、出液球阀、滤板支承架 PP						
工作温度（℃）	≤70						
整机质量（kg）	22000	25000	28000	31000	35000	38000	42000

注：无锡通用机械厂有限公司产品。

（2）外形尺寸

X_M^A KG（250～560）/1500-U 型厢式压滤机的外形尺寸见图 7-19 及表 7-16。

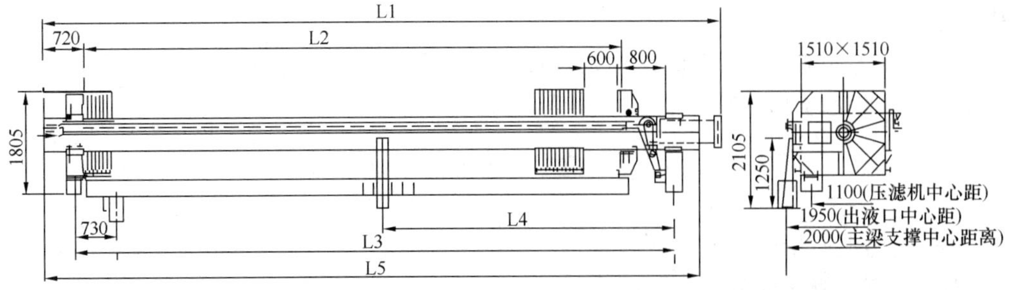

图 7-19 X_M^A KG（250～560）/1500-U 型厢式压滤机外形

X_M^AKG（250～560）/1500-U 型厢式压滤机的主要尺寸（mm） 表 7-16

产品型号 \ 尺寸	L_1	L_2	L_3	L_4	L_5
XMZG250/1500-U	7750	5220	6320	—	7340
XMZG300/1500-U	8680	6150	7250	—	8270
XMZG340/1500-U	9390	6860	7960	3980	8980
XMZG400/1500-U	10160	7930	9030	4520	10050
XMZG450/1500-U	11390	8860	9960	4980	10980
XMZG500/1500-U	12120	9790	10890	5450	11910
XMZG560/1500-U	13390	10860	11960	5980	12980

7.7 离心脱水机

7.7.1 泥水的离心脱水

泥水静置一段时间，由于重力作用，泥水中的固相与液相就会分层，此即自然沉降。如把泥水以 ω 的角速度旋转，当 ω 达到一定值时，因离心加速度比重力加速度大得多，固相和液相很快分层，这就是离心沉降。应用离心沉降原理进行泥水浓缩或脱水的机械即离心脱水机。

离心机有离心过滤、离心沉降和离心分离三种类型。给水、排水、环卫等的泥水浓缩或污泥脱水，其介质是一种固相和液相重度差较大、含固量较低、固相粒度较小的悬浮液。适宜用离心沉降类脱水机。

离心沉降脱水机分立式和卧式两种。离心沉降的固相（污泥）卸除，由差动螺旋输送器输送，固相物料（污泥）能翻动，分离效果好、生产能力大，通常污泥离心沉降脱水均采用卧式。

离心机的分离因数是离心机分离能力的主要指标，污泥在离心力场中所受的离心力和它承受的重力的比值 F_r 称分离因数，其表达式为

$$F_r = \frac{mR\omega^2}{mg} = \frac{R\omega^2}{g} = \frac{Dn^2}{1800}$$

式中 m——污泥质量（kg）；

R——离心机转鼓的半径（m）；

ω——转鼓的回转角速度（°/s）；

g——重力加速度（m/s^2）；

n——离心机转鼓的转速（r/min）；

D——离心机转鼓的内径（m）。

分离因数越大，污泥所受的离心力也越大，分离效果越好。目前国内工业离心机分离因数 F_r 值，如表 7-17 所示。

工业离心机分离因数 表 7-17

名称	分离因数	名称	分离因数
一般三足式过滤离心机	$F_r \leqslant 1000$ 左右	碟片式离心机	$5000 < F_r \leqslant 10000$ 左右
卧螺沉降离心机	$F_r \leqslant 4500$ 左右	管式离心机	$10000 < F_r \leqslant 250000$ 左右

城镇污水处理中的污泥浓缩和污泥脱水，卧螺沉降离心机分离因数为 2000～3000 左右。可通过离心模拟试验或直接对离心机进行调试得出。

7.7.2 卧螺沉降离心机的特性与构造

7.7.2.1 总体结构

卧螺沉降离心脱水机，主要由转鼓、带空心转轴的螺旋输送器、差速器等组成，如图 7-20 所示。

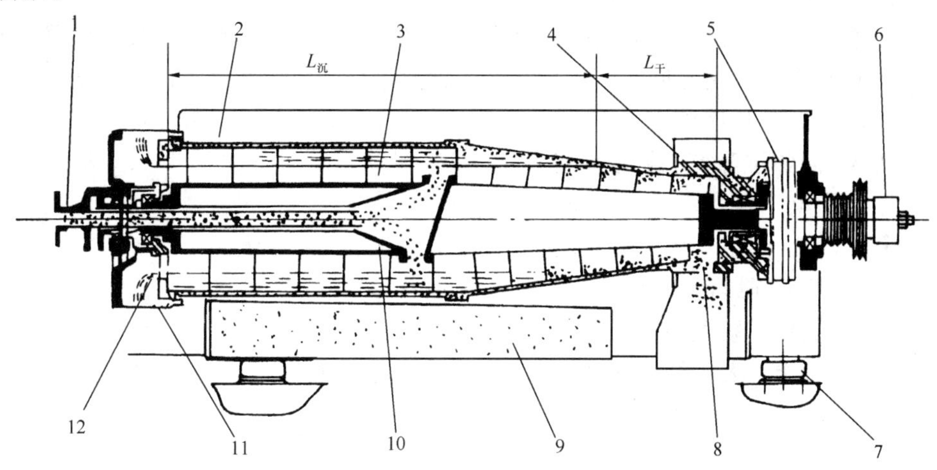

图 7-20 卧螺沉降离心机

1—进料口；2—转鼓；3—螺旋输送器；4—挡料板；5—差速器；6—扭矩调节；7—减振垫；8—沉渣；9—机座；10—布料器；11—积液槽；12—分离液

污泥由空心转轴输入转鼓内。在高速旋转产生的离心力作用下，污泥中相对密度大的固相颗粒，离心力也大，迅速沉降在转鼓的内壁上，形成固相层（因呈环状、称为固环层），而相对密度小的水分，离心力也小，只能在固环层内圈形成液体层，称为液环层。固环层的污泥在螺旋输送器的推移下，被输送到转鼓的锥端，经出口连续排出；液环层的分离液，由圆柱端堰口溢流，排至转鼓外，达到分离的目的。

7.7.2.2 主要技术参数

（1）转鼓直径和有效长度：转鼓是离心机的关键部件，转鼓的直径越大离心机的处理能力也越大，转鼓的长度越长，污泥在机内停留时间也越长，分离效果也越好。常用转鼓直径在 200～1200mm 之间，长径比在 $L/D=4\sim5$。

(2) 转鼓的半锥角：半锥角是锥体母线与轴线的夹角，锥角大污泥受离心挤压力大，利于脱水，通常沉降式螺旋卸料离心机的半锥角在 $\alpha=5°\sim15°$，对于浓缩，分级 $\alpha=6°\sim10°$，锥角大，螺旋推料的扭矩也需增大，叶片的磨损也会加大，若磨损严重会降低脱水效果。新型脱水机采用耐磨合金镶嵌在螺旋外缘，提高使用寿命。对于易分离的物料，取 $\alpha=10°\sim12°$，对于难分离的物料，取 $\alpha=6°\sim8°$，以使沉渣输送效果提高。

(3) 转差和扭矩：转差是转鼓与螺旋输送器的转速差。转差大，输渣最大，但也带来转鼓内流体搅动量大，污泥停留时间短，分离液中含固量增加，出泥湿度增大。

污泥浓缩与脱水的转差以 2～50r/min 为宜。

转差降低必然会使推料扭矩增大，通常卧螺沉降离心机的推料扭矩在 3500～34000N·m 之间。

(4) 差速器：差速器是形成卧螺沉降离心机的转鼓与螺旋输送器相互转速差的关键部件，是离心机中最复杂、最重要、性能和质量要求最高的装置。转速应无级可调，差速范围在 1～30r/min 之间，扭矩要大。

差速器的结构形式有机械式、液压式、电磁式等。

(5) 沉降区和干燥区的长度调节：

转鼓的有效长度为沉降区和干燥区之和，沉降区长，污泥停留时间长，分离液中固相带湿量少，但干燥区停留时间短，排出污泥的含湿量高。应调节溢流挡板的高度以调节转鼓沉降区和干燥区的长度。

7.7.2.3 卧螺沉降离心机主要优点和效果

(1) 主要优点

1) 污泥进料含固率变化的适应性好。

2) 能自动长期连续运行。

3) 分离因数高，絮凝剂投量少，常年运行费低。

4) 单机生产能力大，结构紧凑，占地面积小，维修方便。

5) 可封闭操作，环境条件好。

(2) 卧螺沉降离心机对各种污泥的脱水效果，如表 7-18 所示。

离心机对各种污泥的脱水效果 **表 7-18**

污泥种类		泥饼含固率(%)	固体回收率(%)	干污泥加药量(kg/t)	污泥种类		泥饼含固率(%)	固体回收率(%)	干污泥加药量(kg/t)
生污泥	初沉污泥	28～34	90～95	2～3	厌氧消化污泥	初沉污泥	26～34	90～95	2～3
	活性污泥	14～18	90～95	6～10		活性污泥	14～18	90～95	6～10
	混合污泥	18～25	90～95	3～7		混合污泥	17～24	90～95	3～8

(3) 污泥离心脱水性能的影响因素：要使离心脱水机对污泥进行有效的固液分离，应掌握影响脱水性能的因素，现归纳如下：

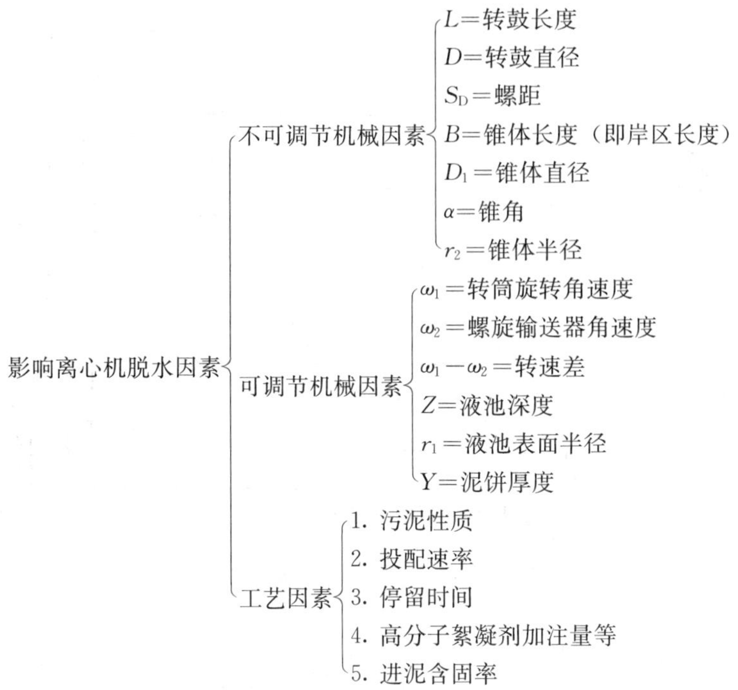

在离心机型号和尺寸已定的情况下，不可调的机械因素已无法改变，只可调整可调节的机械因素。如改变离心机转鼓速度，调节重力加速度 g 的作用力，使分离因数增大或减小，以适应工艺因素。

工艺因素中主要是：

1）污泥性质：初沉污泥、混合污泥、氧化沟污泥、消化池污泥、给水厂污泥等，不同污泥其污泥指数和灰分均不相同，一般污泥指数低（mL/g 干泥）、灰分高则容易分离。

2）絮凝剂的品种和投加量：对不同性质的污泥需投加不同型号的高分子絮凝剂和不同的投加量。在选择絮凝剂的型号时，必须进行小试筛选。

7.7.3 污泥离心脱水流程

用离心机处理给排水、环卫等城市排污的泥水，应掌握污泥性状和高分子絮凝剂特性，经试验筛选后确定配伍。常用工艺如图 7-21 所示。

污泥经污泥浓度计测得相应信号，启动螺杆泵，将污泥泵送至离心机。

在螺杆泵的吸入管路上，安装了污泥切割机，以便切碎污泥中携带的固体杂物（如木头、塑料、玻璃、石块等）。螺杆泵的压送管路上设有流量计计量。从而在污泥输入离心机前按浓度计和流量计信号输入计算机运算后指令投加高分子絮凝剂——聚丙烯酰胺溶液（投加浓度预先设定）的投加量。使污泥能结成粗大的絮凝团，促进泥水的分离。分离后的污泥堆集外运。分离水外排应测定，且必须符合 GB 8978 污水综合排放标准。

7.7.4 国产卧螺卸料沉降离心机

目前我国生产的卧式螺旋卸料沉降离心机的种类和规格比较齐全，基本上可满足污泥浓缩或脱水的需要。

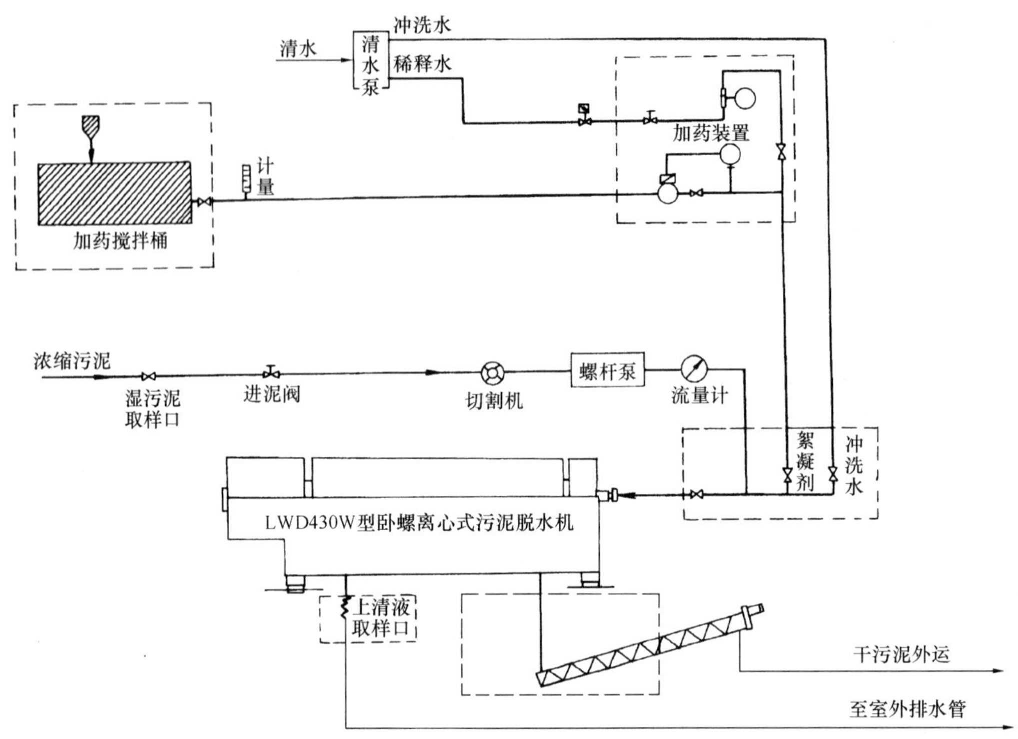

图 7-21 污泥离心脱水处理流程

(1) LW 型卧式螺旋卸料沉降离心机规格性能，如表 7-19 所示。

卧式螺旋卸料沉降离心机规格和性能 表 7-19

型号	转鼓直径(mm)	转鼓转速(r/min)	转鼓长度(mm)	长径比(3～5)	分离因数	生产能力(m^3/h)	最大排渣能力(m^3/h)	主电机功率(kW)	质量(kg)	外型尺寸(mm)($L \times W \times H$)
LW220×930	220	4800	930	4.2	2800	0.5～5	0.4	11	1000	1790×1080×640
LW300×1300	300	4200	1300	4.3	3000	1～15	0.8	11～15	1500	2470×1230×850
LW350×1550	350	3700	1550	4.4	2600	2～20	1.2	15～22	2000	2790×1300×880
LW400×1750	400	3400	1750	4.4	2590	3～30	2.0	18.5～30	2400	2950×1400×850
LW450×1940	450	3000	1940	4.3	2270	4～45	2.5	22～37	2800	3300×1500×920
LW500×2150	500	2900	2150	4.3	2350	5～60	4.0	30～45	4000	3650×1500×1000
LW530×2270	530	2700	2270	4.3	2160	6～75	5.0	30～45	4500	3730×1600×1100
LW580×2500	580	2600	2500	4.3	2200	8～85	6.0	45～55	6000	4000×1750×1200
LW650×2800	650	2400	2800	4.3	2090	9～105	8.0	37～75	7200	4300×1900×1350
LW760×3040	760	2150	3040	4.0	2000	10～140	12.0	55～110	9500	5000×2500×1500
LW900×3600	900	2000	3600	4.0	2000	20～190	18.0	75～135	16000	6000×2700×1500

注：上海离心机研究所。

(2) LW 型卧式螺旋卸料沉降离心机外形图，如图 7-22～图 7-24 所示。

(3) 离心机与带机性能比较，见表 7-20。

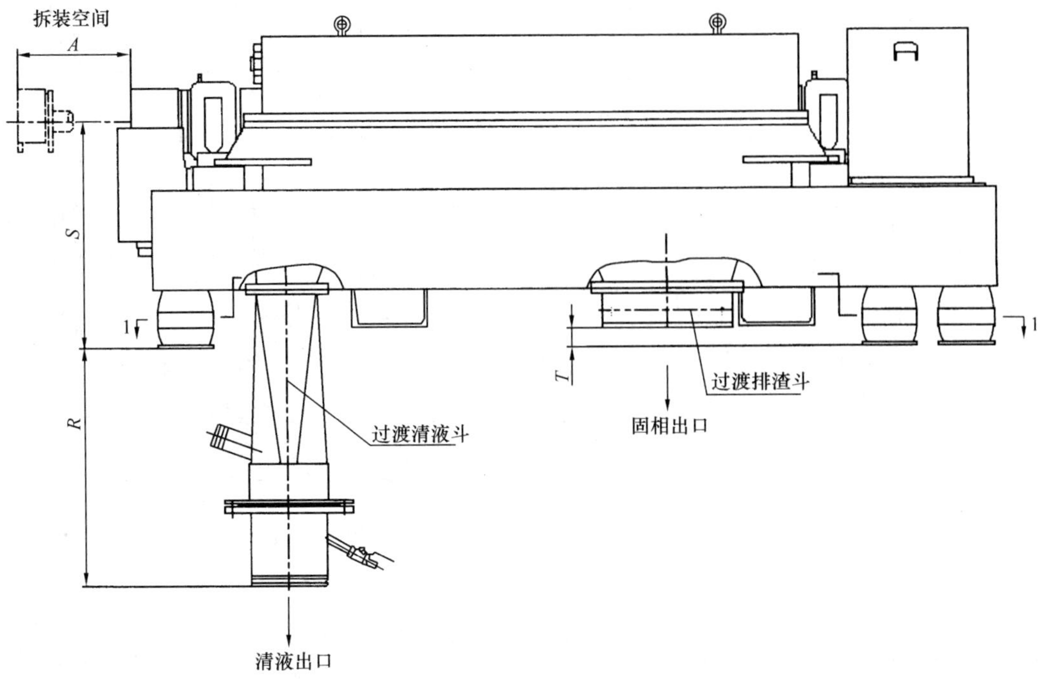

图 7-22 离心机主视图

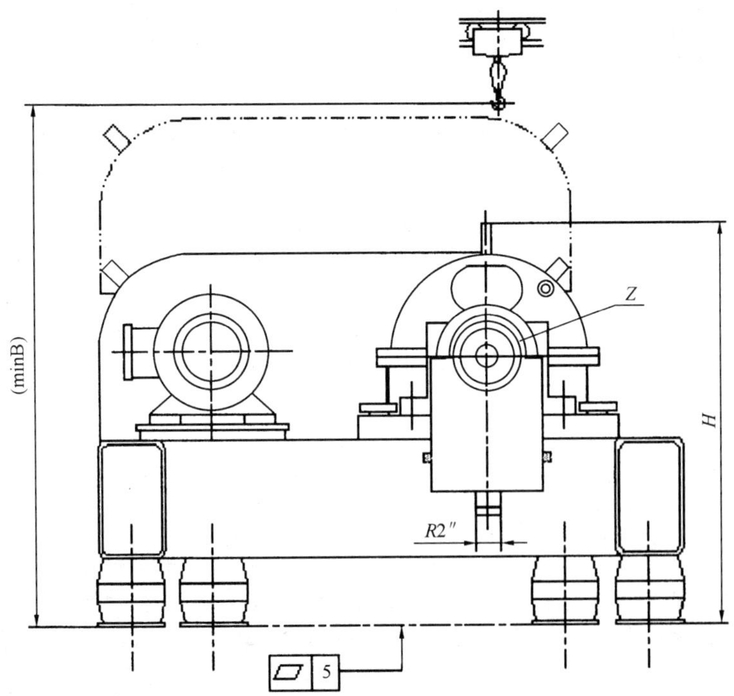

图 7-23 离心机左视图

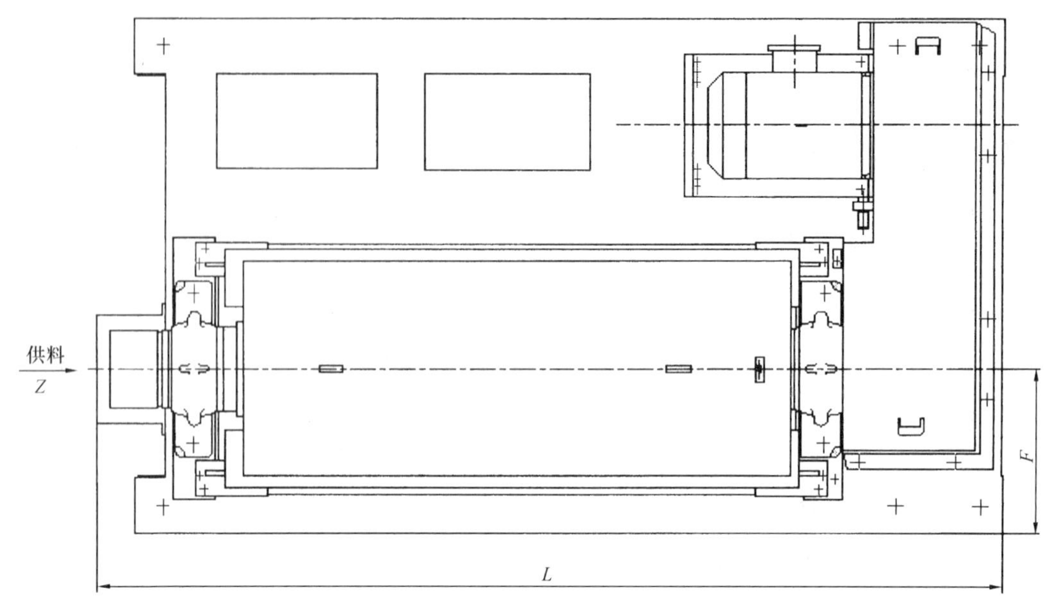

图 7-24 离心机俯视图

卧螺离心机与带机用于污泥脱水的性能比较 表 7-20

序号	卧螺离心机	带　　机
1	利用离心沉降原理，使固液分离。由于没有滤网，不会引起堵网现象	利用滤带，使固液分离。为防止滤带堵塞，需高压水不断冲刷
2	适用各类污泥的浓缩和脱水	适用各类污泥脱水，但对剩余活性污泥需投药量大且脱水困难
3	脱水过程中当进料浓度变化时，转鼓和螺旋的转差和扭矩会自动跟踪调整，所以可不设专人操作	脱水过程中当进料浓度变化时，带速、带的张紧度、加药量冲洗水压力均需调整，操作要求较高
4	在离心机内，能分离的固相粒度范围较广（5μm～2mm），所以絮凝剂的投加量较少，一般混合污泥脱水时的加药量为 3kg/t 干泥，污泥回收率为 95%以上，脱水后泥饼的含水率为 75%左右	由于滤带不能织得太密，为防止细小的污泥漏网，需投加较多的絮凝剂以使污泥形成较大絮团。一般混合污泥脱水时的加药量 3kg/t 干泥，污泥回收率为 90%左右，脱水后泥饼含水率为 75%～80%左右
5	每立方米污泥脱水耗电为 1.2kW/m^3 运行时噪声为 76～80dB 全天 24h 连续运行 除停机外，运行中不需清洗水	每立方米污泥脱水耗电为 0.8kW/m^3 运行时噪声为 70～75dB 滤布需松弛保养，一般每天只安排两班操作，运行过程中需不断用高压水冲洗滤布
6	占用空间小，安装调试简单，配套设备仅有加药和进出料输送机，整机全密封操作，车间环境好	占地面积大，配套设备除加药和进出料输送机外，还需清洗泵、空压机、污泥调理器等等，整机密封性差，高压清洗水雾和臭味污染环境，如工艺参数控制不好，会造成泥浆四溢
7	易损件仅轴承和密封件。卸料螺旋的维修周期一般在 3a 以上	易损件除轴承、密封件外，滤带也需更换，且价格昂贵

7.7.5 离心机常见故障及排除方法

离心机常见故障及排除方法，见表7-21。

离心机常见故障及排除方法 表7-21

故障现象	原因分析	排除方法
分离液混浊 固体回收率低	1. 液环层厚度太薄 2. 进泥量太大 3. 转速差太大 4. 入流固体超负荷 5. 机器磨损严重 6. 转鼓转速太低	增大厚度 减小进泥量 降低转速差 减小进泥量 更换零件 增大转速
泥饼含固量低	1. 转速差太大 2. 液环层厚度太大 3. 转鼓转速太低 4. 进泥量太大 5. 加药不足或过量	降低转速差 减小液环层厚度 增大转速 减小进泥量 调整投药比
离心机过度振动	1. 轴承故障 2. 部分固体沉积在转鼓的一侧，引起运转失衡 3. 机座松动	更换轴承 停机时清洗不干净造成一侧沉积。彻底清洗 拧紧紧固螺母
转轴扭矩太大	1. 进泥量太大或入流固量太大 2. 转速差太小，出泥口堵塞 3. 齿轮箱出故障	减小进泥量 增大转速差 加油保养

7.8 螺压浓缩机及脱水机

7.8.1 适用条件

这是一种对稀泥浆进行浓缩和脱水的设备，适用于给水排水、环保、化工、造纸、冶金、食品等行业的各类污泥的浓缩和脱水处理。

7.8.2 ROS2 型螺压浓缩机

7.8.2.1 特点

(1) 对含固量0.5%的稀泥浆进行浓缩、处理后含固量可提高到6%～12%。絮凝剂的消耗量为1.9‰～2.9‰。

(2) 设备适用的范围广，当进泥含固量在0.7%～1.2%之间变化时，可以通过调节螺旋装置的转速，以适应稀泥浆中含固量的变化，使絮凝剂得到充分利用，反应完全。

(3) 设备体积小、占地少、能耗低、效率高。由于整机在<12r/min 的低转速下运行，无振动和噪声，使用寿命长。

7.8.2.2 工艺流程

ROS2 型螺压浓缩机处理稀泥浆的工艺流程，如图7-25所示。

含固量0.5%干泥的稀泥浆，泵送至絮凝反应器前，由流量仪和浓度仪检测后，指令

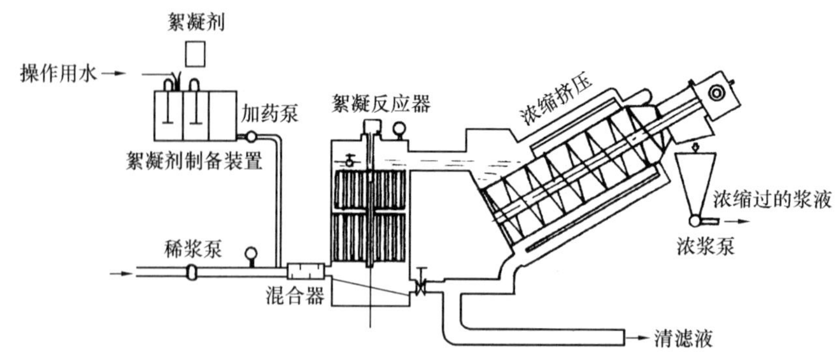

图 7-25　ROS2 型螺压浓缩机污泥处理工艺流程

絮凝剂投加装置定量地投入粉状或液状（投加浓度可预先设定）高分子絮凝剂。通过混合器混合，进入絮凝反应器内，经缓慢反应搅拌匀质后溢入 ROS2 螺压浓缩机，已絮凝的浆液，在压榨转动作用下，被缓慢提升、压榨直至浓缩，使泥浆含固量达到 6%～12%DS 左右，污泥卸入集泥斗，进入后续处理装置。过滤液穿流筛网后外排。

本设备具有筛网运转过程中的转动自清洗装置和定时自动冲洗设施。可长期、连续、全封闭运行。

7.8.2.3　规格和性能

ROS2 型螺压浓缩机规格性能，见表 7-22。

ROS2 型螺压浓缩机规格和性能　　表 7-22

型　号	处理量 (m^3/h)	驱动电机		压榨机转速 (r/min)	反应器功率 (kW)	搅拌器转速 (r/min)	清洗系统的驱动 (kW)	系统管径 *DN*	运行质量 (kg)
		功率 (kW)	电压 (V)						
ROS2.1	8～15	0.55	380	0～12	0.55	0～23.5	0.04	80/100	3300
ROS2.2	18～30	1.1	380	0～9.1	0.55	0～23.5	0.04	100/125	3400
ROS2.3	35～50	2.2	380	0～9.7	0.55	0～23.5	0.04	100/150	4700
ROS2.4	60～100	4.4	380	0～7.5	0.37	0～9.9	0.04	200/150	9000

7.8.2.4　外形及安装尺寸

ROS2 型螺压浓缩机外形尺寸，见图 7-26、表 7-23；安装尺寸，见图 7-27、表 7-24。

ROS2 型螺压浓缩机外形尺寸　　表 7-23

型　号	*K*	*l*	*H*	*A*	*G*	h_1	h_2	h_3	h_4	h_5
ROS2.1	796	136	240	1340	197	2020	1820	350	125	1647
ROS2.2	920	73	260	1555	331	1797	1497	350	195	1161
ROS2.3	935	148	250	1909	265	1797	1497	350	195	1355
ROS2.4	1177	681	450	2020	340	2420	2120	350	210	1610
型　号	h_6	*B*	α (°)	*ϕD*	*ϕM*	*DN*1	*DN*2	荷　载 (kN)		
								G_1	G_2	G_3
ROS2.1	2125	3422	30	795	250	100	100	11	14	8
ROS2.2	1981	4197	30	1018	254	100	125	12	14	8
ROS2.3	2152	4808	30	1175	356	100	150	12	23	12
ROS2.4	2646	6377	30	1715	506	150	200	37	33	20

注：*DN*1、*DN*2 均为标准法兰，公称压力 *PN*16。

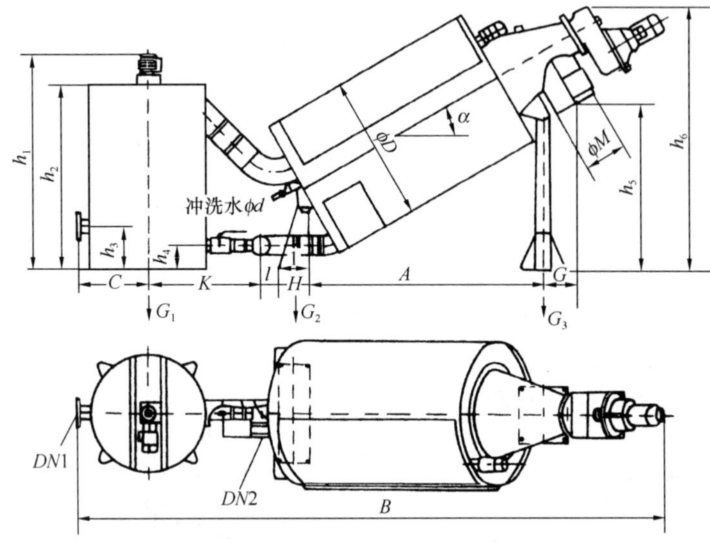

图 7-26 ROS2 型螺压浓缩机外形尺寸

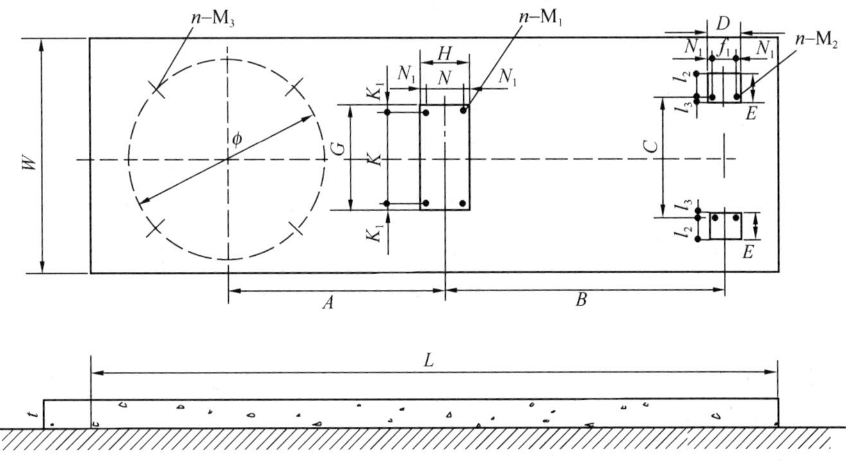

图 7-27 ROS2 型螺压浓缩机安装尺寸

ROS2 型螺压浓缩机安装尺寸 表 7-24

型 号	A	B	ϕ	G	H	N	N_1	K	K_1	C
ROS2.1	1052	1333	926	500	240	180	30	440	30	570
ROS2.2	1123	1685	1074	598	260	210	25	548	25	240
ROS2.3	1208	2034	1074	800	250	200	25	750	25	390
ROS2.4	2083	2245	1545	940	450	390	30	900	30	390

型 号	D	E	l_1	f	l_2	l_3	W	L	n-M1	n-M2	n-M3	t
ROS2.1	160	140	20	120	110	30	1216	3228	4-M16	4-M12	4-M12	200
ROS2.2	300		30	240	25		1374	3795	4-M14	4-M14	4-M12	200
ROS2.3	400		30	340	30		1374	4279	4-M14	4-M14	4-M12	200
ROS2.4	400		30	340	30		1845	5301	4-M14	4-M14	4-M12	200

注：做好混凝土基础，安装时用膨胀螺栓在基础顶部固定即可，不需预埋件或预留孔。

7.8.3 ROS3 型螺压脱水机

7.8.3.1 特点

(1) 对含固量大于 3%的泥浆，实行一次脱水，干泥含量达 20%～30%，污泥回收率大于 80%，絮凝剂用量为 1.5～4g/kg 干泥。

(2) 结构紧凑，占地少，能耗低。

(3) 转速为 2～6r/min 低转速运行，无振动，无噪声，可全封闭、长期连续运行。

(4) 整机全部采用不锈钢制成，使用寿命长。

7.8.3.2 污泥处理的工艺流程

ROS3 型螺压脱水机处理污泥脱水的工艺流程，如图 7-28 所示。

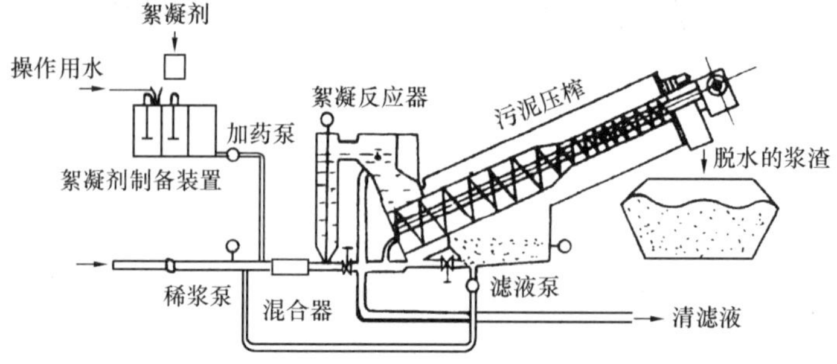

图 7-28 ROS3 型螺压脱水机污泥处理工艺流程

含固量大于 3%干泥左右的稀泥浆与干粉或液体状絮凝剂（浓度可预先设定）经管道混合器混合，送入絮凝反应器，反应后，稀浆形成絮体，固液得到有利的分离，要脱水的稀浆进入 ROS3 主机过滤，被栅网截留的泥浆被螺旋提升、压榨，直至含固率达 18%～25%连续排放。流经栅网的滤后液外排。

为使栅网无堵塞，设备中具有喷射清洗装置，运行中清洗不影响机械脱水效果。

7.8.3.3 规格和性能

ROS3 型螺压脱水机规格和性能，见表 7-25。

ROS3 型螺压脱水机规格和性能 表 7-25

型号	处理量 (m^3/h)	驱动电机		脱水机转速 (r/min)	清洗系统的驱动 (kW)	系统管径 *DN*	运行质量 (kg)
		功率（kW）	电压（V）				
ROS3.1	2～5	3	380	0～5	0.04	100/100	2500
ROS3.2	5～10	4.4	380	0～6	0.04	100/100	3700
ROS3.3	10～20	8.8	380	0～6	0.08	100/100	7400

7.8.3.4 外形及安装尺寸

ROS3 型螺压脱水机外形及安装尺寸，见图 7-29、图 7-30 及表 7-26、表 7-27。

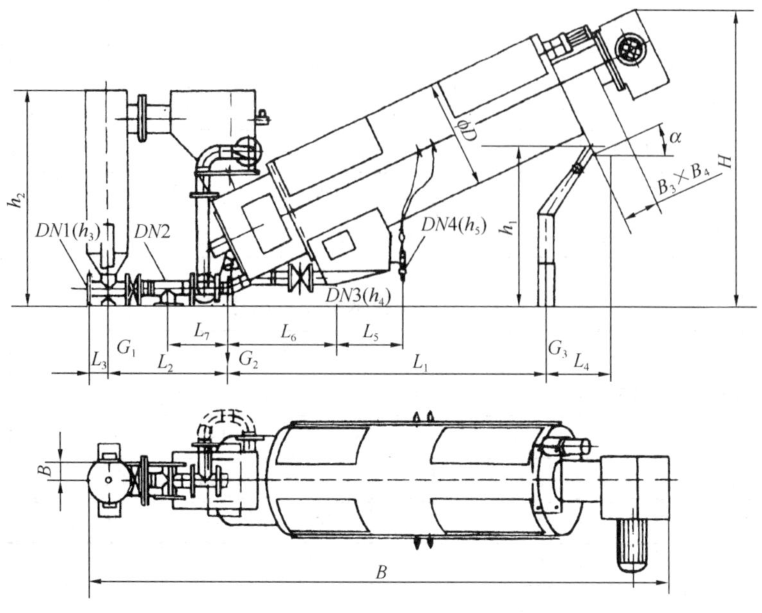

图 7-29 ROS3 型螺压脱水机外形尺寸

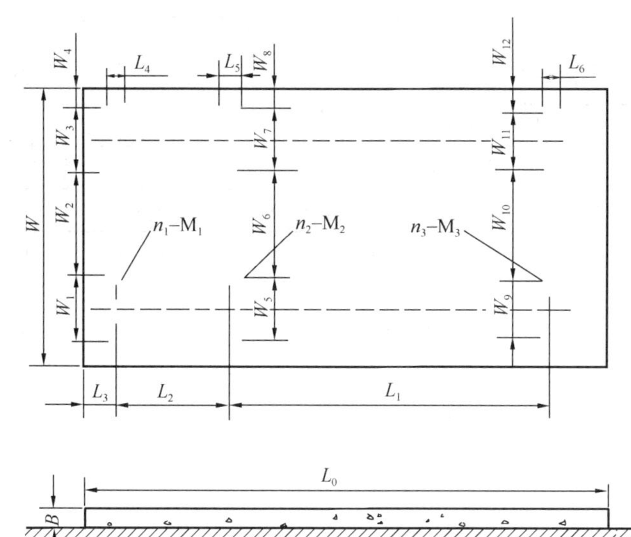

图 7-30 ROS3 型螺压脱水机安装尺寸

ROS3 型螺压脱水机外形尺寸 **表 7-26**

型 号	ϕD	L_1	L_2	L_3	L_4	L_5	L_6	L_7	B_1	$B_3 \times B_4$
ROS3.1	920	2300	825	150	456	640	620	395	124	262×277
ROS3.2	1060	3125	778	150	448	640	620	395	124	262×356
ROS3.3	2200	3125	778	150	448	640	620	395	124	262×356

型 号	B	H	h_1	h_2	h_3	h_4	h_5	α	DN1 进料口		
									公称直径	法兰压力	螺孔（n-ϕd）
ROS3.1	4140	2150	1057	1520	130	100	170	25°	100	PN16	4—13
ROS3.2	4935	2535	1488	1655	130	100	170	25°	100	PN16	4—13
ROS3.3	5200	2535	1488	1655	130	100	170	25°	100	PN16	4—13

续表

型号	DN2 滤后液出口			DN3 回流液出口			DN4 清洗水入口		
	公称直径	法兰压力	螺孔($n-\phi d$)	管径	接口方式	接口材质	管径	接口方式	接口材质
ROS3.1	100	PN16	4—13	40	螺纹	不锈钢	32	螺纹	黄铜
ROS3.2	100	PN16	4—13	40	螺纹	不锈钢	32	螺纹	黄铜
ROS3.3	100	PN16	4—13	40	螺纹	不锈钢	32	螺纹	黄铜

ROS3 型螺压脱水机安装尺寸 **表 7-27**

型号	L_1	L_2	L_3	L_4	L_5	L_6	L_0	W	W_1
ROS3.1	2300	825	250	120	170	130	3550	1000	
ROS3.2	3125	778	250	120	170	130	4328	1100	
ROS3.3	3125	778	250	120	170	130	4328	2320	461
型号	W_2	W_3	W_4	W_5	W_6	W_7	W_8	W_9	W_{10}
ROS3.1	461		270		440		280		390
ROS3.2	461		320		540		280		390
ROS3.3	858	461	270	540	680	540	280	390	838
型号	W_{11}	W_{12}	B	n_1-M_1	n_2-M_2	n_3-M_3	荷载（kN）		
							G_1	G_2	G_3
ROS3.1		305	150	4—M10	4—M16	4—M16	3	15	7
ROS3.2		355	150	4—M10	4—M16	4—M16	4	23	10
ROS3.3	390	355	150	4—M10	8—M16	8—M16	8	46	20

注：以上基础尺寸为双机并联布置形式，当为单机布置形式时，图表中的 W_1、W_3、W_5、W_7、W_9、W_{11} 无需考虑。

8 行业标准技术

8.1 平面格栅（标准号 CJ/T 39—1999）

1 主题内容与适用范围

本标准规定了平面格栅的型式、基本参数及尺寸、型号编制、技术要求、检验规则、标志、包装、运输。

本标准适用于供水排水工程所用平面格栅的设计。

2 引用标准（略）

3 型式、基本参数及尺寸

3.1 平面格栅的基本型式

a. A 型（图 1）：本型式平面格栅，栅条在框架外侧，适用于机械或人工清除污物；

b. B 型（图 2）：本型式平面格栅，栅条在框架内侧，一般上部设有起吊架，将格栅吊起，人工清除污物。

3.2 基本参数及尺寸

3.2.1 平面格栅的基本参数及尺寸应符合表 1 规定。

3.2.2 平面格栅框架一般用型钢焊接制造，型钢断面尺寸的选择应通过强度和刚度计算来确定。

3.2.3 当平面格栅长度 L＞1000mm 时，可在格栅框架内增加横向肋条，横向肋条的数量及断面尺寸应通过计算确定。

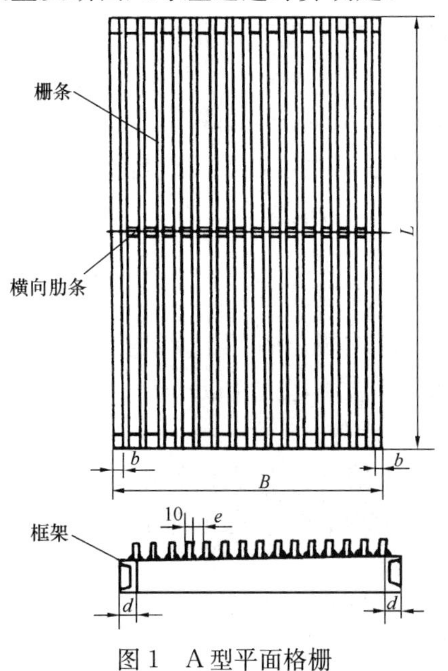

图 1　A 型平面格栅

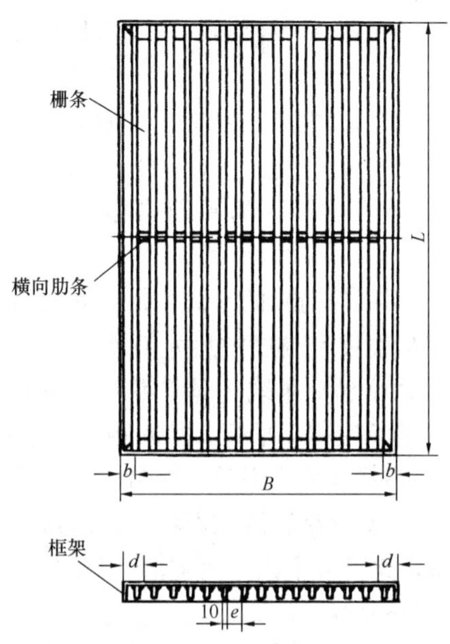

图 2　B 型平面格栅

表1 平面格栅的基本参数及尺寸（mm）

名 称	数 值
格栅宽度 B	600，800，1000，1200，1400，1600，1800，2000，2200，2400，2600，2800，3000，3200，3400，3600，3800，4000。使用移动式除污机时 B>4000
格栅长度 L	600，800，1000，1200……以200为一级增大，其上限值由水深确定
间隙宽度 θ	10，15，20，25，30，40，50，60，80，100
栅条至外边框距离 b	b 值按下式计算： $b=\frac{B-10n-(n-1)e}{2}$；$b\leqslant d$ 式中 B——格栅宽度； n——栅条根数； e——间隙宽度； d——框架周边宽度

3.3 型号编制

3.3.1 型号表示方法：

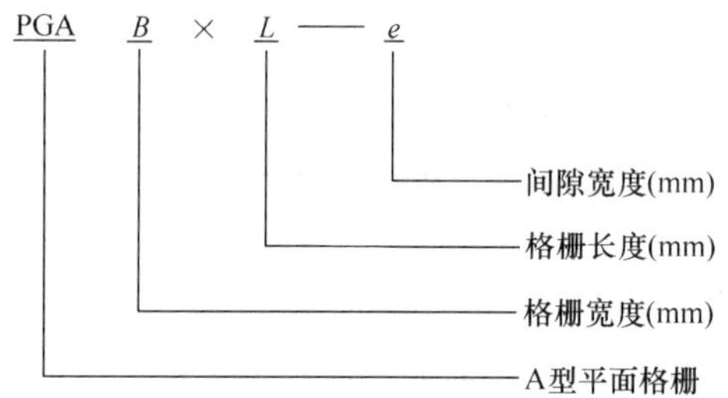

3.3.2 标记示列：

宽度1000mm，长度1500，间隙宽度40mm的A型平面格栅：

PGA1000×1500-40

4 技术要求

4.1 平面格栅的制造应符合本标准要求，并按照经规定程序批准的图纸及技术文件制造。

4.2 平面格栅栅条一般使用截面为10mm×50mm～10mm×100mm材质为Q235A的扁钢制造，对于腐蚀性较强的污水，可用其他强度高、耐腐蚀性好的材料制造。

4.3 用机械清除的平面格栅，栅条的直线度偏差不超过长度的1/1000，且不超过2mm。

4.4 用机械清除的平面格栅，其制造偏差应符合下列规定：

a. 格栅宽度和高度的尺寸偏差不应超过GB/T 1804中规定的IT15级精度；

b. 平面格栅对角线相对差不超过4mm，工作面平面度不超过4mm；

c. 各栅条应相互平行，其间距偏差不应超过设计间距的±5%。

4.5 各部焊缝应平整、光滑，不应有任何裂缝、未熔合、未焊接等缺陷。

4.6 按要求涂底漆和面漆、涂漆应均匀、光亮、完整、不得有粗糙不平，更不得有漏漆现象，漆膜应牢固、无剥落、裂纹等缺陷。

5 产品检验

产品在出厂前应按技术要求进行检验。

6 标志、包装、运输

(以下略)。

附 录 A
平面格栅安装型式及尺寸

A1 A 型平面格栅安装型式如图 A1 所示。安装尺寸应符合表 A1 的规定。

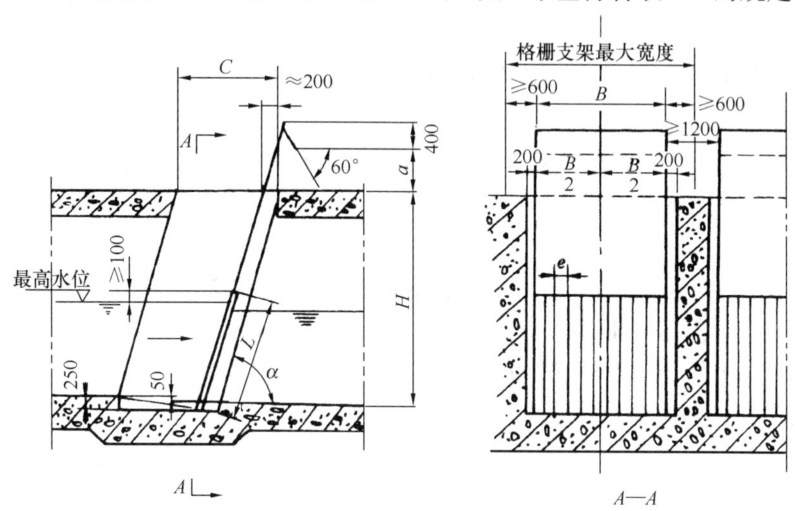

图 A1 平面格栅安装型式

表 A1 A 型平面格栅安装尺寸(mm)

池深 H	800，1000，1200，1400，1600，1800，2000，2400，2800，3200，3600，4000，4400，4800，5200，5600，6000		
格栅倾斜角 α	60° 75° 90°		
清除高度 a	0	800，100	1200，1600，2000，2400
运输装置	水槽	容器、传送带、运输车	汽 车
开口尺寸 C	≥1600		

8.2 平面格栅除污机(标准号 CJ/T 3048—1995)

1 范围

本标准规定了平面格栅除污机的产品分类、技术要求、试验方法、检验规则、标志、包装、运输及贮存等。

本标准适用于给水排水工程中使用的链传动和钢丝绳传动的固定式和移动式平面格栅除污机。其他型式的格栅除污机亦可参照使用。

2 引用标准(略)

3 术语

本标准采用下列术语。

3.1 平面格栅除污机

利用平面格栅和齿耙清除流体中污渣的设备。

3.2　链式平面格栅除污机

齿耙运行由链传动系统来实现的平面格栅除污机。

3.3　钢丝绳式平面格栅除污机

齿耙运行由钢丝绳传动系统来实现的平面格栅除污机。

3.4　固定式平面格栅除污机

齿耙无横向水平行走装置的平面格栅除污机。

3.5　移动式平面格栅除污机

齿耙设有横向水平行走装置的平面格栅除污机。

3.6　齿耙额定载荷

齿耙每次上行除污时（多齿耙平面格栅除污机假定污渣载荷集中在一个齿耙上），能承受的污渣最大总质量。

3.7　可靠性

平面格栅除污机在规定的条件下和时间内，完成规定功能的能力。

3.8　平均无故障工作时间

在可靠性试验期内，累计工作时间与当量故障次数之比。

平均无故障工作时间按公式（1）计算：

$$\mathrm{MTBF} = \frac{T_0}{N} \tag{1}$$

式中　MTBF——平均无故障工作时间，h；

T_0——累计工作时间，h；

N——在可靠性试验总工作时间内出现的当量故障次数（见 6.5.4）。当 $N<1$ 时，按 $N=1$ 计算。

3.9　可靠度

在可靠性试验期内，平面格栅除污机累计工作时间与累计工作时间和故障停机修理时间二者之和的比值。

可靠度按公式（2）计算：

$$K = \frac{T_0}{T_0 + T_1} \tag{2}$$

式中　K——可靠度；

T_1——故障停机修理时间，h。

3.10　安装倾角

平面格栅除污机安装使用时，格栅与水平面的夹角。

3.11　栅条净距

相邻两栅条内侧的距离。

3.12　托渣板

位于栅条上端，用于托渣的板。

4　产品分类

4.1　型式

平面格栅除污机按照齿耙传动型式分为链式和钢丝绳式，按照安装型式分为固定式和移动式。

4.2 基本参数

4.2.1 平面格栅除污机的基本参数为齿耙宽度、栅条净距和安装倾角。其中齿耙宽度为主参数，单位为 mm。

4.2.2 平面格栅除污机基本参数应符合表 1 的规定。

表 1

名 称	系 列
齿耙宽度（mm）	600，800，1000，1200，1400，1600，1800，2000，2200，2400，2600，2800，3000，3200，3400，3600，3800，4000、4500、5000
栅条净距（mm）	10、15、20、25、30、40、50、60、80、100
安装倾角（°）	60、75、90

4.3 型号

产品型号编制按照 CS/T 3035 的规定执行。

5 技术要求

5.1 一般要求

平面格栅除污机（以下简称除污机）应符合本标准的规定，并应按照规定程序批准的图样及文件制造。

5.2 整机

5.2.1 齿耙额定载荷

除污机在安装倾角状态下，齿耙额定载荷应符合表 2 的规定。

表 2

齿耙宽度（mm）	≤1000	≥1200	≥2000	≥3000	≥4000
齿耙额定载荷（N）	≥1000	≥1500	≥2000	≥2500	≥3000

5.2.2 耙齿与栅条间隙

耙齿与其两侧栅条的间隙之和应符合表 3 的规定。

表 3 (mm)

齿耙宽度		≤1000		≥1200		≥3000	
栅条净距		≤40	≥50	≤40	≥50	≤40	≥50
耙齿与栅条间隙	固定式	≤4	≤5	≤5	≤6	≤6	≤7
	移动式	≤5	≤6	≤6	≤7	≤7	≤8

5.2.3 耙齿顶面与托渣板间距

齿耙上行除污时，耙齿顶面与托渣板间距应符合表 4 的规定。

表 4 (mm)

齿耙宽度	≤1000	≥1200	≥3000
齿耙顶面与托渣板间距	≤3	≤3.5	≤4

5.2.4　噪声

齿耙在额定载荷时，除污机的工作噪声应符合表5的规定。

表5

齿耙宽度（mm）	≤1000	≥1200	≥3000
噪声值(声压级)[dB(A)]	≤76	≤78	≤80

5.2.5　可靠性

a. 除污机在安装倾角位置和齿耙在额定载荷工况下进行时间为300h的可靠性试验；

b. 除污机可靠性试验的平衡无故障工作时间和可靠度应符合表6的规定。

表6

平均无故障工作时间（h）	可　靠　度
≥200	≥85%

5.2.6　齿耙污渣清除

除污机应设置有效的强制性清除齿耙上污渣的机构，使污渣顺利、干净、准确地从齿耙上排卸到污渣贮存槽中。

5.2.7　过载保护

除污机应设置机械和电气过载保护系统，避免因过载而损坏传动系统、格栅及齿耙等零部件。

5.2.8　控制运行方式

除污机应同时具有手动控制运行和自动控制运行两种型式，机器启动运行时的格栅前后液位差不得超过200mm。

5.2.9　防腐措施

除污机与腐蚀介质接触的零部件，应采用耐腐蚀材料制造或进行预处理和有效的表面防腐处理，使其在与腐蚀介质接触的情况下，仍能正常可靠运行。

5.2.10　环境温度

除污机在－5～40℃的环境温度下应能正常工作。

5.2.11　总装与检修

除污机零部件之间的连接结构和型式应合理，便于分体检修和安装。零部件应装配牢固，符合JB/T5000.10的规定，在承受工作振动和冲击的情况下，仍具有足够的强度、刚度和定位性。

5.3　零部件

5.3.1　齿耙

a. 齿耙应运行平稳、耙齿布置均匀，便于更换，能准确进入栅条间隙中上行除污，不与栅条碰擦；

b. 齿耙强度和刚度应满足额定载荷要求；

c. 钢丝绳式除污机齿耙的启闭应灵活可靠，应采取有效的强制性闭耙措施，保证上行除污时，耙齿始终插入在栅条间隙中；

d. 齿耙应按照5.2.9条的规定进行防腐处理。

5.3.2　格栅

a. 栅条应安装牢固，布置均匀，互相平行，在 1000mm 长度范围内，栅条的平行度不应大于 2mm；

b. 栅条组成的格栅平面应平整，格栅宽度不大于 2000mm 时，纵向 1000mm 长度范围内的格栅平面的错落度不应大于 3mm；格栅宽度大于 2000mm 时，纵向 1000mm 长度范围内的格栅平面的错落度不应大于 4mm。

5.3.3　机架

a. 机架应具有足够的强度与刚度；

b. 机架上的齿耙运行导轨应平直，在 1000mm 长度范围内，两侧导轨的平行度不应大于 1mm。

5.3.4　齿耙污渣清除机构

齿耙污渣清除机构应摆动灵活，位置可调，缓冲自动复位，刮渣干净。

5.3.5　齿耙行走装置

a. 齿耙行走装置应运行灵活、平稳、制动可靠；

b. 齿耙行走装置两侧导轨纵向应平行，顶面应平整，导轨应接地；

c. 齿耙行走装置移动换位应准确，定位精度不应大于±3mm；

d. 齿耙行走装置应设置防止除污时倾翻的机构。

5.3.6　传动系统

a. 传动系统应运行灵活、平稳、可靠，无异常噪声；

b. 传动系统应设置机械过载保护系统；

c. 传动系统应能使齿耙连续准确地进入栅条间隙中，使齿耙上行闭耙下行开耙，在额定载荷工况下仍能正常运行；

d. 链传动系统设置张紧调节装置，钢丝绳传动系统应设置松绳保护装置，不得发生因缠绕乱绳和受力不均而使齿耙拉偏歪斜现象；

e. 减速器应密封可靠，不得漏油；

f. 与腐蚀性介质接触部分的零部件，应按照 5.2.9 条的规定进行处理。

5.3.7　润滑系统

a. 润滑部位应润滑良好，密封可靠，不得漏油；

b. 润滑部位应设置明显标志，可方便地加注润滑油或润滑脂。

5.3.8　电气控制系统

a. 电气控制设备应符合 GB/T 14048 的规定；

b. 电气控制系统的防护措施应符合 GB/T 14048 的规定；

c. 电气控制系统应设置过载保护装置和实现除污手动和自动控制运行所必需的开关、按钮、报警和工作指示灯等；

d. 电控箱应具有防水、防震、防尘、防腐蚀气体等措施，箱内元器件排列整齐，走线分明。

5.3.9　罩壳

a. 罩壳不得有明显皱折和直径超过 8mm 的锤痕；

b. 罩壳应安装牢固、可靠。

5.3.10　除锈

除污机除锈处理应符合 GB 8923 的规定。

5.3.11　机械加工件

机械加工件质量应符合 JB/T 5000.9 的规定。

5.3.12　焊接件

焊接件质量应符合 JB/T 5000.3 的规定。

5.3.13　涂漆

涂漆质量应符合 JB/T 5000.12 的规定。

5.4　安全性

5.4.1　防护罩

在操作人员易靠近的传动部位，应设置防护罩。

5.4.2　安全标记

除污机工作时，不适宜操作人员接近的危险部位应设有明显标记。

5.4.3　绝缘电阻

机体与带电部件之间的绝缘电阻不得小于 1MΩ。

5.4.4　接地

机体应接地，接地电阻不得大于 4Ω。

5.5　外购件

外购件应符合有关国家标准和产品企业标准规定，并具有产品合格证。

6　试验方法

6.1　齿耙额定载荷的检测

6.1.1　检测条件

除污机放置在地面或地坑中，固定牢固，处于规定的安装倾角状态，不与流体接触。

6.1.2　检测仪器及工具

a. 两瓦法功率测量成套仪表；

b. 自动功率记录仪；

c. 配重块；

d. 台秤，量程 500kg。

6.1.3　检测方法

按照 5.2.1 条的规定，将规定质量的配重块均匀固定在齿耙上（多齿耙时可任选一个齿耙），使该齿耙从格栅底部运行到接近顶部卸料位置处，测量齿耙驱动电机输入功率。

检测结果记入表 B2。

6.2　耙齿与栅条间隙的检测

6.2.1　检测条件

检测条件应符合 6.1.1 条的规定。

6.2.2　检测工具

游标卡尺、卷尺。

6.2.3　检测方法

除污机空载运行一个工作循环后停机，分别测量将齿耙宽四等分的三个耙齿（齿耙宽度小于或等于 1400mm 时）或六等分的五个耙齿（齿耙宽度大于 1400mm 时）的宽度值

（对于梯形耙齿，以齿高二分之一处的宽度值为准），同时测量这些耙齿分别通过的，位于格栅底、中、上 3 个横截面处的栅条净距，计算上述各处栅条净距与相应的耙齿宽度差值。

检测结果记入表 B3。

6.3　耙齿顶面与托渣板间距的检测

6.3.1　检测条件

检测条件应符合 6.1.1 条的规定。

6.3.2　检测工具

塞尺、卷尺。

6.3.3　检测方法

使除污机空载运行，在齿耙到达托渣板上方任意两处停机，分别测量齿耙宽四等分的三个耙齿（齿耙宽度小于或等于 1400mm 时）或六等分的五个耙齿（齿耙宽度大于 1400mm 时）的顶面与托渣板的间距。

检测结果记入表 B2。

6.4　噪声的检测

6.4.1　检测条件

a. 检测条件应符合 6.1.1 条的规定；

b. 天气无雨，风力小于 3 级；

c. 试验场地应空旷，以测量点为中心，5m 半径范围内不应有大的声波反射物，环境本底噪声应比所测样机工作噪声至少少 10dB（A）；

d. 声级计附近除测量者以外，不应有其他人员。

6.4.2　检测仪器及工具

a. 精密或普通声级计；

b. 配重块、卷尺；

c. 台称，量程 500kg。

6.4.3　检测方法

在按照 6.1.3 条规定进行检测时，用声级计分别测量距除污机两侧齿耙导轨与地面交汇处水平距离 1m，离地面高 1.5m 两处的最大工作噪声。

检测结果记入表 B2。

6.5　可靠性的检测

6.5.1　检测条件

检测条件应符合 6.1.1 条的规定。

6.5.2　检测工具

配重块、量程为 500kg 的台秤。

6.5.3　检测方法

a. 按照 5.2.1 条的规定，将质量与齿耙额定载荷相同的配重块均匀固定在齿耙上（多齿耙时，将配重块均匀固定在各个齿耙上），使除污机负载连续运行；

b. 平均每天试验时间不应少于 8h，总计进行 300h 的可靠性试验；

c. 按照公式（1）、公式（2）及 6.5.4 条和 6.5.5 条的规定，统计和计算工作、故障时间及次数等数据；

d. 检测结果记入表 B4。

6.5.4　故障判定

a. 故障分类原则

根据故障的性质和危害程度，将故障分为三类。故障分类原则见表 7，故障分类细则见附录 A（标准的附录）。

b. 当量故障次数

当量故障次数按公式（3）计算：

$$N = \sum_{i=1}^{3} \varepsilon_i n_i \tag{3}$$

式中　ε_i——第 i 级故障的当量故障系数，见表 7；

n_i——第 i 级故障次数。

表 7

故障级别	故障类别	分　类　原　则	当量故障系数 ε_i
1	严重故障	严重影响产品使用性能，导致样机重要零部件损坏或性能显著下降，必须更换外部主要零部件或拆开机体更换内部重要零件	3
2	一般故障	明显影响产品使用性能，一般不会导致主要零部件损坏，并可用随机工具和易损件在短时内修复	1
3	轻度故障	轻度影响产品使用性能，用随机工具在短时内可轻易排除	0.2

6.5.5　一般规定

a. 由于明显的外界原因造成的故障、停机、修复等不作统计；

b. 同时发生的各类故障，相互之间有关联，则按其中最严重的故障统计，没有关联，则故障应分别统计；

c. 试验过程中，等待配件、备件的时间不计入修理时间；

d. 每天试验完毕后，允许进行 15min 的例行保养，除此之外，不得再对样机进行保养。

6.6　齿耙行走装置定位精度的检测

6.6.1　检测条件

检测条件应符合 6.1.1 条的规定。

6.6.2　检测工具

画线笔、游标卡尺、卷尺。

6.6.3　检测方法

在齿耙进入格栅中和齿耙行走装置定位牢固的情况下，在位于齿耙宽度二分之一处的纵向截面上的行走装置的机架上固定一个位置指针，并在位于同一纵截面上的行走装置导轨上画线标记位置。然后使行走装置在运行距离不少于 3m 的情况下制动定位，重复进行 3 次，取平均值，分别用游标卡尺检查机架横梁上的位置指针与导轨上的定位标记线的偏差。

检测结果记入表 B2。

6.7 其他项目的检测

6.7.1 检测条件

检测条件应符合 6.1.1 条的规定。

6.7.2 检测方法

a. 在除污机空载运行（出厂检验时）和按照 6.5.3 条 a）规定满载运行（型式检验时）15min 过程中和停机后，采取目测、手感和通用及专用检测工具与仪器测量的方法，对 4.2.2 条和第 5 章其他相应技术要求项目进行检测；

b. 检测项目、方法及判定依据见表 8；

c. 检测结果记入表 B2。

表 8

<table>
<tr><th>序号</th><th>检测项目</th><th>工作状态</th><th colspan="2">检测工具及方法</th><th>判定依据</th></tr>
<tr><td>1</td><td>齿耙宽度</td><td rowspan="3">静 止</td><td colspan="2">用卷尺检测</td><td rowspan="3">4.2.2</td></tr>
<tr><td>2</td><td>栅条净距</td><td colspan="2">用游标卡尺任意检测五处</td></tr>
<tr><td>3</td><td>安装倾角</td><td colspan="2">用光学倾斜仪测量齿耙导轨与水平面的夹角</td></tr>
<tr><td>4</td><td>齿耙污渣清除机构</td><td>空载运行</td><td colspan="2">目 测</td><td>5.2.6
5.3.4</td></tr>
<tr><td>5</td><td>电气控制系统</td><td>静止、空载、满载</td><td colspan="2">GB/T 14048 和目测、手动检查</td><td>5.2.8
5.3.8</td></tr>
<tr><td>6</td><td>防腐措施</td><td>静 止</td><td colspan="2">目 测</td><td>5.2.9</td></tr>
<tr><td>7</td><td>装配牢固性</td><td>静止、空载、满载</td><td colspan="2">手动和目测检查</td><td>5.2.11</td></tr>
<tr><td>8</td><td>齿 耙</td><td>空载 满载</td><td colspan="2">目 测</td><td>5.3.1</td></tr>
<tr><td>9</td><td>格 栅</td><td>静 止</td><td rowspan="2">目测和用通用及专用仪器与工具进行检测</td><td>任意检测一段五个栅条在 1m 长度范围内的平行度和一段格栅平面在 1m 长度范围内的平面错落度</td><td>5.3.2</td></tr>
<tr><td>10</td><td>机 架</td><td>静 止
空 载
满 载</td><td>任意检测两段齿耙运行导轨在 1m 长度范围内的平行度</td><td>5.3.3</td></tr>
<tr><td>11</td><td>齿耙行走装置</td><td>运行移位制动定位</td><td colspan="2">目 测</td><td>5.5.5a)
5.5.5b)
5.5.5d)</td></tr>
<tr><td>12</td><td>传动系统</td><td>静止、空载、满载</td><td colspan="2" rowspan="3">目 测</td><td>5.3.6</td></tr>
<tr><td>13</td><td>润滑系统</td><td rowspan="6">静 止</td><td>5.3.7</td></tr>
<tr><td>14</td><td>罩 壳</td><td>5.3.9</td></tr>
<tr><td>15</td><td>除 锈</td><td colspan="2">GB 8923</td><td>5.3.10</td></tr>
<tr><td>16</td><td>焊接件</td><td colspan="2">JB/T 5000.3</td><td>5.3.12</td></tr>
<tr><td>17</td><td>涂 漆</td><td colspan="2">JB/T 5000.12</td><td>5.3.13</td></tr>
<tr><td>18</td><td>安全性</td><td colspan="2">用 500V 兆欧表检查机体与带电部件间的绝缘电阻，用接地电阻测试仪检查机体接地电阻，其他项目目测检查</td><td>5.4</td></tr>
</table>

7　检验规则

7.1　检验分类

根据检验目的和要求不同，产品检验分出厂检验和型式检验。

7.2　出厂检验

7.2.1　出厂检验条件

除污机各总成、部件、附件及随机出厂技术文件应按规定配备齐全。

7.2.2　出厂检验型式

除污机出厂检验应在制造厂内进行，亦可在使用现场进行。

7.2.3　出厂检验项目

除污机应按照表9规定的项目进行出厂检验。

表9

出厂检验分类	出厂检验项目
静止状态下，用通用和专用工具与仪器检验及目测、手感检测	4.2.2、5.2.2、5.2.3、5.2.9、5.3.2、5.3.3b、5.3.6e、5.3.6f、5.3.7、5.3.8c、5.3.9、5.3.10、5.3.12、5.3.13、5.4
空载运行状态下的检验	5.2.8、5.2.11、5.3.1a、5.3.1c、5.3.3a、5.3.4、5.3.5、5.3.6a、5.3.6d
注：4.2.2的检验项目不包括安装倾角	

7.3　型式检验

7.3.1　型式检验条件

凡属于下列情况之一的除污机，应进行型式检验；

a. 新产品鉴定；

b. 产品转厂生产；

c. 产品停产2年以上，恢复生产；

d. 产品正常生产后，由于产品设计、结构、材料、工艺等因素的改变影响产品性能(仅对受影响项目进行检验)；

e. 国家质量监督机构提出进行型式检验。

7.3.2　型式检验项目

除污机应按照4.2.2条和第5章各条规定进行型式检验。

7.4　抽样检验方案

7.4.1　出厂检验

每台产品均应按照7.2条规定进行出厂检验。

7.4.2　型式检验

a. 抽样采取突击抽取方式，检查批应是近半年内生产的产品；

b. 样本从提交的检查批中随机抽取。在产品制造厂抽样时，检查批不应少于3台，在用户抽样时，检查批数量不限；

c. 样本一经抽取封存，到确认检验结果无误前，除按规定进行保养外，未经允许，不得进行维修和更换零部件；

d. 样本大小为1台；

e. 当判定产品不合格时，允许在抽样的同一检查批中加倍抽查检验。

7.5 判定规则

7.5.1 出厂检验

产品出厂检验项目均应符合相应规定。

7.5.2 型式检验

a. 产品应达到 4.2.2、5.2.1、5.2.2、5.2.3、5.2.4、5.2.5、5.2.6、5.2.7、5.2.8、5.3.1、5.3.5、5.3.6 条规定；

b. 产品型式检验的其他项目，允许有二条达不到规定；

c. 被确定加倍抽查的产品检验项目，检验后各项指标均应达到相应规定，否则按照复查中最差的一台产品评定。

7.5.3 产品出厂

产品出厂前应经厂质检部门检验，确认合格并填发产品合格证和检验人员编号后方能出厂。

8 标志、包装、运输及贮存

(以下略)。

附 录 A
(标准的附录)
故障分类细则

平面格栅除污机可靠性试验故障分类细则

故障级别	故障分类	故障内容
1	严重故障	1. 非外界因素造成的人员伤亡 2. 齿耙运行、启闭和行走电机损坏 3. 轴承、齿轮损坏导致减速器报废 4. 重要部位轴、键损坏 5. 机架脱焊严重变形或断裂 6. 链条、钢丝绳折断 7. 齿耙损坏 8. 齿耙行走装置倾翻 9. 重要部位紧固件脱落
2	一般故障	1. 齿耙上行偏斜卡阻，不能继续上行 2. 齿耙启闭失灵 3. 齿耙不能进入栅条间隙中 4. 齿耙上行时耙齿脱离格栅面 5. 栅条松动、错位 6. 钢丝绳缠绕乱绳 7. 链条脱落 8. 齿耙污渣清除机构损坏或复位失灵 9. 行程开关失灵 10. 电气控制系统操作失灵、漏电 11. 传动系统漏油 12. 重要部位紧固件松动 13. 非重要部位轴、键损坏
3	轻度故障	1. 齿耙上行偏斜晃动，产生异常声音，但能继续上行 2. 传动系统渗油 3. 非重要部位紧固件松动 4. 齿耙行走装置的行走轮离开导轨，定位不稳晃动

附　录　B
（提示的附录）
检测记录表

B1　平面格栅除污机主要技术性能参数见表B1。

表 B1

样机型号＿＿＿＿＿＿＿＿　制造厂＿＿＿＿＿＿＿＿
出厂日期＿＿＿＿＿＿＿＿　出厂编号＿＿＿＿＿＿＿＿

项　目		单　位	数　值
齿耙宽度		mm	
格栅宽度		mm	
除污井深		mm	
栅条净距		mm	
安装倾角		(°)	
齿耙额定载荷		N	
齿耙运行速度		m/min	
齿耙行走速度		m/min	
格栅前后液位差		mm	
配套电机功率	齿耙运行电机	kW	
	齿耙启闭电机	kW	
	齿耙行走电机	kW	
整机质量		kg	
外形尺寸（长×宽×高）		mm	

B2　平面格栅除污机技术性能检测记录见表B2。

表 B2

样机型号＿＿＿＿＿＿＿＿　制造厂＿＿＿＿＿＿＿＿
出厂编号＿＿＿＿＿＿＿＿　检测地点＿＿＿＿＿＿＿＿

检测项目		检测结果	检测日期	检测人员	备　注
齿耙宽度（mm）					
栅条净距（mm）	位置1				
	位置2				
	位置3				
	位置4				
	位置5				
安装倾角（°）					

续表 B2

检测项目			检测结果	检测日期	检测人员	备　注
齿耙额定载荷	电压（V）					
	电流（A）					
	齿耙电机功率（kW）					
	运行情况					
	配重块质量（kg）					
耙齿顶面与托渣板间距（mm）	截面Ⅰ	位置 1				
		位置 2				
		位置 3				
		位置 4				
		位置 5				
	截面Ⅱ	位置 1				
		位置 2				
		位置 3				
		位置 4				
		位置 5				
噪声［dB（A）］	位置 1					天气、风速、本底噪声情况
	位置 2					
齿耙污渣清除机构						
电气控制系统	空　载					
	满　载					
防腐措施						
装配牢固性	空　载					
	满　载					
齿　耙	空　载					
	满　载					
格　栅	栅条平行度（mm）	位置 1				
		位置 2				
		位置 3				
		位置 4				
		位置 5				
	格栅平面错落度（mm）					
机架	齿耙运行导轨平行度（mm）	位置 1				
		位置 2				
	其他项目					

续表 B2

<table>
<tr><td colspan="3">检测项目</td><td>检测结果</td><td>检测日期</td><td>检测人员</td><td>备　注</td></tr>
<tr><td rowspan="5">齿耙行走装置</td><td rowspan="4">定位精度（mm）</td><td>1</td><td></td><td></td><td></td><td></td></tr>
<tr><td>2</td><td></td><td></td><td></td><td></td></tr>
<tr><td>3</td><td></td><td></td><td></td><td></td></tr>
<tr><td>平均值</td><td></td><td></td><td></td><td></td></tr>
<tr><td colspan="2">其他项目</td><td></td><td></td><td></td><td></td></tr>
<tr><td rowspan="2">传动系统</td><td colspan="2">空　载</td><td></td><td></td><td></td><td></td></tr>
<tr><td colspan="2">满　载</td><td></td><td></td><td></td><td></td></tr>
<tr><td colspan="3">润滑系统</td><td></td><td></td><td></td><td></td></tr>
<tr><td colspan="3">罩　壳</td><td></td><td></td><td></td><td></td></tr>
<tr><td colspan="3">除　锈</td><td></td><td></td><td></td><td></td></tr>
<tr><td colspan="3">焊接件</td><td></td><td></td><td></td><td></td></tr>
<tr><td colspan="3">涂　漆</td><td></td><td></td><td></td><td></td></tr>
<tr><td rowspan="3">安全性</td><td colspan="2">绝缘电阻（MΩ）</td><td></td><td></td><td></td><td></td></tr>
<tr><td colspan="2">接地电阻（Ω）</td><td></td><td></td><td></td><td></td></tr>
<tr><td colspan="2">其他项目</td><td></td><td></td><td></td><td></td></tr>
</table>

B3　平面格栅除污机耙齿与栅条间隙检测记录见表 B3。

表 B3

样机型号____________________　制 造 厂____________________

出厂编号____________________　检测地点____________________

检测日期____________________　检测人员____________________

<table>
<tr><td colspan="2">检测位置</td><td>1</td><td>2</td><td>3</td><td>4</td><td>5</td></tr>
<tr><td colspan="2">耙齿宽（mm）</td><td></td><td></td><td></td><td></td><td></td></tr>
<tr><td rowspan="3">栅条净距（mm）</td><td>上截面</td><td></td><td></td><td></td><td></td><td></td></tr>
<tr><td>中截面</td><td></td><td></td><td></td><td></td><td></td></tr>
<tr><td>下截面</td><td></td><td></td><td></td><td></td><td></td></tr>
<tr><td rowspan="3">耙齿与栅条间隙（mm）</td><td>上截面</td><td></td><td></td><td></td><td></td><td></td></tr>
<tr><td>中截面</td><td></td><td></td><td></td><td></td><td></td></tr>
<tr><td>下截面</td><td></td><td></td><td></td><td></td><td></td></tr>
</table>

B4　平面格栅除污机可靠性试验记录见表 B4。

表 B4

样机型号________________ 制 造 厂 ________________

出厂编号________________ 检测地点________________

检测日期			工作时间 (h)	累计工作时间 (h)		故 障					检测人员
年	月	日				内容	原因	排除措施	类别	停机修理时间 (h)	

8.3 弧形格栅除污机（标准号 CJ/T 3065—1997）

1 范围

本标准规定了弧形格栅除污机（以下简称除污机）的形式、基本参数、技术要求、检验规则、试验方法、标志及包装运输等。

本标准适用于给水、排水工程。

2 引用标准（略）

3 定义（略）

4 型号

4.1 除污机标记采用设备名称中各组成单词的第一个汉字拼音字母和阿拉伯数字表示。

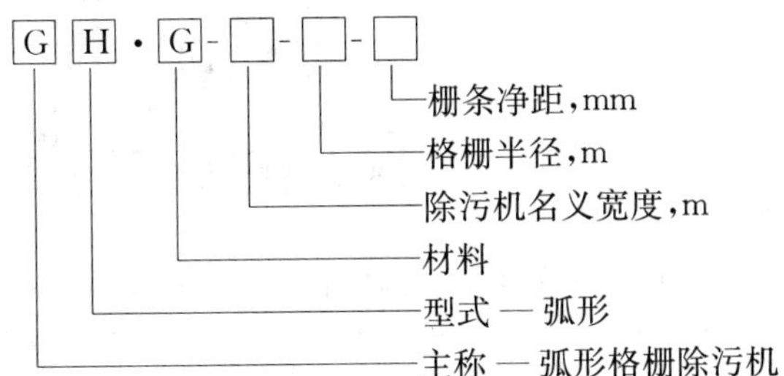

4.2　示例

格栅名义宽度 1m，格栅半径 1.5m，栅条净距 5mm。

其标记为：GH. G1-1.5-5

5　性能参数

弧形格栅性能参数应符合表 1 的规定。

表 1　弧形格栅除污机性能参数表

格栅半径 r（m）	0.5，0.8，1.0，1.2，1.5，1.6，2.0
名义宽度（m）	0.3，0.4，0.5，0.6，0.8，1.0，1.2，1.4，1.6，1.8，2.0，2.2，2.5，3.0
栅条净距（mm）	5，8，15，20，25，30，40，50，60，80
最大水深（m）	0.4，0.6，0.8，1.0，1.2，1.4，1.5，2.0
齿耙额定承载能力（N/m）	＞1500
噪声（dB）	＜80～84
运行线速度 V（m/min）	＜5～6

6　型式

除污机由弧形栅条、齿耙、驱动装置、副耙等组成。

其基本结构形式见图 1（a）。

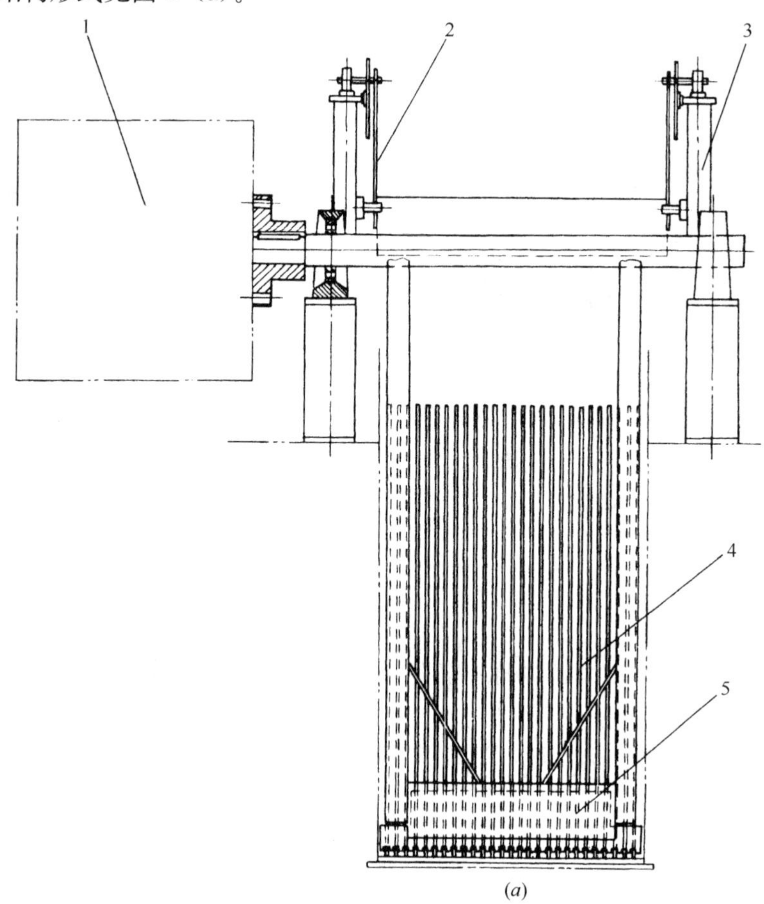

(*a*)

图 1　弧形格栅除污机基本结构示意（一）

1—驱动装置；2—副耙组件；3—支座；4—弧形栅条；5—齿耙组件

7 技术要求

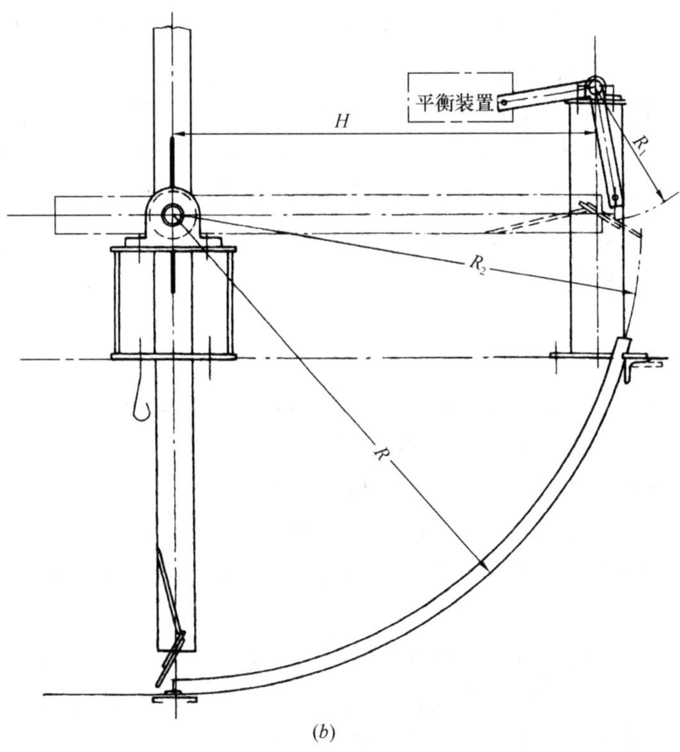

图 1 弧形格栅除污机基本结构示意（二）

7.1 除污机应符合本标准的规定，并按照规定程序批准的图样和技术文件进行制造。

7.2 除污机的定额按连续工作制（SI）为基准的连续工作定额。

7.3 整机性能

7.3.1 齿耙额定承载能力应符合表 1 的规定。

7.3.2 除污机在额定工况条件下首次无故障连续工作时间不得小于 2000h，其可靠度不得小于 90%。

7.3.3 除污机在额定工况条件下，污渣除净率不得小于 90%。

7.3.4 除污机必须设有可靠的强制性清除齿耙上污渣的机构。

7.3.5 除污机应设有机械过载和电流过载保护系统，避免因过载而损坏齿耙、弧形栅条、驱动装置等零部件。

7.3.6 除污机应同时具有现场手动控制及自动控制机组运行的装置。

7.3.7 除污机应能在 0～45℃的水温度下连续工作。

7.3.8 除污机工作时，不适宜操作人员接近的危险部件应设置明显标记或增设防护栏杆。

7.3.9 外购件应符合国家有关标准规定，并具有产品合格证。

7.3.10 齿耙在额定承载能力工况时的工作噪声应符合表 1 的规定。

7.4 钢件、铸件

7.4.1 所有灰口铸铁牌号和机械性能不应低于 GB/T 9439 中材料 HT150 的性能标

准。所用球墨铸铁牌号和机械性能不应低于GB/T 1348中材料QT10的性能标准。

7.4.2 钢件金属材料的机械性能、物理性能等应符合GB/T 700中的规定。不锈钢材料其机械性能、物理性能等应符合GB/T 1220的规定。

7.4.3 铸铁不应有裂纹、疏松和浇不足等缺陷。如出现气孔、缩孔和渣眼等不影响构件强度的缺陷时，允许补焊与修复，补焊与修复要求应符合GB/T 9439的规定。

7.4.4 铸件铸造偏差应符合GB/T 6414的规定。

7.4.5 钢件金属焊接技术要应符合JB/T 5000.3的规定。

7.4.6 机械加工质量应符合JB/T 5000.9的规定。

7.5 零部件

7.5.1 弧形栅条

7.5.1.1 栅条加工时应保证表面平整、光滑，不得出现挠曲、不平直等现象。其平面度公差应符合GB/T 1184中10级精度要求。

7.5.1.2 弧形栅条加工时其曲率半径偏差值为0～2mm。

7.5.1.3 弧形栅条组装时，栅条间距偏差值为0.5～1mm。

7.5.1.4 弧形栅条应按最大工作负荷设计，其安全系数不应小于5。

7.5.2 齿耙

7.5.2.1 齿耙加工时，其耙齿间距极限偏差不得大于耙齿间距的0.5～1mm。

7.5.2.2 齿耙绕回转轴线的距离极限偏差不得大于回转半径的0.5～1mm。

7.5.2.3 驱动轴的挠度值不得大于轴跨距的1/1000。

7.5.2.4 齿耙应按最大工作负荷设计，其安全系数不应小于5。

7.5.3 副耙

7.5.3.1 副耙加工时，其耙齿间距误差值不得大于耙齿间距的0.5～1mm。

7.5.3.2 副耙在安装时，应保证耙齿与齿耙的耙齿交错平和插入，并保证不出现卡阻等现象。

7.5.3.3 副耙应摆动灵活，位置可调，缓冲自动复位，刮渣干净。

7.5.4 驱动系统

7.5.4.1 电机额定功率应大于最大设计输出功率的1.2倍。

7.5.4.2 驱动系统应设置过电流、机械过载自动保护装置，确保安全可靠。

7.5.4.3 电机外壳防护等级应符合GB/T 4942.1中IP55的规定。

7.5.4.4 驱动系统应保证运转灵活、平稳、可靠、无异常噪声。

7.5.4.5 减速机装置应符合减速机国内相关标准的规定。

7.5.4.6 驱动装置中所有润滑部位均应具有良好的润滑性，并保证密封可靠，不得漏油。

7.5.5 电气控制系统

7.5.5.1 电气控制设备应符合GB/T 14048的规定。

7.5.5.2 电气控制系统应设置实现除污机现场手动和自动控制运行所必需的开关、按钮、报警及工作指示灯等。

7.5.5.3 电控箱应采用户外式，箱内元器件排列整齐，走线分明。

7.5.6 装配

除污机安装时应保证各部分严格按设计要求执行，确保整体在运转过程中平稳、灵活，不得出现卡阻、倾斜现象，保证运行可靠。

7.5.7 涂装

7.5.7.1 除污机除非配合金属表面外，均应进行防锈涂漆。

7.5.7.2 各部件在进行防腐蚀处理前均应进行喷砂除锈，去除毛刺、氧化皮、锈斑、粘砂和油污等脏物，并将浇口、冒口、多肉和锐边等铲平，保持表面平整光洁。涂装物体表面技术要求应符合 JB/T 5000.12 的规定。

表 2 漆膜总厚度（μm）

水上部分涂装表面	150～200
水下部分涂装表面	200～250

7.5.7.3 涂装表面漆膜总厚度应符合表 2 的规定，漆膜不得有气泡、针孔、剥落、皱纹和流挂等缺陷。

7.5.7.4 当应用于给水工程时，涂装应采用无毒涂料。当应用于处理腐蚀性水质时，水下部分涂装应采用耐腐蚀涂料或其他耐腐蚀措施。其涂层厚度不应低于设计要求。

7.5.8 润滑

7.5.8.1 润滑部分应润滑良好，密封可靠，不得漏油。

7.5.8.2 润滑部位应设置明显标志，可方便地加注润滑脂。

8 试验方法

8.1 齿耙额定承载能力的检测

8.1.1 检测条件

除污机设置在试验用除污渠内或试验场，固定牢固，使其处于正常工作状态，不与流体接触。

8.1.2 检测仪器及工具

a）两瓦法功率测量成套仪表；

b）自动功率记录仪；

c）配重块；

d）台称，量程 500kg。

8.1.3 检测方法

按照表 1 的规定，将规定质量的配重均匀固定在齿耙上，使该齿耙由格栅底部运行到顶部卸料位置处，测量驱动电机输入功率。检测结果记入附录 B 中表 B1、表 B2。

8.2 齿耙与栅条间距的检测

8.2.1 检测条件

检测条件应符合 8.1.1 条的规定。

8.2.2 检测工具

游标卡尺、卷尺。

8.2.3 检测方法

除污机空载运行 1～2 个工作循环后停机，分别测量弧形栅条上各栅条间距，当齿耙插入栅条时，测量耙齿与栅条间隙（测量位置取弧形栅条的上、中、底三个横截面，测量点按每一横截面 5～8 个点）。检测结果记入表 B3。

8.3　污渣除净率的检测

8.3.1　检测条件

检测条件应符合 8.1.1 条的规定。

8.3.2　检测工具

木条、胶带、卷尺。

8.3.3　检测方法

采用模拟方法进行检测。

在弧形栅条底、中、上 3 个横截面上，沿栅条宽度方向，用胶带轻轻将长度为 80mm、宽度与栅条间距相同的 9～15 个木条粘在栅条上，检查在齿耙从弧形栅条底部上行排渣至排渣完毕的工作过程中，被齿耙清除的木条数量。计算被齿耙清除的木条数量与粘结在栅条上的原木条总数之比，此比值即为污渣除净率。检测结果记入附录 B 中表 B2。

8.4　噪声的检测

8.4.1　检测条件

a. 检测条件应符合 8.1.1 条的规定；

b. 天气无雨，风力小于 3 级；

c. 试验场地应空旷，5m 半径范围内不应有大的声波反射物，环境本身噪声应比所测样机工作噪声小 10dB（A）；

d. 声级计附近除测量者以外，不应有其他人员。

8.4.2　检测仪器及工具

a. 精密或普通声级计；

b. 配重块、卷尺；

c. 台称，量程 500kg。

8.4.3　检测方法

在按照 8.1.3 条规定进行检测时，用声级计分别测量距除污机两侧齿耙与地面交汇处水平距离 1m，离地面高度取声源中心高度处的最大工作噪声。检测结果记入附录 B 中表 B2。

8.5　可靠性检测

8.5.1　检测条件

检测条件应符合 8.1.1 条的规定。

8.5.2　检测工具

配重块、量程为 500kg 的台称。

8.5.3　检测方法

a. 按照表 1 中额定承载能力的规定，将配重块均匀固定在单侧齿耙上，使除污机带负荷连续运行；

b. 平均每天试验不少于 8h，总计进行 300h 的可靠性试验；

c. 按照 12.2 平面格栅除污机中 3.8，3.9 公式（1）、公式（2）及 8.5.4 和 8.5.5 条的规定，统计和计算工作、故障时间及次数等数据；

d. 检测结果记入附录 B 中表 B4。

8.5.4 故障判定

a. 故障分类原则

根据故障的性质和危险程度，将故障分为3类。故障分类原则见表3，故障分类细则见附录A中表A1。

表3 故障分类原则

故障级别	故障类别	分类原则	当量故障系数 ε_i
1	严重故障	严重影响产品使用性能；导致样机重要零部件损坏或性能显著下降，必须更换外部主要零部件或拆开机件更换内部重要零件	3
2	一般故障	明显影响产品使用性能；一般不会导致主要零部件损坏，并可用随机工具和易损件在短时内修复	1
3	轻度故障	轻度影响产品使用性能；不需要停机更换零件，用随机工具在短时内轻易排除	0.2

b. 当量故障次数

当量故障次数按公式（3）计算：

$$N=\sum_{i=1}^{3}\varepsilon_i n_i \quad (3)$$

式中 ε_i——第 i 级故障的当量故障系数，见表3；

n_i——第 i 级故障次数。

8.5.5 一般规定

a. 由于明显的外界原因造成的故障、停机、修复等不作统计；

b. 同时发生的各类故障，如相互之间有关联，则按其中最严重的故障统计，如果没有关联，则故障应分别统计；

c. 试验过程中，等待配件、备件的时间不计入修理时间；

d. 每天试验完毕后，允许进行15min的例行保养，除此之外，不得再对样机进行保养。

8.6 其他项目的检测

8.6.1 检测条件

检测条件应符合8.1.1条的规定。

8.6.2 检测方法

a. 在除污机空载运行（出厂检验时）和按照8.5.3a条规定满载运行15min过程中和停机后，采取目测、手感和通用检测工具与仪器测量的方法，对第7.1～7.5各条款中相应技术要求项目进行检测。

b. 检测项目、方法及判定规则见表4。

c. 检测结果记入附录B中的表B2。

9 检验规则

9.1 检验分类

根据检验目的和要求不同，产品检验分出厂检验和型式检验。

表 4

序号	检测项目	工作状态	检测工具及方法	判定依据
1	栅条公称净距	静　止	用游标卡尺检测任意 5 处	表 1
2	齿耙污渣清除机构	空载运行	目测	7.3.4 条 7.5.3 条
3	电气控制系统	静止、空载、满载	GB/T 14048 和目测、手动检查	7.3.6 条 7.5.5 条
4	防腐措施	静　止	目测	7.5.7 条
5	装配牢固性	空载和满载运行	按照 8.6.2a 条规定运行，目测检查	7.5.6 条
6	齿耙	空载和满载运行	按照 8.6.2a 条规定运行，目测检查	7.5.2 条
7	弧形栅条	静　止	用游标卡尺及专用测量工具检查	7.5.1 条
8	驱动装置	空载和满载运行	按照 8.6.2a 条规定运行，分别目测检查	7.5.4 条
9	润滑系统	静　止	按照 8.6.2a 条规定运行后，目测检查	7.5.8 条
10	焊接件	静　止	目测	7.4.5 条
11	涂　装	静　止	测厚仪、目测	7.5.7 条

9.2　出厂检验

9.2.1　出厂检验条件

除污机各总成、部件、附件及随机出厂技术文件应按规定配备齐全。

9.2.2　出厂检验项目

除污机应按照表 5 规定的项目进行出厂检验。

表 5

出厂检验分类	出厂检验项目
静止状态下，用通用工具、仪器检验和目测、手感检测	7.5.1、7.5.2、7.5.3、7.5.5.1、7.5.5.2、7.5.5.3、7.5.7、7.5.8、7.4.5、7.3.8
空载和模拟负载运行状态下的检验	7.3.6、7.5.6、7.5.3、7.5.4、7.5.2

9.3　型式检验

9.3.1　型式检验条件

凡属于下列情况之一的除污机，应进行型式检验：

a. 新产品鉴定；

b. 产品转厂生产；

c. 产品停产 2 年以上恢复生产；

d. 产品生产后，由于产品设计、结构、工艺等因素的改变影响产品性能（仅对受影响项目进行检验）；

e. 国家质量监督机构提示进行型式检验。

9.3.2　型式检验项目

除污机应按照第 7.1～7.5 各条款中所规定项目进行型式检验。

9.4　抽样检验方案

9.4.1　出厂检验

每台产品均应按照 9.2 条规定进行出厂检验。

9.4.2　型式检验

a. 抽样采取突击抽取方式，检查批应是近半年内生产的产品；

b. 样本从提交的检查批中随机抽取。在产品制造厂抽样时，检查批应不少于 3 台，在用户抽样时，检查批数量不限；

c. 样本一经抽取封存，到确认检查结果无误前，除按规定进行保养外，未经允许，不得进行维修和更换零部件；

d. 样本数量为 1 台；

e. 如判定产品不合格，允许在抽样的同一检查批中加倍抽查检验。

9.5 判定规则

9.5.1 出厂检验

产品出厂检验项目均应符合相应规定。

9.5.2 型式检验

a. 产品应达到 7.5.1、7.5.2、7.5.3、7.5.4、7.5.5 条规定；

b. 对于产品型式检验的其他项目，允许有 2 条达不到规定；

c. 被确定加倍抽查的产品检验项目检验后各项指标均应达到相应规定，否则按照复查中最差的 1 台产品评定。

9.5.3 产品出厂

产品出厂前应经厂质检部门检验，确认合格并填发产品合格证和检验人员编号后方能出厂。

10 包装、运输、贮存及标志（略）

附 录 A

（提示的附录）

故障分类细则

表 A1 弧形格栅除污机可靠性试验故障分类细则

故障级别	故障分类	故 障 内 容
1	严重故障	1. 非外界因素造成的人员伤亡 2. 运行电机损坏 3. 轴承、齿轮损坏导致减速器报废 4. 重要部位轴、键损坏 5. 机架脱焊严重变形或断裂 6. 齿耙损坏 7. 重要部位紧固件脱落
2	一般故障	1. 齿耙上行偏斜卡阻，不能继续上行 2. 齿耙启闭失灵 3. 齿耙不能进入栅条间隙中 4. 齿耙上行时耙齿脱离格栅面 5. 栅条松动、错位 6. 齿耙污渣清除机构损坏或复位失灵 7. 电气控制系统操作失灵、漏电 8. 传动系统漏油 9. 重要部位紧固件松动 10. 非重要部位轴、键损坏
3	轻度故障	1. 齿耙上行偏斜晃动，产生异常声音，但能继续上行 2. 传动系统渗油 3. 非重要部位紧固件松动

附 录 B
（提示的附录）
检 测 记 录 表

表 B1 弧形格栅除污机主要技术性能参数表

样机型号__________ 制 造 厂 __________
出厂日期__________ 出厂编号__________

项 目	数 值	项 目	数 值
格栅名义宽度，m		格栅前后水位差，m	
除污渠深，m		配套电机功率，kW	
栅条净距，mm		整机质量，kg	
齿耙额定承载能力，kg/m		外形尺寸（长×宽×高），m	
齿耙运行速度，m/min			

表 B2 弧形格栅除污机技术性能检测记录表

样机型号__________ 制 造 厂
出厂编号__________ 检测地点__________

检 测 项 目		检测结果	检测日期	检测人员	备 注
齿耙额定承载能力	电压，V				
	电流，A				
	齿耙电机功率，kW				
	运行情况				
	配重块质量，kg				
污渣除净率	粘结的木条总数，个				
	清除的木条总数，个				
	除净率				
噪声 dB（A）	位置，A				天气、风速、本底噪声情况
	位置，B				
栅条公称净距 mm	位置，A				
	位置，B				
	位置，C				
	位置，D				
	位置，E				
齿耙污渣清除机构					
电 气 控制系统	空 载				
	满 载				
防腐措施					

续表B2

检测项目		检测结果	检测日期	检测人员	备注
装配牢固性	空载				
	负载				
齿耙	空载				
	负载				
栅条	平行度(mm)				
	平面度(mm)				
机架导轨平行度(mm)					
传动系统	空载				
	负载				
润滑系统					
罩壳					
涂漆					
焊接件					
除锈					

表B3 耙齿与栅条间隙检测记录表

样机型号＿＿＿＿＿＿ 制造厂＿＿＿＿＿＿

出厂编号＿＿＿＿＿＿ 检测地点＿＿＿＿＿＿

检测日期＿＿＿＿＿＿ 检测人员＿＿＿＿＿＿

检测位置		1	2	3	4	5
耙齿宽度(mm)						
栅条净距(mm)	上截面					
	中截面					
	下截面					
耙齿与栅条间隙(mm)	上截面					
	中截面					
	下截面					

记录＿＿＿＿＿＿ 校核＿＿＿＿＿＿

表B4 弧形格栅除污机可靠性试验记录表

样机型号＿＿＿＿＿＿ 制造厂＿＿＿＿＿＿

出厂编号＿＿＿＿＿＿ 检测地点＿＿＿＿＿＿

检测日期			工作时间(h)	累计工作时间(h)	故障					检测人员
年	月	日			内容	原因	排除措施	类别	停机修理时间(h)	

8.4 供水排水用铸铁闸门（标准号 CJ/T 3006—1992）

1 主要内容与适用范围

本标准规定了铸铁闸门的产品分类、技术要求、试验方法、检验规则、标志、包装、运输及贮存。

本标准适用于供水、排水工程用的铸铁制闸门。

2 引用标准（略）

3 产品分类

3.1 产品标记

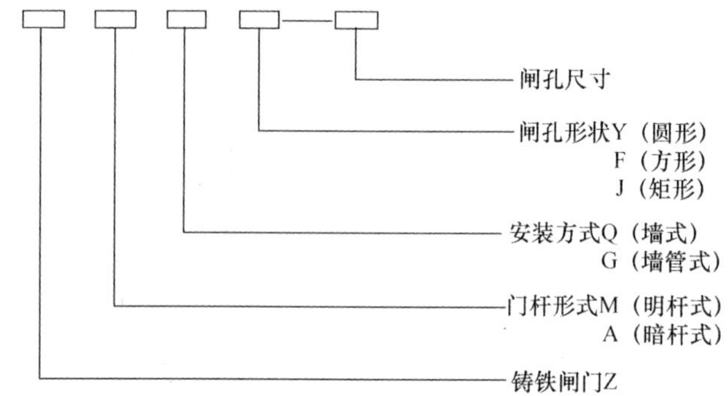

3.2 标记示例

a. ϕ300mm 铸铁明杆墙管式圆形闸门：

ZMGY-300

b. 300mm×450mm 铸铁暗杆墙式矩形闸门：

ZAQJ-300×450

3.3 闸孔规格

闸孔规格见表 1。

表 1 (mm)

圆形闸孔（D）	方形闸孔（$A\times A$）	矩形闸孔（宽×高）（$A\times B$）
300	300×300　1600×1600	300×450　400×300
350	400×400　1800×1800	400×600　500×400
400	500×500　2000×2000	500×750　600×450
500	700×700　2200×2200	700×1050　800×600
600	800×800　2300×2300	800×1200　900×600
700	900×900　2400×2400	900×1350　1000×750
800	1000×1000　2500×2500	1000×1500　1200×900
900	1100×1100　2600×2600	1200×1800　1400×1050
1000	1200×1200　2700×2700	1400×2100　1600×1200
1200	1300×1300　2800×2800	1500×2250　1800×1350

续表 1

圆形闸孔(D)	方形闸孔(A×A)	矩形闸孔(宽×高)(A×B)
1400	1400×1400 2900×2900	1600×2400 2000×1550
1600	1500×1500 3000×3000	2000×3000 2400×1800
1800		2600×2000
2000		2800×2100
2200		3000×2250
2400		
2600		
2800		
3000		

3.4 基本参数

基本参数见表 2。

表 2

项 目	参数	项 目	参数
闸门承受最大正向工作水头(由闸孔底至水位) (kPa)	98	闸门最大反向工作水头时泄漏量[L/min·m(密封长度)]	<2.5
闸门承受最大反向工作水头(由闸孔底至水位) (kPa)	29	门框密封座与门板密封座间隙 (mm)	<0.1
介质(水、污水)酸碱度 (pH)	6~9	门板与门框导向槽间隙 (mm)	<1.6
闸门最大正向工作水头时泄漏量[L/(min·m 密封长度)]	<1.25		

3.5 闸门基本形式

圆形闸门基本形式见图 1;方形或矩形闸门基本形式见图 2。

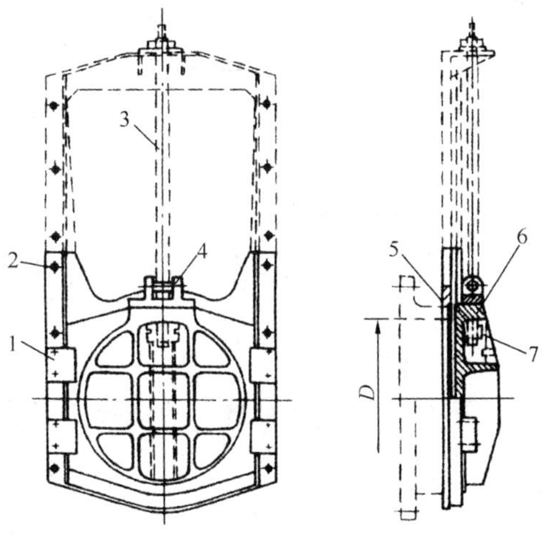

图 1 圆形闸门基本形式

1—楔紧装置;2—门框(含导轨);3—传动螺杆;4—吊耳;5—密封座;6—门板;7—吊块螺母

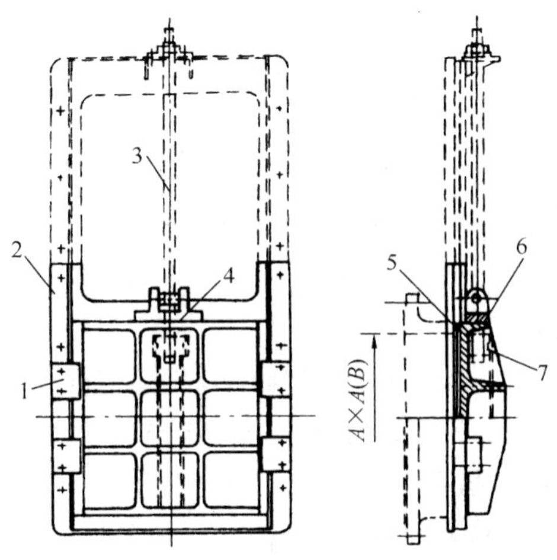

图 2 方形或矩形闸门基本形式

1—锲紧装置;2—门框(含导轨);3—传动螺杆;4—吊耳;5—密封座;6—门板;7—吊块螺母

4　技术要求

铸铁闸门应符合本标准的要求，并按照规定程序批准的图样和技术文件制造。

4.1　铸件

4.1.1　灰铸铁的机械性能应符合 GB/T 9439 规定。铸造铜合金的机械性能应符合 GB/T 1176 规定。

4.1.2　铸铁件表面所附有的型砂、氧化皮、冒口、浇口和多肉等应清除干净。

4.1.3　主要铸铁件（如门框、门板和导轨）应时效处理。

4.1.4　铸件不允许有裂缝、疏松和浇不足等缺陷。如有气孔、缩孔和渣眼等缺陷时应补焊与修整，但必须保证铸件质量。

4.1.5　铸件的铸造偏差应符合 GB/T 6414 规定。

4.2　主要构件

4.2.1　门板

4.2.1.1　门板应整体铸造，闸孔在 400mm 及其以上时应设置加强肋。

4.2.1.2　门板应按最大工作水头设计，其拉伸、压缩和剪切强度的安全系数不小于 5，挠度应不大于构件长度的 1/1500。

4.2.1.3　门板的厚度应在计算厚度上增加 2mm 的腐蚀裕量。

4.2.1.4　门孔尺寸在 600mm 及其以上时，门板的上端应设置安装用吊环或吊孔。

4.2.2　门框

4.2.2.1　门框应整体铸造，在最大工作水头下，其拉伸、压缩和剪切强度的安全系数不小于 5。

4.2.2.2　门框的厚度应在计算厚度上增加 2mm 的腐蚀裕量。

4.2.2.3　对于墙管连接式圆闸门，其门框法兰螺栓孔应在垂直中心线的两侧对称均布。

4.2.2.4　法兰螺栓孔 d_0 的轴线相对于法兰的孔轴线的位置度公差 Φ_t 应符合表 3 的规定。

表 3　　(mm)

法兰螺栓孔直径 d_0	位置度公差 Φ_t	法兰螺栓孔直径 d_0	位置度公差 Φ_t
11.0～17.5	＜1.0	33.0～48.0	＜2.6
22.0～30.0	＜1.5		

4.2.2.5　墙管式闸门与墙管连接之间应设有，密封装置，以确保闸门正常运行时零泄漏。

4.2.2.6　墙式闸门与墙面接合的门框表面，应保持平整。

4.2.2.7　门框（含导轨）的任一外侧应机加工一条与导轨平行且贯通的垂线作安装闸门基准。

4.2.3　导轨

4.2.3.1　导轨应按最大工作水头设计，其拉伸、压缩和剪切强度的安全系数不小于 5。在门板开启到最高位置时，其导轨的顶端应高于门板的水平中心线。

4.2.3.2　导轨可用螺栓（螺钉）与门框相接，或与门框整体铸造。

4.2.4 密封座

4.2.4.1 密封座应分别置于经机加工的门框和门板的相应位置上，用与密封座相同的材料制作的沉头螺钉紧固。在启闭门板过程中，不能变形和松动，螺钉头部与密封座工作面一起精加工，其表面粗糙度不大于 3.2μm。

4.2.4.2 密封座工作表面不得有划痕、裂缝和气孔等缺陷。

4.2.4.3 密封座的板厚，应符合表 4 规定。

4.2.5 吊耳或吊块螺母

4.2.5.1 门板的上端应设吊耳或吊块螺母，以与门杆连接。吊耳或吊块螺母的受力点尽量靠近门板的重心垂线。在最大工作水头启闭时，其拉伸、压缩和剪切强度的安全系数不小于 5。

4.2.5.2 吊耳可与门板整体铸造或用螺栓（螺钉）与门板连接。

表 4 (mm)

闸门孔口规格	板厚	闸门孔口规格	板厚
≤700	≥6	>1100~2000	≥12
>700~1100	≥8	>2000~3000	≥14
注：矩形闸门的密封座厚度以闸孔的长边尺寸为准。			

4.2.5.3 吊块螺母与门板的连接结构，应能防止吊块在门板的螺母匣中转动，对于明杆式闸门，吊块螺母为普通螺纹，可用销或螺钉固定，对于暗杆式闸门，吊块螺母为梯形螺纹，与传动螺杆互为螺旋副。

4.2.6 传动螺杆

传动螺杆应按最大工作开启和关闭力设计，其拉伸、压缩和剪切强度的安全系数不小于 5，螺杆的柔度不大于 200。

4.2.7 楔紧装置

4.2.7.1 在闸门两侧必须设置可调节的楔紧装置。楔紧副（如楔块与楔块、楔块与偏心销等）两楔紧面的表面粗糙度不大于 3.2 μm。

4.2.7.2 楔紧件用螺钉（螺柱）分别固定在门板及门框上。

4.2.8 销轴与螺钉、螺栓等紧固件

所有装配螺钉、螺栓、螺母、地脚螺栓和销轴等应按最大开启和关闭力设计，其拉伸、压缩和剪切强度的安全系数应不小于 5。

4.2.9 主要零件的材料应符合或不低于表 5 的规定。

表 5

零件名称	材料	材料标准
门板	HT200	GB/T 9439
门框	HT200	GB/T 9439
密封座	ZCuSn5Pb5Zn5	GB/T 1176
楔块	ZCuSn5Pb5Zn5 或 HT200	GB/T 1176 GB/T 9439
导轨、吊耳	HT200	GB/T 9439

续表 5

零件名称	材　料	材料标准
传动螺杆	1Cr13	GB/T 1220
吊块螺母	ZCuSn5Pb5Zn5	GB/T 1176
螺栓、螺钉、螺母、地脚螺栓、偏心销和销轴等	1Cr13	GB/T 1220

4.3 装配

4.3.1 闸门总装后，应作适当调整，并进行 2～3 次全启闭操作，保证移动灵活。当门板在全闭位置时，密封座处的间隙不大于 0.1mm。

4.3.2 门板与门框导向槽之间的前后总间隙不大于 1.6mm。

4.3.3 门板密封座下边缘应高于门框密封座下边缘，其相对位置应不大于 2mm。

4.3.4 当门板在全闭位置时，门板与门框的各楔紧面应同时相互楔紧。

4.4 涂漆

4.4.1 在涂漆前必须清除毛刺、氧化皮、锈斑、锈迹、粘砂、结疤和油污等脏物。将浇口、冒口、多肉和锐边等铲平，保持表面平整光洁。

4.4.2 闸门非工作接触面的涂漆不得有起泡、剥落、皱纹和流挂等对外观质量有影响的缺陷。

4.4.3 当闸门用于给水工程时，应采用无毒耐腐蚀涂料涂装；当用于排水工程时，应采用耐腐蚀涂料涂装。

4.4.4 涂装要求必须符合 JB/T 5000.12 规定，按油漆生产厂的使用说明进行。

5 试验方法与检验规则

5.1 密封面间隙检验

门板与门框密封座的结合面，必须清除外来杂物和油污，将闸门全闭后放平。在门板上无外加荷载的情况下，用 0.1mm 的塞尺沿密封的结合面测量间隙，其值不大于 0.1mm。

5.2 装配检验

将门板在门框内入座，作全启全闭往复移动，检查门板在全启全闭时的位置、楔紧面的楔紧状态和门板在导向槽内的间隙。用钢尺和塞尺等工具分别进行测量，其检验结果应符合 4.3.2～4.3.4 的规定。

5.3 渗漏试验

密封面应清除任何污物，不得在两密封面间涂抹油脂。将闸门全闭，使门框孔口向上，然后在门框孔口内逐渐注入清水，以水不溢出为限，其密封面的渗水量应不大于 1.25L/(min·m 密封长度)。

5.4 全压泄漏试验

订货单位需要进行本项试验时，可与制造厂协商。试验方法：可将闸门安装在试验池内或现场作全压灌水试验。采用计量器具（量筒、计时表等）检测密封面的泄漏量，其值应不大于 1.25L/(min·m 密封长度)。

5.5 出厂检验

5.5.1 每台产品须经制造厂质量检验部门按本标准检验，并签发产品质量检验合格证，方可出厂。

5.5.2 订货单位有权按本标准的有关规定对产品进行复查，抽检量为批量的 20%。但不少于 1 台且不多于 3 台。抽检结果如有 1 台不合格时应加倍复查，如仍有不合格时，订货单位可提出逐台检验或拒收并更换合格产品。

5.6 型式检验

5.6.1 有下列情况之一时可在闸孔尺寸 300～600mm、700～1500mm、1600～2000mm 和 2100～3000mm 范围内按表 1 规格任选一种进行型式试验。

a. 新产品试制时；

b. 老产品转厂生产的试制定型鉴定；

c. 如结构、材料和工艺有较大改变，可能影响性能时；

d. 正常生产时，两年检验一次；

e. 产品长期停产后，恢复生产时。

5.6.2 型式检验项目

(1) 作门板挠度测定，应符合 4.2.1.2 要求。

(2) 作全压泄漏试验，应符合 5.4 要求。

6 标志

(以下略)。

8.5 可调式堰门(孔口宽度 300～5000mm)(标准号 CJ/T 3029—1994)

1 主题内容与适用范围

本标准规定了可调式堰门的型式标记、规格、基本参数、技术要求、试验方法、检验规则、标志、包装、运输及贮存。

本标准适用于给水、排水工程用的可调式堰门。

2 引用标准(略)

3 型式规格及基本参数

3.1 基本参数见表 1。

表 1

项 目	数值	项 目	数值
堰门承受最大正向工作压力(调节量+堰上水头) (MPa)	0.01	堰门板每延米的泄漏量[L/(min·m(密封长度)]	1.25
堰门承受最大反向工作压力(调节量+堰上水头) (MPa)	0.01	堰门板与框密封面的间隙 (mm)	0.08
介质(水、污水)酸碱度 (pH)	6～9		

3.2 孔口宽度及起吊方式见表 2。

表 2 (mm)

宽　度	调节范围	起吊方式	宽　度	调节范围	起吊方式
300	0～400	单吊点	2000	0～600	双吊点
400	0～400	单吊点	2500	0～1000	双吊点
600	0～400	单吊点	3000	0～1000	双吊点
800	0～400	单吊点	3500	0～1000	双吊点
1000	0～600	单吊点	4000	0～1000	双吊点
1250	0～600	单吊点	4500	0～1000	双吊点
1500	0～600	单吊点	5000	0～1000	双吊点
1750	0～600	单吊点			

3.3 可调式堰门基本形式见图 1、图 2。

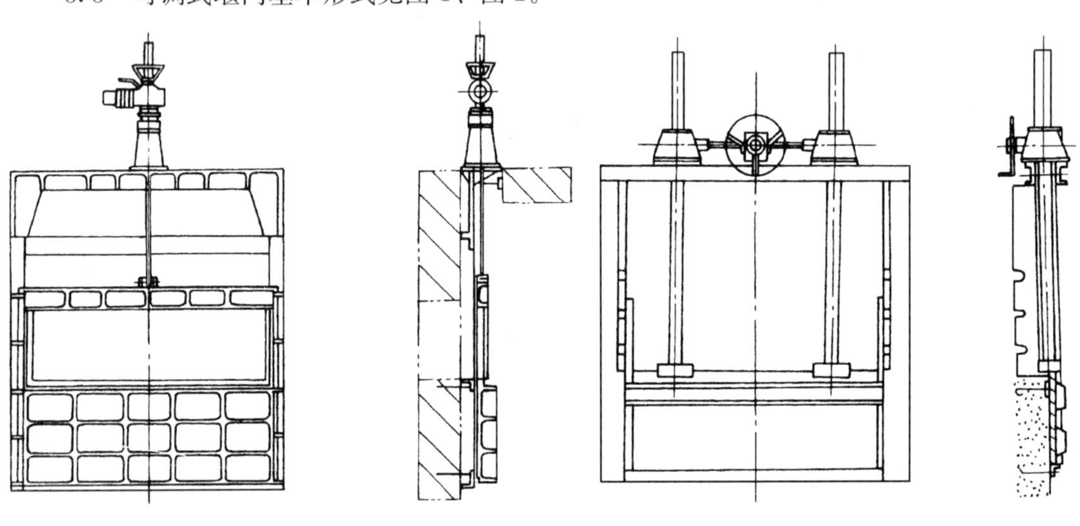

图 1 单吊点可调式堰门　　图 2 双吊点可调式堰门

4 技术要求

4.1 可调式堰门技术参数应符合本标准要求，并按照规定程序批准的图样和技术文件进行制造。

4.2 铸件、钢件

4.2.1 灰口铸铁牌号和机械性能应符合 GB/T 9439 中的规定。铸铜合金牌号和机械性能应符合 GB/T 1176 中的规定。球墨铸铁牌号和机械性能应符合 GB/T 1348 中的规定。

4.2.2 铸铁件表面（特别是凹面处）所附有的型砂、氧化皮、冒口、浇口和多肉等应清除干净。

4.2.3 铸件不应有裂纹、疏松和浇不足等缺陷。如出现气孔、缩孔和渣眼等缺陷时，允许补焊与修理，补焊与修理要求应符合 GB/T 9439 中的规定。

4.2.4 门板、门框、导轨等应进行时效处理。

4.2.5 铸件的铸造偏差应符合 GB/T 6414 中的规定。

4.2.6 钢件金属材料的选择应符合 GB/T 221 中的规定，其机械性能、物理性能等应符合 GB/T 700 中的规定。

4.2.7 钢件金属焊接技术要求应符合JB/T 5000.3中的规定。

4.3 主要零部件

4.3.1 门板

4.3.1.1 门板应按最大工作压力设计。安全系数应不小于5。

4.3.1.2 门板的挠度应不大于门板宽度的1/1500。

4.3.1.3 门板的厚度应在设计计算厚度上增加2mm的腐蚀裕量。

4.3.1.4 门板与密封件的接触面必须保证光滑。平面度公差值0.05/1000mm^2，门板沿平面全长的积累误差值不大于0.08mm。

4.3.2 门框

4.3.2.1 门框应按最大工作压力设计。安全系数应不小于5。

4.3.2.2 门框的厚度应在设计计算厚度上增加2mm的腐蚀裕量。

4.3.2.3 门框与基础之间的密封如设有密封装置，应确保闸门正常运行时零泄漏。

4.3.2.4 门框与基础的连接应保持平整。门框两侧基础螺栓的平行度应符合GB/T 1184中7、8级的规定，相邻两孔的孔距极限偏差值为螺栓孔间隙的±1/4。

4.3.3 导轨

4.3.3.1 导轨应按最大工作压力设计，安全系数应不小于5。

4.3.3.2 导轨与门框的接触面的平面度公差值0.05/1000mm^2，直线度公差值0.05/1000mm，沿平面全长的积累误差不大于0.08mm。

4.3.3.3 导轨可用螺栓（螺钉）与门框相接。

4.3.4 启闭机

4.3.4.1 启闭机的齿轮加工精度应符合GB/T 10095，GB/T 11365中的8级规定。

4.3.4.2 螺杆的传动螺纹为梯形螺纹。其加工精度应符合GB/T 5796.4中的3级规定。

4.3.4.3 螺杆应按最大提升力条件设计。安全系数应不小于3。螺杆的柔度应不大于200。

4.3.4.4 启闭机可采用手动或手动、电动两用方式，手动操作力应不大于150N。

4.3.5 螺栓、螺钉、销轴等紧固件

4.3.5.1 所有装配螺栓、螺钉、螺母、地脚螺栓和销轴等在最大工作水头启闭时，其拉伸、压缩、剪切强度安全系数应不小于5。

4.3.6 主要零件的材料应符合或不低于表3中的规定。

表3

零件名称	材　料	材料标准
门板	HT200，QT400-15，Q235-A，1Cr13	GB/T 1348 GB/T 700 GB/T 9439 GB/T 1176 GB/T 1220
门　框	HT200，QT400-15，Q235-A	
导　轨	HT200，QT400-15，ZCuSn5Pb5Zn5，1Cr13	
螺　杆	1Cr13	
螺栓、螺母、螺钉地脚螺栓和销轴	1Cr13	

4.3.7 装配

4.3.7.1 可调式堰门装配后允许做适当的调整，并进行2～3次启闭操作，保证其移动灵活。门板与导轨密封面间隙公差值0.08mm。堰口全长水平度应不大于0.05/1000mm。

4.3.7.2　启闭机运转操作自如，不应出现倾斜、卡阻现象，保证其螺杆的轴线对启闭机座平面的垂直度公差值0.25/1000mm。

4.3.8　涂漆

4.3.8.1　在涂漆前应进行喷砂除锈，去除毛刺、氧化皮、锈斑、粘砂和油污等脏物，并将浇口、冒口、多肉和锐边等铲平，保持表面平整光洁。涂装物体表面技术要求应符合JB/T 5000.12中的规定。

4.3.8.2　可调式堰门非工作接触面的涂漆不得有起泡、剥落、皱纹和流挂等缺陷。

4.3.8.3　当可调式堰门用于给水工程时，应采用无毒耐腐蚀涂料涂装。漆膜厚度水上部分应不低于150～200μm。水下部分应不低于200～300μm。

5　试验方法与检验规则

5.1　密封面间隙试验

门板与门框的密封结合面，必须清除外来杂物和油污。将门板插入导轨内，在门板上无外加荷载下，用塞尺沿密封结合面测量间隙，其值不大于0.08mm。

5.2　装配试验

将门板插入导轨内，做全程往复移动，检查门板在移动过程中位置及间隙，用钢尺和塞尺等工具分别进行测量，其值应符合4.3.7.1～4.3.7.2中的规定。

5.3　泄漏试验

密封面应清除所有污物。不准在密封面上涂抹油脂。应在生产厂内或与订货单位协商，在现场安装完毕后进行泄漏试验，采用计量器具（量筒、计时表）检测密封面泄漏量应不大于1.25L/（min・m密封长度）。

5.4　出厂检验

5.4.1　每台产品须经制造厂质量检验部门按本标准检验，并签发产品质量检验合格证方可出厂。

5.4.2　出厂检验项目：

a. 密封间隙的检验应满足4.3.1.4及5.1中的要求；

b. 装配检验应满足4.3.7及5.2中的要求；

c. 表面涂漆检验应满足4.3.8中的要求；

d. 泄漏量检验应满足5.3中的要求。

5.4.3　订货单位有权按本标准的有关规定对产品进行复查。抽查量为批量的20%，但不多于3台。对台数不超过3台的应全部检验。抽查结果如有1台不合格时，应加倍复查。如仍有不合格时，订货单位可提出逐台检验或拒收并更换合格产品。

5.5　型式检验

5.5.1　有下列情况之一可按表2规格任选一种进行型式检验。

a. 新产品试制时；

b. 老产品转厂生产的试制定型鉴定时；

c. 如结构、材料和工艺有较大改变，可能影响性能时；

d. 正常生产时，两年检验一次；

e. 产品停产三年后，恢复生产时。

5.5.2 型式检验项目

a. 对堰门的制造工艺、设计图纸进行全面的审查检验，其技术指标应符合第 4 章中的有关要求；

b. 对堰门主要零部件（如门板、门框、导轨、密封件等）的材料进行机械物理性能的检验，其性能指标应符合 4.2.1 及 4.2.6 中的要求，材料的选取应不低于 4.3.6 中的要求；

c. 对堰门进行表面涂装检验，并应符合 4.3.8 中的要求；

d. 对堰门进行装配检验并应符合 5.2 中的要求；

e. 对堰门门板做挠度测定，并应符合 4.3.1.2 中的要求；

f. 对堰门做全泄漏检验，并应符合 5.3 中的要求。

6 标志、包装、运输及贮存（以下略）

8.6 机械搅拌澄清池搅拌机（标准号 CJ/T 81—1999）

1 主题内容与适用范围

本标准规定了泥渣接触循环型机械搅拌澄清搅拌机（以下简称“搅拌机”）的型式、规格、技术要求、试验方法及检验规则等。

本标准适用于机械搅拌澄清池进水浊度长期低于 5000 度，短时间不高于 10000 度的水质净化或石灰软化等的搅拌机。

2 引用标准（略）

3 型式、规格

3.1 搅拌机安装在机械搅拌澄清池中心部位，由电动机、减速装置、主轴、调流机构、叶轮和桨板构成，基本型式如图 1 所示。

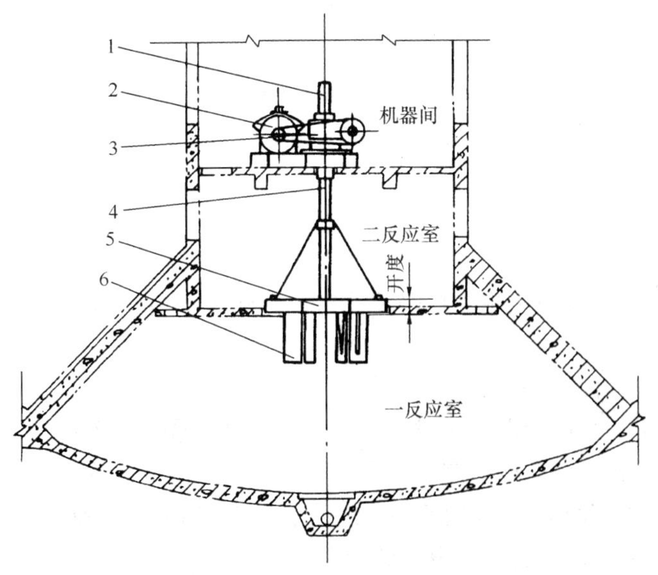

图 1 搅拌机基本型式

1—调流机构；2—电动机；3—减速装置；4—主轴；5—叶轮；6—桨板

表1 搅拌机规格

型 号	处理水量（m^3/h）	澄清池直径（m）	叶轮直径（m）	电动机功率（kW）
JJ-20	20	3.5	0.8	0.75
JJ-40	40	4.5		
JJ-60	60	5.5	1.2	
JJ-80	80	6.5		1.5
JJ-120	120	7.5	1.5	
JJ-200	200	10	2	3
JJ-320	320	12		
JJ-430	430	14	2.5	4
JJ-600	600	17		
JJ-800	800	20	3.5	5.5
JJ-1000	1000	22		7.5
JJ-1330	1330	25	4.5	11
JJ-1800	1800	29		

注：电动机功率是按叶轮外缘线速度1.2m/s、V带和圆柱蜗杆减速器减速确定的电磁调速电动机的标称功率。

3.2 搅拌机规格按照表1的规定。

3.3 搅拌机的型号及其标记按以下的规定：

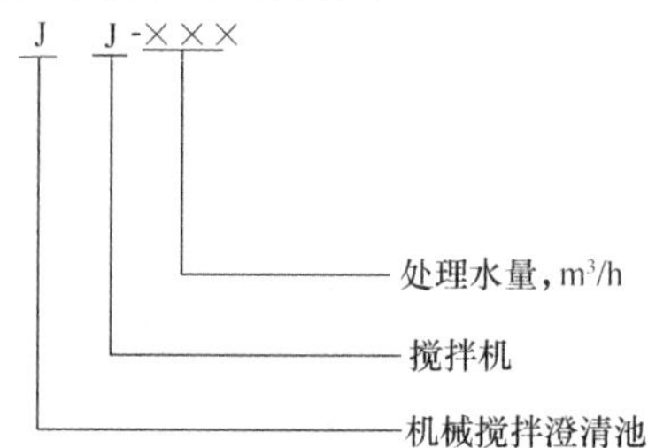

标记示例：600m^3/h机械搅拌澄清池的搅拌机，其标记为：

搅拌机 JJ-600 CJ/T 81-1999

4 技术要求

4.1 环境条件

电动机、电控设备及减速装置宜安装在室内。环境条件应分别符合GB/T 755、GB/T 14048和GB/T 3797。

4.2 电动机及电控设备

4.2.1 电动机采用调速电动机或定速电动机，应符合GB/T 755的规定。

4.2.2 电控设备应设有电流表、主电路开关、起动和停止的操作按钮、搅拌机各种故障（短路、过负荷、低电压）的保护设备及信号灯。当采用调速电动机时，电控设备应设有调速控制器；遥控时，必须加设机旁紧急停车按钮。

电控设备应符合GB/T 14048和GB/T 3797的规定。

电控设备可采用框式或挂墙箱式结构，防护等级应符合GB/T 4942.1中规定的IP54。

4.3 减速装置

4.3.1 V带轮应进行静调平衡（实心轮除外），不平衡力矩应符合表2的规定。

表2 V带轮静调形平衡规定

V带速度，m/s	5～10	>10～15
不平衡力矩，mN·m	<60	<30

4.3.2 蜗杆、蜗轮的精度应符合 GB/T 10089 中第8级精度的要求。

4.3.3 螺杆材料：机械性能应不低于45号钢，经调质热处理后硬度应为 HB241～286。

蜗轮材料：机械性能应不低于 ZQAL 9-4。

4.3.4 减速器内一般注入 HL-20 号齿轮油，油池润滑油温升不得超过30℃，最高温度不得超过70℃。

4.3.5 减速器装配后箱体所有结合面、输入及输出轴密封处不得渗油、漏油。

4.4 主轴及调流机构

4.4.1 主轴一般为实心轴。当机械搅拌澄清池设有套轴式中心传动刮泥机时，主轴为空心轴。

4.4.2 搅拌机应设有调流机构，一般采用在主轴上端设梯形螺纹螺旋副。

4.4.3 梯形螺纹加工精度应符合 GB/T 5796.4 中粗糙级螺纹的规定。

4.4.4 调流机构应设有开度指示。

4.5 叶轮

4.5.1 叶轮上、下盖板的平面度公差值应符合表3的规定。分块拼装的叶轮采用可拆连接，且应设有定位标记。

表3 叶轮上、下盖板平面度公差值

叶轮直径，m	<1	1～2	>2
平面度公差值，mm	3	4.5	6

注：分块叶轮的平面度公差值以每块叶轮外径的弦长作为主参数。

4.5.2 叶轮上、下盖板应平行，出水口宽度极限偏差值应符合表4的规定。

表4 叶轮出水口宽度极限偏差值

叶轮直径，m	<1	1～2	>2
叶轮出水口宽度极限偏差值，mm	$^{+2}_{0}$	$^{+3}_{0}$	$^{+4}_{0}$

4.5.3 叶轮外缘表面粗糙度为50 μm。

4.5.4 叶轮制造的径向圆跳动公差值应符合表5的规定。

表5 叶轮制造的径向圆跳动公差值

叶轮直径，m	<1	1～2	>2
径向圆跳动，mm	3	5	7

4.5.5　主轴轴线对于叶轮下盖板平面的垂直度公差值为 ϕ6mm。

4.6　桨板

桨板与叶轮下平面应垂直，角度极限偏差值应符合表 6 的规定。

表 6　桨板角度极限偏差值

桨板长度（mm）	<400	400～1000	>1000
垂直角度极限偏差值	±1°30′	±1°15′	±1°00′

4.7　铸造及焊接要求

4.7.1　灰铸铁件应符合 GB/T 9439 的要求。

4.7.2　减速器箱体、蜗轮轮毂、V 带轮的铸件毛坯应进行时效处理。

4.7.3　焊接件焊缝的型式和尺寸应符合 GB/T 985 的要求；所有焊缝应保证牢固可靠，并清除溅渣、氧化皮及焊瘤，不允许有裂纹、夹渣、烧穿等缺陷。

4.8　安全要求

4.8.1　电动机的电控设备应有良好的接地；接地电阻不得大于 4Ω。

4.8.2　V 带轮应设封闭式保护罩（网）。

4.8.3　减速器箱体上应标出主轴旋转方向的红色箭头。

4.8.4　当调流机构采用升降叶轮方式调节叶轮开度时，主轴上端应设有限位机构。主轴上各螺母的旋紧方向应与主轴工作旋转方向相反。

4.8.5　搅拌机的噪声级不得大于 85dB（A）。

4.9　安装要求

4.9.1　以减速器机座加工面为安装基准，其水平度公差值为 0.1mm/m。

4.9.2　搅拌机主轴应在池中心，以二反应室底板孔圆心为基准，同轴度公差值为 ϕ10mm。

4.9.3　调流机构位于开度“0”位限位点时，叶轮上盖板的安装高度以二反应室底板平均高度为基准，偏差值应在±10mm 范围内。

4.9.4　叶轮安装圆跳动公差值应符合表 7 的规定。

表 7　叶轮安装圆跳动公差值

叶轮直径，m	<1	1～2	>2
径向圆跳动，mm	4	6	8
端面圆跳动，mm	4	6	9

4.10　涂装要求

表 8　漆膜总厚度　　μm

水上部分涂装表面	150～200
水下部分涂装表面	200～250

4.10.1　金属涂装前应严格除锈。钢材表面除锈质量应符合 GB 8923 中 Sa2 级的规定。

4.10.2　搅拌机涂装表面漆膜总厚度应符合表 8 的规定；漆膜不得有起泡、针孔、剥落、皱纹、流挂等缺陷。

4.10.3 当搅拌机用于处理生活饮用水时，水下部件涂装应采用无毒涂料。

当搅拌机用于处理腐蚀性水质时，水下部件涂装应采用耐腐蚀涂料或采用其他耐腐蚀措施。

4.11 可靠性及耐久性要求

4.11.1 每年检修一次，无故障工作时间不得少于 8000h。

4.11.2 每两年大修一次，蜗轮、蜗杆使用年限不少于 5a。整机使用年限不少于 10a。

5 试验方法及检验规则

5.1 出厂试验及检验

5.1.1 每台产品必须经制造厂技术检查部门检验合格，并附有证明产品质量的合格证书。

5.1.2 产品出厂试验方法及检验规则应符合表 9 的规定。

表 9 产品出厂试验及检验

序号	项目	试验方法	检验规则		说明
			方法及量具	应符合技术要求条号	
1	灰铸铁件		GB/T 9439 第 6 章	4.7.1	
2	焊缝		视觉法，通用量具	4.7.3	
3	V 带轮不平衡力矩		试验台	4.3.1	
4	蜗杆硬度		金属布氏硬度计	4.3.3	
5	蜗杆、蜗轮传动啮合接触斑点		涂红铅油	4.3.2	沿齿高不少于 55%，沿齿长不少于 50%，旋转方向应与工作时旋转方向相同
6	减速器各密封处		视觉法	4.3.3	
7	调流机构梯形螺纹加工精度		梯形螺纹量规	4.4.3	
8	叶轮上、下盖板平面度		拉钢丝方法，通用量具	4.5.1	
9	叶轮出水口宽度		通用量具	4.5.2	
10	主轴对叶轮下盖板下表面垂直度误差		GB/T 1184	4.5.5	
11	叶轮径向圆跳动		通用量具，划线盘	4.5.4	
12	叶轮外缘表面粗糙度		视觉法，表面粗糙度样板	4.5.3	
13	钢材表面除锈质量		视觉法	4.10.1	涂装前检验
14	漆膜厚度		磁性测厚仪	4.10.2	
15	涂漆外观质量		视觉法，五倍放大镜	4.10.2	

5.2　现场试验及检验

5.2.1　产品现场安装试验方法及检验规则应符合表10的规定。

表10　产品现场安装试验及检验

序号	项　目	试验方法	检验规则		说　明
			方法及量具	应符合技术要求条号	
1	减速器机座安装水平度		精度为0.05mm/m的水平仪	4.9.1	
2	主轴对二反应室底板圆孔的同轴度	将叶轮旋转一周测量叶轮外缘任一定点与二反应室底板孔边缘均布四点的距离，其对称两点所测距离之差为同轴度偏差值	通用量具	4.9.2	安装前按附录B的规定检查二反应室底板圆孔施工误差
3	叶轮上盖板安装高度	当调流机构位于开度“0”位限位点，检查叶轮上盖板上平面距二反应室底板平均高度的距离和开度指示偏离“0”位数值	通用量具	4.9.3	
4	调流机构	手动操作全行程升降三次		4.4.2	
5	叶轮径向圆跳动和端面圆跳动		用划线盘和通用量具分别测量叶轮外缘和端面距外缘100mm范围内的该项偏差	4.9.4	
6	桨板垂直度		吊线锤法，通用量具	4.6	
7	电动机及电控设备接地电阻		接地电阻测试仪	4.8.1	
8	V带轮防护罩(网)	试车检查	外观检查	4.8.2	
9	主轴旋转方向		视觉法	4.8.3	

5.2.2　产品现场负荷试验方法及检验规则应符合表11的规定。

表11　产品现场负荷试验及检验

序号	项　目	试验方法	检　验　规　则		说　明
			方法及量具	要　求	
1	空负荷运行	最高转速		试验时间2h	
2	正常投产后连续运行	最高转速，最大开度		试验时间24h	
1.a 2.a	电动机电流		1.5级电流表	电流应平稳，不得大于电动机额定电流	

续表 11

序号	项　目	试验方法	检　验　规　则		说　明
			方法及量具	要　求	
1.b 2.b	减速器运转平稳性		触觉法	无异常振动	
1.c 2.c	减速器油池润滑油温升		温度计	应符合技术要求 4.3.4	温度计分度值为 1℃
1.d 2.d	减速器各密封处		视觉法	应符合技术要求 4.3.5	
1.e 2.e	搅拌机运行噪声		GB/T 3768 规定的测定方法精密声级计	应符合技术要求 4.8.5	

5.3　型式试验及检验

5.3.1　每生产 150 台至少做一台搅拌机的型式试验及检验。

5.3.2　产品型式试验方法及检验规则应符合表 12 的规定。

表 12　产品型式试验及检验

序号	项　　目	试验方法	检验规则		说明
			方法及量具	要　求	
1	出厂试验及检验			应符合表 9 的规定	
2	现场安装试验及检验			应符合表 10 的规定	
3	现场负荷试验及检验			应符合表 11 的规定	
4	电动机输出功率	在不同转速，叶轮处于不同开度条件下进行负荷试验	1.5 级功率表	不得大于电动机额定或标称功率	
5	叶轮提升流量	在最高转速，叶轮处于最大开度条件下进行负荷试验	投加试剂方法		
6	搅拌机可靠性和耐久性		查用户记录方法	应符合技术要求 4.11.1 及 4.11.2	

6　标志及包装

(以下略)

8.7　机械搅拌澄清池刮泥机（标准号 CJ/T 82—1999）

1　主题内容与适用范围

本标准规定了泥渣接触循环型机械搅拌澄清池刮泥机（以下简称“刮泥机”）的型式、规格、技术要求、试验方法及检验规则等。

本标准适用于机械搅拌澄清池进水浑浊度长期低于5000度，短时间不高于10000度，与搅拌机配套使用的水质净化或石灰软化等的刮泥机。

2　引用标准（略）

3　型式、规格及基本参数

3.1　刮泥机型式一般分为套轴式中心传动刮泥机和销齿传动刮泥机。

3.1.1　套轴式中心传动刮泥机安装在机械搅拌澄清池中心部位，一般由电动机及减速装置、过扭保护机构、主轴、刮泥耙和提耙机构构成，基本型式如图1所示。

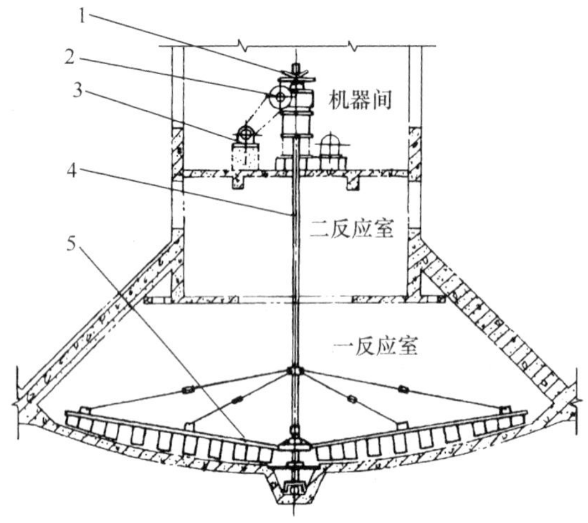

图1　套轴式中心传动刮泥机基本型式

1—提耙机构；2—过扭保护机构；3—电动机及减速装置；4—主轴；5—刮泥耙

3.1.2　销齿传动刮泥机主轴安装在机械搅拌澄清池内一侧，一般由电动机及减速装置、过扭保护机构、主轴、销齿传动机构、中心支座、刮泥耙和信号反馈机构构成，基本型式如图2所示。

3.1.3　套轴式中心传动刮泥机一般适用于刮泥耙旋转直径不大于12m的池子。销齿传动刮泥机一般适用于刮泥耙旋转直径不小于9m的池子。

3.2　刮泥机的型式和规格一般按表1的规定。

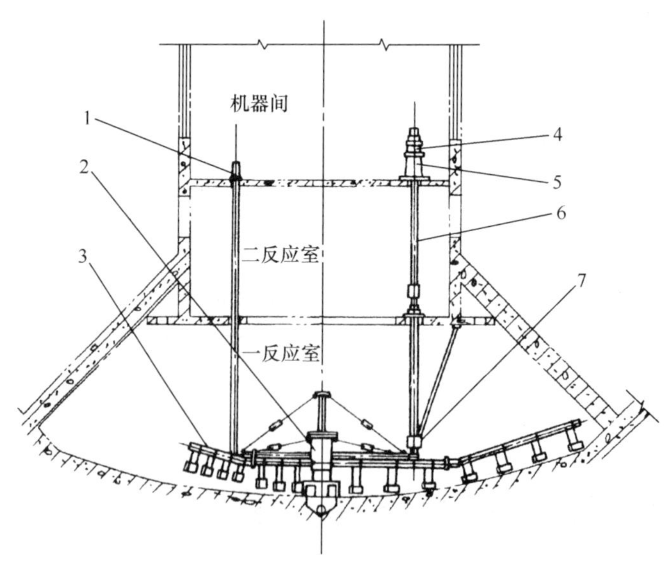

图2　销齿传动刮泥机基本型式

1—信号反馈机构；2—中心支座；3—刮泥耙；4—电动机及减速装置；5—过扭保护机构；6—主轴；7—销齿传动机构

表1 刮泥机的型式和规格

型 式	型 号	处理水量 (m^3/h)	澄清池直径 (m)	刮泥耙旋转直径 (m)	电动机功率 (kW)
套轴式中心传动	JGT-200	200	10	6	0.75
	JGT-320	320	12	7.5	
	JGT-430	430	14	9	
	JGT-600	600	17	10.5	
	JGT-800	800	20	12	
销齿传动	JGX-430	430	14	9	1.5
	JGX-600	600	17	10.5	
	JGX-800	800	20	12	
	JGX-1000	1000	22	13.5	
	JGX-1330	1330	25	15	
	JGX-1800	1800	29	17	

3.3 刮泥耙外缘线速度应在 1.8～3.5m/min 范围内。

3.4 刮泥机的型号及其标记按以下的规定

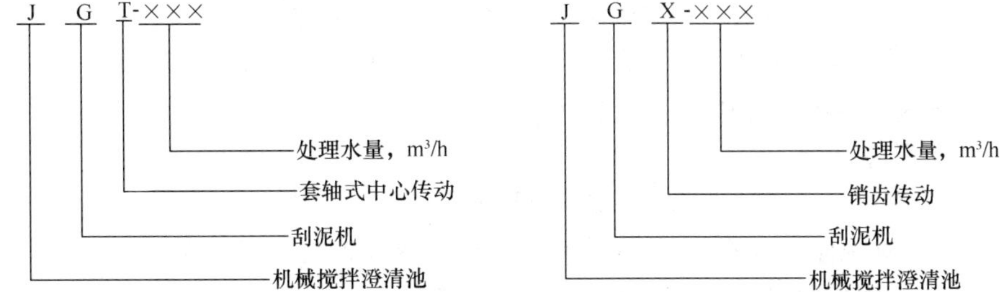

标记示例：

600m^3/h 机械搅拌澄清池的套轴式中心传动刮泥机，其标记为

刮泥机 JGT-600 CJ/T 82-1999

800m^3/h 机械搅拌澄清池的销齿传动刮泥机，其标记为

刮泥机 JGX-800 CJ/T 82-1999

4 技术要求

4.1 环境条件

电动机、电控设备及减速装置宜安装在室内，环境条件应分别符合 GB/T 755、GB/T 14048 和 GB/T 3797 的规定。

4.2 电动机及电控设备

4.2.1 电动机应符合 GB 755 的规定。

4.2.2 电控设备应设有电流表、主电路开关、起动和停止的操作按钮、刮泥机各种故障（短路、过负荷、低电压）的保护设备、信号灯及过负荷报警铃。

电控设备应符合 GB/T 14048 和 GB/T 3797 的规定。

电控设备防护等级应符合 GB/T 14048 中规定的 IP54。

4.3 减速装置

4.3.1 套轴式中心传动刮泥机减速方式一般采用与电动机直联的卧式摆线针轮减速机、链传动和蜗杆减速器三级减速。

4.3.2　销齿传动刮泥机减速方式一般采用与电动机直联的立式摆线针轮减速机。

4.3.3　摆线针轮减速机应符合 JB/T 2982 的要求。

4.3.4　24 小时连续运行的摆线针轮减速机要选用油泵润滑。

4.3.5　链传动的滚子链应符合 GB/T 1243.1 的要求；链轮应符合 GB/T 1244 的要求。

4.3.6　蜗杆减速器一般采用圆柱蜗杆；蜗杆、蜗轮的精度应符合 GB/T 10089 中 8 级的要求。

4.3.7　蜗杆材料：机械性能应不低于 45 号钢，经调质热处理后硬度应为 HB241～286。

蜗轮材料：机械性能应不低于 HT300。

4.3.8　蜗杆减速器内一般注入 HL-20 号齿轮油，油池温升不超过 30℃，最高油温不超过 70℃。

4.3.9　蜗杆减速器装配后箱体所有结合面、输入及输出轴密封处不得渗油、漏油。

4.4　提耙机构

4.4.1　提耙机构一般采用在主轴上端设梯形螺纹螺旋副。

4.4.2　梯形螺纹加工精度应符合 GB/T 5796.4 中的粗糙级螺纹规定。

4.4.3　提耙机构应设有提升高度指示。

4.5　销齿传动机构

4.5.1　齿轮材料：机械性能应不低于 HT300。

销齿材料：机械性能应不低于 45 号钢，经调质热处理后硬度应为 HB241～286。

4.5.2　齿轮两相邻齿、同侧面间齿距及销齿孔中心距（齿距）的极限偏差值应符合表 2 的规定。

表 2　齿轮及销齿齿距极限偏差值　(mm)

齿　距	齿轮两相邻齿同侧面间齿距极限偏差值	销齿孔中心距（齿距）极限偏差值
10π	±0.05	±0.15
20π	±0.10	±0.25
30π	±0.15	±0.40

4.6　铸造及焊接要求

4.6.1　灰铸铁件应符合 GB/T 9439 的要求。

4.6.2　蜗杆减速器箱体、蜗轮轮毂应进行时效处理。

4.6.3　焊接件焊缝的形式和尺寸应符合 GB/T 985 的要求；所有焊缝应保证牢固可靠，并清除溅渣、氧化皮及焊瘤，不允许有裂纹、夹渣、烧穿等缺陷。

4.7　安全要求

4.7.1　电动机和电控设备均应有良好的接地；接地电阻不得大于 4Ω。

4.7.2　链传动应设有防护罩（网）。

4.7.3　减速器箱体上应标出主轴旋转方向的红色箭头。

4.7.4　刮泥机应设有过扭保护机构，达到许用转矩的 140%时停机报警。

4.7.5　提耙机构应设有限位螺母，主轴上各螺母的旋紧方向应与主轴工作旋转方向相反。

4.7.6 刮泥机的噪声级不得超过 80dB (A)。

4.8 安装要求

4.8.1 以减速器机座及中心支座加工面为安装基准，其水平度公差值为 0.1mm/m。

4.8.2 刮泥耙刮板下缘与澄清池池底距离为 50mm，极限偏差值为±25mm (其中包括澄清池池底表面平面度偏差±15mm)。

4.8.3 当销轮直径不大于 5m 时，其公差值应符合如下规定：

a. 销轮节圆直径极限偏差值为$^{0}_{-2.0}$mm；

b. 销轮端面跳动公差值为 5mm；

c. 销轮与齿轮中心距极限偏差值为$^{+5.0}_{+2.5}$mm。

4.9 涂装要求

4.9.1 金属涂装前应严格除锈，钢材表面除锈质量应符合 GB 8923 中 Sa2 级的规定。

4.9.2 刮泥机涂装表面漆膜总厚度应符合表 3 的规定，漆膜不得有起泡、针孔、剥落、皱纹、流挂等对外观质量有影响的缺陷。

表 3 漆膜总厚度 (μm)

水上部分涂装表面	150～200
水下部分涂装表面	200～250

4.9.3 当刮泥机用于处理生活饮用水时，水下部件涂装应采用无毒涂料。

当刮泥机用于处理腐蚀性水质时，水下部件涂装应采用耐腐蚀涂料或采用其他耐腐蚀措施。

4.10 可靠性及耐久性要求

4.10.1 每年检修一次，无故障工作时间不少于 8000h。

4.10.2 每两年大修一次，蜗轮、蜗杆使用年限不少于 5a，整机使用年限不少于 10a。

5 试验方法及检验规则

5.1 出厂试验及检验

5.1.1 每台产品必须经制造厂技术检查部门检验合格，并附有证明产品质量的合格证书。

5.1.2 产品出厂试验方法及检验规则应符合表 4 的规定。

表 4 产品出厂试验及检验

序号	项目	试验方法	检验规则		说明
			方法及量具	应符合技术要求条号	
1	灰铸铁件		GB/T 9439 第 6 章	4.6.1	机械加工前和涂装前检验
2	焊缝		视觉法，通用量具	4.6.3	涂漆前检验。通用量具指读数值精度为 1mm 的量具，下同

续表 4

序号	项　目	试验方法	检验规则		说　明
			方法及量具	应符合技术要求条号	
3	蜗杆硬度		金属布氏硬度计	4.3.7	
4	齿轮、销轮销齿硬度		金属布氏硬度计	4.5.1	
5	蜗杆、蜗轮传动啮合接触斑点	试运行时间不少于 2h	涂红铅油	4.3.6	沿齿高不少于 55%，沿齿长不少于 50%，旋转方向应与工作时旋转方向相同
6	蜗杆减速器各密封处		视觉法	4.3.9	
7	摆线针轮减速机各密封处	试运行时间不少于 2h	GB/T 2982	4.3.3	
8	滚子链及链轮配合尺寸误差		GB/T 1243.1 及 GB/T 1244	4.3.5	
9	提耙机械梯形螺纹加工精度		梯形螺纹量规	4.4.2	
10	齿轮两相邻齿同侧面齿距和销齿孔中心距（齿距）的偏差		读数值为 0.05mm 的游标卡尺	4.5.2	
11	钢材表面除锈质量		视觉法	4.9.1	涂装前检验
12	漆膜厚度		磁性测厚仪	4.9.2	
13	涂漆外观质量		视觉法，五倍放大镜	4.9.2	

5.2　现场试验及检验

5.2.1　产品现场安装试验方法及检验规则应符合表 5 的规定。

表 5　产品现场安装试验及检验

序号	项　目	试验方法	检验规则		说　明
			方法及量具	应符合技术要求条号	
1	减速器机座及中心支座安装水平度		精度为 0.05mm/m 的水平仪	4.8.1	
2	销轮节圆直径误差		划线盘和通用量具	4.8.3	
3	销轮端面跳动		划线盘和通用量具	4.8.3	
4	销轮与齿轮中心距偏差		通用量具	4.8.3	

续表 5

序号	项　　目	试验方法	检　验　规　则		说　　明
			方法及量具	应符合技术要求条号	
5	刮泥耙刮板下缘与澄清池池底距离	在澄清池池底划定十字线，在每根臂上选定根部、中部、端部三块刮板，测量刮板下缘与十字线处距离	通用量具	4.8.2	
6	提耙机构运动情况	手动操作全行程三次		4.4.1	
7	链传动运动情况	手动盘车，使传动链旋转三周		4.3.5	
8	链传动防护罩		外观检查	4.7.2	
9	电动机及电控设备接地电阻		接地电阻测试仪	4.7.1	

5.2.2　产品现场负荷试验方法及检验规则应符合表 6 的规定。

表 6　产品现场负荷试验及检验

序号	项　　目	试验方法	检　验　规　则		说　　明
			方法及量具	应符合技术要求条号	
1	空负荷连续运行	试验时间 2h			
2	正常投产后连续运行	试验时间 24h			
1.a 2.a	电动机电流		1.5 级电流表	电流应平稳，不得大于电动机额定电流	
1.b 2.b	摆线针轮减速机运转平稳性			4.3.3	
1.c 2.c	摆线针轮减速机各密封处		GB/T 2982	4.3.3	
1.d 2.d	蜗杆减速器运转平稳性		触觉法	无异常振动	
1.e 2.e	蜗杆减速器各密封处		视觉法	4.3.9	
1.f 2.f	蜗杆减速器油池润滑油温升		温度计	4.3.8	温度计分度值为 1℃
1.g 2.g	运行噪声		GB/T 3768 规定的测定方法，精密声级计	4.7.6	

5.3 型式试验及检验

5.3.1 每生产150台至少做一台型式试验及检验。

5.3.2 产品型式试验方法及检验规则应符合表7的规定。

表7 产品型式试验及检验

序号	项目	试验方法	检验规则		说明
			方法及量具	应符合技术要求条号	
1	出厂试验及检验			应符合表4的规定	
2	现场安装试验及检验			应符合表5的规定	
3	现场负荷试验及检验			应符合表6的规定	
4	电动机输出功率	满负荷试验或模拟负荷试验	1.5级功率表	不得大于电动机额定功率	
5	刮泥机可靠性和耐久性		查用户记录方法	4.10.1及4.10.2	

6 标志及包装

(以下略)。

8.8 污水处理用辐流沉淀池周边传动刮泥机
(标准号CJ/T 3042—1995)

1 主题内容与适用范围

本标准规定了污水处理用辐流沉淀池周边传动刮泥机（以下简称刮泥机）的型式与基本参数、型号编制、技术要求、试验方法和检验规则、标志、包装和运输。

本标准适用于刮泥机，也适用于周边传动吸泥机的设计、制造、检验和验收。

2 引用标准（略）

3 型式与基本参数

3.1 型式

刮泥机主要由中心支座、主梁、排渣斗、传动装置、刮板、桁架等部件组成。型式如图1所示。

3.2 基本参数

3.2.1 刮泥机基本参数按表1规定。

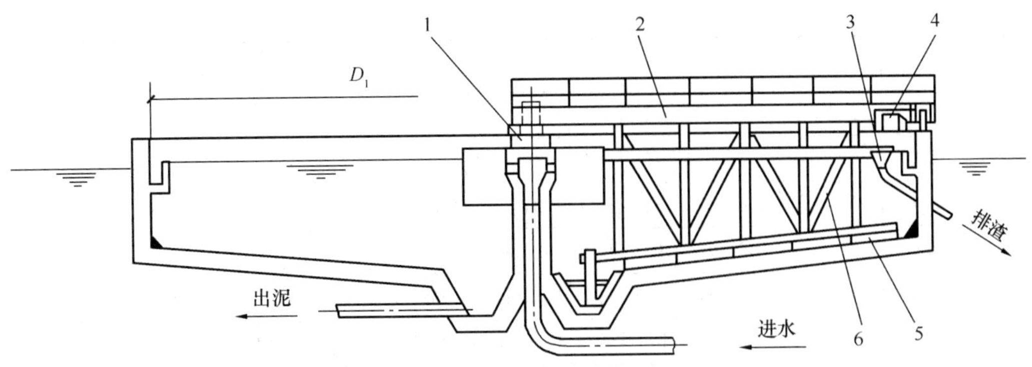

图 1 辐流沉淀池周边传动刮泥机

1—中心支座；2—主梁；3—排渣斗；4—传动装置；5—刮板；6—桁架

表 1 刮泥机基本参数

型号		WSG12	WSG14	WSG16	WSG18	WSG20	WSG22	WSG24	WSG26	WSG28
池子直径（m）		12	14	16	18	20	22	24	26	28
刮板外缘线速度（m/s）	初沉池	≤0.05								
	二沉池	≤0.03								

型号		WSG30	WSG32	WSG35	WSG40	WSG45	WSG50	WSG55	WSG60
池子直径（m）		30	32	35	40	45	50	55	60
刮板外缘线速度（m/s）	初沉池	≤0.05							
	二沉池	≤0.03							

3.2.2 刮泥机配用的沉淀池主要尺寸应符合表 2 和图 2 的规定。出水槽的型式如图 3 所示。

表 2 沉淀池主要尺寸

D_1	12	14	16	18	20	22	24	26	28	30	32	35	40	45	50	55	60
D_{3max}	3		4			5					6			8			
D_2	2；3		3；4								4；6						
h_3	0.5		0.5；1								1；1.5						
h_1	0.4													0.6			
K_{1max}	1										1.5			2			
K_{2max}	1.8										2.5			3.2			
K_{3max}	0.6										0.8			1			
表面积（m^2）	113	154	201	254	314	380	452	531	616	707	804	962	1257	1590	1964	2375	2827

续表 2

		容积，m³																
h_2	2	224	337	446	571	714	879	1054										
	2.2		368	486	621	776	952	1144	1359									
	2.4			526	672	839	1028	1234	1465	1716								
	2.6			566	723	902	1104	1325	1571	1839	2132	2446						
	2.8				774	965	1180	1415	1677	1962	2273	2607						
	3.2					1090	1332	1596	1890	2209	2556	2928	3546					
	3.6						1484	1777	2102	2455	2839	3250	3931	5224				
	4.0							1958	2315	2702	3122	3572	4316	5727	7351			
	4.4									2948	3404	3893	4700	6229	7987	10002		
	4.8										3687	4215	5085	6732	8623	10788	13213	
	5.2											4536	5470	7235	9259	11573	14163	17056
	5.6												5855	7738	9895	12359	15113	18187
	6.0													8241	12531	13145	16063	19318

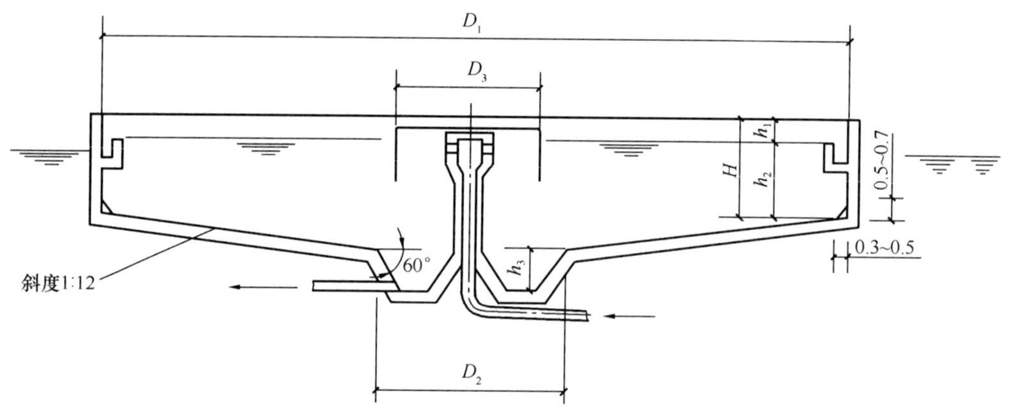

图 2　沉淀池主要尺寸（单位：m）

D_1—沉淀池直径；h_1—超高；D_2—污泥斗上部直径；

h_2—周边水深；H—周边池深；h_3—污泥斗高度；D_3—稳流筒直径

4　刮泥机型号编制（略）

5　技术要求

5.1　一般要求

5.1.1　刮泥机应符合本标准规定，并按照规定程序批准的图纸和技术文件制造。

5.1.2　刮泥机选用的材料、外购件等应有供应厂的合格证明，无合格证明时，制造厂必须经检验合格方可使用。

5.1.3　所有的零件、部件必须经检验合格，方可进行装配。

5.1.4　水下紧固件应使用不锈钢材料。

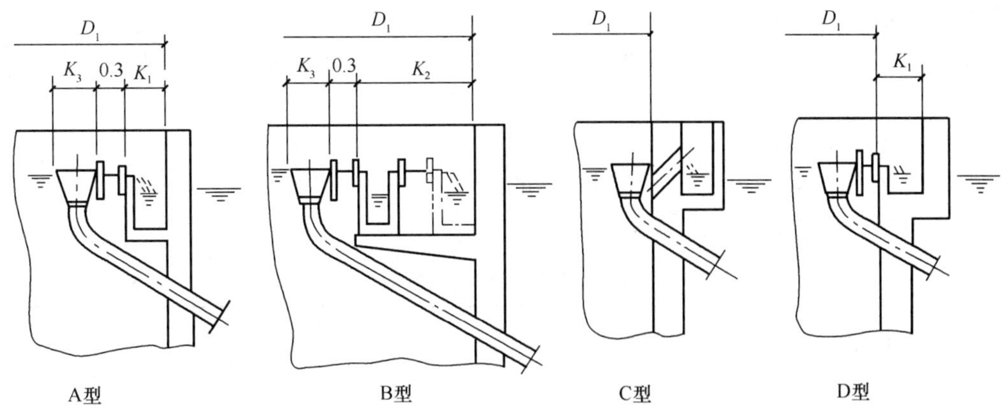

图 3 出水槽型式（单位：m）

K_1、K_2—出水槽宽度；D_1—沉淀池直径；K_3—排渣斗宽度

5.2 整机性能要求

5.2.1 刮泥机上形尺寸应符合沉淀池主要尺寸的要求。

5.2.2 刮泥机刮板外缘线速度应符合表 1 的规定。

5.2.3 刮泥机运转应平稳正常，不得有冲击、振动和不正常的响声。

5.2.4 池底刮泥板安装后应与池底坡度相吻合，钢板与池底距离为 50～100mm，橡胶刮板与池底的距离不应大于 10mm。分段刮板运行轨迹应彼此重叠，重叠量为150～250mm。

5.2.5 焊接件各部焊缝应平整、光滑，不应有任何裂缝和较严重的气孔、夹渣、未焊透、未熔合等缺陷，其质量应按 GB 50205 中的三级标准进行检验。

主梁的对接焊缝质量应按 GB 50205 中的二级标准进行检验。

5.2.6 刮泥机无故障工作时间不应少于 8000h，使用寿命不应少于 15a。

5.3 对主要部件的要求

5.3.1 传动装置

a. 车轮应转动灵活，无卡滞和松动现象；

b. 用拉钢丝方法调整车轮箱，应使车轮轴的轴线指向中心支座中心；

c. 传动系统应设置过载保护装置。

5.3.2 中心支座

a. 旋转中心与池体中心应重合，同轴度误差不应大于 ϕ5mm；

b. 中心支座基础面应水平，标高的极限偏差为$^{+10}_{0}$mm。

5.3.3 集电装置

a. 人字形刷握及集电环应符合 JB/T 2839 的要求；

b. 转动时碳刷与集电环须紧密接触，其接触面不小于碳刷面的 1/3；

c. 人字形刷握配用的恒力弹簧，不允许电流通过；

d. 集电环安装必须精确、整齐，并符合有关的电气安装质量标准及安全规定。

5.3.4 主梁、桁架等钢结构焊接件

a. 主梁及桁架等钢结构焊接件的设计应符合 GB 50017 的要求，主梁要求的最大挠度不应大于跨度的1/700；

b. 钢结构焊接件的制造、拼装、焊接、安装、验收，均应符合GB 50205的规定，主梁的制造误差应符合GB 50205中表3.9.1～4的规定。

5.4　对圆周轨道的要求

5.4.1　行车车轮采用钢轮时，对轨道的要求

a. 轨道半径极限偏差应符合表3的规定。

表3　轨道半径极限偏差

刮泥机规格，m	φ12～26	φ28～35	φ40～60
极限偏差，mm	±5	±7.5	±10

b. 轨道顶面任意点对中心支座平台表面相对标高差不应大于5mm，且轨面平面度误差不应大于0.40/1000；

c. 轨道接头间隙：夏季安装时为2～3mm，冬季安装时为5～6mm；

d. 轨道接头处高差不应大于0.5mm，端面错位不应大于1mm。

5.4.2　行车车轮采用橡胶轮时，对轨道表面的要求

池周边轨道表面标高差不应大于±5mm，平面度误差不应大于2/1000。

5.5　涂装要求

5.5.1　金属涂装前应严格除锈，钢材表面的除锈质量应符合GB 8923中规定的St3级或Sa2½级。

5.5.2　设备未加工金属表面，按不同的技术要求，分别涂底漆和面漆，涂漆应均匀、细致、光亮、完整，不得有粗糙不平，更不得有漏漆现象，漆膜应牢固，无剥落、裂缝等缺陷。

5.5.3　漆膜厚度应符合以下规定

a. 水上金属表面150～200μm；

b. 水下金属表面200～250μm。

5.5.4　最易腐蚀的水线部位（水面上200mm，水面下300mm）金属表面宜采用重防腐涂料进行防腐处理。

5.6　轴承及润滑

5.6.1　电机、减速机及各轴承部位应按使用说明书的要求加注润滑油、脂，所加各种油脂均应洁净无杂质，符合相应的标准要求。

5.6.2　运转中轴承部位不得有不正常的噪音，滚动轴承的温度不应高于70℃，温升不应超过40℃；滑动轴承的温度不应高于60℃，温升不应超过30℃。

5.7　安全防护要求

5.7.1　刮泥机的设计、制造应符合GB 5083的规定。

5.7.2　电控设备应符合GB/T 14048的规定，并应设有过电流，欠电压保护和信号报警装置。

5.7.3　电器外壳的防护等级应符合GB/T 4942.1中IP55级规定。

5.7.4　电动机与电控设备接地电阻不得大于4Ω。

5.7.5 刮泥机置于露天时，电动机等电气设备应加设防雨罩。

5.7.6 刮泥机每年空池检修一次。

6 试验方法及验收规则

6.1 每台产品必须经制造厂技术检查部门检查合格后方能出厂，并附有证明产品质量合格的文件。

6.2 集电装置应作电器绝缘耐压试验，试验用交流电压不应低于 2000V，试验 1min 无击穿现象。

6.3 电气系统的检验应按 GB/T 14048 中的规定进行。

6.4 涂漆质量应符合第 5.5.2 条的规定，漆膜厚度使用电磁式膜厚计测量，应符合第 5.5.3 条的规定。

6.5 设备安装前应先检验与其配合的沉淀池的主要尺寸，符合要求后方可进行设备安装。

检验的项目有：

6.5.1 沉淀池池体中心同中心支座中心的同轴度应符合要求。

6.5.2 中心支座平台表面预埋螺栓，穿电线管的位置尺寸应符合要求。

6.5.3 各部位的相对标高应符合要求。

6.5.4 对预埋地脚螺栓的要求

a. 地脚螺栓伸出支承面的长度误差为±20mm；

b. 中心距误差（在根部和顶部两处测量）为±2mm。

6.6 池底刮泥板安装后应与池底坡度相吻合，刮板与池底的距离应符合第 5.2.4 条的规定。

6.7 确认各部位及总装后方可进行空池试运转，试运转连续运行时间不少于 8h，运行应平稳，无卡滞现象，设备运转的金属部件不得与池内任何部位接触。

一切调试正常后，才能通水运行。

6.8 负荷运转连续运行时间不应少于 72h。

7 标志、包装和运输

(以下略)。

8.9 辐流式二次沉淀池吸泥机标准系列 (标准号 HG 21548—1993)

1 一般规定

1.1 适用范围

本标准系列中的吸泥机是污水处理构筑物辐流式二次沉淀池的专用设备。根据污水处理水量及工艺要求，可选用适当的沉淀池直径和池深。二次沉淀池最大排泥量是按单池处理水量的 100%进行设计的。

1.2 结构型式

1.2.1 沉淀池结构

表 1 二次沉淀池工艺参数表

序号	项目 \ 沉淀池直径 ϕ(m)	10		12		15		18		21		25		30		35		40		45		50		55		60	
1	处理水量(m^3/h)	79		113		178		255		312		442		636		769		1005		1272		1570		1900		2260	
2	水力负荷[m^3/(m^2·h)]	1.0		1.0		1.0		1.0		0.9		0.9		0.9		0.8		0.8		0.8		0.8		0.8		0.8	
3	沉淀时间(h)	2.00	2.40	2.00	2.40	2.00	2.40	2.40	2.80	2.67	3.11	2.67	3.11	3.11	3.56	3.50	4.00	4.00	4.50	4.00	4.50	4.00	4.50	4.50	5.00	4.50	5.00
4	有效水深(m)	2.00	2.40	2.00	2.40	2.00	2.40	2.40	2.80	2.40	2.80	2.40	2.80	2.80	3.20	2.80	3.20	3.20	3.60	3.20	3.60	3.20	3.60	3.60	4.00	3.60	4.00
5	水深(m)	2.80	3.20	2.80	3.20	2.80	3.20	3.20	3.60	3.20	3.60	3.20	3.60	3.60	4.00	3.60	4.00	4.00	4.40	4.00	4.40	4.00	4.40	4.40	4.80	4.40	4.80
6	池深(m)	3.20	3.60	3.20	3.60	3.20	3.60	3.60	4.00	3.60	4.00	3.60	4.00	4.00	4.40	4.00	4.40	4.40	4.80	4.40	4.80	4.40	4.80	4.80	5.20	4.80	5.20
7	集水槽型式	Ⅰ		Ⅰ		Ⅰ		Ⅰ		Ⅰ		Ⅱ		Ⅱ		Ⅱ		Ⅱ		Ⅱ		Ⅰ+Ⅱ		Ⅰ+Ⅱ		Ⅰ+Ⅱ	
8	Ⅱ型集水槽中心距池壁距离(m)	—		—		—		—		—		1.50		1.50		2.00		2.50		2.50		2.50		2.50		2.50	
9	排泥管管径(mm)	200		200		250		250		300		350		400		450		500		600		600		700		800	
10	中心进水竖井内径(mm)	700		700		700		800		800		900		1000		1200		1300		1500		1700		1800		2000	
11	稳流筒直流(mm)	1500		1800		2000		2400		2600		3000		3500		4000		4500		5000		5500		6000		6500	
12	稳流筒底至沉淀池底距离(mm)	1200	1600	1200	1600	1150	1550	1050	1450	1350	1750	1300	1700	1550	1950	1550	1950	1800	2200	1700	2100	1600	2000	1850	2250	1750	2150

注：集水槽型式：Ⅰ型——周边环型集水槽；

Ⅱ型——池内环型集水槽。

本标准系列的沉淀池结构为平底圆型池，进水系统由中心进水竖井和配水系统组成，污泥由中心排泥管排出。

1.2.2 吸泥机结构

按吸泥机的驱动方式和结构特点分为两种型式：中心传动双臂吸泥机为 A 型；周边传动单（双）臂吸泥机为 B 型。A 型吸泥机传动系统采用双级行星摆线针轮减速机与带外齿的大型滚柱回转支承三级减速，吸泥管的污泥入口断面为矩形，每个吸泥管直接与中心泥罐相接，在吸泥管的污泥出口设有流量调节阀。B 型吸泥机在池径 $\phi\leqslant40$m 时采用单臂结构；池径 $\phi>40$m 时采用双臂结构。传动系统采用双级行星摆线针轮减速机和开式链轮三级减速，行走滚轮采用铸钢橡胶轮，中心支座采用大型滚柱回转支承，吸泥管污泥入口断面为矩形，单臂吸泥机的吸泥管与中心泥罐相接，双臂吸泥机的吸泥管与排泥槽相接，排泥槽再接中心泥罐，在吸泥管的污泥出口设有流量调节阀。

A、B 型吸泥机均设有浮渣刮板、浮渣挡板、环型三角堰集水槽和排渣斗。

1.2.3 集水槽结构型式

集水槽结构按池径 ϕ 的大小分为三种型式：池径 $\phi\leqslant21$m 为Ⅰ型；25m$\leqslant\phi\leqslant45$m 为Ⅱ型；$\phi>45$m 为Ⅰ＋Ⅱ型。Ⅰ型集水槽为设在沉淀池周边外侧的环形集水槽；Ⅱ型集水槽为设在距沉淀池周边一定距离的池内环形集水槽；Ⅰ＋Ⅱ型结构的集水槽为Ⅰ型与Ⅱ型集水槽两者相组合的形式（见图 2）。

1.3 系列参数

1.3.1 配 A 型、B 型吸泥机的二次沉淀池工艺参数见表 1。

1.3.2 A 型、B 型吸泥机主要参数见表 2。

表 2 A 型、B 型吸泥机主要参数

传动型式 / 项目	A 型中心传动					B 型周边传动							
沉淀池直径 ϕ（m）	10	12	15	18	21	25	30	35	40	45	50	55	60
电机功率（kW）	0.75	0.75	0.75	1.5	1.5	0.75	1.5	1.5	1.5	1.5×2	1.5×2	1.5×2	1.5×2
总减速比 i	48030	51725	56035	60313	65796	75000	78947	88235	93750	100000	100000	107143	115385
吸臂转速（r/min）	0.031	0.029	0.027	0.025	0.023	0.020	0.019	0.017	0.016	0.015	0.015	0.014	0.013
运行一周时间（min）	32	35	37	40	43	49	53	59	64	65	68	70	76
周边线速度（m/min）	0.97	1.09	1.27	1.41	1.52	1.57	1.79	1.87	2.00	2.12	2.36	2.42	2.45
液位差 Δh（m）	0.25	0.25	0.25	0.25	0.25	0.35	0.35	0.35	0.40	0.30	0.35	0.40	0.40
估计重量（kg）	7500	8300	9900	11000	12000	13000	14000	15000	16000	20000	24000	26000	28000

1.4 材料

水下部分的吸泥管、螺栓及螺母材料采用不锈钢；三角堰、池内环型集水槽和浮渣挡板采用玻璃钢；其余材料均为碳钢。

1.5　标记方法

1.5.1　A型中心传动吸泥机标记

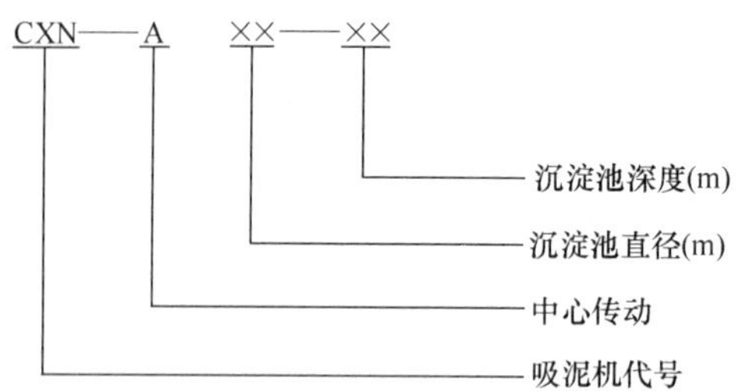

1.5.2　B型周边传动吸泥机标记

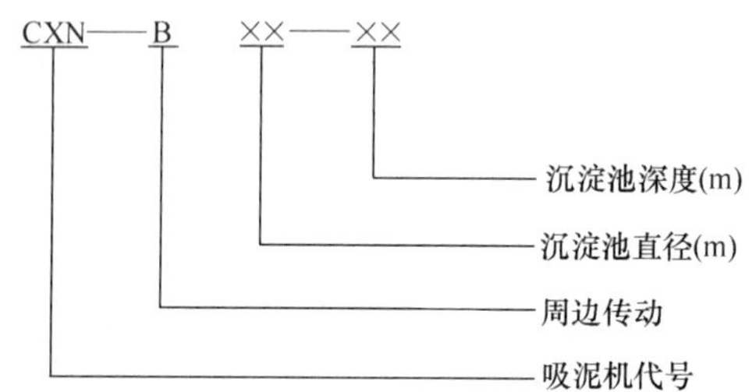

1.6　安全措施

吸泥机在运转过程中遇到过载情况时，过电流保护设施将切断电源，设备停止运转。

1.7　防腐

水上部分的碳钢件采用涂环氧沥青漆；水下部分的碳钢件（包括水面以上300mm范围内）采用涂无机富锌漆。

1.8　供电

1.8.1　A型中心传动吸泥机的动力控制照明电缆穿钢管沿走台下敷设。

1.8.2　B型周边传动吸泥机的动力控制及照明供电共用两根7芯电缆，电缆用*DN*25钢管保护，电缆保护管预埋在二次沉淀池底部及中心进水竖井混凝土井壁内（见图3）。

1.8.3　为避免吸泥机在运行中因机械过载而受到损坏，在电动机控制回路中增加过电流继电器速断保护，其整定值是正常运行电流的2～3倍。

1.9　引用标准（略）

2　系列结构尺寸

2.0.1　A型吸泥机安装条件及二次沉淀池结构尺寸见图1；B型吸泥机安装条件及二次沉淀池结构尺寸见图2、图3。

2.0.2　沉淀池集水槽结构型式见图4。

2.0.3　A型中心传动吸泥机结构见图5。

2.0.4　B型周边传动吸泥机结构见图6、图7。

3　选用说明

选用时根据污水处理水量，参照工艺参数表1或根据不同性质的污水处理工艺参数，经计算再确定所选择沉淀池的直径、池深和结构型式，然后再按1.5的标记方法填全所需要的尺寸内容。

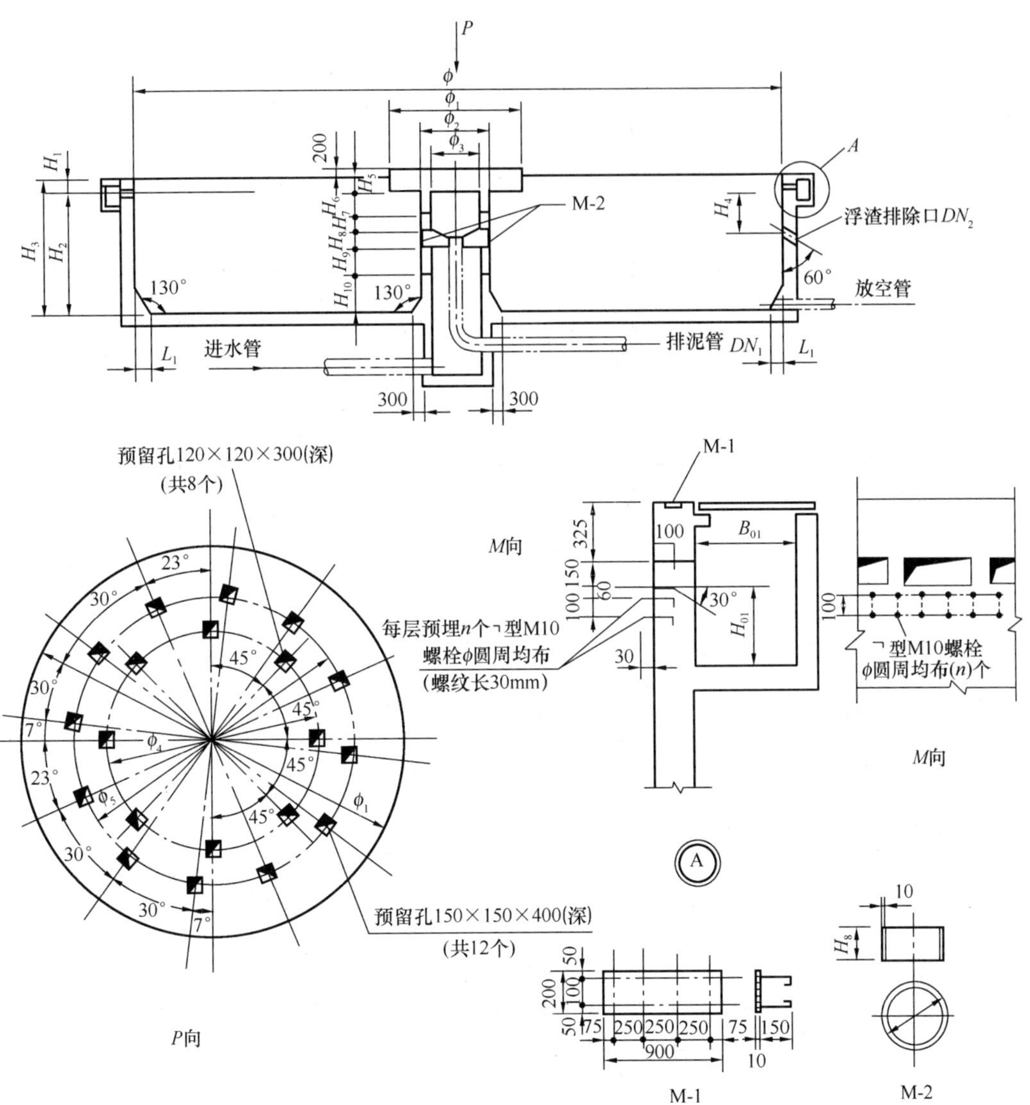

图 1 A 型吸泥机安装条件及二次沉淀池结构尺寸

直径 φ (m) / 项 目	10		12		15		18		21	
吸泥机估重 (kg)	7500		8300		9900		11000		12000	
H_1 (m)	0.40		0.40		0.40		0.40		0.40	
H_2 (m)	2.80	3.20	2.80	3.20	2.80	3.20	3.20	3.60	3.20	3.60
H_3 (m)	3.20	3.60	3.20	3.60	3.20	3.60	3.60	4.00	3.60	4.00
H_4 (mm)									1800	
H_5 (mm)	500		500		500		500		500	
H_6 (mm)	570		570		520		520		520	

续表

项目 \ 直径 ϕ（m）	10		12		15		18		21	
H_7（mm）	250		250		300		300		300	
H_8（mm）	250		280		280		280		280	
H_9（mm）	300		300		350		450		550	
H_{10}（mm）	1500	1900	1500	1900	1450	1850	1350	1750	1650	2050
ϕ_1（mm）									2100	
ϕ_2（mm）	900		900		1000		1100		1100	
ϕ_3（mm）	500		500		600		700		700	
ϕ_4（mm）									1400	
ϕ_5（mm）									1700	
DN_1（mm）	200		200		250		250		300	
预埋套管 DN_2（mm）	200		200		200		200		200	
$B_{01}\times H_{01}$（mm）	400×400		400×400		400×400		500×500		500×500	
n（个）	125		150		188		226		264	
L_1	500		500		500		600		600	

说明：

①进水管径、总出水口尺寸及进水管、出水管、排泥管、排渣管的方位由设计者定。

②表中所列二次沉淀池土建结构尺寸均为吸泥机安装运行所要求的净尺寸，池底施工时应根据施工方法采取必要措施留有余量，待吸泥机安装后边转动边进行找平，以确保设备安装要求。

③池子建成后应逐步注水并做满水实验，然后再安装集水槽三角堰板［漏水量不得超过 3L/（m^2·d）］。

④预埋件防腐与吸泥机防腐要求相同。

⑤预埋件及孔洞的位置误差不得大于 10mm。

⑥预埋套管按全国通用给水排水标准图集 S312（页）8—8 刚性防水套管制作安装。

⑦M-1 为钢走台支承预埋件，位置由设计者定。

项目 \ 直径 ϕ（m）	25		30		35		40		45		50		55		60	
吸泥机估重（kg）	13000		14000		15000		16000		20000		24000		26000		28000	
H_1（m）	0.40		0.40		0.40		0.40		0.40		0.40		0.40		0.40	
H_2（m）	3.20	3.60	3.60	4.00	3.60	4.00	4.00	4.00	4.00	4.40	4.00	4.40	4.40	4.80	4.40	4.80
H_3（m）	3.60	4.00	4.00	4.40	4.00	4.40	4.40	4.80	4.40	4.80	4.40	4.80	4.80	5.20	4.80	5.20

续表

直径 ϕ (m) / 项目	25		30		35		40		45		50		55		60	
H_4 (m)	2.40	2.80	2.80	3.20	2.80	3.20	3.20	3.60	3.20	3.60	3.20	3.60	3.60	4.00	3.60	4.00
H_5 (mm)	1300	1700	1550	1950	1550	1950	1800	2200	1700	2100	1600	2000	1850	2250	1750	2150
H_6 (mm)	2617	3017	2967	3367	2917	3317	3317	3717	3217	3617	3317	3717	3717	4117	3717	4117
H_7 (mm)	2425	2825	2775	3175	2725	3125	3125	3525	3025	3425	3125	3525	3425	3825	3425	3825
H_8 (mm)	2700															
H_9 (mm)	600		750		750		900		1000		1100		1250		1350	
ϕ_1 (mm)	25400		30400		35400		40400		45400		50400		55400		60400	
ϕ_2 (mm)	22000		27000		31000		35000		40000		45000		50000		55000	
ϕ_3 (mm)	3350		3850		4350		4850		5350		5850		6350		6850	
ϕ_4 (mm)	4580															
ϕ_5 (mm)	3000		3500		4000		4500		5000		5500		6000		6500	
ϕ_6 (mm)	530															
ϕ_7 (mm)	900		1000		1200		1300		1500		1700		1800		2000	
ϕ_8 (mm)	1000															
ϕ_9 (mm)	2300		2400		2600		2800		3000		3300		3500		3800	
DN_1 (mm)	350		400		450		500		600		600		700		800	
预埋套管 DN_2 (mm)	200		200		200		200		200		200		200		200	
$B_{01}\times H_{01}$ (mm)	—		—		—		—		—		600×500		600×600		600×600	
$B_{02}\times H_{02}$ (mm)	500×500		500×550		550×600		550×600		600×700		600×600		600×700		600×700	
$B_{03}\times H_{03}$ (mm)	840×850		840×900		840×950		840×950		840×1050		840×950		840×1050		840×1050	
L_1 (mm)	1500		1500		2000		2500		2500		2500		2500		2500	
L_2 (mm)	400		400		450		450		500		500		500		500	
L_3 (mm)	350															
L_4 (mm)	1000		1000		1000		1000		1200		1200		1200		1200	
n (个)	314		377		440		503		565		628		691		754	

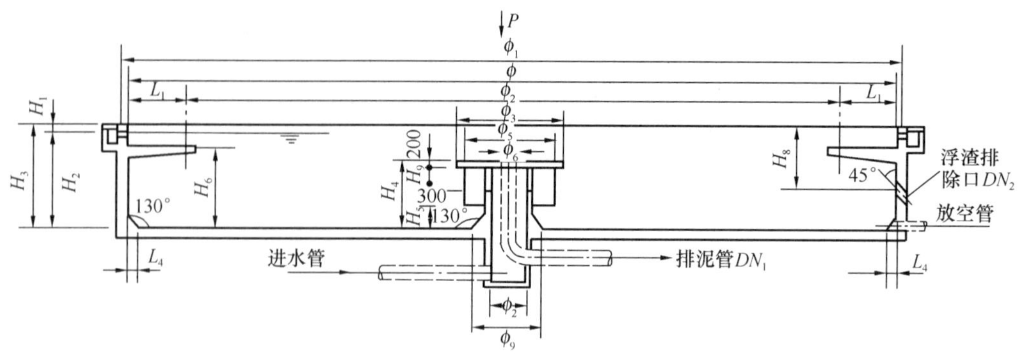

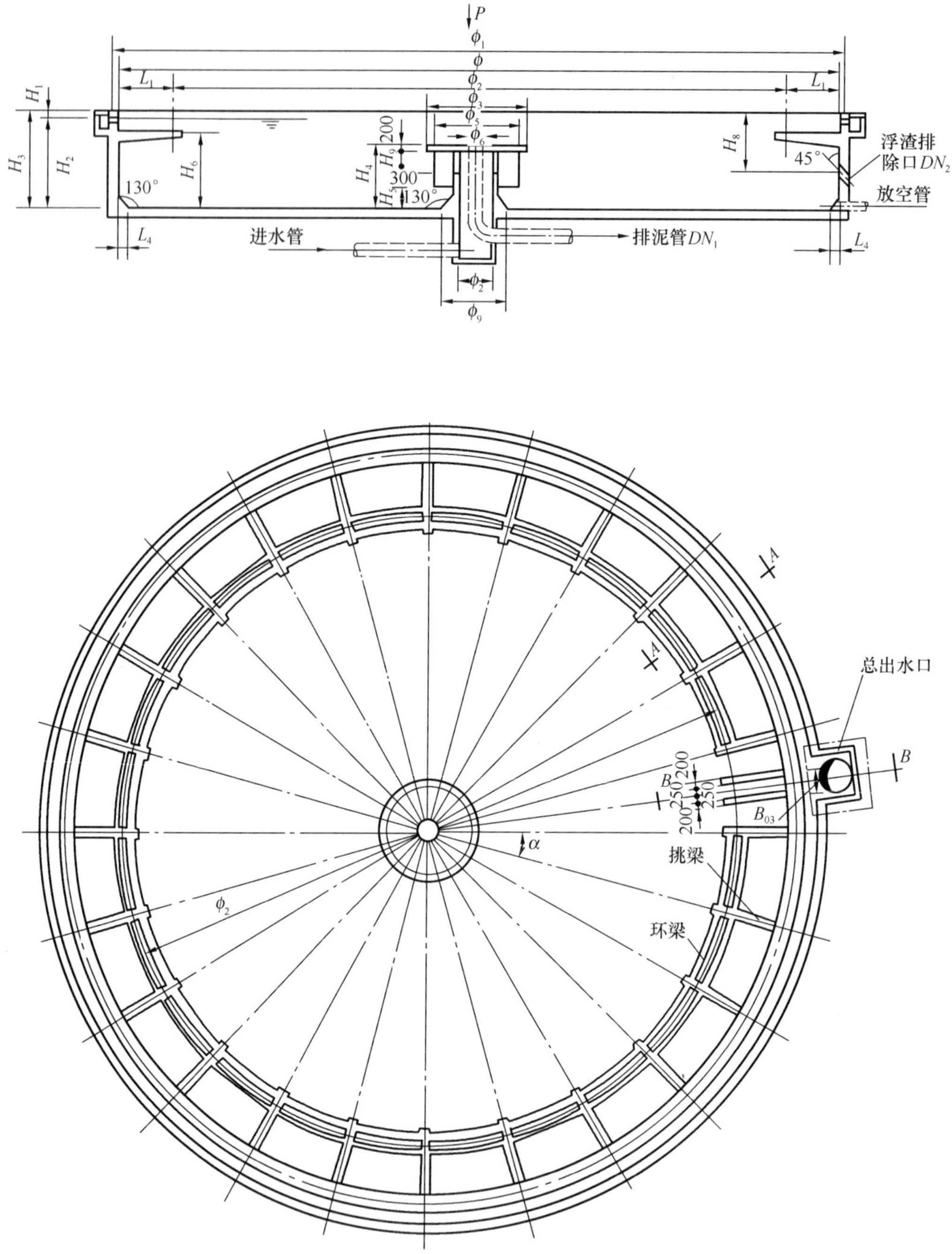

图 2 B 型吸泥机安装条件及二次沉淀池结构尺寸（一）

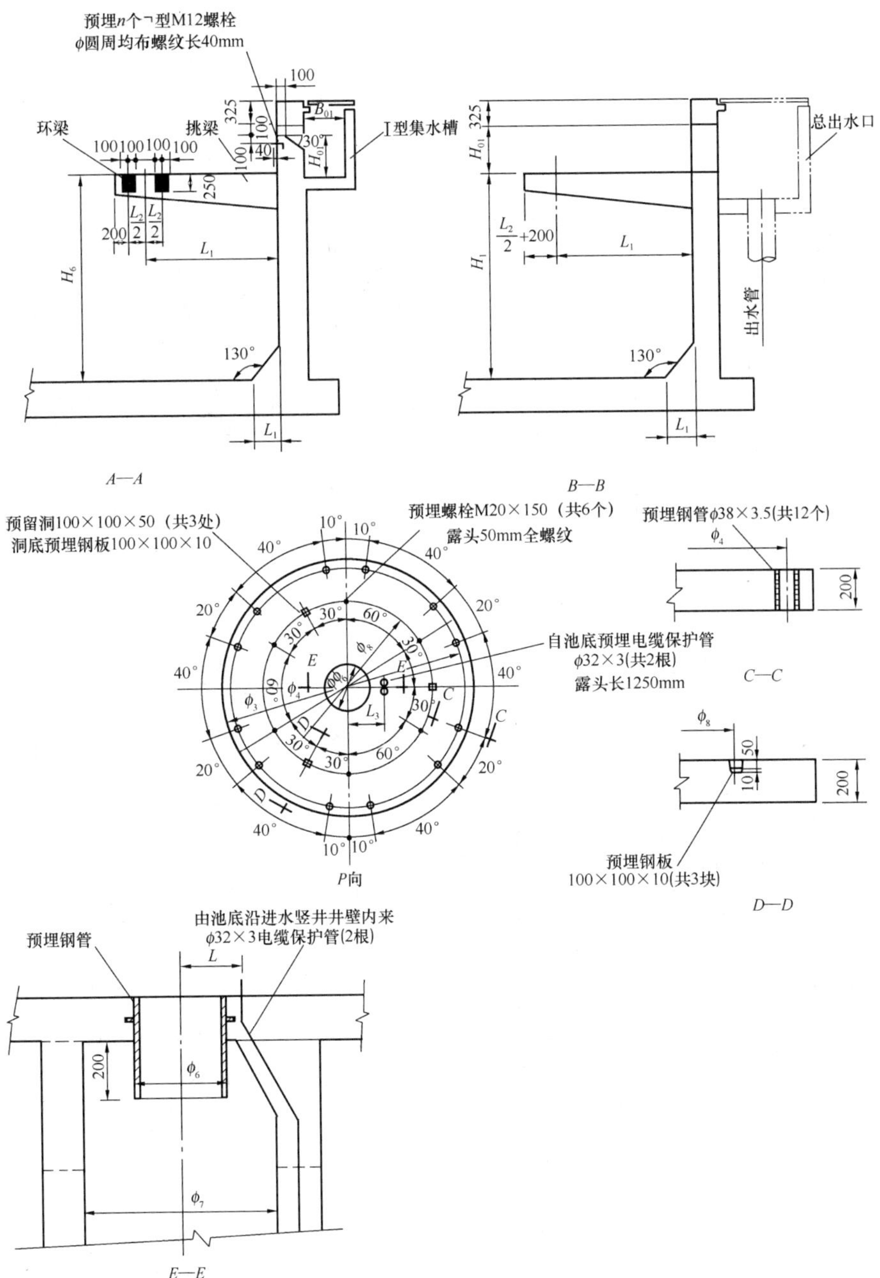

图 3 B型吸泥机安装条件及二次沉淀池结构尺寸（二）

说明：

①进水管径、总出水口尺寸及进水管、出水管、排泥管、排渣管的方位由设计者定。

②表中所列二次沉淀池土建结构尺寸均为吸泥机安装运行所要求的净尺寸，为保证安装要求，池底施工时应根据施工方法采取必要措施留有余量，待吸泥机安装后边转动边进行找平，支承Ⅱ型集水槽的环梁在土建设计时应考虑找平层。

③池壁顶面圆周不平度不得大于 1.7/10000，且总计不超过 20mm。

④池子建成后应逐步注水并做满水实验，然后再安装池内环形集水槽及集水槽三角堰板[漏水量不得超过 3L/(m^2・d)]。

⑤预埋件防腐与吸泥机防腐要求相同。

⑥预埋件及孔洞的位置误差不得大于 10mm。

⑦预埋套管按全国通用给水排水标准图集 S312（页）8—8 刚性防水套管制作安装。

⑧池壁上挑梁间的夹角 α 由土建设计者定。

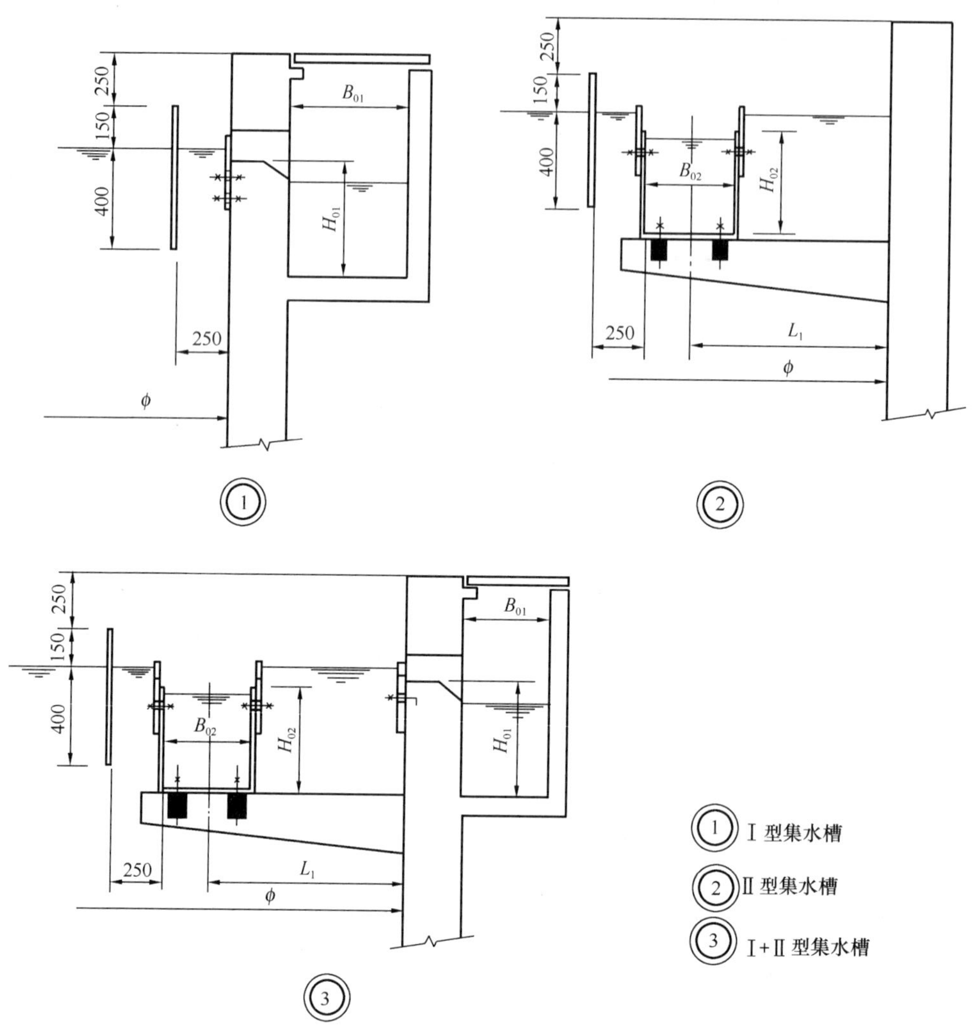
250
150
400
250
ϕ
B_{01}
H_{01}
B_{02}
H_{02}
L_1
①
②
③
① Ⅰ型集水槽
② Ⅱ型集水槽
③ Ⅰ+Ⅱ型集水槽

图 4　集水槽结构型式

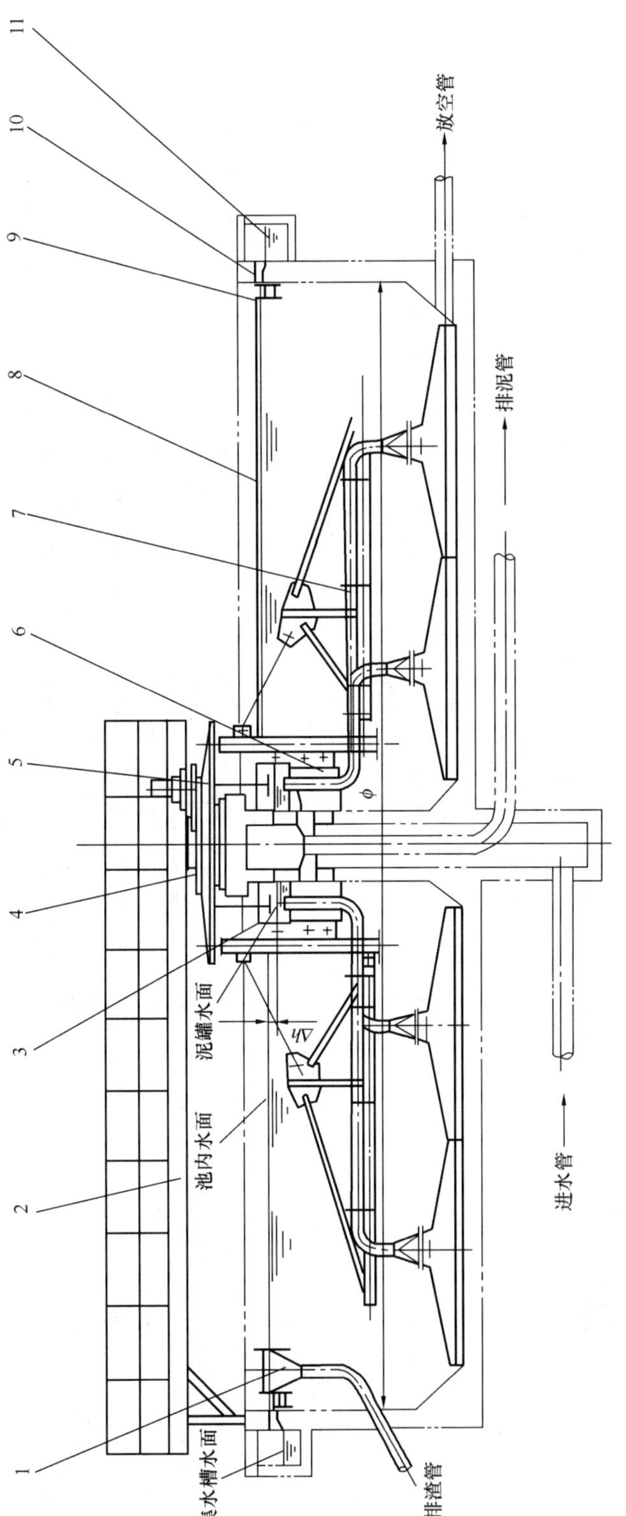

图5 A型中心传动吸泥机结构

注：1—排渣斗；2—操作平台；3—中心泥罐；4—驱动装置；5—流量调节阀；6—稳流筒；7—吸泥管；8—浮渣刮板；9—浮渣挡板；10—环形三角堰；11—集水槽

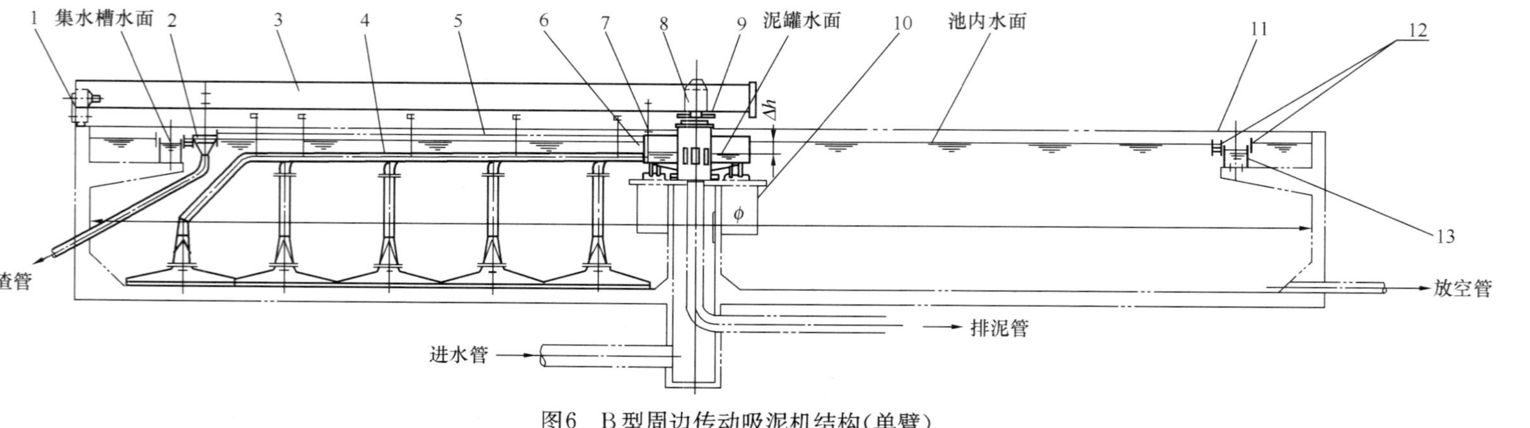

图6 B型周边传动吸泥机结构(单臂)

注：1—驱动装置；2—排渣斗；3—钢梁；4—吸泥管；5—浮渣刮板；6—中心泥罐；7—流量调节阀；8—中心支座；9—中心筒；10—稳流筒；11—浮渣挡板；12—环型三角堰；13—集水槽

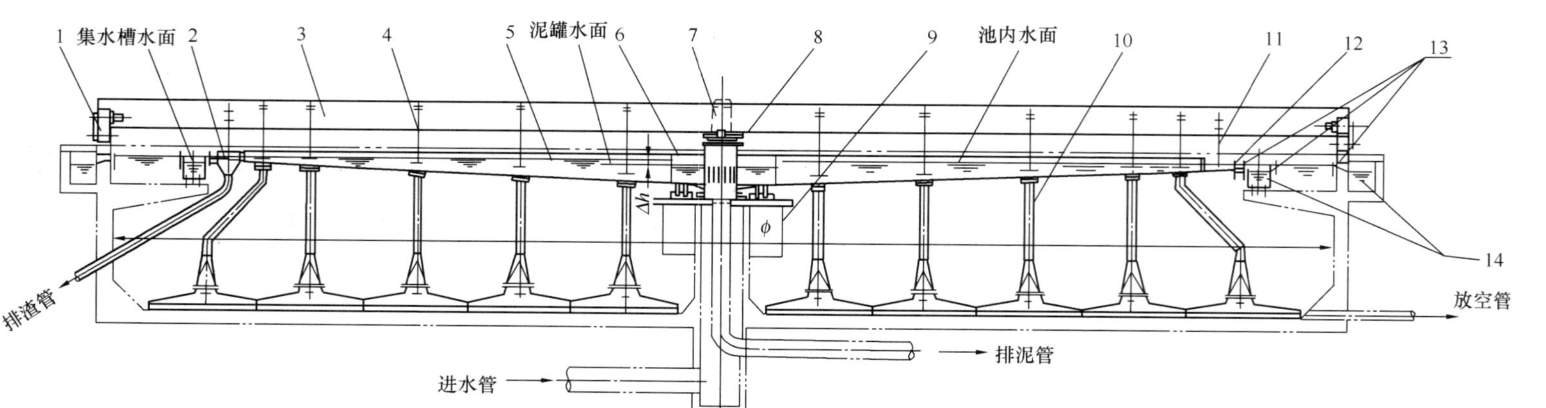

图7 B型周边传动吸泥机结构(双臂)

注：1—驱动装置；2—排渣斗；3—钢梁；4—流量调节阀；5—排泥槽；6—中心泥罐；7—中心支座；8—中心筒；9—稳流筒；10—吸泥管；11—浮渣刮板；12—浮渣挡板；13—环形三角堰；14—集水槽

8.10 重力式污泥浓缩池悬挂式中心传动刮泥机
(标准号 CJ/T 3014—1993)

1 主题内容与适用范围

本标准规定了污泥浓缩池用悬挂式中心传动刮泥机（以下简称刮泥机）的型式与基本参数、型号编制、技术要求、试验方法和检验规则、标志、包装和运输。

本标准适用于刮泥机的设计、制造、检验和验收。

2 引用标准

(略)

3 型式与基本参数

3.1 型式

刮泥机主要由电动机及减速装置、过扭矩保护机构、提升机构、主轴、刮臂、刮板、浓集栅条、刮浮渣装置、下轴承、稳流筒和工作桥组成，整台机器悬挂在工作桥的中心，型式见图 1。

刮泥机按驱动减速装置不同基本分为下列两种型式：

A 型—直联式，应用立式三级摆线针轮减速机直联传动，并采用安全销联轴器或其他型式的过扭矩保护机构，见图 1。

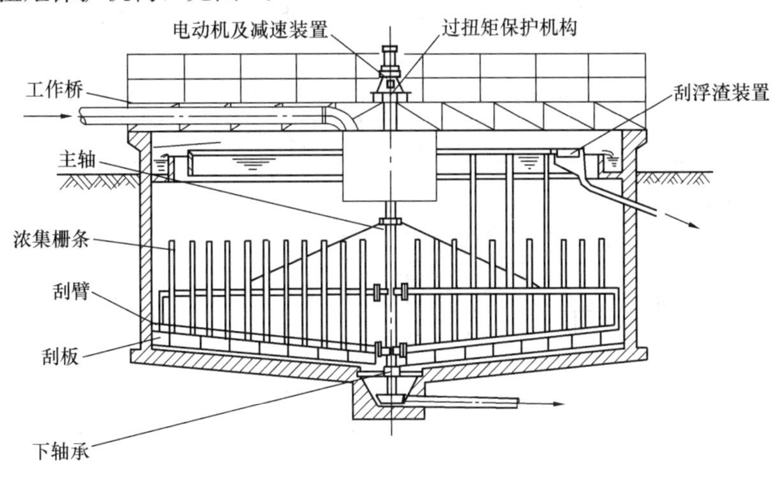

图 1 A 型悬挂式中心传动刮泥机

B 型—组合式，由卧式两级摆线针轮减速机、链传动、立式蜗轮减速器和提升机构组成，蜗轮减速器上应设有过扭矩保护机构，见图 2。

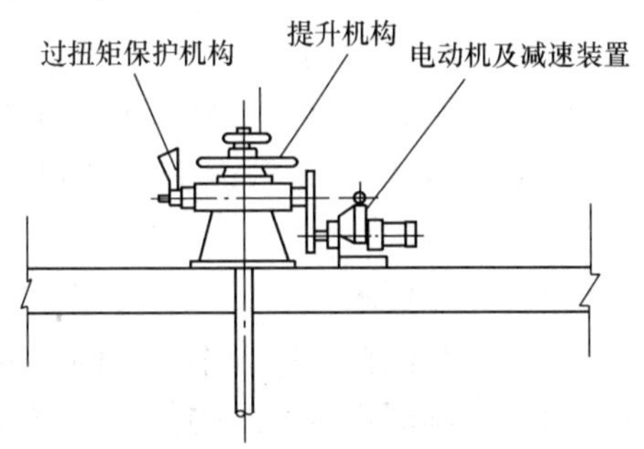

图 2 B 型悬挂式中心传动刮泥机的传动装置

3.2 基本参数

3.2.1 刮泥机基本参数应符合表 1 的规定。

3.2.2 刮泥机配用的浓缩池尺寸应符合表 2 和图 3 的规定。

表 1　刮泥机基本参数

参数＼型号	WNG4	WNG5	WNG6	WNG7	WNG8	WNG9	WNG10	WNG12	WNG14	WNG16
池子直径（m）	4	5	6	7	8	9	10	12	14	16
刮臂直径（m）	3.6	4.6	5.6	6.6	7.6	8.6	9.6	11.6	13.6	15.6
刮板外缘线速度（m/s）	0.017～0.033									

注：型号在订货时应写全称。

表 2　浓缩池主要尺寸

池子直径 D_1（m）		4	5	6	7	8	9	10	12	14	16
泥斗上部直径 D_2（m）		1.2			1.5			2.0			
表面积 F（m^2）		13	20	28	38	50	64	79	113	154	201
		水容积 V_1（m^3）									
池边水深 h_2（m）	2.8	36	57								
	3.0	38	60	88	120						
	3.2	41	64	93	128	167	213				
	3.6	46	72	105	143	188	238	296	429	590	777
	4.0	51	80	116	158	208	264	327	475	651	857
	4.4				174	228	289	358	520	713	938
	4.8							390	565	774	1018
污泥斗高度 h_3（m）		0.5			0.6						
污泥斗容积 V_2（m^3）		0.34			0.65			1.31			

3.3　型号编制

3.3.1　型号表示方法

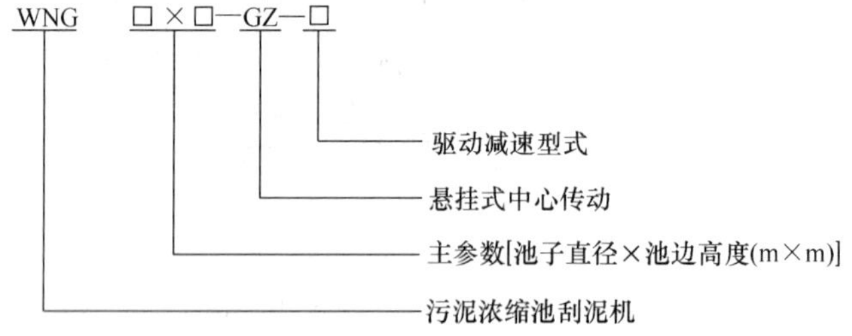

3.3.2　标记示例

池子内径 12m，池边高度 4m，A 型驱动减速装置的刮泥机：

WNG 12×4—GZ—A CJ/T 3014

4　技术要求

4.1　一般要求

4.1.1　刮泥机应符合本标准的规定，并按经规定程序批准的图样和技术文件制造。

4.1.2　刮泥机所有外购件、协作件必须有合格证明，经检查部门检查合格后方能进行装配。

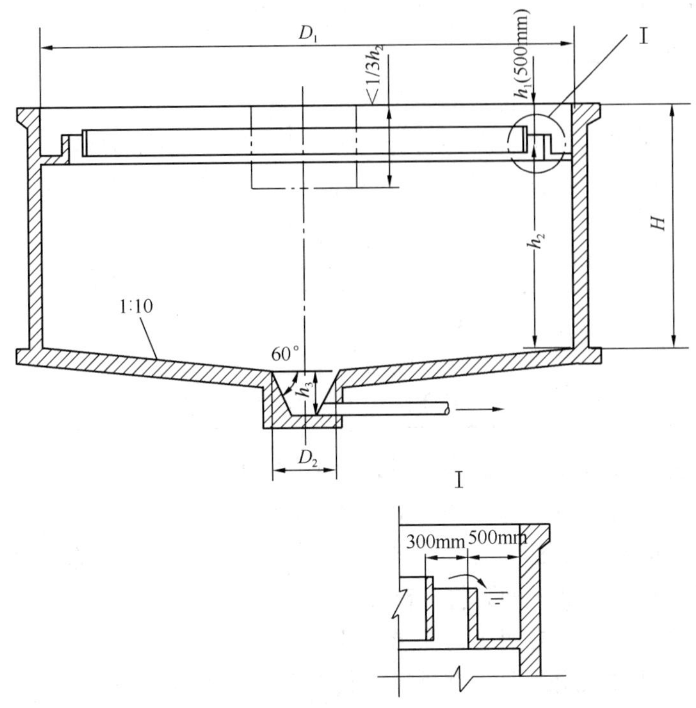

图 3 污泥浓缩池

D_1—池子直径；D_2—泥斗上部直径；H—池边高度；

h_1—超高；h_2—池边水深；h_3—污泥斗高度

4.1.3 刮泥机零件的材料应有合格证明文件，否则应进行试验和化验，合格后方可使用。

4.2 整机性能要求

4.2.1 刮泥机运转时应平稳正常，不得有冲击、振动和不正常响声。

4.2.2 刮泥机应能连续地将污泥刮至污泥斗，将浮渣刮集到浮渣斗。

4.2.3 刮泥机刮板外缘线速度应符合表 1 的规定。

4.2.4 刮泥机无故障工作时间不少于 8000h，使用寿命不少于 15a。

4.3 安全防护

4.3.1 刮泥机的设计、制造应符合 GB 5083 的规定。

4.3.2 电控设备应符合 GB/T 14048 的规定，并应设有过电流、欠电压保护和信号报警设备。

4.3.3 电器外壳的防护等级应符合 GB/T 4942.1 中 IP55 级的规定。

4.3.4 电动机与电控设备接地电阻不得大于 4Ω。

4.3.5 刮泥机应设有过扭矩保护机构，机构应灵敏可靠，保证达到设定转矩时发出报警信号并停止运转。

4.3.6 有提升机构的刮泥机应设有限位装置。

4.3.7 刮泥机主轴旋转方向用红色箭头在减速器盖上标出，提升机构锁紧螺母旋紧方向应与主轴转向相反。

4.3.8 刮泥机置于露天时应将电动机等电气设备加设防雨罩。

4.4 主要零部件质量要求

4.4.1 摆线针轮减速机应符合 GB/T 2982 的规定。

4.4.2 蜗杆、蜗轮的精度应分别符合 GB/T 10089 中 8 级的规定。

4.4.3 蜗杆、蜗轮采用的材料性能应不低于表 3 的规定。

表 3 蜗杆、蜗轮材料

零件名称	材料	热处理要求
蜗杆	45 号钢	调质 HB241～286
蜗轮	HT300（GB/T 9439）	—

4.4.4 水下紧固件应使用不锈钢材料，主轴宜采用空心轴。

4.4.5 蜗杆减速器箱体结合面和各密封处不得渗漏油。

4.4.6 链传动应符合 GB/T 1243.1 和 GB/T 1244 的规定，啮合传动应平稳。

4.4.7 提升机构应灵活轻便，提升高度不小于 200mm。

4.4.8 提升机构中的螺旋副应为梯形螺纹。

4.4.9 刮板为对数螺旋线形或直线形，其下端应采用可调橡胶板。

4.4.10 分段刮板运行轨迹应彼此重叠，重叠量为 150～250mm。

4.4.11 刮泥臂上应设置浓集栅条，栅条高度不得小于 2/3 水深，栅条间距一般为 300mm。

4.4.12 钢结构的设计、施工、验收应分别符合 GB 50017、GB 50205 的规定。

4.4.13 工作桥的容许挠度不得大于跨度的 1/800，桥上走道宽应大于 1m，中央部分应有操作检修的空间。

4.4.14 焊接件的焊缝应平整、光滑，不应有裂缝、气孔、夹渣、未焊透、未熔合等缺陷，其质量应按 GB 50205 中的三级标准检验。

4.5 装配质量要求

4.5.1 减速机座中心与池体中心应重合，同轴度允许偏差为 ϕ10mm。机座标高应符合设计要求，允许偏差为 $^{+10}_{0}$ mm。

4.5.2 刮泥机主轴对机座底面的垂直度允许偏差为 0.5mm/m，总偏差不得大于 2mm。

4.5.3 刮臂应调在同一圆锥面内，通过同一标高基准点的高差不得大于 5mm。

4.5.4 刮板的下缘与池底（二次抹面后）的距离应为：

a. 钢刮板不得大于 50mm。

b. 橡胶刮板不得大于 10mm。

4.6 涂装要求

4.6.1 零部件涂装前必须除锈，钢材表面除锈质量应符合 GB/T 8923 中 St3 级的规定。

4.6.2 刮泥机水下部件应涂装耐腐蚀涂料。

4.6.3 刮泥机的所有不加工表面及特别指出的加工表面均应涂漆。

4.6.4 漆膜应平整光滑、色泽一致，不得有针孔、起泡、裂纹、划伤剥落和明显流挂等影响防护性能的缺陷。

4.6.5 漆膜厚度应符合以下规定：

a. 水上金属表面 150～200μm；

b. 水下金属表面 250～300μm。

4.6.6 主轴与水面交界处（水面上 300mm，水面下 200mm）应用三层玻璃布和环氧树脂分层贴衬防腐。

5 试验方法和检验规则

5.1 出厂试验及检验

5.1.1 每台刮泥机均应经制造厂质量检查合格后方能出厂，并附有合格证和使用说明书。

5.1.2 刮泥机出厂试验方法及检验规则应符合表 4 的规定。

表 4 出厂试验及检验

序号	项 目	试验方法	检验规则（方法及量具）	技术要求条文号	备 注
1	摆线针轮减速机密封	空载运转不得少于 2h	视觉法	4.4.1	
2	蜗杆减速器密封	空载运转不得少于 2h	视觉法	4.4.5	
3	蜗轮齿面接触斑点	空载运转不得少于 2h	涂红铅油	4.4.2	
4	安全销剪切强度	每批做两个试件	材料试验机	4.3.5	用于 A 型（直联式）传动
5	焊 缝	—	视觉法、通用量具	4.4.14	
6	漆膜厚度	—	电磁式膜厚计	4.6.5	
7	涂漆质量	—	贴带法检查附着力①	4.6.4	

① 贴带法：准备六块规格为 200mm×200mm 的试片。试片经表面处理后，与产品涂漆方式一样涂上一层，待彻底干透后，用锋利的专用刀片或保险刀片，在试片表面划一个夹角为 60°的叉，刀痕要划至钢板。然后贴上专用胶带，使胶带贴紧漆膜，接着用手迅速将胶带扯起，如刀痕两边涂层被粘下的总宽度最大不超过 2mm 即为合格。

5.2 现场试验及检验

刮泥机现场试验及检验规则应符合表 5 的规定。

表 5 现场试验及检验

序号	项 目	试验方法	检验规则（方法及量具）	技术要求条文号	备 注
1	机 座	—	水平仪（精度 0.05mm/m）	4.5.1	
2	主轴垂直度	—	通用量具	4.5.2	
3	刮泥连续性	测量刮板重叠量	通用量具	4.4.10	
4	刮板与池底距离	测量每块刮板与池底距离	通用量具	4.5.4	

续表

序号	项　　目		试验方法	检验规则（方法及量具）	技术要求条文号	备　注
5	提升机构		手动操作升降 3 次	—	4.4.7	
6	接地电阻		—	接地电阻测试仪	4.3.4	
7	空负荷运行		连续运行 2h	—	4.2.1，4.2.3	
8	过扭矩保护机构灵敏性		人为过载 3 次	—	4.3.5	
9	负荷运行		正常投产后连续运行 72h	—	—	
	a	电动机电流	—	1.5 级电流表	电流应平稳，不得大于额定电流	
	b	摆线针轮减速机平稳性	—	触觉法	4.4.1	
	c	摆线针轮减速机密封性	—	视觉法	4.4.1	
	d	蜗杆减速器平稳性	—	触觉法	无异常振动	
	e	蜗杆减速器密封性	—	视觉法	4.4.5	
	f	链传动平稳性	—	视觉法	4.4.6	

5.3　型式试验及检验

5.3.1　型式试验及检验的项目和要求应符合表 4 和表 5 的规定。

5.3.2　新产品试制时，应对过扭矩保护机构进行检验，可用刮臂上施加负载的方法，并应符合 4.3.5 条的规定。

5.3.3　刮泥机的可靠性和耐久性试验应用检查用户记录的方法，并符合 4.2.4 条的规定。

6　标志与包装

（以下略）。

8.11　重力式污泥浓缩池周边传动刮泥机（标准号 CJ/T 3043—1995）

1　主题内容与适用范围

本标准规定了重力式污泥浓缩池周边传动刮泥机（以下简称浓缩池刮泥机）的型式与基本参数、型号编制、技术要求、试验方法和验收规则、标志、包装和运输。

本标准适用于浓缩池刮泥机的设计、检验和验收。

2　引用标准（略）

3　型式与基本参数

3.1　型式

浓缩池刮泥机主要由中心支座、主梁、浓集栅条、桁架、传动装置、刮板等部件组成。型式如图 1 所示。

3.2　基本参数

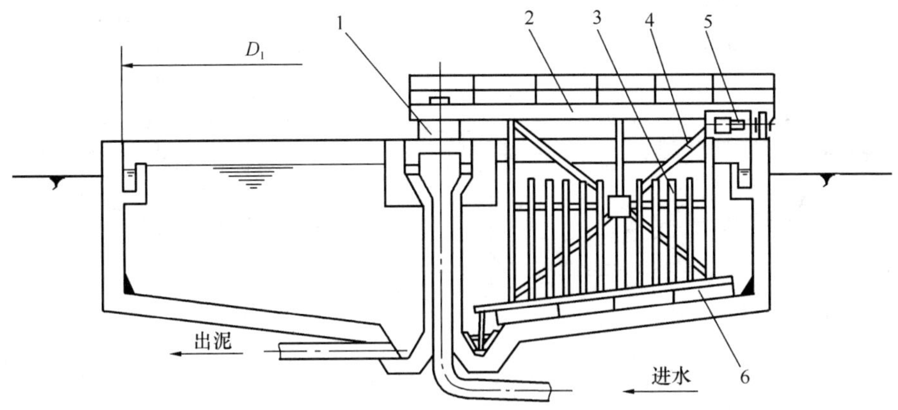

图 1 重力式污泥浓缩池周边传动刮泥机

1—中心支座；2—主梁；3—浓集栅条；4—桁架；5—传动装置；6—刮板

3.2.1 浓缩池刮泥机基本参数按表 1 规定。

表 1 浓缩池刮泥机基本参数

型 号	WNG12	WNG14	WNG16	WNG18	WNG20	WNG22	WNG24	WNG26	WNG28	WNG30
池子直径（m）	12	14	16	18	20	22	24	26	28	30
刮板外缘线速度（m/s）	0.016～0.033									

3.2.2 浓缩池刮泥机配用的污泥浓缩池主要尺寸应符合表 2 和图 2 的规定。

表 2 污泥浓缩池主要尺寸 m

D_1		12	14	16	18	20	22	24	26	28	30
D_2		3；4						4；6			
h_3		0.6						1			
D_{3max}		3			4			6			
h_1		0.4									
表面积（m^2）		113	154	201	254	314	380	452	531	616	707
		容积（m^3）									
h_2	3.2	384	528	696	888	1109	1355	1626	1902	2258	2615
	3.6	430	590	776	990	1234	1507	1807	2114	2504	2898
	4	475	652	857	1092	1360	1659	1988	2327	2751	3181
	4.4	520	713	937	1193	1485	1811	2168	2539	2997	3463
	4.8	565	775	1017	1295	1611	1963	2349	2751	3243	3746
	5.2	610	836	1098	1400	1738	2116	2533	2991	3489	4029
	5.6	655	897	1178	1501	1864	2268	2714	3203	3736	4312

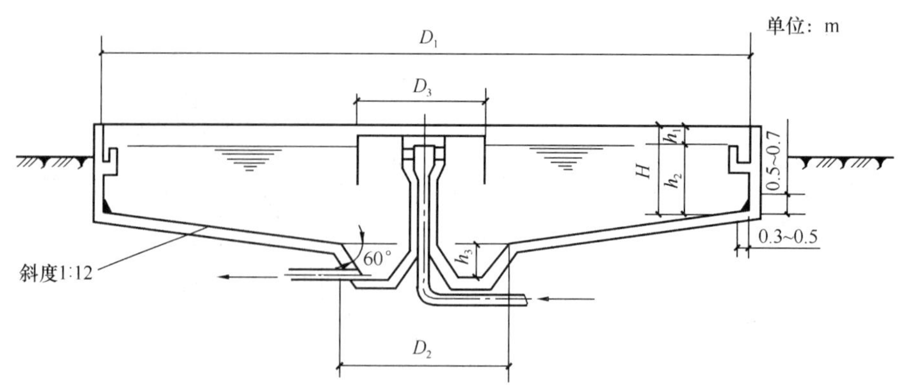

图2　污泥浓缩池主要尺寸

D_1—污泥浓缩池直径；h_1—超高；D_2—集泥斗上部直径；

h_2—周边水深；D_3—稳流筒直径；h_3—集泥斗高度；H—周边池深

4　浓缩池刮泥机型号编制（略）

5　技术要求

5.1　一般要求

5.1.1　浓缩池刮泥机应符合本标准规定，并按照规定程序批准的图纸和技术文件制造。

5.1.2　浓缩池刮泥机选用的材料、外购件等应有供应厂的合格证明，无合格证明时，制造厂必须经检验合格方可使用。

5.1.3　所有零件、部件必须经检验合格方可进行装配。

5.1.4　水下紧固件应使用不锈钢材料。

5.2　整机性能要求

5.2.1　浓缩池刮泥机外形尺寸应符合浓缩池主要尺寸的要求。

5.2.2　刮泥板外缘线速度应符合表1的要求。

5.2.3　浓缩池刮泥机的刮臂应设置浓集栅条、栅条高度约占有效水深的2/3，栅条的间距为300mm。

5.2.4　浓缩池刮泥机运转应平稳正常，不得有冲击、振动和不正常的响声。

5.2.5　池底刮泥板安装后应与池底坡度相吻合，钢刮板与池底距离为50～100mm，橡胶刮板与池底距离不应大于10mm。分段刮板运行轨迹应彼此重叠，重叠量为150～250mm。

5.2.6　焊接件各部焊缝应平整、光滑，不应有任何裂缝和较严重的气孔、夹渣、未焊透、未熔合等缺陷。其质量应按GB 50205中的三级精度进行检验。

5.2.7　浓缩池刮泥机无故障工作时间不应少于8000h，使用寿命不应少于15a。

5.3　对主要部件的要求：

5.3.1　传动装置

a. 车轮应转动灵活，无卡滞和松动现象。

b. 用拉钢丝的方法调整车轮箱，应使车轮的轴线指向中心支座中心。

c. 传动系统应设置过载保护装置。

5.3.2 中心支座

a. 旋转中心与池体的中心应重合，同轴度误差不应大于 ϕ5mm；

b. 中心支座底面应水平，标高的极限偏差为$^{+10}_{0}$mm。

5.3.3 集电装置

a. 人字形刷握及集电环应符合 JB/T 2839 的要求；

b. 转动时碳刷与集电环必须紧密接触，其接触面不应小于碳刷面的 1/3；

c. 人字形刷握配用的恒力弹簧不允许有电流通过；

d. 集电环安装必须精确、整齐，并符合有关的电气安装质量标准及安全规定。

5.3.4 主梁、桁架等钢结构焊接件

a. 主梁及桁架等钢结构焊接件的设计应符合 GB 50017 的要求，主梁要求最大挠度不应大于跨度的 1/700；

b. 钢结构焊接件的制造、拼装、焊接、安装、验收，均应符合 GB 50205 的规定。主梁的制造误差应符合 GB 50205 中的规定；

c. 钢板对接焊缝的强度，不应低于所焊钢板的强度。

5.4 对圆周轨道的要求

5.4.1 行车车轮采用钢轮时，对轨道的要求：

a. 轨道半径极限偏差应符合表 3 的规定：

表 3 轨道半径极限偏差

浓缩池刮泥机规格，m	ϕ12～ϕ20	ϕ22～ϕ30
极限偏差，mm	±5	±7.5

b. 轨道顶面任意点对中心支座平台表面相对高差不应大于 5mm，且轨面平面度误差不应大于 0.4/1000；

c. 轨道接头间隙：夏季安装时为 2～3mm，冬季安装时为 5～6mm；

d. 轨道接头处，高差不应大于 0.5mm，端面错位不应大于 1mm。

5.4.2 行车车轮采用橡胶轮时，对轨道表面的要求：

a. 池周边轨道表面标高应大于±5mm；

b. 平面度误差不应大于 2/1000。

5.5 涂装要求

5.5.1 金属涂装前应严格除锈，钢材表面除锈质量应符合 GB 8923 规定中的 St3 级或 Sa2 ½级。

5.5.2 设备未加工金属表面，按不同的技术要求，分别涂底漆和面漆，涂漆应均匀、细致、光亮、完整，不得有粗糙不平，更不得有漏漆现象，漆膜应牢固，无剥落、裂缝等缺陷。

5.5.3 漆膜厚度应符合以下规定

水上金属表面 150～200μm；

水下金属表面 200～250μm。

5.5.4 最易腐蚀的水线部位（水面上 200mm，水面下 300mm）金属表面宜采用重防腐涂料进行防腐处理。

5.6　轴承及润滑

5.6.1　电机、减速机及各轴部位按使用说明书要求加注润滑油、脂，所加各种油脂均应洁净无杂质，符合相应的标准要求。

5.6.2　运转中轴承部位不得有不正常的噪音，滚动轴承的温度不应高于70℃，温升不应超过40℃；滑动轴承的温度不应高于60℃，温升不应超过30℃。

5.7　安全防护要求

5.7.1　浓缩池刮泥机的设计、制造应符合GB 5083的规定。

5.7.2　电控设备应符合GB/T 14048的规定并应设有过电流、欠电压保护和信号报警装置。

5.7.3　电器外壳的防护等级应符合GB/T 4942.1中IP55级规定。

5.7.4　电动机与电控设备接地电阻不得大于4Ω。

5.7.5　浓缩池刮泥机置于露天时，电动机等电气设备应加设防雨罩。

5.7.6　浓缩池刮泥机每年应空池检修一次。

6　试验方法及验收规则

6.1　每台产品必须经制造厂技术检查部门检查合格后方能出厂，并附有证明产品质量合格的文件。

6.2　集电装置应作电器绝缘耐压试验，试验用交流电压不低于2000V，试验1min无击穿现象。

6.3　电气系统的检验应按GB/T 14048中的规定进行。

6.4　涂漆质量应符合第5.5.2条的规定，漆膜厚度使用电磁式膜厚计测量，应符合第5.5.3条的规定。

6.5　设备安装前，应先检验与其配合的污泥浓缩池的主要尺寸，符合要求后方可进行设备安装。

检验的项目有：

6.5.1　污泥浓缩池池体中心与中心平台支座平台中心的同轴度误差不大于ϕ5mm。

6.5.2　中心支座平台表面应预埋螺栓，电线管的位置尺寸误差不大于±2mm。

6.5.3　各部件的相对标高误差不大于±1.5mm。

6.5.4　对预埋地脚螺栓的要求：

a. 地脚螺栓伸出支承面的长度误差为±20mm；

b. 中心距误差（在根部和顶部两处测量）为±2mm。

6.6　池底刮泥板安装后应与池底坡度相吻合，刮板与池底的距离应符合第5.2.5条的规定。

6.7　必须在各部位及总装合格后，方可进行空池试运转。试运转连续运行时间不应少于8h，运行应平稳，无卡滞现象，设备运转的金属部件不得与池内任何部位接触。必须在一切调试正常后，才能通水运行。

6.8　负荷运转连续时间不应少于72h。

7　标志、包装和运输

（以下略）。

8.12 污水处理用沉砂池行车式刮砂机 (标准号 CJ/T 3044—1995)

1 主题内容与适用范围

本标准规定了污水处理用沉砂池行车式刮砂机（以下简称刮砂机）的型式与基本参数、型号编制、技术要求、试验方法和检验规则、标志、包装和运输。

本标准适用于刮砂机的设计、制造、检验和验收。

2 引用标准

(略)

3 型式与基本参数

3.1 型式

刮砂机主要由行车、传动装置、卷扬提板机构、刮臂、刮板等部件组成。型式如图 1 所示。

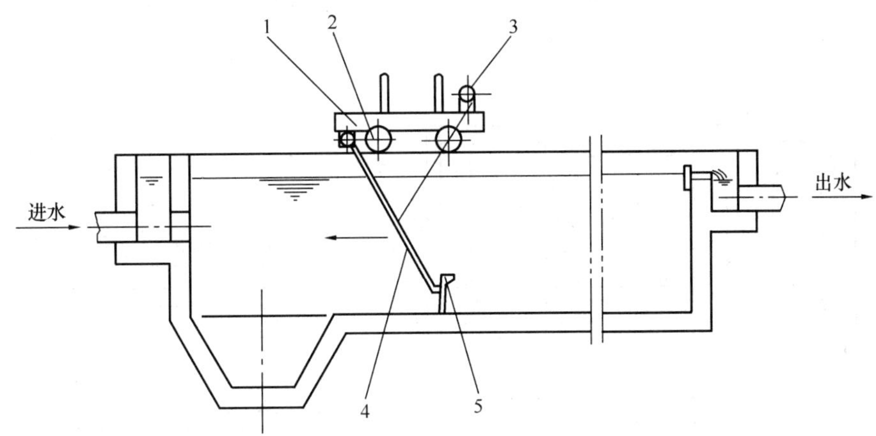

图 1 沉砂池行车式刮砂机

1—行车；2—传动装置；3—卷扬提板机构；4—刮臂；5—刮板

3.2 基本参数

3.2.1 刮砂机行车跨度宜采用下值：

2.6，2.8，3.0……30m（以 0.2m 为级数）。

3.2.2 刮砂机运行速度不大于 0.02m/s，一般采用 0.01～0.015m/s。

3.2.3 刮砂机配用的沉砂池主要尺寸应符合图 2 和表 1 的规定。

表 1 沉砂池主要尺寸 (m)

b_1	1～3 (以 0.2 为级数)	3.2～6 (以 0.2 为级数)	6.2～10 (以 0.2 为级数)
C_1	0.2	0.3	0.4
C_{2min}	0.3	0.5	0.7

续表

C_3	0.4	0.6	0.8
b_2	$b_2=b_1-2C_1$		
h_1	0.4，0.6，0.8		
h_2	普通沉砂池		曝气沉砂池
	0.4～1.2（以0.2为级数）		2～6（以0.2为级数）
H	$H=h_1+h_2$		

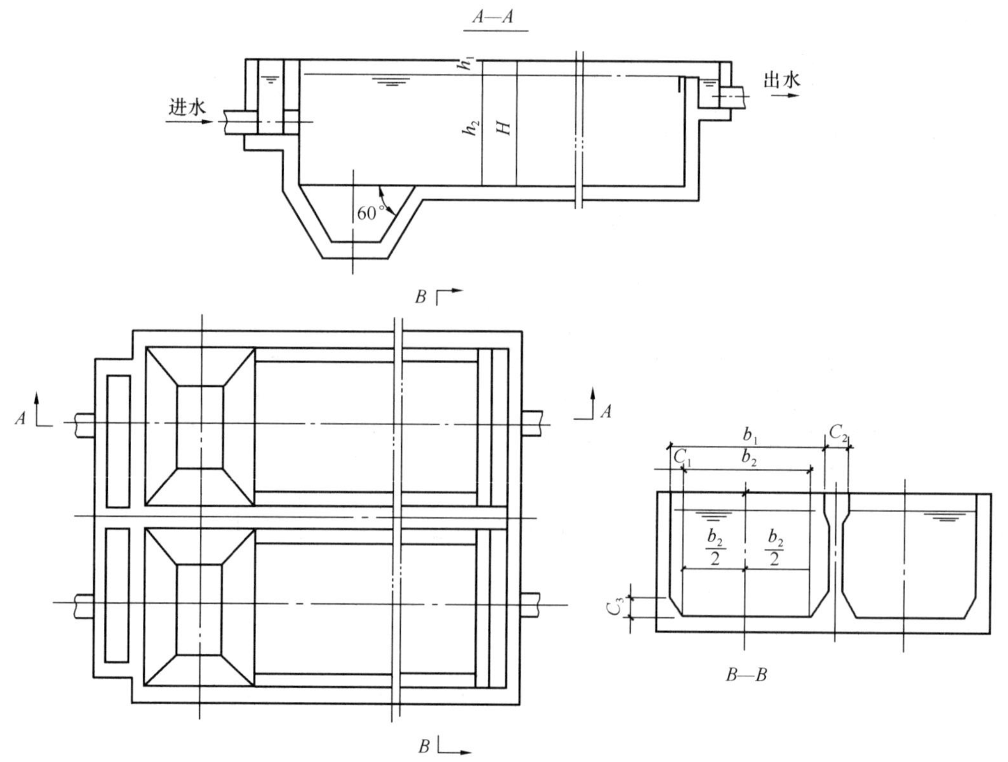

图2　沉砂池主要尺寸（单位：m）

h_1—超高；h_2—水深；H—池深；b_1—格宽；b_2—池底宽；

C_1—坡角宽；C_2—隔墙顶部宽；C_3—坡角高

4　刮砂机型号编制（略）

5　技术要求

5.1　一般要求

5.1.1　刮砂机应符合本标准规定，并按照规定程序批准的图纸和技术文件制造。

5.1.2　刮砂机选用的材料、外购件等应有供应厂的合格证明，无合格证明时，制造厂必须经检验合格方可使用。

5.1.3　所有零件、部件必须经检验合格方可进行装配。

5.1.4 水下紧固件应使用不锈钢材料。

5.2 整机性能要求

5.2.1 刮砂机基本参数和外形尺寸应符合沉砂池主要尺寸要求。

5.2.2 刮砂机运行应平稳正常，不得有冲击、振动和不正常的响声。

5.2.3 焊接件各部焊缝应平整、光滑，不应有任何裂缝和较严重的气孔、夹渣、未焊透、未熔合等缺陷，其质量应按 GB 50205 中的三级标准进行检验。

钢梁的对接焊缝，焊接质量应按 GB 50205 中的二级标准进行检验。

5.2.4 行车跨度与轮距的关系：行车轮距为跨度的 1/4～1/8。跨度小的取前者，大的取后者。

5.2.5 刮砂机无故障工作时间不应少于 8000h，使用寿命不应少于 15a。

5.3 对主要部件的要求

5.3.1 传动装置

a) 车轮应转动灵活，无卡滞和松动现象；车轮均应与轨道面接触，不应有悬空现象；

b) 行车跨度的偏差不应超过±2mm；

c) 前后两对车轮跨度间的相对偏差不应超过 2mm；

d) 前后两对车轮排列后，两轮中心的对角线相对误差不应超过 5mm；

e) 行车车轮采用橡胶轮时，导向轮与池壁的间隙不应大于 10mm；

f) 池宽度 b_1、b_2 的尺寸偏差不得超过±20mm。

5.3.2 钢梁及钢结构桁架

a) 钢梁及钢结构应符合 GB 50017 的要求；

b) 钢结构焊接件的制造、拼装、焊接、安装、验收均应符合 GB 50205 的规定；

c) 钢梁要求最大挠度不应大于跨度的 1/700。钢梁的制造误差应符合 GB 50205 中表 3.9.1-4 的规定。

5.4 对轨道的要求

5.4.1 行车车轮采用钢轮时，对轨道的要求：

a) 轨距误差不得大于+2mm；

b) 轨道顶面相对标高差不应大于 5mm，轨道平面误差不应大于 0.40/1000；

c) 轨道接头间隙：夏季安装时为 2～3mm，冬季安装时为 5～6mm；

d) 轨道接头高差不应大于 0.5mm，端面错位不应大于 1mm。

5.4.2 行车车轮采用橡胶轮时，对轨道表面的要求：

a) 池顶轨道表面标高差不应大于 5mm；

b) 平面度误差不应大于 2/1000，全长误差不应大于 10mm。

5.5 涂装要求

5.5.1 金属涂装前应严格除锈，钢材表面的除锈质量应符合 GB 8923 中规定的 St3 级或 Sa2½级。

5.5.2 设备未加工金属表面应按不同的技术要求分别涂底漆和面漆，涂漆应均匀、细致、光亮、完整，不得有粗糙不平，更不得有漏漆现象，漆膜应牢固，无剥落、裂缝等缺陷。

5.5.3　漆膜厚度应符合以下规定：

a）水上金属表面 150～200μm；

b）水下金属表面 200～250μm。

5.6　轴承及润滑

5.6.1　电机、减速机及各轴承部位按使用说明书要求加注润滑油、脂，运转中不得有异常的噪声、振动和温升。所加各种油脂均应洁净、无杂质，符合相应标准要求。

5.6.2　运转中轴承部位不得有不正常的噪音，滚动轴承的温度不应高于 70℃，温升不应超过 40℃；滑动轴承的温度不应高于 60℃，温升不应超过 30℃。

5.7　安全防护要求

5.7.1　刮砂机的设计、制造应符合 GB 5083 的规定。

5.7.2　电控设备应符合 GB/T 14048 的规定并应设有过电流、欠电压保护和信号报警装置。

5.7.3　电路外壳的防护等级应符合 GB/T 4942.2 中 IP55 级规定。

5.7.4　电动机与电控设备接地电阻不应大于 4Ω。

5.7.5　行程控制和卷扬控制行程开关动作应灵活可靠。

5.7.6　刮砂机置于露天时，电动机等电气设备应加设防雨罩。

6　试验方法及验收规则

6.1　每台产品必须经制造厂技术部门检查合格后方能出厂，并附有证明产品质量合格的文件。

6.2　电气箱和电气控制系统的检验应按 GB/T 14048 中的规定进行。

6.3　涂漆质量应符合 5.5.2 条的规定，漆膜厚度使用电磁膜厚计测量，应符合 5.5.3 条的规定。

6.4　设备安装前应先检验与其配合的沉砂池的主要尺寸，符合要求后方能进行设备安装。

6.5　必须在各部位及总装合格后，方可进行空池试运行，试运行时间不应少于 8h，运行应平稳，无卡滞现象；设备运转的金属部件不得与池内任何部位接触。必须在一切调试正常后，才能通水运行。

6.6　负荷运行试验时间不应少于 72h。

7　标志、包装和运输

(以下略)。

8.13　水处理用溶药搅拌设备
(标准号 CJ/T 3061—1996)

1　范围

本标准规定了水处理用溶药搅拌设备（以下简称搅拌设备）的产品分类、技术要求、试验方法、检验规则及包装和贮运等。

本标准适用于常压下工作，搅拌器型式为桨式、涡轮式、推进式的中央置入式机械搅拌设备。

2 引用标准(略)

3 产品分类

3.1 型式

搅拌设备由搅拌装置和搅拌容器组成,搅拌装置包括传动装置、搅拌轴、搅拌器等,搅拌容器包括搅拌罐(槽或池子)、支座及罐内附件(挡板、导流筒、底轴承等),见图 1。

3.1.1 搅拌容器的型式应符合图 2 的规定,罐内附件根据需要设置,方形水池其 D_N 为内切圆直径。

3.1.2 搅拌器的基本型式应符合表 1 的规定。

3.2 基本参数

3.2.1 搅拌设备的公称容积、容器内径和直边高度、搅拌器直径和搅拌器离底高度、转速范围的基本参数应符合表 2 的规定。

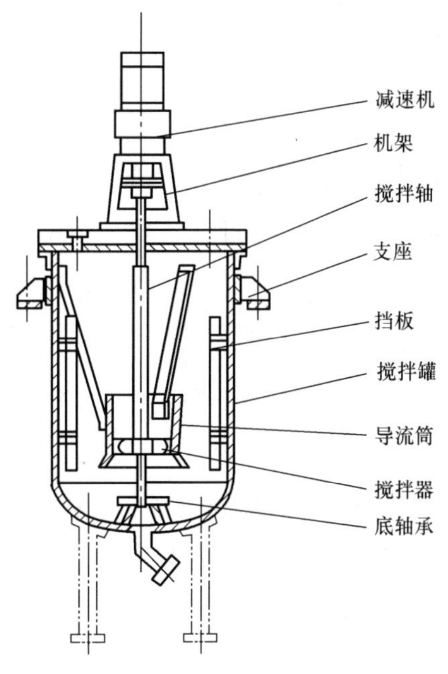

图 1 搅拌设备

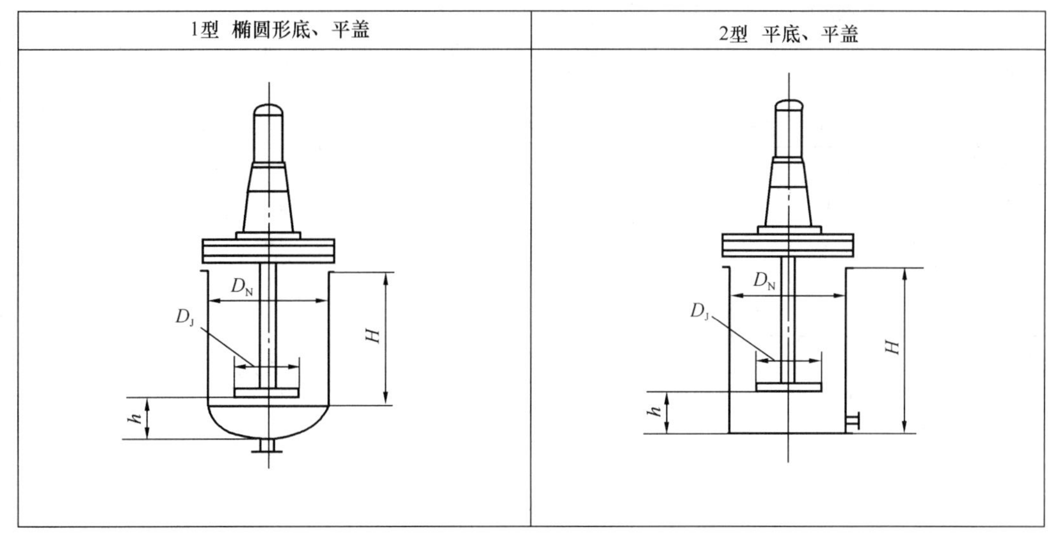

图 2 搅拌容器的型式

表 1 搅拌器的基本型式

搅拌器型式	叶片型式	搅拌器型式	叶片型式
A 型 桨式	A1 直叶	C 型 圆盘涡轮式	C1 直叶
	A2 折叶		C2 折叶
B 型 开启涡轮式	B1 直叶	D 型 推进式	三 叶
	B2 折叶		

3.2.2 挡板在搅拌罐中的参数应符合图 3 的规定。

3.2.3 推进式搅拌器的导流筒应符合图 4 的规定。

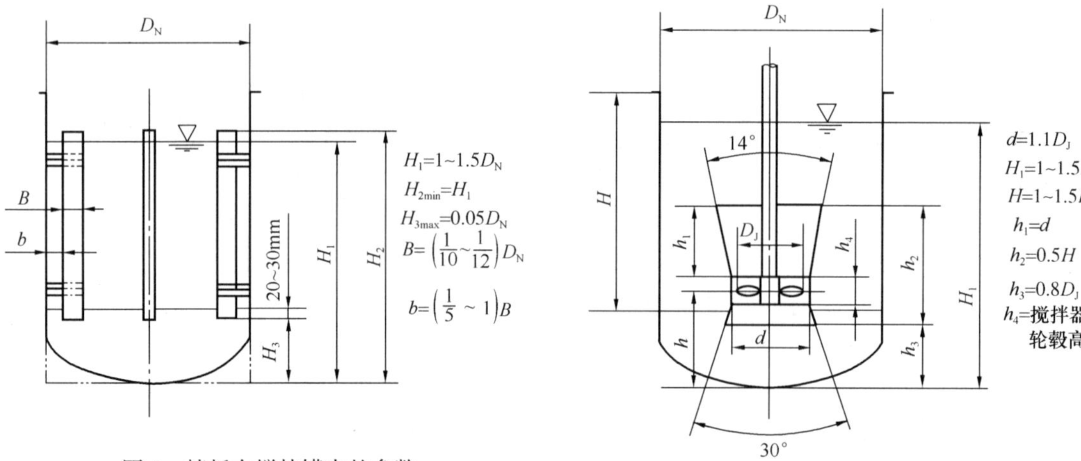

图 3　挡板在搅拌罐中的参数
（单位：m）

图 4　推进式搅拌器的导流筒参数

表 2　搅拌设备基本参数

公称容积 V m^3	容器内径 D_N mm	容器直边高 H，mm		搅拌器直径 D_J、搅拌器离底高度 h，mm						转速范围 r/min
		椭圆形底平盖	平底平盖	桨式		涡轮式		推进式		
				D_J	h	D_J	h	D_J	h	
0.10	500	410	—	320	(0.2～1)D_J		(0.5～1)D_J		(1～1.5)D_J	20～3000
0.16	600	450	600	400		180		180		
0.25	700	520	700	500		220		220		16～3000
0.40	800	650	800	560		250		250		16～1000
0.63	900	820	1000	630		280		280		
1.00	1000	1100	1300	710		320		320		12.5～1000
1.25	1200	880	1150	800		360		360		
1.6	1200	1200	1450	800		360		360		
2.0	1400	1040	1300	900		450		450		10～750
2.5	1400	1400	1650	900		450		450		
3.2	1600	1300	1600	1000		500		500		
4.0	1600	1700	2000	1000		500		500		
5.0	1800	1650	2000	1120		560		560		8～750
6.3	1800	2200	2500	1120		560		560		
8.0	2000	2200	2600	1250		630		630		
10	2000	2850	3250	1250		630		630		
12.5	2200	2950	3300	1400		710		710		
16	2400	3150	3600	1600		710		710		
20	3600	3350	3800	1800		800		800		6.3～500
25	2800	3600	4100	1800		900		900		4～400
32	3000	4000	4550	2000		900		900		
40	3200	—	5000	2240		1000		1000		
50	3400	—	5550	2240		1000		1000		4～320

3.3 型号

(略)

4 技术要求

4.1 一般要求

4.1.1 搅拌设备应符合本标准的规定，并按经规定程序批准的图样和技术文件制造。

4.1.2 搅拌设备所有外购件、协作件必须有合格证明，经检验部门检验合格后方能进行装配。

4.1.3 搅拌设备可根据不同药剂选用不同的材料，材料应符合相应的标准并有合格证明文件，否则应进行试验和化验，合格后方可使用。

4.2 搅拌装置

4.2.1 桨式、涡轮式、推进式搅拌器的技术要求，应符合 HG/T 2124、HG/T 2125、HG/T 2126 的规定。

4.2.2 搅拌轴直径应符合 ZBG 92001 的规定。

4.2.3 搅拌轴的直线度公差应符合表 3 的规定。

表 3 轴的直线度公差值

转速（r/min）	每米轴长直线度公差值（mm）	转速（r/min）	每米轴长直线度公差值（mm）
<100	<0.15	>1000～1500	<0.08
100～1000	<0.1	>1500～3000	<0.06

4.2.4 轴上装配面的同轴度公差，应符合 GB/T 1184 中 8 级精度规定。

4.2.5 搅拌轴上可以设置两个或两个以上的搅拌器，相邻搅拌器的间距不应小于搅拌器直径 D_J。

4.2.6 传动装置宜优先选用符合国家和行业标准的立式减速机，并应符合相应的标准规定。

4.2.7 减速机出轴旋转方向要求能正反双向传动，不宜选用蜗轮传动。

4.2.8 立式夹壳联轴器、弹性套柱销联轴器、凸缘联轴器，应分别符合 HG/T 5—213、GB/T 4323 和 GB/T 5843 的规定。

4.2.9 当采用无支点或单支点机架，且除电动机和减速机支点外，无其他支点时，应选用刚性联轴器。

4.2.10 搅拌轴分段时，必须采用刚性联轴器连接。

4.2.11 当采用双支点机架，或采用单支点机架，另外设有底轴承作为支点时，应选用柔性联轴器。

4.2.12 搅拌装置可安装在搅拌容器的中心线上，也可偏心安装。

4.3 搅拌容器

4.3.1 钢制搅拌罐的制造和检验应符合 JB/T 2932 的规定，钢筋混凝土搅拌池应符合图样或相应标准的规定。

4.3.2 搅拌罐中加装挡板可消除中央旋涡，适用于在湍流区操作的桨式和涡轮式搅拌器，挡板一般为 2～4 个，尺寸参数见图 3。

4.3.3 中心直立安装有推进式搅拌器的罐内，应加装导流筒可得到高速流和高倍循环。导流筒尺寸参数见图 4。

4.3.4 加装导流筒后的液体流向，一般为筒内向下，筒外向上。

4.3.5 搅拌罐采用耳式支座时，应符合 JB/T 4725 的规定。

4.3.6 搅拌罐采用其他形式的支座、支脚时，应符合图样或相应标准的规定。

4.3.7 支承搅拌装置的型钢横梁，容许挠度不得大于跨度的 1/500。

4.4 安全防护

4.4.1 搅拌设备宜安装在室内，如安装在室外必须有防雨、防潮措施。

4.4.2 电器设备应符合 GB/T 755、GB/T 3797、GB/T 14048 的规定，并设有过电流、欠电压保护和报警设备。电器外壳的保护等级应符合 GB/T 4942.2 中 IP55 级的规定。

4.4.3 电动机和电控设备应有良好接地，接地电阻不得大于 4Ω。

4.4.4 搅拌设备的噪声不得大于 85dB（A）。

4.4.5 机座上应固定有指针牌，指示搅拌器的旋转方向。

4.5 装配基本要求

4.5.1 所有零部件必须经过检验合格后方可装配。

4.5.2 联轴器的安装应符合 TJ 231（一）的规定。

4.5.3 中间轴承和底轴承的安装，应不破坏搅拌轴原有的垂直度和同轴度。

4.5.4 悬臂轴下端径向摆动量，盘车时不得大于按下式计算的数值：

$$\delta = 0.0025Ln^{-\frac{1}{3}} \tag{1}$$

式中 δ——径向摆动量，mm；

L——轴的悬臂长度，mm；

n——搅拌器工作转速，r/min。

4.6 可靠性与耐久性要求

4.6.1 每年检修一次，无故障工作时间不应少于 8000h。

4.6.2 整机使用寿命不应少于 10a。

4.7 涂装要求

4.7.1 碳钢件涂装前应严格除锈，表面除锈质量应符合 GB 8923 中 St3 级规定。

4.7.2 用碳钢制作的搅拌罐，其内表面和罐内零部件应根据不同的药剂涂装防腐蚀涂料，做饮用水用的，应涂无毒防腐蚀涂料。外表面除锈后应涂刷底漆和面漆。

4.7.3 漆膜应平整光滑，色泽一致，不允许有针孔、起泡、裂纹、划伤剥落和明显流挂等影响防腐蚀性能的缺陷。

5 试验方法和检验规则

5.1 出厂试验及检验

5.1.1 每台搅拌设备均应经制造厂质量检查合格后方能出厂，并附有合格证和使用说明书。

5.1.2 搅拌罐应进行盛水试漏，并符合 JB/T 2932 的规定。

5.1.3 出厂试验前先盘车检验悬臂轴下端径向摆动量，并应符合 4.5.4 条的规定。

5.1.4 盘车检验后，先进行试运行试验。试运行时，容器内的试验物料和填充高度应按图样规定，如图样无规定时，可以水代料，并装料至罐体高度的80%～85%。

5.1.5 试运行时间不应少于2h，并应符合下列要求：

a）电动机、减速机和搅拌器等部件运转应平稳，无异常现象；

b）搅拌轴转速和转向应符合图样要求；

c）轴承箱表面温度不超过环境温度加40℃，且最高温度不超过75℃。

5.1.6 试运行后再进行连续运行试验，除符合5.1.4、5.1.5条各项要求外，还应符合下列要求：

a）连续运行时间不少于4h；

b）电动机电流应平稳，不得大于额定电流；

c）搅拌设备噪声应符合4.4.4条规定。

5.2 型式试验及检验

5.2.1 型式试验及检验的项目，除应符合技术要求中的各条要求外，还应符合出厂试验及检验各条规定。

5.2.2 搅拌设备的可靠性与耐久性试验应用检查用户记录的方法，并应符合4.6.1和4.6.2条规定。

6 标志、包装、运输和贮存

（以下略）。

8.14 污泥脱水用带式压滤机
（标准号 CJ/T 80—1999）

1 主题内容与适用范围

本标准规定了污泥脱水用带式压滤机（以下简称：带式压滤机）的基本参数、型号编制、技术要求、试验和检验规则、标志、包装、运输、贮存。

本标准适用于带式压滤机的设计、制造、检验与验收。

2 引用标准

（略）

3 基本参数

3.1 带式压滤机的基本参数应符合表1规定。

表1

滤带宽度 B（mm）	滤带速度 v（m/min）	滤带宽度 B（mm）	滤带速度 v（m/min）
500 1000 1500	0.5～6	2000 2500 3000	0.5～6

3.2 带式压滤机用于城市污水处理厂时，污泥脱水技术性能应符合表2规定；当用于其他污泥脱水时，其技术性能应通过试验确定。

表 2

污泥种类	进泥含水率（%）	干泥产量[kg/（m·h）]	滤饼含水率（%）	消耗干药量（kg/t 干泥）
初沉污泥	96～97	120～300	75～80	1～5
活性污泥	97～98	80～150		
混合污泥	96～97.5	120～300		
消化后混合污泥	96～97.5	110～300		

4　型号编制

4.1　型号表示方法：型号应由以下 4 个部分组成。

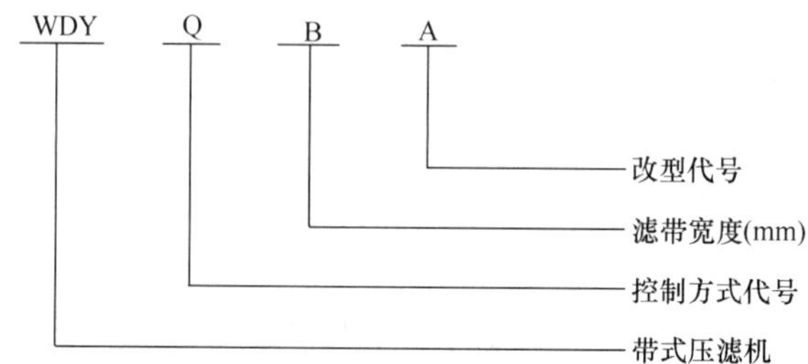

4.1.1　控制方式代号按滤带张紧的控制方式分类，其表示方法应符合表 3 的规定。

表 3

名　　称	代　　号	名　　称	代　　号
液压控制	Y	电动控制	D
气动控制	Q	手动控制	S

4.1.2　滤带宽度应符合表 1 规定。

4.1.3　改型代号按改型的先后顺序分别以字母 A、B、C……表示，改型的含义是指带式压滤机的结构、性能有重大改进和提高，并按新产品重新设计、试制和鉴定时方可用此代号。

4.2　标记标例

气动控制，滤带宽度 1000mm，第一次修改设计过的带式压滤机：WDYQ1000A

5　技术要求

5.1　带式压滤机应符合本标准要求，并按照规定程序批准的图纸及技术文件制造。

5.2　带式压滤机选用的材料、外购件等应有供应厂的合格证明，无合格证明时，制造厂须经检验合格方可使用。

5.3　所有的零件、部件必须经检验合格，方可进行装配。

5.4　焊接件各部焊缝应平整、光滑，不应有任何裂缝、未熔合、未焊透等缺陷。

5.5　金属辊表面的镀层或涂层应均匀、牢固、耐蚀、耐磨，衬胶的金属辊其胶层与金属表面应紧密贴合、牢固、不得脱落。

5.6　设备安装后所有辊子之间的轴线应平行，平行度不得低于 GB/T 1184 中的 10 级精度。

5.7　直径大于 300mm 的辊子应使用重心平衡法进行静平衡试验。辊子安装后要求在任何位置都应处于静止状态。

5.8 按要求涂底漆和面漆，涂漆应均匀、细微、光亮、完整、不得有粗糙不平，更不得有漏漆等现象，漆膜应牢固，无剥落、裂纹等缺陷。其质量应符合 JB/T 5000.12 的规定。

5.9 空运转连续运行时间不少于 2h，并应符合下列要求：

5.9.1 主传动装置

a. 电机、减速器、联轴器、链条等转动及传动部件，运转应平稳，无异常现象；

b. 调速器的数字指示值应和实际转数相符。

5.9.2 滤带速度

a. 在要求的速度范围内能平稳调速；

b. 滤带速度显示系统的读数应和滤带实际速度相符。

5.9.3 轴承及润滑

a. 各润滑部位应涂注润滑油脂；

b. 运转中轴承部位不得有不正常的噪音，滚动轴承的温度不应高于 70℃，温升不应超过 40℃；滑动轴承的温度不应高于 60℃，温升不应超过 30℃。

5.9.4 气动或液压系统

a. 管路及各接头连接处，不得漏气或漏油；

b. 压力表、注油器、减压阀、换向阀等各气动元件或液压元件工作正常。

5.9.5 滤带运行情况

a. 滤带矫正装置动作应灵活可靠。当滤带偏离中心线 15mm 时，调整控制器的滤带矫正装置应自动工作；

b. 滤带在运行中偏离中心线不得大于 40mm。

5.9.6 污泥和药液混合搅拌器

电机、减速器及搅拌桨运转应平稳，无异常现象。

5.10 对滤带的要求

5.10.1 滤带应选用强度高、透气度好、不易堵塞、表面光滑、固体回收率高的成形网。

5.10.2 滤带接口处表面应光滑，接口处的拉伸强度不得低于滤带拉伸强度的 70%。

5.10.3 滤带宽度允许公差值为±10mm，长度允许公差值为±150mm，滤带两边周长误差为±0.05%，滤带伸长率为 0.65%～0.85%。

5.10.4 滤带的使用寿命应大于 10000h。

5.11 检查安全保护装置

a. 当水压不足，冲洗水系统不能正常工作时，应自动停机；

b. 当气源压力或液压系统的压力不足，不能保证主机正常工作时，应自动停机；

c. 运转中，当滤带偏离中心位置超过 40mm 时，应自动停机；

d. 各电气开关、按钮应安全可靠。

6 试验和检验规则

6.1 设备在出厂前应按 5.9 条进行空运转试验和设备基本参数及尺寸规格的检验，合格后方可出厂。

6.2　空运转前应对设备及附属装置进行全面检查，符合技术要求后方可进行运转。

6.3　空运转试验时，检验的项目应包括第 5.9、5.11 条的内容。

6.4　电气系统的检验应按 GB/T 14048 中的规定进行。

6.5　新产品及经过修改设计的改型产品，必须进行污泥脱水试验，测试项目及要求按附录 A《带式压滤机试验》中的规定进行。

7　标志、包装、运输、贮存（略）

附录 A
带式压滤机试验
（补充件）

A1　适用范围

本标准规定了带式压滤机进行污泥脱水试验的测试项目及要求，适用于带式压滤机的检验及验收。

A2　带式压滤机污泥脱水试验测试的项目

A2.1　带式压滤机入口处污泥的流量。

A2.2　带式压滤机入口处污泥的性质：

a. 污泥含水率；

b. 灼烧残渣；

c. 灼烧失量；

d. pH；

e. 有机物含量与无机物含量的比例。

A2.3　带式压滤机出口处滤饼的产量。

A2.4　带式压滤机出口处滤饼的性质：

a. 滤饼的厚度；

b. 含水率；

c. 灼烧残渣；

d. 灼烧失量。

A2.5　带式压滤机排出滤液（包括冲洗水）的流量。

A2.6　带式压滤机排出滤液（包括冲洗水）的性质：

a. SS；

b. pH；

c. COD_{cr}；

d. BOD_5。

A2.7　滤带冲洗水的流量。

A2.8　滤带冲洗水的压力。

A2.9　滤带冲洗水的性质：

a. SS；

b. pH。

A2.10　带式压滤机使用药剂（絮凝剂）的性质：

a. 名称；

b. 成分；

c. 浓度。

A2.11　药剂（絮凝剂）的加入量。

A2.12　投药比（纯药量/干泥量）。

A2.13　带式压滤机工作时滤带的张力。

A2.14　滤带的速度。

A2.15　滤带的型号及性质。

A2.16　带式压滤机固体物质回收率。

A2.17　带式压滤机动力消耗量。

A3　带式压滤机必须在设备及污泥处于稳定状态运行时，方可进行上述项目的测试。

A4　各测定项目的试验次数在同一运行条件下，原则上连续测三次，若有必要可再增加次数。

另外，在水（液）质测验时，可通过混合试样的方法，采取适宜水样。

表 A1　带式压滤机污泥脱水性能测试记录

设备型号、名称：　　污泥种类：

试验日期：　　药剂种类：

测试人员：　　气象条件：天气　　气温　　℃

项目		试验结果			备注
		1	2	3	
试验时间					
进泥	含水率（%）				
	流量（m^3/h）				
	折合干污泥量（kg/h）				
	有机物/无机物				
药剂	浓度（%）				
	投药量（m^3/h）				
	纯固量（kg/h）				
	投药比（%）				
滤带	速度（m/min）				
	张紧压力（MPa）				
	工作时张力（kg・f/cm）				
冲洗水	水压（MPa）				
	流量（m^3/h）				
	SS（mg/L）				
	pH				

续表

项目		试验结果			备注
		1	2	3	
滤液	SS（mg/L）				
	COD_{Cr}（mg/L）				
	BOD_5（mg/L）				
	pH				
滤饼	厚度（mm）				
	产量（kg/h）				
	含水率（%）				
	折合干泥产量（kg/h）				
	固体回收率（%）				
动力	动力消耗量（kW·h）				
其他					

表 A2　测　试　报　告

单位名称：　　　　　　　　　　样品性质：

采 样 者：　　　　　　　　　　采样时间：

试验目的：

测试结果

名　称	分析项目						
	含水率（%）	灼烧残渣（%）	灼烧失量（%）	pH	SS（mg/L）	COD_{Cr}（mg/L）	BOD_5（mg/L）
备　注							

报告人：　　　审核人：　　　报告日期：　　　　　　　年　月　日

8.15 供水排水用螺旋提升泵

(标准号 CJ/T 3007—1992)

1 主题内容与适用范围

本标准规定了供水排水用螺旋提升泵(以下简称螺旋泵)的产品分类、技术要求、试验方法和检验规则、标志、包装、运输以及贮存。

本标准适用于供水、排水工程中螺旋泵的设计、制造、检验和验收。

2 引用标准

(略)

3 产品分类

3.1 基本参数

3.1.1 螺旋泵由泵轴、螺旋叶片、上支座、下支座、导槽、挡水板和驱动结构组成。基本型式如图1所示。

3.1.2 螺旋泵的基本参数见表1规定。

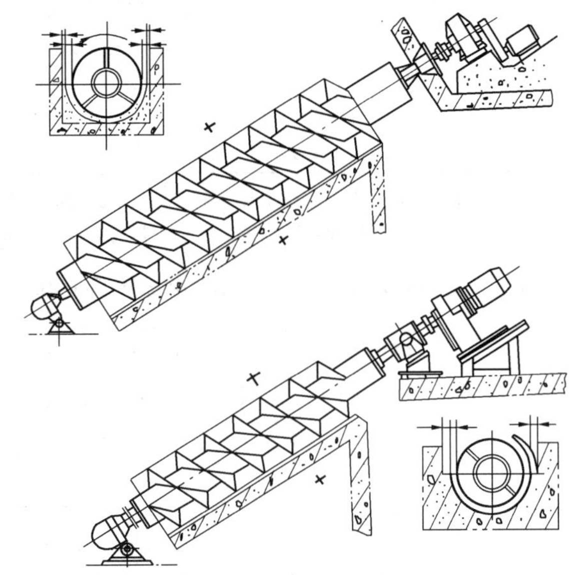

图1

表1

螺旋泵外缘直径 (mm)	转　速 (r/min)	流量 (L/s)	
		安装角30°时 (标准)	安装角38°时 (最大)
300	112	14	10.5
400	92	26	20
500	79	46	34
600	70	69	52
800	58	135	100
1000	50	235	175
1200	44	350	260
1400	40	525	370
1600	36	700	522
1800	34	990	675
2000	32	1200	850
2200	30	1500	1100
2400	28	1860	1370
2600	26	2220	1600

续表

螺旋泵外缘直径 (mm)	转　速 (r/min)	流量（L/s）	
		安装角 30°时 (标准)	安装角 38°时 (最大)
2800	25	2600	1900
3000	24	3100	2300
3200	23	3550	2640
3500	22	4300	3200
4000	20	6000	4450

注：①表中流量是指螺旋泵外缘直径与泵轴直径之比为 2∶1 时的流量。

②表中流量是指螺旋叶片为三头时的流量，二头与一头时的流量分别为三头的 0.8 与 0.64 倍。

3.2　型号表示方法，型号应由以下四个部分组成。

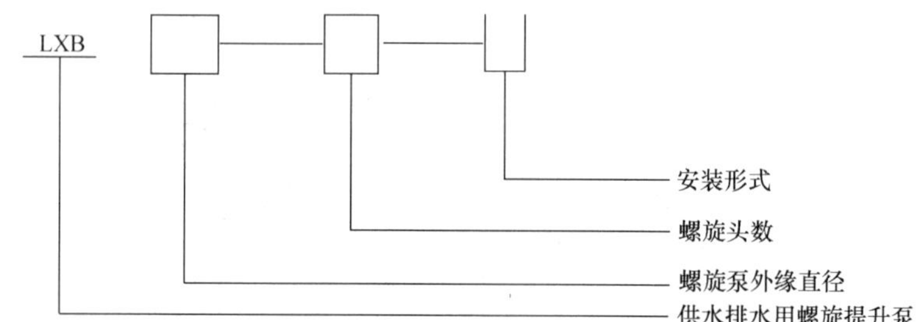

3.2.1　螺旋泵外缘直径见表 1 规定。

3.2.2　螺旋头数分别以数字 1、2、3 表示。

3.2.3　安装形式

安装形式如图 2 所示可分附壁式（代号 F）和支座式（代号 Z）两类。

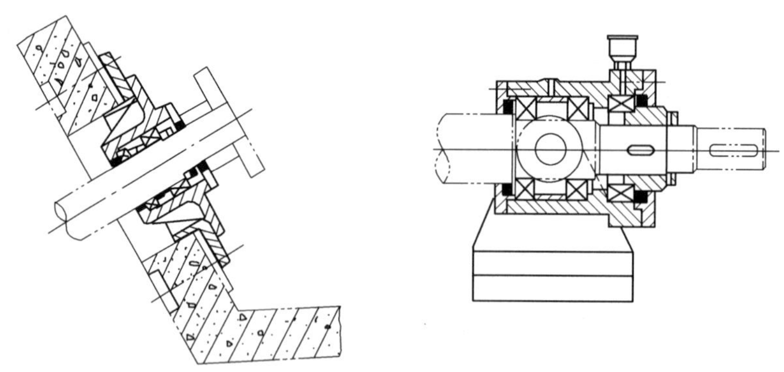

图 2

3.2.4　标记示例

附壁式螺旋泵外缘直径为 300mm，螺旋叶片的头数为 2 头。

LXB300-2-F。

4　技术要求

4.1　螺旋泵应符合本标准规定，并按照规定程序批准的图样及技术文件制造、检验和验收。

4.2 环境条件

4.2.1 螺旋泵工作环境温度以介质不结冰为原则。

4.2.2 螺旋泵所配用的电动机、电控设备及减速装置宜安装在室内，适用的环境条件应符合 GB/T 3797 和 GB/T 755、GB/T 14048 的规定。如安装在室外必须考虑防雨、防潮措施。

4.3 螺旋泵的性能

螺旋泵制造厂应确定产品容许工作范围，并给出进水深度、流量和效率。

4.4 电动机

4.4.1 确定电动机功率应规定下列各项指标：

a. 螺旋泵提升功率；

b. 上、下轴封的摩擦损失；

c. 传动损失；

d. 螺旋泵泄漏损失。

4.4.2 电动机功率的储备系数应不小于 1.15。

4.5 最佳转速

计算最佳转速可用下列公式：

$$n_j = \frac{50}{\sqrt[3]{D^2}} \tag{1}$$

式中 n_j——最佳转速，r/min；

D——螺旋泵外缘直径，m。

螺旋泵的工作转速 n 应在下列范围内确定：

$$0.6n_j < n < 1.1\,n_j$$

4.6 螺旋泵所选用的材料和外购件应具有供应厂的合格证明，无合格证明时需经有关部门检验合格后方可使用。

4.7 灰铸铁件应符合 GB/T 9439 要求。

4.8 焊接和泵体表面加工要求

4.8.1 焊接件各部焊缝应平整、光滑、均匀和紧密，不应有任何裂缝、未熔合和未焊透等缺陷。其焊接质量应符合 JB/T 5000.3 的要求。

4.8.2 金属焊接件焊缝强度不得低于母体材料强度。

4.8.3 泵体表面的喷镀层和涂层应均匀、牢固、耐蚀、耐磨与紧密，不得脱落。

4.8.4 螺旋泵叶片为阿基米德螺旋面，不应有明显翘曲，其导程和螺距尺寸误差不低于 GB/T 1804 中的 Js18 所规定的公差。

4.9 轴承

4.9.1 轴承或轴承座设计要考虑因泵轴温差变化而引起的轴向移动，轴承设计寿命应不低于 100000h。水下轴承寿命应不低于 50000h。

4.9.2 轴承可使用润滑脂非强制润滑，水下轴承也可使用强制润滑。

4.9.3 轴承座的所有与外部相通的孔或缝隙，应具有防止污物和污水的密封装置。

4.10 联轴器

螺旋泵应采用弹性联轴器，联轴器应与输出轴的最大扭矩和转速相适应。

4.11　减速箱应适应倾角为30°～38°放置要求。使用时箱体所有结合面以及输入和输出轴密封处不得渗漏油。各轴承润滑和放油也必须放置合理。

4.12　电动机和电控设备应有良好的接地，接地电阻不得大于4Ω。

4.13　装配基本要求

4.13.1　所有零部件必须经过检验合格后方可进行装配。

4.13.2　上、下轴头与泵体连接后，应保证同轴度，其形位公差应符合GB/T 1184中的规定。

4.13.3　泵轴与动力输出轴线应保证同轴度，其形位公差同轴度应符合GB/T 1184中的规定。

4.13.4　两半联轴器的安装应符合TJ 231的规定。

4.13.5　所有紧固件装配应牢固，不得有松动现象。螺纹连接件螺栓头、螺母与连接件的接触应紧密，销与销孔的接触面积不应小于65%。

4.14　导槽与间隙

螺旋泵的导槽可采用混凝土，亦可采用钢构件或其他材料。当使用混凝土导槽时，混凝土的标号不得低于C20。泵体外缘之间必须保持一定间隙（δ），其计算应按下列公式：

$$\delta = 0.142\sqrt{D} \pm 1 \tag{2}$$

式中　δ——允许间隙，mm；

D——螺旋泵外缘直径，mm。

4.15　防锈处理和涂层

4.15.1　泵体装配前，均应进行防锈、防腐处理。

4.15.2　螺旋泵的上下轴承座外壳表面清理后应涂上底漆和面漆。露在外部的加工表面应涂以硬化防锈油。

4.15.3　螺旋泵在装配和试验后，表面所有损坏的涂层必须重新修补。

4.16　可靠性及耐久性要求

4.16.1　每年检修一次，无故障工作时间不得少于8000h。

4.16.2　每两年大修一次，齿轮减速箱使用年限不少于5a，整机使用年限不少于10a。

5　试验方法和检验规则

5.1　螺旋泵在出厂前应进行空载试验，并按技术文件的要求检验螺旋泵的尺寸规格。

5.2　空载试验时泵轴可水平安装，连续运行时间不少于2h，并应符合下列要求：

1）驱动装置的电动机、减速器和联轴器等传动部件运转应平稳无异常现象；

2）螺旋泵泵轴转速应符合设计需要；

3）上、下轴承运转中不得有异常响声。轴承温升不得超过35℃。

5.3　性能试验及检验

5.3.1　按下列规定进行试验：

a. 新产品试制全部进行型式试验；

b. 批量生产时型式试验和检验每30台以下不少于2台，31～50台不少于3台，50～100台不少于4台，大于100台不少于5台；

c. 型式试验包括空载试验和性能试验。

5.3.2 螺旋泵性能试验应包括流量、提升高度、轴功率和效率等。其试验方法及检验规则规定如下：

a. 流量的测量

流量的测定应符合 GB 3214 规定。

b. 提升高度的测量

在测定提升高度时，可将进水水位调至最佳进水水位，根据进水水位和出水水位之差求得提升高度。

c. 轴功率的测定和效率的计算

轴功率的测定和效率的计算应符合 GB 3216 中第 4.3、4.4 条的规定。

5.3.3 试验性能偏差、测试精度应符合 GB 3216 中 C 级精度的规定。

5.4 制造厂由于设备条件限制不能试验时，可在安装现场进行。具体试验方法由制造厂和用户共同商定。

5.5 最终检查

每台螺旋泵需经制造厂技术检查部门检查合格，并附有产品质量合格证方可出厂。

6 标志、包装、运输和贮存

(以下略)。

8.16 转刷曝气机（标准号 CJ/T 3071—1998）

1 范围

本标准规定了转刷曝气机的产品分类、技术要求、试验方法、检验规则、标志、包装、运输和贮存。

本标准适用于氧化沟污水处理工程用的转刷曝气机（以下简称转刷)。其服务水深：转刷直径为 700mm 时，不宜大于 2.5m；转刷直径为 1000mm 时，不宜大于 3.5m。

2 引用标准

(略)

3 产品分类

3.1 型号

(略)

3.2 结构型式（见图 1)

a. 减速机常用结构型式：立式电机与减速器采用弹性柱销联轴器直联传动，减速器采用螺旋伞齿轮和圆柱齿轮传动。

b. 双载联轴器常用结构型式：采用球面橡胶与外壳内表面及鼓轮外表面挤压接触，同时传递扭矩、承受弯矩；采用其他型式时，必须具有调心及缓冲功能，调心幅度不得小于 0.5°。

c. 转刷轴尾部支承结构形式：应随转刷轴因热胀冷缩出现长度变化时，能自动调节。

d. 转刷结构型式：叶片沿主轴呈螺旋状排列，靠箍紧力传递动力。

e. 旋转方向：从转刷轴往减速机方向看，为顺时针旋转；用户需要时，亦可制成逆

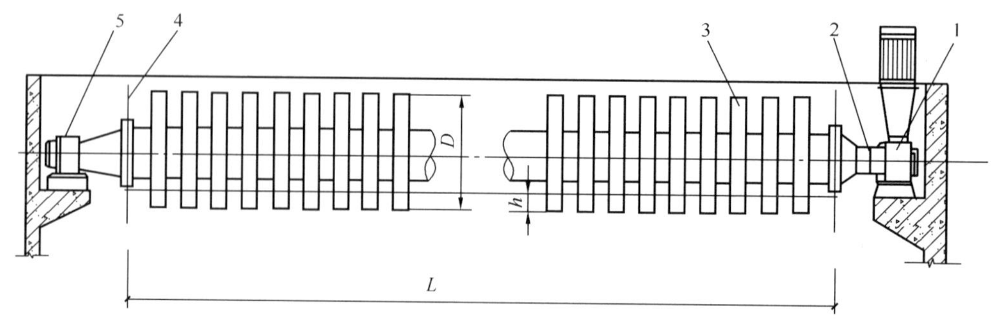

图 1 转刷曝气机

1—减速机；2—双载联轴器；3—转刷轴（主轴、轴头叶片等组成）；
4—挡水板；5—尾轴承支座

时针旋转。

3.3 基本参数见表 1。

表 1 转刷曝气机基本参数

规格	转刷直径 D（mm）	转刷有效长度 L（mm）	叶片最大浸没深度 h（mm）	动力效率（E_s）（kgO_2/kWh）	充氧能力（Q_s）（kgO_2/h）	配套电动机功率 N（kW）
ZB 700/3000	Φ700	3000	240	≥1.60	12	7.5
ZB 700/4500		4500			17	11
ZB 700/6000		6000			23	15
ZB 1000/3000	Φ1000	3000	300	≥1.65	24	15
ZB 1000/4500		4500			34	22
ZB 1000/6000		6000		≥1.70	48	30
ZB 1000/7500		7500			60	37
ZB 1000/9000		9000			74	45

注：1. 计算动力效率时，功率以电动机输入功率计。
2. 充氧能力为最大浸没深度时的值，下差不超过 5%。
3. 配套 6/4 级双速电动机时，在高转速工况下，性能指标应符合表 1 的规定。

4 技术要求

4.1 一般要求

4.1.1 转刷机应符合本标准的要求，并按照规定程序批准的图样及技术文件制造。

4.1.2 工况条件

a）环境温度：−10～45℃；

b）输入电压：380V±5%；

c）污水的 pH 值：6～9。

4.1.3 配套电动机的外壳防护等级不应低于 IP44，并符合 ZBK 22007 的规定，采用 IP44 电动机时应加设防雨罩。

4.1.4 标记

a）挡水板上应用鲜红色箭头标明转刷轴的旋转方向；

b）挡水板上应用鲜红色箭头标明叶片最大浸没深度。

4.2 主要零部件的技术要求

4.2.1 主要零部件的材料及热处理不低于表 2 的规定。

表 2 主要零部件的材料及热处理要求

零件名称	材　料	标准号	热处理要求
主　轴	20 无缝钢管及 20	GB/T 8162 GB/T 699	焊接，校直后时效处理
叶　片	0Cr19Ni9	GB/T 1220	加工后回火处理
	20	GB/T 699	加工后回火处理、镀锌
主动齿轮	40Cr	GB/T 3077	调质处理 HB 240～260 齿面高频淬火 HRC 48～55
从动齿轮	45	GB/T 699	调质处理 HB 220～250 齿面高频淬火 HRC 40～45
传动及输出轴	45	GB/T 699	调质处理 HB 220～250
电机座	HT 200	GB/T 9439	时效处理
箱　盖			
箱　体			

4.2.2 铸件

a）铸件应符合 GB/T 9439、GB/T 1348 的规定，其铸造偏差不应低于 GB/T 6414 的规定；

b）铸件必须清砂、去除毛刺、飞边和多肉等；

c）铸件不允许有裂纹、缩孔、疏松、夹砂等缺陷，对次要部位不影响强度的小缺陷，允许修复后使用。补焊与修复应符合 GB/T 9439 中的规定。

4.2.3 焊接件

a）焊接件焊缝坡口的基本形式和尺寸应符合 GB/T 985 的要求。

b）焊接件焊缝应平整、均匀、不允许有烧穿、漏焊、裂纹、夹渣等影响强度的缺陷，并清除残渣、氧化皮及焊瘤。

4.2.4 减速器

a）减速器应允许在电动机起动和停车时产生超过额定载荷一倍的短时超载。

b）渐开线圆柱齿轮精度不低于 GB/T 10095 8-8-7；锥齿轮精度不低于 GB/T 11365 8-8-7。齿轮副齿面接触斑点应均匀，侧隙应符合要求。

c）减速器箱体的底座和箱盖不加工外形沿结合面的不吻合度不得大于 4mm。

d）减速器不允许渗漏润滑油。

4.2.5 主轴挠度、径向全跳动、两端法兰端面跳动不应大于表 3 的规定。

表3 主轴挠度、径向全跳动、两端法兰端面跳动的允许偏差

主轴长度（mm）	3000	4500	6000	7500	9000
主轴挠度（mm）	0.2/1000	0.25/1000	0.3/1000	0.35/1000	0.4/1000
无缝管径向全跳动（μm）	800	1200	1800	2200	2500
法兰端面跳动（μm）	120	160	200	220	250

4.2.6 零件非加工表面及外露的加工表面应涂防锈漆。

4.2.7 外露的非不锈钢制紧固件应作防锈处理。

4.2.8 电控设备的选用或设计应符合 GB/T 14048 规定。

4.3 装配要求

4.3.1 所有零部件必须经检验合格、外购件必须有合格证明书方可进行装配。

4.3.2 减速机

a）减速机装配完毕后，用手转动输出轴上联轴器应灵活、无阻滞现象。

b）减速机应进行空载试验，要求运转平稳，不得有异常响声和振动，空载噪声不应大于 80dB（A）。

4.3.3 转刷轴

每组叶片应垂直安装于主轴表面，各叶片两曲面应与主轴表面的橡胶垫沿叶片宽度均匀接触，并紧固在主轴上。

4.4 涂漆

4.4.1 在涂漆前应清除锈斑、粘砂、油污等脏物，应符合 GB 8923 St2 级要求。

4.4.2 外观油漆应均匀、光滑，不得有起泡、流挂、剥落等缺陷。

4.4.3 油漆应采用耐腐漆，在用户对表面涂层有特殊要求时，应按合同要求执行。

4.4.4 涂装要求应符合 JB/T 5000.12 规定，并按油漆生产厂的使用说明书进行。

4.4.5 在运输和安装过程中，擦去油漆的部位，应按 4.4.1～4.4.4 要求补涂。

4.5 安装要求

4.5.1 转刷在就位、调整、固定后，减速机的水平度不应大于 0.2/1000mm，转刷轴的水平度不应大于 0.3/1000mm；转刷轴与减速机输出轴应在同一轴线上，其角度误差不应大于 0.5°。

4.5.2 转刷安装完毕后，用手转动挡水板，应手感均匀，无卡阻现象。

4.5.3 转刷应进行空载运转试验，要求运转平稳，不得有异常响声和振动，减速机噪声不应大于 80dB（A）。

4.5.4 转刷应进行负荷试验，要求运转平稳，不得有异常响声和振动。减速箱的油池温升不得超过 35℃，轴承和电动机的温升不得超过 40℃。

4.6 可靠性及耐久性要求

4.6.1 无故障连续工作时间不少于 8000h，每年检修一次。

4.6.2 每两年大修一次，齿轮使用年限不少于 4a，整机使用年限不少于 10a。

5 试验方法

5.1 主轴形位公差检验

主轴两端法兰配装轴头，在加工车床上进行。用 2 级百分表测量。检验径向全跳动时

百分表应固定于拖板上，测量点不少于5点，测量值应符合表3的规定。

5.2 叶片安装误差检验

目测叶片是否垂直于主轴表面及主轴橡胶垫是否均匀接触；用于扳动叶片根部不得有周向移位。

5.3 外观及涂漆检验

外观检验为目测；涂漆附着力检验按 GB/T 1720 规定进行。

5.4 减速机水平性检验

用精密（0.02/1000）水平仪在箱体底座四边专门加工的狭长面上测量，应符合4.5.1条的规定。

5.5 转刷轴水平性检验

用精密水准仪固定在转刷轴一端，调试水平，将标尺立在主轴两端法兰处，记下两法兰顶端读数，两读数差扣除两法兰直径差除以两表尺间距离，即为水平误差，应符合4.5.1条的规定。

5.6 减速机输出轴与转刷轴线同轴度检验

用2级百分表固定于联轴器外壳上，测量输出轴端轴承盖外端面跳动，相对于中心的两点最大跳动差值与测量圆直径组成直角三角形，计算出小角的角度即为最大角度误差，应符合4.5.1条的规定。

5.7 减速机空载试验

在符合4.3.2a条的情况下，启动电动机，运转2h，应符合4.2.4a和4.3.2b的规定。噪声按 GB/T 3768 规定测定。

5.8 转刷空载试验和负荷试验

应在试验台架或现场进行。在符合4.5.2条要求的情况下：

a. 启动电动机，运转2h，应符合4.2.4a和4.5.3条的规定。

b. 向水池注水至叶片工作浸没深度，启动电动机，运转2h，应符合4.2.4a和4.5.4条的规定。用数字式点温计测量各部位温度，轴承温度可在轴承处壳体外表面测量，并加5℃修正量。

5.9 动力效率、充氧能力试验应参照 CJ/T 3015、SJ/T 6009 规定进行，并应符合表1的规定。探头数量不少于三只，位置根据现场情况前后各设一点，左或右设一点。

6 检验规则

6.1 每台转刷必须经制造厂质检部门检验合格，并附有产品合格证书方可出厂。

6.2 出厂检验

每台转刷应按本标准第四章（4.6除外）要求进行检验，如有不合格，应进行修复、调整或更换，再重复检验，如仍不合格，则判该产品为不合格。

6.3 型式试验

（以下略）。

8.17 潜水排污泵（标准号 CJ/T 3038—1995）

1 主题内容与适用范围

本标准规定了潜水排污泵（以下简称潜污泵）的基本参数、型式、技术要求、试验方法、检验规则、标志、包装等。

本标准适用于输送液体中含有污物、固体颗粒、纤维等的三相潜污泵。流量为 15～3500m³/h，扬程为 7～40m，功率为 1.5～250kW。

2　引用标准

（略）

3　型号

3.1　型号的表示方法

潜污泵标记用汉语拼音字母和阿拉伯数字表示。

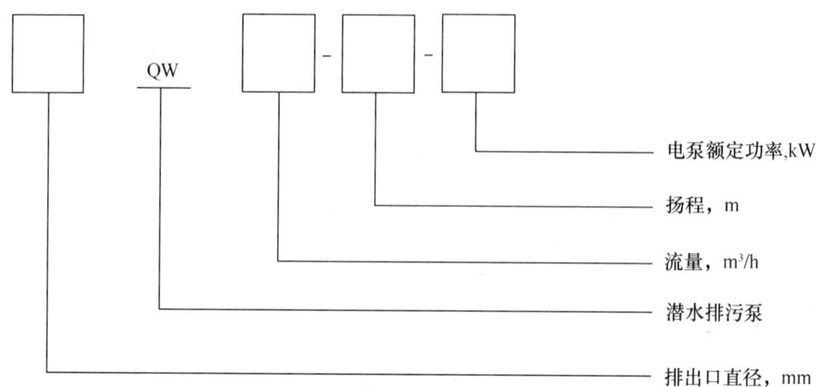

3.2　示例

泵排出口径为 50mm，流量为 15m³/h，扬程为 22m，额定功率为 3kW 的潜水排污泵，其标记为 50QW15-22-3。

4　基本参数

4.1　潜污泵在频率为 50Hz，电压为 380V 时，基本参数应符合附录 A 中表 A1 和图 A1 的规定。

4.2　排污泵外壳的防护等级为 IPX8。

4.3　附录 A 中表 A1 所列参数为潜污泵规定点参数。

4.4　当潜污泵的性能参数不符合附录 A 中表 A1 的规定时，潜污泵的效率可依据附录 B 中的规定求得，其实际值不得低于求取值，并可按本标准验收。

5　型式

5.1　潜污泵为立式，泵与电动机同轴。

5.2　潜污泵按其液体的排出方式，其结构形式分为 3 种：

a. 外装式：输送介质不通过电动机部分，直接从泵体部分排出；

b. 内装式：输送介质从排出管与电动机外壳之间环形流道排出；

c. 半内装式：输送介质从与电机外壳部分连接的排出管中排出。

5.3　潜污泵的叶轮分为五种型式：

a. 旋流式叶轮；

b. 半开叶片式叶轮；

c. 闭式叶片式叶轮；

d. 单、双流道式叶轮；

e. 螺旋离心式叶轮。

5.4 从潜污泵吸入口方向看叶轮逆时针方向旋转。

6 技术要求

6.1 潜污泵应符合本标准的要求，并按照经规定程序批准的图样及技术文件制造。

6.2 潜污泵在下列使用条件下应能连续正常运行：

a. 海拔不超过 1000m；

b. 输送介质温度不超过+40℃；

c. 输送介质 pH 值为 5～9；

d. 输送介质中的固相物的容积比在 2%以下；

e. 输送介质的运动黏度为 $7\times10^{-6}\sim23\times10^{-6}m^2/s$；

f. 输送介质中固相物最大颗粒应符合附录 A 中表 A1 的规定；

g. 输送介质的密度应小于 $1.2\times10^3kg/m^3$。

6.3 潜污泵的定额是以连续工作制（SI）为基准的连续定额。

6.4 潜污泵在运行期间，电源电压和频率与额定值的偏差及其对电动机性能和温升限值的影响应符合 GB/T 755 的规定。

6.5 潜污泵性能及其偏差

6.5.1 潜污泵的额定功率应大于规定点轴功率的 1.2 倍。

6.5.2 当潜污泵流量在 0.7～1.3 倍的额定流量范围内，轴功率不得超过潜污泵的额定功率。在轴功率满足此条件下，允许降低潜污泵电机的功率档次。

6.5.3 潜污泵在规定的流量下，扬程允许在−6%～10%规定扬程内变化，但潜污泵效率应符合附录 A 中表 A1 的规定。

6.5.4 潜污泵效率应符合附录 A 中表 A1 的规定，其偏差应符合 GB 3216 中 C 级规定。

6.6 潜污泵电机的电气性能应符合下列要求：

6.6.1 在功率、电压及频率为额定值时，效率和功率因数的保证值应符合附录 B 中表 B2 的规定。

6.6.2 在额定电压下，电机堵转转矩对额定转矩之比的保证值，不应低于 ZBK 22007 中 4.5 条及 JB 5274 中的规定。

6.6.3 在额定电压下，电机最大转矩对额定转矩之比的保证值，不应低于 ZBK 22007 中 4.7 条及 JB 5274 中的规定。

6.6.4 在额定电压下，电机最小转矩对定额转矩之比的保证值，不应低于 ZBK 22007 中 4.6 条及 JB 5274 中的规定。

6.6.5 在额定电压下，电机堵转电流对额定电流之比的保证值，不应大于 ZBK 22007 中 4.8 条及 JB 5274 中的规定。

注：额定电流用额定功率、额定电压、效率和功率因数的保证值（不计容差）求得。

6.6.6 电机电气性能保证值的容差应符合 ZBK 22007 中 4.9 条及 JB 5274 中的规定。

6.7 潜污泵在规定工况下连续运行，在定额功率时，电机定子绕组的温升限值（电阻法）应符合 GB/T 755 中 5.2.6 条中的规定。

6.8 电机的定子绕组对机壳的绝缘电阻冷态时不应低于 50MΩ，热态或温升试验后不应低于1MΩ。

6.9 当电机由三相电源平衡供电时，电机的三相空载电流中任何一相与三相平均值的偏差不应大于三相平均值的10%。

6.10 电机的定子绕组应能承受历时1min的耐电压试验而不发生击穿。试验电压的频率为50Hz，并尽可能为正弦波形，试验电压的有效值为1760V。

6.11 电机的定子绕组应能承受匝间冲击耐电压试验而不击穿，其试验冲击电压峰值按JB/Z 346的规定，试验方法按JB/Z 294的规定。

6.12 潜污泵应有过热或过电流保护装置，应有密封泄漏保护装置。

6.13 潜污泵组装后，水泵侧的密封装置应能承受压力为0.2MPa历时5min的气压试验而无泄漏现象。

6.14 潜污泵在规定的条件下使用时，其密封装置在4000h运行期间，其泄漏量以24h计不应大于2.4mL。

6.15 潜污泵的引出电缆应采用GB 5013.2中规定的YZW和YCW型橡套电缆或性能相同的电缆，电缆长度不少于10m，也可按合同提供。

6.16 潜污泵应有明显的红色旋转方向标记。

6.17 潜污泵中承受工作压力的零部件均应进行水（气）压试验而无泄漏，试验压力为1.5倍工作压力，但不应低于0.2MPa，历时5min。

6.18 潜污泵组装后，内腔（电机）应能承受压力为0.2MPa历时5min的气压试验而无泄漏现象。

6.19 潜污泵应有可靠的防腐措施，无污损碰伤、裂痕等缺陷。

6.20 潜污泵应转动平稳、自如、无卡阻停滞等现象。

6.21 潜污泵应有可靠的接地装置，引出电缆的接地线上应有明显的接地标志，并应保证接地标志在使用期间不易磨灭。

6.22 潜污泵在出厂试验时，空载电流、空载损耗、堵转电流与堵转损耗应控制在规定范围内，以保证电机电气性能符合第6.6条规定。

6.23 在规定条件下，潜污泵的首次故障前平均运行时间(MTBF)不应小于3000h。

6.24 潜污泵的排出管法兰应符合GB 2555和GB 2556的规定。如果有特殊需要可按合同提供。

6.25 潜污泵在空载时测得的A计权声功率级的噪声值不应超过ZBK 22007中4.18条的规定。

6.26 叶轮应作平衡试验

a. 静平衡允许的不平衡力矩按公式（1）计算

$$M=e\cdot G \tag{1}$$

式中 e——允许偏心距，m；

同步转速为3000r/min时，$e=2\times10^{-5}$m；

同步转速为1500r/min时，$e=4\times10^{-5}$m；

同步转速为1000r/min时，$e=5.7\times10^{-5}$m；

同步转速为750r/min时，$e=9\times10^{-5}$m；

G——单个叶轮的重量，N；

M——允许的不平衡力矩，N·m。

当计算的叶轮允许不平衡力矩小于 0.03R（N·m）时，则按 0.03R（N·m）计算（R 为叶轮去重部位半径，m）。

b. 对单流道、单叶片、流量大于 100m^3/h、叶轮直径大于 200mm 的叶轮应作动平衡试验，在叶轮两端，每端的动平衡允许不平衡力矩按公式（2）计算

$$M = \frac{1}{2}e \cdot G \tag{2}$$

当计算的动平衡力矩小于 0.015R（N·m）时，则按 0.015R（N·m）计算（R 为叶轮去重部位半径，m）。

6.27 潜污泵主要部件材料规定如下：

a. 过流零部件采用的材料性能不应低于 HT200 灰铸铁以及其他经过试验验证且满足使用性能和寿命的材料（如球墨铸铁管）。

b. 轴采用的材料性能不应低于 2Cr13 不锈钢，机座、端盖采用的材料性能应不低于 HT200。

c. 静密封材料性能不应低于丁腈－40。

d. 外露紧固件采用的材料性能不应低于 2Cr13 不锈钢。

6.28 潜污泵的铸铁件应符合 GB/T 9439 的有关规定，潜污泵的不锈钢件应符合 GB/T 1220 中的有关规定。

7 试验方法

7.1 通过固体最大颗粒的试验用以下两种方法之一：

a. 检查过流部件过流截面的最小尺寸应能大于其规定通过的颗粒最大直径，采用整机拆检；

b. 潜污泵在一定容积的清水内运行，加入相应颗粒直径的模拟球进行试验。

7.2 潜污泵空载时噪声测定方法：测点布置按等效矩形包络面法，即测点的配置按附录 A 中图 A2 的规定，测点与电机外壳的距离为 1m。

7.3 第 8.2.1 条和 8.3.2 条中所规定的其他试验项目，其试验方法，按 GB/T 12785 中的规定进行。

8 检验规则

8.1 每台潜污泵均应检查试验合格，并附有产品合格证和使用说明书方可出厂。

8.2 出厂检验

8.2.1 出厂检验项目：

a. 整机外观检查（包括铭牌数据，表面油漆，电缆的规格型号）；

b. 运行状态检验（包括转向）；

c. 接地标志的检查；

d. 潜污泵内腔（电机）气压试验及水泵侧密封装置的气压试验；

e. 电机的定子绕组对机壳的绝缘电阻的测定（仅测量冷态绝缘电阻）；

f. 电机的定子绕组在实际冷态下直流电阻的测定；

g. 电机空载电流和空载损耗的测定；

h. 额定流量时扬程的测量；

i. 额定流量时潜污泵效率的测定；
j. 0.7～1.3倍额定流量范围内，轴功率的测定（此时电机效率按规定值确定）；
k. 耐电压试验；
l. 匝间绝缘耐冲击电压试验。

8.2.2 抽样与判定规则

抽样按GB 2828的规定，抽样方案和判定规则应符合JB/NQ 222.3中的规定。

8.3 型式试验

8.3.1 凡遇到下列情况之一，应进行型式试验：

a. 新产品或老产品转厂生产的试制定型鉴定；
b. 正式生产后，如结构、材料、工艺有较大改变，可能影响产品性能时；
c. 成批生产的潜污泵定期抽试，每1年1次，每次不少于2台；
d. 产品长期停产后恢复生产时；
e. 当出厂试验结果与上次型式试验结果有较大差异时；
f. 国家质量监督机构提出进行型式试验的要求时。

8.3.2 型式试验项目包括：

a. 出厂检验的全部项目；
b. 温升试验；
c. 潜污泵水力特性曲线的测定（包括：扬程-流量曲线；轴功率-流量曲线；潜污泵效率-流量曲线）；
d. 通过固体最大颗粒的测定；
e. 电机负载特性曲线的测定（包括：电机效率—输出功率曲线；转差率-输出功率曲线；功率因素-输出功率曲线；输入功率-输出功率曲线；定子电流-输出功率曲线）；
f. 电机堵转试验；
g. 电机最大转矩的测定；
h. 电机最小转矩测定；
i. 潜污泵噪声测定；
j. 可靠性试验（根据需要或指定性要求进行）。

9 标志、包装

（略）

附录A
基本参数
（补充件）

表A1

序号	泵型号	排出口径(mm)	流量(m^3/h)	扬程(m)	转速 n (r/min)	功率 P (kW)	潜污泵效率 η (%)		通过颗粒最大直径(mm)
							旋流式	其他式	
1	50QW20-10-1.5	50	20	10	2840	1.5	30.9	35.4	20
2	50QW15-15-2.2	50	15	15		2.2	30.3	34.9	20

续表

序号	泵 型 号	排出口径 (mm)	流量 (m^3/h)	扬程 (m)	转速 n (r/min)	功率 P (kW)	潜污泵效率 η (%)		通过颗粒最大直径 (mm)
							旋流式	其他式	
3	100QW70-7-3	100	70	7	1430	3	39.2	44.2	35
4	80QW35-10-3	80	35	10			35.9	40.7	30
5	80QW30-15-3	80	30	15			35.1	39.9	30
6	50QW15-22-3	50	15	22			30.9	35.6	20
7	80QW50-10-4	80	50	10	1440	4	38.8	43.7	35
8	100QW100-7-5.5	100	100	7		5.5	43.1	47.8	40
9	100QW70-10-5.5	100	70	10			41.0	46.3	35
10	80QW45-15-5.5	80	45	15			38.9	43.9	30
11	80QW30-22-5.5	80	30	22			36.7	41.7	30
12	150QW150-7-7.5	150	150	7		7.5	45.8	50.6	45
13	100QW100-10-7.5	100	100	10			43.9	48.7	40
14	100QW70-15-7.5	100	70	15			41.8	47.1	35
15	80QW45-22-7.5	80	45	22			39.7	44.7	30
16	80QW30-28-7.5	80	30	28			37.4	42.5	30
17	200QW250-7-11	200	250	7	1460	11	48.4	53.8	50
18	150QW145-10-11	150	145	10			46.1	51.1	45
19	100QW100-15-11	100	100	15			44.4	49.3	40
20	100QW70-22-11	100	70	22			42.3	47.7	35
21	80QW45-28-11	80	45	28			40.2	45.3	30
22	200QW400-7-15	200	400	7		15	50.1	55.6	60
23	150QW200-10-15	150	200	10			47.7	53.0	50
24	150QW150-15-15	150	150	15			46.7	51.5	45
25	100QW100-22-15	100	100	22			44.7	49.6	40
26	100QW70-28-15	100	70	28			42.5	48.0	35
27	200QW300-10-18.5	200	300	10	1470	18.5	50.4	56.1	55
28	100QW100-28-18.5	100	100	28			46.0	51.1	40
29	100QW70-40-18.5	100	70	40			43.8	49.5	35
30	250QW600-7-22	250	600	7	970	22	52.4	57.8	65
31	200QW400-10-22	200	400	10			51.0	56.6	60
32	200QW250-15-22	200	250	15			49.6	55.1	50
33	150QW150-22-22	150	150	22			47.5	52.4	45

续表

序号	泵型号	排出口径(mm)	流量(m^3/h)	扬程(m)	转速 n (r/min)	功率 P (kW)	潜污泵效率 η (%) 旋流式	其他式	通过颗粒最大直径(mm)
34	200QW250-22-30	200	250	22	980	30	49.7	55.2	50
35	150QW150-28-30	150	150	28			47.6	52.6	45
36	300QW900-7-37	300	900	7		37	54.1	59.8	70
37	250QW600-10-37	250	600	10			53.1	58.5	65
38	250QW400-15-37	250	400	15			51.6	57.3	60
39	150QW150-40-37	150	150	40			48.0	53.1	45
40	300QW800-10-45	300	800	10		45	54.1	59.7	70
41	200QW250-28-45	200	250	28			50.4	56.0	50
42	350QW1100-10-55	350	1100	10		55	56.0	61.4	75
43	250QW600-15-55	250	600	15			54.2	59.7	65
44	200QW450-22-55	200	450	22			54.3	59.6	60
45	200QW400-28-55	200	400	28			52.7	58.5	50
46	350QW1500-10-75	350	1500	10	990	75	57.2	62.8	80
47	300QW900-15-75	300	900	15			55.8	61.6	70
48	250QW700-22-75	250	700	22			54.9	60.7	65
49	200QW300-40-75	200	300	40			52.0	57.8	55
50	250QW600-28-90	250	600	28		90	54.8	60.4	65
51	450QW2200-10-110	450	2200	10		110	58.7	64.3	95
52	350QW1500-15-110	350	1500	15			57.6	63.3	80
53	350QW1100-22-132	350	1100	22	740	132	57.1	62.7	75
54	300QW900-28-132	300	900	28			56.4	62.3	70
55	250QW600-40-132	250	600	40			55.3	60.9	65
56	550QW3300-10-160	550	3300	10		160	60.0	65.5	105
57	450QW2200-15-160	450	2200	15			59.1	64.6	95
58	400QW1800-22-185	400	1800	22		185	58.5	64.4	85
59	350QW1500-28-200	350	1500	28		200	58.2	63.9	80
60	350QW1100-40-220	350	1100	40		220	57.6	63.1	75
61	550QW3500-15-250	550	3500	15		250	60.3	66.0	105

注：1. 表 A1 中的潜污泵效率为清水条件下的指标；
　　2. 表 A1 中转速仅供参考。

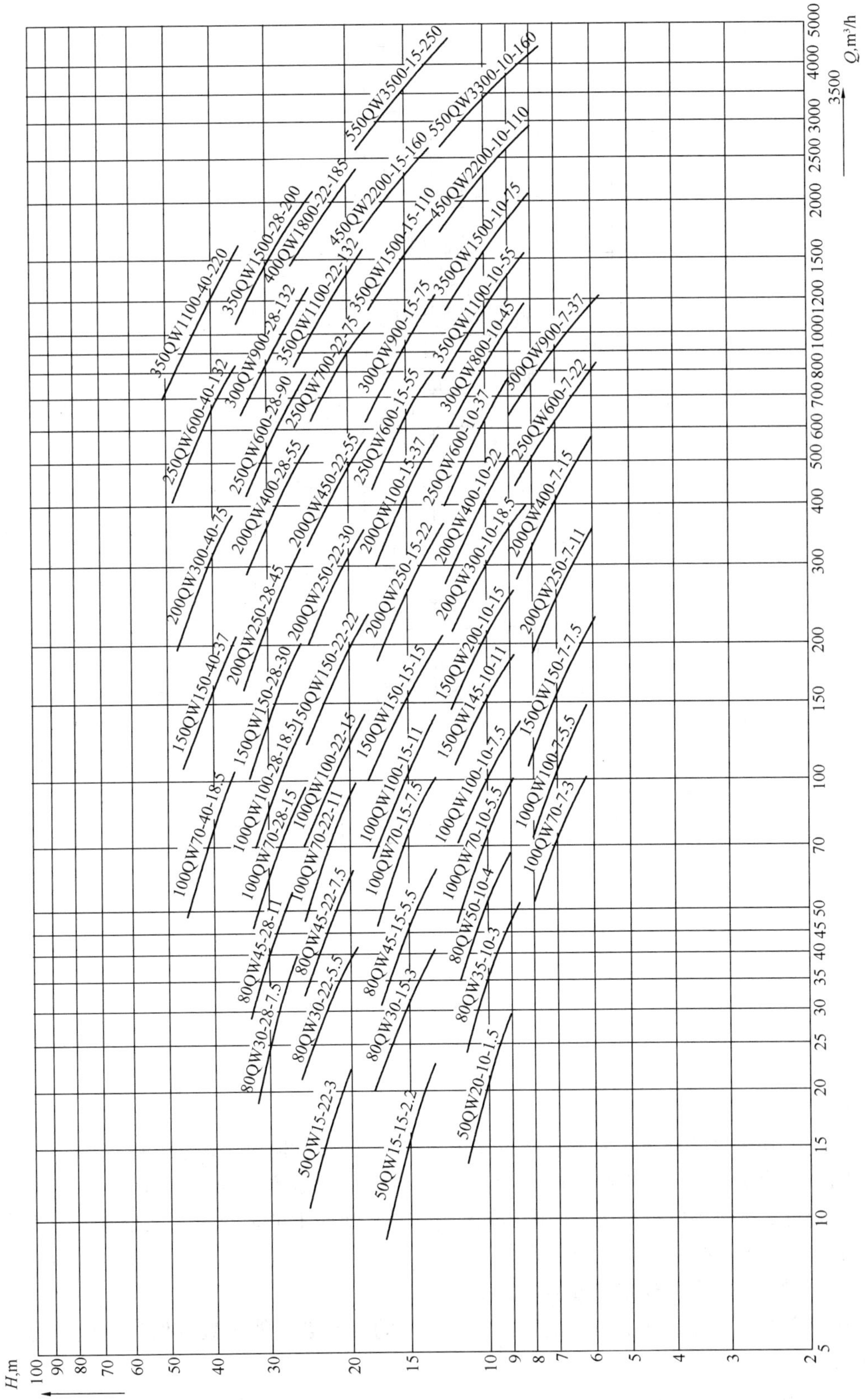

图 A1 QW 型潜污泵性能图

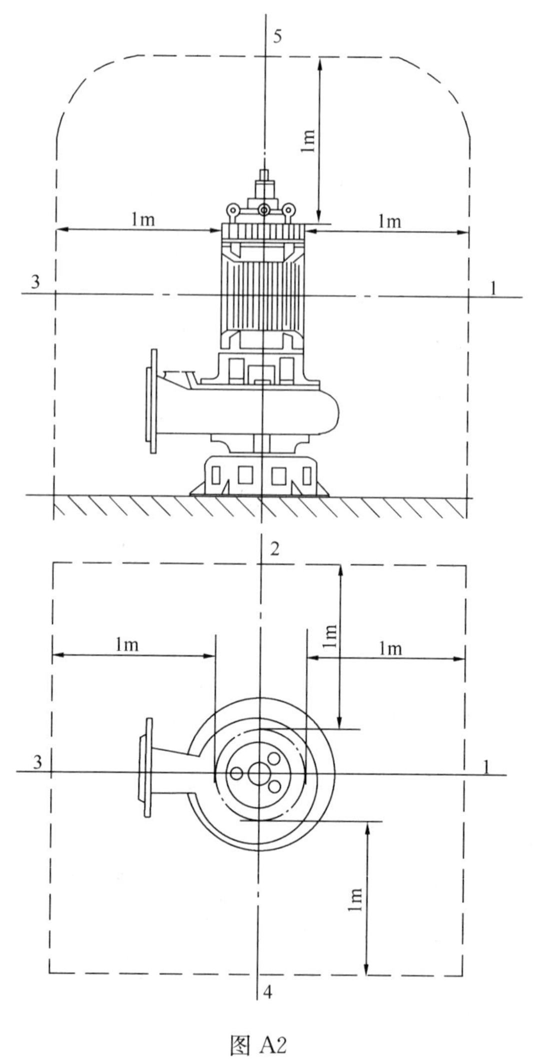

图 A2

附录 B
潜水排污泵分体性能参数
（参考件）

B1 潜污泵—泵规定点参数

B1.1 在清水条件下，泵的规定点参数应符合表 B1 和附图 B1 的规定。

B1.2 表 B1 中所列参数为泵规定点参数，当泵的流量不符合附录 A 中表 A1 的规定时，对旋流式泵效率应符合图 B1 中相应流量下的 B 曲线上的值，对其他型式泵效率应符合图 B1 中相应流量下的 A 曲线上的值。

B2 潜污泵—电机规定点性能

在额定功率、额定电压和额定频率下，电机的规定点性能参数的保证值应符合附表 B2 的规定。

B3 潜污泵效率

电泵效率按公式（B1)、(B2）确定：

$$\eta=\eta_D \cdot \eta_{sp}-1.5\% \quad (B1)$$

$$\eta=\eta_D \cdot \eta_{sp}-1.0\% \quad (B2)$$

式中 η——电泵效率,%；

η_D——电泵额定功率下的电机效率,%；

η_{sp}——电泵规定点的泵效率,%。

注：①公式(B1)适用于额定功率 45kW 及以下的电泵，公式(B2)适用于额定功率 45kW 以上的电泵。

②用额定电压负载法间接计算效率时，电动机的损耗包括机械密封装置的损耗和 10m 电缆的钢耗。

表 B1

序号	泵 型 号	排出口径 (mm)	流量 (m^3/h)	扬程 (m)	转速 n (r/min)	功率 P (kW)	潜污泵效率 η (%)		通过颗粒最大直径 (mm)
							旋流式	其他式	
1	50QW20-10-1.5	50	20	10	2840	1.5	43.2	49.2	20
2	50QW15-15-2.2	50	15	15		2.2	41.0	47.0	20
3	100QW70-7-3	100	70	7	1430	3	51.5	57.9	35
4	80QW35-10-3	80	35	10			47.3	53.4	30
5	80QW30-15-3	80	30	15			46.3	52.4	30
6	50QW15-22-3	50	15	22			41.0	47.0	20
7	80QW50-10-4	80	50	10	1440	4	49.8	55.8	35
8	100QW100-7-5.5	100	100	7		5.5	54	59.8	40
9	100QW70-10-5.5	100	70	10			51.5	57.9	35
10	80QW45-15-5.5	80	45	15			49.0	55.0	30
11	80QW30-22-5.5	80	30	22			46.3	52.4	30
12	150QW150-7-7.5	150	150	7		7.5	56.3	62.0	45
13	100QW100-10-7.5	100	100	10			54	59.8	40
14	100QW70-15-7.5	100	70	15			51.5	57.9	35
15	80QW45-22-7.5	80	45	22			49.0	55.0	30
16	80QW30-28-7.5	80	30	28			46.3	52.4	30
17	200QW250-7-11	200	250	7	1460	11	58.7	65	50
18	150QW145-10-11	150	145	10			56.0	61.9	45
19	100QW100-15-11	100	100	15			54.0	59.8	40
20	100QW70-22-11	100	70	22			51.5	57.9	35
21	80QW45-28-11	80	45	28			49.0	55.0	30
22	200QW400-7-15	200	400	7		15	60.3	66.8	60
23	150QW200-10-15	150	200	10			57.6	63.8	50
24	150QW150-15-15	150	150	15			56.3	62.0	45
25	100QW100-22-15	100	100	22			54	59.8	40
26	100QW70-28-15	100	70	28			51.5	57.9	35

续表

序号	泵 型 号	排出口径 (mm)	流量 (m^3/h)	扬程 (m)	转速 n (r/min)	功率 P (kW)	潜污泵效率η (%)		通过颗粒最大直径 (mm)
							旋流式	其他式	
27	200QW300-10-18.5	200	300	10	1470	18.5	59.0	65.5	55
28	100QW100-28-18.5	100	100	28			54.0	59.8	40
29	100QW70-40-18.5	100	70	40			51.5	57.9	35
30	250QW600-7-22	250	600	7	970	22	62.0	68.2	65
31	200QW400-10-22	200	400	10			60.3	66.8	60
32	200QW250-15-22	200	250	15			58.7	65	50
33	150QW150-22-22	150	150	22			56.3	62.0	45
34	200QW250-22-30	200	250	22	980	30	58.7	65	50
35	150QW150-28-30	150	150	28			56.3	62.0	45
36	300QW900-7-37	300	900	7		37	63.2	69.7	70
37	250QW600-10-37	250	600	10			62.0	68.2	65
38	250QW400-15-37	250	400	15			60.3	66.8	60
39	150QW150-40-37	150	150	40			56.3	62.0	45
40	300QW800-10-45	300	800	10		45	62.8	69.2	70
41	200QW250-28-45	200	250	28			58.7	65	50
42	350QW1100-10-55	350	1100	10		55	64.0	70.1	75
43	250QW600-15-55	250	600	15			62.0	68.2	65
44	200QW450-22-55	200	450	22			61.0	67.0	60
45	200QW400-28-55	200	400	28			60.3	60.8	50
46	350QW1500-10-75	350	1500	10	990	75	64.8	71.1	80
47	300QW900-15-75	300	900	15			63.2	69.7	70
48	250QW700-22-75	250	700	22			62.3	68.7	65
49	200QW300-40-75	200	300	40			59.0	65.5	55
50	250QW600-28-90	250	600	28		90	62.0	68.2	65
51	450QW2200-10-110	450	2200	10		110	66.0	72.1	95
52	350QW1500-15-110	350	1500	15			64.8	71.1	80
53	350QW1100-22-132	350	1100	22	740	132	64	70.1	75
54	300QW900-28-132	300	900	28			63.2	69.7	70
55	250QW600-40-132	250	600	40			62.0	68.2	65
56	550QW3300-10-160	550	3300	10		160	66.9	73.1	105
57	450QW2200-15-160	450	2200	15			66.0	72.1	95
58	400QW1800-22-185	400	1800	22		185	65.2	71.7	85
59	350QW1500-28-200	350	1500	28		200	64.8	71.1	80
60	350QW1100-40-220	350	1100	40		220	64	70.1	75
61	550QW3500-15-250	550	3500	15		250	67	73.2	105

注：1. 表B1中的泵效率为清水条件下的指标；

2. 表B1中转速仅供参考。

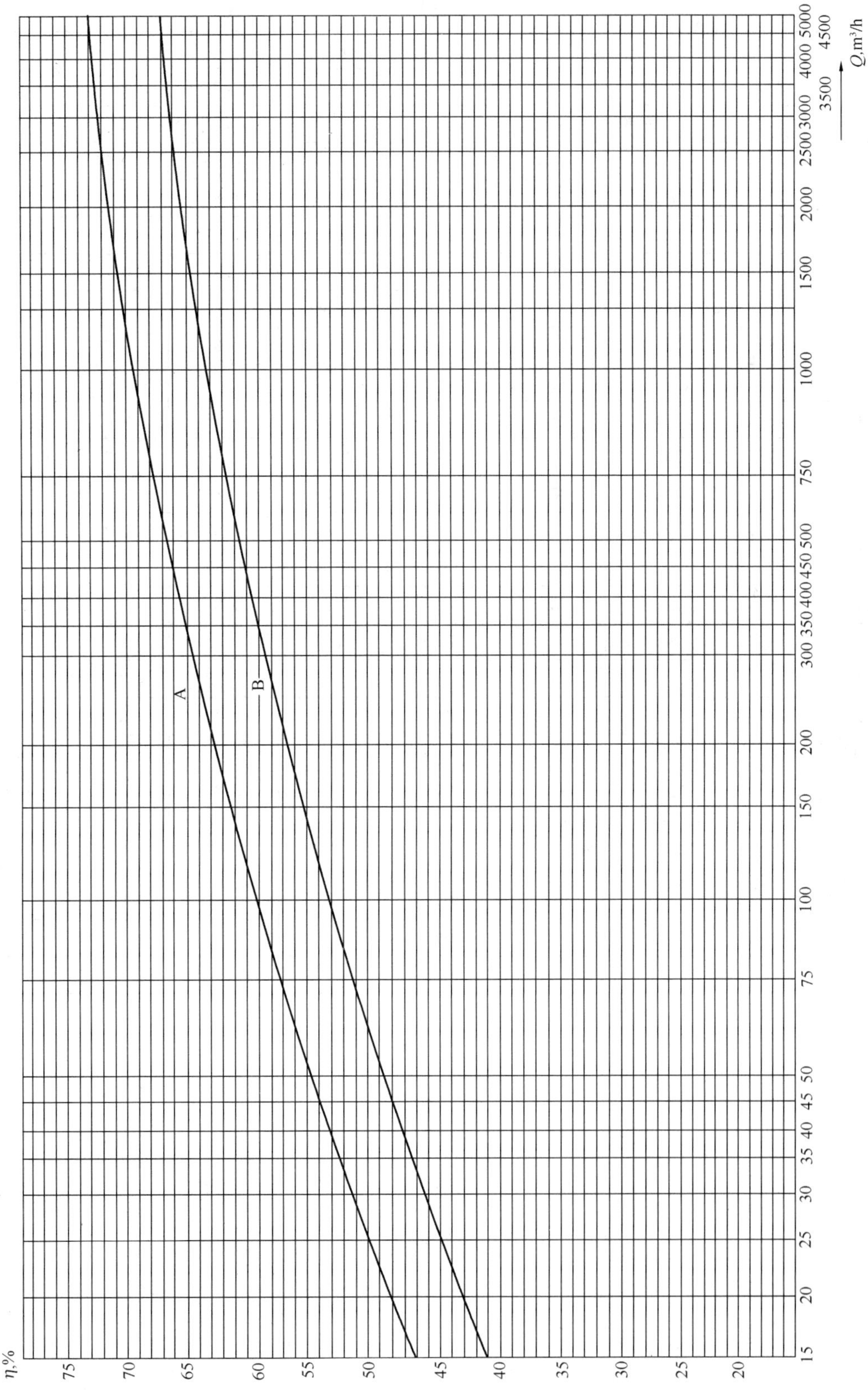

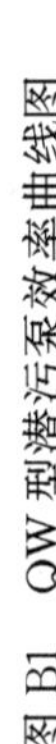

图 B1 QW 型潜污泵效率曲线图

表 B2

功率 (kW)	同步转速（r/min）							
	3000	1500	1000	750	3000	1500	1000	750
	效率 η（%）				功率因数 cosΦ			
1.5	75.0	76.0	74.5	—	0.85	0.79	0.74	—
2.2	77.5	78.5	77.5	—	0.86	0.82	0.74	—
3	79	79.0	80.0	—	0.87	0.81	0.76	—
4	81.5	81.0	81.0	—	0.87	0.82	0.77	—
5.5	82.5	82.5	82.5	—	0.88	0.84	0.78	—
7.5	83	84.0	83.0	83.0	0.88	0.85	0.78	0.75
11	84	85.0	84.0	84.5	0.88	0.84	0.78	0.77
15	85	85.5	86.5	85.0	0.88	0.85	0.81	0.76
18.5	86	88.0	86.8	86.5	0.89	0.86	0.83	0.76
22	86.0	88.5	87.0	87.0	0.89	0.86	0.83	0.78
30	87.0	89.0	84.2	87.5	0.89	0.87	0.85	0.80
37	87.5	88.8	88.0	88.0	0.89	0.87	0.86	0.79
45	88.5	89.3	88.5	88.7	0.89	0.88	0.87	0.80
55	88.5	89.6	89.0	89.0	0.89	0.88	0.87	0.82
75	—	89.7	89.8	89.5	—	0.88	0.87	0.82
90	—	90.6	90.0	90.0	—	0.89	0.87	0.82
110	—	90.5	90.5	90.3	—	0.89	0.87	0.82
132	—	91.0	91.0	90.8	—	0.89	0.87	0.81
160	—	91.0	91.1	91.0	—	0.89	0.86	0.81
185	—	—	91.2	91.2	—	—	0.86	0.81
200	—	—	91.3	91.3	—	—	0.86	0.81
220	—	—	—	91.5	—	—	—	0.81
250	—	—	—	91.5	—	—	—	0.79